滚动轴承制造技术

陈　龙　等　编著

机 械 工 业 出 版 社

本书依据轴承制造厂的大量工艺实践，详细阐述了滚动轴承的制造技术和方法。全书共分 10 章，根据滚动轴承套圈的制造工序，分别介绍了套圈的锻造、车削、磨削与超精研加工技术，讲解了滚动轴承滚动体球与滚子的制造技术及滚动轴承不同种类保持架的制造技术，并分析了滚动轴承装配及滚动轴承再制造技术的理论与实践。

本书可作为从事轴承设计、制造、测量理论研究与生产实践的科技人员的参考技术资料、工厂技术人员培训教程、机械装备设计者的参考书目，也可作为高等院校机械类专业教师、研究生和本科生的教学用书。

图书在版编目（CIP）数据

滚动轴承制造技术 / 陈龙等编著. --北京：机械工业出版社，2024. 9. -- ISBN 978-7-111-76106-8

Ⅰ. TH133. 33

中国国家版本馆 CIP 数据核字第 20242JR974 号

机械工业出版社（北京市百万庄大街 22 号　邮政编码 100037）

策划编辑：孔　劲　　　责任编辑：孔　劲　李含杨

责任校对：李　霞　杨　霞　景　飞　　　封面设计：马精明

责任印制：任维东

河北鑫兆源印刷有限公司印刷

2024 年 10 月第 1 版第 1 次印刷

184mm×260mm · 25. 5 印张 · 633 千字

标准书号：ISBN 978-7-111-76106-8

定价：79. 90 元

电话服务　　　网络服务

客服电话：010-88361066　　机　工　官　网：www. cmpbook. com

010-88379833　　机　工　官　博：weibo. com/cmp1952

010-68326294　　金　书　网：www. golden-book. com

封底无防伪标均为盗版　　机工教育服务网：www. cmpedu. com

前　言

为适应滚动轴承行业近年来的快速发展，实现轴承制造工艺学的知识更新，为我国轴承行业培养更多的创新人才，河南科技大学机电工程学院组织轴承设计与制造系教师编著了本书，着重论述滚动轴承的冷加工工艺。

全书共分 10 章，包括概论、套圈毛坯锻造、套圈车削加工、套圈磨削加工、套圈滚道超精研加工、滚动体加工——球、滚动体加工——滚子、保持架加工、轴承装配原理及轴承再制造工艺。第 1、2、4、5、7、10 章及习题由陈龙编著，第 3 章由刘红彬编著；第 6 章由张文虎编著；第 8、9 章由叶亮编著。

本书的编著得到了轴承行业众多企业与科研院所的支持和帮助，各章节均由长期从事相关工作的专家审校，其中：第 1 章由洛阳轴承研究所有限公司温朝杰审校；第 2 章由洛阳轴承集团股份有限公司高明远和裴华审校；第 3 章由洛阳轴承集团股份有限公司谢华永审校；第 4 章由浙江斯菱汽车轴承股份有限公司左传伟审校；第 5 章由洛阳轴承研究所有限公司王世锋审校；第 6 章由江苏力星通用钢球股份有限公司沙小建审校；第 7 章由烟台鑫硕机械有限公司张茂亮审校；第 8 章由洛阳轴承研究所有限公司扈文庄审校；第 9 章由舍弗勒贸易（上海）有限公司马子魁审校；陶瓷轴承加工相关内容由海宁市耐特陶塑轴承股份有限公司张志桂提供。

全书由陈龙统稿，《轴承》杂志社杜迎辉审读。

本书参考了《滚动轴承制造工艺学》的内容，感谢并致敬河南科技大学（原洛阳工学院）轴承设计与制造系（轴承教研室）一代又一代教师在过去近 50 年的辛勤付出！书中还参考了滚动轴承行业标准化委员会及诸多轴承制造公司技术资料，在此向提供过帮助的单位和个人一并致谢。

由于轴承制造工艺过程牵涉面广，新技术新工艺层出不穷，加之编著者水平有限，本书难免存在一些不足之处，殷切希望轴承行业的技术工作者及相关读者批评指正，以便再版时修订。

可联系 QQ：35482562 获取 PPT 课件。

感谢河南科技大学对本书出版的资助。

编著者

目　录

第1章 概 论

滚动轴承是指利用滚动体的滚动减小摩擦，并限制具有相对运动的两个物体位置的一种精密机械元件。大部分滚动轴承绕其轴线回转运动，部分滚动轴承用于平移运动；也有极少数滚动轴承可同时实现平移运动和回转运动[1]。

滚动轴承一般由内圈、外圈、滚动体和保持架 4 种主要零件装配而成，如图 1-1 所示，其他常用附件还包含密封圈、防尘盖、铆钉、紧定套、隔离块、隔圈、支柱、垫圈及螺母等零件[2]。

滚动轴承的制造包含各零件制造过程及将各零件装配为轴承成品的装配过程。滚动轴承结构类型众多，包含零件数量不一，尺寸范围宽泛，应用领域多样，零件材料和热处理方式也多种多样。另外，滚动轴承一般还具有长寿命、低噪声、低摩擦力矩与高可靠性等基本性能特点，并且一般的标准型号均具有较大的批量。高性能与大批量的特点使滚动轴承零件的制造均由专业化工厂完成，即使是同一零件，不同材料、不同加工工艺、不同尺寸段也会衍生出更加细分的专业化制造工厂，比如按照工艺方法差别，保持架厂有冲压保持架、实体保持架及注塑保持架等诸多细分领域。

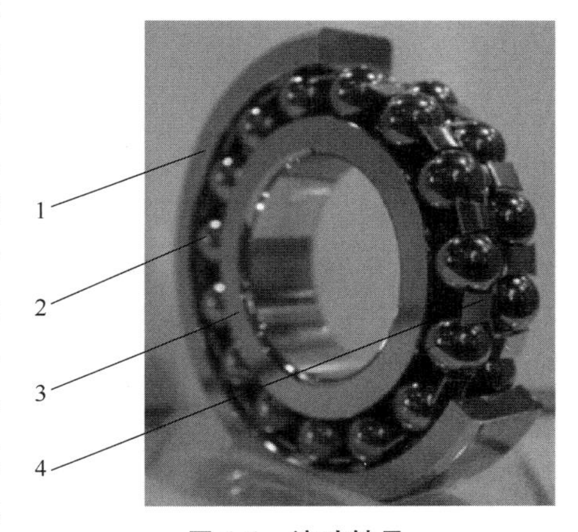

图 1-1 滚动轴承

1—外圈 2—滚动体 3—内圈 4—保持架

滚动轴承制造工艺学是研究探索滚动轴承零件制造与装配工艺过程中遇到的实际问题，并揭示其一般规律的科学理论与实践。滚动轴承制造工艺学的研究目的：通过零件制造与装配工艺过程中的一般规律探究，并综合考虑工艺过程中的质量要求与批量大小，寻求在满足质量要求下的最优成本工艺方案。

本章从制造工艺的角度，综合介绍滚动轴承的基础知识、零件术语与代号、零件材料、工艺规程及工艺文件内容。由于大多数滚动轴承为标准型号，各类标准在轴承制造工艺中发挥着重要作用，认识标准、贯彻标准并统一标准在轴承制造工艺中有着非常突出的实际意义，因而本章内容引用了大量标准。目前与轴承制造相关的国内标准包含国家标准（GB）、行业标准（JB）及企业内部标准（QB）三大类，对于一些出口型企业，还需关注相应国家与地区的一些其他标准，限于篇幅，本章只部分引用了滚动轴承的国家标准和行业标准，具体定义和规定值应按现行标准执行。

1.1　滚动轴承基础知识

滚动轴承制造的上游传递文件一般为设计部门提供的滚动轴承零件与装配图样，工艺部门按照零件图编制相关工艺文件，完成满足图样要求的轴承产品即可。以下从滚动轴承类型、代号方法、符号与公差、精度与检测以及性能测试5个方面概述滚动轴承的基础知识。

1.1.1　滚动轴承类型

滚动轴承的品种繁多，有多种分类方法，GB/T 271—2017《滚动轴承 分类》[3] 规定了滚动轴承的结构类型分类，如图1-2所示。

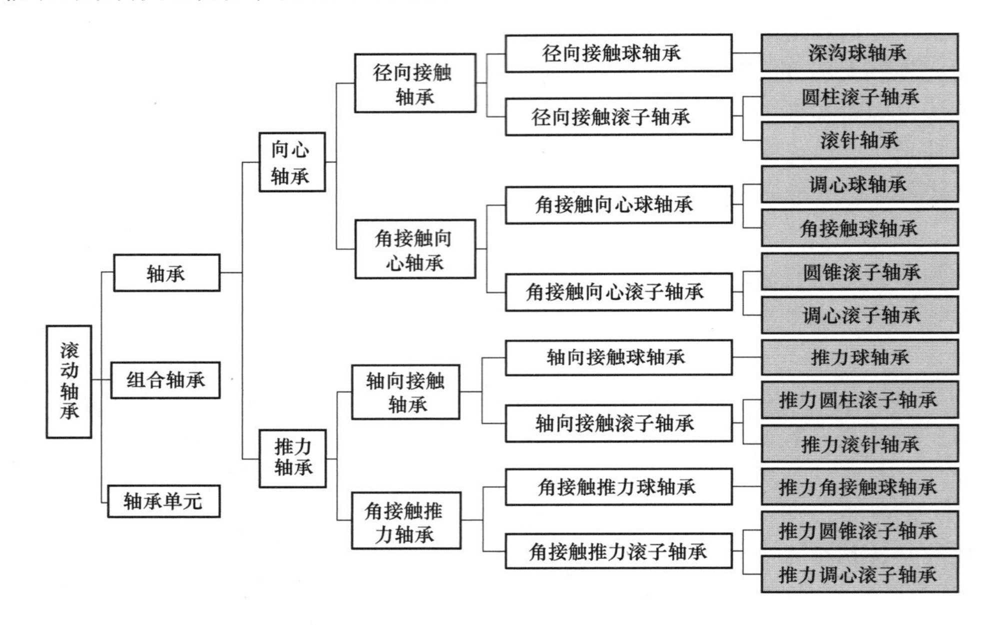

图1-2　滚动轴承的结构类型分类

除结构类型分类方法以外，还有多种分类方法，如：按滚动体类型差异，可分为球轴承和滚子轴承；按其轴承尺寸大小，可分为微型轴承（$D\leqslant26$mm）、小型轴承（26mm<$D\leqslant$60mm）、中小型轴承（60mm<$D\leqslant$120mm）、中大型轴承（120mm<$D\leqslant$200mm）、大型轴承（200mm<$D\leqslant$440mm）、特大型轴承（440mm<$D\leqslant$2000mm）和重大型轴承（$D>2000$mm）；按轴承用途可分为通用轴承和专用轴承；按滚动体列数可分为单列、双列和多列轴承；按应用特性还可分为高温轴承、耐腐蚀轴承、防磁轴承、真空轴承及自润滑轴承等。不同分类方法只是站在不同角度对轴承特征的描述。

近年来，随着主机发展的绿色化、轻量化趋势，针对具体应用工况开发的专用轴承占比越来越大，如汽车轴承、风电轴承、机器人轴承等。这些应用较为广泛的专用轴承目前也都制定了相应标准，如：GB/T 25772—2010《滚动轴承　铁路客车轴承》[4]、GB/T 29718—2013《滚动轴承　风力发电机组主轴轴承》[5]、GB/T 34884—2017《滚动轴承　工业机器人谐波齿轮减速器轴承》[6]、JB/T 10238—2017《滚动轴承　汽车轮毂轴承单元》[7]、

JB/T 8563—2010《滚动轴承 水泵轴连轴承》[8]、JB/T 10859—2008《滚动轴承 汽车发动机张紧轮和惰轮 轴承及其单元》[9] 等等。

1.1.2 轴承代号方法

滚动轴承的型号由数字和/或字母构成，具体要求由 GB/T 272—2017《滚动轴承 代号方法》[10] 规定。多数滚动轴承均为标准轴承，完整的轴承代号几乎包含了轴承产品的所有信息，按照轴承代号的内容即可识别轴承的类型、套圈及滚动体材料、外形尺寸、内部结构、密封防尘形式、保持架结构与材料、精度等级、游隙大小及配置形式等。GB/T 272—2017 的附录中还规定了一些非标轴承的代号规则方法。一些公司在规定新型改进时，采用了特殊的代号方法，此类代号应根据各公司产品样本明确轴承的具体细节信息。

轴承代号由基本代号、前置代号和后置代号构成，排列顺序见表 1-1。基本代号表示轴承的基本类型、结构和尺寸，GB/T 273.1—2023[11]、GB/T 273.2—2018[12]、GB/T 273.3—2020[13] 及 GB/T 3882—2017[14] 规定了标准型号的外形尺寸。前置和后置代号是轴承在结构、形状、尺寸、公差、技术要求有变化时，在基本代号左右添加的补充代号。在轴承代号方法中，不同数字与字母的含义参考相关标准或各公司样本。

表 1-1 滚动轴承的代号构成

<table>
<tr><td colspan="5">轴承代号</td></tr>
<tr><td rowspan="4">前置代号</td><td colspan="3">基本代号</td><td rowspan="4">后置代号</td></tr>
<tr><td rowspan="3">类型代号</td><td>轴承系列</td><td rowspan="3">类型代号</td></tr>
<tr><td>尺寸系列代号</td></tr>
<tr><td>宽度或高度系列代号、直径系列代号</td></tr>
</table>

1.1.3 符号与公差

GB/T 7811—2015《滚动轴承 参数符号》[15] 规定了滚动轴承尺寸、尺寸公差、精度、额定载荷及寿命等参数的符号表示方法；GB/T 4199—2003《滚动轴承 公差 定义》[16] 定义了滚动轴承的外形尺寸公差、几何公差、旋转精度及内部游隙的符号表示方法，轴承制造中也需经常面对这些概念和符号。外形尺寸公差、几何公差、旋转精度及内部游隙采用主要符号或主要符号+下标的形式来表示，轴承制造环节常用的主要符号及下标定义见表 1-2。表 1-2 中仅介绍了部分符号，其余一些符号在后面的章节中还将陆续提出。由于 GB/T 307 对于滚动轴承产品几何技术规范与公差值做了最新修订，以下公差符号的表示方法依据 GB/T 307。

表 1-2 轴承零件结构特征的主要符号及下标定义

主要符号		下标	
符号	含义	符号	含义
d	内径	a	适用于成套轴承或者轴向游隙
D	外径	e	适用于外圈
Δ	偏差	i	适用于内圈

（续）

主要符号		下标	
符号	含义	符号	含义
V	变动量	m	测量值的算数平均值
B	内圈公称宽度	p	测量所在平面
C	外圈公称宽度	r	适用于径向游隙
T	成套轴承公称宽度	s	单一或者实际测量值
r	倒角	w	适用于滚动体

（1）外形尺寸公差　轴承的外形尺寸是轴承装配到机械装备上的配合尺寸，一般也是基准尺寸，外形尺寸主要包括内径、外径、宽度及装配倒角4个方面的尺寸。

1）内径。

$$t_{\Delta ds}=d_s-d \tag{1-1}$$

$$t_{Vds}=d_{smax}-d_{smin} \tag{1-2}$$

$$t_{Vdm}=d_{smax}+d_{smin} \tag{1-3}$$

$$t_{\Delta dm}=d_m-d \tag{1-4}$$

$$d_{mp}=(d_{spmax}+d_{spmin})/2 \tag{1-5}$$

$$t_{\Delta dmp}=d_{mp}-d \tag{1-6}$$

$$t_{Vdsp}=d_{spmax}-d_{spmin} \tag{1-7}$$

$$t_{Vdmp}=d_{mpmax}-d_{mpmin} \tag{1-8}$$

$$t_{\Delta Fwm}=(F_{wsmax}+F_{wsmin})/2 \tag{1-9}$$

式中，d 为公称内径；d_s 为单一内径；d_{sp} 为与一特定径向平面相关的单一内径；$t_{\Delta ds}$ 为单一内径偏差，指单一内径与公称内径的差值；t_{Vds} 为内径变动量，指单个套圈最大与最小单一内径的差值；d_m 为平均内径，指单个套圈最大与最小单一内径的算数平均值；$t_{\Delta dm}$ 为平均内径偏差，指平均内径与公称内径的差值；d_{mp} 为单一平面平均内径，指最大与最小平面单一内径的算数平均值；$t_{\Delta dmp}$ 为单一平面平均内径偏差，指单一平面平均内径与公称内径的差值；t_{Vdsp} 为单一平面平均内径变动量，指最大与最小单一平面单一内径的差值；t_{Vdmp} 为单一平面平均内径变动量，指最大与最小单一平面平均内径的差值；F_{ws} 为滚动体组单一内径；F_{wm} 为滚动体组平均内径；$t_{\Delta Fwm}$ 为滚动体组平均内径偏差，指单一内径与公称内径的差值。

2）外径。外径的公差符号及含义和内径相似，只要把 d 换成 D 即可，D 指轴承的公称外径。

3）宽度。

$$t_{\Delta Bs}=B_s-B \tag{1-10}$$

$$t_{\Delta Cs} = C_s - C \tag{1-11}$$

$$t_{VBs} = B_{smax} - B_{smin} \tag{1-12}$$

$$t_{VCs} = C_{smax} - C_{smin} \tag{1-13}$$

$$B_m = B_{smax} + B_{smin} \tag{1-14}$$

$$C_m = C_{smax} + C_{smin} \tag{1-15}$$

$$t_{\Delta Ts} = T_s - T \tag{1-16}$$

式中，B_s、C_s 为套圈单一宽度；$t_{\Delta Bs}$、$t_{\Delta Cs}$ 为套圈单一宽度偏差；t_{VBs}、t_{VCs} 为套圈宽度变动量，指单个套圈最大与最小单一宽度的差值；B_m、C_m 为平均内径，指单个套圈最大与最小单一宽度的算数平均值；T_s 为成套轴承实际宽度；$t_{\Delta Ts}$ 为轴承实际宽度偏差，指轴承实际宽度与公称宽度的差值。

4）倒角。r_s 为单一倒角尺寸；r_{smin} 为最小单一倒角尺寸；r_{smax} 为最大单一倒角尺寸。

（2）几何公差　几何公差包含形状、滚道平行度、表面垂直度及厚度变动量 4 个方面的指标。

形状公差包含圆度误差、圆柱度误差及球形误差，其中圆度误差指线（内表面）的内切圆或线（外表面）的外接圆与线上任一点间的最大径向距离；圆柱度误差指表面（内表面）的内切圆柱体或围绕表面（外表面）的外接圆柱体与表面上任意点在任意径向平面内的最大径向距离；球形误差指表面（内表面）的内切球体或围绕表面（外表面）的外接球体与表面上任意点间在任意赤道平面内的最大径向距离。

滚道平行度和表面垂直度以字母 S 标记，与对应的套圈表面下标组合后，规定滚道平行度和表面垂直度如下：t_{Si} 为内圈滚道对端面的平行度；t_{Se} 为外圈滚道对端面的平行度；t_{Sd} 为内圈基准端面对内径的跳动；t_{SD} 为外表面母线对基准端面倾斜度的变动量。

径向轴承厚度变动量以字母 K 标记，推力轴承厚度变动量以字母 S 标记，与对应的套圈下标组合后，规定内外圈（或轴圈与座圈）滚道相对内外径（或轴圈与座圈背面）的厚度变动量如下：t_{Ki} 为内滚道对内孔的厚度变动量；t_{Ke} 为外滚道对外径的厚度变动量；t_{Si} 为轴圈滚道与背面间的厚度变动量；t_{Se} 为座圈滚道与背面间的厚度变动量。

（3）旋转精度　成套轴承旋转精度也以 K 和 S 分别标记变动量，其中 K 表示径向变动量，S 表示轴向变动量，与几何公差不同，成套轴承旋转精度增加了下标字母 a。将对应的内外圈下标符号组合后，规定各方向的旋转精度指标如下：t_{Kia} 为成套轴承内圈径向跳动；t_{Kea} 为成套轴承外圈径向跳动；t_{Sia} 为成套轴承内圈端面对滚道的跳动；t_{Sea} 为成套轴承外圈端面对滚道的跳动。

（4）内部游隙　滚动轴承游隙以符号 G 表示，定义为：在不承受任何外载荷的前提下，一套圈相对另一套圈在不同角度方向的偏心极限值位移到相反极限位置距离的算数平均值。套圈移动的径向距离为径向游隙 G_r，轴向距离为轴向游隙 G_a[17]。

游隙是滚动轴承重要的应用特性，直接影响轴承的疲劳寿命、振动、噪声、摩擦力矩、温升和设备运转精度等。滚动轴承从制造厂装配完成，到用户安装到主机，再到在主机上运转工作，各个阶段轴承所处的状态不同，游隙可分为原始游隙、安装游隙、工作游隙，制造环节关注的是轴承的原始游隙。

标准游隙分为2、N、3、4、5共5个游隙组别，GB/T 4604.1—2012《滚动轴承　游隙　第1部分：向心轴承的径向游隙》[18]、GB/T 4604.2—2013《滚动轴承　游隙　第2部分：四点接触球轴承的轴向游隙》[19] 及JB/T 8236—2023《滚动轴承　双列和四列圆锥滚子轴承游隙及调整方法》[20] 规定了不同结构、不同尺寸的游隙组别范围。

1.1.4　精度与检测

轴承零件制造完成及轴承成品装配完成后应满足零件图样和装配图样上的精度要求，标准规定了不同公差等级、不同尺寸轴承的公差值，还规定了测量方法，以保证不同测量结果的一致性。

（1）精度的一般规定　GB/T 307.3—2017《滚动轴承　通用技术规则》[21] 规定轴承按尺寸公差与旋转精度分级，公差等级依次由低到高排列。其中向心轴承（圆锥滚子轴承除外）分为普通级（0）、6、5、4、2共5个等级；圆锥滚子轴承分为普通级（0）、6X、5、4、2共5个等级；推力轴承分为普通级（0）、6、5、4共4个等级。

轴承的公差等级不同，其公差值也相应变化。对于同一公差等级，尺寸不同，公差值也有相应差别，GB/T 307.1—2017《滚动轴承　向心轴承　产品几何技术规范（GPS）和公差值》[22] 和GB/T 307.4—2017《滚动轴承　推力轴承　产品几何技术规范（GPS）和公差值》[23] 规定了不同精度、不同尺寸的轴承公差值。

GB/T 307.3—2017《滚动轴承　通用技术规则》[21] 还规定了不同精度等级滚动轴承外表面（包括内径、外径和端面）的粗糙度。

（2）测量和检验　在轴承零件制造及轴承成品装配过程中，测量和检验过程、测量准则也应依据相关标准的规定来执行。

GB/T 307.2—2005《滚动轴承　测量和检验的原则及方法》[24] 确立了滚动轴承尺寸和旋转精度的测量准则，概述了所使用的各种测量和检验原则的基本思想。

深沟球轴承、调心球轴承、圆柱滚子轴承、滚针轴承和调心滚子轴承等向心轴承径向游隙测量应符合GB/T 25769—2010《滚动轴承　径向游隙的测量方法》[25] 的规定；四点接触球轴承的轴向游隙检测应符合GB/T 32323—2015《滚动轴承　四点接触球轴承轴向游隙的测量方法》[26] 的规定；双、四列圆锥滚子轴承的游隙检测应符合JB/T 8236—2023《滚动轴承　双列和四列圆锥滚子轴承游隙及调整方法》[20] 的规定。对于一些特大型或者重大型轴承，无法采用标准规定测量的方法，也有采用塞尺或其他方法测量其游隙。

除以上关于精度与游隙的要求外，残磁也是轴承成品品质的重要指标，JB/T 6641—2017《滚动轴承　残磁及其评定方法》[27] 规定了残磁要求；另外，轴承成品的清洁程度对于轴承后续应用也有较大影响，GB/T 33624—2007《滚动轴承　清洁度测量及评定方法》[28] 规定了轴承清洁度的测量与评定方法。

1.1.5　性能及测试

滚动轴承制造完成后，即使经过工序间严格的零件与成品检验，符合图样或相关标准要求，也还需实际应用来检验轴承产品品质。轴承产品性能是其产品品质的综合反应，随着主机发展，专用轴承占比有日渐增加的趋势，专用轴承除通用的性能要求外，还应特别关注其应用场合的性能要求，如乘用车轴承需求低的振动值以提升乘坐舒适性；空调轴承需求低噪声以满足应用要求；飞行器、火箭或核工业等领域应用的轴承需求高可靠性以满足其安全性需求。

轴承性能包含旋转精度、振动及噪声、摩擦力矩、寿命、温升、漏脂等。对轴承性能要求提高是近年来主机行业及轴承行业发展的重要趋势，轴承行业内也越来越关注轴承性能测量与试验，并发布了一系列标准，其中轴承振动是最受关注的性能，相关的标准诸如：GB/T 32325—2015《滚动轴承 深沟球轴承振动（速度）技术条件》[29] 和 GB/T 32333—2015《滚动轴承 振动（加速度）测量方法及技术条件》[30]、JB/T 8922—2011《滚动轴承 圆柱滚子轴承振动（速度）技术条件》[31]、JB/T 10236—2014《滚动轴承 圆锥滚子轴承振动（速度）技术条件》[32] 和 JB/T 10237—2014《滚动轴承 圆锥滚子轴承振动（加速度）技术条件》[33]；对于振动如何测量，也有标准做了明确规定，如 GB/T 24610. 1—2019《滚动轴承 振动测量方法 第 1 部分：基础》[34]、GB/T 24610. 2—2019《滚动轴承 振动测量方法 第 2 部分：具有圆柱孔和圆柱外表面的向心球轴承》[35]、GB/T 24610. 3—2019《滚动轴承 振动测量方法 第 3 部分：具有圆柱孔和圆柱外表面的调心滚子轴承和圆锥滚子轴承》[36]、GB/T 24610. 4—2019《滚动轴承 振动测量方法 第 4 部分：具有圆柱孔和圆柱外表面的圆柱滚子轴承》[37]。对于其他性能的测试，也给出了相应的标准，如 GB/T 32562—2016《滚动轴承 摩擦力矩测量方法》[38]、GB/T 24607—2023《滚动轴承 寿命与可靠性试验及评定》[39]、GB/T 32321—2015《滚动轴承 密封深沟球轴承 防尘、漏脂及温升性能试验规程》[40] 等。

1.2 滚动轴承的零件术语与代号

滚动轴承行业具有一些行业内通用的专业术语，组成滚动轴承的各个零件的代号在轴承行业也有约定俗成的数字编号。熟悉和了解这些术语和零件代号对于学习轴承制造知识有着重要作用。

1.2.1 专业术语

行业内通用的专业术语由 GB/T 6930—2002《滚动轴承 词汇》[41] 规定，从轴承、轴承零件、轴承配置及分部件、尺寸、与公差关联的尺寸、力矩与载荷及寿命等各方面规定了滚动轴承行业的专业术语，表 1-3 列举了与轴承工艺关联比较紧密的零件结构特征专用词汇。

表 1-3 轴承零件结构特征专用词汇

词汇	含义
滚道	滚动轴承承载部分的表面，滚动体的滚动轨道
直滚道	在垂直于滚动方向的平面内的素线为直线的滚道
凸度滚道	在垂直于滚动方向的平面内，有连续微凸弧度的基本圆柱形或圆锥形滚道，以防止滚子与滚道接触的端部产生应力集中
球面滚道	形状为球表面的一部分的滚道

（续）

词汇	含义
沟道	呈现沟形的球轴承的滚道，通常为圆弧形横截面，其半径略大于球半径
沟肩	沟道的侧面
挡边	平行于滚动方向并凸出滚道表面的窄凸肩，用于支撑和引导滚动体并使其保持在轴承内
保持架引导面	用于径向引导保持架的轴承套圈或垫圈的圆柱表面
装填槽	在轴承套圈或轴承垫圈的挡边或沟肩上用于装入滚动体的槽
套圈（垫圈）端面	垂直于套圈（或垫圈）轴线的套圈（或垫圈）表面
轴承内孔	滚动轴承内圈或轴圈的内孔
圆柱孔	素线基本为直线并与轴承轴线或轴承零件轴线平行的轴承或零件内孔
圆锥孔	素线基本为直线并与轴承轴线或轴承零件轴线相交的轴承或零件内孔
轴承外表面	滚动轴承外圈或座圈的外表面
套圈倒角	连接内孔或外表面与套圈（垫圈）一端面的轴承套圈（或垫圈）表面
越程槽	为便于磨削，在轴承套圈或轴承垫圈的挡边或凸缘根部所开的沟或槽
密封表面	与密封圈接触的滑动表面
密封（防尘）槽	用于保持轴承密封圈（防尘盖）的槽
止动槽	用于止动环定位或保持止动环的槽
润滑槽	轴承零件上输送润滑剂的槽
润滑孔	轴承零件上向滚动体输送润滑剂的孔

除标准规定的规范专业术语，还有轴承行业约定成俗的固定术语，如：内圈上的滚道称为内滚道，外圈上的滚道称为外滚道；对于球轴承，称为内沟（内圈上的沟道）或外沟（外圈上的沟道）。类似的还有：向心轴承内圈内径或推力轴承的轴圈内径为内径，内圈上最大外表面的直径为内外径，外圈上最小内表面的直径为外内径。

作为轴承行业的从业者，应熟悉并掌握这些作为重要行业标志的专业术语。这些专业术语与前述公差符号一样，数量较多，无法一一列举，其余的大量专业术语或固定术语需要慢慢熟悉和掌握。

1.2.2 零件代号

滚动轴承由多个零件组成，按照一般机械装配图的规定，各不同零件应标记件号，滚动轴承行业对滚动轴承内包含的零件一般采用通用的数码表示，各种不同类型零件代号见表 1-4。采用这样的代号规则在书写或交流上存在一定的便利性，如，外圈用“01”表示，内圈用“02”表示，6308 轴承内圈可用代号 6308/02 表示；而 30308 E/01 则表示 30308 E 轴承外圈。

表 1-4 的内容来源于洛阳轴承研究所较早的内部标准，目前轴承行业的国家标准和行业标准未做出明确规定，因而也有部分企业不采用这样的代号规则。

表 1-4 轴承零件的代号

名称	00	10	20	30	40	50	60	70	80	90
外(座)圈	01	11	21	31	41	51	61	71	81	91
	外(座)圈	外挡圈	第二外圈	第三外圈	外圈镶边圈	半外圈	第一外挡圈	第二外挡圈	第三外挡圈	非普通形内圈
内(轴)圈	02	12	22	32	42	52	62	72	82	92
	内(轴)圈	内挡圈	第二内圈	第三内圈	内圈镶边圈	半内圈	活动中挡圈	第二内挡圈	浇铸合内圈	非普通形内圈
非工作套圈	03	13	23	33	43	53	63	73	83	93
	非工作圈		第二非工作圈	第三非工作圈	滚动体间撑圈	外隔圈	内隔圈		内壳	外壳或外罩
滚动体	04	14	24	34	44	54	64	74	84	94
	滚动体		第二滚动体	第三滚动体						特殊滚动体
衬套及其零件	05	15	25	35	45	55	65	75	85	95
	衬套	螺母						止动环及螺钉		
实体保持架	06	16	26	36	46	56	66	76	86	96
	保持架	保持架的第二件	第二保持架或半保持架	第三保持架或半保持架	滚动体引导的保持架	外引导保持架	内圈引导的保持架	下滚道引导的保持架	内滚道引导的保持架	保持架部件
冲压保持架	07	17	27	37	47	57	67	77	87	97
	保持架	保持架的第二件	第二保持架或半保持架	第三保持架或半保持架	滚动体引导的保持架			第二保持架的第二件		保持架部件
冲压挡圈及密封零件	08	18	28	38	48	58	68	78	88	98
	防尘盖及冲压挡圈	密封装置的第一件	密封装置的第二件	密封装置的第三件	密封装置部件		橡胶密封圈	过滤件	毛毡密封圈	毛毡密封圈
紧固零件	09	19	29	39	49	59	69	79	89	99
	铆钉支柱螺钉		第二紧固件	第三紧固件	垫板	键	止动钢		止动圈或弹簧圈	紧固或控制圈

1.3 滚动轴承零件材料

从制造工艺的角度来说，无论是刀具选择、切削用量的确定、加工质量等工艺要素，还是整个制造工艺过程的确立，都与被加工工件的材料性质及热处理状态紧密相关。材料学是一个单独的学科，并非本书研究的主要内容，但由于材料对于轴承制造工艺的关键影响，本节单独讨论滚动轴承零件的常用材料。

如前所述，滚动轴承除了套圈、滚动体和保持架这几个主要零件外，还包含垫圈、隔圈、密封圈、支柱、支销等。常用的铆钉、垫圈、隔圈、密封圈、支柱、支销等所用材料分为黑色金属材料、有色金属材料和非金属材料三类，特殊用途的轴承零件还应满足特殊工作条件的要求，如耐高温、耐腐蚀、自润滑（在真空条件下使用）或无磁等。

对于内外圈、滚动体和保持架这 4 个组成滚动轴承的关键零件，套圈和滚动体承受载荷，因而材料要求接近，目前套圈使用材料主要有钢材、陶瓷和工程塑料，其中钢材是套圈和滚动体用量最多的材料；保持架材料大量采用黑色金属、有色金属和非金属材料，其中，非金属材料制造的保持架在近年来发展迅猛。

1.3.1 滚动轴承用钢的要求

现代机器要求轴承在高载荷、高转速、高旋转精度和宽的工作温度范围内高可靠性地工作，选择合适的材料并严格执行相应的热处理工艺是滚动轴承产品保持较高质量的前提。

（1）性能要求　滚动轴承的主要破坏形式是在交变应力作用下的疲劳剥落，以及因摩擦磨损而使轴承精度丧失，此外，还有裂纹、压痕、锈蚀等。因而要求制造滚动轴承用钢应具备高的接触疲劳强度、耐磨性、弹性极限，合适的硬度范围，好的冲击韧度，良好的尺寸稳定性和一定的防锈性能。在特殊工作条件下使用的轴承，其用钢还必须满足相应的特殊性能要求，如耐高温、抗腐蚀、防磁及高速性能等。

从轴承制造工艺的角度来说，滚动轴承零件在生产中要经过多道冷、热加工工序，这就要求轴承钢应具有良好的工艺性能，如冷、热成形性能、切削、磨削及热处理性能等，以适应大批量、高效率、低成本和高质量生产的需要。

（2）选择原则　在设计和制造滚动轴承时，应该依据轴承的应用条件来选择正确的材料。从滚动轴承的应用条件考虑，一般按下述原则来选择轴承材料。

1）工作条件。

① 工作温度：常温下工作的轴承，采用高碳铬轴承钢；工作温度高于 150℃ 低于 250℃ 时采用铬轴承钢，但要经过特殊的热处理（200℃或 300℃回火）。

② 承受冲击载荷的大小：承受强大冲击载荷的轴承，一般不采用铬轴承钢，大多数采用优质渗碳结构钢、耐冲击工具钢或调质结构钢。

③ 接触介质：在腐蚀介质中使用的轴承必须采用具有良好耐腐蚀性的不锈轴承钢或合金钢制造。

2）结构类型。轴承零件结构较复杂，如外圈带安装挡边，而且承受较高的冲击载荷时，宜采用加工性能良好的渗碳钢；冲压滚针轴承外圈可采用 08 和 10 低碳钢；摆动机构或操纵机构上使用的关节轴承，可采用具有优良的冷塑性变形性能的 10Cr15、95Cr18、

102Cr17Mo 及合金结构钢冷挤压成型。

3）轴承疲劳寿命与可靠性要求。轴承疲劳寿命和可靠性，在一定程度上取决于钢的纯洁度和组织均匀性。对于一般使用场合，选用真空冶炼的轴承钢；当要求较高时，可选用电渣重熔、双真空冶炼等冶炼方式炼成的轴承钢，如铁路车辆轴箱轴承、航空发动机主轴轴承和导航系统轴承等。

1.3.2 常用滚动轴承钢

按照化学成分及特性分类，我国的滚动轴承钢分为高碳铬轴承钢、渗碳轴承钢、不锈轴承钢、中高温轴承钢及无铬轴承钢五大类，最常用的轴承内、外圈和滚动体钢材为高碳铬轴承钢。国外大多数国家只有四大类，没有无铬轴承钢，我国轴承行业也很少应用该类钢种；渗碳轴承钢的钢种较多，美国应用此类钢种最多；不锈轴承钢与中高温轴承钢国内外的钢号类似。

（1）高碳铬轴承钢　高碳铬轴承钢采用先进的冶炼技术和工艺得到了较高的纯洁度，具有优良的淬透性和淬硬性，经球化退火后获得均匀分布的球状珠光体组织，切削性能良好；淬回火后的显微组织和硬度比较均匀稳定，具有较高的接触疲劳强度和良好的耐磨性，经适当的热处理后还可获得良好的尺寸稳定性，并具有一定的抗腐蚀性能。钢材价格相对也比较便宜。到目前为止，高碳铬轴承钢仍是各国普遍用于制造轴承零件的理想材料。

GB/T 18254—2016《高碳铬轴承钢》[42]详尽规定了高碳铬轴承钢的分类与代号、订货内容、尺寸、外形、技术要求、试验方法、检验规则、包装及证明书等内容。修订后的 GB/T 18254—2016 中规定了 GCr15、GCr15SiMn、GCr15SiMo、GCr18Mo 及 G8Cr15 共 5 个牌号的高碳铬轴承钢，其主要化学成分要求见表 1-5。

表 1-5　现行高碳铬轴承钢牌号及化学成分

统一数字代号	牌号	化学成分(质量分数,%)				
		C	Si	Mn	Cr	Mo
B00151	G8Cr15	0.75~0.85	0.15~0.35	0.20~0.40	1.30~1.65	≤0.10
B00150	GCr15	0.95~1.05	0.15~0.35	0.25~0.45	1.40~1.65	≤0.10
B01150	GCr15SiMn	0.95~1.05	0.45~0.75	0.95~1.25	1.40~1.65	≤0.10
B03150	GCr15SiMo	0.95~1.05	0.65~0.85	0.20~0.40	1.40~1.70	0.30~0.40
B02180	GCr18Mo	0.95~1.05	0.20~0.40	0.25~0.40	1.65~1.95	0.15~0.25

即使是同一种类型的钢材，依据冶金质量的差别又分为优质钢、高级优质钢和特级优质钢，不同冶金质量的钢材中残余元素的含量见表 1-6。

表 1-6　高碳铬轴承钢中残余元素含量

冶金质量	化学成分(质量分数,%)										
	Ni	Cu	P	S	Ca	O	Ti	Al	As	As+Sn+Sb	Pb
	不大于										
优质钢	0.25	0.25	0.025	0.020		0.0012	0.005	0.05	0.04	0.075	0.002
高级优质钢	0.25	0.25	0.020	0.020	0.001	0.0009	0.003	0.05	0.04	0.075	0.002
特级优质钢	0.25	0.25	0.015	0.015	0.001	0.0006	0.0015	0.05	0.04	0.075	0.002

目前GCr15与GCr15SiMn仍然是轴承行业用量最大的两种钢材，硅、锰两种元素添加进入GCr15钢的目的在于提升钢材的淬透性，适用于壁厚较厚的套圈或直径较大的滚动体，这两种钢材在轴承零件上的适用范围见表1-7。GCr15SiMo和GCr18Mo的抗冲击性能与GCr15、GCr15SiMn相比有显著的优势，成本上又比渗碳钢低，因而近年在冶金、水泥、造纸等冲击载荷较大的应用领域的用量有较大提升。

表1-7　轴承零件适用高碳铬轴承钢材料

牌号	使用范围/mm		
	套圈	钢球	滚子
GCr15	有效壁厚≤12	直径≤50	直径≤22
GCr15SiMn	有效壁厚>12	直径>50	直径>22

钢制轴承零件需经热处理后才能得到合适的金相组织并最终满足滚动轴承的应用需求。对于高碳铬轴承钢材，GB/T 34891—2017《滚动轴承　高碳铬轴承钢零件 热处理技术条件》[43] 规定了表1-4中材料制造的滚动轴承套圈和滚动体退火、淬火及回火后的技术要求和检验方法，对于球化退火、马氏体淬回火后的显微组织、硬度、碳化物及脱碳层等做了具体要求。

除GB/T 34891—2017规定的马氏体淬火外，目前轴承行业开始大量采用贝氏体淬火，马氏体淬火和贝氏体淬火的淬火介质都包含油浴和盐浴两种主要类型。JB/T 13347—2017《滚动轴承　高碳铬轴承钢零件热处理淬火介质　技术条件》[44] 规定了高碳铬轴承钢零件的热处理淬火介质的详细技术要求。

（2）渗碳轴承钢　渗碳轴承钢实际上是优质低合金结构钢，含有较低的碳和一定量的合金元素。渗碳轴承钢渗碳淬火后表面保留压应力状态，抗疲劳强度好，承受冲击载荷能力强，表面硬化层有微裂纹也不易向内部扩展；表面具有较高的硬度而心部硬度较低，与高碳铬轴承钢相比有较好的心部冲击韧度；渗碳层深度和渗层碳含量可以根据需要加以调节，不受轴承零件尺寸和壁厚的限制。渗碳轴承钢经渗碳、淬火、回火等热处理工序后，特别适宜于制造在冲击载荷条件下工作的轴承和尺寸较大的轴承。

渗碳轴承钢的分类与代号、订货内容、尺寸、外形、技术要求、试验方法、检验规则、包装及证明书由GB/T 3203—2016《渗碳轴承钢》[45] 规定。修订后的GB/T 3203—2016中规定了G20CrMo、G20CrNiMo、G20CrNi2Mo、G20Cr2Ni4、G10CrNi3Mo、G20Cr2Mn2Mo和G23Cr2Ni2Si1Mo共7个牌号的高碳铬轴承钢，其主要化学成分要求见表1-8，渗碳轴承钢中残余元素的含量见表1-9。

表1-8　现行渗碳轴承钢牌号及化学成分

牌号	化学成分(质量分数,%)						
	C	Si	Mn	Cr	Ni	Mo	Cu
G20CrMo	0.17~0.23	0.20~0.35	0.65~0.95	0.35~0.65	≤0.30	0.08~0.15	≤0.25
G20CrNiMo	0.17~0.23	0.15~0.40	0.60~0.90	0.35~0.65	0.40~0.70	0.15~0.30	≤0.25
G20CrNi2Mo	0.19~0.23	0.25~0.40	0.55~0.70	0.45~0.65	1.60~2.00	0.20~0.30	≤0.25
G20Cr2Ni4	0.17~0.23	0.15~0.40	0.30~0.60	1.25~1.75	3.25~3.75	≤0.08	≤0.25

（续）

牌号	化学成分(质量分数,%)						
	C	Si	Mn	Cr	Ni	Mo	Cu
G10CrNi3Mo	0.08~0.13	0.15~0.40	0.40~0.70	1.00~1.40	3.00~3.50	0.08~0.15	≤0.25
G20Cr2Mn2Mo	0.17~0.23	0.15~0.40	1.30~1.60	1.70~2.00	≤0.30	0.20~0.30	≤0.25
G23Cr2Ni2Si1Mo	0.20~0.25	1.20~1.50	0.20~0.40	1.35~1.75	2.20~2.60	0.25~0.35	≤0.25

表 1-9 渗碳轴承钢中残余元素含量

化学成分(质量分数,%)					
P	S	Al	Ca	Ti	H
≤0.020	≤0.015	≤0.050	≤0.001	≤0.005	≤0.0022

JB/T 8881—2020《滚动轴承 渗碳轴承钢零件 热处理技术条件》[46] 规定了表 1-8 中材料制造的滚动轴承零件渗碳前预备热处理、渗碳一次淬回火、高温回火及二次淬回火的技术要求，以及平均晶粒度、淬硬层深度、硬度、显微组织、裂纹等的检验方法。

与高碳铬轴承钢的显著差异在于：渗碳轴承钢的碳含量低，无法直接通过淬火得到高表面硬度，需要先经渗碳处理使零件表面碳含量增加，再经淬火方可得到高表面硬度；淬硬层的深度与渗碳时间相关，淬火容易变形，尺寸较大的套圈淬火时一般需要模具，故渗碳轴承钢的热处理工艺成本也显著高于高碳铬轴承钢。

（3）不锈轴承钢 不锈轴承钢在腐蚀介质中使用时不易锈蚀，因而不锈轴承钢主要用于制造特殊条件下使用的轴承，如化学工业、食品工业、船舶工业等要求耐腐蚀性环境中工作的轴承。

GB/T 3086—2019《不锈轴承钢》[47] 规定了不锈轴承钢的订货内容、尺寸、外形、重量、技术要求、试验方法、检验规则、包装及证明书等内容。GB/T 3086—2019 做了较大修订，规定了 G95Cr18、G65Cr14Mo 与 G102Cr18Mo 共 3 个牌号的不锈轴承钢，其化学成分要求见表 1-10，其中 G95Cr18 原牌号为 9Cr18，G102Cr18Mo 原牌号为 9Cr18Mo。不锈轴承钢中残余元素的含量表 1-11。

表 1-10 现行不锈轴承钢牌号及化学成分

统一数字代号	牌号	化学成分(质量分数,%)				
		C	Si	Mn	Cr	Mo
B21890	G95Cr18	0.90~1.00	≤0.80	≤0.80	17.0~19.0	
B21410	G65Cr14Mo	0.60~0.70	≤0.80	≤0.80	13.0~15.0	0.50~0.80
B21810	G102Cr18Mo	0.95~1.10	≤0.80	≤0.80	16.0~18.0	0.40~0.70

表 1-11 不锈轴承钢中残余元素含量

化学成分(质量分数,%)			
P	S	Ni	Cu
≤0.035	≤0.020	≤0.25	≤0.25

G95Cr18 和 G102Cr18Mo 是应用比较普遍的马氏体不锈钢。这类不锈钢含有质量分数为 1%左右的碳和质量分数为 18%左右的铬，属于高碳铬不锈钢，经热处理后具有较高的强度、硬度、耐磨性和接触疲劳性能。这类钢具有很好的抗大气、海水、水蒸气腐蚀的能力，通常用于制造在海水、蒸馏水、硝酸等介质中工作的轴承零件；由于这类钢经 250~300℃ 回火后的硬度为 55HRC，也可用于制造使用温度低于 350℃ 的高温耐腐蚀轴承零件；又因为这类不锈钢还具有较好的低温稳定性，也被用于制造-253℃ 以上的低温轴承零件，如火箭氢氧发动机中的低温轴承；有时也用于制造仪表、食品和医用器械轴承。

从制造工艺角度来看，由于 G95Cr18 和 G102Cr18Mo 属于高碳高合金钢，在冶炼过程中会不可避免地形成共晶碳化物（也称一次碳化物）。一般而言，共晶碳化物的颗粒比较粗大且分布不均匀，不仅不能像共析碳化物那样提高轴承零件硬度做出贡献，而且如果共晶碳化物太多，还易造成热处理后硬度达不到设计要求或硬度分布不均匀，在生产过程中造成大量的废品。另一方面，在轴承磨削过程中，共晶碳化物易从钢基体上剥落下来形成凹坑，影响轴承零件加工的表面质量和加工精度。共晶碳化物属于脆性相，在轴承承受较大的交变负荷时，易在共晶碳化物处造成应力集中而产生疲劳裂纹源，使轴承使用性能和接触疲劳寿命受到很大的影响。

JB/T 1460—2011《滚动轴承　高碳铬不锈轴承钢零件　热处理技术条件》[48] 规定了表 1-5 中材料制造的滚动轴承零件的退火、淬回火后的技术要求、检验方法和规则等。

除马氏体不锈钢 G95Cr18 和 G102Cr18Mo 外，也有部分奥氏体不锈钢被用来制造保持架等零件；对于一些在实际应用中承受载荷较低的轴承，也可采用低碳不锈钢来制作套圈和滚动体，这类材料碳含量不高，热处理后的硬度、强度较低，但耐腐蚀及塑性较好，可用于制造在腐蚀介质中工作载荷不大的钢球、滚针、滚针套、关节轴承外套等轴承零件。

（4）中高温轴承钢　一般轴承的工作温度不超过 120℃，其精度、寿命、性能才能保持正常。当温度超过 120℃ 时，普通轴承零件制造应采用高温回火，并在轴承代号中加附加代号以示区别。在使用温度超过 150℃ 时，铬轴承钢轴承的硬度急剧下降，尺寸不稳定，并导致轴承无法正常工作。工作温度在 150℃ 以上使用的轴承被称为高温轴承，主要用于航空喷气发动机、燃气轮机、核反应堆系统、X 光管钨盘、高速飞行器、火箭或宇宙飞船这一类特殊工况。对于工作温度为 150~250℃ 条件的轴承，如果套圈和滚动体仍选择高碳铬轴承钢来制造，则必须对轴承零件进行特殊的回火处理，一般应在高于工作温度的温度下进行高温回火处理。

当轴承工作温度高于 250℃ 时，则必须采用耐高温的轴承钢进行制造。高温轴承钢除应具有一般轴承钢的性能外，还必须具有一定的高温硬度、高温耐磨性、高温接触疲劳强度、抗氧化性能、高温抗冲击性能和高温尺寸稳定性。常用的高温轴承钢有钼系、钨系与钨钼系，高温轴承钢中包含的 W、Mo、Cr、V 等元素能形成高温下难溶的碳化物，并且在回火时能够析出弥散分布的碳化物，产生二次硬化效应，使这类钢在一定温度下仍具有较高的硬度、耐磨性，较强的抗氧化能力，较高的耐疲劳性能和尺寸稳定性。

GB/T 38886—2020《高温轴承钢》[49] 规定了不锈轴承钢的订货内容、尺寸、外形、重量、技术要求、试验方法、检验规则、包装、标志及质量证明书等内容。GB/T 38886—2020 规定了 GW9Cr4V2Mo、GW18Cr5V、GCr4Mo4V、GW6Mo5Cr4V2 及 GW2Mo9Cr4VCo8 共 5 个牌号的高温轴承钢，其化学成分要求见表 1-12。

表 1-12 现行高温轴承钢牌号及化学成分

牌号	化学成分(质量分数,%)					
	C	Mn	Si	Cr	Mo	V
GW9Cr4V2Mo	0.70~0.80	≤0.40	≤0.40	3.80~4.40	0.20~0.80	1.30~1.70
GW18Cr5V	0.70~0.80	≤0.40	0.15~0.35	4.00~5.00	≤0.80	1.00~1.50
GCr4Mo4V	0.75~0.85	≤0.35	≤0.35	3.75~4.25	4.00~4.50	0.90~1.10
GW6Mo5Cr4V2	0.80~0.90	0.15~0.40	≤0.45	3.80~4.40	4.50~5.50	1.75~2.20
GW2Mo9Cr4VCo8	1.05~1.15	0.15~0.40	≤0.65	3.50~4.25	9.00~10.00	0.95~1.35
牌号	化学成分(质量分数,%)					
	W	P	S	Ni	Cu	Co
GW9Cr4V2Mo	8.50~10.00	≤0.025	≤0.015	≤0.25	≤0.20	
GW18Cr5V	17.50~19.00	≤0.025	≤0.015	≤0.25	≤0.20	
GCr4Mo4V	≤0.25	≤0.025	≤0.015	≤0.25	≤0.20	≤0.25
GW6Mo5Cr4V2	5.50~6.75	≤0.025	≤0.015	≤0.25	≤0.20	
GW2Mo9Cr4VCo8	1.15~1.85	≤0.025	≤0.015	≤0.25	≤0.20	7.75~8.75

JB/T 2850—2007《滚动轴承 Cr4Mo4V 高温轴承钢零件 热处理技术条件》[50] 针对 Cr4Mo4V 高温轴承钢专门规定了其退火和淬回火后的技术要求、检验方法、酸洗检查规程及钢球压碎载荷值等热处理相关技术条件；JB/T 11087—2011《滚动轴承 钨系高温轴承钢零件 热处理技术条件》[51] 规定了 W9Cr4V2Mo 和 W18Cr4V 等高温轴承钢退火和淬回火后的技术要求、检验方法。

对于结构比较复杂，又需承受较大冲击载荷的轴承，可以采用高温渗碳钢来制造；当轴承的使用温度超过 500℃ 时，选用高温轴承钢已难以满足其性能要求，应选用钴基、镍基合金或陶瓷等高温材料。

（5）转盘轴承套圈常用钢材 转盘轴承（也称回转支承）能够同时承受较大的轴向载荷、径向载荷和倾覆力矩，结构特殊，广泛应用于起重机械、工程机械、运输机械、矿山冶金机械、医疗器械及舰船、雷达、风力发电机等设备。

以往的转盘轴承主要用于低速重载领域，套圈主要采用 42CrMo 和 50Mn 制造。42CrMo 为合金结构钢，材料强度高、韧性高、淬透性好且回火脆性不明显，经调质处理后疲劳极限较高，抗冲击能力强且低温冲击韧度好；50Mn 为碳素结构钢，常用于承载高、耐磨性要求高的机械零件，适用于转盘轴承的滚道，由于添加了 Mn 元素，淬透性及热处理后强度、硬度、弹性均稍高，但 Mn 元素增加了材料脆性，抗弯强度弱。表 1-13 所列为以上两种材料的化学成分。

表 1-13 转盘轴承套圈常用钢材牌号及化学成分

牌号	化学成分(质量分数,%)				
	C	Si	Mn	Cr	Mo
42CrMo	0.38~0.45	0.17~0.37	0.50~0.80	0.90~1.20	0.15~0.25
50Mn	0.48~0.56	0.17~0.37	0.70~1.00	≤0.25	

42CrMo 和 50Mn 锻件要求正火或调质处理，正火状态的套圈硬度要求为 187~241HBW，调质状态的套圈硬度要求为 229~269HBW。套圈滚道需表面淬火，硬度要求为 55~62HRC，其有效硬化层深度 *DS* 值应满足淬硬层深度的规定。

转盘轴承近年进入蓬勃发展的创新时期，设计新理念带来诸多新型结构形式。其套圈材料也不再限于合金结构钢，高碳铬轴承钢、不锈轴承钢以及渗碳轴承钢也在转盘轴承套圈上广泛应用；为了节约材料，弹簧钢制造的钢丝滚道轴承也发展迅猛。国内轴承行业近年来对于转盘轴承更加重视，制定了转盘轴承的行业标准并形成部分标准系列，如 JB/T 10471—2017《转盘轴承》[52]。针对一些特殊应用领域（如风力发电机轴承、盾构机主轴承等）的可靠性要求，开发了一些新材料，如 42CrMoNi。

（6）其他钢材　除了以上提及的主要滚动轴承用钢外，还有一些其他钢材，如中碳钢、低碳钢、弹簧钢等也可应用到滚动轴承零件制造。这些材料主要应用于降低材料成本或特殊需求，如家用门窗和悬挂传送线等要求条件低的地方，大量使用中碳钢或低碳钢轴承；弹簧钢用来制造弹簧轴承或螺旋滚子等。由于用量较大，轴承行业也规定了相关材料的热处理标准，如 JB/T 6366—2007《滚动轴承　中碳耐冲击轴承钢零件　热处理技术条件》[53]，JB/T 7363—2007《滚动轴承　零件碳氮共渗　热处理技术规范》[54] 及 JB/T 8566—2008《滚动轴承　碳钢轴承零件　热处理技术条件》[55] 等。

1.3.3　其他材料

为了适应特殊工作条件下的轴承性能需求，非金属材料在轴承行业的应用近年来发展较为迅速，其中最典型的材料为陶瓷和工程塑料。

（1）陶瓷　陶瓷材料是指用天然或合成化合物经过成型和高温烧结制成的一类无机非金属材料，具有高熔点、高硬度、高耐磨性、耐氧化等优点。

采用陶瓷作为原材料的轴承具有耐高温、耐寒、耐磨、耐腐蚀、抗磁、电绝缘、无油自润滑、高转速等特性，可用于极度恶劣的环境及特殊工况。陶瓷轴承的套圈及滚动体材料，目前应用的有氧化锆（ZrO_2）、氮化硅（Si_3N_4）、碳化硅（SiC）3 种，其保持架可采用聚四氟乙烯、聚乙二酰乙二胺（尼龙 66）、聚醚酰亚氨、氧化锆、氮化硅、不锈钢或特种航空铝制造以扩大陶瓷轴承的应用范围，图 1-3 所示为陶瓷轴承。

（2）工程塑料　塑料质量轻，有自润滑性和耐蚀性，摩擦因数低，耐磨损，噪声低，可用水润滑。常用于制造航海、食品、化学工业、家用办公机械中的低载荷轴承套圈，配上不锈钢球、玻璃球或塑料球。还有塑料制造的外球面轴承座。常用的塑料有：乙缩醛轴承材料、尼龙轴承材料、聚四氟乙烯轴承材料、酚醛轴承材料、聚酰亚胺轴承材料。图 1-4 所示为工程塑料轴承。

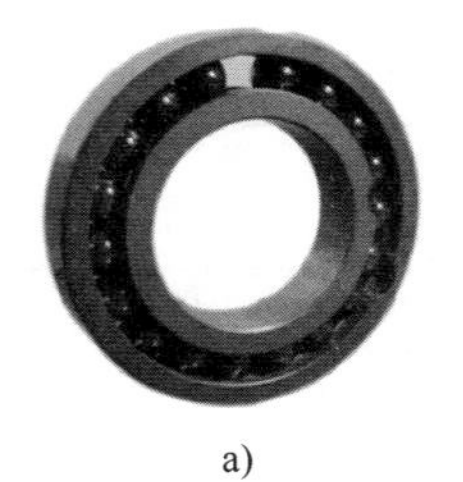

a)

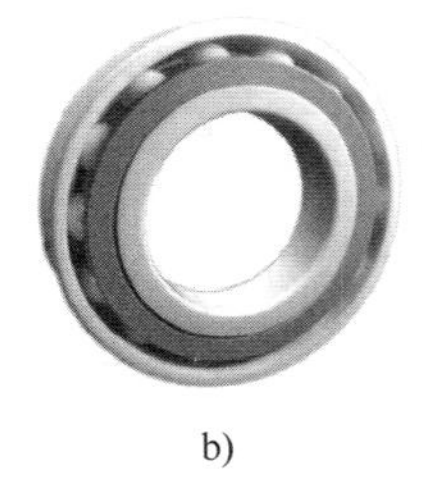

b)

图 1-3　陶瓷轴承

a）氮化硅　b）氧化锆

图 1-4　工程塑料轴承

除了以上套圈和滚动体的主要材料外，其他应用于轴承零件制造的材料见表 1-14。

表 1-14 其他轴承零件材料及用途

材料	用途
碳素结构钢	浪形、盒形、菊形、筐形、乙形、盆形、E 形等冲压保持架及防尘盖、挡圈、密封圈等；筐形保持架、车制保持架、中间隔圈、球形垫圈、有螺纹支柱、隔离齿环、支销及特殊螺母、螺栓等；保持架铆钉、长圆柱等
碳素工具钢	冠形保持架、防尘盖等
石墨钢	润滑不良且有氟介质腐蚀的保持架
不锈钢	耐腐蚀、耐高温、抗氧化等轴承用的保持架、垫圈、铆钉等
纯钢	铆钉止推环等
黄铜	冲压保持架和管状铆钉；高温、高速、高强度实体保持架
铅黄铜	实体保持架
硅青铜	制造实体保持架、挡圈
	制造高温高速实体保持架
锻铝	制造较大尺寸、高速轴承保持架
铸铝	制造实体保持架
硬铝	制造高温高速轴承实体保持架
塑料及其复合材料	制造套圈保持架等
酚醛层压布管	制造角接触球轴承保持架

1.4 滚动轴承生产的工艺规程

相对一般的机械产品，滚动轴承零件结构相对简单，但其技术要求高。与其他零件一样，轴承产品的制造过程也涉及生产过程、工艺过程、工艺路线及工艺规程的概念。产品的生产过程是指将原材料变为成品的全部过程，工艺则是指产品的制造方法，零件生产过程中经过环节的先后顺序称工艺路线。对于同一零件，其工艺过程多种多样，切合实际的良好工艺过程在生产实践中被固化并形成的专门文件称工艺规程。

1.4.1 轴承零件的一般生产过程

滚动轴承的零件种类多，原材料也涵盖了黑色金属、有色金属及多种非金属材料，另外尺寸、结构、精度的不同组合更加多种多样。不同种类、不同原材料及不同结构、尺寸及精度的轴承零件的加工过程也不尽相同。

（1）生产过程　中、小型普通精度等级轴承的生产过程大致相同，见表 1-15，表中仅包含采用黑色金属批量生产中小型轴承套圈及一些常用零件的一般生产过程，而一旦产品存在特殊性，则有可能增加部分工序，但宏观的生产过程差异不显著。

由表 1-15 可知，轴承的生产过程大致划分为 6 个主要阶段，分别为备料、毛坯成型、淬火前加工、淬火、淬火后精加工及零件成品与轴承成品，以上生产过程仅仅是作者根据现行轴承零件生产的常用习惯所做的阶段性划分，并无硬性要求。备料是指生产轴承的原材料

表 1-15　滚动轴承生产的一般生产过程

<table>
<tr><td rowspan="2">加工阶段</td><td colspan="10">主要零件类型</td></tr>
<tr><td colspan="2">套圈</td><td colspan="2">钢球</td><td colspan="3">滚子</td><td colspan="3">保持架</td></tr>
<tr><td>备料</td><td>棒料
管料</td><td>棒料</td><td>线材
棒料</td><td>棒料</td><td>线材
棒料</td><td>棒料</td><td>棒料</td><td>带料
板料</td><td>棒料</td><td>工程塑料</td></tr>
<tr><td>毛坯成型</td><td></td><td>锻造
退火</td><td>冷镦</td><td>热镦
退火</td><td>冷镦</td><td></td><td>锻造
退火</td><td>冲压</td><td>锻坯
铸坯</td><td>成型</td></tr>
<tr><td>淬火前加工</td><td colspan="2">车削
（软磨）</td><td colspan="2">锉削
软磨（光磨）</td><td></td><td>车削</td><td>车削</td><td rowspan="2">成形
表面
处理</td><td rowspan="2">车削
拉方孔
或钻孔
表面
处理</td><td rowspan="2">后处理</td></tr>
<tr><td>淬火</td><td colspan="7">淬回火</td></tr>
<tr><td>淬火后精加工</td><td colspan="2">硬磨、
超精加工
（电腐蚀或激光）</td><td colspan="2">硬磨
（强化处理）
抛光（精研）</td><td colspan="3">磨削
超精</td><td></td><td></td><td></td></tr>
<tr><td>零件成品</td><td colspan="10">终检　　分类　　检查</td></tr>
<tr><td>轴承成品</td><td colspan="10">装配　　成品检查　　防锈封存　　包装</td></tr>
</table>

准备，由于轴承制造工厂大多不生产原材料，而随着近年轴承原材料的市场化推进，原材料准备环节的合适与否对整个轴承产品的利润率会产生非常重要的影响；毛坯成型是指未经金属切削过程，通过热锻造、冷（热）镦、冷冲、铸造或模铸等成型方法形成轴承零件毛坯的过程，这个过程涉及的领域与专业知识与一般轴承零件机械加工也有显著差异，因而独立划分为一个阶段；淬火前，轴承零件的硬度较低，容易进行金属切削加工，因此大量的加工余量在这个环节去除；对于轴承套圈和滚子，车削是最主要的淬火前加工内容，同时也包含钻、铣、镗、拉、磨等常用金属切削方式；淬火是为了让轴承零件得到高的表面硬度以适应滚动轴承应用时的载荷，淬火的过程决定了轴承零件的内在质量，这个过程在轴承行业一般也是由专业热处理工厂来完成；轴承套圈和滚动体经淬火后，硬度提升，材料去除难度也增加，主要材料去除方式为磨削加工（或研磨加工），磨削加工的主要目的在于提升轴承零件精度；零件成品和轴承成品在轴承行业一般归属同一阶段，即磨装工厂（或车间），也有部分工厂对于一些长线产品，可能先制造大批零件成品直接入库，等接到合适订单再装配为轴承成品，但这种生产组织模式占用了大量流转资金，实际应用较少。

由表 1-15 还可以看出，除了淬火环节外，轴承零件制造过程还涉及其他热处理环节，如套圈制造过程中有退火、回火等环节，有一些冲压保持架为降低轴承噪声增加氮化环节等。图 1-5 所示为轴承套圈制造的一般制造过程：通过热锻造形成毛坯的轴承套圈，需首先经历严格的球化退火，对于一些精密轴承套圈，甚至在球化退火前还需要经过正火；经过车削加工后，一般轴承套圈必须经过淬火与回火，对于一些精度要求高的套圈还需要经过冷处理以降低内部残余奥氏体的含量，进一步提升套圈内部材料的稳定性；磨削加工后，由于

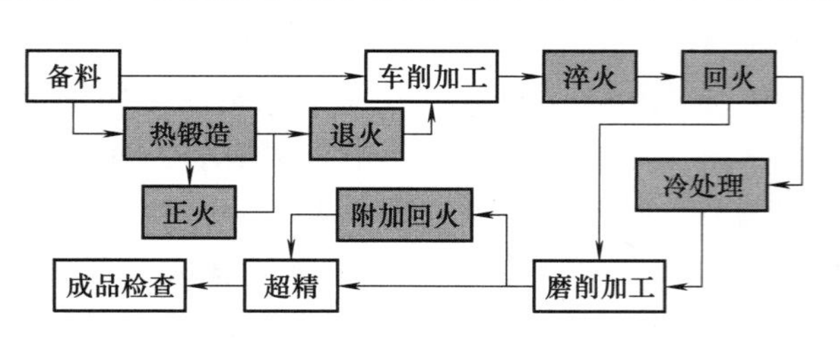

图 1-5　轴承套圈的一般制造过程

磨削加工产生大量的磨削热，造成磨削表面形成拉应力状态，拉应力过大时甚至超过材料的屈服极限，在磨加工表面出现磨削裂纹，因而工序间还会增加附加回火过程，最终才进入超精和成品检查环节。

总的来说，轴承零件的制造过程中冷加工和热加工可以用“冷热交替、互为依存”来表述，因而在一些大规模的专业轴承制造厂，热加工（包括工序间的高低温处理）与冷加工（指金属切削）分别设立了专门的技术部门。

本书主要论述滚动轴承的冷加工工艺，并非忽视热加工的重要作用。虽然从表象上看轴承的加工主要靠金属切削来成形，实质上各种热处理环节决定了金属内部的金相组织、晶粒大小、内应力及表面残余应力等诸多直接影响轴承内在质量的关键因素。

（2）轴承零件的生产特点　多数轴承都是标准化产品，同一型号的轴承需要量很大。为提高生产率，降低成本，保证质量和广泛采用新技术，提高机械化与自动化水平，轴承制造厂一般按轴承类型和品种进行大批量轮番生产，即一次投入生产的品种较少而每一品种的生产批量较大，对个别年生产量很大的轴承型号，建立专门自动线或流水线进行生产。基于以上生产特点，轴承零件的工艺过程具备专业化、自动化、智能化和先进性的特征。

专业化方面，轴承零件加工中大量采用专用设备，如：圆锥滚子的加工采用圆锥滚子球基面专用磨床和圆锥滚子专用无心外圆磨床；套圈的加工采用滚道专用磨床和挡边专用磨床；钢球的加工采用光磨机、磨球机及研磨机等专用设备。轴承零件制造过程中采用的专门工装、夹具、量具及测量方法等也体现了轴承工艺过程的专业化特点，如中小型轴承测量一般采用与标准件对比的“比较测量法”；专业化的特点还在于轴承生产厂家的专门性，如轴承行业只生产保持架零件的称保持架厂，只生产微型轴承的称微型轴承厂等。

轴承生产的专业化为其生产自动化提供了极大的方便。在生产中，除了采用全自动、半自动专用机床外，还采用高度自动化的外圆无心磨床、双端面磨床及多刀半自动车床和多轴车床等非专业机床。近年来更加集成化的生产单元和自动线也在行业内大量应用，如：锻造自动线、装配自动线、热处理自动线及套圈生产自动线等。

轴承零件生产工艺的先进性主要表现为大量使用先进的设备、仪器、工艺及标准的管理与应用。设备方面有高速镦锻机、超声波清洗机、数控车床与磨床、各类控制力磨削磨床等；测量使用多种专门和先进仪器，如圆度仪、轮廓仪、三坐标仪等；工装上包含各种先进夹具、上下料机械手等；工艺方面有保护气氛淬火、可控气体渗碳工艺、超精加工、高速磨削等。近年来，轴承行业大量兴起磨工自动连线，在连线中加入了大量在线监测设备、主动测量仪器等，工业机器人也开始进入轴承制造过程，这也体现了轴承零件生产工艺的先进性。

1.4.2 轴承零件的工艺过程与路线[56]

滚动轴承零件生产过程中涉及诸多的环节，如锻造、铸造、冲压、切削、热处理、焊接、检查、装配、退磁、清洗等。

（1）工艺过程的组成　工艺过程由一系列工序组成，原材料依次通过这些工序变为成品。工序指 1 个（或 1 组）工人在 1 台设备（或 1 个工作场地）对 1 个工件（或同时对几个工件）连续完成的部分工艺过程。工序又可进一步细分为工步、走刀、安装和工位。工步是指在加工表面、加工刀具及切削用量不变的条件下所连续完成的部分工艺过程；走刀则是指刀具在加工表面上切削一次所完成的部分工艺过程；一个工序可包含一个或几个工步，每一工步可包含一次或几次走刀。安装是工件经一次装夹所完成的工艺过程，在同一道工序中，工件可能安装一次，也可能安装多次。工位是指工件经安装后在机床上所占据的每一个位置上所完成的工艺过程。

（2）工艺路线的拟定　工艺路线拟定的合理性直接影响加工质量和效率，同时还影响设备投资、车间面积、工人劳动强度及生产成本。在拟定工艺路线时，主要考虑加工方法选择、加工阶段划分、工序集中与分散、加工工序安排 4 个方面的内容。

1）加工方法选择。在分析零件图样的基础上，对各加工表面选择相应的加工方法及加工次数，所选择的加工方法和加工次数需同时满足加工质量、生产率和经济性等方面的要求，还需兼顾零件的材料和硬度，外形尺寸、重量及生产类型，制造厂的技术能力和设备状态，以及机床附件和专用二级工具状态。

在拟定工艺路线时，一般先选定主要表面的最后加工方法，然后选定最后加工前一系列准备工序的加工方法，最后选择次要表面的加工方法。

2）加工阶段划分。当零件加工质量要求高时，往往不可能在一个工序内集中完成一个零件（或零件某一表面）的全部加工，而是要把零件的整个加工过程划分为粗加工、半精加工、精加工和光整加工等多个阶段。比如轴承套圈的磨工工序，往往分为粗磨、细磨与精磨等多个磨削阶段，当精度要求高时，甚至会将细磨和精磨进一步划分为细磨 1、细磨 2 与精磨 1、精磨 2 等。

3）工序集中与分散。工序集中是指每道工序包含较多工步，可减少工件的安装次数，减少设备和工装的数量并减少生产面积，但会导致设备和工装复杂程度的提升，调整困难；工序分散指每道工序包含较少工步，使设备和工装结构简单，设备易于调整，但会导致设备数量和生产面积增加。

在拟定工艺路线时，应结合具体产品结构、质量要求和生产类型并结合现有技术能力、设备状况及管理水平等因素，来选择工序的集中与分散。在轴承零件加工中，批量生产的标准型号多采用工序集中，小批量或者样品试制过程则多采用工序分散。

4）加工工序安排。在轴承零件加工中，需经切削、热处理、检查和清洗等不同性质的过程，在拟定工艺路线时，应合理安排这些过程的先后顺序，以满足质量、效率和经济性要求。

在切削加工中，应先安排粗加工，再安排半精加工，最后安排精加工和光整加工。对于零件的各表面，一般应先安排主要加工面，后安排次要加工面，次要表面的加工可放在主要加工面结束后，最后精加工或光整加工之前。

轴承零件制造过程中，为了提高材料的力学性能，改善金属的切削加工性及消除内应力，还应在工艺路线的合适位置安排热处理工序。轴承零件热处理包括预备热处理、最终热处理及去除内应力热处理三大类。预备热处理一般安排在机械加工前，用于改善工件材料的切削性能并消除毛坯制造时的内应力，如热锻造套圈毛坯的球化退火或正火；最终热处理一般安排在车削加工后、磨削加工之前，主要用于提高材料的硬度和强度，如套圈的淬火、回火等；去应力热处理主要指附加回火，消除磨削加工造成的表面应力。

加工过程中还包含中间检验、清洗防锈、特种检验、退磁等工序。中间检验安排在工段与工段之间、车间与车间之间，关键工序后也需要中间检验以控制质量，避免废品传递；工序间加工出最终表面后，每道工序均需清洗防锈以保护加工表面，工件需存放时，还需定期防锈；多数轴承零件制造过程中采用磁性夹具，加工后需立即退磁，在总检清洗防锈前还需再安排退磁工序；一些特种检验应安排在合理位置，如用于检验材料内部质量的超声波探伤（或涡流探伤）一般安排在工艺过程开始之前，用于检验工件表面质量的磁粉探伤、荧光检查、酸洗与硬度检查一般安排在精加工后。

（3）生产纲领　零件的生产纲领是其年产数量，可采用下式计算：

$$N=Qn(1+a\%)(1+b\%) \tag{1-17}$$

式中，N 为零件生产纲领；Q 为产品的年产量；n 为每一产品中该零件的数量；$a\%$ 为备品率；$b\%$ 为废品率。

对应数量不同的生产纲领，生产类型分为单件小批生产、成批生产和大批量生产。单件小批生产是单个或者少量的生产某种产品，由于年产工件数量少，不可能为 1 个工件或 1 个工序专门准备设备或场地，因此，这种生产类型往往在 1 台设备（1 个场地）进行多种工件或多种工序的加工，在轴承试制、特种轴承定制或重大型轴承的制造过程中，由于数量少，一般采用单件小批的生产类型；成批生产是指周期性分批投入生产，即在 1 台设备（1 个场地）顺序地分批完成不同工件的某些工序，大型轴承有一定批量，但又不符合大批量生产条件，较多采用批量生产的生产类型；大批量生产是针对数量很多的产品，采用专门设备（或场地）连续不断地加工某一零件或工序，中小型轴承一般采用大批量生产的生产类型。

（4）轴承零件工艺过程的特征　被加工对象的零件结构、加工特点及质量控制特点是确定工艺过程的要素。

1）零件结构方面：虽然滚动轴承零件表面的几何形状差异大，但多为短而薄的回转体表面，因而径向刚性差，工艺方面需着重关注夹紧变形，尤其是近年来应用较多的等截面轴承的径向刚性尤其差。

2）加工特点方面：轴承零件虽然结构简单，但技术条件要求很高，加工工序多，精密加工多，并且采用大量的成形加工、复合加工、数控加工等。

3）质量控制方面：轴承零件的检测项目、检测方法和检测人员众多，工序间还需反复退磁、清洗、防锈等。

1.4.3　轴承零件生产的工艺规程

工艺规程是组织生产的指导性文件，也是生产准备工作的依据，工艺规程一旦制定，必须严格执行。但也需要明确工艺规程合理性的相对性，尤其是近年来国内轴承行业新技术、新装备、新刀具快速发展，使工艺规程的适用周期越来越短，产品改进、生产类型变更、新材料新技术的应用都推动着工艺规程的更新。

（1）工艺规程编制的原则　作为切合实际的良好工艺过程，在生产实践中被固化并形成的专门文件，工艺规程编制时必须满足产品质量要求与经济性两大原则。

1）产品质量。工艺规程必须可靠地保障图样上标注的所有技术要求的实现，这是工艺规程编制的基本原则。

2）经济性。工艺规程应满足要求的生产率，确保交付时间，还需尽可能考虑现有资源，力求减少人力和物力的消耗，降低制造成本。同时还要兼顾劳动强度、环境保护等问题。

（2）工艺规程编制的步骤　工艺规程编制前应具备的原始资料包括：产品的成套图样与相关技术说明资料，产品验收标准，产品生产纲领和生产类型，原材料准备状态与毛坯的供应能力，制造厂及国内外同行业具备的生产技术水平对比。具体步骤如下：

1）分析轴承产品零件图与装配图，了解各项技术条件的依据并找出主要技术条件和关键技术问题，审查图样的完善性与技术条件的合理性，确定零件的结构工艺性。

2）确定轴承零件的毛坯形式。

3）拟定轴承内部各零件的工艺路线，包括确定各表面的加工方法，划分加工阶段和安排工序顺序等。

4）选择各工序的定位基准与安装方式。

5）选择各工序的加工余量，计算工序尺寸并确定工序技术条件与检验方法。

6）选定各工序的设备、刀具、夹具、量具与辅助工具。

7）计算工时定额并进行必要的技术经济分析。

8）填写全部工艺文件。

1.5　滚动轴承零件制造的工艺文件

工艺管理和用于生产及指导工人操作的各种技术文件均属工艺文件的范畴，工艺文件种类较多，图 1-6 描述了轴承零件制造中工艺文件之间的相互关系。

轴承零件制造中的工艺文件主要包括主导文件和直接服务生产的文件两大类。主导文件包含毛坯图、检查规程、留量与公差标准、工序图、工序间技术条件、工夹（量）具明细表以及切削规范等；直接服务生产的文件包括过程卡、工艺卡和工序卡。

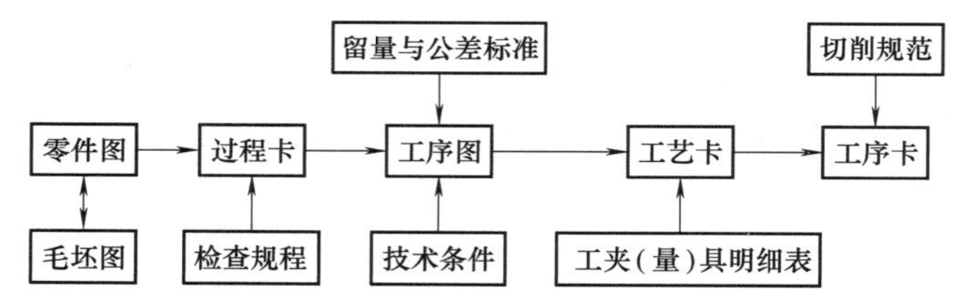

图 1-6　轴承零件制造中工艺文件的相互关系

毛坯图包括的内容有：各种零件的毛坯图形、结构尺寸公差、各表面总加工余量标准和加工方法等。

过程卡描述了零件的加工工艺路线，包括所用设备、加工部件及装夹方法等。过程卡属于一种综合性卡片，是生产技术准备的依据，据此可编制计划和组织生产。

工序图又称操作图，它规定了产品零件各表面的加工过程，在各道工序中应保证的工序尺寸及其公差和加工余量等。

工艺卡以工序为单位说明该工序的加工部件、工序尺寸及加工质量，所用设备及工夹（量）具、刀具、切削用量、机动时间及单件时间等。工艺卡是工艺准备和施工的主要文件。

工序卡是根据工艺卡的每个工序进行编制的，内容更加详细和具体，每个工序一张，用于指导该工序工人的生产。必要时以工艺卡代替或仅在重要工序设置。

留量与公差标准规定了不同类型产品各加工表面每道切削工序的加工余量和相应工序尺寸公差。

为了满足轴承产品的各项技术要求，轴承零件产品都规定有相应的技术条件，而零件技术条件由各加工工序保证。各表面各加工工序应保证的技术条件构成了工序间技术条件文件。

检查规程包括的内容有：检查对象、检查项目、应检查百分比、检验方法及检验中使用的工具和量具等。

工夹（量）具明细表是填写产品在生产过程中所需的各工序的工夹（量）具、刃具的名称、编号、图号及数量的一种工艺文件。必要时也可以用工艺卡代替。

切削规范规定了各种加工方法采用的转速、进给量和切削深度等内容。

参考文献

[1] HARRIS T A. Rolling Bearing Analysis [J]. 5th ed. New York: CRC Press Inc, 2006.

[2] 夏新涛，马伟，颉谭成，等. 滚动轴承制造工艺学 [M]. 北京：机械工业出版社，2007.

[3] 全国滚动轴承标准化技术委员会. 滚动轴承 分类：GB/T 271—2017 [S]. 北京：中国标准出版社，2017.

[4] 全国滚动轴承标准化技术委员会. 滚动轴承 铁路客车轴承：GB/T 25772—2010 [S]. 北京：中国标准出版社，2010.

[5] 全国滚动轴承标准化技术委员会. 滚动轴承 风力发电机组主轴轴承：GB/T 29718—2013 [S]. 北京：中国标准出版社，2013.

[6] 全国滚动轴承标准化技术委员会. 滚动轴承 工业机器人谐波齿轮减速器轴承：GB/T 34884—2017 [S]. 北京：中国标准出版社，2017.

[7] 全国滚动轴承标准化技术委员会. 滚动轴承 汽车轮毂轴承单元：JB/T 10238—2017 [S]. 北京：机械工业出版社，2017.

[8] 全国滚动轴承标委会. 滚动轴承 水泵轴连轴承：JB/T 8563—2010 [S]. 北京：机械工业出版社，2010.

[9] 全国滚动轴承标准化技术委员会. 滚动轴承 汽车发动机张紧轮和惰轮 轴承及其单元：JB/T 10859—2008 [S]. 北京：机械工业出版社，2008.

[10] 全国滚动轴承标准化技术委员会. 滚动轴承 代号方法：GB/T 272—2017 [S]. 北京：中国标准出版社，2017.

[11] 全国滚动轴承标准化技术委员会. 滚动轴承 外形尺寸总方案 第1部分：圆锥滚子轴承：GB/T 273.1—2023 [S]. 北京：中国标准出版社，2023.

[12] 全国滚动轴承标准化技术委员会. 滚动轴承 外形尺寸总方案 第2部分：推力轴承：GB/T 273.2—2018 [S]. 北京：中国标准出版社，2018.

[13] 全国滚动轴承标准化技术委员会. 滚动轴承 外形尺寸总方案 第3部分：向心轴承：GB/T 273.3—2020 [S]. 北京：中国标准出版社，2020.

[14] 全国滚动轴承标准化技术委员会. 滚动轴承 外球面球轴承和偏心套 外形尺寸：GB/T 3882—2017 [S]. 北京：中国标准出版社，2017.

[15] 全国滚动轴承标准化技术委员会. 滚动轴承 参数符号：GB/T 7811—2015 [S]. 北京：中国标准出版社，2015.

[16] 全国滚动轴承标准化技术委员会. 滚动轴承　公差　定义 GB/T 4199—2003 [S]. 北京：中国标准出版社，2003.
[17] 陈龙，颉谭成，夏新涛. 滚动轴承应用技术 [M]. 北京：机械工业出版社，2010.
[18] 全国滚动轴承标准化技术委员会. 滚动轴承　游隙　第 1 部分：向心轴承的径向游隙：GB/T 4604.1—2012 [S]. 北京：中国标准出版社，2012.
[19] 全国滚动轴承标准化技术委员会. 滚动轴承　游隙　第 2 部分：四点接触球轴承的轴向游隙：GB/T 4604.2—2013 [S]. 北京：中国标准出版社，2013.
[20] 全国滚动轴承标准化技术委员会. 滚动轴承　双列和四列圆锥滚子轴承游隙及调整方法：JB/T 8236—2023 [S]. 北京：机械工业出版社，2023.
[21] 全国滚动轴承标准化技术委员会. 滚动轴承　通用技术规则：GB/T 307.3—2017 [S]. 北京：中国标准出版社，2017.
[22] 全国滚动轴承标准化技术委员会. 滚动轴承　向心轴承　产品几何技术规范（GPS）和公差值：GB/T 307.1—2017 [S]. 北京：中国标准出版社，2017.
[23] 全国滚动轴承标准化技术委员会. 滚动轴承　推力轴承　产品几何技术规范（GPS）和公差值：GB/T 307.4—2017 [S]. 北京：中国标准出版社，2017.
[24] 全国滚动轴承标准化技术委员会. 滚动轴承　测量和检验的原则及方法：GB/T 307.2—2005 [S]. 北京：中国标准出版社，2005.
[25] 全国滚动轴承标准化技术委员会. 滚动轴承　径向游隙的测量方法：GB/T 25769—2010 [S]. 北京：中国标准出版社，2010.
[26] 全国滚动轴承标准化技术委员会. 滚动轴承　四点接触球轴承轴向游隙的测量方法：GB/T 32323—2015 [S]. 北京：中国标准出版社，2015.
[27] 全国滚动轴承标准化技术委员会. 滚动轴承　残磁及其评定方法：JB/T 6641—2017 [S]. 北京：机械工业出版社，2017.
[28] 全国滚动轴承标准化技术委员会. 滚动轴承　清洁度测量及评定方法：GB/T 33624—2017 [S]. 北京：中国标准出版社，2017.
[29] 全国滚动轴承标准化技术委员会. 滚动轴承　深沟球轴承振动（速度）技术条件：GB/T 32325—2015 [S]. 北京：中国标准出版社，2015.
[30] 全国滚动轴承标准化技术委员会. 滚动轴承　振动（加速度）测量方法及技术条件：GB/T 32333—2015 [S]. 北京：中国标准出版社，2015.
[31] 全国滚动轴承标准化技术委员会. 滚动轴承　圆柱滚子轴承振动（速度）技术条件：JB/T 8922—2011 [S]. 北京：机械工业出版社，2011.
[32] 全国滚动轴承标准化技术委员会. 滚动轴承　圆锥滚子轴承振动（速度）技术条件：JB/T 10236—2014 [S]. 北京：机械工业出版社，2014.
[33] 全国滚动轴承标准化技术委员会. 滚动轴承　圆锥滚子轴承振动（加速度）技术条件：JB/T 10237—2014 [S]. 北京：机械工业出版社，2014.
[34] 全国滚动轴承标准化技术委员会. 滚动轴承　振动测量方法　第 1 部分：基础：GB/T 24610.1—2019 [S]. 北京：中国标准出版社，2019.
[35] 全国滚动轴承标准化技术委员会. 滚动轴承　振动测量方法　第 2 部分：具有圆柱孔和圆柱外表面的向心球轴承：GB/T 24610.2—2019 [S]. 北京：中国标准出版社，2019.
[36] 全国滚动轴承标准化技术委员会. 滚动轴承　振动测量方法　第 3 部分：具有圆柱孔和圆柱外表面的调心滚子轴承和圆锥滚子轴承：GB/T 24610.3—2019 [S]. 北京：中国标准出版社，2019.
[37] 全国滚动轴承标准化技术委员会. 滚动轴承　振动测量方法　第 4 部分：具有圆柱孔和圆柱外表面的圆柱滚子轴承：GB/T 24610.4—2019 [S]. 北京：中国标准出版社，2019.

[38] 全国滚动轴承标准化技术委员会. 滚动轴承 摩擦力矩测量方法: GB/T 32562—2016 [S]. 北京: 中国标准出版社, 2016.
[39] 全国滚动轴承标准化技术委员会. 滚动轴承 寿命与可靠性试验及评定: GB/T 24607—2023 [S]. 北京: 中国标准出版社, 2023.
[40] 全国滚动轴承标准化技术委员会. 滚动轴承 密封深沟球轴承 防尘、漏脂及温升性能试验规程: GB/T 32321—2015 [S]. 北京: 中国标准出版社, 2015.
[41] 全国滚动轴承标准化技术委员会. 滚动轴承 词汇: GB/T 6930—2002 [S]. 北京: 中国标准出版社, 2002.
[42] 全国钢标准化技术委员会. 高碳铬轴承钢: GB/T 18254—2016 [S]. 北京: 中国标准出版社, 2016.
[43] 全国滚动轴承标准化技术委员会. 滚动轴承 高碳铬轴承钢零件 热处理技术条件: GB/T 34891—2017 [S]. 北京: 中国标准出版社, 2017.
[44] 全国滚动轴承标准化技术委员会. 滚动轴承 高碳铬轴承钢零件热处理淬火介质 技术条件: JB/T 13347—2017 [S]. 北京: 机械工业出版社, 2017.
[45] 全国钢标准化技术委员会. 渗碳轴承钢: GB/T 3203—2016 [S]. 北京: 中国标准出版社, 2016.
[46] 全国滚动轴承标准化技术委员会. 滚动轴承 渗碳轴承钢零件 热处理技术条件: JB/T 8881—2020 [S]. 北京: 机械工业出版社, 2020.
[47] 全国钢标准化技术委员会. 不锈轴承钢: GB/T 3086—2019 [S]. 北京: 中国标准出版社, 2019.
[48] 全国滚动轴承标准化技术委员会. 滚动轴承 高碳铬不锈轴承钢零件 热处理技术条件: JB/T 1460—2011 [S]. 北京: 机械工业出版社, 2011.
[49] 全国钢标准化技术委员会. 高温轴承钢: GB/T 38886—2020 [S]. 北京: 中国标准出版社, 2020.
[50] 全国滚动轴承标准化技术委员会. 滚动轴承 Cr4Mo4V 高温轴承钢零件 热处理技术条件: JB/T 2850—2007 [S]. 北京: 机械工业出版社, 2007.
[51] 全国滚动轴承标准化技术委员会. 滚动轴承 钨系高温轴承钢零件 热处理技术条件: JB/T 11087—2011 [S]. 北京: 机械工业出版社, 2011.
[52] 全国滚动轴承标准化技术委员会. 滚动轴承 转盘轴承: JB/T 10471—2017 [S]. 北京: 机械工业出版社, 2017.
[53] 全国滚动轴承标准化技术委员会. 滚动轴承 中碳耐冲击轴承钢零件 热处理技术条件: JB/T 6366—2007 [S]. 北京: 机械工业出版社, 2007.
[54] 全国滚动轴承标准化技术委员会. 滚动轴承 零件碳氮共渗 热处理技术规范: JB/T 7363—2007 [S]. 北京: 机械工业出版社, 2023.
[55] 全国滚动轴承标准化技术委员会. 滚动轴承 碳钢轴承零件 热处理技术条件: JB/T 8566—2008 [S]. 北京: 机械工业出版社, 2008.
[56] 周福章, 夏新涛, 周近民, 等. 滚动轴承制造工艺学 [M]. 西安: 西北工业大学出版社, 1993.

第2章　套圈毛坯锻造

套圈是滚动轴承的重要零件，其重量一般超过轴承总重的50%。绝大多数轴承套圈制造均为减材加工，因而毛坯准备是轴承套圈制造的起始环节[1]。

套圈毛坯形式、制造质量与生产率，直接影响轴承产品质量与制造企业的经济效益。不同毛坯形式的材料利用率具有显著差别，不同质量毛坯的尺寸分散度和几何形状精度差别将直接决定废品率[2]。另外，由于工艺遗传继承性问题，毛坯加工质量也直接影响后工序的加工精度与效率。

本章首先介绍了轴承套圈毛坯的类型、常见的毛坯成形方式；然后着重介绍轴承套圈热锻造的一般工艺流程、锻造基本原理、锻造温度、加热与冷却规范；随后按照轴承套圈锻造的工艺流程，逐一介绍下料、加热、锻造成形、辗扩至整径等基本工序环节；随着套圈锻造发展的毛坯精细化、高材料利用率与高生产率需求的提升，本章还介绍了高速镦锻、冷挤压、温挤压及冷辗扩等工艺成形方法；最后介绍了轴承套圈锻件的热护理及最终的产品质量检查。

2.1　套圈毛坯

2.1.1　毛坯类型

轴承套圈结构不同、尺寸不一，各轴承制造厂的设备能力、技术状态及工艺基础也有显著差别，因而套圈的毛坯种类也多种多样。目前使用较多的毛坯类型包括热锻件、管料、退火棒料、高速镦锻件、精密辗扩件板材、温冷挤压件与热轧件等，其中应用最广的是热锻件与管料车工件[3]。

1. 热锻件

热锻件组织紧密且内部金属流线断口少，因而采用热锻件毛坯的轴承抗疲劳能力强[4]，目前大尺寸或可靠性要求较高的中小尺寸套圈毛坯广泛采用热锻件。

与棒料或管料相比，热锻件增加了锻造工序，能耗高，成本也相对较高；材料利用率方面，热锻件高于棒料，但低于管料。

热锻件锻造成形后需经球化退火以降低锻件硬度并细化内部晶粒，原材料使用未退火棒料以降低成本。

由于锻造加工本身的限制，外径太小的套圈不适宜采用锻造毛坯，一般外径大于26mm

（甚至 50mm）才选用锻件；对于尺寸较大的套圈，采用锻造+辗扩的工艺方法得到大直径的套圈锻件，国内目前热锻件套圈尺寸已达 13m。

近年，国内套圈锻造水平不断提升，批量生产的大中型套圈的尺寸、形状与误差精度均大幅提升，但热锻件毛坯表面层坚硬，留量厚度不均，几何误差大，车削定位误差大，车削效率低，残余内应力及运输和摆放麻烦等不足依然存在。尽管存在诸多不足，锻件毛坯制成的轴承寿命长、可靠性高的优点使热锻毛坯不可或缺。

2. 管料

当采用管料作为套圈毛坯时，可选择尺寸与车工件尺寸接近的钢管，可使材料利用率大幅上升，车削工艺过程简化[5]。

直径小的套圈可选用冷拔钢管，直径大的可选用热轧钢管。棒材轧制（或冷拔）成为钢管的过程中，材料承受了较大的轧制力，提高了钢管材料的致密性且金属流线一致，具有一定的抗疲劳作用，轴承套圈车加工对金属流线存在一定程度的破坏。

管料主要用于大批量生产的中小型轴承综合自动线上，采用自动车床车削，车削工作量小，生产率高。管料外径尺寸一般为 20~80mm，超过 105mm 的不适宜采用管料，而应采用热锻件。

管料成本高于棒料，但低于热锻件。以往由于货源和规格限制，影响了管料的使用率，近年来，诸多钢管厂为轴承行业提供了各种规格的管材，使管料毛坯迅猛发展，已经成为极为重要的毛坯形式。

随着有限资源与能耗增加的矛盾凸显，轴承钢原材料成本近年大幅上升，作为材料利用率最高的套圈毛坯形式，管料代替棒料车削中、小型套圈已成为必然趋势。

3. 退火棒料

退火棒料曾经是轴承套圈的重要毛坯形式。在管料缺乏或管料成本高于材料利用率的情况下，一些轴承制造厂会选用棒料来加工轴承套圈。用实心棒料车削套圈，材料利用率很低，一般在 26%以下，车削工作量大，因而目前轴承行业较少采用实心棒料作为毛坯。

直径尺寸较大的棒料，轧制过程次数少，材料内部的致密性差，因而大尺寸轴承套圈不适宜采用棒料车制，一般要求套圈外径 $D<50$mm。

对于一些特殊材料的套圈（如不锈钢），锻造和制管成本极高，故仍然采用棒料作为套圈毛坯；一些批量较小的轴承套圈加工时难以获取热锻件或管料，只能采用棒料毛坯。

4. 高速镦锻件

高速镦锻件包括单件和塔形件，毛坯质量较好，成本较低，材料利用率高且生产率极高，适合中、小型套圈的大批量生产。高速镦锻设备成本昂贵，另外由于生产率过高设备利用率低，目前轴承行业只有少数工厂选用。

5. 精密辗扩件

精密冷、热辗扩件组织紧密，形状和尺寸精度高，表面质量也好，车削工作量很少，材料利用率高，适合大批量中、小套圈的生产，是毛坯的发展方向之一。冷辗件已发展较长时间，但由于成本问题，目前行业内有部分应用，但普及率不高；热辗扩件与热锻相互关联发展，目前精度和应用均发展较快。

6. 板材

板材本身的结构特点，使其适用于制造中小型推力轴承的轴圈和座圈、冲压轴承套圈或微型轴承套圈，生产率和材料利用率高。由于工艺上的问题，壁厚较厚的套圈还不能采用板材作为套圈毛坯。

除了以上毛坯类型，轴承套圈还有温冷挤压件和热轧件（应用较少，如板材冲压轴承套圈）。由于成本及工艺习惯问题，这两种毛坯目前在轴承行业应用普及率不高。

2.1.2 毛坯选择原则

毛坯种类多种多样，实际生产中应根据具体情况，在满足质量要求的前提下选用经济性最好的毛坯种类。

具体选择原则包括以下几个方面：

1）原材料类型适合的成形方式。

2）套圈的结构、形状与尺寸。

3）单次投产批量的大小。

4）提高材料利用率，减少车削工作量，降低加工成本。

5）具体的车加工能力（加工方法、加工精度等）。

6）满足轴承用户的特殊要求（如寿命、耐蚀性等）。

7）合适毛坯的提供能力。

2.2 套圈锻造概述

轴承套圈锻造加工能够消除金属的内在缺陷，改善金属组织，使金属流线分布合理，金属致密性好，从而提高轴承的使用寿命；获得与产品形状相近的毛坯，从而提高金属材料的利用率，节约材料，减少机械加工量，降低成本。

根据锻造时金属的温度情况，可将锻造分为热锻、冷锻和温锻三大类：热锻是指将金属加热到再结晶温度以上的锻造加工；冷锻是指金属在室温下的变形；而介于两者之间的金属变形称为温锻。目前在轴承套圈锻造工艺中，温锻应用较少，冷锻仅适用于变形较小的场合，大量采用的是热锻。

在套圈毛坯热锻成形过程中，将原材料加热到较高温度，是锻造过程中的关键工序，其加工质量直接影响轴承成品品质。

2.2.1 锻造基本原理

金属材料在锻造变形过程中受到外力和内力的同时作用：外力包括锻压设备的机械作用力，工具、模具对金属材料的反作用力及材料变形时与工、模具表面的摩擦力；内力则是指金属材料抵抗变形产生的抗力。当作用力达到一定程度时，金属材料将发生塑性变形，这些塑性变形存在一些一般规律[6]。

（1）金属的塑性变形　金属变形分为弹性变形与塑性变形，塑性变形是指外力去除后，金属不能弹性恢复到原尺寸与形状的变形方式，金属塑性变形之前都会先产生弹性变形。

金属在塑性变形时，晶粒的滑移会引起滑移面附近的晶格产生扭曲和紊乱，晶粒被拉长或破碎，增加了滑移阻力。这种现象会造成金属材料的强度和硬度提高，即金属的加工硬化。加工硬化是金属材料的一种不稳定状态，一般需通过热处理使金属组织再结晶以恢复金属材料的力学性能。

热锻造时金属材料的变形程度更大，金属组织更紧密。金属材料经热轧变形后，晶粒沿着变形方向被拉长，且这种拉长不能通过再结晶消除，而是成为稳定的热纤维组织，使金属材料性能产生方向性，即平行于纤维方向的力学性能优于垂直纤维的方向，轴承热锻造中应重视这一特点。

在热锻时，金属加工硬化现象与软化现象共存，硬化速度与软化速度相同时金属内才不存在硬化现象。当硬化速度比再结晶速度快时，金属材料内部存在不同程度的硬化痕迹。

（2）塑性变形的基本规律　当金属材料产生塑性变形时，其内部的流动情况遵照一定的规律，主要包含剪应力定律、最小阻力定律和体积不变定律。

1）剪应力定律。在外力作用下，金属材料内部沿滑移方向产生剪应力，达到临界剪应力时发生塑性变形。临界剪应力的大小与金属材料的种类、变形温度、变形速度和变形程度相关。金属材料内部含碳量（或合金元素）越高，临界剪应力越大。

2）最小阻力定律。在塑性变形过程中，变形物体的质点有向各个方向移动的可能性，故质点将沿阻力最小的方向移动，这一规律称为最小阻力定律。变形体内的质点在垂直与外力方向的位移，应发生在该点到断面周界的最短法线方向上。这是因为在这个方向上质点的移动距离最短，阻力最小。

在方形或矩形毛坯镦粗时，随着变形量的增大，毛坯的外轮廓逐渐趋向于圆形也就是最小阻力定律的实际应用，其流动情况如图 2-1 所示，其中图 2-1a 为方形毛坯的质点流动，图 2-1b 为矩形毛坯的质点流动。当方形和矩形毛坯镦粗时，其横截面大体可分为 4 个区域的质点沿着最短法线方向流动，即流向与该区距离最近的边。由于中心部分向外移动的质点多，而四角部分较少，故变形的结果是毛坯的外缘逐渐趋于圆形。

最小阻力定律是考虑变形方案时必须加以注意的，如用圆柱形毛坯直接挤成塔形工件（轴承内外组合锻件，如图 2-2 所示），只有在金属向下流动的阻力小于向上的阻力时才能实现，否则，为保证底部成形良好，需增加预成形工序。

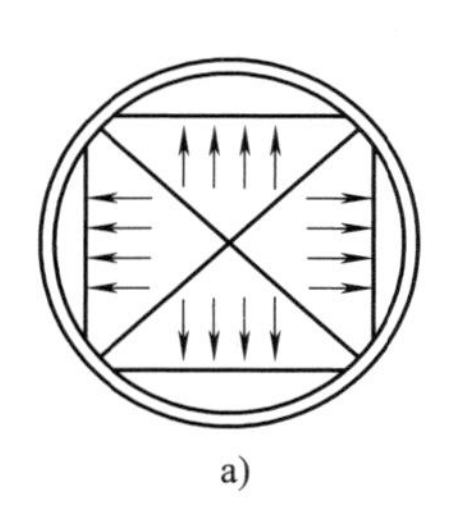

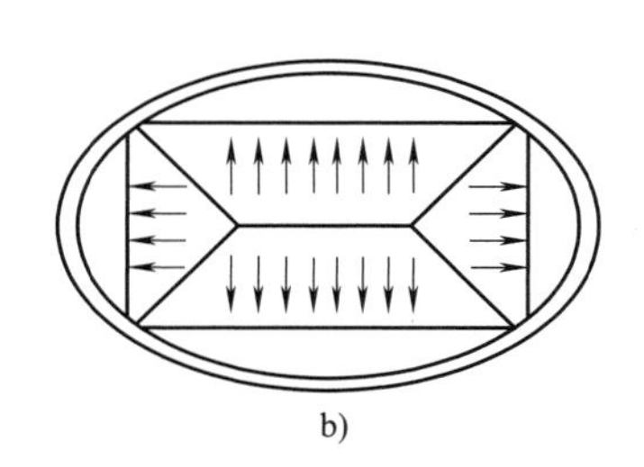

图 2-1　金属塑性变形的材料质点流动情况

a）方形毛坯　b）矩形毛坯

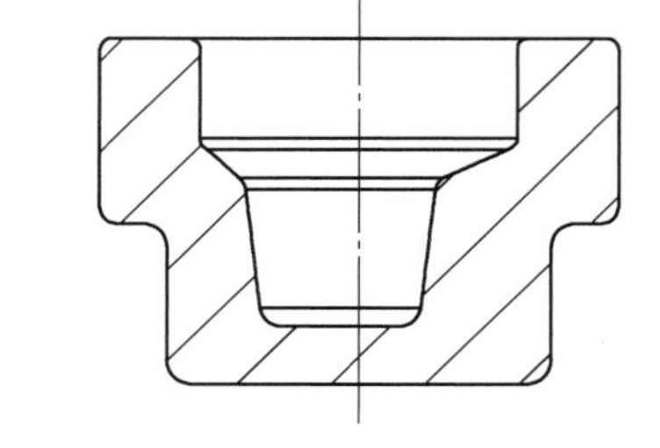

图 2-2　塔锻过程中的不合适金属流向

又如用钢板作为套圈的坯料时，为节省材料，钢板可不切成圆形，而是切成方形或六边形，如图 2-3 所示。后两种情况之所以能适用，就是因为在挤压前方形或六边形坯料按最小阻力定律会首先充满模腔形成圆板形，因而对成形过程没有影响。

（3）体积不变定律　对锻造过的工件进行精密测量的结果表明：在锻造过程中，由于金属内部空隙减小，缩孔的消除及晶内和晶间的破坏等原因，均会引起金属体积的一些变化，但是这种变化数值极其微小，可以忽略不计。故认为金属的体积在塑性变形过程中不变

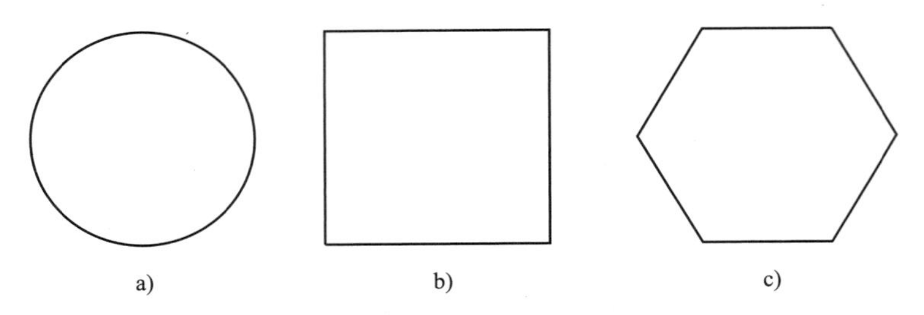

图 2-3　金属塑性变形的材料流动

a）圆形　b）方形　c）六边形

化，即体积不变定律。

(4) 锻造比与变形量　毛坯锻造前后的横截面积比值称锻造比，锻造比用来表征金属材料的变形程度，不同的锻造工序计算方法不同，如镦粗比、拔长比、挤压比或辗压比等。

镦粗比可采用锻造前后的直径（D_s、D）平方比来表示，依据体积不变定律，也可直接采用锻造前后的高度（H_s、H）比来表示，即

$$k=\frac{D^2}{D_s^2}=\frac{H_s}{H} \tag{2-1}$$

拔长比是金属材料在拔长变形时的锻造比，与镦粗比类似也可采用面积或长度的比值来表示，差别在于拔长后横截面面积变小，长度增加。

挤压比是材料在正、反挤压变形时的锻造比，正反挤压变形如图 2-4 所示。挤压比用挤压前后的横截面面积的比值来表示，即

$$\begin{cases} k_{正}=\dfrac{D_s^2}{D^2} \\ k_{反}=\dfrac{D_s^2}{D_s^2-D^2} \end{cases} \tag{2-2}$$

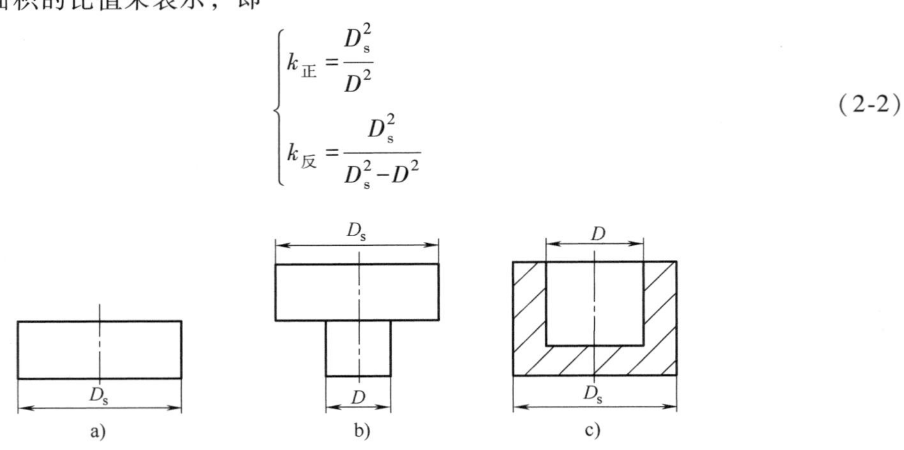

图 2-4　金属材料的正挤压与反挤压变形

a）原始胚料　b）正挤压变形　c）反挤压变形

辗压比是指环形毛坯在辗扩变形时的锻造比。轴承套圈辗扩时高度一般不变，辗扩比可用辗扩前后的厚度（S_s、S）比来表示，即

$$k=\frac{S_s}{S} \tag{2-3}$$

锻造过程中的变形程度称为变形量，一般采用百分比表示。变形量的值越大，表明金属

的变形程度越大，式（2-4）表示镦粗变形量，式（2-5）表示挤压变形量。

$$\varepsilon_{s}=\frac{H_{s}-H}{H_{s}} \tag{2-4}$$

$$\begin{cases}\varepsilon_{s正}=\dfrac{D_{s}^{2}-D^{2}}{D_{s}^{2}}\times 100\% \\ \varepsilon_{s反}=\dfrac{D^{2}}{D_{s}^{2}}\times 100\%\end{cases} \tag{2-5}$$

为保证镦粗时坯料不发生弯曲和歪斜，坯料的原始长度和直径之比应小于3，轴承钢锻造时常采用机械压力机，因而较多使用的原材料长径比为1.0~2.0，一般控制在1.6以下。

铸坯的锻造比一般由锻件厂与用户协商，一些公司对镦粗前后的高度比、马架扩孔前后的壁厚比、辗环前后的壁厚比、辗环前后高度比的乘积做出规定，表示为

$$R_{R}=\frac{A}{B}\ \frac{C}{D}\ \frac{E}{G}\ \frac{F}{H} \tag{2-6}$$

式中，A 为铸锭或连铸坯的横截面面积（mm^2）；B 为镦粗锻造之前铸坯的横截面面积（mm^2）；C 为镦粗锻造阶段钢锭的高度（mm）；D 为锻造之后冲孔之前镦粗坯料的高度（mm）；E 为冲孔之后镦粗坯料的高度（mm）；F 为冲孔之后扩张以前镦粗坯料的壁厚（mm）；G 为精锻或精轧套圈的高度（mm）；H 为精锻或精轧套圈的壁厚（mm）。式（2-6）中的符号表示方法与式（2-1）~式（2-5）的表达不同，目的在于区分不同原材料的锻造，符号含义做了详细说明。

2.2.2 套圈锻造的工艺文件

套圈锻造过程示意图如图2-5所示。设备布置一般是将加热炉、压力机（或锤，或平锻机）、扩孔机组成连线进行流水作业。

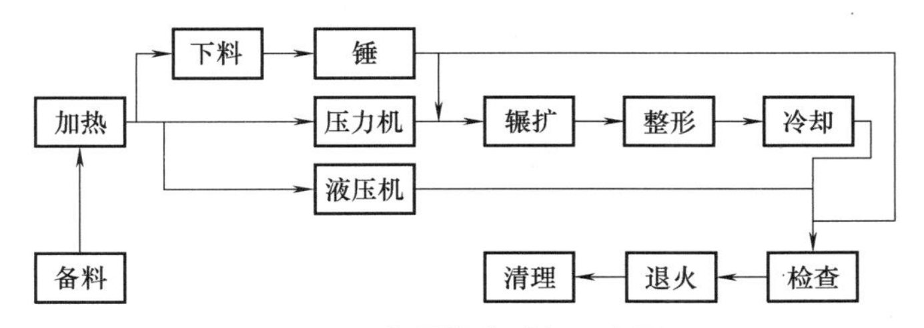

图2-5 套圈锻造过程示意图

热锻轴承套圈的生产过程主要包括3个环节：加热、下料和锻造成形。在图2-5中，备料是指锻造前的原材料准备。由于轴承套圈钢材种类较多，同种类型的钢材品质也存在差异，因而备料过程中需严格管控原材料，同时应考虑锻件重量以选取合适料径的原材料。锻造成形是套圈锻造生产的中心环节，其形式很多，目前使用广泛的成形工艺大致可分为锤上锻造工艺、液压机锻造工艺和压力机锻造工艺三大类，多数轴承套圈锻造成形后都要经过扩孔机辗扩成形以提高材料利用率，改善锻件内在质量。为了进一步提高锻件的尺寸和几何精度，为后工序自动化创造条件，轴承行业在辗扩之后加又增加了整形环节。

锻造过程中需依据具体的工艺图样与工艺文件开展，如第1章所述，主要技术文件包含

过程卡与工艺卡、留量与公差、工序图及技术条件。

（1）过程卡与工艺卡　锻造过程卡与锻造工艺卡是锻造工序中最主要的工艺文件，既是生产准备工作的依据，又是实际生产的指导文件，同时还是锻件产品检查验收的标准。工艺卡及过程卡的样式并无明确的规定，表 2-1 所列为锻造工艺过程卡样式，表 2-2 所列为锻造工艺卡样式。

（2）留量与公差标准　锻件后续被机械加工去除的表层金属总量为锻件留量，锻件实际尺寸与公称尺寸间允许的公差范围称锻造公差。

锻造留量大小以锻件经机械加工后能够全部去除脱碳层与表面缺陷，并保证套圈成品具有一定硬度、不出现软点为原则。在保证上述要求的前提下，锻件留量越小，则材料的利用率越高。

（3）工序图　锻造工序图（锻件图）是依据套圈成品零件图，加上锻件留量与锻造公差绘制而成的锻造工序的产品图样。

一些企业依据产品图编制锻造作业指导卡，包含过程卡、工艺卡相关内容，不再另外设计过程卡和工艺卡，简化了相关工艺文件。目前工艺趋势上较多应用锻造作业指导卡，故以下给出一些常见结构轴承套圈的锻造作业指导卡样例，表 2-3、表 2-4 所列分别为深沟球轴承内、外圈锻造加工作业指导卡，表 2-5、表 2-6 所列分别为圆锥滚子轴承内、外圈锻造加工作业指导卡，表 2-7、表 2-8 所列分别为调心滚子轴承内、外圈锻造加工作业指导卡。

锻造加工作业指导书卡包含工艺规范、检测技术要求、加工简图及作业要求等详细内容，其中一些内容将在后续论述。

（4）技术条件　锻造技术条件包括内部缺陷、几何公差和表面缺陷三类。其中内部缺陷是轴承套圈锻件严重的不合格类型，容易造成批量报废；几何公差的容许程度则与尺寸留量紧密相关。

1）内部缺陷。轴承套圈锻造过程中常见的内部缺陷包括过热、过烧、碳化物网状、脱碳层深度及退火组织不合格等。

在锻件成品检查时，过热组织、网状碳化物超标可以采取正火返修，但产生过烧组织时，应报废处理。

锻件纵向断口处出现银白色斑点，则锻件材料的延伸率、断面收缩率和冲击韧度都会显著降低，需直接报废。

脱碳层深度一般不得超过后续车加工留量的 67%。

锻件退火组织和硬度必须符合相关热处理标准规定的具体技术要求，如普通轴承钢应满足 GB/T 34891—2017《滚动轴承　高碳铬轴承钢零件　热处理技术条件》[7] 的规定，不锈钢应满足 JB/T 1460—2011《滚动轴承　高碳铬不锈轴承钢零件　热处理技术条件》[8] 的规定，渗碳钢应满足 JB/T 8881—2020《滚动轴承　渗碳轴承钢零件　热处理技术条件》[9] 的规定，高温钢应满足 JB/T 2850—2007《滚动轴承　Cr4Mo4V 高温轴承钢零件　热处理技术条件》[10] 的规定，其他钢种的退火组织与硬度也应满足相应标准规定。

2）几何公差。锻件的几何公差包含多个方面的内容，具体含义如下。

① 厚度变动量。锻件外表面与内表面中间部位的最大与最小径向距离之差，一般根据后续车加工工序的留量确定，壁厚差应小于工序留量的 30%。

② 宽度变动量。锻件的最大与最小宽度之差称平行差，其值应小于锻造高度公差。

表 2-1 锻造工艺过程卡样式

<table>
<tr><td rowspan="2">××轴承公司</td><td colspan="4" rowspan="2">锻造工艺过程卡</td><td>产品型号</td><td colspan="2"></td><td>材料</td><td></td><td>图号</td><td colspan="2"></td></tr>
<tr><td>产品名称</td><td colspan="2"></td><td>第 1 页</td><td>共 1 页</td><td>追溯号</td><td colspan="2"></td></tr>
<tr><td rowspan="6"></td><td>工序号</td><td>一</td><td>二</td><td>三</td><td colspan="3">四</td><td>五</td><td>六</td><td>七</td><td>八</td><td>九</td></tr>
<tr><td>名称</td><td>加热</td><td>下料</td><td>加热</td><td colspan="3">锻造成形</td><td>辗扩</td><td>检查</td><td>去毛刺</td><td>退火</td><td>清理</td></tr>
<tr><td>工步号</td><td></td><td></td><td></td><td>1</td><td>2</td><td>3</td><td></td><td></td><td></td><td></td><td></td></tr>
<tr><td>名称</td><td></td><td></td><td></td><td></td><td></td><td></td><td></td><td></td><td></td><td></td><td></td></tr>
<tr><td>工序简图</td><td></td><td></td><td></td><td></td><td></td><td></td><td></td><td></td><td></td><td></td><td></td></tr>
<tr><td>设备</td><td></td><td></td><td></td><td colspan="3">设备型号</td><td>设备型号</td><td></td><td></td><td>设备型号</td><td></td></tr>
<tr><td colspan="2" rowspan="5">各工步变形尺寸</td><td></td><td></td><td></td><td></td><td></td><td></td><td></td><td></td><td></td><td></td><td></td></tr>
<tr><td></td><td></td><td></td><td></td><td></td><td></td><td></td><td></td><td></td><td></td><td></td></tr>
<tr><td></td><td></td><td></td><td></td><td></td><td></td><td></td><td></td><td></td><td></td><td></td></tr>
<tr><td></td><td></td><td></td><td></td><td></td><td></td><td></td><td></td><td></td><td></td><td></td></tr>
<tr><td></td><td></td><td></td><td></td><td></td><td></td><td></td><td></td><td></td><td></td><td></td></tr>
</table>

<table>
<tr><td rowspan="4">成品尺寸</td><td>D_0</td><td></td><td>d_p</td><td></td><td rowspan="4">锻件尺寸</td><td></td><td rowspan="4">下料尺寸</td><td rowspan="4"></td><td rowspan="4">计算重量</td><td rowspan="2"></td><td rowspan="4">钢材牌号</td><td rowspan="2"></td><td rowspan="4">消耗定额</td><td rowspan="2"></td></tr>
<tr><td>d_0</td><td></td><td>R</td><td></td><td></td></tr>
<tr><td>B</td><td></td><td>r_0</td><td></td><td></td><td rowspan="2"></td><td rowspan="2"></td><td rowspan="2"></td></tr>
<tr><td>d_c</td><td></td><td></td><td></td><td></td></tr>
</table>

<table>
<tr><td rowspan="4">其他要求</td><td rowspan="4">1.
2.
3.
4.</td><td></td><td></td><td></td><td></td><td></td><td>编制</td><td></td><td></td></tr>
<tr><td></td><td></td><td></td><td></td><td></td><td>校对</td><td></td><td></td></tr>
<tr><td></td><td></td><td></td><td></td><td></td><td>审核</td><td></td><td></td></tr>
<tr><td>标记</td><td>处数</td><td>更改文件号</td><td>签字</td><td>日期</td><td>批准</td><td></td><td></td></tr>
</table>

表 2-2　锻造工艺卡样式

××轴承公司	锻造工艺卡	产品型号		材料		图号	
		产品名称		第　1　页	共1页	备注	

外圈锻件图	内圈锻件图	毛坯图

工艺规范			技术条件	项目名称	外圈锻件	内圈锻件	通用型号
	追溯炉号			壁厚差			
	钢材牌号			平行差			
	锻碾温度范围			垂直差			
	外圈锻件重量			锥度			
	内圈锻件重量			椭圆度			
	料芯重量			端面凹陷			
	下料重量			沟偏			
	下料尺寸			垫坑深度			
				毛刺			

使用设备	下料		锻造		辗扩	

备注	1. 1个锻件可做　　个零件； 2. 可用　　料芯锻造； 3. 料芯　　用。

					编制		
					校对		
					审核		
标记	处数	更改文件号	签字	日期	批准		

表 2-3　深沟球轴承内圈锻造加工作业指导卡

锻造加工作业指导卡		日期(首次)		文件编号	
		日期(修订)		版本号	第 1 版第 0 次更改
产品型号	6232E/02	图样标记	S	共 1 页	第 1 页

工艺规范		
材料牌号	GCr15SiMn-GB/T 18254—2016	
始锻温度	Δ≤1130℃	
终锻温度	≥800℃	
冷却方式	雾冷	
锻件重量	5.21kg	
料芯重量	0.06kg	
下料重量	$5.3^{+0.06}_{-0.02}$kg	
棒料直径	ϕ85mm	
下料长度	~119mm	
生产节拍	(20±2)s	
中频电压	500~600V	
零件净重	3.83kg	
材料利用率	69%	

(锻件图)：$\phi157^{0}_{-2.0}$　(ϕ160)　R3　(R15)　$26.5^{0}_{-2.0}$　(29.7)　$51^{+1.2}_{0}$　(48)　$\phi191.5^{+1.2}_{0}$　(ϕ188.5)　$\phi206^{+1.2}_{0}$　(ϕ203.1)　A　B

检测技术要求 项目	允许值(不大于)	检测仪器	首检	自检	巡检	末检	完工检验
尺寸、公差	锻件圈	游标卡尺、直角尺、卡钳、深度尺	1 件/班 异常情况再检	1 件/10min	4 次/班 3 件/次	1 件/班	Q/LYC Z(X) 1006
Ke	0.8						
VBs	0.9						
VDp	0.9						
SD	0.6						
VDs	0.9						
VGs	0.8						
垫坑深度	0.4						
毛刺　厚/高	2.0/1.5						
裂纹	无						
锻造温度	工艺规范	光学高温计	4 次/班				

加工简图	下料	加热(G)	镦粗	冲孔	穿孔、平高	扩孔	
简图尺寸	ϕ85　~119		60±1.0		~ϕ60　$53^{0}_{-0.5}$	$\phi200^{+1.2}_{0}$　$\phi159^{0}_{-2.0}$　$51.5^{+1.2}_{0}$	
设备	S-Q42-800	KGPS-500/1	C41-560B			D51Y-250E	
模具主要尺寸			穿孔冲头	垫铁高度		辗压轮	辗压辊
			ϕ60	$53^{0}_{-0.5}$		深:25.5	直径:50
首次使用寿命			≤3000 次/件	≤500 次/件		≤6000 次/付	≤500 次/件

作业要求

操作工
1. 检查所用仪表、量具齐全及有效性
2. 对滑块导轨面及传动系统注油润滑
3. 检查模具工作面有无掉块、裂纹等缺陷
4. 机床空运转:检查各部位是否运转正常
5. 做好首件检查,首件自检、专检合格后方能批量生产。更换模具或设备出现故障修复后再做首件
6. 加热次数超过两次及加热温度超过始锻温度或低于终锻温度的坯料报废

检查员
1. 检查量具、仪器的有效性
2. 进行首件检查、记录与标识
3. 对产品进行巡检并记录;完工检验后记录并标识
4. 对检验中出现的不合格品进行标识、隔离并做好记录,同时进行阶段性检验
5. 返工品应隔离、标识,注明加热次数

标记	处数	更改单编号	签字	日期	适用型号			
					备注:一个锻件可作(1)个零件。G—关键工序,Δ—关键项目		线性收缩率:1.012~1.013	
					编制	校对	审核	标审	会签	批准

表 2-4　深沟球轴承外圈锻造加工作业指导卡

锻造加工作业指导卡		日期(首次)		文件编号		
		日期(修订)		版本号	第1版第0次更改	
产品型号	6232E/01	图样标记	S		共1页	第1页

工艺规范	
材料牌号	GCr15SiMn-GB/T 18254—2016
始锻温度	Δ≤1130℃
终锻温度	≥800℃
冷却方式	雾冷
锻件重量	8.37kg
料芯重量	0.2kg
下料重量	$8.61^{+0.08}_{-0.04}$kg
棒料直径	ϕ100mm
下料长度	~140mm
生产节拍	(30±3.0)s
中频电压	0.55~0.65kV
零件净重	5.78kg
材料利用率	64%

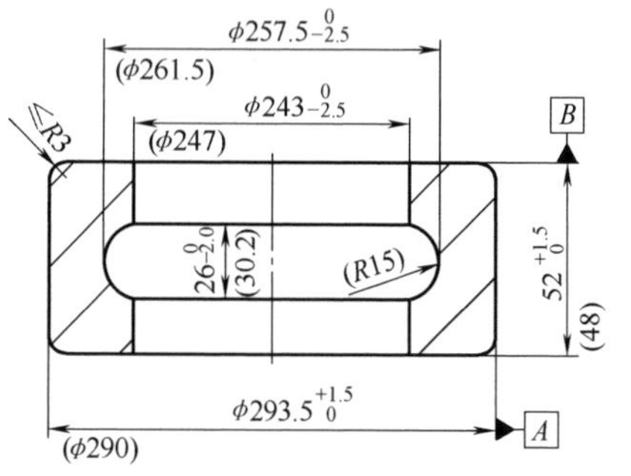

(锻件图)

检测技术要求							
项目	允许值(不大于)	检测仪器	首检	自检	巡检	末检	完工检验
尺寸、公差	锻件圈	游标卡尺、直角尺、卡钳、深度尺	1件/班 异常情况再检	1件/10min	4次/班 3件/次	1件/班	Q/LYCZ(X)1006
Ke	1.0						
VBs	1.1						
VDp	1.1						
SD	0.7						
VDs	1.1						
VGs	1.0						
垫坑深度	0.5						
毛刺　厚/高	3.0/2.0						
裂纹	无						
锻造温度	工艺规范	光学高温计	4次/班				

加工简图

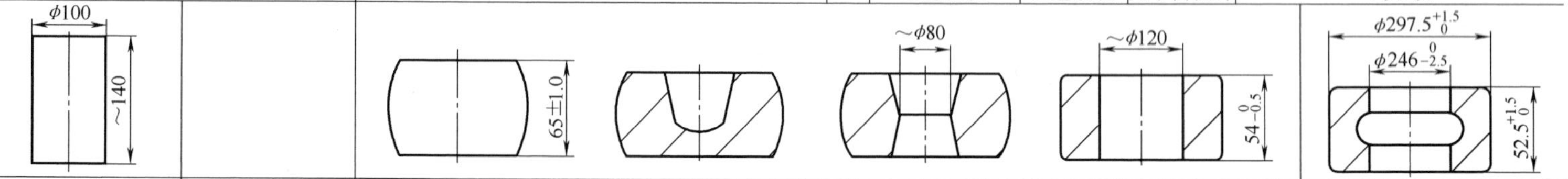

下料	加热(G)	镦粗	冲孔	穿孔	穿孔、平高	扩孔	
S-Q42-800	KGPS-800/0.75	M132A				D51Y-350E	
模具主要尺寸		穿孔冲头		垫铁高度		辗压轮	辗压辊
		ϕ80		$54^{0}_{-0.5}$		深:26	直径差:14.5
首次使用寿命		≤2000次/件		≤500次/件		≤6000次/付	≤500次/件

作业要求

操作工
1. 检查所用仪表、量具齐全及有效性
2. 对滑块导轨面及传动系统注油润滑
3. 检查模具工作面有无掉块、裂纹等缺陷
4. 机床空运转:检查各部位是否运转正常
5. 做好首件检查,首件自检、专检合格后方能批量生产。更换模具或设备出现故障修复后再做首件
6. 加热次数超过两次及加热温度超过始锻温度或低于终锻温度的坯料报废

检查员
1. 检查量具、仪器的有效性
2. 进行首件检查、记录与标识
3. 对产品进行巡检并记录;完工检验后记录并标识
4. 对检验中出现的不合格品进行标识、隔离并做好记录,同时进行阶段性检验
5. 返工品应隔离、标识,注明加热次数

标记	处数	更改单编号	签字	日期	适用型号						
					备注:一个锻件可作(1)个零件。G—关键工序,Δ—关键项目				线性收缩率:1.012~1.013		
					编制		校对		审核		标审
					会签		批准				

表 2-5 圆锥滚子轴承内圈锻造加工作业指导卡

锻造加工作业指导卡		日期(首次)		编号	
		日期(修订)		版次	第 1 版第 0 次修订
产品型号	32234/02	图样标记	S	共 1 页	第 1 页

工艺规范		
材料牌号	GCr15SiMn-GB/T 18254—2016	(锻件图)
始锻温度	Δ≤1130℃	
终锻温度	≥800℃	
冷却方式	雾冷	
锻件重量	11.69kg	
料芯重量	0.2kg	
下料重量	$11.95^{+0.09}_{0}$kg	
棒料直径	φ110mm	
下料长度	~160mm	
生产节拍	(50±5)s	
中频电压	0.55~0.65kV	
零件净重	8.25kg	
材料利用率	66%	

检测技术要求 项目	允许值(不大于)	检测仪器	首检	自检	巡检	末检	完工检验
尺寸、公差	锻件圈	游标卡尺、直角尺、深度尺、卡钳	1 件/班 异常情况再检	1 件/10min	4 次/班 3 件/次	1 件/班	Q/LYCZ(X)1006
Ke	1.0						
VBs	1.1						
VDp	1.1						
SD	0.7						
VDs	1.1						
垫坑深度	0.5						
毛刺 厚/高	3.0/2.0						
裂纹	无						
锻造温度	工艺规范	光学高温计	4 次/班				

加工简图	下料	加热(G)	镦粗	冲孔	穿孔、平高	扩孔	
设备	H-360HA	KGPS-800/0.75	M132A			D51Y-350E	
模具主要尺寸			穿孔冲头		垫铁高度	辗压轮	辗压辊
			φ90		$93^{0}_{-1.0}$	深:19	直径:80
首次使用寿命			≤2000 次/件		≤500 次/件	≤6000 次/付	≤500 次/件

作业要求

操作工
1. 检查所用仪表、量具齐全及有效性
2. 对滑块导轨面及传动系统注油润滑
3. 检查模具工作面有无掉块、裂纹等缺陷
4. 机床空运转,检查各部位是否运转正常
5. 做好首件检查,首件自检、专检合格后方能批量生产。更换模具或设备出现故障修复后再做首件
6. 加热次数超过两次及加热温度超过始锻温度或低于终锻温度的坯料报废

检查员
1. 检查量具、仪器的有效性
2. 进行首件检查、记录与标识
3. 对产品进行巡检并记录;完工检验后记录并标识
4. 对检验中出现的不合格品进行标识、隔离并做好记录,同时进行阶段性检验
5. 返工品应隔离、标识,注明加热次数

标记	处数	更改单编号	签字	日期	适用型号					
					备注:一个锻件可作(1)个零件。G—关键工序,△—关键项目				线性收缩率:1.012~1.013	
					编制	校对	审核	标审	会签	批准

表 2-6　圆锥滚子轴承外圈锻造加工作业指导卡

锻造加工作业指导卡		日期(首次)		编号	
		日期(修订)		版次	第 1 版第 0 次修订
产品型号	32234/01	图样标记	S	共 1 页	第 1 页

工艺规范

材料牌号	GCr15SiMn-GB/T 18254—2016
始锻温度	Δ≤1130℃
终锻温度	≥800℃
冷却方式	雾冷
锻件重量	13.24kg
料芯重量	0.25kg
下料重量	(13.56±0.06)kg
棒料直径	ϕ120mm
下料长度	~153mm
生产节拍	(51±5.0)s
中频电压	0.5~0.6kV
零件净重	9.41kg
材料利用率	66%

(锻件图)

$\phi 288.5_{-3.0}^{0}$ (ϕ293) R3 R5 $75.5_{0}^{+2.0}$ (71) B $\phi 247.5_{-3.0}^{0}$ (ϕ251.8) $\phi 314_{0}^{+2.0}$ (ϕ310) A

检测技术要求

项目	允许值(不大于)	检测仪器	首检	自检	巡检	末检	完工检验
尺寸、公差	锻件圈	游标卡尺、直角尺、深度尺	1 件/班 异常情况再检	1 件/10min	4 次/班 3 件/次	1 件/班	Q/LYCZ(X)1006
Ke	1.1						
VBs	1.5						
VDp	1.5						
SD	1.0						
VDs	1.5						
垫坑深度	0.5						
毛刺 厚/高	4.0/2.5						
裂纹	无						
锻造温度	工艺规范	光学高温计	4 次/班				

加工简图

ϕ120　~153　~90　~ϕ70　~ϕ150　$78.5_{-1.0}^{0}$　$\phi 318_{0}^{+2.0}$　$\phi 288.5_{-3.0}^{0}$　$76.5_{0}^{+2.0}$　$\phi 251_{-0.1}^{0}$

下料	加热(G)	镦粗	冲孔	穿孔	穿孔、平高	扩孔	
H-360HA	KGPS-800/0.75	M132A				D51Y-350E	
模具主要尺寸		穿孔冲头		垫铁高度		辗压轮	辗压辊
		ϕ70		$78.5_{-1.0}^{0}$		深:34.5	直径差:41
首次使用寿命		≤2000 次/件		≤500 次/件		≤6000 次/付	≤500 次/件

作业要求

操作工

1. 检查所用仪表、量具齐全及有效性
2. 对滑块导轨面及传动系统注油润滑
3. 检查模具工作面有无掉块、裂纹等缺陷
4. 机床空运转，检查各部位是否运转正常
5. 做好首件检查，首件自检、专检合格后方能批量生产。更换模具或设备出现故障修复后再做首件
6. 加热次数超过两次及加热温度超过始锻温度或低于终锻温度的坯料报废

检查员

1. 检查量具、仪器的有效性
2. 进行首件检查、记录与标识
3. 对产品进行巡检并记录；完工检验后记录并标识
4. 对检验中出现的不合格品进行标识、隔离并做好记录，同时进行阶段性检验
5. 返工品应隔离、标识，注明加热次数

标记	处数	更改单编号	签字	日期	适用型号				
					备注：一个锻件可作(1)个零件。G—关键工序，Δ—关键项目			线性收缩率：1.012~1.013	
					编制	校对	审核	标审	会签	批准

表 2-7 调心滚子轴承内圈锻造加工作业指导卡

锻造加工作业指导卡		日期(首次)		编号	
		日期(修订)		版次	第 1 版第 0 次修订
产品型号	22234CA/02	图样标记	S	共 1 页	第 1 页

工艺规范

材料牌号	GCr15SiMn-GB/T 18254—2016
始锻温度	Δ≤1130℃
终锻温度	≥800℃
冷却方式	雾冷
锻件重量	11.18kg
料芯重量	0.2kg
下料重量	$11.44^{+0.09}_{0}$kg
棒料直径	ϕ120mm
下料长度	~129mm
生产节拍	(36±4)s
中频电压	0.55~0.65kV
零件净重	8.11kg
材料利用率	69%

锻件图尺寸：$\phi219.5^{+1.5}_{0}$ (ϕ216.1)；$\phi166^{0}_{-2.0}$ (ϕ170)；$\phi208.5^{+1.5}_{0}$ (ϕ204.5)；$90^{+1.5}_{0}$ (86)；13±1.0 (7.7)；13±1.0 (6.5)；R3；A；B

检测技术要求

项目	允许值(不大于)	检测仪器	首检	自检	巡检	末检	完工检验
尺寸、公差	锻件圈	游标卡尺、直角尺、深度尺、卡钳	1 件/班 异常情况再检	1 件/10min	4 次/班 3 件/次	1 件/班	Q/LYC Z(X) 1006
Ke	1.0						
VBs	1.1						
VDp	1.1						
SD	0.7						
VDs	1.1						
VGs	1.0						
垫坑深度	0.4						
毛刺 厚/高	3.0/2.0						
裂纹	无						
锻造温度	工艺规范	光学高温计	4 次/班				

加工简图

工序	下料	加热(G)	镦粗	冲孔	穿孔、平高	扩孔
简图尺寸	ϕ120；~129		~103		~ϕ70；$93^{0}_{-1.0}$	$\phi222.5^{+1.5}_{0}$；$\phi168.5^{0}_{-2.0}$；$91.5^{+1.5}_{0}$
设备	H-360HA	KGPS-800/0.75	M132A			D51Y-350E

模具主要尺寸	穿孔冲头	垫铁高度	辗压轮	辗压辊
	ϕ70	$93^{0}_{-1.0}$	深:27.5	直径:65
首次使用寿命	≤2000 次/件	≤500 次/件	≤6000 次/付	≤500 次/件

作业要求

操作工

1. 检查所用仪表、量具齐全及有效性
2. 对滑块导轨面及传动系统注油润滑
3. 检查模具工作面有无掉块、裂纹等缺陷
4. 机床空运转,检查各部位是否运转正常
5. 做好首件检查,首件自检、专检合格后方能批量生产。更换模具或设备出现故障修复后再做首件
6. 加热次数超过两次及加热温度超过始锻温度或低于终锻温度的坯料报废

检查员

1. 检查量具、仪器的有效性
2. 进行首件检查、记录与标识
3. 对产品进行巡检并记录;完工检验后记录并标识
4. 对检验中出现的不合格品进行标识、隔离并做好记录,同时进行阶段性检验
5. 返工品应隔离、标识,注明加热次数

标记	处数	更改单编号	签字	日期	适用型号	22234CA/W33/02
					备注:一个锻件可作(1)个零件。G—关键工序,△—关键项目	线性收缩率:1.012~1.013
					编制	校对
					审核	标审
					会签	批准

表 2-8　调心滚子轴承外圈锻造加工作业指导卡

锻造加工作业指导卡		日期(首次)		编号		
		日期(修订)		版次	第 1 版第 0 次修订	
产品型号	22234CA/01	图样标记	S		共 1 页	第 1 页

工艺规范

材料牌号	GCr15SiMn-GB/T 18254—2016
始锻温度	Δ≤1130℃
终锻温度	≥800℃
冷却方式	雾冷
锻件重量	13.77kg
料芯重量	0.2kg
下料重量	$14.04^{+0.1}_{0}$kg
棒料直径	ϕ120mm
下料长度	~158mm
生产节拍	(40±4)s
中频电压	0.65~0.75kV
零件净重	10kg
材料利用率	69%

$\phi278^{0}_{-2.0}$　(ϕ281.9)　$\phi266^{0}_{-2.0}$　(ϕ269.5)　≤R4　82±2　(R143)　$90^{+1.5}_{0}$　(86)　$\phi313.5^{+1.5}_{0}$　(ϕ310)　B　A

(锻件图)

检测技术要求

项目	允许值(不大于)	检测仪器	首检	自检	巡检	末检	完工检验
尺寸、公差	锻件圈	游标卡尺、直角尺、卡钳、深度尺	1 件/班 异常情况再检	1 件/10min	4 次/班 3 件/次	1 件/班	Q/LYCZ(X)1006
Ke	1.0						
VBs	1.1						
VDp	1.1						
SD	0.7						
VDs	1.1						
VGs	1.0						
垫坑深度	0.5						
毛刺 厚/高	3.0/2.0						
裂纹	无						
锻造温度	工艺规范	光学高温计	4 次/班				

加工简图

工序	下料	加热(G)	镦粗	冲孔	穿孔	穿孔、平高	扩孔
简图尺寸	ϕ120，~158		~105		~ϕ80	~ϕ150，$93^{0}_{-1.0}$	$\phi317.5^{+1.5}_{0}$，$\phi269.5^{0}_{-2.0}$，$91^{+1.5}_{0}$
设备	H-360HA	KGPS-800/0.75	M132A				D51Y-350E

模具主要尺寸	穿孔冲头	垫铁高度	辗压轮	辗压辊
	ϕ80	$93^{0}_{-1.0}$	深:24.5	直径差:12
首次使用寿命	≤3000 次/件	≤500 次/件	≤6000 次/付	≤500 次/件

作业要求

操作工
1. 检查所用仪表、量具齐全及有效性
2. 对滑块导轨面及传动系统注油润滑
3. 检查模具工作面有无掉块、裂纹等缺陷
4. 机床空运转，检查各部位是否运转正常
5. 做好首件检查，首件自检、专检合格后方能批量生产。更换模具或设备出现故障修复后再做首件
6. 加热次数超过两次及加热温度超过始锻温度或低于终锻温度的坯料报废

检查员
1. 检查量具、仪器的有效性
2. 进行首件检查、记录与标识
3. 对产品进行巡检并记录；完工检验后记录并标识
4. 对检验中出现的不合格品进行标识、隔离并做好记录，同时进行阶段性检验
5. 返工品应隔离、标识，注明加热次数

标记	处数	更改单编号	签字	日期	适用型号	22234/01
						22234CA/W33/01

备注：一个锻件可作(1)个零件。G—关键工序，Δ—关键项目　　线性收缩率：1.012~1.013

编制		校对		审核		标审		会签		批准	

③ 端面凹陷与凸起。锻件截面上最大宽度与最小宽度之差为端面凹陷与凸起，两侧高中间低为凹陷，中间高两侧低则称凸起，其值应小于锻造高度公差。

④ 径向凹陷与凸起。指锻件内径或者外径表面产生的腰鼓形凸起或凹陷。靠近两端面内径尺寸小，外径尺寸大称凹陷（凹度）；靠近两端面内径尺寸大，外径尺寸小称凸起（凸度）。其值应小于锻件允许的直径尺寸公差。

⑤ 外径或内径对端面的倾斜度变动量。锻件外径或内径上下两端直径差称为外径或内径对端面的倾斜度变动量，其值应小于锻件允许的直径尺寸公差。

⑥ 喇叭口。锻件内径靠端面位置尺寸大于内径尺寸，形成“喇叭”形状，称为喇叭口。喇叭口的大径尺寸应比成品尺寸小 1mm，其深度应综合考虑内径倒角的轴向尺寸与留量，应使其最终处于倒角位置。

⑦ 圆度误差。锻件横截面上最大与最小直径之差称为圆度误差，其值应小于锻件允许的直径尺寸公差。

⑧ 垂直差。锻件内、外圆柱表面的轴线对基面的不垂直程度称为垂直差，其值应小于锻件允许的直径尺寸公差的一半。

⑨ 阶梯差与径向错位。锻件纵向截面一半对另一半在宽度方向上的错移称为端面阶梯差，其值应小于锻造高度公差。

3）表面缺陷。因原材料缺陷或者制造过程中的操作不当而产生的表面裂纹、垫坑、毛刺折叠、脱贫碳等，根据实际缺陷深度去除后，剩余留量以保证车加工去除全部脱碳层为准。

锻件制造过程中发生湿裂，则该锻件需报废。

因锻造工艺不合理、操作不规范或模具磨损产生的毛刺，影响后续车工工序的装夹定位与效率，车加工基准面不允许存在毛刺，其他部位毛刺的尺寸也有一定限制（一般不超过 1mm）。

一般不允许存在严重的锻造折叠，但实际生产中会存在不同程度的折叠，需根据经验控制锻造折叠程度。

2.3　锻造加热

在锻造过程中，通过温度提升使原材料具备良好的塑性状态，从而锻造出优质的热锻件。为了让棒料达到始锻温度以开始锻造，需先加热原材料，加热过程中需控制加热速度与加热时间；锻造完成后，需控制冷却方式和速度。

2.3.1　锻造温度

锻造过程必须在规定的温度范围内进行，温度范围的边界分别指始锻温度和终锻温度，图 2-6 所示为碳-钢锻造温度范围在铁碳相图中的位置。

1. 始锻温度

为提高钢的塑性以降低变形抗力，始锻温度可尽量提高到铁碳相图上 *AE* 线位置。但温度太高，容易发生过热或过烧，因此实际确定的始锻温度一般低于 *AE* 线 100～200℃。由图 2-6 可知，亚共析钢的始锻温度应为 1200～1250℃，过共析钢的始锻温度为 1050～

1150℃。GCr15 轴承钢属于过共析钢，其过热温度为 1150~1180℃，同时为了减少严重脱碳，避免晶粒急剧长大，一般其始锻温度定为 1050~1100℃。

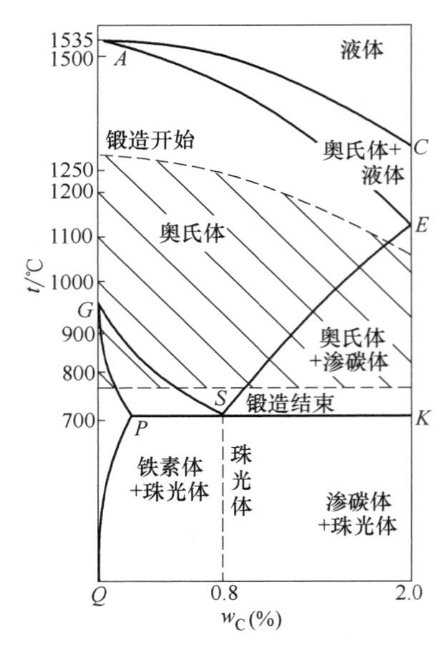

图 2-6 碳-钢锻造温度范围在铁碳相图中的位置

2. 终锻温度

为防止锻件内部产生加工硬化，锻造应在合适的温度下结束。亚共析钢的终锻温度应控制在 *GS* 线上 30~50℃，因为这时钢处在奥氏体区，具有最好的塑性。但为了扩大锻造温度范围，低碳钢的终锻温度一般可降低到 *GS* 线以下（约 800℃处），这时钢虽已进入两种组织（铁素体+奥氏体）区域，但由于铁素体塑性相当好，不会降低钢的可锻性。对于共析钢，如果 *SE* 线以上停止锻造则反而不利，容易使锻件内部出现网状碳化物（碳化物以网状形式分布在晶界上），影响成品的质量；若锻造在 *SE* 线以下，*PSK* 线以上 50~70℃结束，则可把钢在 Ar_{cm} 温度下逐渐析出的网状碳化物击碎，从而提高锻件的力学性能。

基于严格的应用要求，轴承钢锻造过程中需严格控制终锻温度，避免产生粗大网状碳化物以保证锻件品质。若终锻温度太高，则晶粒粗大，并将在后续冷却过程中析出碳化物，若冷却速度低即会形成粗大碳化物网，从而降低材料强度；反之，若终锻温度低于 800℃，碳化物会析出，沿晶界析出的碳化物在变形过程中和晶粒一起顺变形方向被拉长而形成条状粗织，条状碳化物粗织虽然未成网但仍将急剧降低钢的强度，若终锻温度降低到相交点 Ar_1（GCr15 钢的 Ar_1 为 695℃）以下，则奥氏体转变为珠光体，珠光体组织较硬，塑性降低，变形困难，锻造过程中容易出现裂纹。

试验及大量的工程生产实践表明：GCr15 轴承钢的终锻温度应控制在 800~850℃，最合适的温度为 800℃，此时锻件内部不会出现碳化物网且能得到最细的晶粒，成品的机械强度好。图 2-7 所示为锻件冷却速度、退火、淬火规范等加工条件都相同的情况下，终锻温度对锻后 GCr15 轴承钢强度的影响情况。

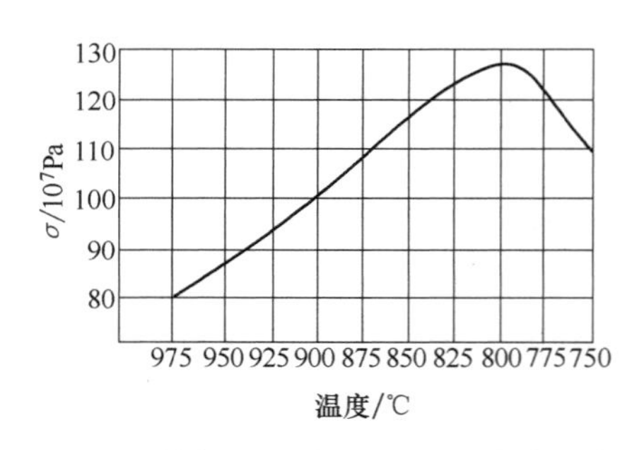

图 2-7 终锻温度对 GCr15 强度的影响

高碳、高合金钢的锻造温度范围通常根据试验结果分析来确定。确定温度时首先依据铁与合金平衡图及钢中各种元素的影响趋势综合选取始锻温度，而后由试验修正确定，部分常用轴承钢的锻造温度范围见表 2-9。

对于 GCr15 轴承钢，始锻温度较易控制，而终锻温度则与工艺方法、操作熟练程度等因素有关。在目前采用的套圈锻造工艺中，不少工艺方法的终锻温度都较高，此时应采取相应措施（如锻后喷雾冷却）提高冷却速度，减少碳化物的析出，当检查发现网状碳化物严重时，必须通过正火消除。

表 2-9　常用轴承钢的锻造温度范围

钢种	成分或钢号	始锻温度/℃	终锻温度/℃
铬轴承钢	G8Cr15	1050～1100	800～850
	GCr18Mo		
	GCr15,GCr15SiMn		
	GSiMnMoV(ZG2)		
	GSiMnMoVRe(ZG3)		
不锈钢	G95Cr15	1100	900
	G102Cr18Mo		
渗碳钢	20	1250	750
	15Mn	1150	800
	G20CrNi2Mo	1150	900
	G10CrNi3Mo	1180	850
	G20Cr2Ni4	1180	850
耐热钢或耐热不锈钢	GCr4Mo4V	1070～1150	>900
	GW9Cr4V2Mo	1150	>900

2.3.2　加热与冷却规范

为了让棒料达到始锻温度以开始锻造，需先加热原材料，加热过程中需控制加热速度与加热时间；锻造完成后，需控制冷却方式和速度。

1. 加热速度

钢加热时的温度上升会有一个过程，单位时间内的温升称为加热速度。加热速度越快，钢的内外层温度差越大，氧化和表面脱碳越小。

影响钢加热速度的因素主要有炉温、钢材化学成分、装炉方式、钢材尺寸等。近年来，由于行业内环境保护意识增强，中小尺寸轴承套圈锻造时多采用中频感应加热，一些大尺寸轴承套圈还需采用电炉、油炉或气炉等加热炉加热。当采用加热炉加热时，炉温越高，钢的加热速度越快，为了避免钢在加热过程中（特别是低温加热阶段）产生裂纹，应控制加热速度。通常情况下，只要保证钢材不产生裂纹和过烧，应尽量提高炉温以避免钢材的氧化、脱碳、晶粒长大。

钢的导热性取决于化学成分，合金元素的存在会降低钢的导热性能，因此高合金钢（如 9Cr18，Cr4Mo4V）的加热速度必须缓慢或分段加热，而低合金钢导热性好，可以以最快的加热速度加热。

大尺寸钢材快速加热会造成内外层温差较大，有可能产生裂纹，一般应缓慢加热。ϕ120mm 以上的轴承钢材一般应缓慢加热，或以较低的速度加热到 700～800℃，再以更高加热速度加热到锻造温度。

2. 加热时间

加热时间是指钢料加热到要求温度时所需的时间。钢料在炉内加热时间的长短，对金属的变形阻力、塑性及锻件质量有很大的影响；钢的装炉方式不同，加热时的受热情况也不同，单件装，可以用较少的时间加热；大批量堆放装炉，因受热程度不均匀，则需要较长的加热时间。

轴承钢的加热时间，一般可采用下列经验公式进行近似计算：

1）ϕ120mm 以上钢料分两段加热，0~800℃的加热时间为

$$t=0.4d \tag{2-7}$$

800~1150℃的加热时间为

$$t=(0.2\sim0.3)d \tag{2-8}$$

2）ϕ120mm 以下钢料连续加热，0~1150℃的加热时间为

$$t=(0.4\sim0.6)d \tag{2-9}$$

3）单独辗扩套圈锻件0~950℃的加热时间为

$$t=(0.6\sim0.8)s \tag{2-10}$$

式中，t 为加热时间（min）；d 为圆棒料直径或型钢最短边长（mm）；s 为套圈锻件壁厚（mm）。

高碳、高合金钢的加热时间，目前尚无成熟计算方法，一般均为缓慢加热，分两段加热并保温一定时间，以便热透提高塑性，减小热应力，避免内部裂纹；对于小规格棒料则应快速升温并保温。

3. 锻件冷却

为保证锻件获得良好的组织，尽量减少网状碳化物的形成，或避免因冷却速度太快形成内应力而使锻件开裂，锻件的合理冷却很重要。

铬轴承钢冷却时主要考虑减少网状碳化物的形成，要求冷却速度较快，目前先进的锻造线均计算冷却速度，并分区段设置风扇实现风冷；当终锻温度高于850℃时应采用喷雾冷却，使冷却速度不低于50℃/min，但也不得高于250℃/min。待温度降至700℃时，则可堆放起来冷却，这时金属内部已不再析出碳化物，同时冷却速度较慢可消除高温快冷时存在的一些温度应力。

2.3.3 锻造加热方式

锻造加热是轴承制造过程中的高能耗环节，加热过程中的温度控制又直接影响着轴承的成品质量。锻造加热方式包括电加热、天然气加热炉、煤气炉加热及油炉加热等，近年来由于环境保护意识越来越强，清洁能源应用需求也越来越高，电加热方式逐步成为套圈锻造加热的主要方式，但由于原始投资较大，一些早期加热方式（如油炉、煤气炉）在行业内仍有一定的保有量，锻造加热最终的趋势为清洁能源。

1. 电加热

随着锻压生产的发展，高生产率的锻压设备及工艺不断出现，并逐步向工艺过程自动化过渡，对锻压前坯料加热的生产率和质量都提出了更高要求。电加热的应用为锻造生产过程自动化创造了必要条件，是锻造加热装置的一个重大进步。电加热具有加热速度快，生产率高，温度均匀，节奏性好，氧化皮小，卫生条件好，炉子占地面积小，便于自动化操作等优点；缺陷主要在于电费高及管理技术问题[11]。

电加热的设备分为电阻炉、感应加热电炉和电弧炉三类，轴承锻造生产中主要采用感应加热。感应加热的原理是：当交流电流通过感应线圈时，线圈周围产生感应电势，在感应电

势作用下的金属棒料内有电流流动，因金属本身的电阻，使电能转变为热能加热金属棒料。

轴承套圈锻造中采用的感应加热方式包括贯穿式中频感应加热电炉和高频感应电炉，目前应用最广泛、发展最快的为中频感应加热电炉，如图 2-8 所示[12]，棒料送进装置将棒料按照设定速度送入中频感应加热电炉，棒料出口设置红外测温装置监测加热温度，其加热过程由加热温度、送料节拍（加热时间）与加热功率三者相互协调以防止表面过热、过烧与内外温差[13]。

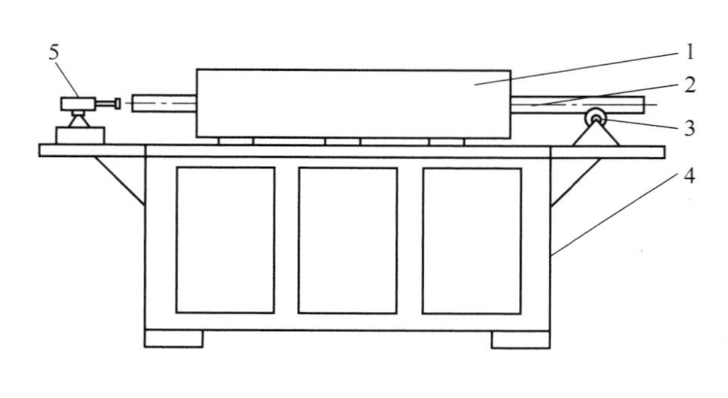

图 2-8　中频感应加热电炉示意与现场

1— 感应加热电炉　2—棒料　3—棒料送进装置　4—底座　5—测温装置

感应加热电气系统如图 2-9 所示，包含以下几个方面。

1）发电机，多采用可控中频电源，也有部分高频电动机。

2）感应器，毛坯通过感应器进行加热。

3）电容器，为了提高感应加热器的功率因数必须接入电容器。

4）接触器，供感应加热器接通或切断电流之用。

5）测量仪表，装有变流器及变压器的一整套测量仪表装置。

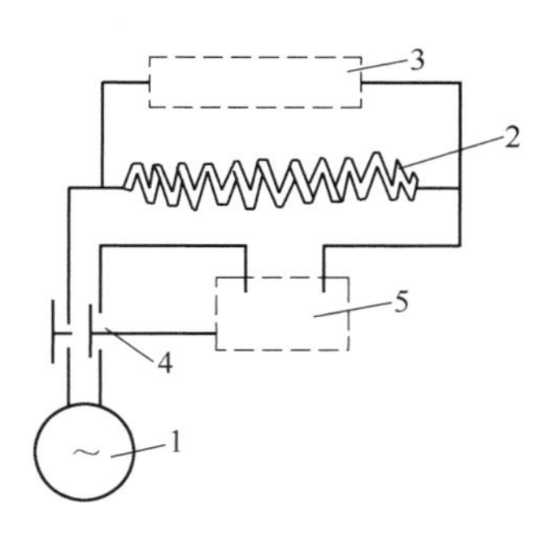

图 2-9　感应加热电气系统

1—发电机　2—感应器　3—电容器　4—接触器　5—测量仪表

2. 天然气加热炉

由于锻造加热的能源消耗及环境污染问题，天然气加热炉成为近年来应用较多的加热方式，加热炉多为台车式燃气加热炉。

台车式燃气加热炉主要由炉体、炉门、台车行走机构、燃烧控制系统、排烟系统、台车炉自控系统及上位机触摸屏等组成。炉体框架是槽钢及钢板等焊接而成的全钢结构，炉衬采用具有优良隔热保温性能的标准型陶瓷耐火纤维；炉门采用槽钢及钢板制作成框架，炉门内衬采用与炉衬相同具有优良隔热保温性能的标准型陶瓷耐火纤维，固定方式与炉衬相同；台车车体由车架、车面钢板、耐热铸铁边框和耐火保温材料组成，台车行走机构采用车轮式自行走方式，并配有制动装置；燃烧系统采用多区控温，增加温度场的调节，提高炉温均匀性；采用炉顶排烟，排烟口设置在炉顶，排烟管经过换热器连接至炉后钢制烟囱上，将烟气按国家标准排出厂房；台车炉自控系统由温度控制系统、燃烧控制系统、压力自控系统、故障报警系统和动力控制系统等组成。

3. 煤气炉加热

煤气加热曾经是轴承行业的一种相对重要加热方式，与煤加热相比，煤气加热可以降低对环境的污染，改善工人劳动条件，降低劳动强度，节省能源消耗，并为煤的综合利用创造条件，适用于小批量、多品种、大型套圈的锻造加热。

随着环境保护要求的日益提升，煤气炉已经不再满足排放要求，并且煤气炉站建设投资巨大，目前在轴承行业的应用逐步减少。

4. 油炉加热

相比电加热，油炉加热的污染程度高，但与煤炉相比加热速度快，质量好。油炉使用的燃料多为重油，目的是降低加热成本，也有使用柴油作为燃料的，价格较为高昂。

2.4 下料

轴承钢原材料一般为长棒料或盘料，轴承套圈锻造前都必须先切断成单个的毛坯料段再进行后续加工。下料的质量和生产率影响锻件的质量、成本及材料利用率，对于后续车加工也存在一定的影响。

2.4.1 常用的下料方法

当前采用的下料方法有剪切（分热剪切和冷剪切）下料、车切下料、蓝脆折断、锯切下料等，见表 2-10。以往重大型轴承套圈还有热剁切下料法，由于能耗高，材料利用率低，目前已经淘汰。热锻造以热剪切下料为主，对于一些尺寸大的套圈，由于用料多，加热时间长，需先在常温下料后再加热锻造。下料设备多数用压力机，也有剪床、车床、锯床或者汽锤。

表 2-10 常用下料方法

序号	棒料直径/mm	切料工艺	采用设备	采用模具	说明
1	<30	冷剪切	100t、120t 压力机	开式	模具简单，下料质量较差
				半封闭式	介于开式和封闭式模具之间
				封闭式	下料精度高，但模具制造调整复杂
2	30~60	热剪切	160t、250t 压力机	开式	下料精度高
3	60~90	热剪切	315~630t 压力机、500t 棒料剪	开式	下料精度高
		蓝脆折断	车床划口、摩擦压力机		对材料要求高
		车切	车床切断		对于车刀厚度要求高，车刀厚度宽则费料
4	90~130	热剪切	630t 压力机、1000t 棒料剪	开式	下料精度低
		车切	车床切断		对于车刀厚度要求高，车刀厚度宽则费料
5	>130	锯切	高速圆锯、弓锯、带锯		带锯生产率和材料利用率高

1. 剪切下料

钢材剪切包括弹性变形、塑性变形与剪断 3 个连续过程，如图 2-10 所示。

1）弹性变形：切料刀板压向钢材，钢材产生弯曲，金属内部应力在弹性极限以内，属于弹性变形。

2）塑性变形：剪刃嵌入金属，金属内部应力超过了材料屈服点并逐渐提高，直到金属抗剪切强度的最大值，此时发生永久塑性变形，最大的剪切变形部位位于剪刃的刃边。

3）剪断：塑性变形到一定程度后，沿最大剪切变形部位产生微裂纹，裂纹扩大引起钢材断裂。

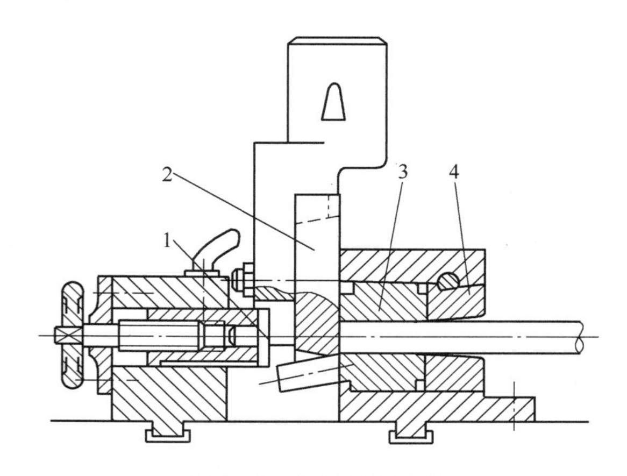

图 2-10 钢材剪切过程

1—挡铁 2—切料刀板 3—切料套筒 4—导套

在料段的剪断面上，可以清楚地看见两个区域：靠近下刃处的塑性变形区被切料套筒的端面刮得很光；靠近上剪刃处的是撕裂区，脆性断裂，表面粗糙。热剪切时钢材的温度越高，塑性变形区面积越大，约占整个面积的60%以上。

剪切下料工艺分为热剪切和冷剪切两种。

1）热剪切：用于轴承套圈锻件的钢材绝大多数为热轧未退火棒料，内部为热轧组织，强度和硬度高，多数都采用热剪切下料工艺。

热剪切下料重量基本准确，料段较为规整，能满足锻造工艺要求；下料设备常见，生产率高，是当前行业内较好的无切屑下料方法。

热切前钢材需加热，一般加热温度为 700～900℃，也可加热到锻造温度（1050～1110℃）。确定具体加热温度时应综合考虑钢材直径大小、车间现有下料设备的吨位、锻造时间与毛坯冷却速度等因素。

2）冷剪切：冷剪切采用的原材料为退火或软化退火后的轴承钢棒料，退火材料成本高于热轧未退火棒料。冷剪切加工过程中原材料不需要加热，生产率高，劳动条件好且毛坯料段质量好，但这种下料方式剪切力大，下料设备吨位大。目前行业内较少采用此类下料方式。用于套圈毛坯下料，多用于滚子、钢球等重量较小的零件下料。

2. 车切下料

在车床上用切断刀将钢材切断的下料方式为车切下料。车切下料用于直径较大的退火轴承钢，下料时钢材不需要加热，料段长度尺寸准确，端面平整且斜度较小。随着车加工设备发展，车切下料的高效率优势越发显著，因而近年来的发展速度快。由于切断刀具有一定的厚度，会造成较多的材料浪费，诸多车工厂专门针对套圈车削下料开发了专用切断刀以降低材料损耗。

3. 蓝脆折断

钢在低温区域有一个脆性区，在此温度范围内，钢的塑性急剧降低，强度急剧升高，利用钢的蓝脆现象。在钢材外径划口产生应力集中而折断的方法称为蓝脆折断下料，称为“蓝脆”的原因是断口氧化呈现蓝色。

蓝脆折断下料的优点是下料模具简单，寿命长；料段端面平整，质量好；料段重量误差较小；生产率高，并能从料段断口上鉴别出原材料内部所产生的中心疏松等低倍缺陷。缺点是棒料折断前要先采用车床切出“V”口以产生应力集中，较为费工时，并要求棒料平直以保证断口平整性和重量误差，另外，若整根钢材加热温度不均，也会影响断口质量。目前应用减少。

钢材不同，蓝脆温度范围也不同，GCr15 钢的蓝脆温度为 280~330℃。同一种钢材，只有当原材料是锻造（或热轧）组织状态时，其蓝脆现象才比较明显。当 GCr15 钢材的硬度小于 300HBW 时，钢材经常产生压弯、压塌、压不断等现象，即使将划口加深，提高或降低加热温度，折断质量仍不稳定。

在实际加工中，将热轧未退火棒料按锻件下料重量所需的下料长度等距分段，在车床上划 V 形口，加热到蓝脆温度用机械力折断。

钢的蓝脆温度低、范围窄，温度控制不准会造成下料质量降低。实际加工中的具体温度控制方法有以下几种。

1）根据料段断口的颜色来判断，合适的蓝脆温度是 280~330℃：280℃时料段断口呈紫色；300℃时断口呈深蓝色，330℃时断口呈浅蓝色；当温度高于 330℃时，料段断口呈灰色；当温度低于 280℃时，料段断口呈白色或黄色。温度过高，可在钢材划口处浇水冷却；温度过低，可在炉中继续加热。

2）低熔点金属试温法：铅的熔点为 327.4℃；铋，又称苍铅，熔点为 271℃。用苍铅接触加热后的钢材，如果苍铅开始熔化，说明钢材温度超过 271℃；再用铅接触钢材，如果铅未熔化，说明钢材温度不超过 327.4℃。

3）涂料试温法：钢材加热前可涂上专有涂料，涂料的颜色随着加热温度升高而改变，以此判断加热温度。

4. 锯切下料

锯切下料是指采用锯床切割的下料方法，常见锯床包含圆盘锯、弓锯和带锯。与车切下料相似，锯切下料适用于退火状态的轴承钢，钢材无须加热，切下的料段长度尺寸比较准确；与车切不同的是锯切下料的生产率很低，但锯缝较窄，一般只适用于单件或小批的大直径原材料下料。近年来，高速圆锯切在大型、特大型套圈下料中应用较为广泛。

2.4.2 常见的下料问题

在轴承套圈热锻造中，用量较多的为圆形棒料，棒料直径与长度决定了料段总重。选定原材料的材质后，应首先根据镦粗变形量确定合适的原材料直径，再根据直径与需求下料重量确定下料长度。

1. 下料缺陷

下料过程中需保证的关键问题为下料重量的准确性和端面质量。

（1）下料重量误差　下料重量不准确将直接影响锻件的尺寸精度和外观质量。下料重量过大，浪费原材料，增加车工工作量，锻模易垫伤/胀裂，锻件成品出现的毛刺、飞边易造成搬运与后续加工麻烦，还容易使锻造设备发生超负荷事故；料段重量过小将造成金属不够，得不到所需形状与尺寸的合格锻件，使锻件报废。因此，下料时必须保证料段重量在一定范围内，即应符合下料重量公差的要求[14]。

压力机热切下料重量精度一般约为下料重量的 2%~3%，料径愈小时取大值，当料径在 30mm 以下时下料公差更大。严格控制下料重量偏差，是锻造厂重要的利润增长点。

造成下料重量误差的原因很多，主要包括：

1）轴承钢热轧棒料的公差范围波动太大。

2）下料模具精度不足或工作时模具松动。

3）剪刃磨损。

4）钢材热切温度波动范围大。

5）下料设备的精度和刚性不足。

6）送料力量的大小波动性大。

（2）端部缺陷　料段的端部缺陷主要包括：

1）料段端部被挤扁，断面为椭圆形，温度愈高，压扁愈明显。

2）料段剪断口为曲线状，断面不平，有较大的倾斜角度，当剪刃磨损、切断套筒内径与钢材间的径向间隙过大和实际剪切间隙过大造成倾斜剪切时，这种缺陷更为明显。

3）端面毛刺，由剪刃变钝或间隙不合适而产生。切料刀板的刃口变钝会使与刀板刃口相接触的料段剪断口处产生毛刺，切断套筒刃口变钝会使与套筒口相接触的棒料剪断口处产生毛刺。

前两种缺陷俗称“马蹄形”，会造成下料长度不准，重量波动范围大，镦粗时料段立不正、镦料偏斜、料饼成椭圆状，直接影响后续锻造加工质量。

2. 改进措施

针对下料过程常见的缺陷问题，一些工厂对于上料位置做了专门改进，如图 2-11 所示。

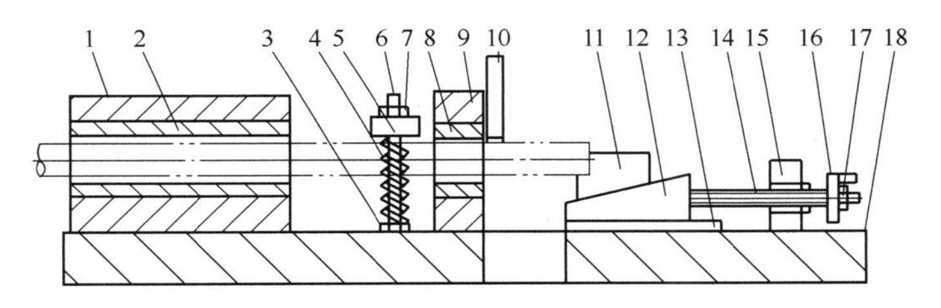

图 2-11　钢材剪切过程改进

1、14—压料座　2、8—衬套　3、7、17—螺母　4—弹簧　5—压料座　6—双头螺柱　9—导套　10—上刀板　11—挡铁　12—斜块　13—燕尾槽座　15—螺座　16—手轮　18—底板

图 2-11 的改进中，加长底板（18），增加衬套和导套（8、9）作为下料下刀板，便于磨损后更换；定位装置用挡铁（11）来消除棒料剪切时的悬空，并用细牙螺杆调节其长度；采用压料座和衬套（1、2）形成的长导筒和压杆作为夹紧装置，防止棒料剪切时翘起；尾部增加燕尾槽及斜面机构，燕尾槽可作为调节用的导轨，斜面用来调整挡铁工作时向上移动，防止棒料在剪切时向下弯曲及形成马蹄形断面。

2.5　套圈锻造成形工艺

如第 1 章所述，工艺过程包含多个基本工序，锻造成形工艺也是如此。工序的特征是在不同设备上，不改变加工对象和操作人员连续完成一个或几个操作的过程。有些工序又会再细分为多个工步，如压力机上锻造一般包括镦粗、成形和冲孔 3 个工步。依据套圈的结构类型和尺寸大小、锻造设备差别，轴承套圈具有多种成形工艺方法，按设备类型可分为压力机上锻造、锤上锻造和平锻机上锻造，不同设备又可开展成不同工艺方法。

2.5.1 套圈锻件的结构与种类

套圈锻件的形状应尽可能与成品零件形状接近以提升材料利用率，降低机械加工工作量，合理的锻件结构对于金属塑性变形有利，可延长模具寿命。

常见轴承套圈锻件结构如图2-12所示，图中表示的为常见的标准型号的轴承结构，近年来，轴承外形变异结构越来越多（如汽车轮毂轴承的外圈不再是简单的环形件，而是外径上带法兰结构），这些相对特殊的异形结构应针对具体结构形式开展专门探讨。

锻造工艺能力还有一个较为重要的指标为锻件外径，不同大小的锻件外径及重量涉及不同锻造厂的设备能力与技术要求的差别。按外径尺寸区分，锻件分为小型锻件（ϕ28～ϕ55mm）；中小型锻件（ϕ60～ϕ115mm）；中大型锻件（ϕ120～ϕ190mm）；大型锻件（ϕ200～ϕ430mm）和特大型锻件（>ϕ440mm）。

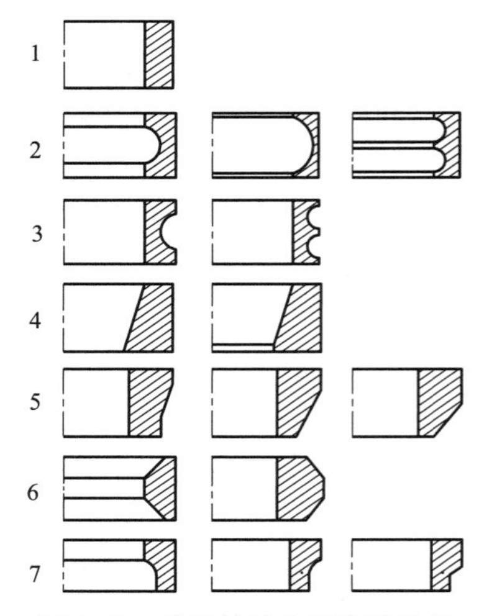

图2-12 常见轴承套圈锻件结构

1—圆筒形 2—内沟形 3—外沟形 4—内锥形 5—外锥形 6—十字形 7—梯形

2.5.2 套圈成形工艺类型

套圈锻造方法分为热锻和冷（温）锻两大类，国内采用的主要是热锻，以往主要采用的锻造设备为压力机、锤和平锻机，近年来平锻机被大量淘汰，现在主要采用的锻造设备为压力机、锤和高速镦锻机；对于尺寸较大或者结构较为复杂的锻件，则需在初成形后在辗扩机上进行辗扩。

套圈锻造成形过程中的设备及各设备上具体包含的工艺类型如图2-13所示。其中锤上锻造包含自由冲孔辗扩工艺、自由锻工艺和模锻工艺；压力机锻造包含挤压工艺、挤压辗扩工艺、塔形辗扩工艺、套锻辗扩工艺及自由冲孔辗扩工艺；高速镦锻机锻造包含模锻工艺。

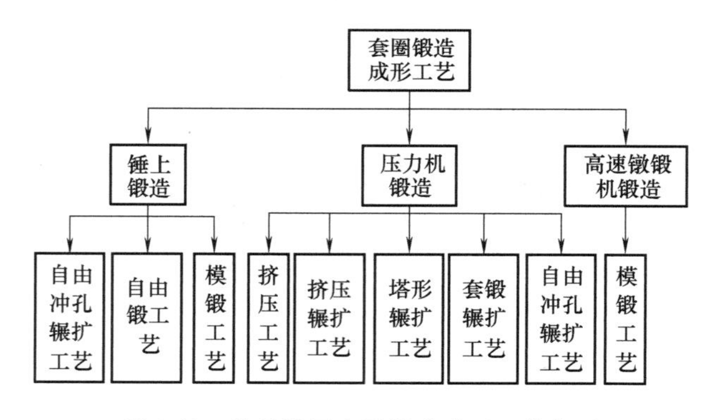

图2-13 常见轴承套圈锻造成形工艺类型

表2-11列出了不同尺寸段的常见工艺方法与适用设备，还给出了适宜的留量与生产率，需要指出的是：近年来锻造水平上升较快，留量大幅减小且生产率逐渐提升，这也是各锻造厂的竞争力表现，因而表中数据仅做学习和认识参考，不适用于当前生产。

表 2-11 轴承套圈锻造常见工艺方法与适用设备

轴承类型	直径范围/mm	工艺方法	采用设备	留量/mm			每班生产率/件
				外径	内径	高度	
微型、小型	26~35	冷挤压	普通压力机	0.4	1.0	1.5	4000~6000
		冷翻边	普通压力机	0.18	0.28	1.0	1300~1600
小型、中小型	29~115	压力机锻造	普通压力机	2.0	2.0	2.2	2500~4000
中大型、大型	120~430	压力机锻造	普通压力机	2.0~2.5	2.2~2.5	2.2~2.5	2000~2800
		锤上自由锻	自由锻锤	2.5~4.5	3.0~5.0	3.0~5.0	900~1700
		平锻	平锻机	3.0~4.5	3.0~5.0	3.5~5.5	400~2600
特大型	>440	锤上自由锻	自由锻锤	7.5	7.0	7.5	150~250

2.5.3 压力机锻造

在压力机上锻造时，仅小型锻件可在压力机上直接锻造成形，通常都将压力机与辗扩机连线形成锻造线，由压力机提供辗扩前毛坯，然后经辗扩机扩孔成形获得锻件。压力机锻造线降低了压力机的设备要求，充分发挥了压力机的生产能力和效率，扩大了加工尺寸范围，同时又充分利用辗扩工艺的优点，提高了锻件的尺寸精度、内部质量及生产率。压力机锻造的优越性包括：

1）锻件质量高。金属在锻模中被挤压成形，内部组织均匀致密，锻件表面光洁，尺寸精度高。辗扩后的锻件，有些可直接将套圈的滚道辗出，金属流线符合轴承的工作要求，延长了轴承的使用寿命。

2）生产率高。在压力机上生产套圈锻件，操作人员较少，按变形工步组成流水作业生产线，班产量比锻锤生产高 30%~80%。

3）工艺稳定性好，灵活性强。一经试验成功的压力机锻造工艺即可全面推广，稳定投入生产，马上收到成效，而且工艺方法灵活多变，既可以采用大吨位的多工位压力机锻造，又可以采用单工位多台小吨位压力机连接锻造。

4）工作条件好。操作技术要求不高，劳动条件较好，劳动强度不是太大且安全，新工人可以在短期内掌握而独立操作。

5）易于实现自动化。压力机是机械传动，工作压力是垂直静压力，便于实现操作机械化与自动化。目前行业内已有一些锻造厂实现自动化生产。

1. 挤压成形工艺

将加热后的料段镦粗、放入锻造模具中挤压成形，然后冲掉料芯得到锻件的工艺形式称为挤压成形工艺，一般应用于小型轴承套圈锻件的生产，应用最多的是圆筒形锻件和外锥形锻件的挤压成形。圆筒形锻件挤压成形工艺过程如图 2-14 所示，外锥形锻件挤压成形工艺过程如图 2-15 所示。

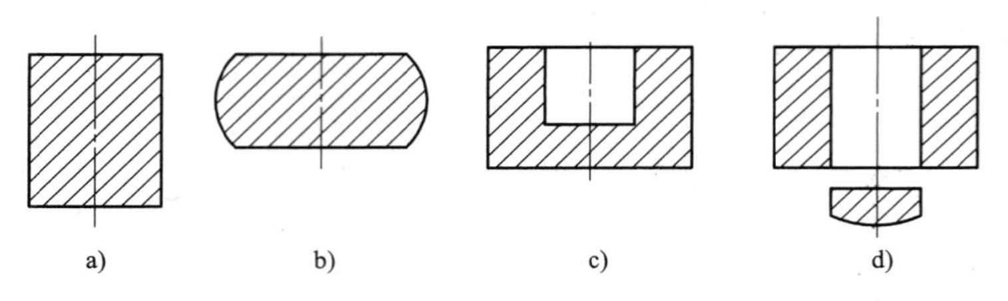

图 2-14　圆筒形锻件挤压成形工艺过程

a）加热料段　b）镦粗　c）挤压成形　d）冲孔平端面

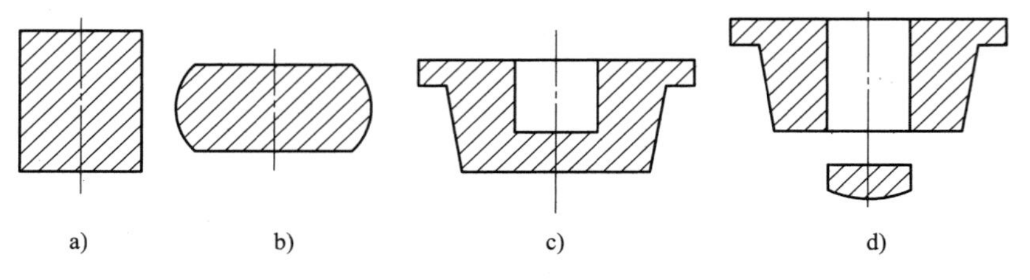

图 2-15　外锥形锻件挤压成形工艺过程

a）加热料段　b）镦粗　c）挤压成形　d）冲孔平端面

2. 挤压-辗扩工艺

对于中小型以上的锻件，若仍采用压力机上的挤压成形工艺，不仅加工中挤压力大，设备吨位大，模具寿命短，料芯直径与厚度大，且材料利用率低。

为了增加压力机的加工范围并提升材料的利用率，先在压力机上挤压成形获得辗扩前毛坯，然后在辗扩机辗扩得到锻件的工艺方法称为挤压-辗扩工艺。

挤压-辗扩工艺一般适用的加工尺寸范围是 $\phi40 \sim \phi160$mm，主要用于生产圆筒形锻件，内、外沟形锻件和内、外锥形锻件。图 2-16 所示为外沟形锻件挤压-辗扩工艺过程，图 2-17 所示为内锥形锻件挤压-辗扩工艺过程，图 2-18 所示为外锥形锻件挤压-辗扩工艺过程。

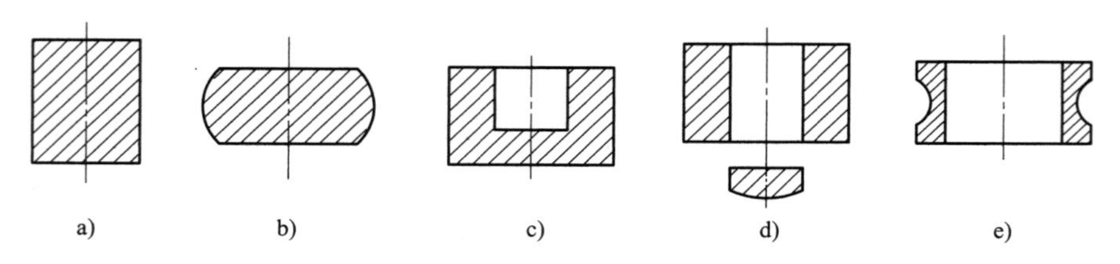

图 2-16　外沟形锻件挤压-辗扩工艺过程

a）加热料段　b）镦粗　c）挤压成形　d）冲孔平端面　e）辗扩

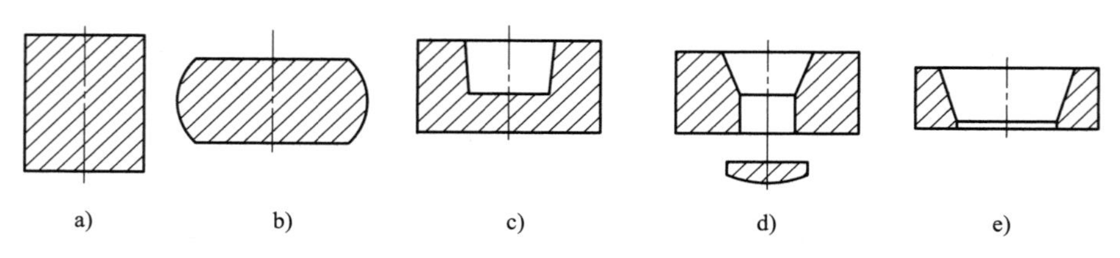

图 2-17　内锥形锻件挤压-辗扩工艺过程

a）加热料段　b）镦粗　c）挤压成形　d）冲孔平端面　e）辗扩

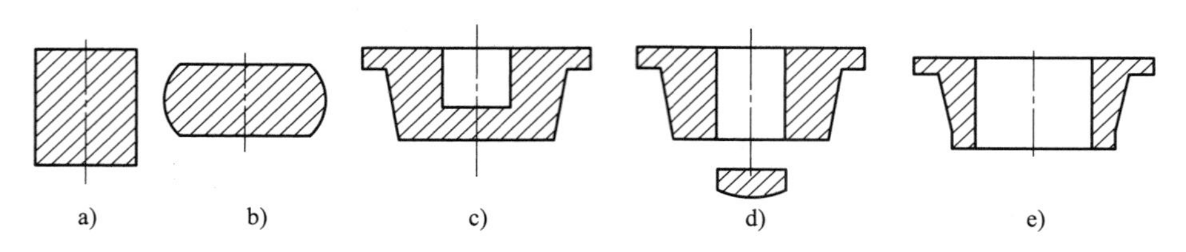

图 2-18　外锥形锻件挤压-辗扩工艺过程

a）加热料段　b）镦粗　c）挤压成形　d）冲孔平端面　e）辗扩

3. 套锻-辗扩工艺

加热料段在压力机上镦粗、套切，将环坯端面平整后送到扩孔机上辗扩得到较大套圈锻件，切下来的芯料采用挤压工艺或挤压-辗扩工艺得到较小套圈锻件的工艺方法称为套锻-辗扩工艺[11]，为了提高配套率，一般采用内外圈套锻。

采用套锻-辗扩工艺最多最广的是向心球轴承套圈锻件的生产，即小型、中小型和中大型的圆筒型锻件与内、外沟形锻件，工艺过程如图 2-19 所示[15]。对于套切下来的芯料，依据内径尺寸大小可选用不同工艺路线，图 2-19 中的路线 I 为锻造中、大型内圈锻件时的工艺；路线 Ⅱ 为锻造中、小型内圈锻件时的工艺。

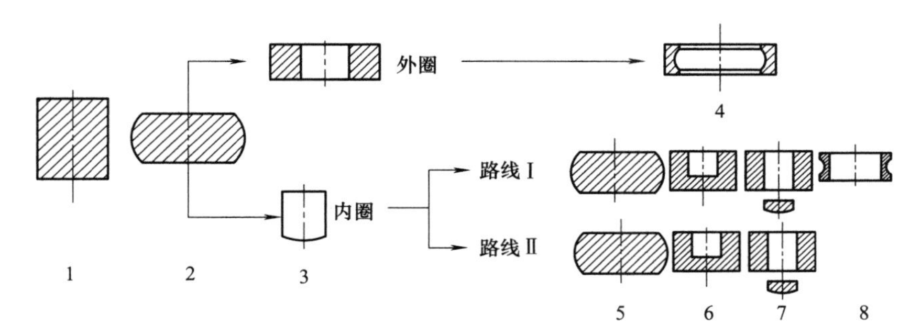

图 2-19　深沟球轴承内外圈锻件的套锻-辗扩成形工艺过程

1—加热料段　2—镦粗　3—套切　4—外圈辗扩　5—料芯镦粗
6—挤压　7—冲孔平端面　8—内圈辗扩

套锻-辗扩工艺一般都是加热一火将一套轴承的外圈与内圈锻件同时锻出，如设备条件不允许，无法组成连续生产线时，也可采用两火锻造（将套切下来的芯料重新加热锻造），采用两火锻造时芯料的重量应增加再次加热的火耗重量。

套锻-辗扩工艺生产一套轴承的套圈锻件（外圈锻件与内圈锻件），只有一个比较小的废料芯，比单件锻造工艺要节省一个废料芯，提高材料利用率；同一轴承内、外圈锻件同时锻出，也便于生产管理。

套锻-辗扩工艺还有一种特殊形式，称为塔形-辗扩工艺。加热料段在压力机上进行镦粗，挤压成内、外圈成为重叠相连的塔形锻坯，内、外圈锻坯切离分套后：外圈锻坯经整形或辗扩得到外圈锻件；内圈锻坯经冲孔或冲孔后辗扩得到内圈锻件。

塔形-辗扩工艺一般都是一火锻造，与套锻-辗扩工艺一样也只有一个比较小的废料芯，且轴承内、外圈锻件同时锻出。

与套锻-辗扩工艺相比，塔形-辗扩工艺具有以下优点：

1）工位数少。在压力机上锻造同一套轴承套圈，套锻工艺要 6 个变形工步，而塔形工艺只要 4~5 个变形工步，使用的模具、设备、人员都少，而且也利于实现自动化。

2）锻坯（内圈锻坯）质量高。内圈锻坯在模腔内成形，重量准，尺寸精度好。

3）可以加工较小尺寸轴承的内圈锻件。

塔形-辗扩工艺存在的缺点包括：

1）挤压塔形时变形力大，需较大吨位的设备，模具的寿命也较低。

2）挤压塔形模结构复杂，模具调整也较为复杂。

塔形-辗扩工艺适用于圆筒形锻件、内沟与外沟形锻件、内锥与外锥形锻件的成套轴承套圈锻件的生产，图 2-20 所示为深沟球轴承内外圈的塔形-辗扩成形工艺过程。

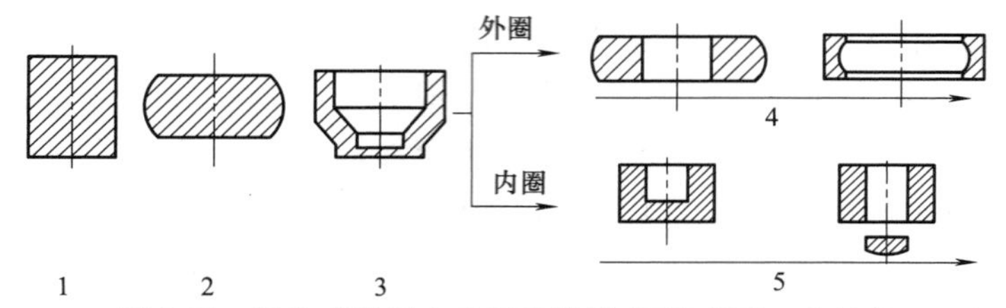

图 2-20　深沟球轴承内外圈的塔形-辗扩成形工艺过程

1—加热料段　2—镦粗　3—切离外圈平端面　4—外圈辗扩　5—内圈冲孔整形

挤压塔形工步中的金属分配是否合适是塔形工艺成败的关键要素。在模具尺寸已定的条件下，应依据坯料重量变化调节塔形工步尺寸 h_{1z}，如图 2-21 所示。在实际操作中，若下料重量重，则应上移冲头或车去冲头顶部以增加模具腔体体积，当冲头上移时，多余金属会分配在环坯高度上；当冲头顶部车去部分高度时，多余金属会分配在料芯上。若下料重量略轻，则应减少模具封闭腔尺寸，即通过减少重叠尺寸、料芯厚度和内圈锻坯高度的办法来保证外圈锻坯尺寸，但前提需保证内圈锻件尺寸合格，否则该坯料只能改用于其他型号或报废。

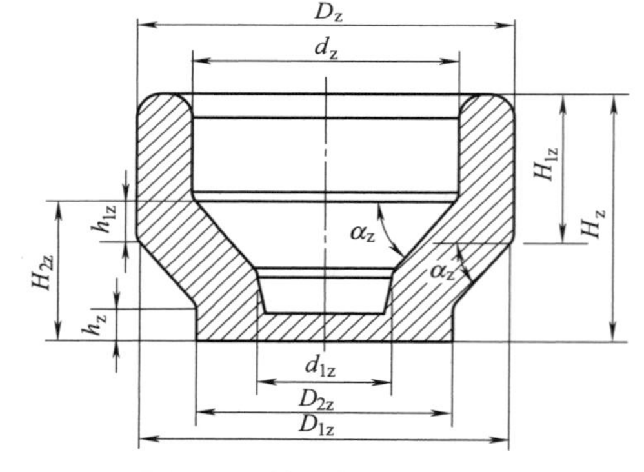

图 2-21　挤压塔形工步尺寸

4. 自由冲孔-辗扩工艺

加热料段在压力机上采用自由冲孔锻造方法制造环坯，再经辗扩设备辗扩获得锻件的方法称为自由冲孔-辗扩工艺，主要用来生产中小型和中大型的各种类型锻件。

与压力机上挤压-辗扩工艺相比，具有所需变形力较小，扩大设备所能加工锻件的尺寸范围，材料利用率相对高且模具简单等优点；也正因为是自由变形，要求操作人员具有较高的操作熟练程度和技术水平。自由冲孔-辗扩工艺适合各种结构的锻造。图 2-22 所示为内沟形锻件自由冲孔-辗扩工艺过程；图 2-23 所示为内锥形锻件自由冲孔-辗扩工艺过程。

2.5.4　锤上锻造

锤上锻造是指在空气锤、电液锤等通用锻造设备上，利用冲击能加工的锻造方式，其锻造工具为通用锻工工具，如锤砧、冲子、马架、圈模及简易胎模，所采用的金属变形方法主

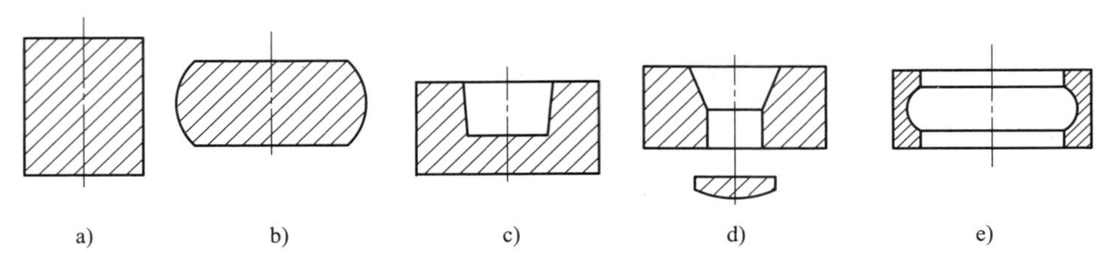

图 2-22　内沟形锻件自由冲孔-辗扩工艺过程

a）加热料段　b）镦粗　c）挤压成形　d）冲孔平端面　e）辗扩

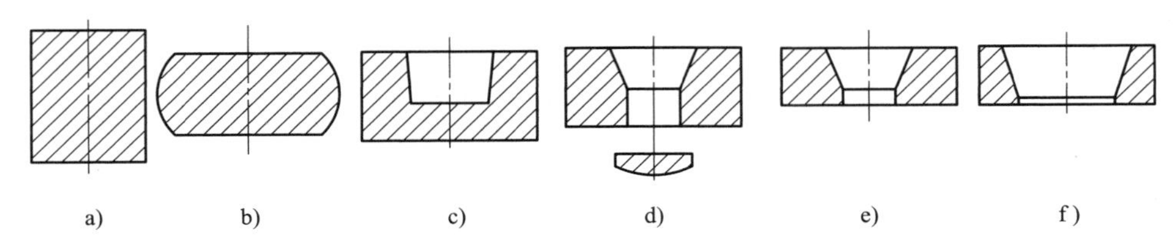

图 2-23　内锥形锻件自由冲孔-辗扩工艺过程

a）加热料段　b）镦粗　c）挤压成形　d）冲孔　e）平端面　f）辗扩

要是剁刀、镦粗、冲孔、马架扩孔等自由锻和胎模锻等形式，工艺方法分为自由锻、自由冲孔-辗扩和胎模锻三大类。

锤上锻造一般采用自由锻工艺方法，材料利用率相对较低，因而锤上锻造只适用于单件小批的轴承套圈生产，在进行特大型或重大型套圈生产时，由于难以有超大吨位的压力成形设备，因而应用液压机锻造较多。

1. 锤上自由锻工艺

锤上自由锻包含马架扩孔自由锻、马架扩孔内径整形锻和马架扩孔圈模锻三类，其锻造工艺基本相同，只是后两种方法会多用 1 个冲子或冲子与圈模整形。马架扩孔自由锻与马架扩孔内径整形锻在轴承行业多用于批量很小的大型、特大型套圈锻件生产，下料方式多为锯切。

由于此类工艺方法缺少模具限制，因而套圈锻件圆度、内径与外径的同轴度保证困难，因而锻件留量都较大才能保证后续加工需求，材料利用率很低。图 2-24 所示为圆筒形锻件马架扩孔自由锻与马架扩孔内径整形锻造工艺过程。

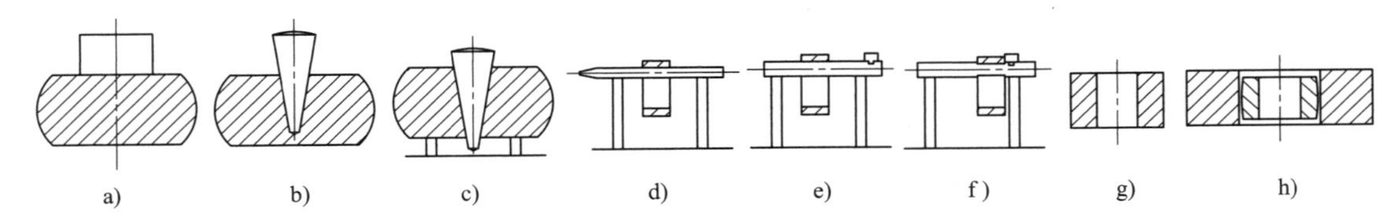

图 2-24　圆筒形锻件马架扩孔自由锻与马架扩孔内径整形锻造工艺过程

a）镦粗　b）冲盲孔　c）冲穿孔　d）芯棒扩孔　e）扩孔　f）整端面　g）平端面　h）整形

马架扩孔圈模锻适用于大型和中大型套圈的小批生产，与前两种锤上自由锻工艺相比，锻件的尺寸精度和几何形状质量有一定提升。图 2-25 所示为内十字形锻件马架扩孔圈模锻工艺过程，其特点为采用堆成的双锥形半圆芯棒进行成形扩孔。

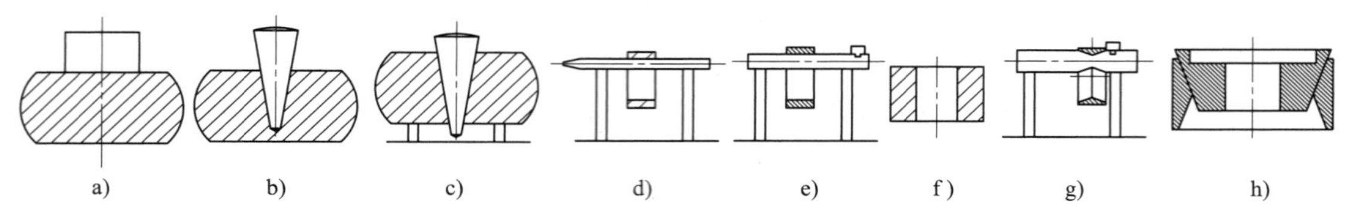

图 2-25　内十字形锻件马架扩孔圈模锻工艺过程

a）镦粗　b）冲盲孔　c）冲穿孔　d）芯棒扩孔　e）扩孔　f）整端面　g）锥面整孔　h）圈模整形

2. 锤上自由冲孔-辗扩工艺

锤上自由冲孔-辗扩工艺包含锤上自由冲孔后在扩孔机上辗扩与锤上自由冲孔后马架扩孔，再在辗扩机上辗扩两种工艺过程，前者适用于中小型或大型套圈的生产，后者适用于大型或者特大型套圈锻件生产。图 2-26 所示为锤上自由冲孔-辗扩工艺过程。

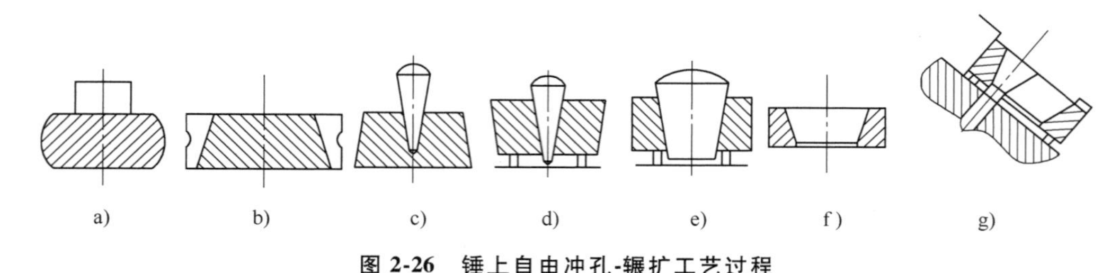

图 2-26　锤上自由冲孔-辗扩工艺过程

a）镦粗　b）顶成形　c）冲盲孔　d）冲穿孔　e）涨孔　f）平端面　g）内锥形锻件辗扩

3. 锤上胎模锻工艺

采用模具在空气锤上加工锻件的方法称为锤上胎模锻工艺，一般只适用于单件小批量的中型或中小型套圈锻造。由于这种工艺方法的模具成本高，安全性差，因此很少再采用，故不再赘述。

2.5.5　高速镦锻锻造

高速镦锻锻造工艺生产率高，材料利用率高，自动化程度高，且劳动条件好，劳动强度小并节约人力资源，这对于当前形势下轴承制造环节人力资源紧缺的现状具有极大优势[16]；也正是由于其效率极高，目前的市场形势下难以有极大批量订单满足其产能需求，造成其推广程度还不是特别高。近年来，由于汽车行业的迅猛发展，一些结构较为复杂套圈结构的批量需求进一步推动了高速镦锻锻造工艺的发展。

高速镦锻机是以普通热轧钢棒料为原材料，经感应加热后送到有一个切料工位和 3~4 个锻造工位的全自动高速卧式热镦机上，采用封闭模锻加工各种截面形状的精密锻件生产线。目前全球高速镦锻机制造商较多，其中瑞士的哈特布尔（HATEBUR）在轴承行业应用较多，包括 AMP20、AMP30、AMP50、AMP70 和 AMP70L 等多种规格型号。

1. 工艺特点

图 2-27 所示是 AMP30 高速镦锻生产线布置示意图。锻造时，将长度 2.5~6m 的热轧未退火棒料送入上料机构后，由电气自动控制系统送入由 3 个感应圈组成的中频感应加热炉，加热到锻造温度后通过热镦机送料辊送到切料工位，切料后依次经镦粗、成形和穿孔（穿

孔并分套）3个工位锻造成套圈锻件；冲头返回时锻件由机床凸轮控制的顶杆退出并由机械手自动传送到下一个工位；料头由监测系统监测并发出信号，自动控制排到废料道；每根棒料平均切去的斜头长度仅等于1~1.5个切坯长度。设备的主传动系统与普通锻压机相似，夹钳传送、剪切、顶料均用凸轮控制，且关键部位都有完善而可靠的保护和保险装置，保证离合器能在接收信号后在曲轴回转90°内停车；主滑块的行程次数由调速电动机控制，能在85~140次/min范围内无级调速。

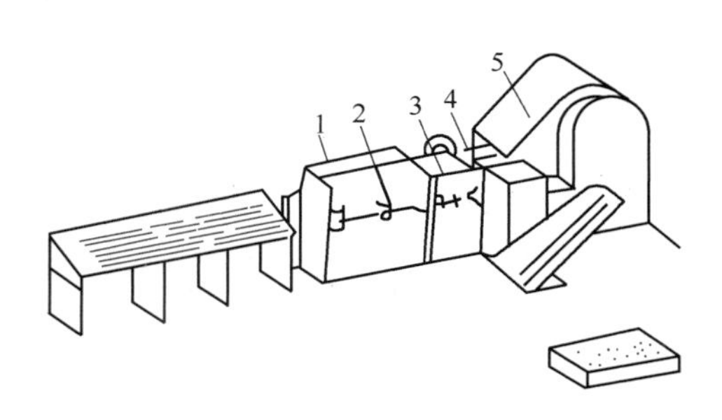

图2-27 AMP30高速镦锻生产线布置示意图

1—棒料 2—感应加热装置 3—镦锻位置
4—机械手 5—送料辊

高速镦锻锻造工艺广泛应用于轴承等大批量生产的标准件毛坯，并能几十年来一直保持其旺盛的发展势头，其主要优点包括：

（1）生产率高 高速镦锻自动线的生产节拍，根据设备规格不同有所差异，如AMP30经常采用的节拍是120~140套/min，能达到普通压力机或平锻机的6~8倍，使用的操作工人也仅需2~3人，人力耗费仅需普通成形工艺所需人数。

（2）锻件精度高 能锻造结构复杂锻件且材料利用率高。用普通符合要求的热轧未退火棒料在自动线上可直接锻成各种复杂形状的精密锻件，多为毛边锻造。

（3）模具寿命长 高速镦锻机的核心元件是模具，其寿命长短是高速镦锻线成功应用的关键因素，现有高速镦锻机需要解决的首要问题也是模具寿命的问题，模具寿命的保障要素包含：

1）精密而稳定的机床和模具结构，保证了冲头凹模均匀受力状态，如AMP30冲头带导向套，不需调整中心整体模座，避免了模具的意外损坏或不均匀磨损；

2）由于锻造速度高，热金属与模具接触时间极短，热量损失少，金属始终处于变形抗力极小的高塑性状态，如AMP30不到2s内完成了从切料到锻件落下，工件与各工位冲头和凹模的接触时间不到0.05s；

3）有一套强有力的冷却系统保证模具始终在150℃以下工作，凹模、凹模内的活动下垫、送料辊轮及固定刀板上都开有孔槽，内循环水可增加冷却效果，内、外冷却水压力都是0.4MPa，强大的水流还能冲洗残存在模内的氧化皮。

2. 工艺过程

考虑高速镦锻机加工的以上工艺特点，为了满足连续生产需求并最大限度延长模具寿命，从整个工序上需关注原材料、锻件留量与公差及锻件结构与变形过程三方面的内容。

（1）原材料 原材料一般采用普通热轧未退火棒料，需注意原材料直径相互差、原材料弯曲度和原材料端部检查3个方面。

1）原材料直径相互差。与前述一般工艺过程中的下料长度原则计算方法一致，也是根据下料重量确定原材料直径，进一步计算下料长度。在原材料采购时，需要求钢厂保证同一批材料的直径相互差。在实际生产中，由于同一捆钢材一般都是连续生产的，因此高速镦锻时也尽可能原捆钢材连续生产。

2）原材料弯曲度。自动线对棒料弯曲度要求不超过4%，实际加工中若原材料弯曲度不能满足以上要求，则应校直原材料后才能进行后续生产。校直时也必须注意按原捆打捆，避免混捆。

3）原材料端部检查。要剔除端头缺损和有裂纹的材料。

（2）锻件留量与公差　表2-12、表2-13分别列出了AMP型高速镦锻机锻件留量与公差。需要指出的是，留量与公差应根据设备状态、各制造厂的实际工艺能力实施，表2-12与表2-13只是某些（个）企业的应用状态，不具备一般性。

表2-12　AMP型高速镦锻机锻件留量　（单位：mm）

锻件外径	外径	内径	高度	外径分离面	内径分离面
~50	1.0	1.2	1.2	1.6	1.6
~80	1.3	1.6	1.6	2.0	2.0
~120	1.5	2.0	2.0	2.0	2.0

表2-13　AMP型高速镦锻机锻件公差　（单位：mm）

设备型号	外径	内径	高度	外径分离面	内径分离面
AMP30	+0.3	-0.4	±0.25	+0.5 -1.5	-0.14
AMP50	+0.4	-0.6	±0.3	±0.5	-0.6
AMP70	+0.4	-0.6	±0.3	±0.5	-0.6

（3）锻件结构与变形过程　高速镦锻工艺的成形方法分为单件反挤压工艺和塔形挤压工艺。单件反挤压工艺包括1个下料工序和3个成形工序，成品为单件套圈锻件，如图2-28所示，一般AMP20、AMP30高速镦锻机采用这种工艺；塔形挤压工艺包括1个下料工序和3个成形工序，成品一般为内、外圈在一起的塔形锻件，如图2-29所示，AMP30、AMP50、AMP70高速镦锻机都采用这种工艺。

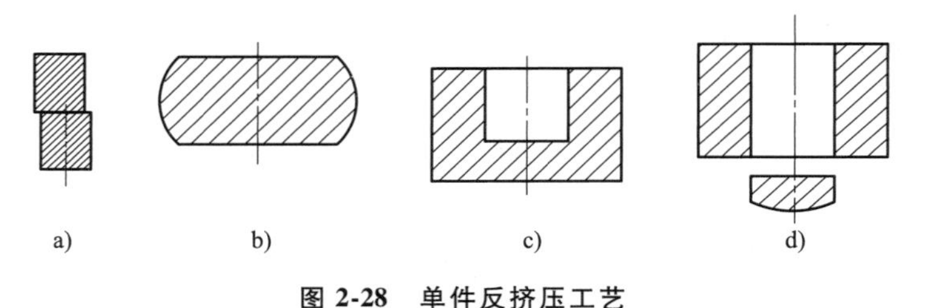

图2-28　单件反挤压工艺

a）下料　b）镦粗　c）挤压成形　d）冲孔

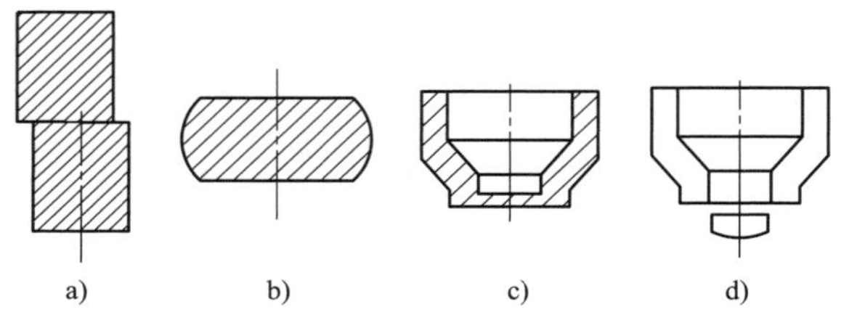

图2-29　塔形挤压工艺

a）下料　b）镦粗　c）挤压成形　d）冲孔

2.6　辗扩工艺

辗扩工艺在轴承套圈锻造生产中的应用十分广泛，套圈锻造成形过程中采用的压力机、气锤及平锻机均包含与辗扩机连线的工艺形式。成形设备与辗扩机组成生产线，具有显著的技术经济效应。上节内容中实质上已经包含了辗扩工艺，由于辗扩在轴承套圈锻造中的重要性，本节将进一步介绍其工艺特征与工艺过程。

2.6.1　工艺特征

辗扩是一种在专用扩孔机上将套圈毛坯的壁厚减薄，使内径和外径同时扩大，并获得要求断面形状的工艺形式[17]。套圈锻造过程中采用辗扩工艺具有以下优点：

1）提高锻件的几何精度和尺寸精度。锻件经辗扩后壁厚差减小，锻件截面形状最大限度地接近套圈形状，降低了锻件的留量和公差，提高了材料利用率并减小了机械加工工作量。

2）提高锻件的内部质量。经过辗扩的套圈内部晶粒致密性进一步提升，纤维流向良好，从而延长了轴承的抗疲劳寿命。

3）改善切削性能。辗扩套圈的晶粒呈圆周方向分布，晶粒细化，几何精度高，表面光整，后续机械加工时装夹方便，易于实现自动化，工件内部晶粒细化也进一步提升了被切削性能，从而减少刀具磨损。

4）扩大加工尺寸范围。用较小设备加工较大的套圈锻件，充分发挥锻锤、平锻机和压力机等设备的生产潜力。

5）生产率提升。锻件的最终形状精度是在辗扩过程中获得的，因而可降低对制坯工序毛坯精度的要求，减少工艺调整时间，延长模具寿命，提高上工序的劳动生产率进而提升整个连线的效率。

辗扩工艺虽然能获得精度较高的锻件，但由于下料精度、辗扩温度、扩孔机刚性和调整操作等原因，套圈尺寸的一致性及圆形偏差、圆柱度等仍然不太理想，尤其是控制壁厚的辗扩工艺（如四轴偏心辗扩工艺）。当料重偏大、辗扩温度较高时，辗扩锻件内、外径均大，反之则内、外径均小，尺寸不一致性会使后续车加工工序装卡调整极不方便。

2.6.2　工艺过程

如前所述，在轴承套圈锻造生产中，辗扩工艺需与锤、平锻机和压力机的成形工艺联合使用，先由制坯工序锻出辗扩前的环形毛坯，对于中小型套圈锻造，扩孔机一般都与上述设备组成流水作业线。料段加热到锻造温度后，经镦粗、成形、冲孔、压平，然后送到扩孔机上辗扩获得成品锻件。多数情况下，由镦粗、成形到辗扩只需一次加热，但对中大型轴承套圈锻造，由于锤上锻造后温度较低，或者设备没有排在一条生产线上，辗扩前则要将毛坯重新加热。

辗扩过程的工作循环如图 2-30 所示：工件套到辗压辊上，旋转着的辗压轮在气液压缸压力 P 的作用下向下运动，与工件接触后环坯开始变形，此时环坯和辗压辊在摩擦力的作用下旋转，环坯受到压缩，壁厚逐渐减薄，金属沿切线方向伸延（轴向也有少量展宽），直径扩大；在变形的最初阶段，环坯的延伸变形处于自由状态，当环坯外径与固定的推力辊接触后，推力辊的反作用力使环坯外径增大的同时产生弯曲变形，将环坯的几何中心推向机械中心线的左方，并使辗扩过程平稳进行；当环坯的外径增大到与预先调整好位置的信号辊接触时，信号辊发出信号，气缸切换，辊压轮向上回程，卸料机构将锻件推出，落入料箱中，完成一次工作循环。

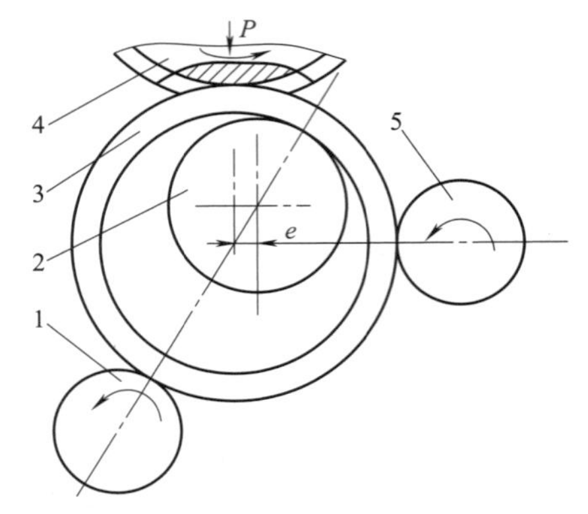

图 2-30　辗扩过程的工作循环

1—固定推力辊　2—辗压辊　3—工件

4—辗压轮　5—信号推力辊

在辗扩中小型轴承套圈时，主要辗扩锻件的内、外径面，采用端面辗压轮两挡边限制径向尺寸，这种辗扩方式称为径向辗扩。辗扩中大型及以上轴承套圈时则采用径-轴向辗扩工艺，具体加工过程中，除径向辗扩锻件外，增加了一对辗压端面的辊子，在环坯的轴向方向施以压缩变形，以消除锻件端面凹心，提高端面质量，如图 2-31 所示。

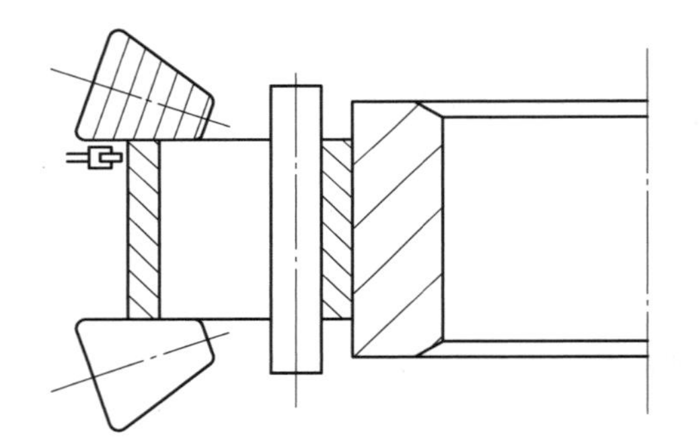

图 2-31　径-轴向辗扩与现场

辗扩过程的变形特征是环坯径向镦粗与圆周方向纤维延伸变形的综合，而且环坯每转一周变形量不太大，总变形量通过多次连续微变形循环实现。由于工具施加于环坯的压力以压力锥的形式向套圈中心层扩展，单位变形抗力逐步减小，中心区金属延伸也随之减弱，故沿套圈断面具有表面变形特征，即接近辗压轮和辗压辊的套圈内外表面变形量较大，而中心层变形量较小，因而出现端面凹心现象。由于越靠近内径延伸率最大，凹心现象一般发生在靠近内径面位置，辗扩前壁厚较厚，辗压比大的套圈毛坯，如特大型毛坯和推力套圈毛坯容易发生此类端面凹心。

在实际应用中，为了克服端面凹心现象，除采用前述径-轴向辗扩外，还有以下措施也可用于端面凹心，包括：

1）辗扩前毛坯端面做成 2°~5°斜度，并适当减小总辗压比。

2）提高辗扩时环坯温度，或增大辗压力，从而得到宽的压力区和辗入深度，增加环坯每转的辗压力。

3）对于小批量的大型环坯，可在初辗扩后平端面，然后再继续辗扩。

2.7 整形工艺

为了进一步提高锻件精度，近年来轴承套圈锻造生产线上普遍在辗扩工序后增加一道整形工序，通过锻件的外径或内径整形过程纠正圆形偏差、圆柱度等几何偏差，统一外径或内径尺寸，提高锻件的外观质量和合格率，并为车加工实现自动上下料创造有利条件[18]。

壁厚较薄的套圈锻件辗扩过程容易产生椭圆，整形能够较好的纠正椭圆；对于四轴扩孔机控制套圈壁厚的辗扩工艺，由于内外径尺寸变化范围受坯料重量差、辗扩温度及工艺调整的影响很大，整形工艺几乎是不可缺少的。实践证明，整形工艺本身比较简单，但对提高锻件质量和材料利用率效果显著；同时整形工序不仅效率高，又能降低对辗扩工序的技术要求，也有利于提高整个生产线的效率。

整形工艺分整外径、整内径及内外径同时整形（即闭式）。一般地，外径面为圆柱面的轴承套圈整外径；外径面为其他几何形状，内径面为圆柱形的轴承套圈整内径；必要时可在整内外径的同时整锻件宽度，以提高端面质量。

当整外径时，锻件直径方向的尺寸压缩；当整内径时，锻件直径方向尺寸扩张；当整宽度时一般仅起压平端面作用。整径量根据锻件尺寸及辗扩工艺而有所不同，一般取 1~4mm。在整外径时，整径量过大容易出现端面凹心，并使整径凹模黏料及过早磨损，而黏料的凹模往往会刮伤锻件外径。

图 2-32 和图 2-33 所示为整外径模具结构图，适用于圆筒形锻件和圆锥外圈锻件。图 2-32 所示为仅整外径，图 2-33 所示为整外径的同时压端面，压下量通过压端面模进行调整，凹模上端口有-5°左右斜度，直径部分不小于 10mm。

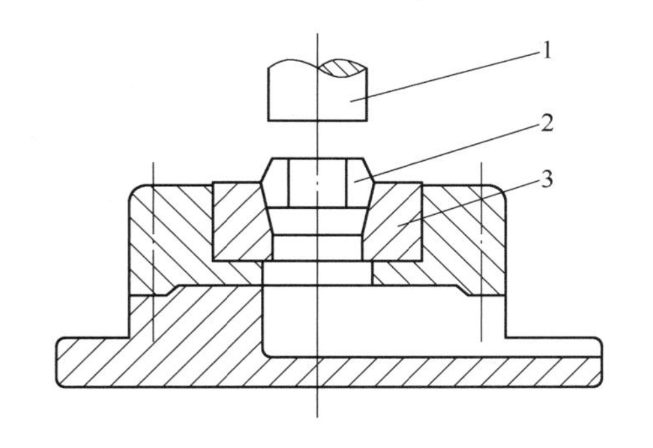

图 2-32 整外径模具结构图

1—冲头 2—工件 3—凹模

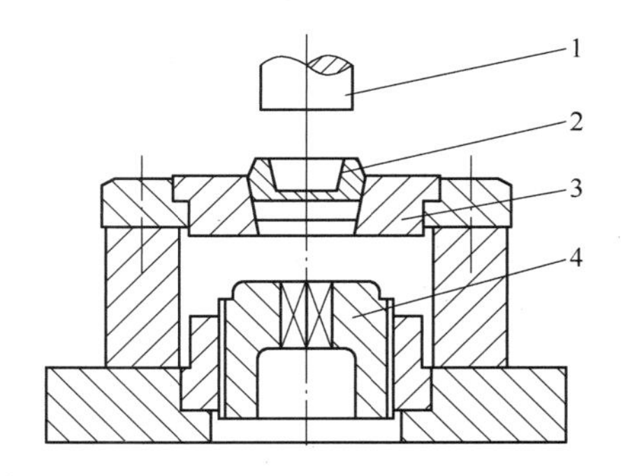

图 2-33 整外径和端面模具结构图

1—冲头 2—工件 3—凹模 4—压端面模

图 2-34 所示为整内径和端面模具，适用于有外轮廓形状，内径面为圆筒形的套圈。在整端面时，宽度尺寸由中间环来控制；图 2-35 所示为圆锥整形模具，可整内、外径并压平端面，模具内装有碟形弹簧装置，毛坯的重量差将反映在锻件的宽度公差上。

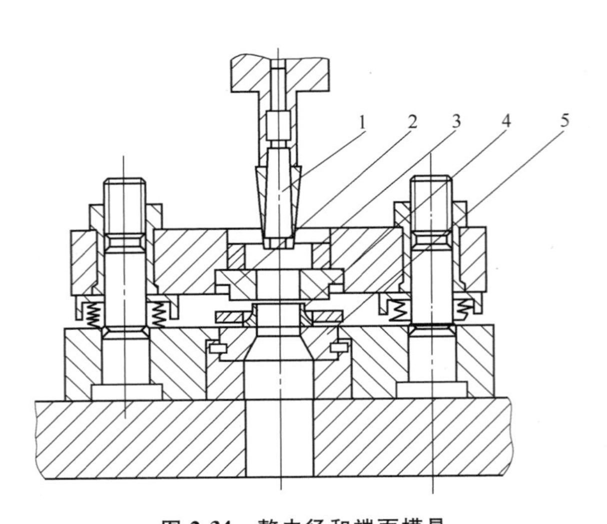

图 2-34 整内径和端面模具

1—冲头 2—压端面模 3—中间环 4—工件 5—凹模

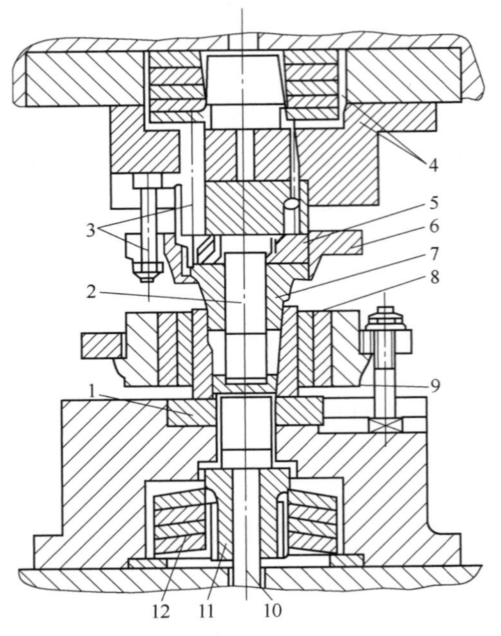

图 2-35 圆锥内圈内径、端面与外径整形模具

1—下垫板 2—冲头 3—销钉 4、12—碟形弹簧 5—冲头压板套 6—冲头压板 7—卸料板 8—凹模 9—下冲头 10—顶杆 11—支撑套

2.8 其他成形工艺

除以上常用轴承套圈的热锻造工艺外，依据锻造时的不同温度，行业内还有部分低温成形工艺方法，包括温挤压工艺、冷挤压工艺及冷辗扩工艺，这些成形方法由于加工温度未达到再结晶温度，因而后续工序也有所不同（如冷挤压在成形前进行软化退火，而不是到成形后进行球化退火）；依据被加工工件的材质差异，也存在一些特殊材料锻造。

2.8.1 温挤压工艺

温挤压温度介于冷挤压与热锻造温度之间，同时具备冷挤压和热锻造的优点，锻件精度和材料利用率高，避免了热成形时的氧化、脱碳和锻后退火等缺点，温挤压零件不仅不会产生新的脱碳层，而且还会使原坯料的脱碳层减薄 50%左右，挤压后零件表面硬度无显著提升，对切削加工没有不利影响。

1. 轴承钢的挤压温度与挤压力

为保证温挤压过程中挤压力低，成形性能好，组织性能满足产品需求，零件表面无氧化脱碳现象，温挤压工艺需首先应选择合理的温度范围。

图 2-36 所示为轴承钢挤压温度与挤压力关系曲线：随着挤压温度的提高，挤压力明显下降：700~850℃时出现平台，挤压力几乎不变；当挤压温度≥850℃时，挤压力又明显下降。

当挤压温度为 500℃时，单位挤压力为 200×10^{7} Pa，考虑到常用挤压模具钢的许用强度为（200~220）×10^7 Pa，判定轴承钢挤压温度不小于500℃，再考虑到轴承钢蓝脆温度（一般在450℃），由于挤压速度的提高有向高温移动的可能，以及生产条件的多变性，最终确定轴承钢温挤压的下限温度为550℃。

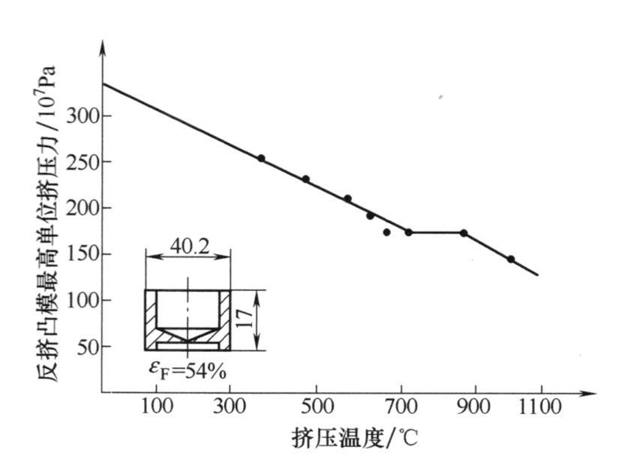

图 2-36　轴承钢挤压温度与挤压力关系曲线

挤压温度的上限方面主要考虑的要素为金相组织。从各种状态下的金相组织看出，加热温度低于700℃，挤压后的金相组织仍为原始球状珠光体，但当加热温度≥750℃时，由于相变影响，金相组织在珠光体基础上产生索氏体组织，且硬度可增高到229~331HB；而当挤压温度低于700℃时仍可保留原始坯料的珠光体组织，挤压后硬度增加幅度不大，不需再结晶退火，对后续切削加工无不利影响；低于700℃挤压不会产生脱碳和氧化。综合考虑多种因素，确定轴承钢温挤压的上限温度为不高于700℃。在实际应用中，采用电炉加热时，加热温度定为（700±20）℃较为合适。

2. 轴承套圈的成形方法

轴承套圈温挤成形方法包括单圈反挤压、内外圈同时双向复合挤压、内外圈两次反挤压与内外圈一次反挤压4种，不同成形方法的变形程度及单位挤压力均不同。

轴承套圈温挤压成形方法与挤压力的关系见表2-14，单圈反挤压成形压力较高，在塔形工艺中以双向复合挤压较合理，特别是对尺寸小的轴承一次成形更为有利，其单位挤压力为（102~107）×10^7Pa；两次反挤压塔形成形工艺适用于大规格轴承套圈反挤压。

表 2-14　轴承套圈温挤压成形方法与挤压力的关系

挤压成形方法	变形程度 ε_F(%)	单位挤压力/×10^7Pa
单圈反挤压	54	150①
	70	157
内外圈同时双向复合挤压	67	112~140
	68(52)②	107
内外圈两次反挤压	70(54)②	102
	68	133
内外圈一次反挤压	52	127
	68(52)②	95

① 液压机成形。

② 指括号内的内容，即下部变形程度。

目前单圈反挤压成形方法较成熟，虽然挤压力偏高，但比冷挤压成形方法仍成倍降低。总体来说温挤压工艺在轴承行业推广普及程度不高。

3. 润滑

润滑剂的选择是温挤压工艺的关键要素之一，合适的润滑剂不仅应保证挤压力低、附着力强和不粘模，还应具有良好的冷却结果。

润滑剂在挤压温度与压力下应具备化学稳定性与热稳定性，同时还要求其价格低，对环境无污染等。目前使用的多为石墨油剂或石墨水剂。

2.8.2 冷挤压工艺

冷挤压是在室温下对毛坯施加压力，使金属在模具内得到所需形状的一种工艺方法。冷挤压工艺与滚动体毛坯加工中使用的冷镦工艺有些相似，但实质上是不同的工艺方法[19]，冷镦使用的设备多为冷镦机，而冷挤压多采用压力机；冷镦属于冷冲压方法，冷挤压则属挤压成形过程。

冷挤压的主要优点是工件尺寸精度高，表面质量好，加工中少、无切屑，材料利用率高，便于实现自动化；显著缺点在于工序烦琐，流程长。

行业内应用冷挤压工艺较多的是低合金渗碳钢冷挤压万向节轴承套圈毛坯，也有部分采用 GCr15 轴承钢冷挤压微型或小型球轴承套圈毛坯，微型球轴承套圈的冷挤压工艺路线如图 2-37 所示。

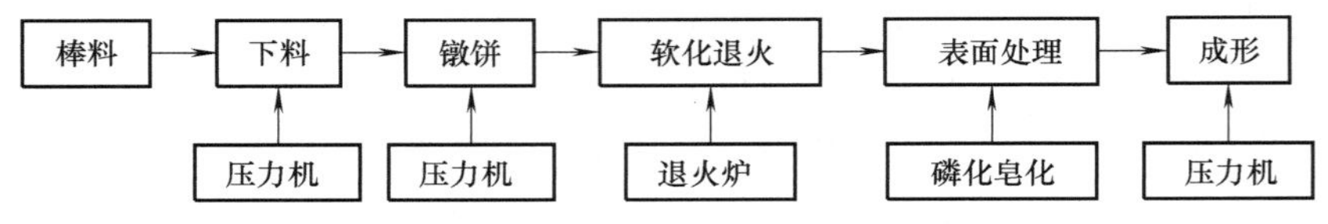

图 2-37 微型球轴承套圈的冷挤压工艺路线

在图 2-37 所示的微型球轴承套圈冷挤压工艺路线中，首先备料为冷拔或热轧状态的 GCr15 轴承钢退火棒料，采用 80t 压力机冷剪切下料，由 80t 压力机冷镦镦饼，装炉进行封闭软化退火后再进行表面磷化皂化处理，再在 160t 压力机上反挤成形、冲孔、整形，最终得到圆筒形锻件。

2.8.3 冷辗扩工艺

冷辗扩工艺是以轴承钢钢管或锻件车制后的毛坯为原材料，首先采用专用切管机下料获取环形毛坯，并在常温下由精密辗扩机辗扩出套圈截面形状的工艺过程[20]。其工艺思路与热辗扩类似，差别在于冷辗扩时工件温度低，对设备、模具等要求更高。虽然早在 20 世纪中叶就曾有冷辗的尝试，但受限于各类基本条件不完备，直到 20 世纪 80 年代才开始逐步发展。

1. 工艺特点

与其他成形工艺方法相比，冷辗扩工艺的突出优势主要表现在：

1）材料利用率大量提升。采用传统工艺方法成形时，轴承套圈的材料利用率很难达到 50%，而冷辗扩工艺的材料利用率则能达到 60%~75%。材料利用率大幅度提升，对于当前原材料大幅涨价而轴承产品涨价难的行业困境具有显著价值。

2）生产率大幅上升。冷辗扩在精密辗扩机上进行，机床只要通过一次成形便可完成所有形面的加工，大大提高了劳动生产率，缩短了生产时间。

3）加工质量提升。由于冷辗扩通过模具成形，因而工件圆角、沟道等结构尺寸稳定，主要加工面的尺寸精度、几何公差及表面质量均较好，有利于后续加工；另外，金属内部流线与沟道表面形状一致，且在轴承工作时承受载荷的沟道位置材料致密，图 2-38 所示为冷辗扩套圈与车工套圈的横截面比较，冷辗扩套圈金属材料内部的流线形式与车工套圈差别显著，且其致密性高，这种流线形式及内部致密性能有效延长成品轴承的疲劳寿命[21]。

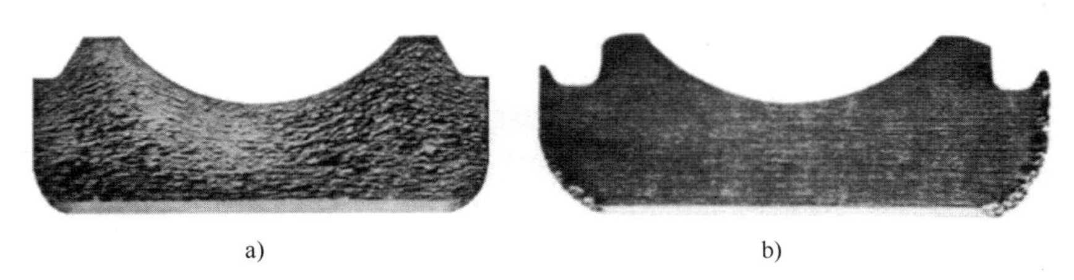

a)　　　　b)

图 2-38　冷辗扩套圈与车工套圈的横截面比较[20]

a）冷辗扩套圈　b）车工套圈

4）改善工作环境。工作环境好，操作更为安全方便，同时减少了设备数量和占地面积，减少了人力资源的耗费。

2. 工艺过程

冷辗扩工艺过程与一般成形工艺过程有所差别，是辗压设备、辗压工艺、模具及被加工工件等因素相互关联的整体，具体影响参数包括辗压力、滑块进给速度以及套圈直径增大速度等[20]。

辗压力与主轴转速、进给速度和辗压时间有很大关系：主轴转速越低，每转压下量越大，辗压力就越大；辗压时间越短，所需辗压力就越大；滑块进给速度越快，辗压力就越大；在辗压速度、时间不变的情况下，影响辗压力的主要因素为压入量，而压入量又与辗压速度有直接关系，故决定辗压力的主要因素为辗压速度。

确定合适的滑块进给速度，是决定辗扩质量的关键，根据国内外有关报道，在不考虑辗扩力的情况下，决定滑块进给速度的原则是要保证套圈增大的速度始终保持匀速，除此之外，还要保证有足够小的平稳进给速度。

2.8.4 特种钢锻造

并非所有钢材都具备良好的可锻性，对于含多种合金元素的特殊钢，由于内部组织结构复杂，导热性和塑性都比较差，变形抗力大，容易产生裂纹，因而其锻造过程具备如下特殊性[2]：

1）加热前表面处理。加热前应检查并清除表面缺陷，防止加热锻造过程中缺陷进一步扩大。

2）加热速度控制。特种钢在低温区域的导热性差，塑形也差，因而在低温或组织转变时应降低加热速度，缓慢加热；上升到一定温度导热性与塑性提升后，再加快加热速度。

3）冷却速度控制。特殊钢锻造后应按照对应钢材的工艺要求进行缓慢冷却（如灰冷）。

4）始锻温度。特种钢的成分较为复杂，高温时晶界容易出现低熔点物质，一些钢种还容易出现晶粒迅速长大的情况，因而需要严格控制始锻温度。

5）锻造速度控制。特种钢的再结晶温度很高，变形抗力大，塑性随温度下降而急剧降低，因此锻造过程中的锻造速度要迅速，防止低于终锻温度。

6）过程控制。在锻造过程中，一般需采用“两轻一重”锻造法，即开始锻造时用轻锤快速锻造，中间用重锤锻打，最后再改用轻锤；锻造过程中一旦发现裂纹应及时铲除，防止裂纹进一步扩展。

2.9 锻件热处理

热处理是轴承套圈制造工艺过程中极为重要的工艺环节，如第1章所述，整个轴承制造过程中“冷热交替”“相互依存”，本书着重介绍轴承制造工艺过程中的“冷加工”环节，轴承热处理另书撰述。

套圈热锻造虽然属于“热加工”环节，但由于其属于毛坯成形工序，只能在本书论述，而锻造热处理又是影响锻件最终质量的核心要素，因而以下简要论述套圈锻造中的热处理。锻件热处理后的质量要求应依据不同钢种对应不同标准，如一般轴承钢应满足GB/T 34891—2017《滚动轴承　高碳铬轴承钢零件 热处理技术条件》[7]的要求，不锈钢应满足JB/T 1460—2011《滚动轴承　高碳铬不锈轴承钢零件 热处理技术条件》[8]要求，渗碳钢应满足JB/T 8881—2020《滚动轴承　渗碳轴承钢零件　热处理技术条件》[9]要求，高温钢应满足JB/T 2850—2007《滚动轴承　Cr4Mo4V高温轴承钢零件　热处理技术条件》[10]的要求等。

2.9.1 球化退火

把钢加热到下临界点（即钢的再结晶温度）A_{c1}以上或略低于A_{c1}的温度，保温一段时间后缓慢冷却的过程称为退火，轴承钢的基本退火形式为球化退火，以下论述中的“退火”均为球化退火。

1. 退火的目的

退火的目的包含获得均匀分布的细粒状珠光体与降低硬度两个方面。细粒状珠光体组织最利于淬火得到理想的马氏体加均匀分布的碳化物和少量残余奥氏体组织，使套圈的耐磨性与抗疲劳性达到最优，并兼具好的弹性和韧性；硬度方面，轴承钢热轧或锻造后硬度常在255~340HB之间，此硬度不利于车削，而经退火后硬度可降低，如GCr15可达170~207HB，GCr15SiMn可达179~217HB，为后续车工提供了良好的加工条件[22]。

2. 退火的种类

根据退火方式不同，退火分为低温退火、一般退火、等温退火和快速退火4种类型。

低温退火指在低于并接近A_{c1}温度一定时间后缓慢冷却的工艺过程，低温退火的过程极慢，只有在特殊情况下才用，如套圈淬火过热需返修。

一般退火的加热温度超过临界点A_{c1}，在具体生产条件下，GCr15轴承钢的退火温度为770~810℃，通常认为790℃较理想。

等温退火指将钢加热至一般退火温度后迅速冷却至某一温度，使奥氏体在该温度下等温分解，然后冷至室温的工艺过程。

快速退火是指具有正火组织的工件加热至一般退火温度经短时保温后快速冷却的热处理过程。快速退火可得到极细的退火组织，能用于要求细化退火组织的情况。

3. 退火工艺

退火设备有台车式退火炉、井式退火炉、箱式退火炉、罩式退火炉以及连续退火炉等，见表 2-15。台车式退火炉适用于较小批量的零件退火，井式退火炉适用于单件小批的大型轴承套圈等温退火，箱式退火炉装载量大，生产率高，应用相对广泛。

表 2-15 退火设备

设备名称	应用范围	备注
台车式退火炉	批量不太大的大型及以上工件	由于批量限制，无法采用连续退火炉
井式退火炉	大尺寸工件	主要约束因素为尺寸，其他设备难以进入时选用
箱式退火炉	中大批量的中小型工件	批量较大，但不足以采用连续退火炉
罩式退火炉	不具备其他设备条件时采用	较少采用
连续退火炉	大批量小型、中小型、中大型等	大量应用的集中生产

由于退火时间长，能耗高，目前轴承行业中小型套圈退火多采用集中生产方式，利用连续退火炉完成退火过程，退火过程中具备保护气氛，无氧化，退火质量高；但由于连续退火炉装载量很大，且开动后耗费能源多，故必须具备足够批量。

退火的类型不同，工艺过程也有所差异，一般条件下的各类退火工艺曲线如图 2-39 所示。

对于连续退火炉，设备属于完整大型设备，各区域划分明确，其工艺过程较为复杂，以某公司批量退火的连续炉为例，简要说明连续退火炉工艺曲线，如图 2-40 所示。

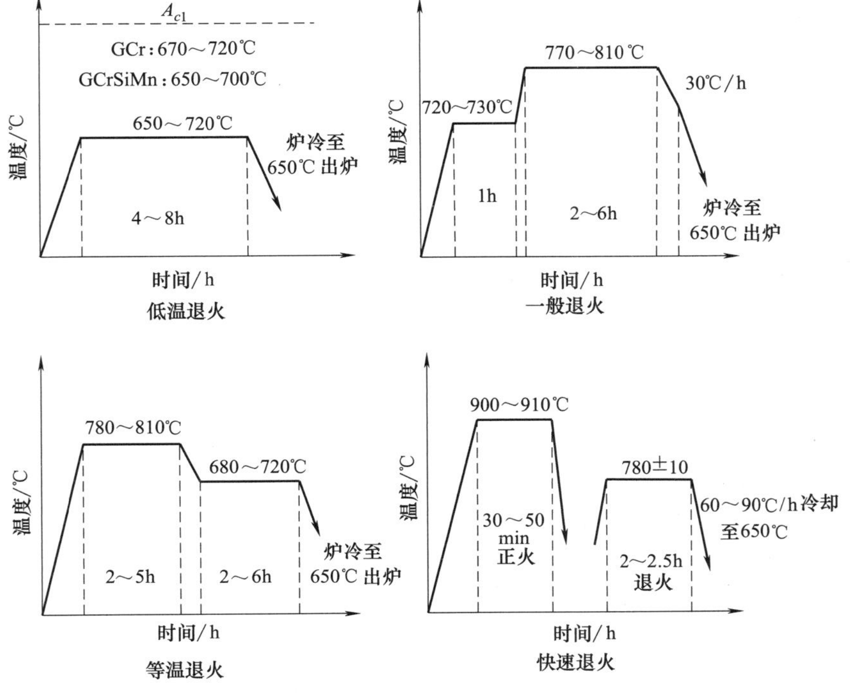

图 2-39 退火工艺曲线

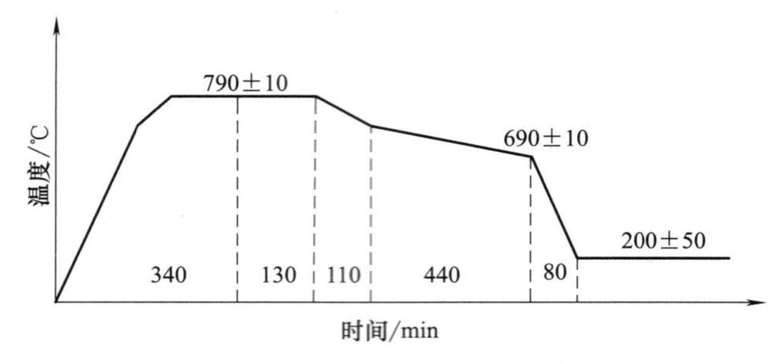

图 2-40　连续退火炉工艺曲线

整个工艺过程分为加热区、快冷区、冷却区与水冷区 4 个区域：加热区包含 5 个区域，冷却区包含 4 个区域，时间占比较大，快冷区和水冷区各占 1 个区域，各区域温度见表 2-16，前 10 个区域的温度波动范围为±10℃，水冷区的温度波动范围为±50℃。

表 2-16　连续退火炉区域温度

区域	加热区					快冷区	冷却区				水冷区
编号	1	2	3	4	5	6	7	8	9	10	11
温度/℃	650	750	790	790	790	730	720	710	700	690	200

连续退火炉是一种复杂设备，开炉时有严格的要求，需检查相关压缩空气、冷却水、氮气等供应管路，还需调整冷却水、压缩空气及氮气储气罐的压力等；升温时需严格按照升温曲线加热，监控各区温度，当 5 区温度达到 760℃时打开丙烷气路，开始滴注丙烷气体，一般需在丙烷气体滴注 8h 并形成保护气氛后方可开始进行轴承套圈的球化退火。从以上过程也可以看出，连续退火炉开动需要巨大的能源耗费，因而只适合大批量加工。

2.9.2　正火处理

将钢加热至略高于临界点 A_{cm} 的温度，使其组织完全转变为奥氏体，然后在空气或冷速略大于空气的介质中冷却，以获得细片珠光体（索氏体）或索氏体+少量马氏体组织的热处理过程，称为正火。

1. 正火的目的

正火不是套圈生产中必不可少的工序[23]，一般情况下，采用正火不会提高质量，只是为了达到下述目的。

（1）消除网状碳化物及线条状组织　网状碳化物是停轧或停锻温度过高，冷却过慢而使碳化物沿奥氏体晶界析出所致；线条状组织是终轧或终锻温度太低，晶粒沿变形方向被拉长的缘故：网状碳化物及线条状组织在退火过程中不能完全消除，便会保留在成品套圈组织中，降低轴承的疲劳强度和冲击韧度。

（2）返修退火的不合格品　退火过热产生的粗大片珠光体，不能直接用再次退火的办法消除，必须先经过正火消除过热组织后再进行第二次退火，否则将造成粗大碳化物。

（3）满足特殊要求的轴承性能　有些轴承产品要求抗回火性能好，即在淬火后经 200～250℃回火仍需保持较高的硬度，可以对其施以正火，而后退火，以得到极细的珠光体组织。这种组织淬火后硬度高，抗回火性能好。

2. 正火工艺

正火可在箱式电炉、井式电炉、推杆式电炉等炉子内加热，根据工厂设备条件，也可以在台车式煤炉、盐浴炉内加热。表 2-17 所列为几种常见的正火设备。

表 2-17 正火设备

正火设备	应用范围	备注
RJX 型箱式电炉	批量不太大的中小型工件	1. 对小型套圈和滚动体返修品需装箱密封 2. 一般温度不超过 950℃
180kW 非标准井式电炉	较大批量	1. 工作室直径 2070mm，深 1610mm；功率 180kW；分上下两区加热；最大装载量为 2000kg 2. 加热 910~920℃，保温 1.5~2h
RJT—1100 联合双室式推杆电炉	大批量、大型及厚壁工件	两个加热室，第一个用于正火，第二个用于退火

正火工艺的关键在于选择加热温度和冷却方法。由于正火的目的、正火前显微组织中碳化物的形态及套圈的截面形状与壁厚不同，正火采用的温度及冷却方法也有所差别，常见轴承钢正火温度的选择见表 2-18。

表 2-18 轴承钢正火温度选择

材料	正火目的	正火温度/℃
GCr15	消除粗大网状碳化物	930~950
	消除不太粗大的网状碳化物或反修退火	900~920
	细化组织	890~900
GCr15SiMn	消除粗大网状碳化物	910~940
	消除不太粗大的网状碳化物或反修退火	880~910
	细化组织	870~890

正火的保温时间一般为 30~50min。为防止正火时碳化物网的析出，冷却速度不应小于 50℃/min。对于薄壁锻件，散开空冷或鼓风冷却即可。对于较厚的套圈，则应采用喷雾冷却甚至更快的冷却速度，如油冷；但在油中冷却时必须注意不可冷至过低温度（表面 200℃以下），以免产生裂纹，一般可冷至 300℃左右，最好是在油中冷却至表面 300℃左右取出，待表面油燃烧后再次放入油中冷却到表面温度不低于 250℃为止。为防止产生裂纹，正火后应立即退火，若不能立即退火则应先进行 400~450℃回火以消除应力。正火冷却也可以在乳化液中进行，一般乳化液温度应控制在 70~100℃，采用循环冷却方法，工件冷至 550~650℃后取出空冷。

2.10 锻件的清理

清理的目的是去除套圈锻件的毛刺和氧化皮。

2.10.1 毛刺的清理

锻件毛刺的尺寸超出锻件技术条件的规定时应在砂轮机上磨去，清理毛刺一般在锻件退火前进行。

2.10.2 氧化皮的清理

锻件氧化皮的清理一般是在锻件退火之后进行，有卧式滚筒清理法和抛丸滚筒清理法两种清理方法。

（1）卧式滚筒清理法　卧式滚筒清理法是常见去氧化皮的方法。大小不等的许多轴承套圈锻件同时装在能以 20～60r/min 的转速回转的卧式滚筒中滚动并相互碰撞，使氧化铁皮脱离锻件表面，同时还把锻件的毛刺和棱边磨光。为了提高清理质量和速度，可在滚筒中装些废钢球（ϕ10～ϕ30mm）。锻件滚筒中的清理时间根据装件情况而异，一般为 10～20min。卧式清理滚筒的优点是结构简单，易自制，造价低，缺点是清理质量差，尤其是套圈锻件内径上的氧化皮不易去掉，而且噪声和灰尘都很大，劳动条件很差。

（2）抛丸滚筒清理法　抛丸滚筒清理法的优点是清理质量较好，劳动条件好，效率较高，每一个清理周期约为 10～20min；缺点是价格稍贵，并需要消耗一部分辅助材料（铁丸和喷丸器叶片）。清理时，把锻件装在以低速（2.5～3r/min）转动的卧式密封滚筒内，粒度为 0.8～1.2mm 的铁丸或钢丸从高速转动的喷丸器叶片喷射口抛出而冲到锻件表面上，用喷丸的撞击作用使锻件表面上的氧化铁皮脱落。滚筒有两层，铁丸从里层筒壁上的小孔漏下，集中，再输送到喷丸器里，从而实现铁丸的自动循环。清理掉的氧化皮和破碎的铁丸粉尘通过滚筒上的吸尘器吸出后排到水中沉淀清除，以保证工作环境中无粉尘。由于滚筒转动很慢，筒内又有滑槽隔层，锻件撞击噪声很小，所以抛丸滚筒清理的劳动条件很好。

参考文献

[1] 夏新涛，马伟，颉谭成，等. 滚动轴承制造工艺学［M］. 北京：机械工业出版社，2007.

[2] 连振德. 轴承零件加工［M］. 洛阳：机械工业部洛阳轴承研究所，1989.

[3] 周福章，夏新涛，周近民，等. 滚动轴承制造工艺学［M］. 西安：西北工业大学出版社，1993.

[4] 孙钦贺. 轴承套圈锻造过程中的金属流线［J］. 金属加工（热加工），2011（23）：54-55.

[5] 朱旭，曾时金. 关于轴承钢管生产新工艺的探索［C］. 中国金属学会轧钢学会钢管学术委员会六届二次年会. 中国金属学会，2012.

[6] 姚泽坤. 锻造工艺学与模具设计［M］. 3版. 西安：西北工业大学出版社，2013.

[7] 全国滚动轴承标准化技术委员会. 滚动轴承　高碳铬轴承钢零件　热处理技术条件：GB/T 34891—2017［S］. 北京：中国标准出版社，2017.

[8] 全国滚动轴承标准化技术委员会. 滚动轴承　高碳铬不锈轴承钢零件　热处理技术条件：JB/T 1460—2011［S］. 北京：机械工业出版社，2011.

[9] 全国滚动轴承标准化技术委员会. 滚动轴承　渗碳轴承钢零件　热处理技术条件：JB/T 8881—2020［S］. 北京：机械工业出版社，2020.

[10] 全国滚动轴承标准化技术委员会. 滚动轴承　Cr4Mo4V 高温轴承钢零件　热处理技术条件：JB/T 2850—2007［S］. 北京：机械工业出版社，2007.

[11] 于波. 轴承套圈锻造中频感应加热工艺分析［J］. 科学技术创新，2013（8）：25.

[12] 曹秀中. 轴承套圈锻造中频感应加热工艺的控制［J］. 轴承，2007（8）：20-21，47.

[13] 蒯立军. 轴承套圈锻造温度监测及控制技术改造工艺方案［J］. 数字化用户，2017（50）：128-129.

[14] 刘辉，赵玲权，吴浩，等. 轴承套圈锻造热切下料工装的改进 [J]. 轴承，2014 (3)：20-22.
[15] 罗强，王玉杰，王战冶. 轴承套圈套锻工艺研究 [J]. 金属加工（热加工），2014 (21)：31-33.
[16] 胡伟勇，王峰，沈雅明，等. 高速锻造轴承套圈的显微组织 [J]. 金属热处理，2011，36 (2)：38-40.
[17] 高红旺. 轴承外圈辗扩工艺探讨 [J]. 汽车零部件，2010 (9)：71-72.
[18] 李秀清，高乃杰. 轴承锻件整径工艺 [J]. 金属加工（热加工），2008，(17)：46-47.
[19] 刘洁，王德俊. 轴承套圈冷挤压模具加工工艺试验研究 [J]. 轴承，2007 (2)：11-13.
[20] 时大方，杨建国，李丹. 轴承套圈冷辗扩过程分析 [J]. 轴承，2003 (6)：14-15.
[21] 吴浩. 轴承套圈冷辗扩基本原理与应用 [Z/OL]. (2013-03-29) [2014-03-29]. https://www.docin.com/p-372788116.html
[22] 戴伟. GCr15 钢球化退火工艺设计 [J]. 武汉理工大学学报（交通科学与工程版），2002，26 (1)：138-140.
[23] 徐保中，黄喆，王玉杰. 高碳铬轴承钢锻件取消正火工序的可行性试验 [J]. 锻造与冲压，2020 (7)：29-30.

第3章　套圈车削加工

车削加工是套圈加工过程中的第 1 个减材环节，也是去除材料最多的环节。轴承套圈表面大多在车削加工后还需要进行磨削加工，也有一些表面经过车削加工后成为成品表面。对于后续需要磨削加工的表面，车削加工质量是保证后续加工质量的基础；而对于不再后续加工的表面，车削加工质量则直接决定了成品质量。

车削加工工艺制定合理与否将直接影响后续磨削加工的效率，并最终影响成品质量。如何通过车削加工环节高效去除氧化变质层与加工余量，保证套圈车削工件的尺寸、形状和位置精度，保证后续加工的留量均匀，同时加工好辅助表面（如倒角、油沟、槽等），是车削加工工艺环节的重要任务。

本章首先介绍套圈车削加工的基本原理、车削刀具及车削的一般工艺过程和工艺文件；依据轴承套圈车削加工夹持特点，介绍相关夹具与夹紧力；介绍轴承套圈车削加工中的投料加工与精整加工；依据车削加工的工艺特征，介绍套圈车削加工中留量与公差的确定方法；介绍套圈车削加工的工序图设计方法；总结套圈车削加工中的常见质量问题。

3.1　概述

常用切削方法包括车削、钻削、铰削、镗削、磨削、超精研等。套圈的车削加工关系到材料利用率、生产率、加工成本，直至影响轴承成品质量和成本，在轴承套圈制造中有着不容忽视的地位和作用[1]。

3.1.1　车削基本原理

车削加工从加工原理上属于切削加工，切削加工是利用刀具通过刀具与工件之间的相对运动，从工件上切除多余的材料，从而获得形状、尺寸精度、表面质量符合预定要求的加工工艺。

1. 车削加工的分类

套圈的车削加工具体内容主要是指车削套圈的外径面、内径面、外内径面、内外径面、端面、滚道（沟道）、挡边、斜坡、内外倒角、油沟、内外沟槽等。依据产品的结构类型和尺寸，毛坯的制造方法和形状，加工设备的类型、性能和精度，生产批量的大小和生产工艺能力等条件的不同，车削加工的工作繁简程度不同。

2. 车削加工的特点

轴承制造的主要特点是加工质量要求高、生产批量大。套圈车削加工往往难以满足套圈加工质量的最终要求，普通车床也不适合高效率的大批量加工，轴承套圈车削车床多为高效自动化车床、专用车床或自动化车削生产线。车削加工既受上工序毛坯制造质量的影响，又影响后续工序的加工质量与效率。毛坯制造的尺寸不准确、形状不规则、氧化变质层过深等均会给车削加工带来不利影响，造成材料利用率低，车削加工效率低，加工成本高，直接影响到车削加工质量与成本；车削加工件质量不好又会造成热处理变形、裂纹等，同时会造成磨削加工调整困难、生产率低、成本高、加工质量不稳定等问题。

一般套圈车削加工的主要任务为：对一般套圈毛坯（棒料、管料、锻件、辗压件），主要是去除表面坚硬的氧化变质层（黑皮）和多余的金属量；经济地取得车削加工的形状、尺寸和位置精度；对于精加工表面需均匀地留有一定深度的留量；加工好非磨削表面的质量。

精化毛坯是套圈毛坯的发展方向。随着轴承工业的发展，套圈毛坯的少、无切削工艺及装备的大力发展，将大大减少车削加工工作量，对结构简单的套圈甚至可不采用车削加工，以缩短工艺流程，显著提高材料利用率。车削加工在轴承套圈加工中也会随着刀具的发展扩大应用领域，如采用陶瓷和立方氮化硼等刀具车削淬硬的套圈来代替粗磨加工。

3. 切削运动与切削用量

切削过程中刀具与工件的相对运动称为切削运动，可分为主运动和进给运动。切削运动的速度与方向按照刀具与工件的相对位置关系确定，如图 3-1 所示[2]。主运动是完成切削加工的主要运动，速度高，消耗功率最大；进给运动是与主运动配合以连续不断地切除工件上的多余金属，从而形成所需几何形状的运动。

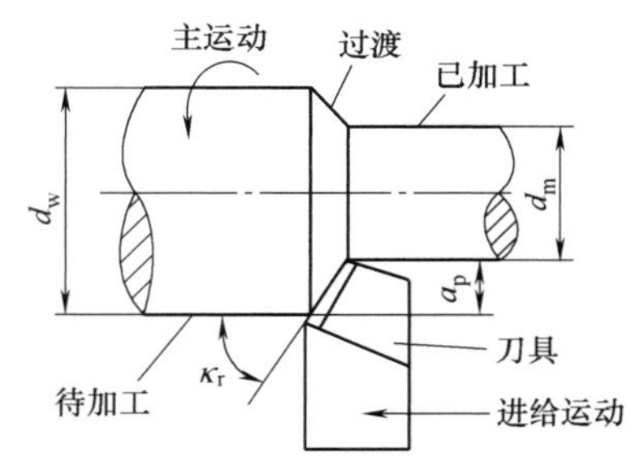

图 3-1　外圆车削示意图

切削用量指切削速度 V_c、进给量 f 及背吃刀量 a_p，需根据每个切削过程中工件、刀具和其他加工条件及加工要求合理选择。切削速度 V_c 指切削刃上选定点相对于工件主运动的线速度。若主运动为旋转运动，切削刃上各点的切削速度可能是不同的，一般将切削刃上的最大切削速度看作是该切削过程的切削速度。进给量 f 是主运动每转一转或每完成一次行程时，工件与刀具在进给运动方向上的相对位移量。对车削而言，a_p 是工件上待加工表面和已加工表面之间的垂直距离。

4. 刀具几何角度与切削层参数

为保证切削加工的顺利进行并获得预期的加工质量，刀具至少需满足两个基本条件：合理的几何形状，相对于工件具有正确的位置和运动。GB/T 12204—2010《金属切削 基本术语》[3] 定义了刀具角度的两类参考系及其相应的角度，即静止参考系和刀具角度、工作参考系和工作角度。

刀具静止参考系是用于定义刀具设计、制造、刃磨和测量时的参考系。在刀具静止参考系中定义的几何角度称为刀具角度，又称标注角度。标注角度是在一定假定条件下的几何角度。刀具在切削时，其在机床上的安装条件和运动并不都满足刀具设计时标注角度的假定条件，因而静止参考系中所确定的刀具角度往往不能确切反映刀具切削加工的真实情形。刀具在切削过程中，切削刃、刀面相对于工件的位置和运动不同，其实际切削效果也不同，规定刀具进行切削加工时对应的参考系称为工作参考系，用工作参考系定义的角度称工作角度。

在切削过程中，刀具的刀刃在一次走刀中从工件待加工表面切下的金属层，被称为切削层，切削层的截面尺寸被称为切削层参数，主要包括切削厚度、切削宽度和切削面积。如图 3-2 所示，在外圆纵车时，切削厚度 h_D 指垂直于过渡表面测量的切削层尺寸，有 $h_D=f\sin\kappa_r$，当 f 或 κ_r 增大时，则 h_D 变大。切削宽度 b_D 是指沿过渡表面度量的切削层尺寸。当刀具为直线刃时，$b_D=a_p/\sin\kappa_r$。切削面积 A_D 是指切削层在基面内的截面面积，即 $A_D=h_Db_D=fa_p$。

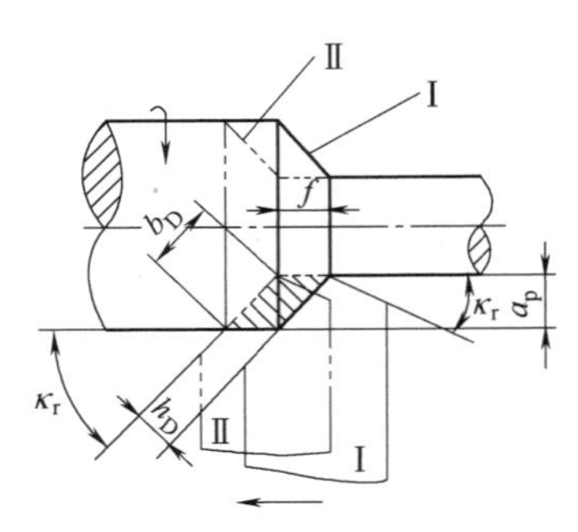

图 3-2 外圆车削时切削层参数

5. 切削力与切削热

在切削过程中，刀具前刀面对切削层金属进行挤压，产生切削层金属的剪切滑移变形，如图 3-3 所示。变形规律是研究切削力、切削热、切削温度和刀具磨损等现象的重要理论基础。

在金属切削时，刀具切除工件上的多余金属所需要的力称为切削力，来源于克服工件材料弹性变形与塑性变形的力、克服刀具-切屑及工件接触面之间摩擦的力，如图 3-4 所示。切削合力 F_r 可分解为相互垂直的 3 个分力 F_c、F_p、F_f，其中 F_c 为切削力或切向力，是计算切削功率的主要力，也是设计机床零件和计算刀具强度的重要依据；F_p 为背向力，会使工件产生弯曲变形并引起振动；F_f 为进给力，是设计进给机构和计算进给功率的依据。

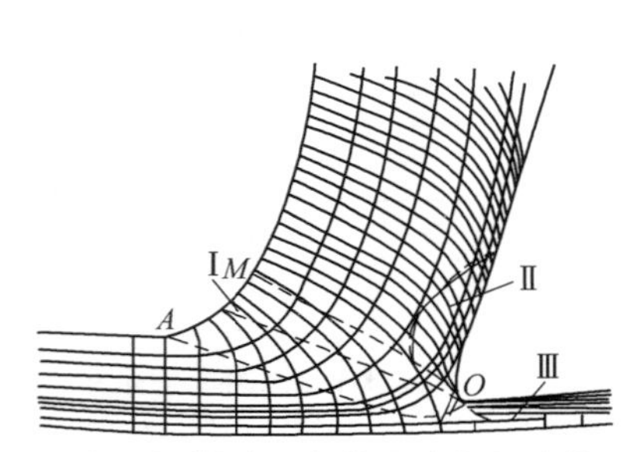

图 3-3 金属切削过程中的滑移线和流线示意图

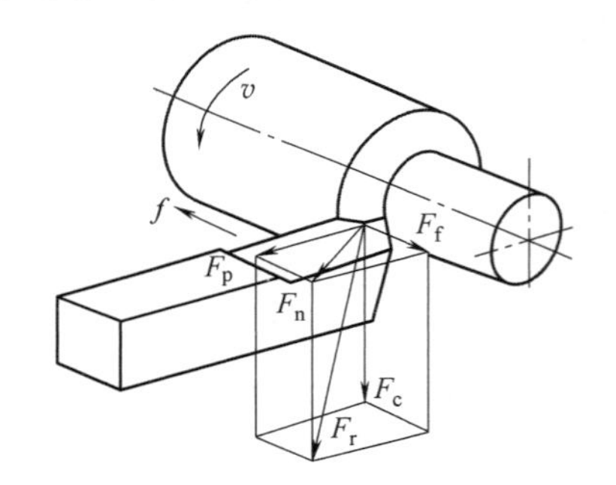

图 3-4 切削合力及其分解力

切削热和由它导致的切削过程中温度的变化，会对工件材料的性能、前刀面上的摩擦因数和切削力的大小，刀具的磨损和寿命，积屑瘤的产生和已加工表面质量，工艺系统的热变形和工件的加工精度等产生影响。切削过程中所消耗的能量几乎全部转化为热量，切削热主要由切屑、工件、刀具及周围介质传出，工件、刀具的热容量及其材料的热导率将直接影响工件、刀具的传出热量。切削区（切屑与前刀面的接触区）的平均温度称切削温度，切削温度的高低取决于单位时间内切削过程中产生的切削热与切屑、工件、刀具和介质传出的热。

3.1.2 车刀类型与材料

套圈的结构形式、加工内容和加工形式使车削加工所使用的刀具类型众多，按其加工的表面性质主要分为外径面车刀、内径面车刀、端面车刀、外沟（滚）道车刀、内沟（滚）

道车刀、45°倒角刀、圆倒角车刀、油沟车刀、切断车刀、钻孔刀、铰孔刀等。另外需强调指出的是，现在轴承车削广泛使用高精度圆体套圈廓形样板刀、硬质合金机械夹固式不重磨刀具、硬质合金棱体样板刀、密封槽用圆形机夹硬质合金牙口刀等。

刀具的材料、结构和几何形状是决定刀具切削性能的三大要素，其中刀具材料起着关键作用。目前常用的刀具材料有工具钢、高速钢和硬质合金钢，此外还有超硬刀具材料，如陶瓷、人造金刚石和立方氮化硼等。高性能的新型刀具材料可提高刀具的使用性能，增加刃口的可靠性，延长刀具的使用寿命；大幅度提高切削效率，满足各种难加工材料的切削要求。高性能的新型刀具材料主要发展方向有：晶须陶瓷，改进碳化钛、氮化钛基硬质合金（金属陶瓷）材料，新型涂层材料，挤压复合材料，金刚石涂层刀具，超细晶粒硬质合金刀具。这些不同材料在轴承套圈车削中均有应用。

3.1.3 套圈车削方法

套圈车削方法的确定涉及材料利用率、生产率、劳动强度、工具设备耗损及加工成本等多方因素，一般工艺过程的设计应依据套圈类型、尺寸、生产批量、毛坯类型、使用设备、刀具类型、加工精度等具体因素选择不同的加工方法。套圈毛坯类型在上一章已详细论述，以下简要介绍套圈车削加工方法的确定与加工质量的保证。

套圈车削加工分为集中工序车削法和分散工序车削法。集中工序车削法指在一台车床上，采用多种刀具，按顺序同时用一种或几种刀具加工套圈的一个或几个表面，在一次循环中加工好一个或几个套圈的大部分或全部表面（包括切断面的内、外倒角）；分散工序车削法是在一台车床上，采用一种或少数几种刀具，一次装夹只加工一个套圈的一个或少数的几个表面。套圈的全部车削加工需要在几台车床上完成。图 3-5 和图 3-6 所示分别为用集中工序车削法和分散工序车削法车削深沟球轴承外圈的示意图[4]，“集中”只用了一道工序就完成了两个外圈各类表面的加工，而“分散”要用 4 道工序分 5 次装夹才能完成一个外圈。

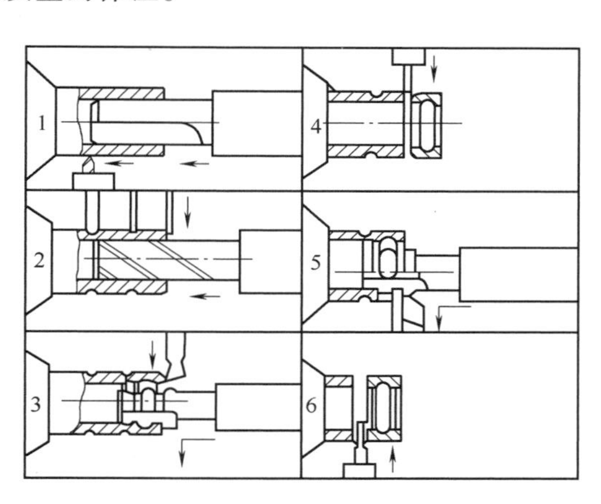

图 3-5 集中工序车削法

1—车外径面、粗扩内径面 2—外径面成形、精扩内径面 3—外沟、倒角成形、车端面 4—切断（第 1 件） 5—外沟倒角成形、车端面 6—切断（第 2 件）

下面分别介绍集中工序车削法和分散工序车削法的特点。

1. 集中工序车削法

集中工序车削法减少了加工工序的数量，因此减少了使用设备和工、夹、量、刀具，大大缩短了工时，节约了人力、生产场地和能源等；减少了工序间所必需的工作贮备量及装卸、运输、检查环节，简化了生产组织管理和计划工作；能够在一次或两次装夹循环中完成套圈的绝大部分或全部的车削工作，减少了套圈的装夹定位误差和定位辅助时间，提高了套圈各表面间的位置和尺寸精度，提高了生产率。批量生产的中、小型套圈在多轴自动车床上

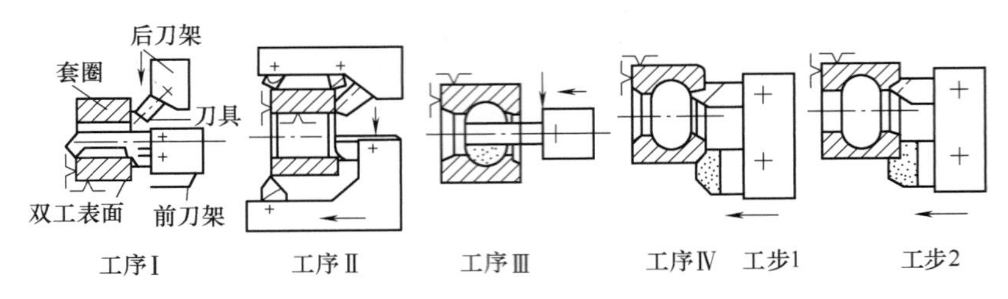

图 3-6 分散工序车削法

工序Ⅰ—车内径面、端面、倒毛刺 工序Ⅱ—车外径面、另一端面、倒毛刺

工序Ⅲ—车外沟 工序Ⅳ—工步 1：套圈翻面；工步 2：车另一外圆倒角和内倒角

一次可车出 2~4 个套圈；集中工序车削法有利于各制造阶段的自动化连接，缩短了生产周期，降低了生产成本，适合大批量生产。

但集中工序车削法对车床、刀、夹、辅具等工艺装备和工件毛坯均有较高的要求。要求车床功率大，刚性好，加工精度高，自动化程度高，能安装较多的刀具同时工作。设备形式主要为数控车床连线、多刀半自动车床或多轴车床。

数控车床一般采用两台设备连线，一台设备加工完成一半表面（内表面与一个端面），另外一台数控车床加工完成另外一半表面的车削加工。批量大时，数控车床不需调整加工程序，也不必更换工装夹具，效率相对高，是目前中、大型热锻件套圈的主要加工形式。

多刀半自动车床分普通多刀半自动车床和液压仿形半自动车床。一般有纵、横两个刀架，每个刀架上可装 1~3 把车刀，分别用来加工不同工作表面；仿形车床的纵刀架所具有的仿形功能可加工形状复杂的形面，毛坯多为管料或热锻件。

多轴车床分多轴自动车床和多轴半自动车床，分别用于棒、管料和锻件毛坯。目前有 4、6、8 轴车床，分别对应 4、6、8 个工位，各工位同步工作，同时可对不同工位上的 4~6 个或更多的套圈进行车削。

多刀半自动车床和多轴车床都不同程度地存在着机床结构复杂，调整工作费时等缺陷，尤其多轴车床每一根轴的回转精度不同，且各工位的重复定位误差，都会影响加工精度；另外各工位切削表面的性质和切削行程不一样，不能按最佳值选择切削规范及采用理想的刀具材料，也限制了生产率的进一步发挥。

数控车床则在设备调整、加工精度方面具有突出优势，缺陷在于成本较高，加工效率也没有多刀或多轴专用机床高。

2. 分散工序车削法

分散工序车削法适合中、小批及单件生产，生产调度和工艺参数的选择比较灵活机动；车床、工、夹、量、刀具及辅具都较简单经济，容易调整、维修和制造；便于更换轴承型号，加工成本也较低。若将各单机连成自动线，亦适合大批量生产；分散工序车削法可以使用刚性好、功率大的高效率专用车床，便于选取最佳工艺参数，可用高速大走刀（一次走刀）切削，以减少消耗在走刀上的机动时间，提高加工效率；单机可以实现自动上下料、自动走刀和自动测量，机床容易操作和保养，对工人的技术水平要求相对不太高，便于熟练掌握；对套圈毛坯的要求也不高，一般对各类形式、大小、精度、批量不一的毛坯都能适用。

但分散工序车削法存在工序多，工艺路线长，车削加工时间和工序间停贮、运输、检查、装卸等时间长；一个套圈的加工需经多机、多工序、多次装夹定位、多人操作和检查，以致定位误差大，加工精度不易保证；同时，作业面积大，辅助工序多，也相对增加了人、财、物和能源的消耗。

综上所述，虽然集中工序车削法对设备、工序、毛坯等有较多较高的要求，但由于它有着生产率高，加工质量好且稳定，加工成本低等优点，从轴承生产的发展趋势看，集中工序车削法占有一定优势。

3.1.4　车削加工质量

轴承零件对加工质量要求多，且相对一般机械零件质量要求高。零件的加工质量指标有两大类，即加工表面质量和加工精度，均通过技术条件反映出来。

1. 轴承套圈车削加工技术条件

车削加工是套圈制造的中间环节，由于各企业的生产水平不同，各加工阶段的加工能力不同，生产的轴承精度等级不同，因此车削加工阶段的技术条件并无统一标准。随着轴承行业制造的集中程度进一步提高，也有一些工厂直接采购车工件，其依据为双方沟通并确认的图样。

（1）表面质量要求

1）淬火后不需要磨加工的表面，其表面粗糙度应符合企业标准规定。

2）淬火后需磨加工的表面，其表面粗糙度值 Ra 为 2.5~5 μm，内径整孔后的表面粗糙度值 Ra<1.25μm（当内径 $d\geqslant10$mm 时，Ra<2.5μm）。

3）经车削后的表面不允许有锻压加工痕迹（黑皮、裂纹及其他），毛刺、锐角、凹陷、凸出、刻痕，表面起伏的皱纹（车刀振动痕迹、麻点），深的划痕和材料缺陷。

4）经软磨后的表面要求非基准端面划伤深度不超过总留量的1/3，基准端面划伤深度不超过总留量的1/4；淬火后不进行磨加工的表面不应有磨伤，表面不能有肉眼可见的烧伤、碰伤和其他缺陷。

5）套圈打印质量必须符合国家标准和专业标准的要求。

（2）加工精度要求　除套圈各尺寸要满足尺寸公差外，其形状和位置精度要求有：

1）在粗车套圈时，整个套圈及挡边的宽度变动量（平行差）要求不超过相应的尺寸公差范围（包括软磨端面时）；若用非基准端面定位进行精整加工的套圈，则不超过其宽度尺寸公差的1/2；深沟球轴承、角接触球轴承沟道对基准端面的平行度（沟摆）不得超过沟位置的公差范围。

2）内径和滚道素线的直线度误差不得超过其直径公差的1/4。

3）基准端面的平面度不得大于宽度公差的1/4，非基准端面的平面度不得大于宽度公差的1/2，最低处不得小于加工工艺中规定的最小宽度，若端面的凸凹情况与划伤同时出现时，平面度应包括划伤。

4）当车削的外、内套圈的外、内径尺寸小于或等于200mm时，其单一直径变动量（椭圆度）不得超过相应直径公差的1/2，若大于200mm，则不得超过直径公差的2/3；车削后不需再磨削的表面及粗车沟（滚）道及内圈外径时，则不超过其相应的尺寸公差范围。

5）车削加工后的圆柱度不得超过相应尺寸公差的2/3；粗车内径面时不得超过其公差范围。

6）车削加工后的沟（滚）道和车削后需磨削的内径面及外径面的圆形偏差不得超过其相应直径公差的1/2。

7）推力球轴承沟道中心对底面厚度变动量不得超过其相应的尺寸公差范围。

8）圆锥滚子轴承滚道锥度偏差通常不用角度而用长度单位来表示，外锥面 $\Delta2\beta$ 不得超过±0.05mm，内锥面的 $\Delta2\alpha$ 不得超过$^{+0.07}_{-0.03}$mm。

9）止动槽的单一径向平面内直径变动量和防尘盖槽和止动槽对基面的宽度变动量和斜坡的角度偏差不得超过相应尺寸的公差范围。

10）倒角面与轴心线的偏差及两端面对称度偏差应在车削加工的尺寸偏差范围内。

对于套圈加工精度的具体要求，各企业都有自己的内控标准或规定，并且随生产发展不断变化和提高。实际加工中如何满足表面质量和加工精度等技术条件，需要根据实际情况认真分析后确定的。

2. 表面质量的保证

套圈车削加工技术条件对表面粗糙度的要求不高，但不能因此而忽视其表面质量，因为它同时还限制了许多其他表面缺陷，处理不好的套圈热处理时会出现表面开裂，或磨削时出现磨不尽缺陷等。若缺陷出现在油沟、止动槽内，会影响油路畅通和轴承的安装；若出现在主要表面上，则会影响套圈的磨加工定位和加工精度。提高表面质量往往与提高生产率和降低加工成本相矛盾，需在生产实践中不断进行工艺研究，找出最佳的工艺方法和参数值。若仅考虑控制表面质量，应注意以下几个方面：

1）车床刚度要好，功率要大，工作性能要稳定。

2）根据加工表面性质不同选择刀具几何参数，尤其是刀尖形状和角度及参加切削的刀刃宽度要合适，刀刃应常修磨，保持锋利状态，应遵循合理的切削规范及刀具合理使用和刀具刃磨制度。

3）对于有些难以避免的表面缺陷要控制在适当的范围内。如较宽的成形车刀车削套圈廓形面、沟道面时，由于车刀背吃刀量不一样，切削面宽度大，切削抗力大，切削过程不稳定，常伴有较强的自激振动，导致在加工表面留有明显的车刀振动痕迹。对均匀等高的波纹只要控制在磨加工的留量范围内，保证能被去除即可，不必因此而降低生产率。

4）及时清理刀具上的钢屑带并清除残留毛刺，避免划伤已加工好的表面。

5）加工过程中的半成品、成品套圈要有合理的搬运工具和方法以减少划伤、碰伤、磨伤等缺陷。

6）对车削加工用的毛坯，尤其是锻件毛坯应要求组织均匀紧密，无内部缺陷，留量均匀等。

3. 加工精度的保证

尽管对于套圈的主要表面（工作和定位表面）车削加工不是终加工，但车削加工是从毛坯转变为成品的基础工序，亦是成形工序，需要有良好的车削加工精度作为基础。若车削加工精度低，出现车削加工形状、位置误差大，留量大等，均会增加磨加工的工作量，影响磨加工质量，甚至达不到零件的最终要求。

加工精度是通过加工误差反映出来的，加工误差是由原始误差造成的，套圈车削加工的原始误差包括：

1）原理误差：一般容易不同程度地出现在利用仿形车床靠模车削套圈廓形上；利用成

形车刀车削圆锥滚道、挡边、球沟道、油沟和倒角等处。

2）工件安装误差：主要指套圈的设计基准与加工时的定位基准有时不重合而引起的定位误差及夹紧力引起的夹紧误差。这类误差将在下面分析。

3）工艺系统静误差：它们对于每个套圈的影响程度是相同的，会直接影响套圈的位置、形状和尺寸。这类误差应控制在很小的范围，否则将不适应轴承套圈的车削加工。

4）工艺系统动误差：严格讲这类误差在车削每个套圈时都会存在，且是不均等的。

5）调整误差：在车削套圈中的调整作用是使工件上各加工表面和对应的车刀刀刃之间保持正确的相对位置。调整不好就会引起误差。这类误差影响较大，应严格控制。对较复杂的调整工作，工厂应设专人负责调整。

6）度量误差：该误差在套圈检查测量中是存在的，如常规测量中的沟道对其基准面的平行度、直径变动量等，以及一些角度的测量。

以上所述的影响加工精度的因素是多方面的，也是难以避免的。有关原理误差、工艺系统静态和动态误差、调整误差及度量误差对加工精度的影响等知识在专业基础课已有介绍，本书仅就套圈的安装误差中“基准不重合”引起的误差对加工精度的影响予以说明。

套圈的设计基准与轴承工作时套圈的使用安装基准是一致的，其基准面有两个，一个是径向基准，一个是轴向基准。为保证加工精度应遵循基准重合和基准统一原则，一方面尽可能选用设计基准作为工艺基准；另一方面尽可能使用统一的基准去加工各个待加工表面，以保证各表面间的相互位置精度。正确确定基准面的目的在于保证套圈的位置、形状和尺寸精度，其中保证位置精度更为重要，只有在保证位置精度的前提下才有其他精度可言。套圈的位置精度主要原则要求有：

1）径向基准面（外圆、内孔）要与轴向基准面（基准端面）垂直。

2）滚（沟）道表面的回转轴线要与径向基准面同轴。

3）沟道对称面要与基准端面平等。

4）两端面要相互平行。

如何满足这些要求是进行工艺过程设计要考虑的重要问题之一。当然在加工时应首先加工出两个重要的基准面，再以此为定位基准去加工其他各表面，才能更好地保证套圈各表面间的位置精度。显然套圈的两个基准面相互垂直是保证整个套圈位置精度的前提。

下面举两个例子来说明一下有关“基准”的确定对工艺过程及加工精度的影响。图3-7所示为在CJ7620车床上加工深沟球轴承外圈的切削过程示意图，其中两个基准面（基准端面和外圆）是在工序Ⅱ中同时加工出来的，垂直度好，但非基准端面对基准端面的平行度不好，这就是因不遵循基准重合的原则所带来的加工精度影响。如图3-8所示，如果按路线B进行后续加工，则软磨时是非基准端面定位，这样会使外径表面素线对基准端面斜度的变动量 S_D 不好，从而影响沟道的车削和后面的磨削加工；如果按路线A进行后续加工，由于基准重合，则可

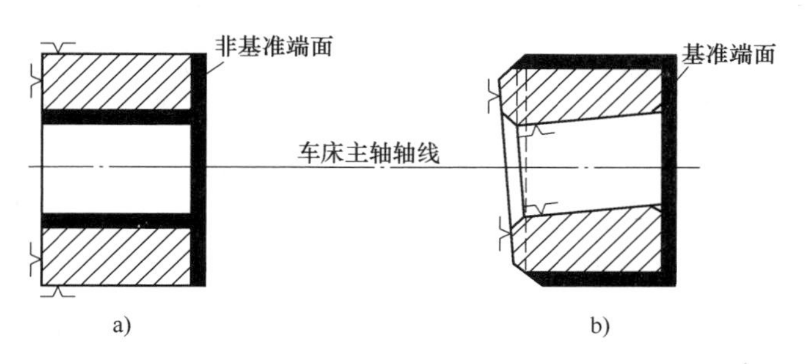

图3-7 深沟球轴承外圈的切削过程示意图

a）工序Ⅰ b）工序Ⅱ

以得到一个质量较好的套圈。可见遵循基准重合原则是非常重要的。

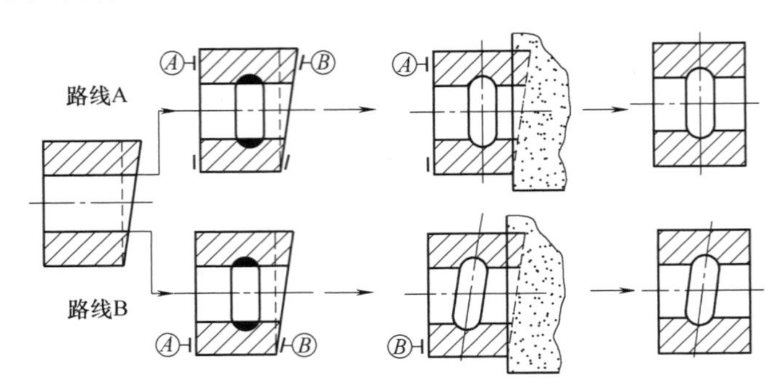

图 3-8　深沟球轴承外圈加工工艺路线图

图 3-9 所示为采用锻件加工圆锥滚子轴承外圈加工方法工艺示例，工序Ⅰ的夹紧不存在问题，但工序Ⅱ的套圈夹紧不牢靠。

图 3-10 的工艺方法实际应用较广泛，尽管套圈的两个基准面不是一次加工出来的，所采用的毛坯与其结构形状亦有差异，但从加工安装上看却是安全可靠和可行的，而且基准端面与滚道是一次加工出来的，有较好的垂直度。为了保证套圈的两个基准面有较好的垂直度，就要求严格控制各种误差，尽量保证车后套圈两端面平行，即间接地保证了两基准面垂直。

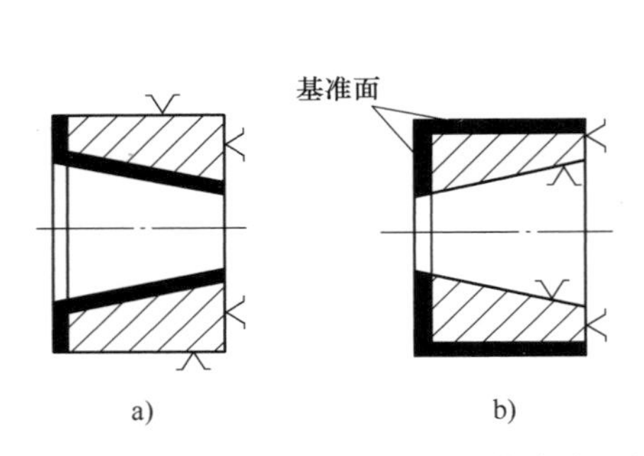

图 3-9　圆锥滚子轴承外圈加工工艺方法示例

a）工序Ⅰ　b）工序Ⅱ

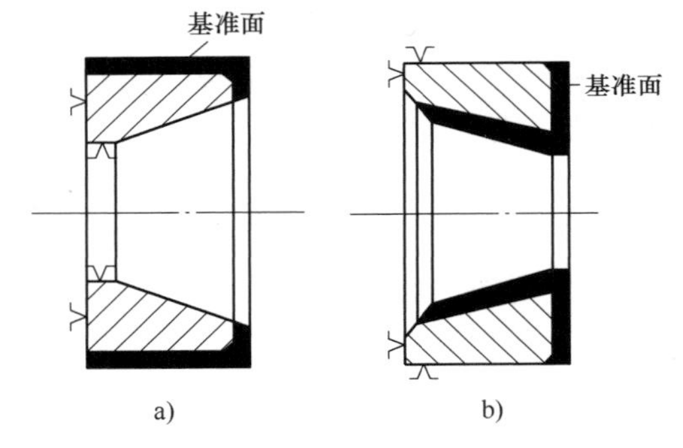

图 3-10　圆锥滚子轴承外圈现行加工工艺方法 1

a）工序Ⅰ　b）工序Ⅱ

图 3-11 所示另一种工艺方法，先以外径面和窄端面定位，车削基准端面和滚道，再以基准端面和滚道定位车削基准外径面和窄端面，从而避免了套圈滑脱的可能性，使夹持可靠。该方法需要夹具进行较大的动作，夹具拉杆轴向要进行较大的移动，夹头压缩量大，夹紧较慢，上下料不太方便，定位精度也不高，现在使用较少。

对于有些具有特殊结构（如带防尘盖槽）的套圈，直接采用基准端面定位加工往往会带来许多不便，这时应在工艺过程中增加软磨端面工序，以便把非基准端面改造成辅助基准端面，从

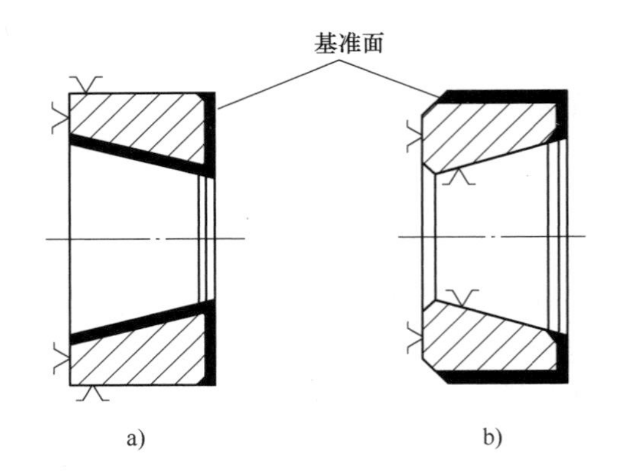

图 3-11　圆锥滚子轴承外圈现行加工工艺方法 2

a）工序Ⅰ　b）工序Ⅱ

而保证加工精度及加工的顺利进行。

从上面的分析可以看出，在设计套圈的车削工艺时，要选择易加工的定位基准，尽量符合“原则”要求，以满足加工精度的要求，否则就要加强控制，严格要求或增加工序方能满足要求。对“原则”也应依套圈的具体结构情况分析采用，不能一概而论。

在套圈的加工过程中，大多数工序的加工要求用基准端面定位。随着近年来车削设备和加工能力地快速进步，大多的轴承套圈不再规定基准端面，即无基准面加工；但对于精度要求高或设备能力差的车工厂，仍需考虑基准问题。

3.1.5　套圈车削的工艺文件

本节套圈车削的工艺文件是在工艺及工艺路线分析的基础上，以深沟球轴承外圈为例进行工艺分析，同时介绍了制定工艺文件的方法。

1. 工艺及工艺路线分析

对零件的工艺分析，要结合产品的装配图了解零件在机器（或部件）中的位置、工作条件和作用，明确其精度和技术要求对装配质量和使用性能的影响；然后从加工制造的角度对零件进行分析和工艺审查，如检查工件图样视图是否足够，所标注的尺寸、公差、表面粗糙度符号和技术要求是否齐全、合理等。

拟定工艺路线就是把加工套圈所需的各种工序按照先后次序排列出来，同时需要确定套圈通过几个加工阶段，所采用的加工方法，热处理应安排的工序位置，工序集中或分散等具体要素。

当轴承零件质量要求较高时，如非磨削表面、密封槽或特轻、超特轻系列轴承，往往需要把整个加工过程划分成几个阶段，一般可分为粗加工、精加工等，工艺路线划分阶段的主要目的是保证产品质量，合理使用机床，及时发现毛坯缺陷并适应热处理工序的需要。热处理工序的安排，对保证零件精度、加工顺利进行、零件力学性能有着非常重要的影响，热处理的方法、次数和在工艺路线中的位置，应根据零件的技术要求来决定。

2. 典型轴承零件车工工艺分析

典型工艺就是根据零件的结构和工艺特性进行分类、分组，对同组零件制定统一的加工方法和过程。以下结合前述工艺及工艺路线分析内容，以6022轴承外圈为例进行具体分析。图3-12所示为外圈零件图，根据产品外形尺寸，在大批量生产时其毛坯选用锻件。

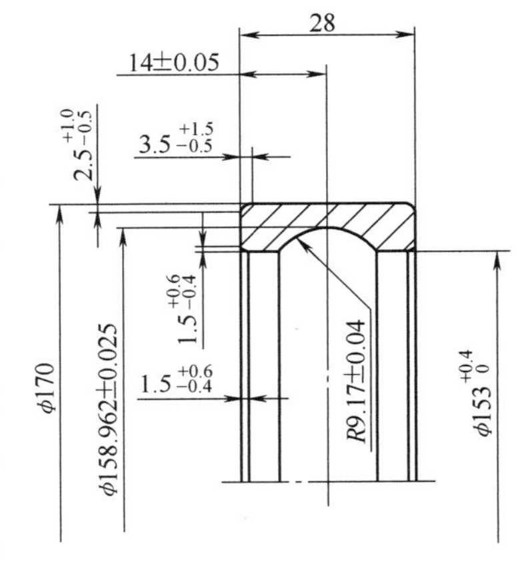

图3-12　6022外圈零件图

产品图的外内径（即挡边直径）为$\phi153^{+0.4}_{0}$mm，倒角尺寸公差范围也较大，因而车工完成这些尺寸后，不再进行磨削；其余尺寸应留有磨削留量，转下一工序加工至成品尺寸；沟道和车削圆角在精整工序完成。技术要求：表面粗糙度、几何公差及基本尺寸公差符合现行标准。

根据产品图和企业现行车削加工留量公差标准，确定轴承套圈各表面磨削留量及各部位车削加工尺寸、公差。例如：车削加工外径的尺寸确定为$\phi170.5^{+0.20}_{0}$mm，是因外径成品尺寸为$\phi170$mm，加工留量为$0.5^{+0.20}_{0}$mm，则可确定外径车削加工尺寸。其他尺寸采用相同方法计算并标注，可得到外圈车工工序图如图 3-13 所示。

以锻件作为毛坯，采用分散工序法在普通车床上可以用 6 个工序完成整个套圈的车削加工，其车削加工过程卡见表 3-1。需要说明的是，工艺过程的安排需要依据实际情况做选择，并非一成不变。如表 3-1 中包含的序号 3（软磨端面）为精整环节，目的是统一套圈高度，保证车沟道质量，分散工序加工时并非必须进行，而大批量集中工序生产时还需软磨外径；序号 4（打印）则仅指压力机打印，由于加工精度提升，目前大量轴承套圈打印多采用激光打印或电腐蚀打印，这两种打印方式则安排在后工序，即套圈磨削完成，甚至成品装配完成后进行。

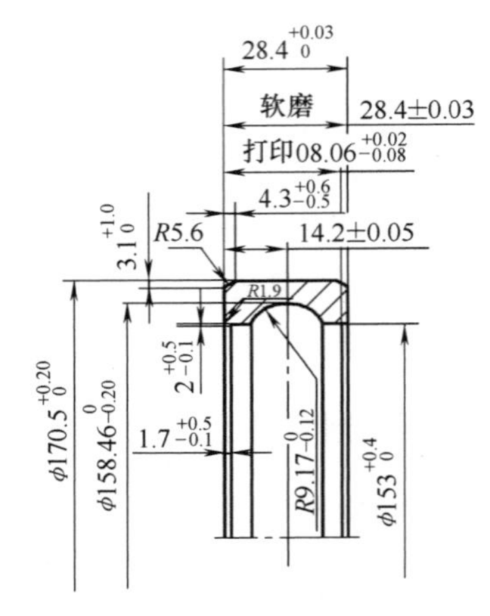

图 3-13　6022 外圈车工工序图

表 3-1　6022 外圈车削加工过程卡

序号	工序名称	设备型号	加工部位
1	车内孔、端面、倒角	C730	
2	车外径、端面、倒角	C730	
3	软磨端面	MZA7675	
4	打印	JZ-60	
5	车外滚道	C730	
6	车内、外圆角	C730	

车削加工工艺卡是指导操作工人加工产品的重要技术文件。根据车削加工工序间技术条件及工序图尺寸公差要求，按车削加工过程卡顺序填写相对应加工部位的尺寸公差、各项技术要求及所在工序的加工设备名称，即可形成车削工艺卡，见表 3-2。

作业指导书是操作工人更换产品型号和调整机床的依据，是提高工人调整机床技术水平和专业化生产的重要技术文件，其示例见表 3-3。

车工常用夹具明细表是操作工人更换产品型号时的依据，是保证产品质量，提高生产率的必要技术文件，其示例见表 3-4。

表 3-2 外圈车削工艺卡

车削工艺卡	编号		代替	
	共 页		第 页	
$28.4^{+0.13}_{0}$ 软磨 28.4 ± 0.03 打印 $28.06^{+0.02}_{-0.08}$ $4.3^{+0.6}_{-0.5}$ 打印三等分标记：轴承代号 商标 年份代号 等高1.5中心直径 $\phi160$ $3.1^{+1.0}_{0}$ R5.6 14.2 ± 0.05 R1.9 $2^{+0.5}_{-0.1}$ $1.7^{+0.5}_{-0.1}$ $\phi170.5^{+0.20}_{0}$ $\phi158.46^{0}_{+0.20}$ $R9.17^{0}_{-0.12}$ $\phi153^{+0.4}_{0}$	产品型号	6022.01		
		通用型号		
	备注	材料：GCr15-GB/T 18254—2016 锻件尺寸：$\phi174^{+1.5}_{0}\times\phi149^{0}_{-1.5}\times31^{+1.5}_{0}$		
	标记	更改人	日期	

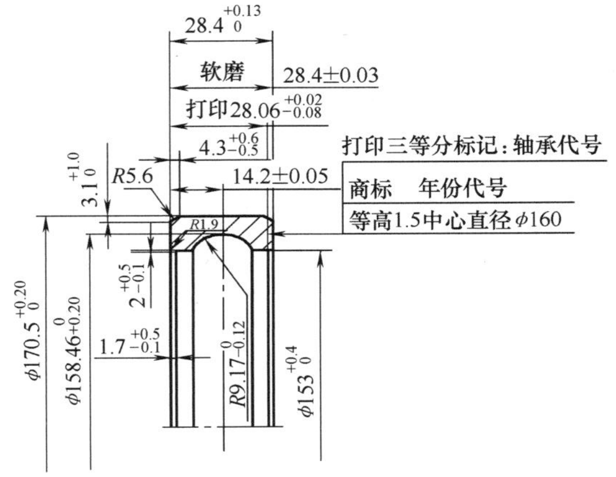

工序	工序名称	规定设备	加工尺寸及其偏差	技术要求/mm						
				t_{Vcs}	t_{VDp} t_{VD_2p} t_{VDeP}	$t_{\Delta Dmp}$ $t_{\Delta D_2mp}$	ΔCir $(i=3)$	t_{Ke} t_{KD_2}	t_{SD}	t_{Se}
1	车端面、外圈内孔、安全角	C7220	C：$29.6^{+0.1}_{-0.4}$ D_2：$\phi153^{+0.4}_{0}$		0.12	0.06	0.14			
2	车端面、外径面、安全角	C7220	C：$28.4^{+0.13}_{-0.1}$ D：$\phi170.5^{+0.20}_{0}$	0.06	0.10	0.06	0.12	0.1	0.1	
3	软磨端面	M7475	C：$28.4^{+0.03}_{-0.03}$	0.04						
4	打印	JZ-40	按车工图要求							
5	车沟道	C630	D_e：$\phi158.46^{0}_{-0.2}$ W_e：$14.2^{+0.05}_{-0.05}$		0.10		0.12	0.1		0.08
6	车内外圆角	C620	按车工图要求							

注：t_{Vcs} 是外圈宽度变动量；t_{VDp} 是单一径向平面外径变动量；t_{VD_2p} 是单一径向平面外内径变动量；t_{VDep} 是单一径向平面外沟道直径变动量；t_{VDmp} 是单一径向平面外径偏差；t_{VD_2mp} 是单一径向平面外内径偏差；ΔCir 是圆形偏差；t_{Ke} 是外圈沟道对外径的厚度变动量；t_{SD} 是外径表面素线对基准端面斜度的变动量；$t_{SD'}$ 是测点与支点相距 10mm 时，外径表面素线对基准端面斜度的变动量（见表 3-5）；t_{Se} 是外圈沟道对基准端面的平行度；D_2 是外圈内孔直径；C 是套圈宽度；W_e 是沟道中心与端面间距；D_e 是外沟道直径。

表 3-3　6022 外圈车削作业指导书

<table>
<tr><td colspan="7">作业指导书</td><td>工序</td><td colspan="4">车外径面、端面、安全带(三步)</td><td>编号</td><td colspan="2">ZD2-1</td></tr>
<tr><td>设备型号</td><td>C730</td><td colspan="2">设备名称</td><td colspan="3">多刀半机动车床</td><td>零件名称</td><td colspan="5"></td><td colspan="2">共 1 页</td></tr>
<tr><td>序号</td><td>名称</td><td colspan="13">操作指示</td></tr>
<tr><td rowspan="2">1</td><td rowspan="2">技术参数</td><td colspan="4">加工范围/mm</td><td colspan="2">$\phi 30 \sim \phi 300$</td><td colspan="4">进给量/(mm/r)</td><td colspan="3">0.12~0.38</td></tr>
<tr><td colspan="4">主轴转速/(r/min)</td><td colspan="2">40~500</td><td colspan="4">切削深度/mm</td><td colspan="3">2~4</td></tr>
<tr><td>2</td><td>工装及车刀</td><td colspan="13">三爪自动定心卡盘外径:弹簧夹具(外胀式、内夹式);刀头材料:YT5、YT15 ;类型:端面车刀、内径车刀、倒角车刀、外圆车刀、沟道车刀</td></tr>
<tr><td>3</td><td>开机前准备</td><td colspan="13">1. 工作现场需清洁、无杂物。操作人员应配戴劳动保护用品
2. 应备齐所需工装、磨具及相应的《车工工艺卡》,将《车工工艺卡》中的技术要求填写在《首末件二对照记录》中
3. 检查所借用的测量设备是否在合格有效期内使用</td></tr>
<tr><td>4</td><td>操作规范</td><td colspan="13">1. 开机前应清洁机床,检查润滑和冷却液系统、手柄、控制阀、按钮、进给机构、机床导轨、防护装置是否完整、良好
2. 接通机床电路之后,应先检查空运转状态,首先检查主轴和丝杠的旋转方向(刀架的快进、快退),然后检查操作手柄和电器按钮,均正常后才可以开始调整机床进行工件加工
3. 依工件确定定位夹具和刀具,更换后应紧固
4. 机床调整:①根据加工要求的主轴转数按床头箱的转数标牌选配适当的交换齿轮;②按照交换齿轮箱上的纵进给标牌选配适当的交换齿轮以获得需要的前刀架纵给量;③前刀架的纵进给量确定后,按照后刀架上的横进给量标牌,按已确定的纵进给量选配适当的交换齿轮,并确定后刀架的横进给量;④确定刀架自动循环中的形成及转换
5. 安装工件,调整定位装置;使工件夹紧,调整刀具高度;使刀尖与工件的旋转轴心在同一水平面内,确定刀架自动循环中的形成及转换
6. 调整冷却液润滑系统
7. 在加工首件时应试切,前刀架用以纵向车削,车外圆等;后刀架只能横向移动进行切槽、倒角、车端面等。一般加工到本工序切削用量 1/3 时退回刀架,使主轴停转并检查各项技术要求,若不合格应立即调整。待首件合格后,循环批量加工工件
8. 如果更换加工工件,重复 3~8 步操作。加工完成后,停止主轴旋转,全部手柄置于非工作位置,切断电源</td></tr>
<tr><td>5</td><td>首末件</td><td colspan="13">1. 首件产品加工后操作者应进行自检,检查员专检,合格后方可批量加工。同时,将实测记录填写在《首末件二对照记录》中
2. 首件产品应做出标识并保存到该批或该班次产品加工结束后,随产品一起移动
3. 检查员将本班次末件产品的检验结果记录在下班次《首末件二对照记录》上,以便与下班次的首件做比较,下班次的首件产品质量不应低于上班次产品质量。当本批产品已加工结束,可不进行末件比较</td></tr>
<tr><td>6</td><td>反应措施</td><td colspan="13">1. 当出现不合格品原因不清或采取措施无效时,应停止生产,报告工艺人员,其中不合格产品应隔离存放
2. 当不合格产品数大于接受(AC)时,该批产品拒收。拒收的产品由操作者自检或挑出不合格品返工,然后由检查员再次检验,直至该批产品检验合格</td></tr>
<tr><td>编制</td><td></td><td>日期</td><td colspan="2"></td><td colspan="2">审核</td><td></td><td colspan="2">日期</td><td></td><td>标准</td><td></td><td>日期</td><td></td></tr>
</table>

表 3-4 6022 外圈车工夹具明细表

序号	名称	主要尺寸/mm	图号	备注
1	夹外径定位筒	$\phi170.5^{+0.20}_{0}$	A1-2	
	夹外径夹头		A2-3	
2	夹外内径定位筒	$\phi153^{+0.3}_{0}$	A3-7	
	夹外内径夹头		A2-3	
3	夹内径定位筒	$\phi109.5^{0}_{-0.2}$	A3-10	
	夹内径夹头		A4-12	
4	6022 外圈字头	$h=1.5, D_1=160$	C-20	

3. 其他工艺文件

除以上文件外，套圈车削加工的工艺文件还包含车削加工检查过程卡和车削加工检验指导卡。车削加工检查过程卡是依据车削加工过程卡和车削加工工序间技术条件确定要求检查的方案、检查的项目、检查的方法及用具的主导工艺文件，是检查工人、操作工人判断所加工的产品质量合格与否的依据；车削加工检验指导卡是依据车削加工检查过程卡所确定的检查项目进行规范检测的工艺文件，主要针对检测部位所用的检查方法、用具做出具体的使用规定，是科学、准确地对检测对象进行描述的手段。

3.2 套圈车削夹具

夹具是指机械制造过程中用来固定被加工工件，使之占有正确的位置以接受施工或检测的装置。加工中要求夹具稳定地保证工件的加工精度，具有高的加工效率，结构简单，具有良好的结构性、工艺性及经济性。

车床夹具是指在车床上用来加工工件内、外回转面及端面的夹具，按工件定位方式不同分为定心式（心轴式）、夹头式、卡盘式、角铁式和花盘式等。

3.2.1 套圈车削加工对夹具的要求

轴承生产的特点是专业性强，批量大，品种规格多，加工质量要求高；套圈的结构特点是轴向短而壁薄，受力易变形：因此对轴承套圈车削加工用夹具提出的主要要求是夹持牢固、可靠，套圈变形小，定位精度高，动作迅速，操作省力，装卸、调整方便，使用寿命长，结构简单，制造容易。为达到上述要求，轴承生产中广泛采用专用夹具。大多轴承厂都是采用压缩空气系统和液压系统作为夹具动作的动力系统解决动作迅速和操作省力的问题，而其他方面的要求则与各夹具的结构有关。

3.2.2 夹具类型和特点

轴承套圈车削加工夹持毛坯的夹具使用较普遍的有以下几类：动力卡盘（加卡盘爪）、弹簧卡盘、滑块夹具、自动车床夹棒料（管料）用弹簧夹头。

1. 动力卡盘

杠杆式三爪气动卡盘的结构如图 3-14 所示，其工作原理为：夹紧工件时，气缸通气带动拉杆向左移动，卡在拉杆的横向槽中的杠杆头部随槽向左移动，杠杆则顺时针转动，带动卡爪向中心运动，从而夹紧工件；当拉杆反向移动时，会带动杠杆逆时针转动，便可松开工件。

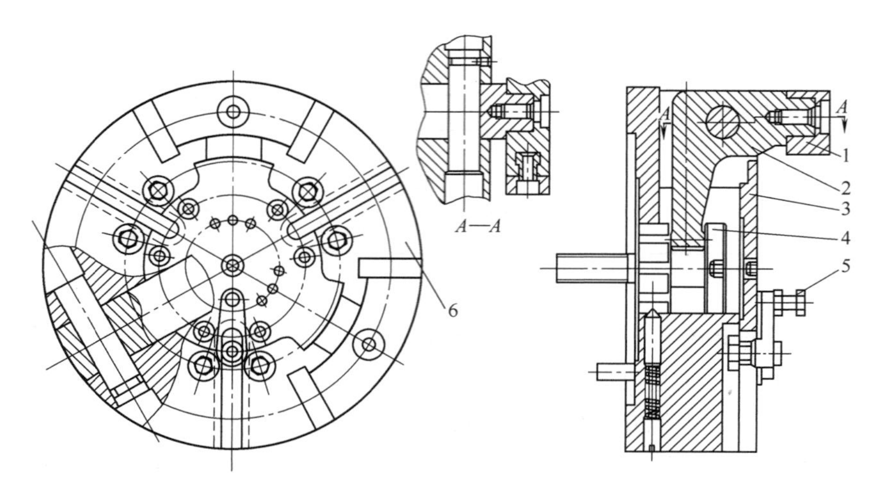

图 3-14 杠杆式三爪气动卡盘

1—夹爪 2—杠杆 3—支承盘 4—拉杆 5—螺钉 6—夹具体

卡盘爪有可调试、摆动式、齿形、锥形和特种形等各种形式。按卡盘爪本身性质又分为软、硬两种，硬爪用碳素工具钢制成，有的要经淬火、渗碳等处理，以达到一定的硬度。

（1）圆弧式浮动卡盘爪　图 3-15a 所示为卡盘爪夹持外圈的工作图。三套为一对装在动力卡盘的滑座上，每一套长爪有两条棱边（刃）与工件接触，如 A、B 处，三个爪共六个接触

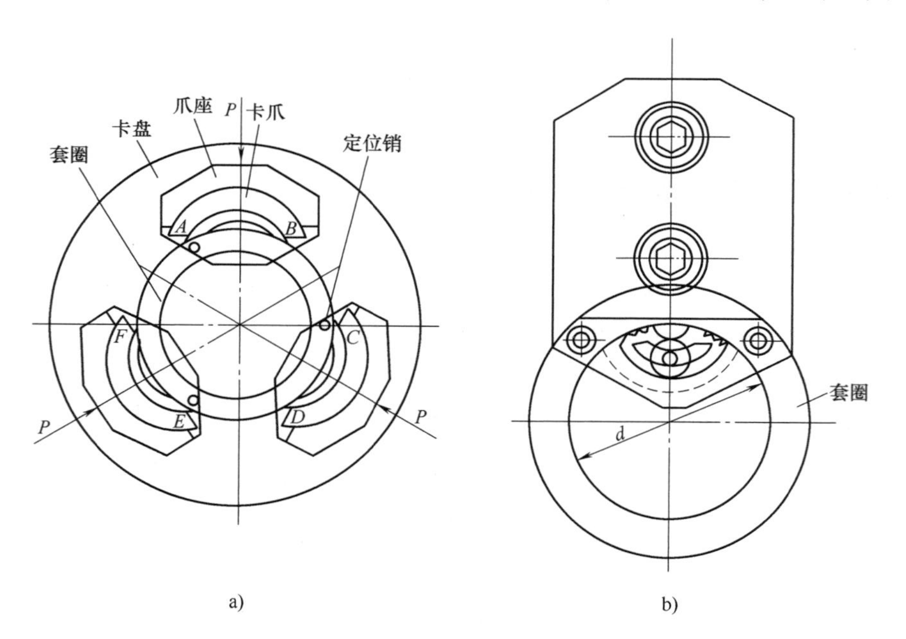

图 3-15 圆弧式浮动卡盘爪

a）夹持外圈 b）夹持内孔

刃。均布的套圈圆周上卡爪与爪座之间为圆弧式松动配合，当卡爪上的两点受力不均时，卡爪可以在爪座内来回“浮动”，使两点的作用力趋于平衡。因此，当使用这种卡爪夹紧套圈时，其圆周上所受的夹紧力较均衡，夹紧变形小，这是其最大优点。图 3-15b 所示为卡爪夹持内孔的情形，其缺点是套圈找正中心比较困难和费时，还易受毛坯表面质量的影响，夹紧后仍可能有较大的偏心量，且结构较为复杂，制造困难。不同的套圈直径需要选用不同规格的卡爪。

（2）心轴式浮动卡盘爪　图 3-16 所示为心轴式浮动卡盘爪夹持外圈的工作图，其工作原理及优缺点与圆弧式浮动卡爪基本相同。心轴固定在动力卡盘的滑座上，爪座套在心轴上可绕心轴浮动。该卡盘爪是带有齿纹的小平面接触工件，减小了工件表面凹凸不平对中心定位精度的影响，定位精度比圆弧式高，浮动性也更好，且制造简单，但其强度和夹持工件的牢固性较差。

2. 弹簧卡盘

图 3-17 所示为一种夹持毛坯面用的弹簧卡盘，用三瓣互成 120°的夹块夹紧套圈，夹块与工件也是圆弧面接触。其优点是套圈的中心定位比较准确，找正容易；但瓣状夹块几乎没有通用性，需要制备的规格较多；胀缩量比较小，不适应尺寸公差变化较大的毛坯。

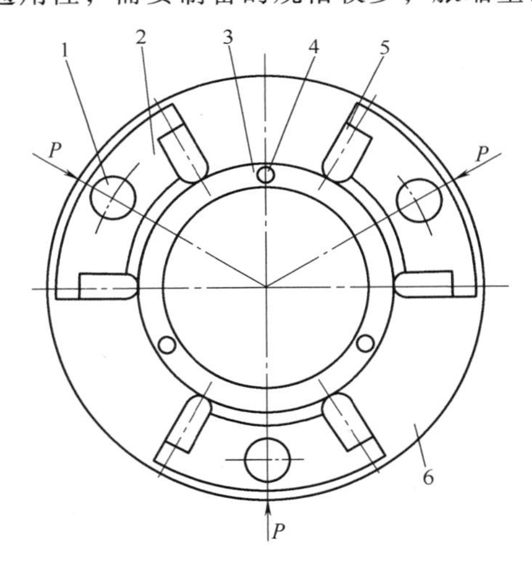

图 3-16　心轴式浮动卡盘爪

1—心轴　2—爪座　3—套圈　4—定位销　5—卡爪　6—卡盘

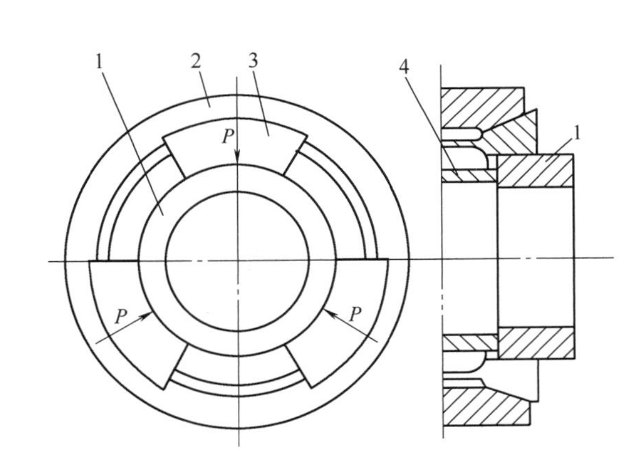

图 3-17　弹簧夹盘

1—套圈　2—卡盘体　3—瓣状夹块　4—定位套筒

3. 滑块夹具

如图 3-18 所示，夹具夹紧动作经过顶杆、滑块传至弹簧圈系在一起的卡爪来夹紧工件。弹簧圈收缩后可使卡爪松开工件。卡爪在轴向与卡盘体的圆槽紧密配合，在径向可相对于滑块“浮动”，使工件受力均衡。卡爪的移支量比较大，夹紧力也较大，适用于大型轴承套圈的车削加工。因卡爪的工作表面容易制成各种型面，故亦可用于夹持曲面形内孔。在夹具加工范围内更换轴承型号，只需更换卡爪和定位环即可。

需要说明的是，车削加工各表面最终是否能达到技术条件的各项要求，与第一道工序加工后的产品质量有很大关系。如加工精度不高，夹紧变形过大，就会影响到后续工序的定位夹紧，并不断“复映”出来，直接影响车削加工质量。因此，合理设计、选择和使用夹持毛坯表面的夹具是保证车削加工质量的一个关键问题。上面提到的几类夹具在实际生产中造成套圈的变形问题并没有彻底解决，有待继续改进。

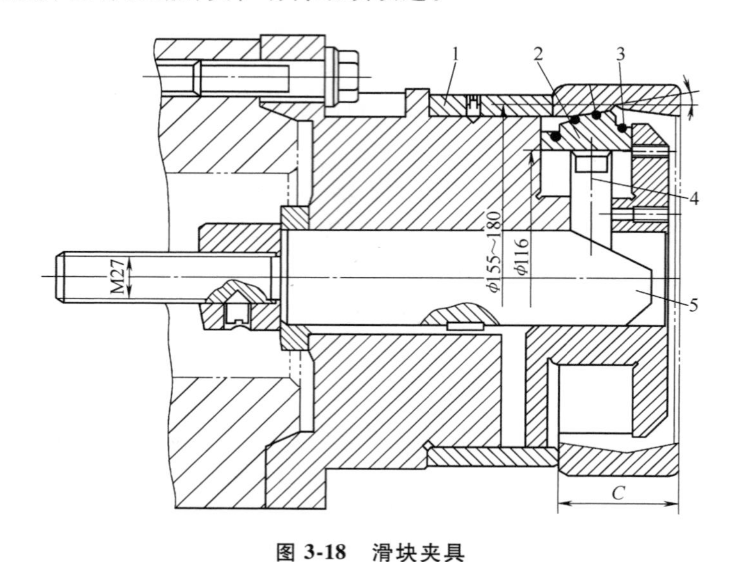

图 3-18 滑块夹具

1—定位环 2—卡爪 3—弹簧圈 4—滑块 5—顶杆

4. 自动车床夹棒料（管料）用弹簧夹头

该类弹簧夹头分两种：一种用于夹紧棒料，称夹料夹头；另一种用于送料，称送料夹头，如图 3-19 所示。图 3-20 所示为弹簧夹头结构示意图。该类夹头利用斜面作用起到定心

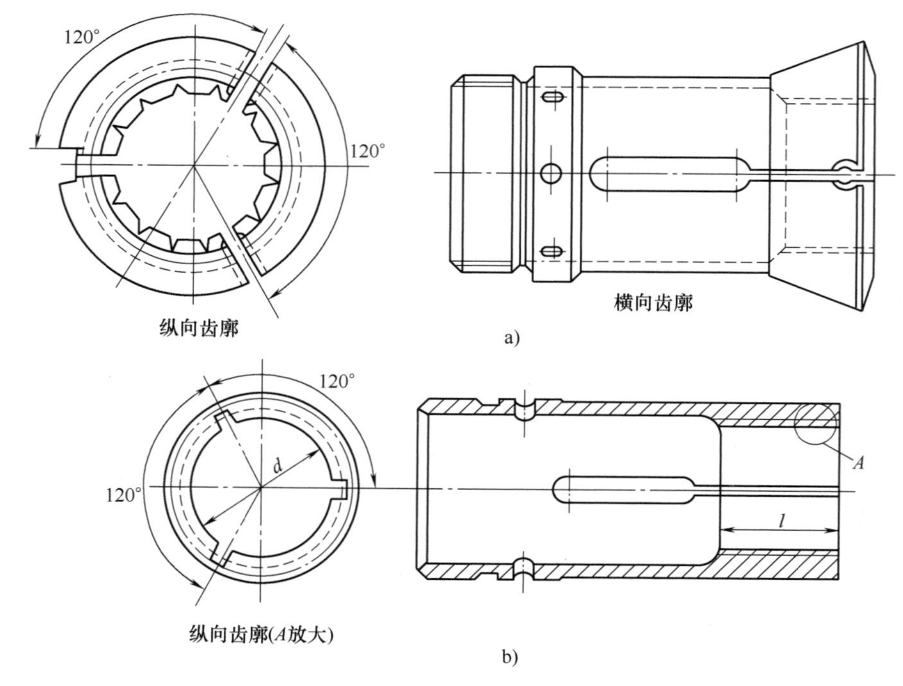

图 3-19 弹簧夹头

a）夹料夹头 b）送料夹头

夹紧作用，夹紧力通过圆锥传来，使之弹性变形来夹持工件并自动定心。按对夹具体相对位置分有推式、拉式及不动式3种。

对于某种型号的自动车床，其夹头的结构形式和大部分尺寸是确定的。加工不同型号的套圈时，只需要依所用的棒料（毛坯）直径选择夹持夹头的工作直径和送料夹头的工作直径。因夹持部分较长或是实心棒料，故基本上不存在夹紧变形问题，但夹头制造精度要求较高。

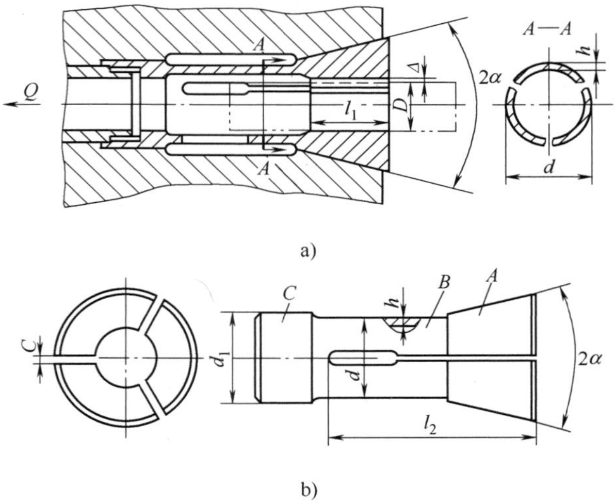

a)

b)

图 3-20　弹簧夹头结构示意图

3.2.3　夹紧力的计算

由于套圈的结构特点是薄壁，而完成车削加工又需要足够的夹紧力，这必然会引起夹紧变形。以下介绍夹紧变形对加工精度的影响、夹紧变形分析及夹紧力计算。

1. 夹紧变形对加工精度的影响

夹紧变形是套圈车削加工最关心的问题之一。动力卡盘的卡爪与套圈的接触点有3点（$n=3$）、6点（浮动 $n=6$）、12点（双重浮动，$n=12$），对弹簧夹具可认为是均布的很多接触点（$n\approx\infty$），它们对套圈的夹紧变形影响是不同的。

图3-21所示为套圈内孔和外圆车削加工中夹紧变形对加工精度的影响示意图。从图中

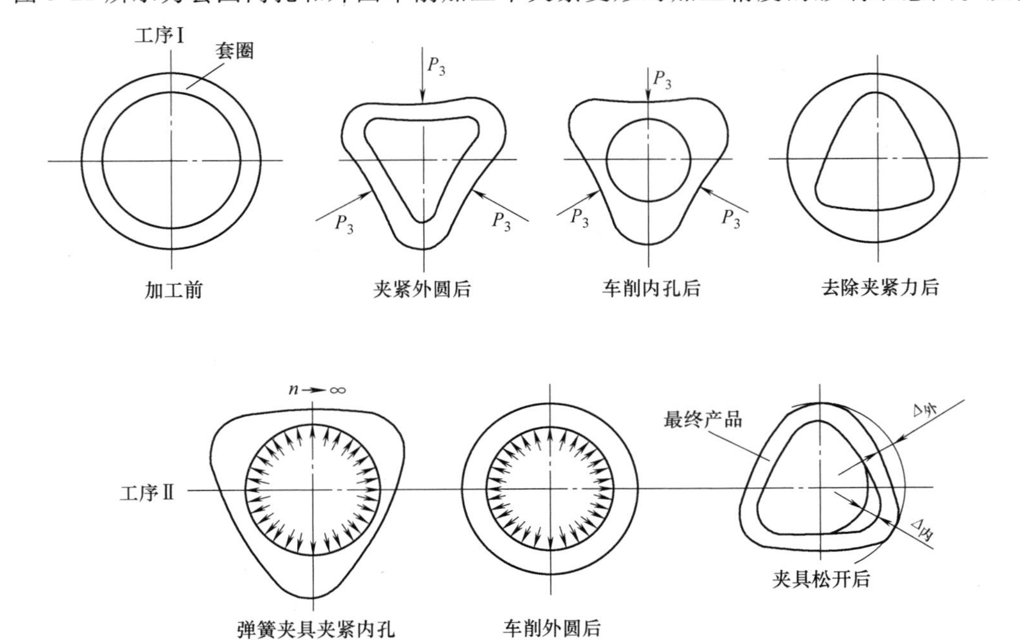

图 3-21　夹紧变形对加工精度的影响示意图

看出夹紧变形对加工精度的影响（圆形偏差）主要是工序Ⅰ的夹紧力引起的，并会造成连锁反应，最终造成套圆的内、外圆圆形偏差，且夹紧力越大，加工后的圆形偏差越大。应特别注意对套圈毛坯的第1次夹紧效果。

图3-22所示为夹紧总力不变，卡盘与工件3点、6点、12点接触的变形情况，P_3、P_6、P_{12}分别是各夹紧状态下接触点的径向力。显然，当各夹紧状态的夹紧力的总和不变时，夹紧元件与工件接触点数越少，工件变形就越大；但从前面介绍可知，夹具结构越简单，接触点数越少，工件变形越小，但夹具的结构相应复杂：这样就存在夹紧变形小与夹具复杂性的矛盾，解决该矛盾需要确定合理的接触点数。当然，当夹持粗糙的套圈毛坯表面时，由于卡爪与套圈毛坯面的接触不是很稳固，若使套圈不打滑需要接触点有较大的作用力，从这个角度看，夹持毛坯面时接触点不能太多；但要保证套圈不打滑，将变形控制在允许的范围内，也就是要确定合理的接触点数。

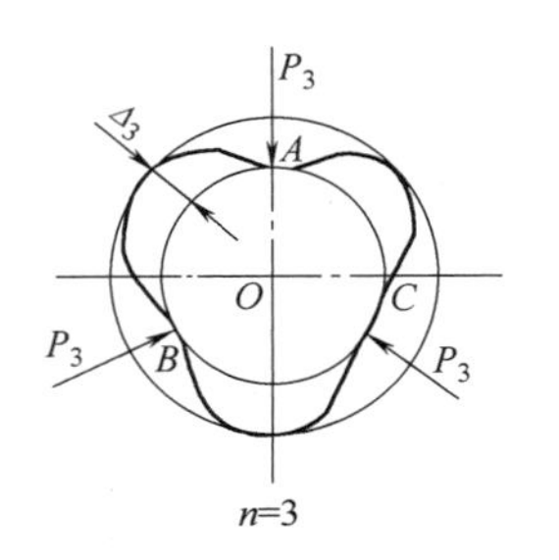

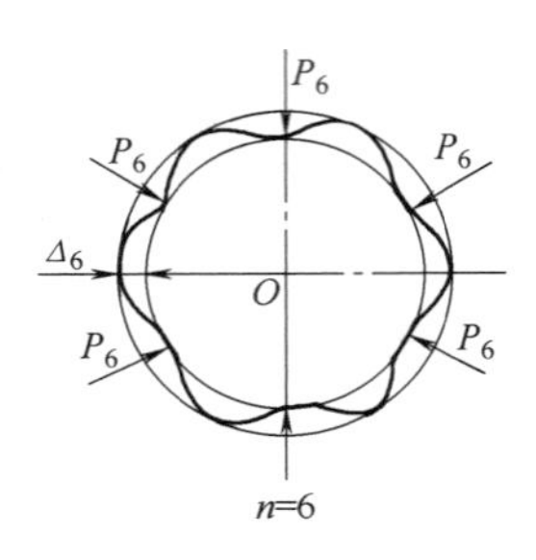

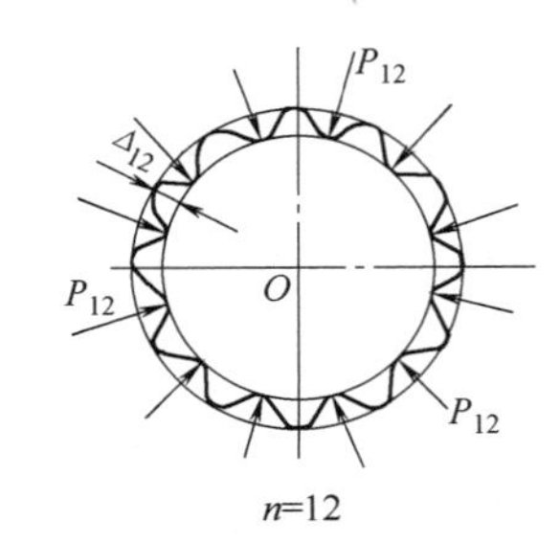

图3-22　夹紧变形

2. 夹紧变形分析

（1）夹紧变形方程　将套圈抽象为弹性曲杆，用弹性曲线表示，设有n点接触套圈，如图3-23所示，夹紧力为集中力，间隔均匀地作用在弹性杆上，两相邻P_n间夹角为2μ，有：

$$\mu=\frac{\pi}{n} \tag{3-1}$$

当套圈被看成材料力学中的弹性曲杆时，其变形微分方程（曲杆变形普遍方程）为

$$\frac{\mathrm{d}^2 S}{\mathrm{d}\beta^2}+S=\frac{MR^2}{EJ} \tag{3-2}$$

式中，S为套圈径向变形量；β为套圈上任一点m的位置参数；M为对应于β处径向截面上的作用弯矩；R为套圈变形前平均半径；E为套圈材料的弹性模具；J为套圈径向截面对其主形心惯性轴之矩。

图3-23　n点接触情况

式（3-2）的求解和夹紧力的分布、大小有关，即和M有关。M是个因变量，必须先求出它的具体表达式才能求解式（3-2）。

由材料力学知，结构对称、受力对称的曲杆，其变形也必然是对称的，可依需要取出一小部分对称曲线来研究。注意在对称截面内，剪应力为零，如图3-24所示。

在图3-23中取出分离体$\widehat{ABC}$（见图3-24），在对称截面A和C处，剪应力为零，正应力

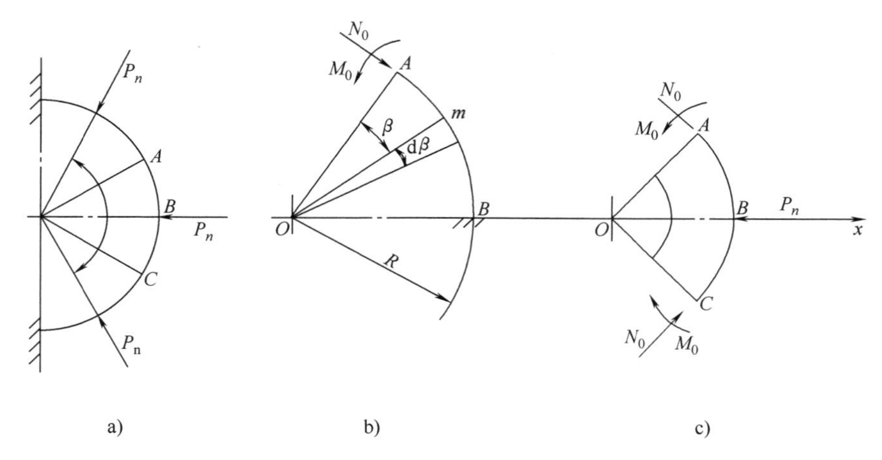

图 3-24 曲杆受力分析

a）曲杆受力分析 b）曲杆 A 点受力分析 c）分离体$\widehat{ABC}$受力分析

为 N_0，弯矩为 M_0，由平衡方程 $\sum x=0$ 有

$$P_n-2N_0\sin\mu=0 \tag{3-3}$$

则

$$N_0=\frac{P_n}{2\sin\mu} \tag{3-4}$$

由图 3-25，可得 m 点所受弯矩

$$M=M_0-N_0R(1-\cos\beta) \tag{3-5}$$

在 A 处，工件截面转角 θ_A 为零，由材料力学的卡氏定理有

$$\theta_A=\frac{1}{EJ}\int_0^{\mu}M\,\frac{\alpha M}{\alpha M_0}R\mathrm{d}\beta \tag{3-6}$$

联合式（3-4）、式（3-5）、式（3-6）可得

$$\int_0^{\mu}\left[M_0-\frac{P_nR}{2\sin\beta}(1-\cos\beta)\right]R\mathrm{d}\beta=0 \tag{3-7}$$

计算得

$$M_0=\frac{1}{2}P_nR\left(\frac{1}{\sin\mu}-\frac{1}{\mu}\right) \tag{3-8}$$

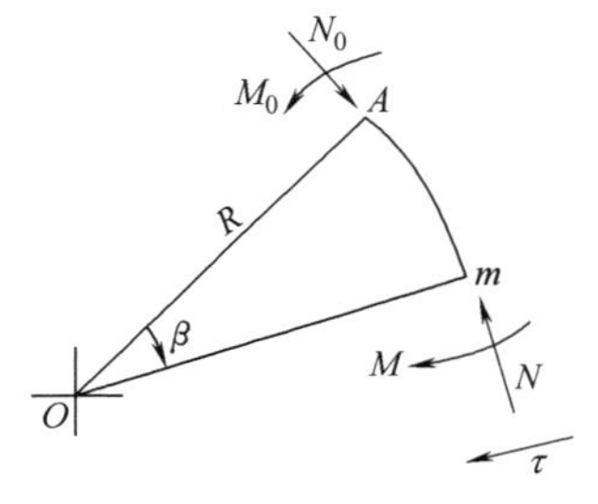

图 3-25 m 点所受弯矩分析

则曲杆变形微方程变为

$$\frac{\mathrm{d}^2S}{\mathrm{d}\beta^2}+S=\frac{P_nR^3}{2EJ}\left(\frac{\cos\beta}{\sin\mu}-\frac{1}{\mu}\right) \tag{3-9}$$

式（3-9）为一个二阶线性非齐次微分方程。当 $\beta=0$ 和 $\beta=\mu$ 时，S 存在极值，于是得到边界条件

$$\begin{cases}\left.\dfrac{\mathrm{d}S}{\mathrm{d}\beta}\right|_{\beta=0}=0\\[2ex]\left.\dfrac{\mathrm{d}S}{\mathrm{d}\beta}\right|_{\beta=\mu}=0\end{cases}$$

利用该边界条件解微分方程式（3-9），得到微分方程解

$$S=\frac{P_nR^3}{2EJ}\left[\frac{\beta\sin\beta+(\mu\cot\mu+1)\cos\beta}{2\sin\mu}-\frac{1}{\mu}\right];\beta\in[0,\mu] \tag{3-10}$$

式（3-10）即为夹紧变形方程。

（2）夹紧变形量 Δn（半径方向） 由图 3-26 可知：m 点在 $\beta=0$ 位置时，沿半径向外的位移量为 S_0，在 $\beta=\mu$ 位置时，沿半径向里的位移量为 S_μ，由此总夹紧变形量为 S 的极大值与极小值之差，即

$$\Delta n=S_\mu-S_0 \tag{3-11}$$

此时

$$S_\mu=S\big|_{\beta=\mu},\quad S_0=S\big|_{\beta=0}$$

则有

$$\Delta n=\frac{P_nR^3}{4EJ}\left[\mu+(\mu\cot\mu+1)\frac{\cos\mu-1}{\sin\mu}\right] \tag{3-12}$$

（3）合理的夹持点数 给出不同的接触点 n，将 Δn 展现在图中，分析其变化规律，由图 3-27 可以看出，随着接触点 n 的增加，曲线 $\Delta n/(P_nR^3/4EJ)$ 的值逐渐减小，这意味着总变形量 Δn 降低，尤其是当 n 从 3 增至 6 时，曲线值的减小率异常显著（约 18 倍）；而当 n 从 6 增至 12 甚至无穷大时，曲线值的减小率不甚明显，所以 $n=6$ 被认为是“转折点”。

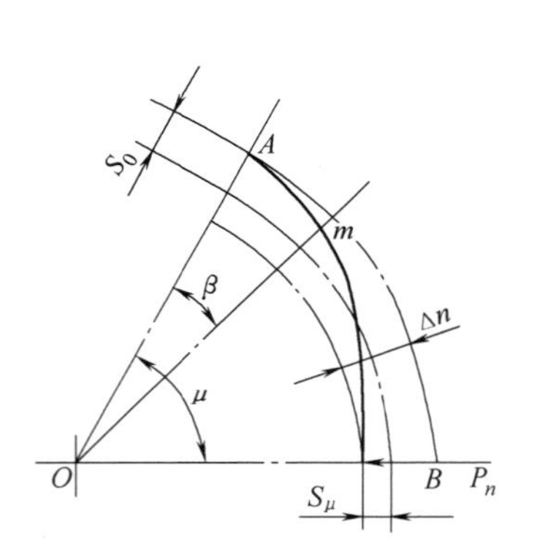

图 3-26 工件总变形量

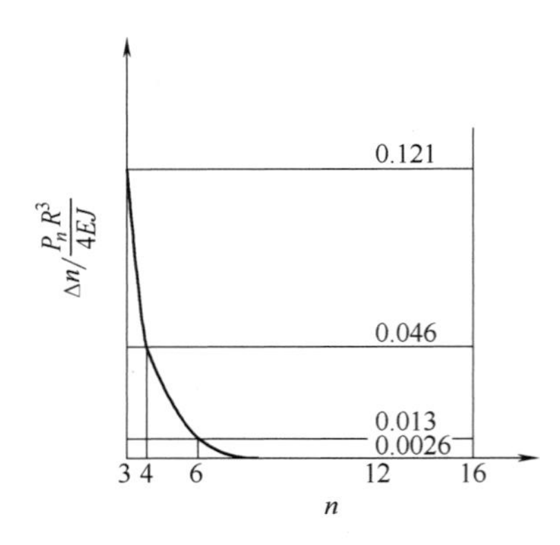

图 3-27 夹紧变形曲线

因此，在粗车套圈内孔时，卡爪数目 n 取 6 一般可获得满意的精度，而且在原来 3 爪的基础上改为浮动的 6 爪夹具结构仍比较简单。六点接触的动力卡盘对套圈的定位夹紧面的表面粗糙度要求也不高，所以目前轴承套圈的粗加工，三点接触的动力卡盘已基本上被六点接触的动力卡盘所代替。当然，实际应用中六点卡盘的六点不一定是在套圈圆周上均布，这与分析结果会有些差异。

（4）夹紧力 P_n 和变形量 Δn 的关系 式（3-12）表明，夹紧变量 Δn 与夹紧量 P_n 成正比。在 n 确定的情况下，要进一步减小夹紧变形，就必须减小夹紧力，但当夹紧力小到某一值时，会导致加工过程中工件相对卡盘转动（打滑），这是不可行的，因此存在最小夹紧力。而夹紧力过大，变形量大，将直接造成废品，也即存在最大夹紧力，如图 3-28 所示。

夹紧力应控制在：$P_{n\min}<P_n<P_{n\max}$。最大、最小夹紧力对应 $\Delta n_{\max}$ 和 $\Delta n_{\min}$，其中 $\Delta n_{\max}$ 为最大允许变形量，而 $\Delta n_{\min}$ 是工件加工时不打滑的最小变形量，如果 $\Delta n_{\min}$ 仍超出最大允

许变形量，就必须考虑增加 n。

3. 夹紧力计算

在满足工件不打滑的前提下应尽量减小夹紧力，以减小夹紧变形对加工精度的影响。

在切削用量选定后，切削力一般也可以确定，同时产生的切削力矩也可获得。而夹持力矩是由夹紧力产生的，为了不出现打滑现象，应算出最小夹紧力。

计算方法是：先计算出切削力，得到切削力矩，由力矩平衡条件得到夹持力矩，最后计算得到最小夹紧力。

（1）切削力计算　图 3-29 所示为套圈车削加工时的受力示意图，根据受力分析可计算

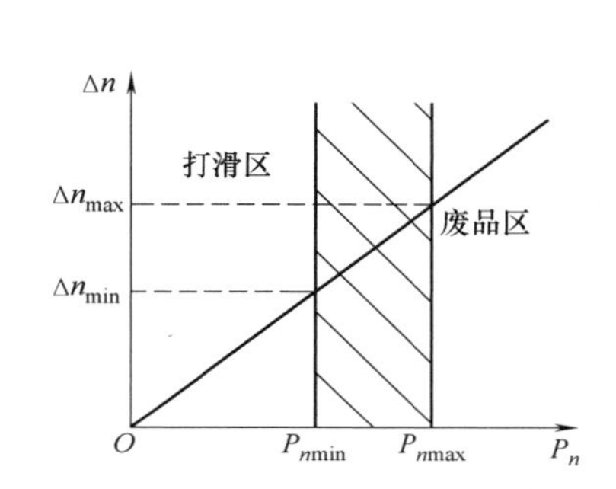

图 3-28　夹紧变量 Δn 与夹紧量 P_n 关系图

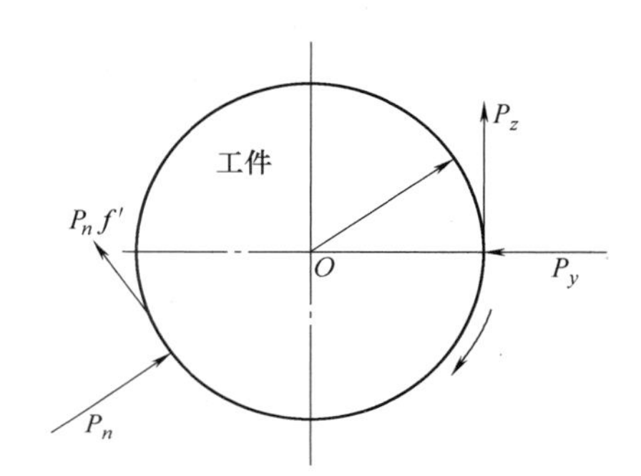

图 3-29　套圈车削加工时的受力示意图

切向力

$$P_x = C_{px} a_p f^{0.75} V^{-0.15} \tag{3-13}$$

径向力

$$P_y = C_{py} a_p^{0.9} f^{0.6} V^{-0.3} \tag{3-14}$$

轴向力

$$P_z = C_{pz} a_p f^{0.5} V^{-0.4} \tag{3-15}$$

式中，C_{px}、C_{py}、C_{pz} 为常数，与工件材料性能及几何形状等因素有关，可通过查询工艺手册得到：a_p 为背吃刀量（mm）；f 为进给量（mm/r）；V 为切削速度（m/min）。

（2）切削力矩计算　一般只有 P_z 能产生切削力矩，即

$$M_{切} = \sum_{i=1}^{J} P_{zi} R_i \tag{3-16}$$

式中，J 为切削时所用刀具总个数；i 为第 i 把切削刀具；R 为套圈变形前平均半径；P_{zi} 为第 i 把切削刀具的切向切削力。

（3）夹紧力计算　工件不打滑，切削力矩和夹持力矩应该平衡，即

$$M_{切} = M_{夹} = \sum_{h=1}^{n} P_{nh} f' R_D = n P_n f' R_D \tag{3-17}$$

式中，f'为工件与刀具表面摩擦系数；R_D 为工件夹持面半径；h 为第 h 个夹持点。

则得最小夹持力为

$$P_{n\min} = \frac{M_{切}}{n f' R_D} \tag{3-18}$$

考虑安全系数 K 后，所用夹持力为

$$P_n=\frac{KM_{切}}{nf'R_D}=\frac{K\sum_{i=1}^{J}P_{zi}R_i}{nf'R_D} \tag{3-19}$$

（4）安全系数 K 的确定　通常 K 在 1.5~2.5 之间，也可按 $K=K_1K_2K_3K_4$ 来计算。K_1 为基本安全系数，考虑工件材质和加工余量不均匀，K_1 取 1.2~1.5；K_2 为加工状态系数，考虑加工特点，粗加工 $K_2=1.2$，精加工 $K_2=1$；K_3 为刀具钝化系数，一般 K_3 取 1.1~1.3；K_4 为切削特点系数，连续切削 $K_4=1$，断续切削 $K_4=1.2$。

3.3　套圈车削投料加工

一般把对套圈毛坯（锻件、棒料、管料等）直接进行车削的加工称为投料加工，一般在软磨之前进行，主要完成两端面、外径面、内径面（滚道）及大部分倒角等的加工。多数类型的套圈投料加工后不是车削加工的最终成品，还有一些表面有待进一步加工。在已车削过的套圈表面上进一步切削，继续提高加工质量或形成新的表面的加工称为精整加工，往往安排在软磨之后。套圈车削加工的整个过程由这两部分组成，其中投料加工占比较大，涉及问题多。投料加工主要用棒料、管料和锻件车削套圈，为了控制成本，棒料车削套圈应用越来越少。

不同的毛坯类型其投料加工有很大差异，下面以不同的毛坯类型来分析相应的车削加过程。

3.3.1　用管料车削套圈

冷拔管料作为毛坯直接车削轴承套圈，可采用工序集中的两台数控车床连线来完成。图 3-30 和图 3-31 所示分别为冷拔管料车削深沟球轴承外圈和内圈的工艺过程。

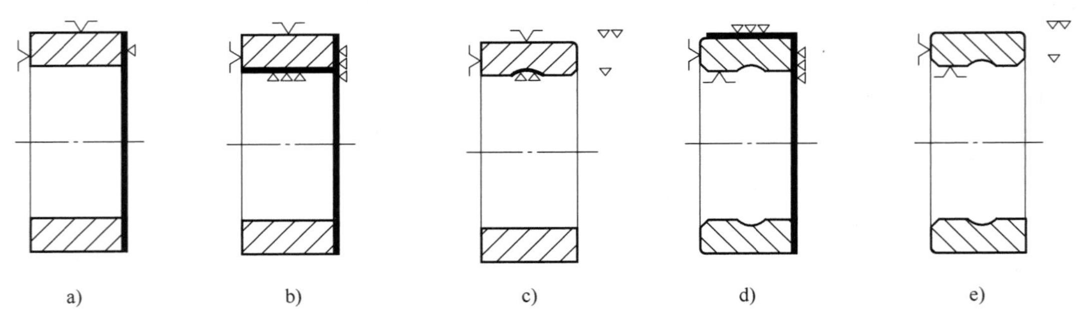

图 3-30　数控车床管料外圈车削加工流程

从图 3-30 可以看出，数控车床管料车削深沟球轴承外圈的工艺具体过程如下：

1）工序 1——如图 3-30a、b、c 所示，在一台数控车床上完成，卡持外径面，一端面定位，分别完成割料，车一端面和外内径面，车外沟道，车外圈一侧内外倒角。

2）工序 2——如图 3-30d、e 所示，在另一台数控车床上完成，卡持内径面，车另一端面和外径面，车外圈另一侧内外倒角。

从图 3-31 可以看出，数控车床管料车削深沟球轴承内圈的工艺具体过程如下：

1）工序 1——如图 3-31a、b、c 所示，在一台数控车床上完成，卡持外径面，一端面定位，分别完成割料，车一端面和内径面，车内圈一侧内外倒角。

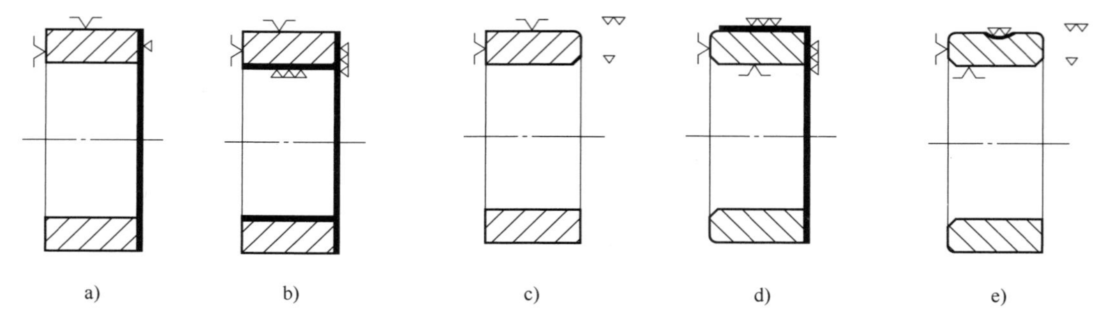

图 3-31 数控车床管料内圈车削加工流程

2）工序 2——如图 3-31d、e 所示，在另一台数控车床上完成，卡持内径面，车另一端面和内外径面，车内沟道和内圈另一侧内外倒角。

3.3.2 用锻件车削套圈

采用锻件车削套圈，毛坯的形状和尺寸与套圈最为接近，不受车削加工设备等条件限制，既适合集中工序加工，也适合分散工序加工，因此灵活性最大，在轴承行业使用最为普遍。下面简单介绍各种工艺方法的加工情况和相应的加工工艺过程。

1. 集中工序法

锻件作为毛坯车削轴承套圈，可采用工序集中的两台数控车床连线来完成。图 3-32 和图 3-33 所示分别为锻件车削圆锥滚子轴承内圈和外圈的工艺过程。

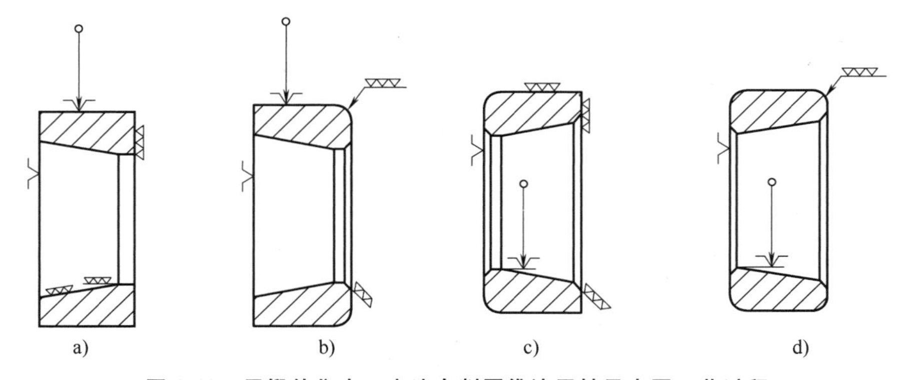

图 3-32 用锻件集中工序法车削圆锥滚子轴承内圈工艺过程

从图 3-32 可以看出，数控车床锻件车削圆锥滚子轴承内圈的工艺具体过程如下：

1）工序 1——如图 3-32a、b 所示，在一台数控车床上完成，卡持外径面，窄端面定位，车宽端面、内表面和倒角。

2）工序 2——如图 3-32c、d 所示，在另一台数控车床上完成，卡持内径面，宽端面定位，车窄端面、外表面和倒角。

从图 3-33 可以看出，数控车床锻件车削圆锥滚子轴承外圈的工艺具体过程如下：

1）工序 1——如图 3-33a 所示，在一台数控车床上完成，卡持外径面，窄端面定位，车宽端面、内径面和倒角。

2）工序 2——如图 3-33b、c、d 所示，在另一台数控车床上完成，卡持内径面，宽端

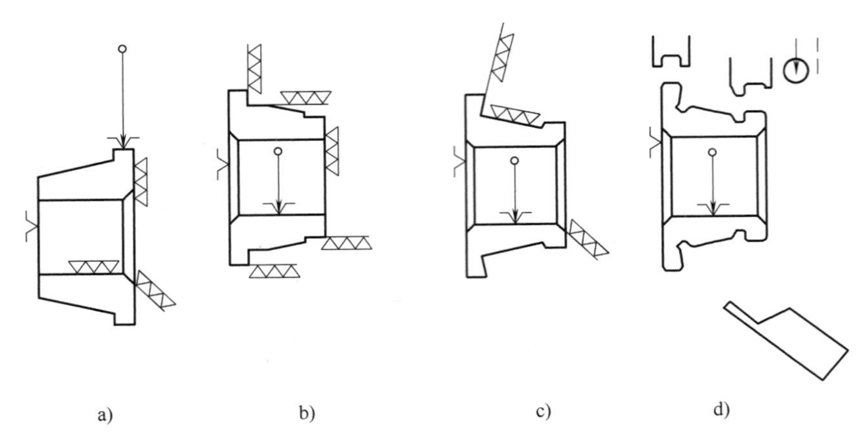

图 3-33　用锻件集中工序法车削圆锥滚子轴承外圈工艺过程

面定位，车窄端面、大端内外径面、小端内外径面、大挡边、内沟道及油沟等。

应该指出的是，有时根据需要，还要在软磨非基准端面后增加软磨外径面和精车滚道工序，相应地也要增加精车内、外倒角（圆角）工序，然后才能转到热处理工序。

2. 分散工序法

分散工序法在工艺上一般是两工序成形，即轴承行业通常所说的一步、二步加工。一步工序主要为车内圆表面、车端面、车安全倒角；二步工序主要为车外圆表面、车另一个端面、车安全倒角。目前轴承企业采用的分散工序法所使用的车床普遍是多刀半自动车床和液压车床，液压仿形半自动车床如 C7220、C7232 等，另外还有一些轴承专业车床。

（1）车削单列深沟球轴承套圈的工艺过程　图 3-34 所示为采用分散工序法车削深沟球轴承套圈工艺过程。

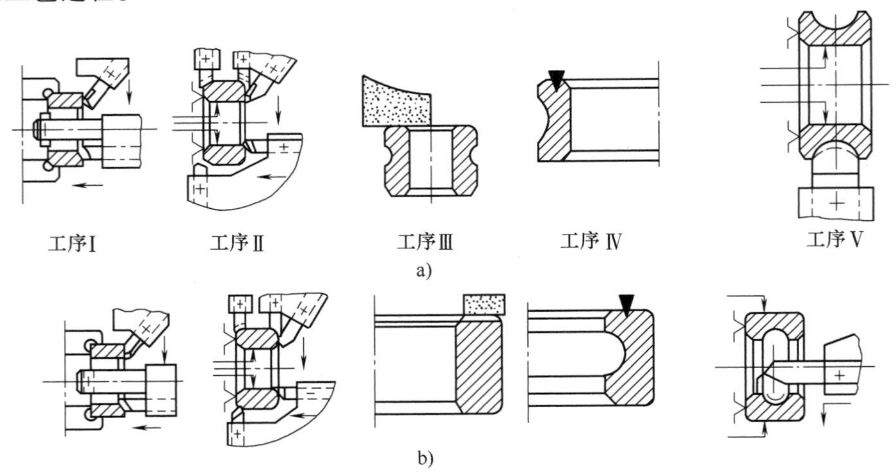

图 3-34　采用分散工序法车削深沟球轴承套圈工艺过程

a）内圈　b）外圈

内圈分为 5 道工序，其具体工艺过程分析如下：

1）工序Ⅰ——将内圈的一个端面和内外径面定位夹紧后，采用多刀半自动车床或液压仿形车床车出一个端面、内孔表面、倒角。该工序将端面和孔在同一次装夹下完成，可为下一步加工打好基础。

2）工序Ⅱ——将车好的端面和内孔表面定位夹紧后，采用液压仿形车床车出内外径面、粗仿车内沟道表面和另一个端面及内外倒角。在这一步工序中，虽然内圈沟道只车出了大致的轮廓形状，但是为精整工序车沟道表面打好了基础。至此内圈的投料工序结束。

3）工序Ⅲ——软磨端面，软磨是指加工工件本身硬度较低时的磨削，即工件在热处理淬火之前的磨削。软磨端面工序一般安排在套圈各种精整加工之前，其作用是为后工序加工创造好的基础条件，一般采用单头立轴圆台式平面磨床，如 M7475 等。对双端面都需软磨的套圈也可使用双端面磨床进行，如 M7675 等，其加工效率较高。

4）工序Ⅳ——打印是为了在轴承套圈上产生永久性的标志，便于用户识别及在下工序区分基准面和精度等级，要按工艺规定在压力机上进行机械打印。

5）工序Ⅴ——车沟道，工序Ⅰ利用液压仿形车床车削只车出了沟道的大致轮廓形状，还没有完成沟道的最后成形加工。本工序是采用专业车床单独车削，不但保证了沟道的形状要求，而且有利于沟道尺寸的统一。

车外圈也采用了 5 道工序，工艺分析与内圈类似。其具体工艺过程为：利用液压仿形车床车端面、外圈内孔表面、粗仿外圈沟道和内、外倒角→利用多刀半自动车床或液压仿形车床车端面、外径表面及内、外安全角→软磨非基准端面（退磁、清洗）→打印→在专业车床上车外沟道，完成车削加工后转到热处理工序。车削外圈加工工艺卡见表 3-5。

表 3-5　车削外圈加工工艺卡

车削外圈加工工艺卡	编号		
	代替		
	共　页		第　页
$27.25^{+0.1}_{0}$ 软磨　27.25 ± 0.03 打印$27^{+0.02}_{-0.08}$ $4.3^{+0.6}_{-0.5}$ 13.63 ± 0.04 打印三等分标记：轴承代号 商标 年份代号 字高1.5中心直径$\phi99$ $2.9^{+0.5}_{0}$ $R5.6$ $R1.9$ $1.1^{+0.4}_{0}$ $1.3^{+0.4}_{0}$ $R9.58^{0}_{-0.12}$ $\phi110.3^{+0.15}_{0}$ $\phi97.85^{0}_{-0.15}$ $\phi91^{+0.15}_{0}$	产品型号		6310.01
		通用型号	
	备注		材料：GCr15-GB/T 18254—2016 锻件尺寸： $\phi113^{+1.5}_{0}\times\phi88^{0}_{0.5}\times30^{+1.5}_{0}$

工序	工序名称	规定设备	加工尺寸及其偏差	技术要求(mm)						
				t_{VCs}	t_{VDp} t_{VD_2p} t_{VDep}	t_{VDmp} t_{VD_2mp}	ΔCir $(i=3)$	t_{Ke} t_{KD_2}	t_{SD}	t_{Se}
Ⅰ	车端面、外圈内孔、倒(圆)角	C7220	C:$28.63^{+0.1}_{-0.3}$ D_2:$\phi91^{+0.15}_{0}$		0.10	0.05	0.12			
Ⅱ	车端面，外径表面、倒(圆角)	C7220	C:$27.25^{+0.1}_{0}$ D:$\phi110.3^{+0.15}_{0}$	0.05	0.10	0.05	0.10	0.10	0.01	
Ⅲ	软磨端面	M7475	C:27.25 ± 0.03	0.03						
Ⅳ	打印	JZ-40	按车工图要求							
Ⅴ	车滚道	C630	D_e:$\phi97.85$ W_e:$13.63^{+0.04}_{-0.04}$		0.10		0.10	0.08		0.06

（2）车削双列调心滚子轴承外圈的工艺过程　图 3-35 所示的加工过程是采用锻件车削双列调心滚子轴承外圈的分散工序法，共用 6 道工序将套圈车削完成。

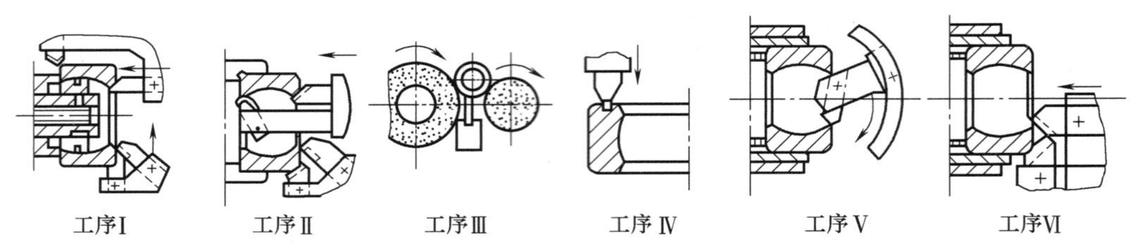

图 3-35　分散工序法加工双列调心滚子轴承外圈

其具体工艺过程分析如下：

1）工序Ⅰ——在多刀半自动车床 C750D 或液压仿形车床 C7250 上车外径表面、基准端面及安全角，这样设计基准面可以保证端面和外径面在同一次装夹下完成加工，为下一步加工基准做好准备。

2）工序Ⅱ——用液压仿形车床 C7250 仿形车非基准端面和粗车滚道及安全角，虽然仿形车只能大致车削出滚道表面的轮廓形状，不能像成形刀一样精确地把滚道表面的结构形状加工出来，但还是为后面的精车滚道工序打下了良好的基础。

3）工序Ⅲ——无心软磨外径面，在此工序之前，有条件的情况下应软磨非基准端面，这样做不但可以统一套圈的宽度尺寸，便于打印及提高端面留量的均匀性，还可以改善套圈的位置精度，保证下一道工序的加工精度。由于工序Ⅱ只是外圈滚道的粗成形，因此滚道表面还要进行进一步加工，为了提高外圈滚道的几何公差，要对细车滚道的车削加工定位基准——外径面进行软磨，其作用是通过改善外径的形位精度，达到提高滚道形位精度的目的。

后面三道工序完成密封沟槽和倒角的车削加工。

3.4　套圈精整加工

轴承套圈的车削加工工序一般可分为投料加工和精整加工，软磨前的车削加工为投料加工，软磨后的车削加工为精整加工。

3.4.1　精整加工的作用

精整加工的主要作用是：

1）加工出投料加工未能加工出来的形面。

2）重要表面经投料加工后可进一步提高加工质量。

3.4.2　精整加工的内容和方法

精整加工就其工序种类来说比较繁杂多样。如图 3-36 所示，图中显示的仅是其中一部分，轴承套圈精整加工的机床种类也很多，如车、磨、钻、冲压等，车床占其中绝大部分。

现在不少工厂采用高效能、高精度、高机械化和自动化的专用机床或单能机床进行精整加工，加工质量好，效率高，维修方便简单，还可以将其组合联成自动线，但也有一些工厂仍用普通万能车床和六角车床进行精整加工。下面介绍几种典型的精整工序。

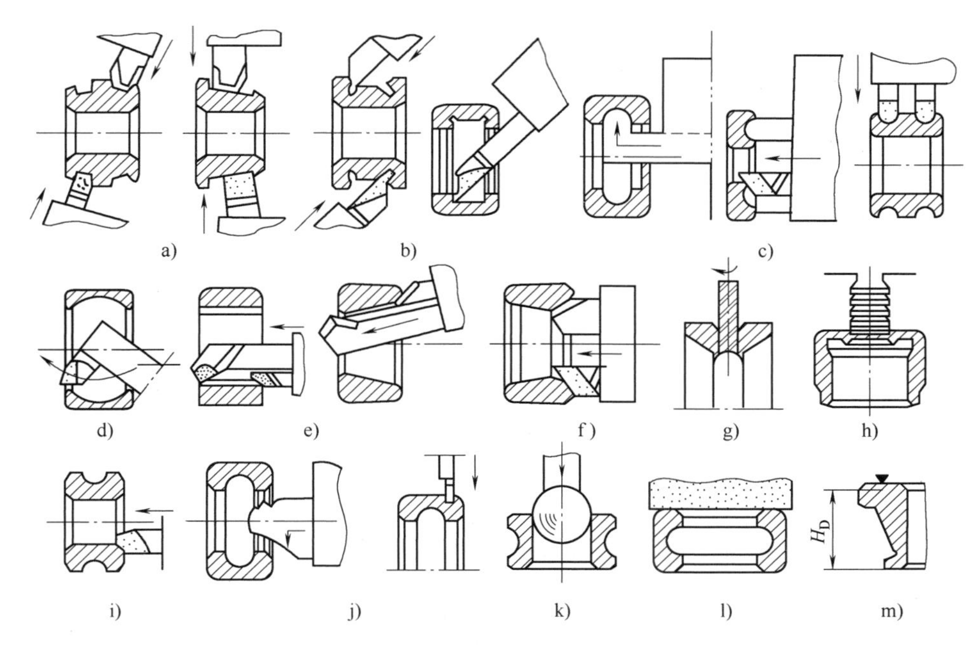

图 3-36 轴承套圈的各种精整加工

a）车内滚道 b）车油沟 c）车沟道 d）车球面滚道 e）车外滚道 f）车斜坡 g）钻油孔 h）铣槽 i）倒圆角 j）车防尘盖和止动槽 k）整孔 l）铰磨端面 m）打印

1. 软磨

所谓“软磨”就是指被加工工件本身硬度较低时的磨削，也就是工件热处理淬火之前的磨削。

（1）软磨端面 软磨端面工序一般安排在套圈各种精整加工之前，其作用是为后工序加工创造好的基础条件。因为后工序加工都要用端面定位或在端面上打印，而经过一般的投料加工后，其端面往往不够平整。经过软磨端面，能修整上工序的端面缺陷，使套圈宽度尺寸公差减小，留量均匀，减小了热处理后端面的磨削量。

通常仅软磨套圈的一侧端面，确定原则是：其一，凡切断下来的套圈，切断面应全部软磨；其二，除特殊情况外一般应软磨非基准端面。

如有条件，将套圈两个端面全部软磨会对套圈的后续加工更为有利。

软磨端面的切削深度一般不需过大，一般：

1）切断面为 0.05~0.10mm，再加上切断后套圈高度的实际公差值。

2）两端面都严格按工艺要求加工的套圈，一般不在公称尺寸上增加软磨量，软磨时仅磨去套圈高度的公差值。如套圈高度尺寸为 $50^{+0.2}_{0}$mm，软磨后为（50±0.03）mm，高度公称值不变，两端总磨量为 0.20mm。

软磨端面一般采用单头立轴圆台式平面磨床，人工上、下料，磁盘吸紧套圈并带动套圈公转，进入磨削区完成软磨。因采用磁力夹紧，磨削结束后要退磁清洗，以利于后续工序加工。如果采用双端面磨床，则加工效率更高。

因软磨端面的质量会直接影响打印质量，软磨端面后应严格控制套圈宽度尺寸、宽度变动量、平面度。

（2）软磨外径面　与端面一样，轴承套圈的外圆也是后续磨削加工的定位基准，由于车削加工的精度限制，套圈外径尺寸分散性大，为后续磨削加工带来了诸多麻烦，因而很多工厂在车削加工后会开展外径面软磨。

外径面软磨与轴承套圈外圆磨削的原理一致，其磨削原理及磨削的细节将在下一章介绍。

2. 钻注油孔

一些大型或特大型轴承上带注油孔，转盘轴承则多带安装孔，需采用钻床进行钻削加工。钻削能在实体材料上加工出孔，其中，麻花钻是最常见的钻孔刀具，适合加工低精度的孔，也可用于扩孔。钻削过程的变形规律与车削相似，但钻孔是在半封闭空间内进行的，横刃的切削角度不甚合理，使钻削变形更为复杂。

3. 铣端面槽

部分轴承套圈端面槽需要铣削加工。铣削是广泛采用的一种切削加工方法，用于加工平面、台阶面、沟槽、成形表面及切断等。铣刀是多齿刀具并进行断续切削，因此铣削过程具有一些特殊规律。端面槽可采用圆周铣削或端铣加工。

圆周铣削可采用逆铣和顺铣，如图 3-37 所示。铣刀的旋转方向和工件的进给方向相反时称为逆铣，如图 3-37a 所示；相同时称为顺铣，如图 3-37b 所示。在逆铣时，切削厚度从零逐渐增大，铣削刃口有一钝圆半径 r_n，造成开始切削时前角为负值，刀齿在过渡表面上挤压、滑行，使工件表面产生严重冷硬层，并加剧了刀齿磨损；此外，当瞬时接触角大于一定数值后，F_{fn} 向上，有抬起工件的趋势。在顺铣时，刀齿的切削厚度从最大开始，避免了挤压、滑行现象；并且 F_{fn} 始终压向工作台，有利于工件夹紧，可延长铣刀寿命和提高加工表面质量。

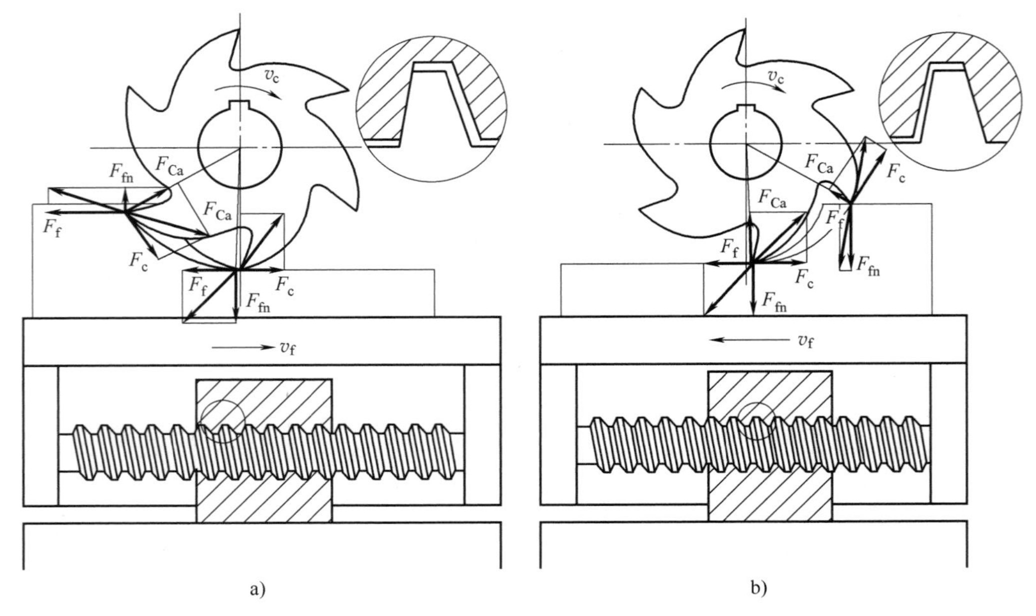

图 3-37　逆铣与顺铣

a）逆铣　b）顺铣

端铣时，根据面铣刀相对于工件安装位置的不同，也可分为逆铣和顺铣，如图 3-38 所示。面铣刀轴线位于铣削弧长的中心位置，上面的顺铣部分等于下面的逆铣部分，称为对称端铣，如 3-38a 所示；逆铣部分大于顺铣部分，称为不对称逆铣，如图 3-38b 所示；顺铣部分大于逆铣部分，称为不对称顺铣，如图 3-38c 所示。

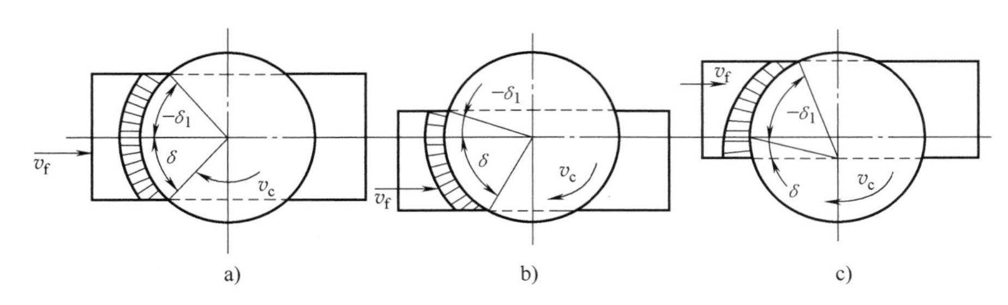

图 3-38 端铣时的逆铣与顺铣

a）对称端铣 b）不对称逆铣 c）不对称顺铣

4. 齿加工

齿加工是转盘轴承生产过程中耗时很长的一道工序。按照齿形的形成原理，切齿刀具可分为两大类：成形法切齿刀具和展成法切齿刀具。

（1）成形法切齿刀具 成形齿轮铣刀（见图 3-39a）是一把铲齿成形铣刀，可加工直齿、斜齿轮。工作时铣刀旋转并沿齿槽方向进给，铣完一个齿后工件进行分度，再铣下一个齿。盘形齿轮铣刀加工精度不高，效率也较低，适合单件小批生产或修配工作。此外，指形齿轮铣刀（见图 3-39b）是一把成形立铣刀，工作时铣刀旋转并进给，工件分度，适合加工大模数的直齿、斜齿轮，并能加工人字齿轮。

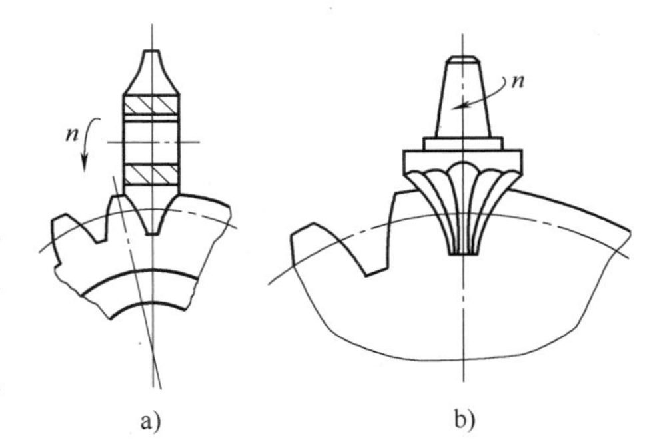

图 3-39 成形法切齿刀具

a）成形齿轮铣刀 b）指形齿轮铣刀

（2）展成法切齿道具 这类刀具切削刃的廓形不同于被切齿轮任何断面的槽形。切齿时除主运动外，还需有刀具与齿坯的相对啮合运动，称为展成运动。工件齿形是由刀具齿形在展成运动中若干位置包络切削形成的。

展成切齿法的特点是一把刀具可加工同一模数的任意齿数的齿轮，通过机床传动链的配置实现连续分度，刀具通用性较广，加工精度与生产率较高，在成批加工齿轮时可被广泛使用。较典型的展成切齿刀具如图 3-40 所示。

图 3-40a 所示为齿轮滚刀的工作情况。滚刀相当于一个开有容屑槽的、有切削刃的蜗杆状的螺旋齿轮。滚刀与齿坯啮合的传动比由滚刀头数与齿坯齿数决定，在展成滚切过程中切出齿轮齿形。滚齿可对直齿或斜齿轮进行粗加工、半精加工或精加工。

图 3-40b 所示为插齿刀的工作情况，插齿刀相当于一个有前后角的齿轮。插齿刀与齿坯啮合的传动比由插齿刀齿数与齿坯齿数决定，在展成滚切过程中切出齿轮齿形。插齿刀常用于加工带台阶的齿轮，如双联齿轮、三联齿轮等，特别能加工内齿轮及无空刀槽的人字齿轮。

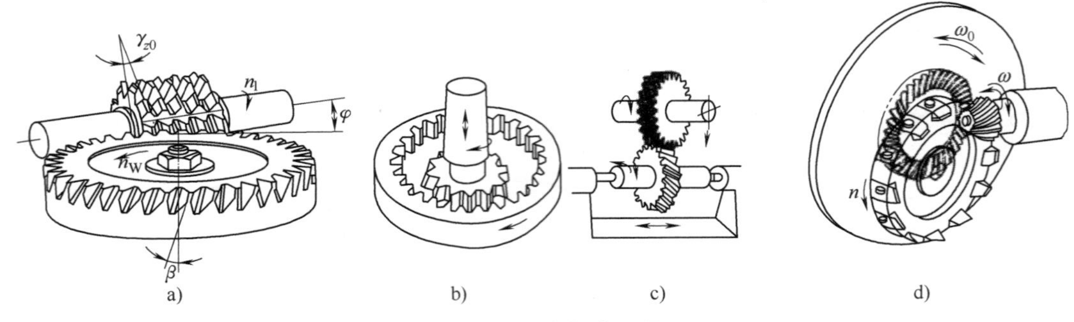

图 3-40　展成切齿刀具

图 3-40c 所示为剃齿刀的工作情况，剃齿刀相当于齿侧面开有屑槽形成切削刃的螺旋齿轮。剃齿时剃齿刀带动齿坯滚转，相当于一对螺旋齿轮的啮合运动。在啮合压力下，剃齿刀与齿坯沿齿面滑动以切除齿侧的余量，完成剃齿工作。剃齿刀一般用于 6 级、7 级精度齿轮的精加工。

图 3-40d 所示为弧齿锥齿轮铣刀盘的工作情况，该铣刀盘是专用于铣切螺旋锥齿轮的刀具。铣刀盘高速旋转是主运动，刀盘上刀齿回转的轨迹相当于假想平顶齿轮的一个刀齿，这个平顶齿轮由机床摇台带动与齿坯做展成啮合运动，切出被切齿坯的一个齿槽；然后齿坯退回分齿，摇台反向旋转复位，再展成切削下一个齿槽，依次完成弧齿锥齿轮的铣切工作。

5. 打印

为了便于用户识别轴承，每套轴承上都应具有永久标识。通常是将轴承代号、制造年代号和制造厂代号（或商标），三者间隔 120°均匀分布打印。

打印位置一般是：①不可分离型轴承，打印在一个套圈（外圈）上，可分离型轴承则应分别打印在两个套圈上，套圈端面有效宽度小于 0.8mm 的，可打印在外径和包装物上；②未打字的套圈，通常在非基准端面上打上工艺标志，以便识别基准面和精度等级；③特殊结构或尺寸的轴承，可打印在保持架、防尘装置或挡圈的端面上。

打印工序通常要控制字或符号的平均直径、字体、位置、字高、打印深度、字内凸起量和端面下沉量等，这些都有相应的标准或具体的规定。

目前的打印方法包括激光打印、电腐蚀打印和压力机打印等。随着激光打印设备成本降低，目前应用最为广泛的是激光打印，电腐蚀打印和压力机打印在行业内仍有应用，压力机打印需在车工工序中完成，而激光打印和电腐蚀打印则在套圈零件成品环节完成。

（1）激光打印　激光打印是利用高能量密度的激光束作用于材料表面，使表面材料气化或发生颜色变化的化学反应，从而留下永久性标记的一种打标方法，激光打字机主要包括 CO_2 激光打字机、半导体激光打字机和 YAG 激光打字机等。

（2）电腐蚀打印　电腐蚀打标机属电印打标（刻字），是利用低电压在打标液的作用下使金属表面局部离子化的技术，具有标记清晰，机械操作简便，价格低廉的特点。

（3）压力机打印　压力机打印设备有机械型和液压型，双工位的压力机可同时打印两组套圈。工作时由专门的自动上料装置将套圈带至冲头下，自动依次推移实现打印，打印效率高，可一次将端面的所有标记打印完成。为保证字迹在磨削加工中不致因打字面的实际留量不均而磨掉，打字应安排在软磨端面之后，打字工序本身应严格控制好打印深度。“字深”并不是指打印后在打字面实际测得的痕迹深度，而是指定位端面到字痕底部的实际距离。

3.5　车削套圈加工留量与公差的确定

3.5.1　影响车削加工留量与公差的因素

轴承套圈的留量与公差，是随着生产条件的变化而变化的。目前各厂制订的《留量与公差标准》不尽相同，而且也在不断发展变化。影响套圈车削加工留量与公差的因素有：

1）车削加工留量与公差值随套圈尺寸增大而增大；结构复杂，冷热加工易变形的套圈，其值也应加大。

2）套圈材料的成分，内部组织的均匀性和紧密程度不仅对套圈变形有影响，还影响车削加工留量与公差。

3）毛坯制造的内在质量，退火组织的稳定性，残余应力的存在等。

4）车削加工工序用设备、工、夹、量具的性能质量和使用调整状况，将直接影响套圈的加工质量，从而影响留量与公差。

5）车削加工工艺过程设计的合理性，套圈的定位夹紧方式及夹紧变形等。

6）套圈热处理工序造成的变形量和脱碳层深度等。

7）套圈磨削加工用设备、工、夹、量具的技术质量状况，磨削工艺过程的设计等对车削加工留量也有要求。

8）轴承精度等级、套圈最终技术要求。

9）生产管理水平，生产标准化程度及工人的加工技术水平等。

3.5.2　车削加工留量与公差标准的制定

套圈的留量与公差受到车削加工、磨加工等生产率和加工质量两个相互对立因素的制约。留量与公差小，磨加工效率提高，但车削加工困难，生产率低，甚至很难达到要求(过小还极易产生废品)；留量与公差大，车削加工效率高，但却大大增加了磨加工的工作量，降低了磨工效率：留量与公差标准的制订目的就是在保证加工质量的前提下提高生产率，降低制造成本。

在实际中制订留量与公差标准时，需在充分考虑上述因素的基础上，经过反复试验和生产实践，总结经验并逐步完善，然后制订成文件标准，投入生产实践应用。不同厂家的设备与技术基础不同，所制订的留量与公差标准亦不同；同一厂家，随着技术的发展，标准也会进行相应变更。表3-6~表3-9所列为某个制造厂的“留量与公差”，需要指出的是，此标准仅作为学习参考，具体执行中应依据各制造厂的现行标准。

3.5.3　车削加工留量与公差标准的应用说明

实际应用时，先依套圈的类型选择合适的表格，再根据套圈的结构尺寸在表格中找到对应的尺寸段，即可查出所需尺寸的留量和公差值。要得出本工序间留量，只需用上工序留量减去本工序留量即可。

表 3-6　深沟和角接触球轴承外圈车削留量与公差　　（单位：mm）

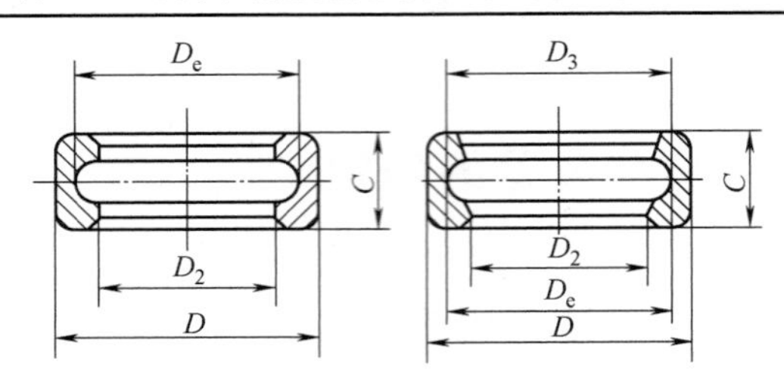

加工表面及面目名称			轴承套圈设计外径尺寸 D							
			>30 ≤50	>50 ≤80	>80 ≤120	>120 ≤150	>150 ≤180	>180 ≤210	>215 ≤250	>250 ≤310
高度	车削加工	留量	0.25	0.25	0.25	0.3	0.3	0.35	0.4	0.5
		公差	+0.15	+0.2	+0.2	+0.2	+0.2	+0.2	+0.2	+0.25
	软磨	留量	0.2	0.25	0.25	0.3	0.3	0.35	0.4	0.5
		公差	±0.03	±0.03	±0.03	±0.03	±0.03	±0.03	±0.03	±0.03
外径		留量	0.2	0.25	0.3	0.35	0.4	0.5	0.5～0.6	0.7
		公差	+0.15	+0.15	+0.15	+0.15	+0.2	+0.2	+0.2	+0.25
外内径		留量	0.25	0.3	0.35	0.4	0.45	0.5	0.6	0.6
		公差	-0.15	-0.15	-0.15	-0.2	-0.2	-0.2	-0.2	-0.25
沟径		留量	0.25	0.35	0.4	0.45	0.5	0.5	0.6	0.6
		公差	-0.15	-0.15	-0.15	-0.2	-0.2	-0.2	-0.2	-0.25
斜坡		留量	0.2	0.25	0.25	0.3	0.35	0.4	0.4	0.5
		公差	-0.15	-0.15	-0.15	-0.2	-0.2	-0.2	-0.25	-0.25

注：1. 凡属特轻、超轻系列外径 $D \leqslant 15$mm 及 $D/D_e \leqslant 1.143$ 的薄壁套圈，外径、沟径、斜坡、外内径的车工留量应按表内大一级取用。

2. 凡属特轻、超轻系列外径 $D>215$mm 时，外径、沟径、外内径留量，增加 0.2mm（轻系列的留量增加 0.1mm），高度增加 0.1mm。

表 3-7　深沟和角接触球轴承内圈车削留量与公差　　（单位：mm）

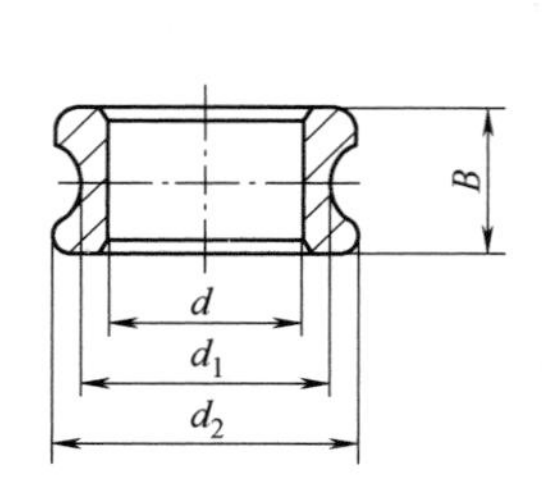

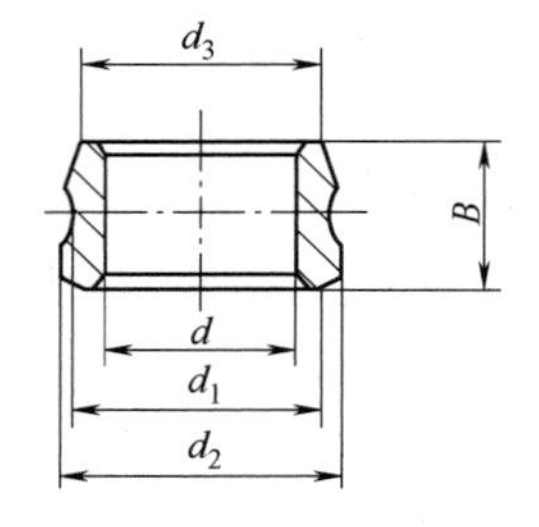

加工表面及面目名称			轴承套圈设计外径尺寸 D							
			>10 ≤30	>30 ≤50	>50 ≤80	>80 ≤100	>100 ≤120	>120 ≤150	>150 ≤180	>180 ≤250
高度	车削加工	留量	0.25	0.25	0.25	0.25	0.3	0.3	0.4	0.45
		公差	+0.15	+0.2	+0.2	+0.2	+0.2	+0.2	+0.2	+0.25

（续）

加工表面及面目名称			轴承套圈设计外径尺寸 *D*							
			>10 ≤30	>30 ≤50	>50 ≤80	>80 ≤100	>100 ≤120	>120 ≤150	>150 ≤180	>180 ≤250
高度	软磨	留量	0.2	0.25	0.25	0.25	0.3	0.3	0.4	0.45
		公差	±0.03	±0.03	±0.03	±0.03	±0.03	±0.03	±0.03	±0.03
内外径		留量	0.15	0.2	0.25	0.3	0.3	0.35	0.35	0.45
		公差	+0.15	+0.15	+0.15	+0.2	+0.2	+0.2	+0.2	+0.25
内径		留量	0.2	0.25	0.3	0.35	0.4	0.45	0.5	0.6
		公差	−0.15	−0.15	−0.15	−0.2	−0.2	−0.2	−0.2	−0.25
沟径		留量	0.25	0.3	0.35	0.4	0.45	0.5	0.5	0.6
		公差	+0.15	+0.15	+0.15	+0.2	+0.2	+0.2	+0.2	+0.25
斜坡		留量	0.2	0.2	0.25	0.25	0.3	0.4	0.45	0.5
		公差	+0.15	+0.15	+0.15	+0.2	+0.2	+0.2	+0.2	+0.25

注：1. 套圈内径 d<30mm，一律加整孔工序，整孔后留量不变，其公差为−0.05mm。
2. 凡属特轻、超轻系列，内径 d<150mm 时，内径、内外径按上表大一级取用。
3. 凡属特轻、超轻系列，内径 d>150mm 时，内径、内外径按上表增加 0.2mm，高度增加 0.1mm。

表 3-8　圆锥滚子轴承外圈留量与公差　（单位：mm）

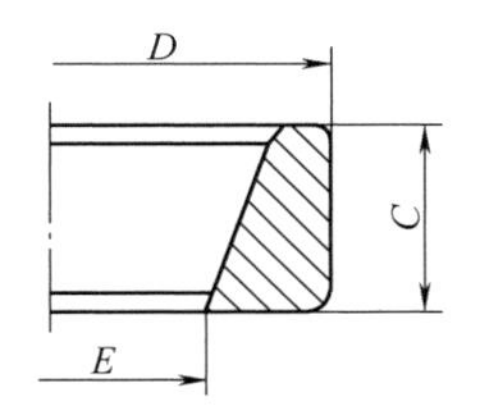

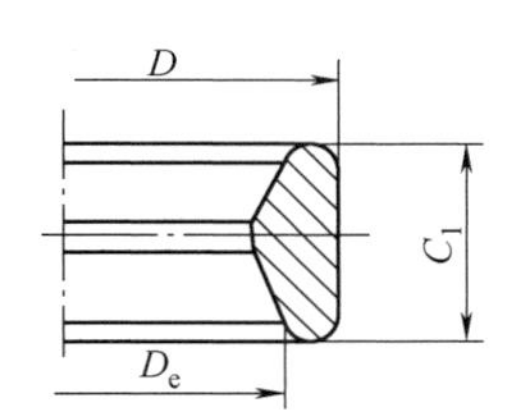

加工表面及项目名称				*D*						
				超过	30	50	80	120	150	180
				到	50	80	120	150	180	200
宽度	轻、宽、中重系列	车削加工	留量	0.25		0.25	0.25	0.25	0.30	0.30
			偏差	+0.15 0		+0.20 0	+0.20 0	0.20 0	0.20 0	0.20 0
		软磨	留量	0.20		0.25	0.25	0.25	0.30	0.30
			偏差	±0.03		±0.03	±0.03	±0.03	±0.03	±0.03
	轻、窄、特轻系列	车削加工	留量	0.25		0.25	0.30	0.30	0.40	0.40
			偏差	+0.15 0		+0.20 0	+0.20 0	0.20 0	0.20 0	0.20 0
		软磨	留量	0.20		0.25	0.30	0.30	0.40	0.40
			偏差	±0.03		±0.03	±0.03	±0.03	±0.03	±0.03

（续）

加工表面及项目名称		D						
		超过	30	50	80	120	150	180
		到	50	80	120	150	180	200
外径	留量	0.25		0.25	0.30	0.35	0.40	0.50
	偏差	+0.15 0		+0.15 0	+0.15 0	+0.15 0	+0.20 0	+0.20 0
滚道	留量	0.30		0.40	0.45	0.50	0.55	0.65
	偏差	0 -0.2		0 -0.15	0 -0.15	0 -0.20	0 -0.20	0 -0.20
初磨外径	留量	0.06		0.06	0.09	0.09	0.12	0.12
	偏差	+0.03 0		+0.03 0	+0.03 0	+0.03 0	+0.03 0	+0.03 0
初磨滚道	留量	0.10		0.10	0.12	0.12	0.15	0.15
	偏差	0 -0.05		0 -0.07	0 -0.10	0 -0.10	0 -0.12	0 -0.12

注：1. 对非标准系列薄壁套圈的留量与公差，可临时商定。

2. 凡套圈材料系 GCr15SiMn，外径留应加大 0.05mm。

表 3-9　圆锥滚子轴承内圈留量与公差　（单位：mm）

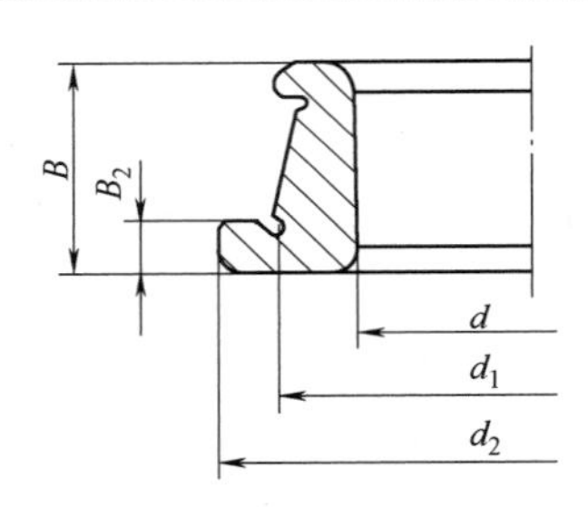

加工表面及项目名称			d						
			超过	10	30	50	80	100	120
			到	30	50	80	100	120	150
宽度	车削加工	留量	0.25		0.25	0.25	0.25	0.3	0.3
		偏差	+0.15 0		+0.20 0	+0.20 0	+0.20 0	+0.20 0	+0.20 0
	软磨	留量	0.20		0.25 (0.20)	0.25	0.25	0.30	0.30
		偏差	±0.03		±0.03	±0.03	±0.03	±0.03	±0.03
内径		留量	0.20		0.25	0.30	0.35	0.40	0.45
		偏差	0 -0.15		0 -0.15	0 -0.15	0 -0.20	0 -0.20	0 -0.20

（续）

加工表面及项目名称		d						
		超过	10	30	50	80	100	120
		到	30	50	80	100	120	150
滚道	留量		0.25	0.25	0.30	0.35	0.35	0.40
	偏差		+0.15 0	+0.15 0	+0.20 0	+0.20 0	+0.20 0	+0.20 0
挡边	留量		0.15	0.15	0.20	0.20	0.20	0.25
	偏差		+0.15 0	+0.15 0	+0.15 0	+0.2 0	+0.2 0	+0.2 0
初磨滚道	留量		0.07	0.07	0.10	0.10	0.10	0.12
	偏差		+0.08 0	+0.08 0	+0.10 0	+0.10 0	+0.10 0	+0.10 0

注：1. 括号内数值为内外径小于50mm时采用。

2. 凡套圈材料系GCr15SiMn时，滚道留量应增大0.05~0.10mm。

需要说明的是，留量与公差标准中给出的留量、公差，其方向仅指径向或轴向。对有一定角度的滚道、挡边等，为掌握加工面的实际切深，经常要涉及一些留量及公差的换算。另外，对套圈的外圆、内孔、沟道、滚道等旋转表面，直径的留量与公差是对称的，即实际表面留量仅是查出值的一半；对套圈端面的留量与公差考虑的是双端面加工，切削时可按对称取值，也可依具体情况两端面分别取值。

3.5.4　套圈车削加工的切削用量

切削用量涉及切削速度 V、进给量 f（或进给速度 V_f）和切削深度 a_p，受到工件材料、刀具材料和技术、经济条件的制约，不能任意选取。为达到优质高产低消耗的目的，合理选择切削用量对轴承的大批量生产意义更为重大。

影响套圈车削加工切削用量的因素较多且复杂，主要因素是：

1）套圈材料的性能，主要是物理性能、切削加工性能和力学性能。

2）刀具材料的性能，主要是物理性能和力学性能。

3）刀具的几何参数。

4）毛坯或半成品的种类，内在质量、尺寸、形状、制造精度和表面质量。

5）车床、夹具的结构和性能。

6）工艺系统的刚度、热变形。

7）套圈的加工方法、步骤。

8）套圈切削后的加工质量要求。

9）冷却方法，加工调整、操作的技术水平，工人的劳动能力等。

在轴承套圈生产中，为方便选用切削用量专门制定了《轴承套圈车加工切削规范》。该规范是套圈车削加工重要的技术文件，也是制定劳动量的依据之一，是在考虑上述各因素的基础上，经过反复试验和长期生产实践的应用、修正而制定出来的，实际加工中依具体情况有时也进行一些变更。

由于套圈的车削加工表面大多是一次走刀完成，套圈尺寸、毛坯类型确定后，实际切深 a_p 就已确定，如锻件套圈外径的 a_p 是车削加工工序留量的1/2。当然，为提高加工质量也可以分两次车削完成。因此“切削规范”中未涉及 a_p 值，仅对切削速度 V 和走刀量 f 进行了具体规定。表3-10、表3-11即为某厂实际应用的切削规范。

表3-10　车削轴承套圈的走刀量　（单位：mm/r）

加工工序	刀具材料	自动六角车床	棒料多轴自动车床	卡盘多刀半自动车床	精整车床
纵车镗孔	硬质合金	0.08～0.12	0.2～0.5	0.4～0.8	
车端面	硬质合金	0.06～0.10	0.1～0.25	0.2～0.6	
钻孔	高速钢	钻头直径的0.1倍	0.06～0.12		
扩孔	高速钢	0.2～0.4	0.3～0.8		
	硬质合金	0.2～0.4	0.3～0.8		
车成形	高速钢	0.03～0.05	0.03～0.8		0.06～0.12
	硬质合金	0.02～0.04	0.02～0.07		0.06～0.12
切断	高速钢	0.04～0.06	0.05～0.1		
	硬质合金	0.03～0.05	0.05～0.08		

表3-11　车削加工套圈的切削速度　（单位：m/min）

设备类型	高速钢刀具	硬质合金刀具
自动六角车床	25～35	80～100
棒料多轴自动车床	25～30	80～100
卡盘多刀半自动车床		50～100
精整车床	35～45	80～120

3.6　工序图的设计说明

轴承行业工序图又叫操作图，规定了套圈的淬火前尺寸，磨加工各表面加工过程，各道工序中应保证的工序尺寸和加工余量，还给出了套圈成品尺寸、硬度、表面粗糙度要求。工序图是制定套圈车削工艺、热处理淬火工艺和磨加工工艺的指导性工艺文件。

3.6.1　应掌握的技术内容

在设计套圈工序图时，应首先掌握以下内容：

1）套圈的结构形状、尺寸、工作方式、精度等级、生产批量及套圈的材料性能。

2）可选用的毛坯类型、制造方法、检查方法和技术条件。

3）车削套圈的加工方法、检查方法和技术条件。

4）磨加工方法、检查方法和技术条件。

5）套圈热处理方法及技术条件。

6）套圈成品的最终技术要求。

7）各切削工序的留量与公差标准。

3.6.2 设计过程说明

在熟悉上述资料的基础上，先要搞清楚套圈加工中工艺基准的变化情况，然后以过程卡制订的工艺路线，按套圈的结构、尺寸和要求查对各加工工序的加工方法和检查方法，并着手进行工序图设计。

目前套圈工序图的设计均采用查表计算法，即依制定好的各种“留量与公差”表格（标准），根据套圈零件图上的尺寸，在表格中找到对应的留量与公差数值，再具体计算出各工序的尺寸及公差，填入工序图内（不少企业对各种类型的套圈工序图都有确定的格式），经校对后工序图的设计便已完成。可见，工序图设计的主要工作就是将各工序的留量和公差通过换算写成工序尺寸和公差，而留量与公差制定得是否合理对工序图的设计质量有很大影响。尽管采用的留量与公差不可能是最佳值，但生产实践证明查表计算法是一种实用、简便、可靠的方法，也有助于工序图的设计趋于标准化、表格化，甚至可以利用计算机程序来设计。

工序图的设计是一项繁杂而重要的工作，最好有详细的计算说明以便别人校对，以免造成大批产品和工、夹、量具的报废。

3.6.3 工序尺寸方程的建立

1. 装配倒角坐标的工序尺寸

为便于轴承在主机中的装配，轴承套圈各装配表面都具有圆弧形的导向倒角即装配倒角。以外圈为例，和该倒角尺寸有关的车削工序图如图 3-41 所示。图中，零件图要求的倒角坐标尺寸 a 和 b，是通过控制车削尺寸 C_H、C_D 和加工余量 ΔD、ΔH 间接保证的。若 a、b 和 ΔD、ΔH 已知，则 C_H、C_D 为

$$C_H=a+\frac{1}{2}\Delta D\cot\theta_1+\frac{1}{2}\Delta H \tag{3-20}$$

$$C_D=b+\frac{1}{2}\Delta H\cot\theta_2+\frac{1}{2}\Delta D \tag{3-21}$$

式中，a 为成品零件图轴向倒角坐标尺寸；b 为成品零件图径向倒角坐标尺寸；ΔD 为车削倒角后外圆表面的总加工余量；ΔH 为车削倒角后单端面的总加工余量（在实际工作中，端面余量是指两端面余量的总和）；C_H 为车削工序倒角的轴向工序尺寸；C_D 为车削工序倒角的径向工序尺寸；θ_1 为外圆表面引导角；θ_2 为端面引导角。

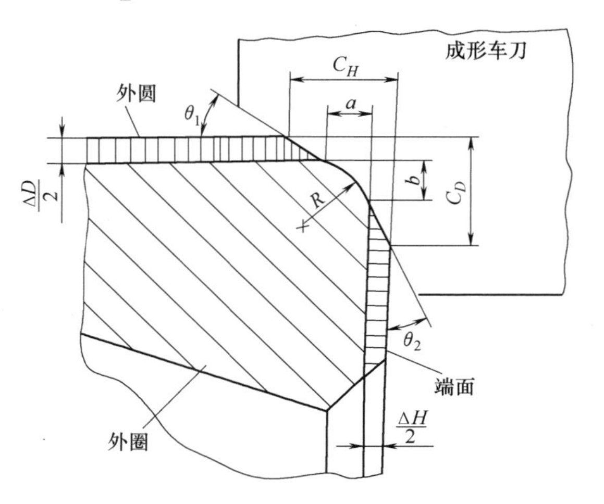

图 3-41 套圈圆角车削工序尺寸

由式（3-20）和式（3-21）可知，角度参数 θ_1 和 θ_2 的出现，使工序尺寸 C_H 和 C_D 呈现非线性，即 C_H 和 C_D 为平面工

序尺寸。为便于计算 C_H 和 C_D 的偏差，假设 θ_1 和 θ_2 为给定常数并将式（3-20）、式（3-21）转变为求解封闭环 a 和 b 的形式，

$$a=C_H-\frac{1}{2}\Delta D\cot\theta_1-\frac{\Delta H}{2} \tag{3-22}$$

$$b=C_D-\frac{1}{2}\Delta H\cot\theta_2-\frac{\Delta D}{2} \tag{3-23}$$

于是有

$$B_s(a)=B_s(C_H)-\frac{1}{2}\cot\theta_1 B_x(\Delta D)-\frac{1}{2}B_x(\Delta H) \tag{3-24}$$

$$B_x(a)=B_x(C_H)-\frac{1}{2}\cot\theta_1 B_s(\Delta D)-\frac{1}{2}B_s(\Delta H) \tag{3-25}$$

$$B_s(b)=B_s(C_D)-\frac{1}{2}B_x(\Delta D)-\frac{1}{2}\cot\theta_2 B_x(\Delta H) \tag{3-26}$$

$$B_x(b)=B_x(C_D)-\frac{1}{2}B_s(\Delta D)-\frac{1}{2}\cot\theta_2 B_s(\Delta H) \tag{3-27}$$

式中，B_s 为最大极限值；B_x 为最小极限值。

用各参数的极限值进行计算，则有

$$C_{H\max}=a_{\max}+\frac{1}{2}\Delta D_{\min}\cot\theta_1+\frac{1}{2}\Delta H_{\min} \tag{3-28}$$

$$C_{H\min}=a_{\min}+\frac{1}{2}\Delta D_{\max}\cot\theta_1+\frac{1}{2}\Delta H_{\max} \tag{3-29}$$

$$C_{D\max}=b_{\max}+\frac{1}{2}\Delta D_{\min}+\frac{1}{2}\cot\theta_2\Delta H_{\min} \tag{3-30}$$

$$C_{D\min}=b_{\min}+\frac{1}{2}\Delta D_{\max}+\frac{1}{2}\cot\theta_2\Delta H_{\max} \tag{3-31}$$

上述式中，余量最大、最小值要根据各工序尺寸及其偏差进行计算。

2. 非装配倒角工序尺寸

如图 3-42 所示，圆锥滚子轴承外圈的车削非装配倒角工序尺寸是 C_1 和 e_1。

若设非装配倒角呈 45° 布置，由图 3-42 可知：

$$C_1=C+\Delta H_1+X_1 \tag{3-32}$$

$$KO=AB-KB=AK \tag{3-33}$$

$$X_1=\frac{1}{2}\Delta D_e-X_1\tan\alpha \tag{3-34}$$

即

$$X_1=\frac{\Delta D_e}{2(1+\tan\alpha)} \tag{3-35}$$

故

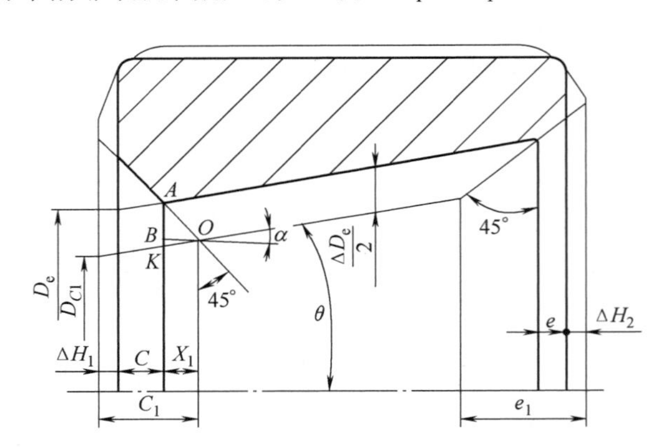

图 3-42　外滚道车削工序尺寸

$$C_1=C+\Delta H_1+\frac{\Delta D_e}{2(1+\tan\alpha)} \tag{3-36}$$

同理可得

$$e_1=e+\Delta H_2+\frac{\Delta D_e}{2(1-\tan\alpha)} \tag{3-37}$$

式中，C_1 为大端面车削工序非装配倒角尺寸；e_1 为小端面车削工序非装配倒角尺寸；ΔH_1 为大端面车削后加工余量；ΔH_2 为小端面车削后加工余量；C 为大端面成品倒角尺寸；e 为小端而成品倒角尺寸；ΔD_e 为滚道直径余量；α 为滚道锥角。

3. 外滚道车削工序尺寸

图 3-42 中的 D_{C1} 为外滚道车削工序尺寸，当 $\Delta H_1=\Delta H_2$ 时，计算可得

$$D_{C1}=D_e-2\Delta H_1\tan\alpha-\Delta D_e \tag{3-38}$$

4. 内圈滚道及挡边成形车削工序尺寸

仍以圆锥滚子轴承为例，图 3-43 所示为圆锥滚子轴承内圈成品简图。相关参数是：内滚道锥角 β、大挡边斜角 λ、小挡边斜角 φ、大挡边内侧倒角尺寸 θ_0 和大边挡角 δ_0、大挡边直径 d_0、滚道直径 d_1、挡边高度 a_0 和滚道宽度 b_0。

图 3-44 是车削图 3-43 所示内圈滚道及挡边的有关工序简图。需要计算的工序尺寸有 γ、$d_{大}$、a_1、$a_{刀}$ 和 h。根据几何关系，可得出这 5 个参数的计算公式。

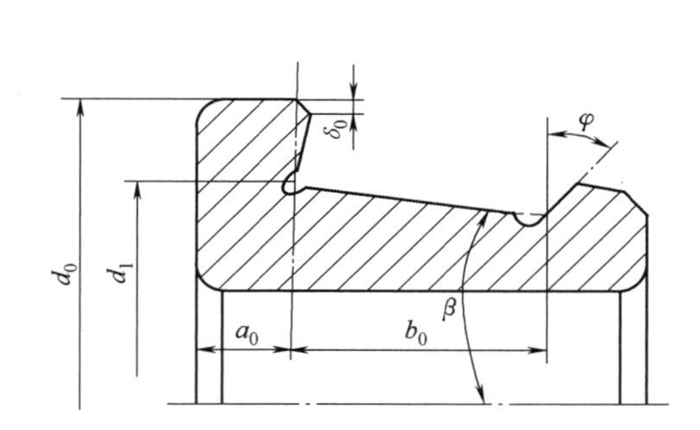

图 3-43　圆锥滚子轴承内圈成品简图

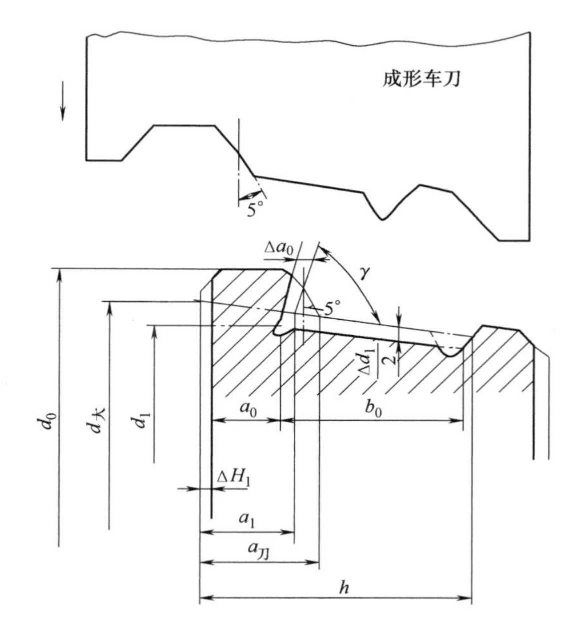

图 3-44　车削图 3-43 所示内圈滚道及挡边的有关工序简图

$$\gamma=90°+\beta-\lambda \tag{3-39}$$

$$d_{大}=d_1+2\alpha_0\tan\beta+2\Delta H_1\tan\beta+\Delta d_1 \tag{3-40}$$

式中，Δd_1 为内滚道成形车削后总加工余量；ΔH_1 为内圈大挡边成形车削后大端面总加工

余量。

$$a_1=\Delta H_1+a_0+\Delta a_0\cos\beta\cos\lambda\mid\cos(\beta-\lambda)+\frac{1}{2}\Delta d_1\sin\lambda\mid\cos(\beta-\lambda) \tag{3-41}$$

式中，Δa_0 为大挡边内侧磨削余量。

$$a_{刀}=a_1+\frac{L\sin(\lambda+5°)\cos\beta}{\cos\lambda\cos(\beta+5°)} \tag{3-42}$$

$$L=\frac{d_0-d_{大}}{2}+a_1\tan\beta-\delta_0-\frac{\Delta a_0}{\cot\theta_0+\tan\lambda} \tag{3-43}$$

$$h=a_0+\Delta H_1+b_0+\frac{\Delta d_1\sin\phi\cos\beta}{\cos(\phi-\beta)} \tag{3-44}$$

以上给出圆锥滚子轴承零件的常见工序尺寸的计算公式，还有很多类型的轴承加工工序尺寸计算公式未列出，可查阅有关资料或者按上述方法自行推导。

3.7 轴承套圈车削常见的质量问题

在轴承套圈车削加工过程中，由于各种因素的影响往往使加工出来的工件达不到工艺规定的技术要求，从而造成不合格品甚至废品，这将直接造成浪费，给企业带来经济损失。因此，必须对经常出现的产品质量问题进行分析，找出产生不合格品及产生废品的主要原因，有针对性地采取措施并加以解决，达到优质高效，杜绝浪费的目的。

若尺寸精度达不到要求，不但会增大磨削量，降低生产率，而且有可能造成磨削烧伤、裂纹等严重质量缺陷；反之，磨削留量过小，将因磨削留量不足而影响磨削加工精度，甚至造成废品。形位精度的影响主要包括：①直径变动量及厚度变动量过大，使热处理淬火后的变形加大，给磨削内、外径面带来极大困难，也会复映出椭圆、棱圆，出现黑皮等；②若基准端面不平直，车挡边时将影响基准挡边的厚度尺寸及其厚度变动量，以及非基准挡边的位置精度，若两端面不平行，会使打印深浅不一或歪斜，使磨平面及磨外径面或内径面时出现较大的误差。

当表面质量达不到要求时，如套圈局部表面有鳞刺、毛刺、振纹等，磨端面时定位会不稳定，影响端面宽度变动量和磨外内径面时的垂直度。此外，车削加工后的倒角、油沟及外内径面或内外径面等为成品表面，若这些表面存在诸如鳞刺、毛刺、振纹等质量缺陷，将直接影响成品外观质量，甚至给热处理质量带来影响。

3.7.1 常见的工件尺寸精度超差

1）测量不准确。测量结果不能正确反映工件的实际尺寸，直接影响了加工表面的尺寸精度。

2）机床调整误差。机床调整操作不当，如挡铁定位不准或变位，滑板未固紧、镶条松动、刻度未对准等，都会影响加工表面的尺寸精度。

3）刀具误差与刀具磨损。由于刀具在加工过程中不断地磨损，如不注意及时调整，会影响加工表面的尺寸精度。刀具崩刃、切削速度过高也会对尺寸精度产生影响。

4）毛坯材料硬度不均。引起切削力的变化较大，从而影响加工表面的尺寸精度。

5）主轴轴承回转误差大。如机床主轴轴承间隙过大，主轴窜动等，将引起主轴径向圆跳动和轴向圆跳动大，并直接影响加工表面的尺寸精度。

3.7.2 工件形状精度超差

1. 圆柱或圆锥素线直线度

圆柱或圆锥体素线直线度不好，出现鞍形、鼓形、双曲线形、铰孔直径孔口扩大或变形等，主要原因如下。

1）工件装夹刚性差，夹紧力不当、夹具松动。

2）毛坯材料硬度不均，留量不均。

3）刀具误差。由于刀具刃磨不好，形状和角度不正确及磨损崩刃等，使切削抗力变大。

4）刀具安装误差。由于车刀安装不正确，刀尖未对准工件中心，容易产生双曲线误差。

5）机床主轴径向圆跳动和轴向圆跳动大，机床导轨磨损及整个机床工艺系统刚性差。同时要注意在车削圆锥滚子轴承内、外圈滚道时，安装车刀刀尖一定要严格对准工件轴线。另外在车削中途换刀时，也要将车刀刀尖严格对准工件轴线，如图 3-45 所示。

2. 工件端面平面度

工件端面平面度不好，工件单一平面的直径变动量 t_{VDsp}（t_{Vdsp}）不合格，主要原因如下。

1）毛坯表面直径变动量超差，壁厚差大，使切削量不均匀，引起切削抗力的变化。

2）车刀磨钝、崩刃等使车刀损坏，切削抗力增大。

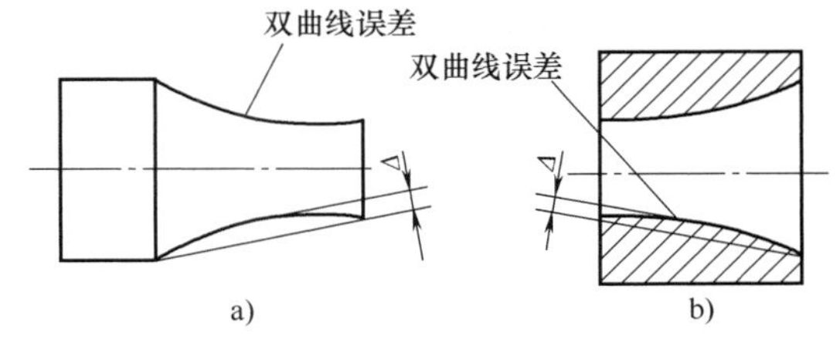

图 3-45 圆锥表面的双曲线误差

a）外圆锥 b）内圆锥

3）机床主轴径向圆跳动超差，轴承间隙过大。

4）工件安装不正。夹具调心性不好，使夹具与工件的接触点减少，或卡爪修理得不好。卡爪与卡盘垫之间有切屑、氧化皮等污物，使夹具与工件的接触点减少，造成夹紧力不均。

工件外、内径单一平面的直径变动量超差影响后工序的加工精度，如使内、外滚道车削工序 t_{VDep}（t_{Vdip}）超差，当用无心磨床加工外径时会出现 t_{VDsp} 和圆形偏差超差，在磨削内径时会出现 t_{Vdep} 时超差，严重的会出现黑皮，如图 3-46 所示。

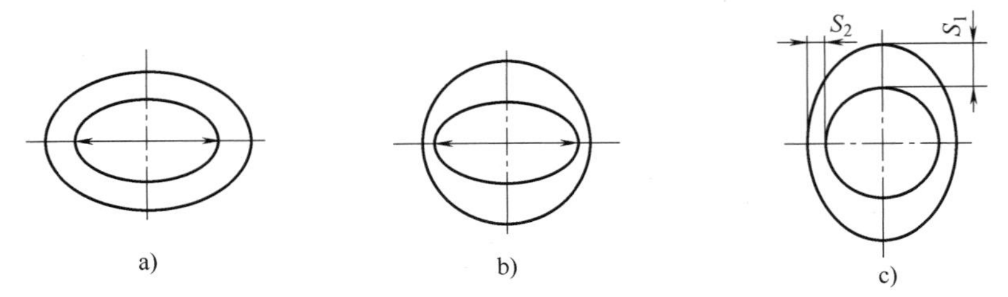

图 3-46 套圈因夹紧变形产生直径变动量超差

a）套圈夹紧时 b）外圆已夹紧后在夹盘时 c）松夹后内径恢复原形时

3. 圆形偏差

一般来说，轻、特轻和超轻系列轴承套圈容易出现棱圆形偏差（棱圆度）超差，其产生的主要原因如下。

1）夹具设计或选用不当，套圈车削加工一般采用六点夹持工件，即卡爪与工件六点接触。如不是六点夹持夹具，则卡盘对套圈被夹表面所包容的圆弧总长不应小于套圈圆周长的1/2（见图3-47），且卡爪与套圈被磨表面的接触点或接触面的夹紧力应均匀。

2）夹紧力过大，如使用气动夹具时，气压过大或卡爪与套圈的接触点或接触面所包容的圆弧总长小于1/2被卡套圈圆周长时，则有可能产生大的圆形偏差，特别是薄壁套圈，当套圈被夹紧时易产生弹性变形，套圈被加工表面在卡盘上时虽然被车圆了，但松开后会恢复原形，即出现棱圆度偏差，如图3-48所示。

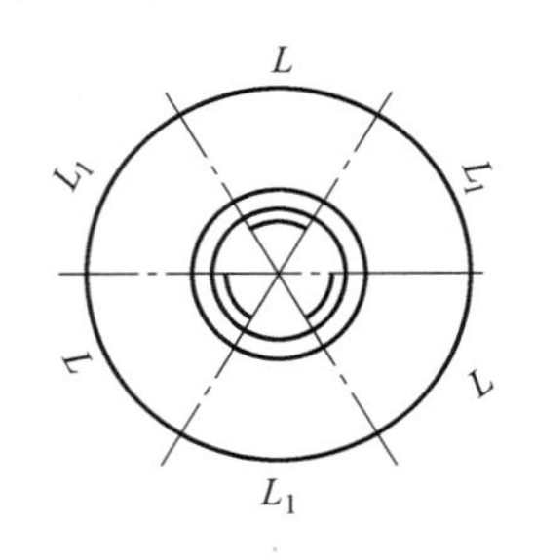

$L=L_1$　　$3L \geqslant 1/2$ 套圈圆周

图3-47　圆弧式浮动夹爪包容套圈圆周

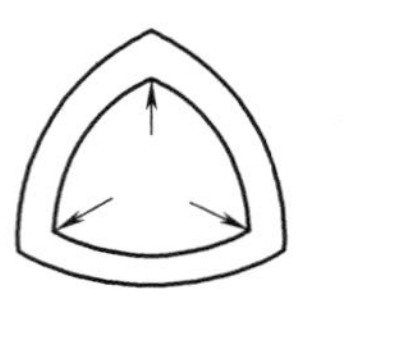
a)

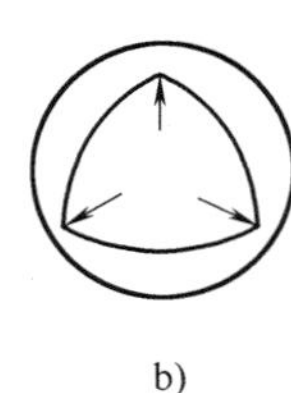
b)

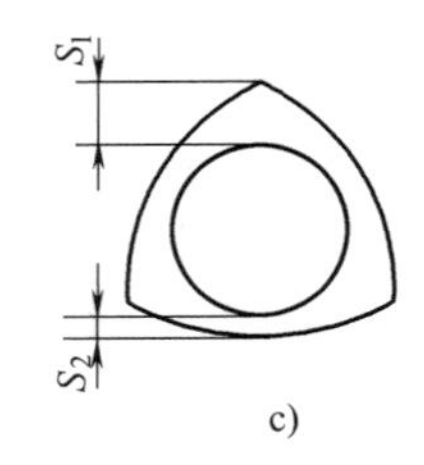

c)

图3-48　圆弧式浮动夹爪包容套圈圆周（棱圆度超差）

a）套圈夹紧时　b）外圆已夹紧后在夹盘时

c）松夹后内径恢复原形时

套圈圆形偏差会影响后工序的加工精度，如外径的圆形偏差超差，在车削加工时使滚道出现厚度变动量，而在无心磨床上加工外径时，外径圆形偏差不易改好，有时还会出现 V_i 超差，以致滚道也出现圆形偏差和 t_{VDep}（t_{VDip}）超差。

3.7.3　工件位置精度超差

1. 工件 t_{SD}（t_{Sd}）外表面素线对基准端面的倾斜度变动量超差

一般来说，较宽的产品（如宽系列和中宽系列）容易出现 t_{SD}（t_{Sd}）不合格，根本原因是加工时工件的旋转中心线与基准面不垂直。主要影响因素如下。

1）夹持不牢。毛坯装夹面或定位表面不好，使工件夹持不牢，刀具刚切入工件，工件即因受力而移动，从而使工件产生超差 t_{SD}（t_{Sd}）。

2）车床纵、横向刀架与进给方向不垂直。

3）工件夹料不正。因毛坯端面不平或卡盘支撑面上有污物垫，使工件不容易夹正。

4）刀具磨钝，倒角刀、R 刀未及时更换。宽度大于30mm的中小型轴承套圈（如圆锥外圈）容易出现垂直差，因为卡爪夹持套圈的高度一般只有10mm，有些还受工艺限制，如图3-49中的圆锥外圈内径夹持台一般只有6mm，在多刀车床上加工时，端面开始进刀时就有可能把套圈顶歪，使工件产生垂直差。

t_{SD}（t_{Sd}）不合格将影响后工序的加工精度：对深沟和角接触球轴承、调心球和调心滚子轴承的套圈而言，会影响车削滚道的位置；对圆柱和圆锥滚子轴承套圈而言，会影响车挡边时基准挡边尺寸及其变动量和非基准挡边的位置；对除推力球轴承和推力滚子轴承以外的各类轴承，会影响车滚道时的厚度变动量及磨内、外径时的 t_{SD}（t_{Sd}）。

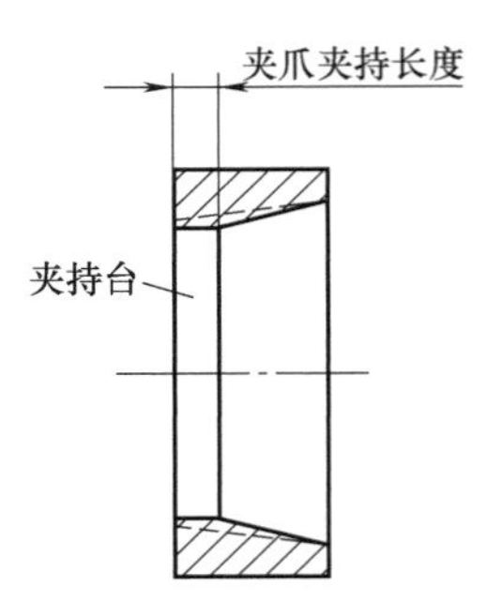

图 3-49　因夹爪夹持短而产生垂直差

2. 厚度变动量 t_{Kea}（t_{Kia}）超差

厚度变动量 t_{Kea}（t_{Kia}）超差产生的主要原因如下。

1）机床主轴径向圆跳动大。

2）夹具与机床主轴不同轴，弹簧夹头同轴度不好及夹具座调整不正确，产生定位基准误差。

3）毛坯厚度变动量大，造成车削加工过程中切削抗力不均。

4）车刀变钝，切削抗力大，使“让刀”产生误差。

3. 宽度变动量 t_{VBs}（t_{VCs}）超差

宽度变动量 t_{VBs}（t_{VCs}）超差产生的主要原因如下：

1）夹具调整不当，夹具产生定位误差。如卡盘爪上的 3 个定位支承不在同一平面上；3 个定位支承所形成的三点与被加工工件直径不适应，无法支承到端面上；弹簧夹具的定位环宽度变动量过大等。

2）操作不当。如车削加工过程中定位环松动；定位端面选择不当（通常以锻件的基准面定位）；定位环上的铁屑未及时清理掉；软磨时磁力盘清洗不干净，套圈带有毛刺等。

3）工件基准端面精度差，使夹料时产生定位误差。如工件基准端面有大的碰伤。

套圈端面宽度变动量超差，对不经软磨端面即进行后工序加工的套圈影响较大。如机械打字时会使标志深浅不一，影响打印质量；影响球轴承沟道对基准端面的位置及平行度。影响外、内径及圆柱、圆锥滚子轴承滚道对基准端面倾斜度变动量。

3.7.4　影响套圈质量的因素

1. 表面质量

车削加工表面质量主要指表面粗糙度及已加工表面的其他外观缺陷，如残留毛坯黑皮、划伤、鳞刺、毛刺、多棱状和断屑痕迹等。产生的原因主要如下。

1）刀具材料选用不当；刀具刃磨不好，如刃口形状、角度不正确（卷刃、刀头太尖等），刀面不光滑平整，甚至刃口有缺陷。若倒角车刀刃磨不好，磨钝后未及时更换，在自动车床上车制的套圈就可能因为刀具问题而出现钝角毛刺、毛边等表面缺陷。

2）切削速度、进给量选择不合理，使切削力过大而使刀具、工件或机床产生振动。

3）夹盘由于未调整好而晃动，在刀架往复退回时，使刀具划伤已加工表面，因此应将前刀架退出一些。

4）排屑差。由于断屑不好，切屑缠绕在工件、刀具及夹具上，会将已加工表面拉毛。同时由于切削液浇注不好或浇不进去，不但会影响表面质量，严重时将会造成工件烧伤甚至使刀具和工件烧坏。

5）工件材料的切削加工性不好。如软硬不均，容易引起整个工艺系统的振动而使刀具磨损加剧并产生积屑瘤、黏刀、啃刀、扎刀和打刀现象，造成工件已加工表面的划伤。

6）由于工艺系统的刚性不足，使机床、工件、刀具在切削过程中产生振动。

7）切削过程中造成夹具松动，使夹持面受到损伤，并容易引起进给时啃刀扎刀和崩料。

8）毛坯余量不足或形状不规整，车削加工后仍残留黑皮。

切断面残留切屑未及时割断而拉伤已加工表面，也会影响表面质量。同时车削加工后还容易人为造成磕、碰伤，应引起足够的注意。

2. 压边

压边就是在车削轴承套圈外径面、内径面和圆锥滚子轴承、圆柱滚子轴承内外滚道时，在车刀快走到套圈边缘时将表面多车去了一块。这种情况常在纵向刀架为液（或气）压传动车床上发生，加工圆锥外滚道时较多。如果是已加工的内径面、外径面和带斜坡引导的圆柱滚子轴承内、外滚道，由于还要车装配倒角及车斜坡可能将压边切去，因而影响不太大；但对于内外滚道倒角较小而车不掉压边缺陷的产品，则可能使该处的磨加工留量减少，以至于磨削时出现黑皮而报废。

产生压边的原因是纵向刀架导轨精度不好、磨损或松动；切削刃磨损变钝、车削量大造成切削抗力过大，当进给快结束时，切削抗力突然减小，车刀即向前移动将车削表面多车去一块。解决方法是：如用正进给车削，可将刀尖稍垫高于工件中心；如用反进给车削，则将刀尖稍微低于工件中心，即可避免或减轻压边。

参考文献

[1] 夏新涛，马伟，颉谭成，等. 滚动轴承制造工艺学［M］. 北京：机械工业出版社，2007.

[2] 李凯岭. 机械制造技术基础［M］. 北京：机械工业出版社，2017.

[3] 全国刀具标准化技术委员会. 金属切削 基本术语：GB/T 12204—2010［S］. 北京：中国标准出版社，2010.

[4] 中国轴承工业协会. 轴承套圈车工工艺［M］. 郑州：河南人民出版社，2008.

第4章　套圈磨削加工

轴承套圈经淬火处理后，硬度提升，对于留量较小的中、小型轴承套圈，一般直接采用磨削加工提升套圈精度以达到套圈各表面的技术要求[1]；对于大型、特大型或重大型套圈，为防止套圈热处理变形造成留量不足，与成品需求尺寸相比，淬火前车削时剩余的加工余量大，为提升加工效率，可淬火后先硬车再进行磨削加工以提升套圈精度[2]。硬车加工许可的加工量需综合考虑套圈的原始材质、热处理淬火方式等因素，对于常见的 GCr15、GCr15SiMn 钢经马氏体或贝氏体淬火后，其内、外硬度均较高，淬火后的硬车与磨削加工量对其硬度影响不显著；对于渗碳淬火后的渗碳钢制轴承套圈（如 G20Cr2Ni4A），需明确零件渗碳过程的渗碳层深度及淬火过程的淬硬层深度，防止硬车加工以及后续磨加工后剩余淬硬层深度不足。

磨削加工是利用磨粒、磨具去除工件多余材料加工方法的总称，磨削加工能够得到较好的几何精度与表面质量。相比于一般的机械零件，滚动轴承的套圈和滚动体的机械加工精度要求都非常高，因而磨削加工是轴承零件加工中的重要环节，磨削设备、磨削加工工作量及磨削加工成本在整个生产环节中所占比例都很高[3]。随着近年来主机用户对于轴承精度、寿命及可靠性要求的提升，如何采用新工艺、新技术和新理论来安排好这一关键工序，高精度、高效率、低成本地完成轴承套圈的磨削加工过程，是磨削加工工艺环节的重要任务。

本章首先介绍套圈磨削加工的基本原理、磨削用量、磨料磨具、套圈磨削的成形与尺寸控制以建立套圈磨削的初步认识；针对轴承套圈磨削加工的特点，介绍套圈磨削夹具并着重介绍电磁无心夹具原理；然后依据工序先后关系，逐一介绍套圈的端面、外圆、内圆、滚道及挡边的磨削工艺，依据不同表面加工中的技术条件，介绍了不同表面的加工方法、对应加工方法的突出问题及常见的加工质量问题；还介绍了磨削加工中的一些重要其他工序，如稳定处理、退磁等；以及一些新型特殊轴承套圈的磨削工艺。

4.1　套圈磨削加工概述

磨削加工是利用磨粒、磨具去除工件多余材料加工方法的总称。根据工艺目的和要求不同，磨削已发展为多种形式的加工工艺，它的应用范围很广。随着工业的发展，磨削加工不断向高速、高效、高精度、低粗糙度及自动化方向发展。因此，必须进一步提高磨削生产率和加工质量，才能适应这一要求。

4.1.1 磨削基本原理

轴承套圈磨削加工过程中需采用各种不同类型的磨削加工，加工不同型面时也具有不同的磨削加工方式。基于轴承套圈磨削加工中最常用的砂轮磨，本节探讨了磨削加工分类、磨削加工特点、磨削工艺系统的组成、磨屑厚度与接触面积、磨削加工中的切削力与磨削热及磨削液。

1. 磨削加工分类

磨削过程中利用磨粒与工件间的摩擦、微切削和表面化学物理反应等形式去除了工件表面多余的材料。根据磨粒在加工中的不同位置和形态，磨削加工分为固定磨粒加工和游离磨粒加工两大类，如图 4-1 所示，其中固定磨粒加工将磨粒固定在砂轮、砂带等元件上，加工中随元件一起运动，而游离磨粒加工时磨粒则随着工件运动或在其他外力作用下运动[4]。

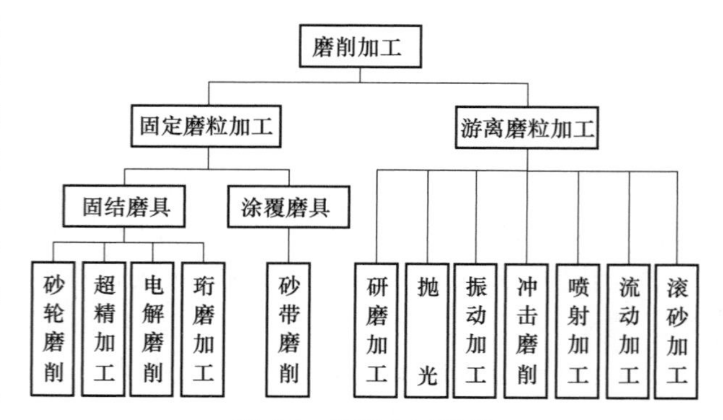

图 4-1 磨削加工类型

图 4-1 中几乎所有的固定磨粒加工与游离磨粒加工在轴承零件加工过程中均有涉及，如套圈磨削大量采用砂轮磨削；沟道和滚道终加工时大量采用超精加工；钢球制造时大量采用研磨加工。本书将沟、滚道超精及其他零件加工独立成章节，因而本章着重论述轴承套圈的砂轮磨削。

砂轮磨削是应用广泛，且加工质量和生产率均较高的磨削加工方法。按照轴承套圈的零件结构特点，可分为外圆磨削、内圆磨削、平面磨削及成形磨削等；按夹紧和驱动工件的方法，可分为定心磨削和无心磨削；按进给方向相对于加工表面的关系，可分为纵向进给磨削和横向进给磨削；考虑磨削行程之后砂轮相对工件的位置，又可分为贯穿磨和定程磨；以砂轮工作表面类型不同，分为周边磨、端面磨和周边-端面磨。磨削方式的分类与组合如图 4-2 所示。

2. 磨削加工特点

与车、铣等常见金属切削加工方法相比，磨削加工精度高、效率低，能够加工高硬度零件。对于轴承套圈磨削加工中常用的砂轮磨削，切屑形成过程大致分为弹性变形阶段、刻划阶段和磨削阶段。在弹性变形阶段，磨粒与工件开始接触，磨粒未切入工件而仅在表面产生摩擦，工件表层产生热应力，这个阶段内除磨粒与工件之间摩擦外，更主要的是材料内部发生摩擦、弹性变形所产生的应力；在刻划阶段，随着磨粒切入量的增加，磨粒逐渐切入工件，使该部分材料向两旁隆

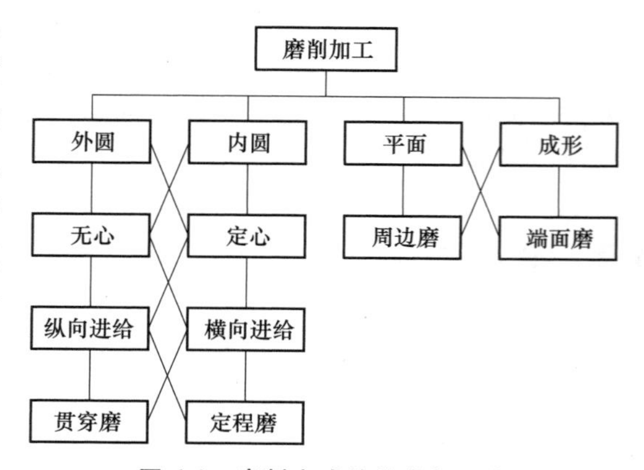

图 4-2 磨削方式的分类与组合

起，工件表面形成划痕；在磨削阶段，磨粒已切入一定深度，在法向切削力增至一定程度后，被切处也已达到一定温度，此部分材料沿剪切面滑移而形成切屑流出，在工件表层产生热应力和变形应力[5]。依据以上磨削过程，砂轮磨削除了前面提及的特点外，还具有以下特点：

1）自锐性。砂轮表面磨粒具有一定的脆性，在磨削力的作用下会破裂，从而更新其切削刃，称为砂轮的“自锐作用”。

2）负切削前角。砂轮表面有大量磨粒，其形状、大小和分布为不规则的随机状态，参加切削的刃数随具体条件而定，磨粒刃端面圆弧半径较大，切削时呈负前角。

3）切削热大。磨削加工过程中的挤压、刻划产生了大量的磨削热，因而轴承套圈类的淬硬工件加工时需伴随切削液冷却，否则极易造成磨削烧伤。

4）表面应力。磨削过程中大量的磨削热使加工过程中表面金属在受热膨胀状态下被去除，工件冷却后表层金属收缩，造成磨削后表面应力处于拉应力状态，这对轴承的疲劳寿命影响较大，对于精密轴承或长寿命高可靠性轴承，还需要增加工序间附加回火以消除磨削应力。

3. 磨削工艺系统的组成

磨削过程的任务是以最高效率、最低工艺成本制造出满足图样要求的尺寸、形状、位置精度及表面质量性能的零件，对于轴承套圈这种批量生产的精密零件，高精度与低成本这一对矛盾的需求非常突出，因而套圈磨削加工中针对不同结构与不同尺寸段均采用专用磨床进行磨削加工。磨削加工中的机床、砂轮、工件、夹具、测量及磨削液等构成了完整的磨削工艺系统，如图4-3所示[4]。

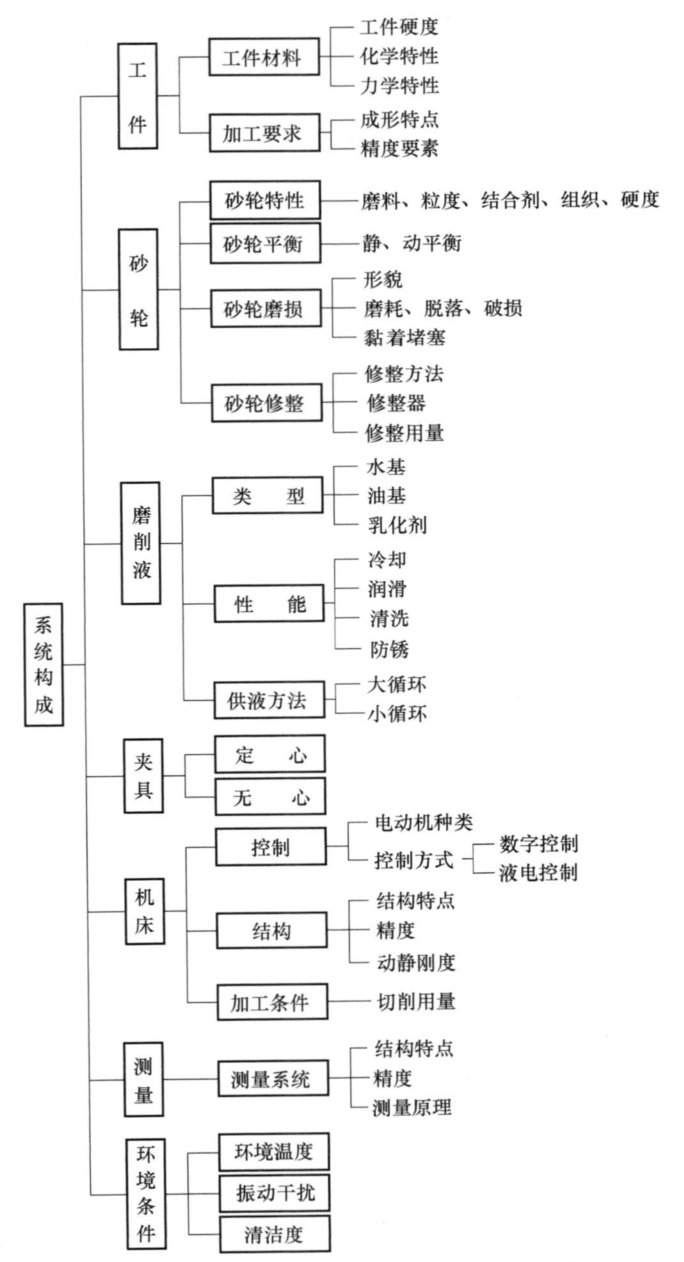

图4-3　砂轮磨削工艺系统的组成

从系统论角度，磨削工艺系统也包含输入、磨削过程与输出三大要素，对于一个完备系统，需平衡输入信息、磨削过程规律（物理、化学、力学现象的规律）及磨削的输出结果等多方指标，才能获取最优结果。

4. 磨屑厚度与接触面积

在磨削过程中，单个磨粒的切屑厚度大，则磨削力和磨削热也增加，从而使工件振动和砂轮磨耗增加，加工质量降低；砂轮与工件的接触面积越大，磨削过程散热条件越差，磨削温度升高，降低加工质量，严重时会形成表面烧伤，影响轴承寿命[6]。

（1）磨屑厚度　磨粒的切削过程如图 4-4 所示，当砂轮上的 A 点旋转至 B 点时，由于工件的进给，砂轮与工件的实际接触点为 C 点，去除的磨屑为 ABC。假定砂轮单位长度上的磨粒数为 m，则 AB 圆弧段参与磨削的单个磨粒去除的最大磨屑厚度可以表示为

$$\delta_t = \frac{BD}{\overset{\frown}{AB} \times m} \tag{4-1}$$

式中，δ_t 为磨屑厚度（mm）；BD 为磨削厚度（mm）；m 为单位长度上的磨粒个数；$\overset{\frown}{AB}$ 为磨削圆弧段长度（mm）。

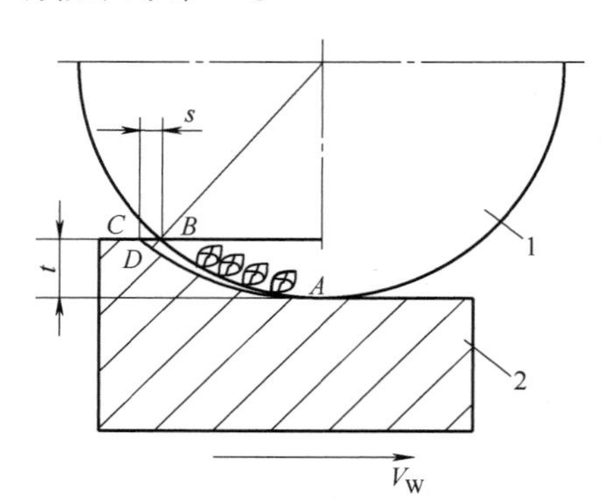

图 4-4　砂轮磨削时的磨屑厚度

1—砂轮　2—工件

（2）接触面积　在轴承套圈磨削过程中，常见磨削工件表面包含外圆磨、平面磨及内圆磨，如图 4-5 所示。当加工不同表面时，砂轮与工件的接触弧长不同：外圆磨的接触弧长最短，如图 4-5a 所示，内圆磨接触弧长最长，如图 4-5c 所示；接触弧长越长，接触面积越大。

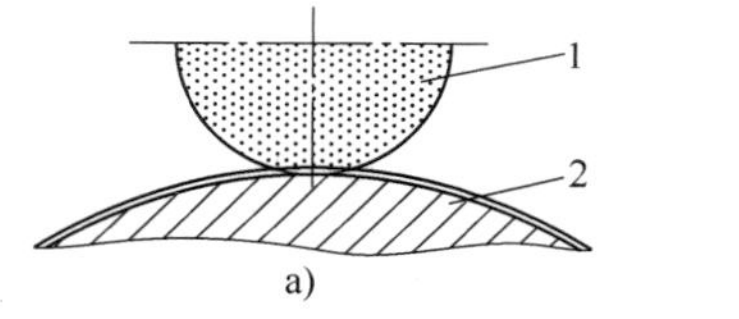

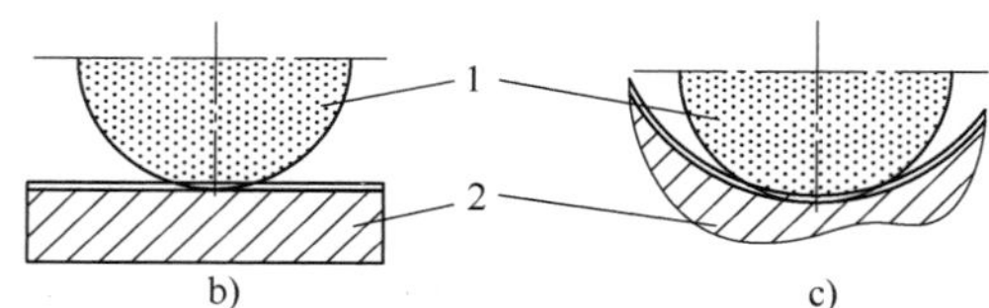

图 4-5　砂轮磨削的磨削力

a）外圆磨　b）平面磨　c）内圆磨

1—砂轮　2—工件

5. 磨削加工中的磨削力与磨削热

磨削加工的目的是获取准确的尺寸，以满足要求的形状和位置精度，但加工过程中的磨削力和磨削热影响被加工工件尺寸与精度的稳定性，是磨削加工中需重点关注的干扰因素[7]。

（1）磨削力　工件磨削时砂轮与工件间发生摩擦和切削变形，砂轮与工件分别承受大小相等方向相反的作用力，称为磨削力。磨削力 F_g 可分为法向磨削力 F_n、轴向磨削力 F_a 及切向磨削力 F_t，如图 4-6 所示。在 3 个方向的分力中，F_n 最大，主要引起砂轮和工件的变形，加速砂轮钝化，直接影响工件加工精度和表面质量；F_a 最小，作用在磨床进给系统，相对来说数值很小；F_t 是确定磨床电动机功率的主要参数，又称为主磨削力。

磨削力可采用测力仪测量，也可用试验公式计算，还能够根据电动机实际输入功率计算

$$F_t = \frac{P_E \eta_E}{\pi n_G D_G} \times 10^6 \qquad (4\text{-}2)$$

式中，P_E 为磨头电动机实测输入功率（kW）；η_E 为电动机传动功率；n_G 为砂轮转速（r/min）；D_G 为砂轮直径（mm）。

磨削过程中产生的切削力使机床、砂轮和工件发生了弹性变形和较大位移。磨削变形造成了被磨削工件的尺寸误差，尽管这些变形将在磨削循环最后的无火花加工阶段得到或多或少的恢复，但仍然是磨削加工中需关注的重要因素。

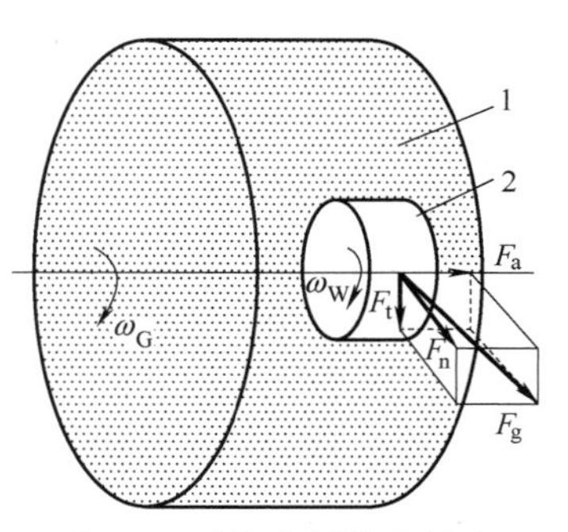

图 4-6　砂轮磨削的磨削力

1—砂轮　2—工件

（2）磨削热　磨削加工的切削速度高，切削厚度小，磨粒不锋利，因而磨削加工所需功率大，所消耗的能量大部分会转变为热能，即磨削热。

在磨削加工时，磨削区附近温度差别很大，一般将磨削温度分为磨削点温度、磨削区温度和工件平均温度。磨削点温度指磨粒切削刃与工件、切屑接触点的温度，是磨削中温度最高部位，瞬时可达1000℃以上；磨削区温度指砂轮与工件接触区域的平均温度，一般约为500~800℃；工件平均温度指磨削热传入工件，使工件总体温度升高的温度值，一般只有几十度。磨削温度一般指磨削区温度。磨削过程中切削速度高，热量来不及传入工件深处而瞬间集聚在工件的表层，形成很大的温度梯度。磨削点温度会造成加工表面层受到热损伤，形成加工变质层，同时造成磨粒的磨损、破碎、切屑与磨粒的黏附、熔着及砂轮堵塞；磨削区温度会造成距磨削表面很薄的一层材料发生显微硬度变化、相变及塑性变形，形成显微裂纹；工件平均温度则会直接影响工件的形状和尺寸精度[8]。

在轴承套圈磨削中，磨削热对于工件的影响主要表现在工件表面质量和加工精度两方面。

1）表面质量。受塑性变形和磨削热的影响，不同工件材料在不同磨削条件下的磨削表面质量变化规律不同。当磨削温度未超过工件金属的相变温度时，工件表面层的变化主要决定于金属塑性变形所产生的强化和因磨削热作用所产生的恢复这两个过程的综合作用，工件表面层未产生回火，表面质量主要表现为加工硬化；如果磨削温度超过了工件金属的相变临界温度，那么在金属塑性变形的同时，可能还会产生金属组织的相变，这种变化称为磨削烧伤。烧伤现象将引起工件表面层力学性能下降，降低工件硬度和耐磨性。磨削烧伤可分为两类：第1类是指工件磨削温度尚未达到工件材料的临界温度，仅仅使工件表面层产生回火现象，这时表面层金相组织会出现回火层；第2类是指工件磨削温度超过工件材料的临界温度，在通过磨削区时由于急速冷却而产生二次淬火现象，此时表面层的金相组织由回火层和二次淬火形成的索氏体、托氏体组成。更高的瞬时磨削温度在磨削过程和冷却过程中使工件表面层与母体金属间产生很大的温度差，形成很大的热应力。如果热应力超过材料的强度，就会使工件产生磨削裂纹，特别是在工件冷却过程中，如果表面层与基体金属有较大的温度差，那么表面层就会形成很大的拉应力，并使工件表面应力状态为残余拉应力，甚至产生表面裂纹。

2）加工精度。工件加工中的温度上升，工件受热膨胀，加工结束后工件恢复到正常温度后收缩，造成零件“等温”后的尺寸变化，另外，不同位置的热膨胀程度差异也会造成加工精度的降低。

6. 磨削液

磨削表面质量、砂轮的磨损及工件尺寸精度都与磨削中的热现象有密切关系。因此，在磨削过程中施加磨削液的目的是为了减小磨削力，降低磨削区的温度，同时又迅速带走磨削热以减少工件的热变形[9]。磨削液的主要作用有以下几个方面：

1）冷却作用。磨削液的冷却作用包括两方面的内容：一是迅速吸收热量以缓解工件温度上升，保证工件的尺寸精度，防止表面质量恶化；二是在磨削点使高温下的磨粒急剧冷却，产生热冲击效果，促进磨粒的自锐作用。冷却作用与磨削液的导热系数、比热和汽化热有密切关系。

2）润滑作用。润滑作用是切削液渗透到磨具与工件的接触区内，形成润滑膜，以减少界面之间的摩擦，从而达到降低磨削力，减缓磨粒的磨损，延长砂轮寿命的作用。油类磨削液的润滑作用比水类磨削液的要优越一些。为加强磨削液的润滑作用，常在磨削液中加入一些添加剂，以改善磨削液的润滑性能。

3）清洗作用。清洗作用是指磨削液侵入磨粒与工件之间，或砂轮的气孔里，将切屑或脱落破碎的磨粒冲走洗净，避免影响加工精度和机床的保养。磨削液的清洗性能与磨削液的渗透性、流动性和使用压力有关。渗透性与磨削液中所含的表面活性物质有关；流动性则与磨削液的黏度有关。渗透性好，黏度低的磨削液清洗作用强。另外，为了提高其冲刷能力和及时冲走碎屑及磨粒的能力，使用时要给予一定压力并保持较大的流量。

4）防锈作用。除具有上述功能外，磨削液还应该具有一定的防锈蚀能力。由于新生磨削表面具有较高的热量，极容易与空气中的氧气等物质发生化学反应，引起工件表面的氧化。故一般磨削液能够在工件已加工表面形成保护膜，阻止新生工件表面直接与空气接触。

水基磨削液的作用主要是冷却，也有一定的润滑作用；而冷却油的作用主要是润滑。全合成添加剂的水基磨削液，最适用于锋利的强力磨削砂轮，这种砂轮通常工作时切削弧较长，需要较好的冲刷作用；半合成添加剂的磨削液，最适用于磨削复杂形状和要求润滑性能良好，防止烧伤的场合；单纯的油基适用于磨削复杂形状，切削弧较短，粗糙度要求较高的场合；而乙二醇基磨削液适用于采用立方氮化硼砂轮而又要避免使用单纯油剂的场合。磨削液的选择是一项艰难的任务，既要考虑磨削液的初始价格，又要考虑其管理和处理的费用，还需满足环保方面的要求，磨削液一旦选定，就应对其进行过滤和保养。不仅要考虑其清洁度，还要控制其浓度、导电性和 pH 值。目前行业中大批量生产的制造工厂普遍采用集中过滤系统，为防止磨削液变质，在非工作期间，如节假日，需要定期进行循环处理。

4.1.2 磨削用量

在磨削过程中，砂轮和工件做相对运动，根据不同磨削方式的各种运动来看，可归纳为主运动和进给运动两种。

1. 磨削运动

依据图 4-2 中不同的磨削方式，磨工设备提供了各种不同的运动以实现磨削加工，图 4-7 所示为常见的磨削运动类型。

（1）主运动　磨削主运动指砂轮的回转运动，砂轮最大直径处的切线速度即磨削速度 V_G 为

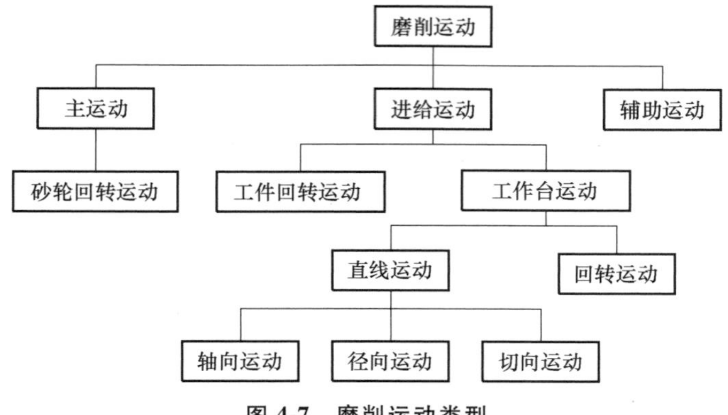

图 4-7　磨削运动类型

$$V_G=\frac{\pi D_G n_G}{1000\times60} \tag{4-3}$$

式中，D_G 为砂轮直径（mm）；n_G 为砂轮转速（r/min）。

外圆和平面磨削的磨削速度一般为 35m/s，内圆的磨削速度一般为 18～30m/s。从式（4-3）可看出，当砂轮直径因磨耗而减小时，磨削速度会降低，从而影响磨削质量和生产率。因此，当砂轮直径减小到一定值时，应更换砂轮或提高砂轮转速，以保证合理的磨削速度。

目前轴承套圈磨削自动化程度较高的加工设备带有砂轮更换报警系统，设备上可设置砂轮外径尺寸，当外径小于这一限值时，设备会自动停止。

（2）进给运动　磨削进给运动包含圆周进给运动、轴向进给运动和径向进给运动三大类。其中圆周进给运动为工件的回转运动，轴向进给运动指工作台在平行砂轮轴线方向上的运动，径向进给量指垂直砂轮轴方向的运动，其中径向进给量是指工件每转（或每行程）由工作台径向进给的位移量。工件回转速度可依下式计算

$$V_W=\frac{\pi D_W n_W}{1000\times60} \tag{4-4}$$

式中，D_W 为工件直径（mm）；n_W 为工件转速（r/min）。

2. 进给量

轴向进给量以 f_a 表示，其大小由砂轮宽度约束，一般依下式选择

$$f_a=(0.1\sim0.8)B \tag{4-5}$$

式中，B 为砂轮宽度（mm）。

径向进给量是指工件每转（或每行程）由工作台径向进给的位移量，以 f_r 表示。径向进给运动一般是不连续的，只是在工件每次行程终了时砂轮才会径向进给。

3. 背吃刀量

背吃刀量 a_p 指垂直于工件平面测量的砂轮切入量，表示为

$$a_p=\frac{D_W-d_W}{2} \tag{4-6}$$

式中，D_W 为进给前工件的直径（mm）；d_W 为进给后工件的直径（mm）。

轴承套圈磨削加工中往往将粗、精加工分开，表 4-1 列出了轴承套圈磨削的常用磨削用量，表中 f_r 为每单位行程的位移量。

表 4-1　轴承套圈磨削的常用磨削用量

磨削方式	V_W/(m/s)	f_r/mm		f_a/(mm/r)		V_W/(m/min)	
		粗磨	精磨	粗磨	精磨	粗磨	精磨
外圆磨	25~35	0.015~0.05	0.005~0.01	(0.3~0.7)B	(0.3~0.4)B	20~30	20~60
内圆磨	18~30	0.005~0.02	0.0025~0.01	(0.4~0.7)B	(0.2~0.4)B	20~40	20~40
平面磨	25~35	0.015~0.15	0.005~0.015	(0.4~0.7)B	(0.2~0.3)B	6~30	15~20

4.1.3　磨料磨具

砂轮是轴承套圈磨削中大量应用的固结磨具，GB/T 16458—2021《磨料磨具术语》详细规定了磨料磨具的相关术语[10]，以下从套圈磨削应用角度简单探讨砂轮特性、砂轮选择、砂轮平衡与砂轮修整，并简单介绍轴承套圈磨削中应用的一些新型砂轮。

1. 砂轮特性

砂轮特性包括：磨料、粒度、结合剂、硬度、组织、强度、形状和尺寸等。

砂轮中磨粒的材料称为磨料。磨料是砂轮的主要组成部分，直接担负着切削作用，在磨削过程中主要经受剧烈的挤压、摩擦及高温的作用，所以磨料必须具备很高的硬度、耐热性和一定的韧性，以承受切削力，同时还要求磨料本身具有锋利的切削刃口，以便切入工件，磨料的硬度多用显微硬度表示。

粒度是指磨料颗粒的几何尺寸大小，也就是磨粒的粗细程度。砂轮的粒度对磨削工件的表面粗糙度和磨削效率有很大影响。为了适应不同的加工要求，各种磨料都可做成颗粒粗细不同的粒度。

结合剂是黏合磨粒而制成各种砂轮的材料。结合剂的种类及其性质决定了砂轮的强度、硬度、耐热和耐腐蚀性能等，结合剂对磨削表面粗糙度及磨削温度也有一定的影响，磨具结合剂主要有橡胶、树脂、陶瓷及金属。

砂轮硬度指砂轮工件表面上的磨粒受外力作用时脱落的难易程度，磨粒容易脱落则表面砂轮硬度低，砂轮硬度与磨料硬度是不同的概念。砂轮硬度取决于结合剂性质、数量及砂轮制造工艺，如砂轮中结合剂的数量愈多，则其硬度愈高。

砂轮组织是指磨粒在砂轮中占有的体积百分数，也就是磨粒、结合剂、气孔这三部分体积的比例关系。通常用磨粒所占砂轮体积的百分数来表示砂轮组织号，且磨粒所占体积比越多，磨粒间距就越窄。

砂轮强度指砂轮高速旋转时受到离心力作用而破裂的难易程度。砂轮所受的离心力随砂轮速度的平方呈正比增加。当砂轮回转速度增大至一定程度，其离心力会超过砂轮强度所允许的数值，这时砂轮就不能保持其正常旋转，从而发生破裂，因此砂轮的许可工作速度通常比砂轮强度允许速度低得多。

为适应不同类型磨床上磨削各种形状和尺寸的工件需要，GB/T 4127—2007《普通磨具　形状和尺寸》（已废止）规定了砂轮的具体形状尺寸[11]；GB/T 2484—2023《固结磨具　一般要求》中规定了砂轮特性[12]；GB/T 2485—2016《固结磨具　技术条件》中规定了固结磨具的符号及其含义、技术要求、检验规则及标记方法等[13]。一般砂轮标记为：标准号-型号-形状-外径-厚度-孔径-磨料牌号-磨料种类-粒度-硬度等级-组织-结合剂种类-结合剂牌号-

最高工作速度，其图形示意如图 4-8 所示，最高工作速度涉及砂轮的安全运行，GB/T 2494—2016《固结磨具 安全要求》中做出了详细规定[14]。

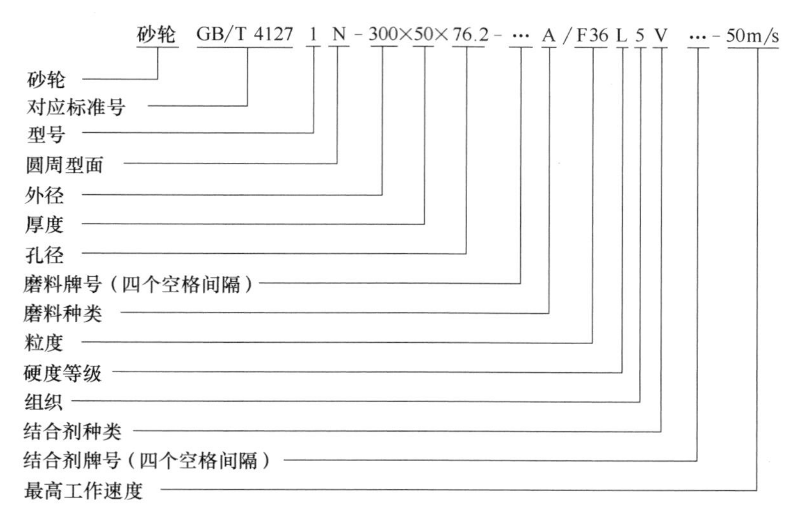

图 4-8 砂轮标记示意

2. 砂轮选择

合理选择砂轮，是提高磨削质量和效率的重要环节，磨削轴承套圈的砂轮根据决定砂轮特性的 5 个主要因素（磨料、粒度、结合剂、硬度和组织）来选择。表 4-2 为常用套圈磨削中使用的不同磨料砂轮。

表 4-2 磨料的选择

磨料	适用范围
棕刚玉(A)	终磨内径,磨缺口,终磨外径、圆锥滚道、沟道、端面、外径
白刚玉(WA)	滚针套滚道、挡边等成形磨削
微晶刚玉(MA)	滚针套滚道,成形磨削,不锈钢及低粗糙度磨削

粒度的选择应考虑加工质量、生产率及散热条件。如粗磨时选用粒度号较小的砂轮以提高生产率；砂轮与工件间接触面积较大时或砂轮速度较高时（如内圆磨削和平面磨削等）选用粒度号较小的砂轮；表面粗糙度值较低的精磨时一般选用粒度号较大的砂轮。常见结合剂的选择参见表 4-3。

表 4-3 结合剂的选择

结合剂	适用范围
陶瓷结合剂(V)	内径,内外径,滚道,切入法磨削球轴承沟道,无心外圆粗磨,内外圈斜坡,装球缺口,滚针套滚道及底面等
树脂结合剂(B)	端面,挡边,粗磨球面滚子和球面球轴承外滚道等
橡胶结合剂(R)	终磨球面滚子轴承外滚道,粗磨和终磨球面滚子轴承内滚道,球轴承外滚道,无心外圆终磨,无心外圆磨削导轮等

在硬度的选择上，砂轮的硬度高，磨粒不易脱落，磨粒切削刃的等高性容易保持，加工

的工件表面粗糙度值低，精度高；但当砂轮硬度过硬时，磨钝了的磨粒不能自锐，则磨削效率降低，磨削力和磨削热增加，使工件表面粗糙值高，还容易产生烧伤、裂纹等缺陷。从磨削对象考虑，对于未经淬火的软磨零件，磨粒不易磨钝，通常选硬度稍高一些的砂轮；对于淬硬零件，由于磨粒易磨钝，为保持砂轮的锋利，通常选软一些的砂轮。但根据磨削部位的不同，又需要进行一些针对性的选择。如磨内径、平面及内、外滚道时，一般选用较软的砂轮：粗磨内径时选中软 2（L）、终磨时选中软（K）、磨平面时选软 3（J）或中软 1（K）；磨内、外沟时粗磨选中等（M）、终磨选中软（L）；磨挡边时一般选软 1（K）或中硬（Q）；无心外圆磨床的导轮一般选中硬（Q）或硬（S）。

砂轮组织号的大小直接影响磨削加工的生产率和表面质量。砂轮组织号大，单位体积内磨粒的含粒量少，磨粒之间的容屑空间大，排屑方便，砂轮不易堵塞，因而磨削效率高；组织号大的砂轮气孔还可以将冷却液或空气带入磨削区域，以降低磨削区域的温度，减少工件发热变形和烧伤。砂轮组织的选择上，疏松组织砂轮加工的表面粗糙度值较高，但容屑条件好，砂轮孔隙不易堵塞，发热量低，散热条件也比较好，故适用于粗磨、平面磨和内圆磨等；中等组织的砂轮适用于一般磨削；紧密组织的砂轮气孔百分比小，容屑空间小，磨削效率低但可承受较大的磨削压力，砂轮形状可保持较长时间，故适用于重压下磨削及精密磨削和成形磨削。

3. 砂轮平衡

砂轮平衡是由于砂轮重心与旋转轴线不重合而引起的。不平衡的砂轮进行高速旋转时，产生迫使砂轮偏离轴心线的离心力，引起机床振动，主轴轴承迅速磨损，被加工工件表面产生振纹，不仅会增大表面粗糙度值，甚至还会使砂轮破裂，引发安全事故。

由于砂轮重心位置的不同，所产生的不平衡可分为静力不平衡和动力不平衡两种情况。静力不平衡在砂轮静止时就会显示出来，只产生不平衡的离心力；动力不平衡则在砂轮旋转时才产生，此时产生的不平衡力偶会使砂轮产生扭摆。通常使用的砂轮在厚度和直径都不大的情况下，其所引起的不平衡离心力或力偶较小，所以不经平衡就可使用；但砂轮直径较大（250mm 以上）或高速磨削时必须进行砂轮平衡。平衡砂轮，就是使砂轮重心与其回转轴线相重合，目前砂轮的平衡方法有静平衡和动平衡。

4. 砂轮修整

在磨削过程中，砂轮磨粒会发生钝化而丧失切削能力或失去正确的几何形状，这个过程称为砂轮磨损。砂轮的磨损分为初期磨损、正常磨损及剧烈磨损 3 个阶段。砂轮磨损包含磨粒磨钝、砂轮堵塞与外形失真 3 种形式。在磨削过程中，磨粒由于摩擦、挤压而产生机械磨损，因高温作用发生塑性变形，使其锋利棱角磨圆变钝，失去切削能力的现象称为磨粒磨钝；在磨削过程中，磨屑、碎磨粒、结合剂等嵌入磨粒之间的空隙，使砂轮丧失切削能力的现象称为砂轮堵塞；由于砂轮工作表面的磨粒脱落不均匀，造成磨削后的工件表面几何精度和表面粗糙度差的现象称为砂轮外形失真。

磨损后的砂轮需要修整，才能重新开展磨削加工。砂轮修整工具的原材料多为金刚石刀具，以往由于修整器价格问题，多采用单点修整，近年来，随着成形切入磨床的大量应用，对于复杂形状的工件，金刚石滚轮修整器的应用日渐推广。

（1）单点修整　单点修整需通过金刚笔与砂轮之间的相对运动修整出砂轮的外形轮廓，依据修整部件的运动规律，可将砂轮修整方法划分为直线型、摇摆型和曲线型 3 种，如

图 4-9 所示。

1）直线型修整。在砂轮的修整过程中，修整器部件相对砂轮修整表面做直线运动，这种修整方法称为直线型修整。例如，磨削圆锥轴承内圈挡边时使用的筒形砂轮，就是采用直线型方法修整的，如图 4-9a 所示。

2）摇摆型修整。在砂轮的修整过程中，修整器部件相对砂轮修整表面做角度摆动，这种修整方法称为摇摆型修整。图 4-9b 和图 4-9c 分别为双端面磨削砂轮的端面修整和球轴承沟道磨砂轮圆弧面的摇摆型修整的例子。

3）曲线型修整。在砂轮的修整过程中，修整器部件相对砂轮修整表面做复杂的曲线运动，这种修整方法就是曲线型修整。贯穿式无心外圆磨床使用的宽砂轮，就是采用曲线形修整方法修整的，如图 4-9d 所示。

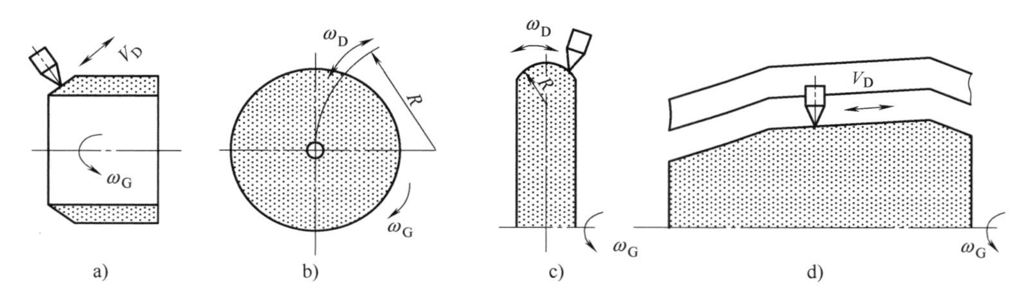

图 4-9 单点修整

a）直线修整 b）平面修整 c）圆弧修整 d）曲线修整

（2）滚轮修整 切入磨及高速磨削在轴承套圈磨削加工中应用日渐广泛，单点修整的效率和修整精度在某些设备已难以满足应用需求，而金刚石滚轮修整器的成本近年也下降较多，因而近年来金刚石滚轮修整在轴承行业应用逐步增加，其修整原理如图 4-10 所示。

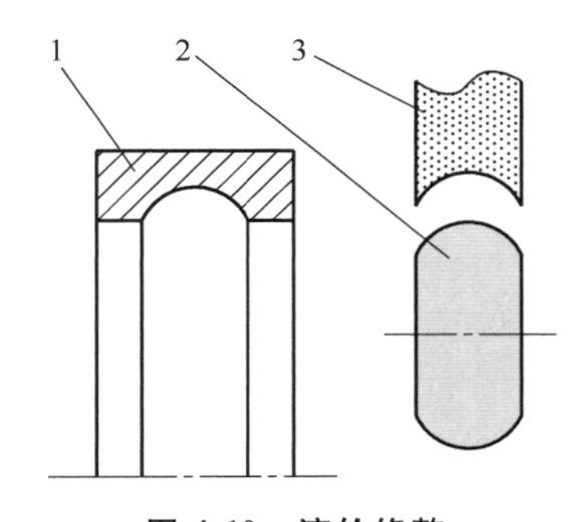

图 4-10 滚轮修整

1—工件 2—砂轮 3—滚轮

金刚石滚轮大都用于成形砂轮修整，故均以切入磨削方式对砂轮进行修整。修整时滚轮与砂轮被修整的全部型面相接触，修整力大，容易产生振动，要求机床刚性好，且滚轮与安装轴的间隙应控制在 2μm 以内，滚轮外圆偏摆应控制在 4μm 以内以保证砂轮修整的质量。金刚石滚轮修整时需控制修整用量，当修整用量过小时，修整后的砂轮表面光滑，磨削能力低；当修整用量过大时，则会增加滚轮的磨耗。表 4-4 所示为金刚滚轮修整的常用用量，目前滚轮修整一次的修整量是直径方向大约 0. 01mm。

表 4-4 金刚滚轮修整用量选择表

参数	数值
滚轮与砂轮速度比 $q_d(V_r/V_G)$	+0. 4～+0. 7
砂轮每转滚轮的径向进给量 a_d/(mm/r)	0. 0004～0. 0013
无进给光修次数/r	0～60

与单点修整相比，金刚石滚轮修整效率高，修整形状好，但其表面质量还难以与单点修

整相比，故对于表面质量要求很高的沟、滚道磨削，还是采用单点修整更具优势。

5. CBN 砂轮

多年来轴承生产厂家一直使用刚玉砂轮磨削淬硬轴承钢零件。尽管用这种砂轮已经制造出数以亿计轴承，但是，由于砂轮磨损迅速，严重影响生产率。同时，砂轮的迅速磨损对磨削加工精度和磨削表面质量也产生了极为不利的影响。

立方氮化硼（CBN）具有硬度高，耐热性和化学惰性高，导热性好等优点，适用于加工轴承钢、高速钢、不锈钢、耐热钢等高硬度和高韧性的材料。20 世纪 80 年代，德国成功地将陶瓷结合剂 CBN 砂轮应用于轴承内表面磨削，在轴承磨削领域开了先河。从此，国外许多轴承厂成功地用 CBN 砂轮代替了普通刚玉砂轮磨削轴承零件。CBN 砂轮磨削轴承钢的寿命是刚玉砂轮的 10 倍左右，而且还具有高的加工精度，好的加工表面质量和高的生产率。CBN 砂轮磨削刃锋利，磨削拉力小，温升低，磨削工件表面无烧伤和裂纹。由于磨削表面无残余压应力，因而使磨削工件的尺寸精度、几何精度较普通砂轮磨削大大提高，使轴承寿命大幅增长。特别是陶瓷结合剂 CBN 砂轮可以像普通砂轮一样容易修整，在大批量生产中更显其优越性。

4.1.4 套圈磨削的成形与尺寸控制

在保证尺寸精度、几何精度及表面质量的前提下，套圈磨削中还需关注磨削表面的成形方法、磨削进给方法及加工尺寸控制方法，以尽可能提高磨削效率。

1. 磨削表面的成形方法

轴承套圈表面多为回转面，因而表面成形绝大多数采用轨迹法和成形法，套圈表面素线形状可采用轨迹法也可采用成形法，素线围绕套圈中心线回转以轨迹法形成回转表面，故套圈磨削表面的成形方法可组合为轨迹-轨迹法和成形-轨迹法两种。不同表面的成形方法见表 4-5。

表 4-5 轴承套圈磨削表面的成形方法

磨削表面	磨削方法	成形方法
外圆	无心磨或定心磨	成形-轨迹
内圆	切入磨	成形-轨迹
沟道	摆头磨	轨迹-轨迹
	切入磨	成形-轨迹
滚道	切入磨	成形-轨迹
	范成磨	轨迹-轨迹
挡边	切入磨或范成磨	成形-轨迹或轨迹-轨迹

2. 磨削进给方法

套圈磨削工件和砂轮的相对运动，除实现磨削表面的成形外，还需磨去表面金属余量。表面成形主要依赖于工件和砂轮的相对转动，去除金属余量则同时依赖于砂轮转动和砂轮法向进给运动。磨削过程中砂轮的进给运动及其他辅助运动对于磨削效率、磨削质量有很大影响，主要包括：

1）快跳。在磨削未开始时，工件加工表面和砂轮表面相距很远，为提高效率，快速让砂轮接近工件但不接触工件的过程称为快跳。

2）快进。砂轮以较快速度靠近工件以提高效率。

3）粗磨进给。磨削开始阶段，为了尽快地切除金属余量，使用稍快的进给速度，即粗磨进给，又称粗进给。

4）精磨进给。为保证磨削精度，精磨时进给速度较慢，称之为精进给。

5）无进给磨削。磨削结束之前，为恢复系统的弹性变形，提高磨削精度，需无进给磨削，此时名义进给量为零，实际进给量由系统弹性恢复提供，称为无进给磨削，又称无进给光磨。

6）快退。磨削结束后，砂轮和工件快速分开的过程称为快退。

7）补偿。补偿是弥补因砂轮修整量所需的进给动作。

3. 加工尺寸控制方法

套圈磨削过程中尺寸控制方法主要包括主动测量法、定程法与序后测量法，不同尺寸的控制方法依据设备状态差异及加工工件尺寸大小调整和确定。

1）主动测量法。主动测量是指在加工过程中采用测量仪器监测尺寸值，达到合格尺寸后磨削终止的方法。对于中小型套圈磨削加工自动生产线，主动测量是当前主要应用的尺寸控制方法；一些大型、特大型套圈加工中，也常采用人工主动测量。虽然采用仪器的自动化程度不同，但归根结底都属于主动测量。

2）定程法。事先设定砂轮与工件的相对位置，即砂轮和工件在磨削尺寸方向上的相对运动终止时，磨削尺寸刚好满足技术要求。这种尺寸控制方法在内沟磨、端面磨及贯穿无心磨上均有应用。

3）序后测量法。序后测量法可以减轻主动测量法中某些动态因素的干扰，尤其对于磨削热影响较大的工件，加工中主动测量的数据经“等温”后会产生较大变化，需进行严格序后测量以保证尺寸准确性。

4.1.5 套圈磨削的工艺文件

轴承的类型、尺寸和精度不同，其套圈的磨削过程往往也不同，但基本工艺过程和技术问题差别不大。本节先介绍特定型号和精度的轴承套圈磨削工艺过程，在后面的小节中再分别讨论其共性问题。

1. 过程卡与工艺卡

过程卡与工艺卡对磨工工序而言也是关键工艺文件，表4-6所示为套圈磨削过程卡的样例，表4-7所示为工艺卡的样例。需要说明的是：各公司的过程卡与工艺卡的样式与规定要素不尽相同，应依据实际情况与实际管理水平制定。

表4-6 套圈磨削过程卡

磨加工过程流程卡						
序号	制造 ◇	移动 ○	存储 △	检验 □	操作说明	备注
1				□	毛坯验收	
2		○			毛坯入库	

（续）

序号	制造 ◇	移动 ○	存储 △	检验 □	操作说明	备注
3			△		储存	
4		○			转光饰工位	
5	◇				光饰	
6				□	转磨平面工位	
7		○			抽检	
8	◇				磨平面（双端面）	
9				□	巡检（返工品需再检）	
10		○			转粗精外径工位	
11	◇				粗精外径	
12				□	巡检	
13		○			转终磨外径工位	
14	◇				终磨外径	
15				□	巡检（返工品需再检）	
16		○			转研磨外径工位	
17	◇				研磨外径	
18				□	巡检（返工品需再检）	
19		○			转磨沟道工位	
20	◇				磨沟道	
21				□	巡检（返工品需再检）	
22		○			转超精沟道工位	
23	◇				超精沟道	
24				□	巡检（返工品需再检）	
25			△		储存	
26		○			转修磨外径工位（或转粗精磨外球面工位）	
27	◇				修磨外径（或粗精磨外球面）	
28				□	储存	
29			△		超声波清洗	
30		○			送装配	
31	◇				超声波清洗	
32		○			送装配	

表 4-7　套圈磨削工艺卡

自动线内圈沟道磨削工序 作业标准及技术规范	编号:6205-2R
	设备型号:3MZ135
	共　　页　　第　　页

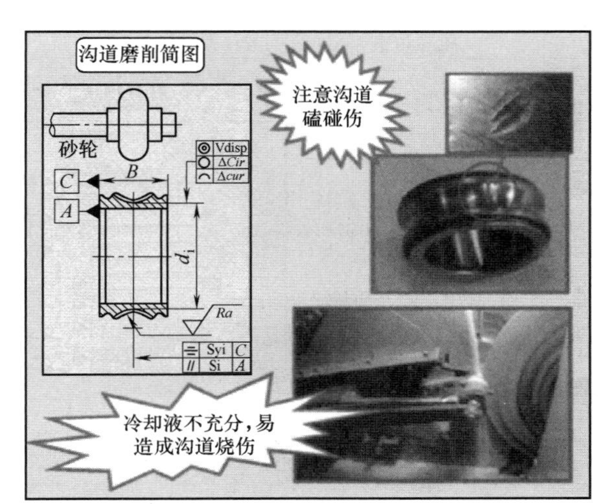

责任人	标记	职责
操作者	△	负责按指导书进行点检、操作、调整、保养，并在生产过程中对质量进行自控，维护生产的正常进行
设备部	□	负责制定和实施设备预防性维修计划、日常急修、对操作人员日常保养工作的检查
质检部	◇	负责检测仪器仪表的检定、修理及产品的抽检和日常生产质量的监督工作
车间主管	☆	负责操作人员的安排和物料的控制，协助操作人员维护正常的生产。推动生产率和生产质量的提高。

发现异常品处理：

取出异常品 → 停机检测 → 分析原因 → 自行解决／找相关部门／上报主管 → 排除故障 → 恢复生产

必须做的事：

1. 确认点检检查、仪表、标准件检查

2. 首件品品质检查操作者实施

3. 异常时向车间主管报告

作业要点

1. 注意圆度、波纹度

2. 注意沟曲率

3. 注意表面粗糙度

4. 注意外观

5. 仪器、仪表确认和校对

6. 注意人身安全

不该做的事：

1. 更改单件磨削时间

2. 技术参数自行调整

3. 窜岗、离岗

作业步骤：

序号	作业顺序	注意事项	目的
1	交接记录确认	解决上班次遗留问题	设备运行情况确认
2	打开电源开关	—	正常开机
3	空运转试车、点检	发现问题立即解决	防止设备突发故障
4	制造条件确认、仪器仪表确认	—	防止不良品产生
5	被加工品准备(确认上班次结存物料和当班领料数量)	确认数量、生产品种、特殊标识	防止不良品产生
6	工艺、尺寸确认	—	防止不良品产生
7	首件品质检验	品质要点项目全面检查	防止不良品产生
8	连续加工并自控	—	防止加工中品质异常
9	加工完成品放入料盘	—	避免碰伤、混料
10	物料标识及产品上交检验，同时做好班班清填写工作	正确填写标识卡及相关记录	防止混料、产品的追溯
11	保养设备、记录、关闭电源、气源	记录清晰、正确	保证设备运行正常

（续）

管理项目：

序号	管理项目	管理值	确认方法	确认频率	
				责任人	确认频率
1	砂轮规格	P500×8/15×203A/WA100L5V60	自主检查	△	调整时
2	砂轮电动机频率	40～60Hz	自主检查	△	调整时
3	工件电动机频率	20～30Hz	自主检查	△	调整时
4	砂轮修整	10～20（只/次）	自主检查	△	调整时
5	光磨时间	1～3s	自主检查	△	调整时
6	砂轮寿命	砂轮外径为 375～440mm 时更换	自主检查	△	调整时

技术参数及检查规范

序号	品质特性	技术要求	检验频率	责任人	量具
1	d_i	ϕ31.062+0.017/+0.003	首件：3 件/班 自检：2 件/20min 巡检：10 件/4h 标准件：每隔 30min 校对一次	△/◇	D022
2	R_i	R4.08+0.02/0		△/◇	刮色球
3	t_{Vdisp}	≤2.5μm		△/◇	D022
4	t_{Syi}	≤20μm		△/◇	D022
5	t_{Si}	≤5μm		△/◇	D022
6	ΔCir/Wt	1/0.8		△/◇	Y9025C（圆度仪）
7	Δcur	≤2μm		△/◇	CX-1
8	*Ra*	≤0.2μm		△/◇	目测
9	外观	无裂纹、振纹、黑皮		△/◇	目测
		烧伤	巡检：1 件/次/3 天	◇	冷酸洗

备注：1. 若沟道尺寸为装配需要，以《合套尺寸定制单》要求为准。
2. 用 Y9025C、CX-1 仪检查的项目；首检 3 件/班；巡检 2 件/次/4h。

					版本号	01	编制		会签	
							审校		批准	
标记	处数	更改文件号	签名	年　月　日			标审		日期	

2. 留量与公差

留量与公差是由产品的大小、类型、形状、壁厚及各个公司的热处理水平所决定的，表 4-8 所示为国内某公司外球面轴承内圈产品留量与公差表，不同表面的留量有所差异以同时保证精度和效率，表 4-8 中各符号的含义如图 4-11 所示。

表 4-8　套圈留量与公差表　（单位：mm）

d	>	10	18	30	50	80
	≤	18	30	50	80	120
B		0.15±0.02	0.15±0.02	0.20±0.02	0.30±0.02	0.40±0.02
d_2		$0.15^{+0.03}_{0}$	$0.15^{+0.03}_{0}$	$0.20^{+0.03}_{0}$	$0.30^{+0.03}_{0}$	$0.40^{+0.03}_{0}$
d		$0.20^{0}_{-0.10}$	$0.20^{0}_{-0.10}$	$0.25^{0}_{-0.10}$	$0.35^{0}_{-0.12}$	$0.45^{0}_{-0.15}$
d_i		$0.15^{+0.10}_{0}$	$0.15^{+0.10}_{0}$	$0.20^{+0.10}_{0}$	$0.35^{+0.10}_{0}$	$0.40^{+0.10}_{0}$
n		0.08±0.02	0.08±0.02	0.10±0.02	0.15±0.03	0.20±0.03
G		0.08±0.10	0.08±0.10	0.10±0.15	0.15±0.18	0.20±0.20
C_1		$0.07^{+0.4}_{0}$	$0.07^{+0.4}_{0}$	$0.10^{+0.4}_{0}$	$0.15^{+0.4}_{0}$	$0.20^{+0.4}_{0}$
C_2		0.07±0.08	0.07±0.08	0.10±0.08	0.15±0.08	0.20±0.10
d'公差		${}^{0}_{-0.08}$	${}^{0}_{-0.08}$	${}^{0}_{-0.08}$	${}^{0}_{-0.08}$	${}^{0}_{-0.08}$

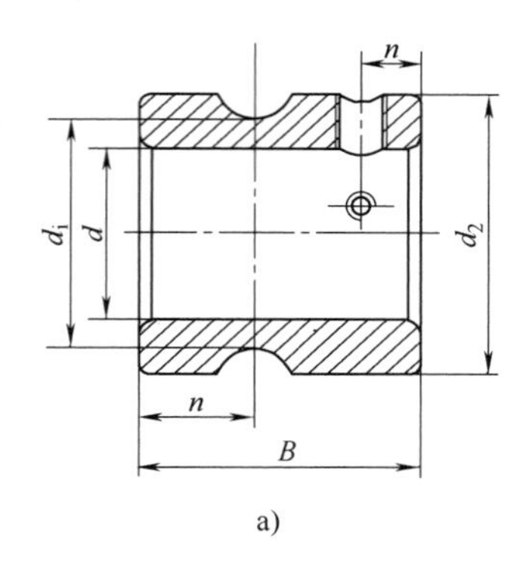

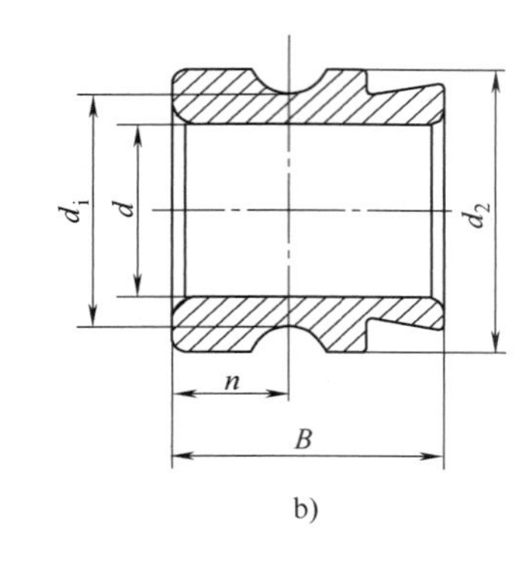

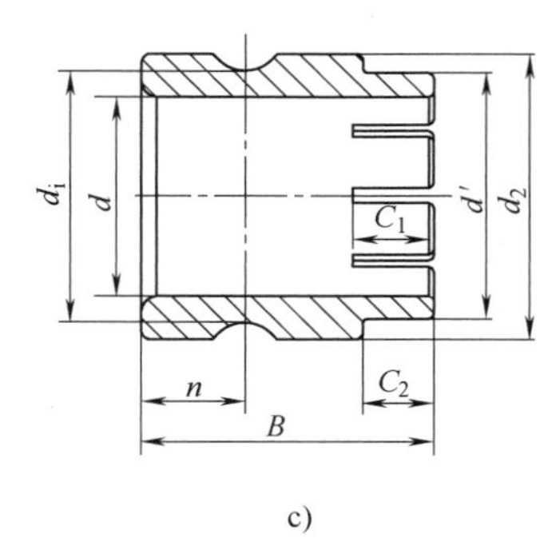

图 4-11　表 4-8 中各符号含义

a）结构 1　b）结构 2　c）结构 3

3. 工序图

磨工的后续加工工序只有沟道与滚道的超精，超精留量较小且一些大型轴承的滚道也不再超精，因而磨工工序图与成品零件图近似。

4. 技术条件

磨削加工包含端面、外径、内径及内、外圈滚道等，包含内圆面、外圆面等平面及截面形状各不相同的沟道、滚道与挡边，这些表面的技术条件均包含尺寸、几何形状与位置公差、内部缺陷及表面质量等具体要求，将在后续在各表面加工中具体描述。

4.2　套圈磨削夹具

夹具是指机械制造过程中用来固定被加工工件，使之占有正确的位置以接受施工或检测的装置。加工中要求夹具稳定地保证工件的加工精度，具有高的加工效率，良好的结构与工艺性，结构简单，且成本低。

滚动轴承套圈磨削用夹具包含定心夹具和无心夹具。目前大多数轴承套圈磨削均采用无心夹具，但特大型或重大型轴承套圈磨削，由于工件尺寸大，重量重，夹具成本高，仍采取定心夹具；一些新型立式数控磨床也采用定心夹具。批量生产时外径磨削采用贯穿磨，不采用专门夹具，其夹持原理将在外圆磨削中介绍。

在加工过程中，工件中心相对夹具夹持元件是固定不动的夹具称定心夹具，其夹持原理、定位方式及装夹误差与车工夹具类似，不再赘述，本章着重介绍无心夹具。

4.2.1　无心夹具及其特点

无心夹具与定心夹具最根本的区别在于无心夹具工件转动轴线随定位表面的实际尺寸和几何形状的差异而变动，因而称之为“无心”夹具。无心夹具的显著优点在于：重复定位精度高；主轴径向跳动不影响加工精度，主轴轴向跳动也不是 1∶1 地传递给加工误差；无夹紧变形，调整方便；装卸工件容易，便于实现自动化。

无心夹具有滚轮式、端面机械压紧轮式和电磁式 3 种。目前轴承套圈磨削应用广泛且效果较好的是电磁式，因此，本章仅介绍电磁式无心夹具（简称电磁无心夹具）。

电磁无心夹具的结构种类很多，按线圈的运动状态分为线圈转动和线圈固定式；按支承形式分为浮动支承式和固定支承式；按磁极类型分为单极式、双极式和多极式。目前，大多数轴承厂都使用单极式电磁无心夹具。其线圈固定式者居多；支承形式中浮动、固定均有，也有采用浮动和固定混合形式的支承方式。

4.2.2 电磁无心夹具的结构

电磁无心夹具由转动部分和固定部分组成。转动部分连接在工件轴的轴端，由工件轴输入转动并最终驱动工件转动，同时限制了工件运动的3个自由度；固定部分用来安装线圈并径向定位工件。

1. 常用结构

图4-12所示为一个典型的单极式电磁无心夹具的结构示意，单极式电磁无心夹具的磁路中有很大一部分是空气气隙，磁耗大，但能满足磨削加工所需要的吸力，并且具有结构简单，密封性能好，更换线圈方便等优点。

构成夹具运动部分的元件包括铁芯、磁盘、磁极及若干紧固螺钉，加工时套圈端面贴在磁极端面。磁极通过螺钉与磁盘连接在一起，磁盘连接铁芯，铁芯的端面连接输入轴。构成固定部分的元件包括夹具体、可动支承座、支承、半圆盘、端盖、密封和若干紧固螺钉。线圈安装在夹具体上的线圈框内；可动支承座可以在半圆盘上沿周向调整位置，以获得所需要的支承夹角，同时又可沿径向调整，以适应工件尺寸变化的要求；支承在支承座上可做径向

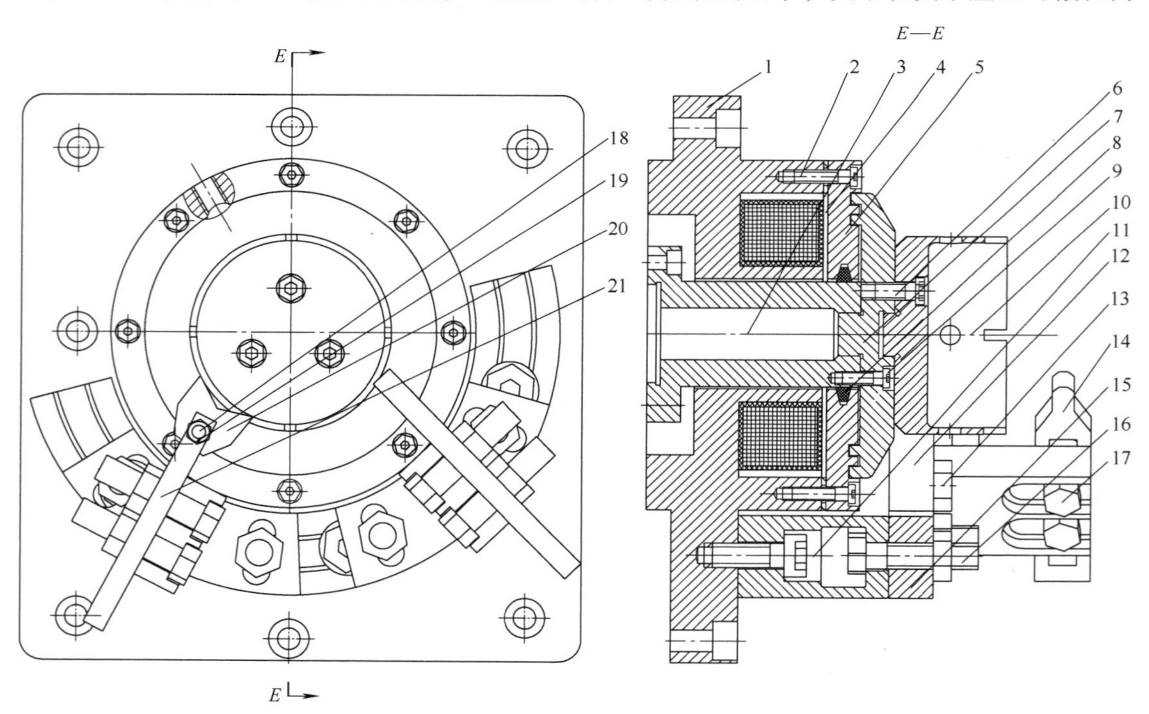

图4-12　单极式电磁无心夹具的结构示意

1—夹具体　2、6、9、16、17—螺钉　3—铁芯　4—端盖　5—隔磁盘　7—磁盘　8—密封　10—磁极
11—半圆盘　12、15—支承座　13、19—螺母　14、21—支承　18—销　20—浮动支承

和轴向调整，也可做左右倾斜接触调整，以满足工件尺寸、偏心大小和偏心方向变化的要求，并使支承和工件保持良好的接触。

2. 分体式结构

如前所述，特大型、重大型套圈磨削中多采用定心夹具，也有一些企业为了高效磨削特大型轴承套圈开发了分体式电磁无心夹具，如图 4-13 所示[15-18]，其夹持范围能达到 ϕ600~ϕ1800mm，可用于支外径磨外径、支外径磨内径等工序。

电磁吸盘设置在花盘上圆周方向的位置，且沿着 T 形槽做任意径向移动，由 T 形螺钉来固定。电磁吸盘的导线由机床主轴中心孔穿过，接在轴端的铜滑环上，电源线接在静止不动的碳刷上，碳刷在铜环上滑动，保证电磁吸盘随花盘转动而不断电。磁极定位板固定在电磁吸盘上并随吸盘移动而移动。该夹具是把传统的电磁无心夹具的整体电磁线圈分割成 6 个相对独立的电磁吸盘，整体定位筒分割成 6 个相对独立的磁极定位板。将电磁吸盘和磁极定位板组装在一起，在机床的花盘上组合而成一个以机床回转中心为圆心的、间断的圆环带与套圈端面接触定位。预调 V 形滚轮浮动支承，使套圈旋转中心与机床主轴旋转中心有一个很小的偏心量，接通电流电源，电磁吸盘的铁芯被同时磁化，每个电磁吸盘的磁力线沿着铁芯→磁极定位板→套圈→磁极定位板→铁芯形成闭合磁回路，将套圈夹紧定位，由机床驱动其旋转。

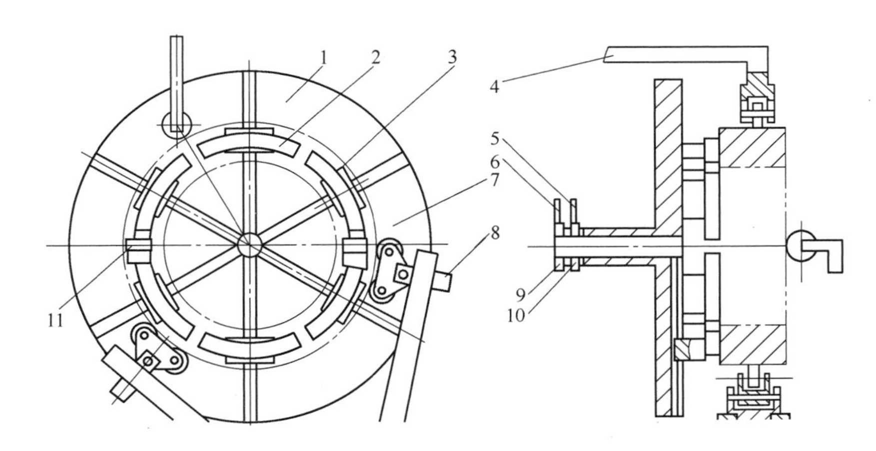

图 4-13　分体式电磁无心夹具的结构

1—花盘　2—磁极定位板　3—电磁吸盘　4—径向限位机构　5、6—碳刷　7、11—轴向限位机构
8—可调支承臂　9、10—铜滑环

4.2.3　电磁无心夹具的定位与磨削方式

电磁无心夹具的定位由磁极和支承组成，磨削时有 3 种定位方式，分别为支外磨外、支外磨内及支内磨外，不同定位方式的结构件如图 4-14 所示。

1）支外磨外。以端面和外表面定位磨削外表面，多用于加工球轴承内圈沟道和滚子轴承内圈滚道及挡边，也有用这种形式的定位方法来修磨轴承外径与端面等配合表面。外圈带凸台的套圈，其外径表面只有用这种方法加工，才能获得较高的加工精度与生产率。

2）支外磨内。以端面和外表面定位磨削外表面，多用于加工轴承外圈的沟道、滚道、

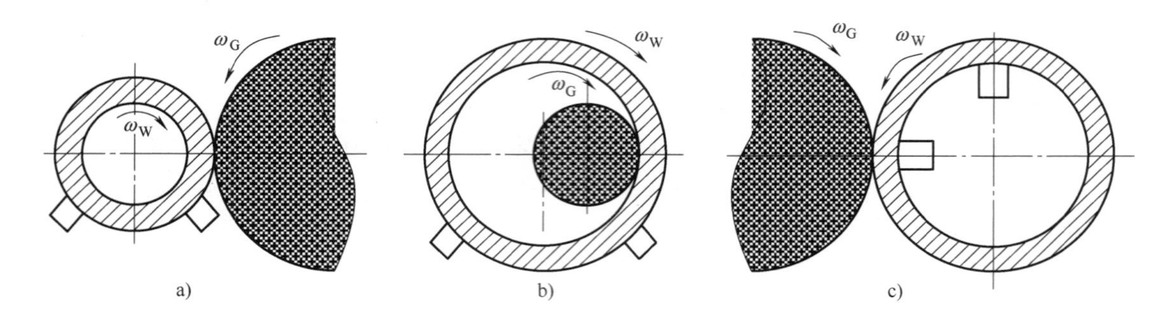

图 4-14　电磁无心夹具磨削定位方式

a）支外磨外　b）支外磨内　c）支内磨外

挡边及内径。

3）支内磨外。以端面和内表面定位磨削外表面，多用于加工球轴承内圈沟道和滚子轴承内圈滚道及挡边等，可以保证较好的内圈滚道对内孔的厚度变动量。一般用于受磁盘尺寸限制的大型轴承套圈的加工，中小型轴承套圈基本不采用此种定位方式。

4.2.4　电磁无心夹具的力学原理

与定心夹具存在显著区别，电磁无心夹具上均无明显的夹紧和驱动元件，如图 4-15 所示，但工件却能承受磨削力作用并实现工件的回转运动。以下介绍其夹持原理及驱动力矩和偏心量及偏心方位。

1. 夹持原理及驱动力矩

工件中心相对磁极中心的偏心量 e 是工件能被夹紧的关键因素。如图 4-15 所示，工件被直流电磁线圈产生的可调节大小的磁力吸在磁极端面上，由于偏心 e 的存在，工件只能绕前后两支承所决定的工件几何中心转动，磁极和工件端面之间产生相对滑动，产生滑动摩擦力。

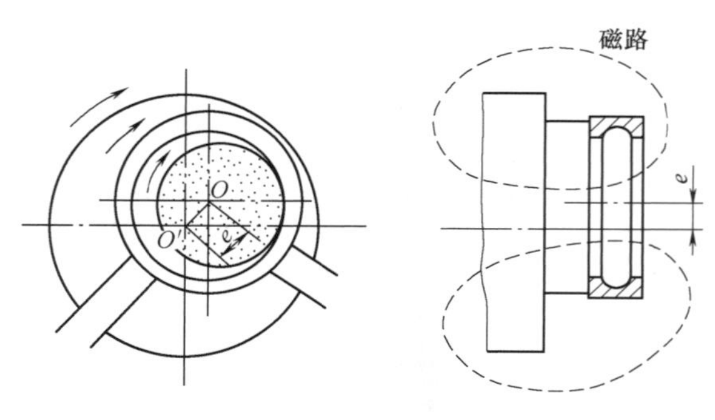

图 4-15　定位方式

摩擦合力 F 的产生原理如图 4-16 所示。摩擦力可合成为一个合力 F 和一个合力矩 M。F 垂直于偏心 e，指向两支承之间，作用点为工件中心。这样，F 起到径向夹持作用，以保证磨削过程中工件被稳定地夹持在支承块上；而 M 作为驱动力矩，绕工件轴线转动。工件中心为 O，磁极中心为 O'，两中心偏心量为 e，过 OO'作 x 轴，过 O 作 y 轴建立平面直角坐标系。在与磁极接触的工件端面上取对称的 4 个点 S_1、S_2、S_3 和 S_4，4 个点与工件中心 O 的距离为 r，与磁极中心 O'的距离分别为 r_1、r_2、r_3、r_4。当磁极转动的角速度为 ω 时，工件与磁极之间产生的相对滑动角速度为 $\Delta\omega$，工件转动角速度为 $\omega-\Delta\omega$。假定工件端面磁力均匀分布，按点的复合运动规律，可绘制 4 个点的绝对速度、牵连速度和相对速度，各点的摩擦力 $\mathrm{d}F$ 与相对速度方向相反；由于 S_1、S_4 两点对称于 x 轴，$r_1=r_4$，$\mathrm{d}F_1=$

dF_4，因此这两个力在 x 轴投影的合力为零，而在 y 轴上的投影不为零；在工作端面上各点摩擦力在 y 轴上投影的合力为 F'，y 轴垂直于偏心 e，因此 F' 也垂直于偏心 e。F' 一般不通过工件中心 O，故形成了驱动力矩 M。

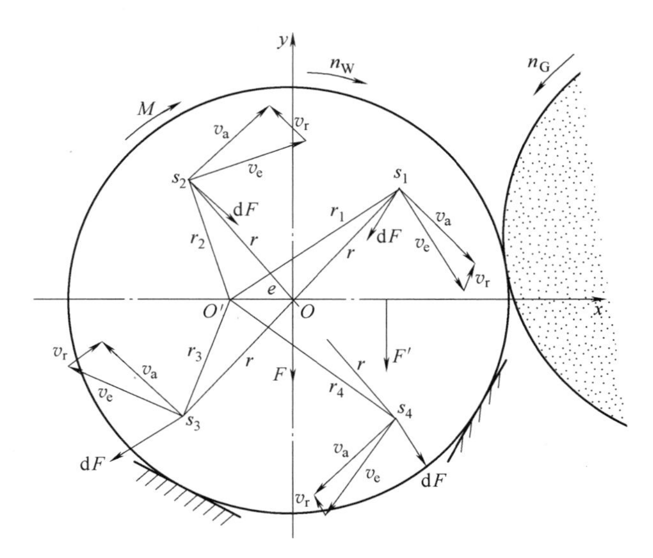

图 4-16 摩擦合力的产生原理

垂直于偏心 e、通过工作中心 O 的力 F 为径向夹持力，指向两支承之间使工件稳定地贴在两支承块上，按两支承块所决定的几何中心转动，并消除了工件轴径向跳动所引起的工件径向跳动。当工件刚刚放入夹具上时，其转动角速度为零，在驱动力矩 M 的作用下，工件逐渐加速，直到匀速转动为止；在砂轮磨削工件时，工件转速高于磁极转速，则驱动力矩 M 和工件转速方向相反，阻止了工件加速转动，即驱动力矩 M 的两重性。

2. 偏心量及偏心方位

以上分析表明：夹持力 F 必须指向两支承之间，否则工件容易飞出磨削区，称为电磁无心夹具的夹持失稳，夹持失稳与偏心量和偏心方位有密切关系。

偏心量 e 值对内圈滚道与内孔的厚度变动量 K_i 及轴圈与背面间的厚度变动量 S_i 有较为显著的影响（外圈相同）。当 $e>0.2$mm 时，对加工精度毫无影响，但当 $e\leqslant0.2$mm，特别是 $e<0.1$mm 时，K_i 增大很快，由于偏心量减少，所产生的径向夹持力也会减少，从而造成工件不稳定；随着偏心量 e 增大，S_i 减小，当 e 增大到 0.3mm 以后，S_i 会下降到 1~2μm；由于 e 值增大，工件的相对滑动速度也增大。

偏心方位涉及偏心方位角 γ、前支承角 α 和后支承角 β 这 3 个角度。偏心方位角 γ 指通过磁极和工件中心的线 OO' 与前支承的夹角，偏心方位角主要取决于磨削方式，当支外磨外时，偏心方位角 γ 应使磁极中心 O' 位于工件中心 O 的左上方；当支外磨内时偏心方位角 γ 应使磁极中心 O' 位于工件中心 O 的左下方，从而使夹持力 F 指向两支承正中间，不发生夹持失稳现象，如图 4-17 所示；前支承角 α 指前支承与工件水平中心线的夹角，α 对加工精度的影响较大，当 $\alpha=0°$ 时，K_i 达到最小值，而单一平面平均内径变动量 t_{Vdsp} 达到较大值；β 角为前、后两支承之间的夹角。相关调整参数见表 4-9。

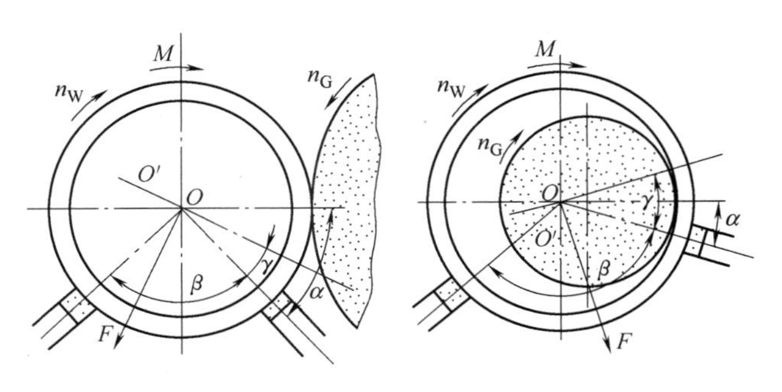

图 4-17 定位方式

表 4-9 电磁无心夹具调整参数

磨削方式	e/mm		α/(°)	β/(°)	γ/(°)
支外磨外	粗磨	0.25~0.45	30~75	90~120	15~30
	精磨	0.15~0.25			
支外磨内	粗磨	0.2~0.35	0~15	105~120	5~15
	精磨	0.15~0.25			

4.2.5 定位误差

当采用无心夹具磨削轴承套圈时，磨削方式不同，定位误差也会有所差别。支外磨内和支内磨外均属非自身定位方式，而支外磨外则包括自身定位和非自身定位两种方式。对于自身定位而言，主要考虑合成误差，其分析方法主要考虑成圆系数；对于非自身定位而言，主要考虑定位误差[19-22]。在套圈磨削时，定位接触位置为工件的定位表面与支承表面，摩擦力的大小与电磁力直接相关，因而以下分别介绍支承方式的影响、电磁力的影响、磨削余量的影响与定位误差。

1. 支承方式的影响

磨削过程中，在电磁无心夹具的夹持力 F 及磨削力作用下，工件被稳定的压在前后支承上，工件与支承之间相对运动，支承会不可避免地在工件表面产生圆周方向的划痕，形成“支承印”，影响轴承外观。支承印的严重程度与支承接触位置的材料及支承方式均有关联，为使表面质量不被破坏，需定期修磨支承表面。

支承材料包含硬质合金、胶木或尼龙、工程塑料等，对于一些重量较重的套圈零件，为了减轻滑动摩擦，也有一些直接采用滚动轴承作为其支承。硬质合金材料制作的支承耐磨，使用时间较长，但支承印较深；胶木或尼龙材料的表面划痕相对较浅，有一定吸振性，但不耐磨；目前陶瓷材料应用较多，耐磨且划痕轻并能吸振。

支承方式包含固定支承与浮动支承。固定支承相对简单，浮动支承的接触形式则多种多样，如图 4-18 所示。无论哪种支承形式，目的都是减小定位误差，减轻划痕。

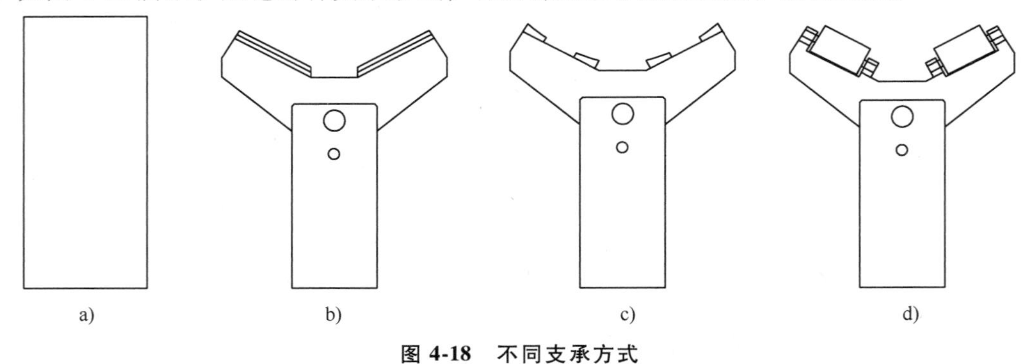

图 4-18 不同支承方式

a）固定支承 b）V 形浮动支承 c）圆弧浮动支承 d）两级浮动支承

2. 电磁力的影响

划痕的严重程度除了与摩擦副的材料硬度相关外，还与接触力相关，因而加工过程中需有针对性地控制电磁力[23]。电磁力过大，工件加工精度降低，定位表面会划伤甚至烧伤；

电磁力过小，在切削力作用下易产生瞬时停顿，造成磨削表面的柱状烧伤。在实际加工中，粗磨应选择大磁力，精磨则选择小磁力；工件大而重时选择大一些的磁力，工件小或薄时磁力稍小并可适当提高工件转速。

3. 磨削余量的影响

在生产中，若使用支外磨外的自身定位方法磨削套圈，磨削余量均会对偏心量 e 及方位角 γ 产生影响，磨削中应考虑其影响以避免夹持失稳。

图 4-19 所示为磨削余量对偏心量的影响。假定磨削余量为 Z，刚磨削时工件中心在 O 点，磨削结束时，由于工件外表面直径减小了 Z，工件中心由 O 点移至 O_α 点。

在图 4-19 中

$$\theta=\pi-\alpha-\beta \tag{4-7}$$

即

$$\begin{cases}\angle TO_\alpha S=\angle\alpha+\angle\theta \\ \triangle TO_\alpha O\backsim\triangle SO_\alpha O\end{cases} \tag{4-8}$$

则

$$\angle TO_\alpha O=\angle SO_\alpha O \tag{4-9}$$

故

$$\angle TO_\alpha O=\frac{1}{2}\angle TO_\alpha S=\frac{1}{2}(\alpha+\theta) \tag{4-10}$$

从而

$$\Delta e=O_\alpha O=\frac{Z}{\sin\dfrac{1}{2}(\alpha+\theta)} \tag{4-11}$$

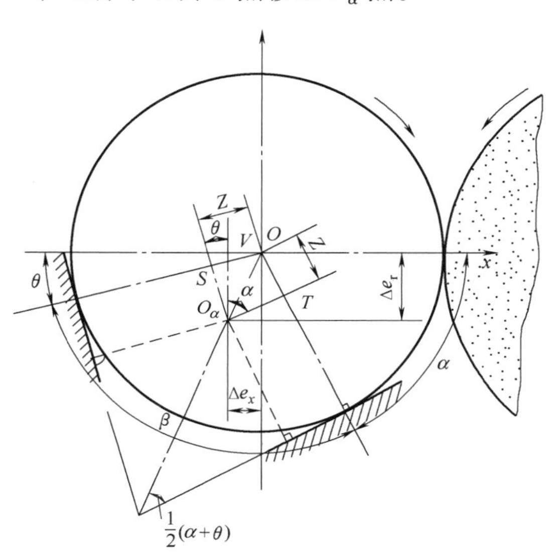

图 4-19　磨削余量对偏心量的影响

又

$$\angle OO_\alpha V=\angle OO_\alpha S-\theta=\frac{1}{2}(\alpha-\theta) \tag{4-12}$$

故

$$\begin{cases}\Delta e_x=\Delta e\sin\dfrac{1}{2}(\alpha-\theta)=\dfrac{Z\sin\dfrac{1}{2}(\alpha-\theta)}{\sin\dfrac{1}{2}(\alpha+\theta)} \\ \Delta e_y=\Delta e\cos\dfrac{1}{2}(\alpha-\theta)=\dfrac{Z\cos\dfrac{1}{2}(\alpha-\theta)}{\sin\dfrac{1}{2}(\alpha+\theta)}\end{cases} \tag{4-13}$$

式（4-13）中给出了由于磨削余量造成的偏心量的变化量 Δe_x 和 Δe_y，由于偏心量的变化，偏心方位角 γ 也将随之产生变化，图 4-20 所示为磨削余量对偏心方位角的影响。

若设

$$\varepsilon=\alpha-\gamma \tag{4-14}$$

由图 4-20 得

$$\begin{cases}\varepsilon_1=\dfrac{\pi}{2}-\varepsilon\\[2ex]\varepsilon_2=\arctan\dfrac{\Delta e_x}{\Delta e_y}=\dfrac{1}{2}(\alpha-\theta)\end{cases}\tag{4-15}$$

图 4-20 中的 ε_3 可由下式计算

$$\varepsilon_3=\pi-\varepsilon_1-\varepsilon_2=\frac{\pi}{2}+\varepsilon-\frac{1}{2}(\alpha-\theta)\tag{4-16}$$

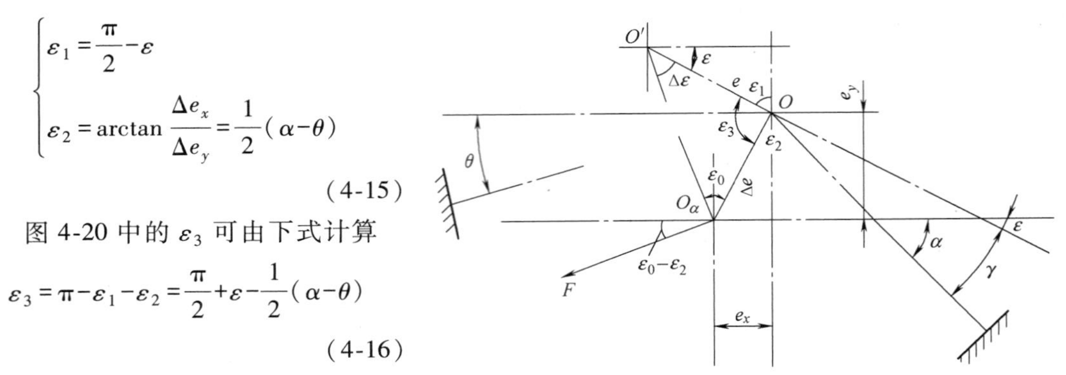

图 4-20　磨削余量对偏心方位角的影响

在△$O'OO_\alpha$ 中，

$$\varepsilon_0=\pi-\varepsilon_3-\Delta\varepsilon=\frac{\pi}{2}-(\varepsilon+\Delta\varepsilon)+\frac{1}{2}(\alpha-\theta)\tag{4-17}$$

由正弦定理可得

$$\frac{e}{\sin\varepsilon_0}=\frac{\Delta e}{\sin\Delta\varepsilon}\tag{4-18}$$

即

$$\frac{e}{\cos\left[(\varepsilon+\Delta\varepsilon)-\dfrac{1}{2}(\alpha-\theta)\right]}=\frac{\Delta e}{\sin\Delta\varepsilon}\tag{4-19}$$

由式（4-14）得

$$\Delta\varepsilon=-\Delta\gamma\tag{4-20}$$

将式（4-11）和式（4-20）代入式（4-19），得

$$\frac{e}{\cos\left[(\varepsilon-\Delta\gamma)-\dfrac{1}{2}(\alpha-\theta)\right]}=\frac{Z}{\sin\Delta\gamma\sin\dfrac{1}{2}(\alpha+\theta)}\tag{4-21}$$

再将式（4-14）代入式（4-21），有

$$f=e\sin\Delta\gamma\sin\frac{1}{2}(\alpha+\theta)+Z\cos\left[(\alpha-\gamma-\Delta\gamma)-\frac{1}{2}(\alpha-\theta)\right]=0\tag{4-22}$$

式（4-22）表明了磨削余量 Z 对偏心方位角增量 $\Delta\gamma$ 的影响。计算出的 $\Delta\gamma$ 值小于零，意味着磨削余量 Z 的存在将使实际偏心方位角减小；实际偏心方位角的减小，有可能使夹持力 F 越过后支承角 β 的范围而指向 θ 角，导致夹持失稳。为防止夹持失稳，F 的方向角 $\varepsilon_0-\varepsilon_2$ 应满足

$$\varepsilon_0-\varepsilon_2>\theta\tag{4-23}$$

即

$$\frac{\pi}{2}-(\varepsilon+\Delta\varepsilon)+\frac{1}{2}(\alpha-\theta)-\frac{1}{2}(\alpha-\theta)>\theta\tag{4-24}$$

整理式（4-24）

$$\gamma+\Delta\gamma>\frac{\pi}{2}-\beta\tag{4-25}$$

考虑到安全系数 k_r，式（4-25）变为

$$\gamma+\Delta\gamma \geqslant k_r+\frac{\pi}{2}-\beta \tag{4-26}$$

以上为防止夹持失稳的条件，涉及的相关参数包括 e、α、β、γ 和 Z。在实际生产中，热后件毛坯进入制造环节，即若磨削余量 Z 给定，可参照表 4-6 并结合式（4-22）和式（4-25）调整合适的参数 e、α、β 和 γ。

4. 定位误差

实践表明，浮动支承的定位误差比固定支承的定位误差小，以下仅以固定支承的定位误差分析为例说明定位误差问题。图 4-21 所示为非自身定位的磨削方式简图，其中坐标系 Oxy 的原点为工件理想中心，x 轴的方向为磨削方向。

设工件定位表面上有一凸起 ΔR 位于后支承块 1 时，以 ΔR_1 表示，工件中心沿支承块 2 的斜面方向从 O 移至 O'，工件中心位移量 OO' 在磨削方向 x 轴上的投影 Δx_1 为

$$\Delta x_1=\Delta R_1\frac{\sin\alpha}{\sin(\alpha+\theta)} \tag{4-27}$$

用 ΔR_2 表示凸起点 ΔR 移动到前支承块 2，此时工件中心位移量 OO'' 在磨削方向 x 轴上的投影 Δx_2 为

$$\Delta x_2=\Delta R_2\frac{\sin\theta}{\sin(\alpha+\theta)} \tag{4-28}$$

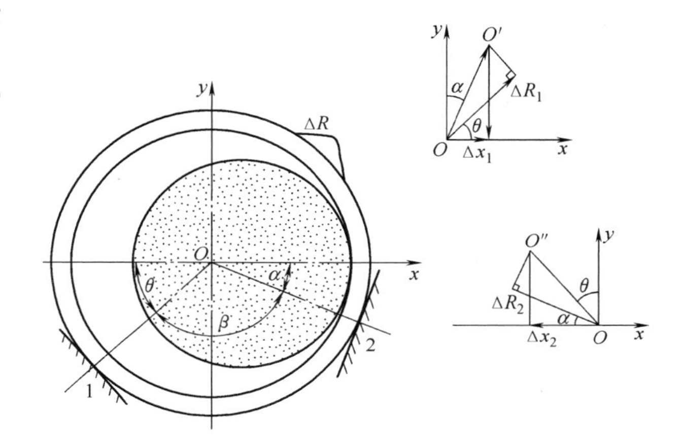

图 4-21 非自身定位磨削时表面凸起引起的定位误差

工件定位表面的凸起分布复杂，采用傅里叶级数在磨削点展开表示为

$$\Delta R=\sum_{i=2}^{\infty}C_i\cos(i\phi+\alpha_i) \tag{4-29}$$

式中，i 为工件定位表面谐波次数；C_i 为第 i 次谐波幅值；ϕ 为角度参变量；α_i 为初相位。

若在 1 和 2 处分别将 ΔR 展开，则

$$\begin{cases}\Delta R_1=\sum\limits_{i=2}^{\infty}C_i\cos[i(\phi-\alpha-\beta)+\alpha_i]\\ \Delta R_2=\sum\limits_{i=2}^{\infty}C_i\cos[i(\phi-\alpha)+\alpha_i]\end{cases} \tag{4-30}$$

定位表面同时在 1 点和 2 点与支承块接触，因此定位误差 Δ 可表示为

$$\Delta=\Delta R_1\frac{\sin\alpha}{\sin(\alpha+\theta)}-\Delta R_2\frac{\sin\theta}{\sin(\alpha+\theta)} \tag{4-31}$$

将式（4-30）代入式（4-31）

$$\Delta=\frac{\sin\alpha}{\sin(\alpha+\theta)}\sum_{i=2}^{\omega}C_i\cos[i(\phi-\alpha-\beta)+a_i]-\frac{\sin\theta}{\sin(\alpha+\theta)}\sum_{i=2}^{\omega}C_i\cos[i(\phi-\alpha)+\alpha_i] \tag{4-32}$$

可简化为

$$\Delta = \sum_{i=2}^{\omega} C_i k_i \cos[i\phi + \alpha_i - \delta_i] \tag{4-33}$$

$$\begin{cases} k_i = \sqrt{M_i^2 + N_i^2} \\ \delta_i = \arctan \dfrac{N_i}{M_i} \end{cases} \tag{4-34}$$

$$\begin{cases} M_i = \dfrac{\sin\alpha}{\sin(\alpha+\theta)}\cos[i(\alpha+\beta)] - \dfrac{\sin\theta}{\sin(\alpha+\theta)}\cos i\alpha \\ N_i = \dfrac{\sin\alpha}{\sin(\alpha+\theta)}\sin[i(\alpha+\beta)] - \dfrac{\sin\theta}{\sin(\alpha+\theta)}\sin i\alpha \end{cases} \tag{4-35}$$

k_i 可以化为简单的形式

$$k_i = \frac{\sqrt{\sin^2\alpha + \sin^2(\alpha+\beta) + 2\sin\alpha\sin(\alpha+\beta)\cos i(\pi-\beta)}}{\sin\beta} \tag{4-36}$$

比较式（4-29）和式（4-32），若工件定位表面的误差为 C_i，则加工表面的误差就是 $C_i k_i$，显然 k_i 表征了误差的放大倍数，把定位表面的误差传递给了加工表面，称 k_i 为第 i 次谐波的误差传递系数。为了减小加工表面的误差，k_i 越小越好，而对于特定的 i 值，前支承角 α 和后支承角 β 的大小将直接影响 k_i 的大小，因此，应优选 α 和 β，使 k_i 为最小。

4.3 套圈端面磨削

套圈端面是后续磨加工的重要工艺基准，因而端面磨削一般为轴承套圈磨削加工的第一道工序。端面磨削的加工误差将影响后续所有磨削环节的加工质量，如套圈宽度变动量小，无心外圆磨削才能得到更小的垂直差，高精度的端面和外圆为后工序提供良好的工艺基准[24]，才能保证整个套圈的磨削精度。

4.3.1 技术条件

端面磨削后的套圈，套圈宽度偏差（$t_{\Delta Bs}$ 或 $t_{\Delta Cs}$）和套圈宽度变动量（t_{VBs} 或 t_{VCs}）不得超过对应工序的“工序间技术条件”的规定值；对于有平面度要求的，需符合平面度要求；端面翘曲变形不得超过技术文件规定；基准端面不得“欠磨”或者“过磨”。表面粗糙度值不得低于现行标准；加工后端面不允许存在磕碰伤、车削痕迹、压伤或划伤等表面缺陷；残磁不得超过现行标准。

4.3.2 端面磨削方法

套圈端面磨削采用的磨床包含立轴式和卧轴式，大多采用砂轮端面磨削套圈端面以提升磨削效率，对于精度要求高的套圈，也可采用砂轮外圆面磨削以提升精度。

1. 立式平面磨

图 4-22 所示为立轴平面磨床磨削轴承端面的示意图，加工时一般先磨非基准面，然后磨基准面以保证滚道相对基准面的位置精度。

立轴平面磨削依靠砂轮端面磨削，磨削面积大，单位面积的磨削力小，大部分磨粒处在低于线接触有效切削力的恶劣磨削状态，即使每粒磨粒都具有锋利的刃口，磨削效率仍然很低，甚至于磨不动工件，出现“假钝化”现象；立轴砂轮主要作用的部位是在切深高度上的外圆周边和接近外周的工作端面，即立轴砂轮工作端面只有靠近周边的砂轮端面上的磨粒起主要切削作用，而内周边的砂轮端面仅在工件上起摩擦作用，切削区发热量大且切削液难以进入磨削区，易造成工件表面烧伤；摩擦面的存在还会使脱落掉的游离状态的砂粒不易排除，从而擦伤磨后表面。

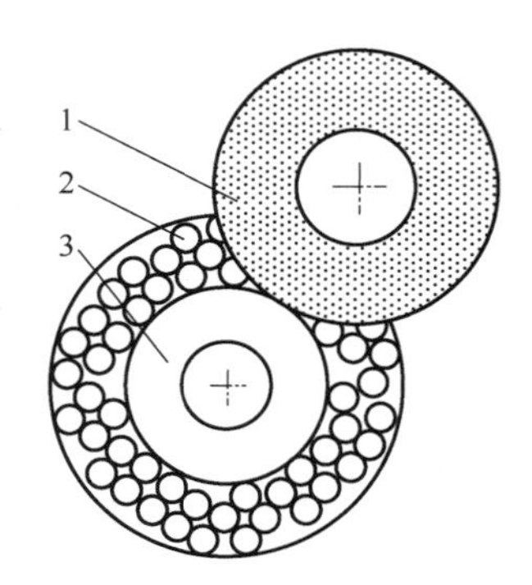

图 4-22　立轴平面磨床磨削轴承端面

1—砂轮　2—工件　3—电磁吸盘

立轴平面磨是单面磨削，需两次定位、两次磨削，定位误差、砂轮回转平面与工作台不平行造成的误差及电磁吸盘平面不平等综合因素会造成累加误差；另外，由于立轴平面磨床采用电磁力固定工件，磁力吸紧变形会造成较大的宽度变动量偏差（批量生产条件下，可达5~12μm），同时还会产生残磁问题：因而立轴平面磨只适用于中大尺寸，批量较小的中小尺寸，长径比大于1的中小尺寸（如外球面轴承内圈磨削）或两端面不对称（即两端面面积不同）的套圈端面磨削。

2. 卧式双端面磨削

双端面磨削是一台端面磨床上用两个砂轮同时磨削工件两端面的加工方法。与单端面磨削相比，双端面磨削减少了机动时间和辅助时间，加工中常采用自动上下料，且无须退磁，不仅提高了生产率，还减轻了劳动强度。从磨削精度来说，被加工表面就是定位面，且一次磨削两个端面，避免了定位误差和加工误差的叠加，也不存在磁台不平及磁力吸引工件变形而造成的加工误差。

（1）双端面磨削方式分类　双端面磨削的种类很多，主要差别在于送料方式，现有的送料方式包括直线贯穿式、圆弧贯穿式、直线往复式、圆弧往复式及工件自转送进式，如图4-23所示。

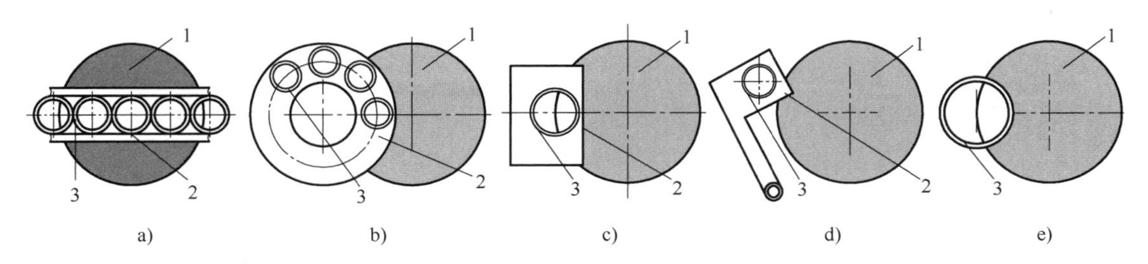

图 4-23　双端面磨削送料方式

a）直线贯穿　b）圆弧贯穿　c）直线往复　d）圆弧往复　e）工件自转送进

1—砂轮　2—送料机构　3—工件

直线贯穿式的工作原理如图4-23a所示，主要适用于形状简单的环形工件，如轴承套圈、垫圈、活塞环等，效率高且容易实现自动化；两平面面积不等（如圆锥滚子轴承套圈）采用此方式时，需要用差速双端面磨削设备。圆弧贯穿式的工作原理如图4-23b所示，适用于长径比大于1的零件，如小型轴承套圈、微型套圈、滚子等，双端面磨削加工效率和表面质量均强于立式单平面磨削，但需要频繁更换工装。直线往复式的工作原理如图 4-23c 所示，适用于磨削表面大的零件或大型工件。圆弧往复式的工作原理如图 4-23d 所示，可以很经济地加工形状复杂的工件，也适用于批量不太大而精度要求高的工件。工件自转送进式的工作原理如图 4-23e 所示，适用于加工大型轴承套圈，加工时工件自转的同时被送进两砂轮间，通常砂轮进行切入式进给。

（2）机床的静态调整　在机床调整时，两个磨头在水平面和垂直面内都倾斜适当角度，形成工件进口处开口大而出口小的状态，使工件通过磨削区时能均匀地去除磨削余量，并经历粗磨、半精磨、精磨和无进给光磨的完整磨削过程，一般要求套圈在进口侧 1/3 左右的区域粗磨，磨去余量的 2/3，剩下的 1/3 余量是在其余 2/3 的区域上通过半精磨和精磨切除。

（3）砂轮磨削端面的形状　双端面磨削的砂轮磨削端面包含外凸型和内凹型，如图 4-24 所示。外凸型端面的两凸形砂轮在进口至中心一侧形成近似锥形的通道，便于逐步磨去金属余量，在中心至出口一侧形成接近平行的巷道，便于精修工件端面，以保证获得较高的精度和较低的粗糙度值；内凹型砂轮靠近中心的部分切削能力低，有意使其少参加或不参加切削以避免消耗不必要的功率，由于外缘处易磨损，可有意让其比中心高一些，以便在此处磨损后逐步增加磨削面积，使砂轮端面逐步成为凸形以延长砂轮寿命。

3. 卧轴周边磨削

以上两种磨削方法均采用砂轮端面磨削，对轴承套圈这种批量制造的零件具有显著优势；但随着滚动轴承精度要求的日渐提升，端面磨中产生的大量磨削热已难以保证精度高的套圈端面磨削需求，因而在一些高精度套圈端面的加工中会采用“周磨”的磨削方式。砂轮周边磨削时磨床主轴按卧式布局，图 4-25 所示为卧轴矩台式平面磨床的磨削方式，工件除了可安装在图示往复直线运动的矩形工作台外，也可安装在做圆周运动的圆形工作台上。加工时工件被电磁工作台吸住，砂轮做旋转主运动，工作台做纵向往复运动，砂轮架做间歇的竖直切入运动和横向进给运动。

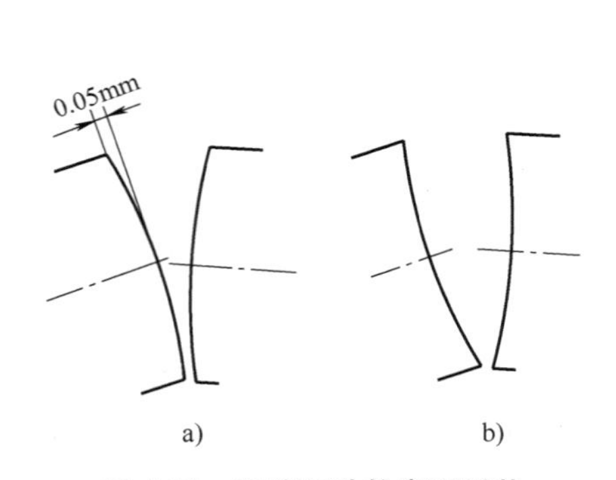

图 4-24　双端面砂轮表面形状

a）外凸型　b）内凹型

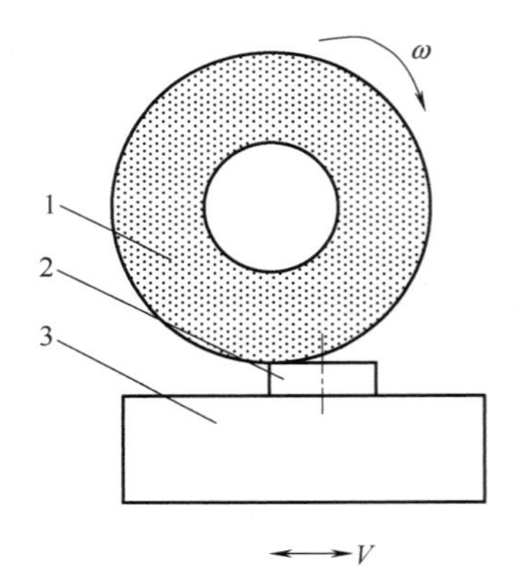

图 4-25　卧轴矩台式平面磨床的磨削方式

1—砂轮　2—工件　3—电磁吸盘

用砂轮圆周面磨削平面时，砂轮与工件的接触面积小，摩擦发热小，排屑和冷却条件好，加工时不易产生热变形，工件加工质量高；但因磨削时要用间断的横向进给来完成整个工件表面的磨削，因此生产率低，只在平面精度要求高的轴承套圈端面磨削中应用，也较多应用于角接触球轴承的配对加工中。

4. 端面研磨

对于一些精度和表面粗糙度要求很高（如 P4 或 P2 精度）的轴承套圈零件，需采用研磨加工才能达到其需求精度和表面质量。研磨属于游离磨粒加工，是在其他金属切削加工方法未能满足工件精度和粗糙度要求时采用的一种精密加工工艺，图 4-26 所示为常用轴承端面研磨的加工原理图。

研磨工艺的基本原理是磨粒通过研具对工件进行微量切削，这种微量切削包含着物理和化学的综合作用。工作时，细微磨粒分布在研具之间，研具相互运动对研工件表面，从而获得精密的尺寸精度、平行差、平面度及低粗糙度值。

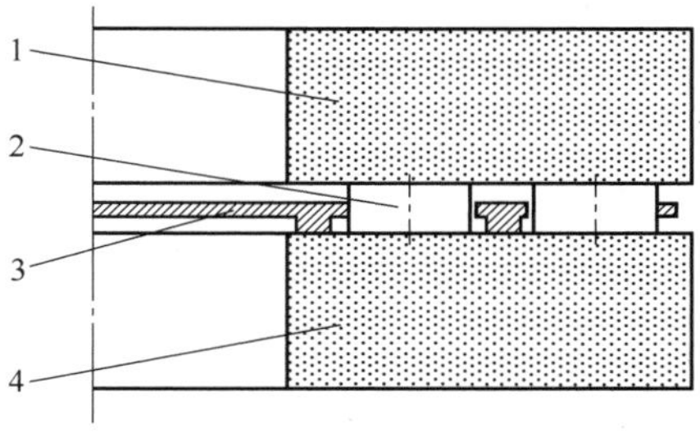

图 4-26　常用轴承端面研磨的加工原理

1—研具　2—工件　3—送料盘　4—研具

4.3.3　端面磨削常见的质量问题

如前所述，轴承套圈端面磨削应用最为广泛的为立式单端面磨削与卧式双端面磨削，无论采用哪种磨削方式，均需满足端面磨削的技术条件要求。由于设备布置形式有结构差异，出现的磨削质量问题也存在一定差别[25]。

1. 立式单端面磨削的常见质量问题

宽度变动量超差、宽度偏差超差、平面度超差及表面粗糙度值差是立式单端面磨削中常出现的磨削质量问题。

（1）宽度变动量超差　造成宽度变动量（t_{VBs} 或 t_{VCs}）超差的原因包含立式端面磨床电磁工作台本身问题和工件轴与砂轮轴相对位置问题两个方面。

电磁工作台是工件的支承面和定位面，其质量问题会直接反映到磨削后的套圈上，造成套圈的宽度变动量 t_{VBs} 或 t_{VCs} 超差。电磁工作台磨损、磕碰伤毛刺、冲洗不干净时，套圈定位会存在问题，磨削时套圈上磨去的余量就会不均衡，套圈磨削面与定位面产生一定的夹角，从而造成宽度变动量 t_{VBs} 或 t_{VCs} 超差，需定期修磨电磁工作台并保证磨削加工时工件与工作台接触良好；电磁工作台的电磁吸力不足时易造成工件打滑，造成宽度变动量超差；电磁工作台的轴向振动也是造成宽度变动量超差的直接原因，需定期检查维护电磁工作台主轴传动机构中的易损件。

砂轮轴与工作台平面之间的垂直差不仅直接影响宽度变动量，还影响端面磨削后的磨削纹路，需严格调整其相对位置，调整后还需修磨电磁工作台表面以保证两者之间的位置关系。

（2）宽度偏差超差　套圈宽度偏差（$t_{\Delta Bs}$ 或 $t_{\Delta Cs}$）超差的原因包括机床本身系统精度问题，也包含工艺问题。机床系统精度方面，进给机构配合件间的间隙、磨头导轨与垂直导轨的间隙或砂轮主轴轴承磨损后间隙过大造成的进给量不准确均会造成宽度偏差超差，电磁工作台磁力小会造成磨削打滑、砂轮主轴与电磁工作面垂直差超差，工件定位不稳，磨削时的打滑也会造成宽度偏差超差；工艺方面，磨削时垂直进给量大，光磨时间短，砂轮硬度选用不合适或砂轮硬度不均匀，都会造成宽度偏差超差。

（3）平面度超差　轴承套圈（尤其是薄壁轴承套圈）的平面度是重要的质量指标之一，套圈磨削平面度超差的主要因素包括：套圈毛坯的平面度误差过大难以修正；磨削时电磁工作台磁力太大，无法改善平面度误差；垂直进给量太大或光磨时间太短，无法修磨因受磨削力产生的弹性变形；电磁工作台转速过高，纵向进给量相对增加造成平面度误差超差；砂轮硬度太硬，冷却液不足或变质造成磨削热增加且难以释放，工件受热变形造成平面度超差。

（4）表面粗糙度值大　影响表面粗糙度值的因素包括：砂轮轴振动；砂轮粒度太粗或修整太粗糙；进给量太大；光磨时间太短，磨削冷却液不充分或变质等。

2. 卧式双端面磨削的常见质量问题

宽度变动量超差、端面磨纹与磨伤、套圈滚道对端面的平行差超差是卧式双端面磨削的常见质量问题。

（1）宽度变动量超差　造成宽度变动量（t_{VBs} 或 t_{VCs}）超差的原因包含机床调整与工艺调整两个方面。机床调整方面：双端面磨削的两片砂轮的工作面在水平方向和垂直方向的角度调整不合理；导板宽度过窄，上、下导板间的间隙过大造成套圈运转不平稳等；砂轮主轴轴承磨损造成轴向窜动量大；修整器轴承磨损，修整精度降低。工艺调整方面：送料速度太快或太慢，套圈在磨削区域内不能处于良好的磨削状态；磨削深度大，贯穿磨削次数不足；原始毛坯宽度散差过大，部分套圈磨削量大，一些套圈则很小，磨削区内套圈处于不良状态。另外，砂轮长时间不修整，砂轮偏软等也会造成平行差超差。

（2）端面磨纹与磨伤　产生端面磨纹不整齐或磨伤的主要原因在于出口区，工件出口角度太小，工件离开磨削区时还在磨削，无光磨区域；工件进出口处导板之间距离比工件宽度大得多或与砂轮工作面的位置调整不当，出口导板与砂轮工作面不平行，进口导板高于砂轮端面；出口区不顺畅等均易造成磨伤。另外，磨削深度太大，贯穿磨削次数太少，送料速度不均匀，导板磨损未及时修复，零件运行过程中出现跳跃，也是产生磨伤的主要原因。

（3）套圈滚道对端面的平行差超差　由于卧式双端面磨削加工的工艺布局特点，磨削后极易破坏套圈外表面素线对端面的倾斜度变动量，引起套圈滚道对端面的平行度 t_{Si}、t_{Se} 增加。主要原因在于磨削速度太快，磨削深度太深，造成磨削力增大，工件产生平行四边形形状的变形；上、下导向板磨损严重，凸凹不平使工件无法处于有效支承状态。

4.4　套圈外圆磨削

滚动轴承外径表面是轴承产品安装与应用的基准表面，其质量的优劣直接影响到轴承在主机中的安装质量进而影响主机的精度。尤为重要的是，套圈外径表面和端面一起构成磨后工序的加工定位基准，其表面误差会传递到后续工序。

4.4.1　技术条件

磨削后轴承套圈尺寸精度平均外径偏差 $t_{\Delta Dmp}$ 和圆形偏差 ΔCir、单一径向平面内外径变动量 t_{VDsp}、平均外径变动量 t_{VDmp}、外径表面对端面的垂直度 t_{Sd} 等几何精度不得超过工序间技术要求；表面粗糙度应符合图样要求；表面不得有磨伤、划伤、振纹、黑皮、磕碰伤等。

4.4.2　套圈外圆磨削方法

套圈外径磨削方法包含定心磨削、电磁无心夹具磨削及贯穿式无心磨削 3 种常用磨削方式[26]。根据轴承套圈零件的批量特征，应用最多的是贯穿式无心磨削。

贯穿式无心磨削在贯穿式无心磨床（如 M1080）上加工，这种加工方式效率高，精度好，非常适合大批量中小型套圈的外圆磨削；但该类设备调整相对困难，若几何布局不当，往往会产生很严重的表面误差——圆形偏差[27]。

贯穿式无心磨床有一定的尺寸范围限制，对于一些尺寸较大，外圆圆度要求高的轴承套圈，会采用电磁无心夹具支外磨外或支内磨外的方式开展外径磨削。

对于一些尺寸更大、精度要求不高或者批量更小难以专门制作专用电磁无心夹具的工件，也可采用定心磨削，一些新型的数控立式磨床采用的即为定心磨削方法，其加工精度依靠磨床本身精度来保证。

采用电磁无心夹具的外径磨削方法参见本章第 2 节，定心磨削轴承套圈外圆的磨削方法可参考第 3 章中关于定心夹具的介绍，以下详细论述贯穿式无心磨削。

4.4.3 贯穿式无心磨削

贯穿式无心磨削的工作原理如图 4-27 所示。在磨削时，工件 W 位于导轮和托板间，以导轮和托板的工作表面（点 C 和点 B）定位，工件在运动中和砂轮接触，以实现磨削加工。与支外磨外的磨削方式一样，贯穿式无心磨工件的被加工表面是定位表面，由于被加工工件表面的圆度误差影响，加工过程中随着工件转动，其中心位置在径向平面内也将同时运动，因而也属于“无心”磨削。

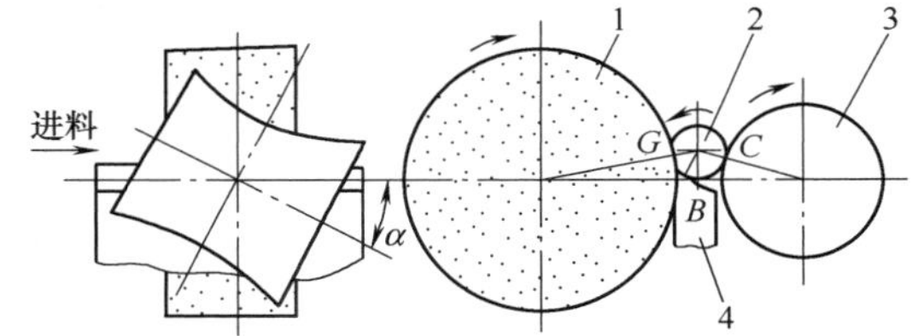

图 4-27 贯穿式无心磨削的工作原理

1—砂轮 2—工件 3—导轮 4—托板

图 4-28 所示为砂轮、导轮与托板的几何布局在外圆无心磨削中，若砂轮半径 R_G、导轮半径 R_C 和工件半径 R_W 一定，则工件中心高 h、托板斜角 ϕ 和导轮倾角 α 这 3 个参数就决定了磨削区域的几何布局，其中 h 和 ϕ 决定了工件的成圆过程，h 和 α 决定了工件正常运动规律；h、ϕ 和 α 的综合作用决定了工件在磨削过程中的力学特征即运动特性，因此，h、ϕ 和 α 称为外圆无心磨削的基本参数。

工件在磨削时的实际运动包含绕自身轴线的转动与沿自身轴线的轴向移动两种运动形式，工件的运动在砂轮、导轮和托板的联合作用下进行，其中作用最大的是导轮。由于导轮倾角 α 的存在，使得导轮上 C 点的速度在空间坐标中可以分解为与工件移动方向一致的分速度 V_{Cy} 和与工件转动方向一致的 V_{Cx}。导轮和工件之间接触，接触点的速度与工件速度 V_{Wx}、V_{Wy} 直接相关，描述为

$$\begin{cases} V_{Wy}=K_yV_{Cy} \\ V_{Wx}=K_xV_{Cx} \end{cases} \tag{4-37}$$

式中，K_y 为工件移动速度损失系数；K_x 为工件转动速度损失系数。

导轮的分速度 V_{Cy} 和 V_{Cx} 可表示为

$$\begin{cases} V_{Cy}=\omega_C R_C\cos\phi\sin\alpha \\ V_{Cx}=\omega_C R_C\{\sin\phi\sin[\arctan(\tan\phi\cos\alpha)]+\cos\phi\cos\alpha\cos[\arctan(\tan\phi\cos\alpha)]\} \end{cases} \tag{4-38}$$

式中，ω_C 为导轮自转角速度；ϕ 为工件与导轮的接触角。

在实际加工中，导轮的转速约为砂轮的 1/60~1/80，因此导轮虽然也是砂轮，但不参与磨削，只与工件之间摩擦并依靠摩擦力带动工件转动。

通过以上分析，总结贯穿式外圆无心磨削的特点如下：

1）工件中心不固定。工件“自由”放置于定位夹具中，磨削过程中工件中心位置随着工件的转动在径向平面内不固定。

2）自身定位。工件的磨削面就是定位基面，因此工件磨削表面的原始误差及磨削后的误差都会反映为定位误差，进而反映为加工误差。

3）特殊的工件运动控制方法。工件的运动由砂轮、导轮和托板联合控制，并以导轮的控制为主。工件运动的稳定性不仅取决于机床运动传动链，还与工件、导轮及托板的实际情况（如工件形状、重量，导轮及托板的材料、表面状态，机床布局）及采用的磨削用量和砂轮性质等因素有关。

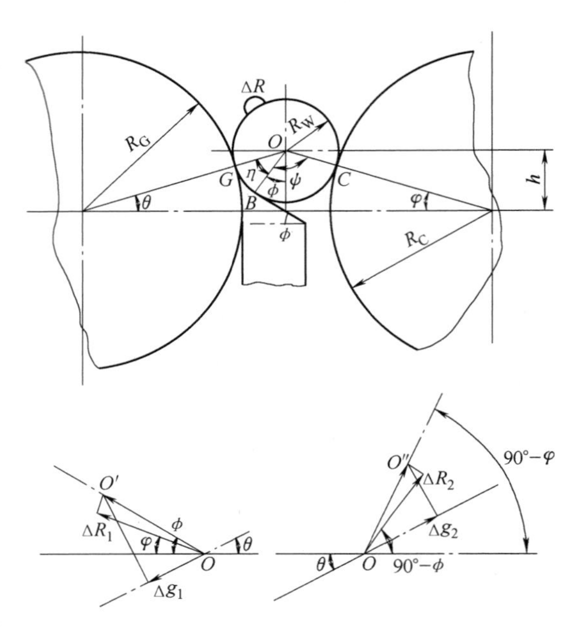

图 4-28　砂轮、导轮与托板的几何布局

4）易实现生产过程的自动化，生产率很高。

4.4.4　贯穿磨的几何成圆

在贯穿式外圆无心磨削中，工件表面的成圆具有特定的规律，依据考虑因素差异分为几何成圆理论、静态成圆理论和动态成圆理论。其中几何成圆理论研究工件表面的成圆规律时仅考虑几何布局参数 h 和 ϕ；静态成圆理论除了考虑几何布局参数 h 和 ϕ 外，还引进了工艺系统的静刚度参数；动态成圆理论除考虑上述几何布局和静刚度参数外，还有工艺系统的动刚度、磨削刚度、磨损刚度及工件转速等固定的、可变的和线性的、非线性的参数。

1. 成圆的几何关系

成圆是指工件通过磨削过程能够越磨越圆的工艺条件。从圆度角度来看，被加工工件加工前的表面凸凹不平，为使工件越磨越圆，就必须对工件表面凸起部分多磨去些金属，而低点则应少磨去些金属；从磨削加工角度来看，在磨凸起时，应使工件朝砂轮移动以增大磨削量，而在磨低点时，应使工件背离砂轮移动以减小磨削量。

进一步分析工件、砂轮、导轮和托板之间的几何关系，如图 4-28 所示：η、ϕ 为与成圆有关的中间参数；θ 为工件与砂轮接触角，即磨削方向角；R 为半径；下标 W 指工件，C 指导轮，G 指砂轮。

由图 4-28 中的几何关系可知，参数 η、ψ、θ 和 ϕ 满足

$$\begin{cases}\eta+\phi+\theta=\dfrac{\pi}{2}\\ \psi+\varphi+\theta+\eta=\pi\end{cases}\tag{4-39}$$

即

$$\psi=\frac{\pi}{2}+\phi-\varphi \tag{4-40}$$

参数 h 描述为

$$h=(R_W+R_C)\sin\phi \tag{4-41}$$

参数 θ 描述为

$$\sin\theta=\frac{h}{R_G+R_W} \tag{4-42}$$

由于单次磨削的加工量小，可假定砂轮半径 R_G、工件半径 R_W 及导轮半径 R_C 为常数，则以上几何关系可简化为

$$\begin{cases}h=h(\eta,\psi)\\ \phi=\phi(\eta,\psi)\end{cases} \tag{4-43}$$

或

$$\begin{cases}\eta=\eta(h,\phi)\\ \psi=\psi(h,\phi)\end{cases} \tag{4-44}$$

工件中心高 h 和托板斜角 ϕ 可直接得到，η 和 ψ 需间接得到，且 η 和 ψ 对工件成圆有很大影响，而它们又依赖于 h 和 ϕ，故 h 和 ϕ 是几何成圆理论中重要的工艺参数。实质上 h 和 ϕ 最终影响的是前述关于电磁无心夹具成圆分析中的前、后支承角的大小，两者具备显著关联性。

2. 成圆过程中的误差

如前所述，成圆是指工件通过磨削过程能够越磨越圆的工艺条件，加工过程中应尽可能消除工件原始的圆度误差，以下研究加工过程中的定位误差与合成误差。

在论述电磁无心夹具的定位误差时，研究的是非自身定位时的定位误差，而采用贯穿式外径磨削时，导轮和托板相当于无心夹具的前、后支承，被加工表面是工件的外圆，因而属于自身定位。为了描述两者之间的差异，绘制加工时的几何关系如图 4-29 所示，图中 B、C 分别为托板和导轮与工件的接触位置，G 为砂轮磨削位置，工件表面形状是一条很复杂的单调、封闭的周期曲线。与图 4-19 的分析类似，假定工件表面上有一个凸起 ΔR（凹坑可认为是负的凸起），当凸起 ΔR 与导轮接触时，ΔR 的方向和 C 处导轮法线方向一致，工件中心 O 沿托板斜面方向移动至 O'。

用 ΔR_1 表示运动至 C 点的 ΔR，则有工件中心的位移量

$$OO'=\frac{\Delta R_1}{\cos(\varphi-\phi)}=\frac{\Delta R_1}{\cos\left(\frac{\pi}{2}-\psi\right)}=\frac{\Delta R_1}{\sin\psi} \tag{4-45}$$

式（4-45）的推导过程引用了式（4-40）表述的几何关系。将工件中心位移量 OO' 向磨削方向（即砂轮上 G 点法线方向）投影，可得一个凸起在 C 点产生的定位误差 Δg_1 为

$$\Delta g_1=OO'\cos(\phi+\theta) \tag{4-46}$$

将式（4-45）代入式（4-46），并令 ΔR 和导

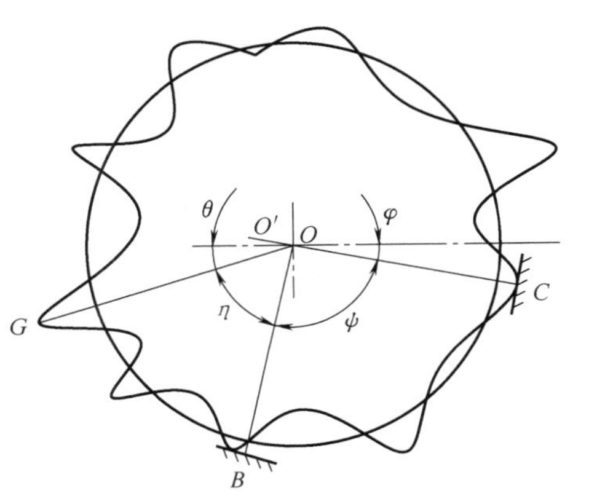

图 4-29　砂轮、导轮与托板的几何关系

轮接触时的误差传递系数为 ε_1，则式（4-46）可简化为

$$\Delta g_1=\varepsilon_1\Delta R_1 \tag{4-47}$$

$$\varepsilon_1=\frac{\sin\eta}{\sin\psi} \tag{4-48}$$

如果 ΔR 在 B 点和托板接触，则 ΔR 的方向和托板斜面方向垂直，工件中心将沿导轮与工件接触点 C 处的切线方向由 O 移至 O''，用 ΔR_2 表示运动至 B 点的 ΔR，则工件中心的位移量为

$$OO''=\frac{\Delta R_2}{\cos\left[\frac{\pi}{2}-\varphi-\left(\frac{\pi}{2}-\phi\right)\right]} \tag{4-49}$$

凸起在 B 点产生的定位误差 Δg_2 为

$$\Delta g_2=OO''\cos\left(\frac{\pi}{2}-\varphi-\theta\right) \tag{4-50}$$

将式（4-49）代入式（4-50），并令 ΔR 和托板接触时的误差传递系数为 ε_2，则式（4-50）可简化为

$$\Delta g_1=\varepsilon_2\Delta R_2 \tag{4-51}$$

$$\varepsilon_2=\frac{\sin(\psi+\eta)}{\sin\psi} \tag{4-52}$$

以上分析的是工件表面一个凸起分别在 C、B 时所产生的定位误差，图 4-29 所示封闭曲线表征的是工件外表面，是一个半径为 R、圆心角为 θ 的连续、单值并以 2π 为周期的函数[28-29]。和前面的处理方法一样，也可采用傅里叶级数在磨削点 C 处展开为

$$R(\theta)=R_{\mathrm{W}}+\sum_{i=2}^{\infty}C_i\cos(i\theta+\alpha_i) \tag{4-53}$$

半径的增量部分属于圆度问题，表征为

$$\Delta R(\theta)=\sum_{i=2}^{\infty}C_i\cos(i\theta+\alpha_i) \tag{4-54}$$

式中，i 为第 i 次谐波；C_i 为第 i 次谐波的振幅，即原始误差的幅值；θ 为圆心角，属参变量；α_i 为第 i 次谐波的初相位角。

若在 C 点展开工件表面，则原始误差 ΔR 变为 ΔR_1，即

$$\Delta R_1=\Delta R_1(\theta)=\sum_{i=2}^{\infty}C_i\cos[i(\theta+\eta+\psi)+\alpha_1] \tag{4-55}$$

同理，原始误差 ΔR 在 B 点可表示为

$$\Delta R_2=\Delta R_2(\theta)=\sum_{i=2}^{\infty}C_i\cos[i(\theta+\eta)+\alpha_1] \tag{4-56}$$

工件表面在 C、B 两个定位点同时和定位元件（导轮、托板）接触，因此定位误差表示为

$$\Delta(\theta)=\varepsilon_1\Delta R_1(\theta)-\varepsilon_2\Delta R_2(\theta) \tag{4-57}$$

式中，“-”号表示 Δg_2 的方向与原始误差 ΔR 在 C 处的方向相反。此式计算所得为贯穿外圆磨时工件的定位误差。

对比式（4-54）与式（4-29），可发现两者的表述形式一致，这也进一步说明贯穿式外圆磨削与电磁无心夹具支承磨削的内在一致性。在实际加工中，工件的原始误差对加工精度也有直接影响，式（4-54）可以理解为工件表面的原始误差，则磨削点 C 处原始误差 $\Delta R(\theta)$ 与定位误差 $\Delta(\theta)$ 的累积——合成误差 ΔH 可表示为

$$\Delta H=\Delta R(\theta)+\Delta(\theta) \tag{4-58}$$

将式（4-54）和式（4-57）代入式（4-58）

$$\Delta H = \sum_{i=2}^{\infty} C_i\{\cos(i\theta + \alpha_i) + \varepsilon_1\cos[i(\theta + \eta + \psi) + \alpha_i] - \varepsilon_2\cos[i(\theta + \eta) + \alpha_i]\} \tag{4-59}$$

为了进一步简化式（4-59），令

$$\begin{cases}A_i=1+\varepsilon_1\cos i(\eta+\psi)-\varepsilon_2\cos i\eta\\ B_i=-\varepsilon_1\sin i(\eta+\psi)+\varepsilon_2\sin\eta\end{cases} \tag{4-60}$$

则式（4-59）简化为

$$\Delta H = \sum_{i=2}^{\infty} C_i[A_i\cos(i\theta + \alpha_i) + B_i\sin(i\theta + \alpha_i)] \tag{4-61}$$

式（4-59）中综合考虑了各次谐波的合成误差，第 i 次谐波的合成误差表示为

$$\Delta H_i=C_iA_i\cos(i\theta+\alpha_i)+C_iB_i\sin(i\theta+\alpha_i) \tag{4-62}$$

由图 4-30 的几何关系，式（4-62）可变为

$$\Delta H_i=C_i\sqrt{A_i^2+B_i^2}\cos(i\theta+\alpha_i-\delta_i) \tag{4-63}$$

式中，δ_i 为第 i 次谐波的方向角，表示为

$$\delta_i=\arctan\frac{B_i}{A_i} \tag{4-64}$$

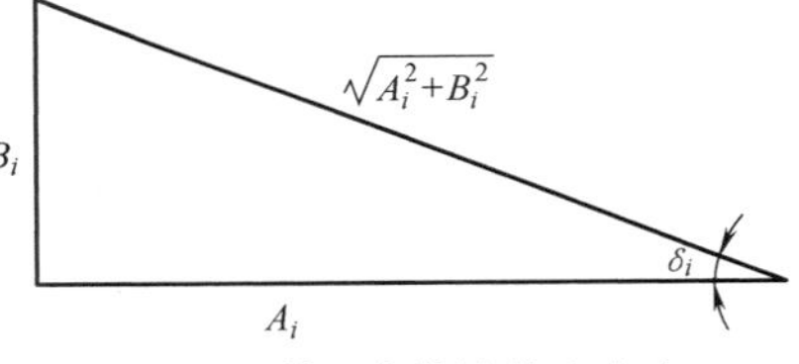

图 4-30 第 i 次谐波的方向角

由式（4-63）合成的误差 ΔH_i 为一向量，方向角为 δ_i，其物理意义为工件表面上的凸起在磨削点 G 处的位移大小和方向，如图 4-31 所示。

3. 成圆条件

在磨削时，若 ΔH_i 指向砂轮表面，则有利于磨去工件上的凸起，反之不利；也可以说 ΔH_i 的分量 C_iA_i 的方向指向砂轮时有利于工件成圆，否则不利于成圆。由于 $C_i>0$，故得出以下成圆条件的结论：

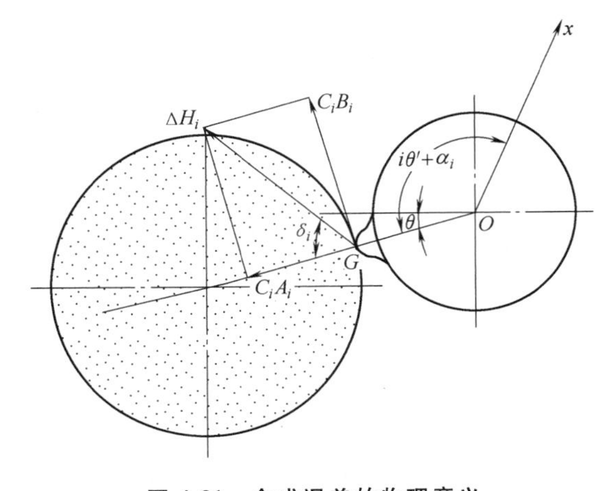

图 4-31 合成误差的物理意义

1）$A_i<0$。表明磨削中工件表面凸起运动至磨削点 G 时，由于合成误差 ΔH_i 的作用，该凸起同时向脱离砂轮的方向位移，不仅不能磨去凸起改善圆形偏差，还会使圆形偏差不断增大，称工件状态为不稳定状态。

2）$A_i>0$。表明在磨削中工件表面凸起运动至磨削点 G 时，由于合成误差 ΔH_i 的作用，该凸起同时向靠近砂轮的方向位移，能磨

去或减小凸起，从而改善圆形偏差，称工件状态为稳定状态。

3）$A_i=0$。属于临界位置，工件上凸起既不脱离也不靠近砂轮，该凸起的大小不发生变化，圆形偏差保持磨削前的状况，也属于不稳定状态。

以上结论表明参数 A_i 和工件成圆直接相关，故称 A_i 为磨圆系数，其完整表达式为

$$A_i=1+\frac{\sin\eta}{\sin\psi}\cos i(\eta+\psi)-\frac{\sin(\eta+\psi)}{\sin\psi}\cos i\eta \tag{4-65}$$

在实际调整中，依据工件原始误差的对应的谐波次数，以式（4-65）为依据来选择参数 η 和 ψ（即 h 和 φ）以保证对应谐波次数的 $A_i>0$，磨削过程中将修正第 i 次谐波的圆度[30-32]。

例 4-1 在某贯穿式外圆无心磨床上磨削一批轴承套圈的外表面，已知外表面为 3 次谐波，$R_G=200\text{mm}$，$R_C=150\text{mm}$，$R_W=25\text{mm}$。若取参数 $h=15\text{mm}$，$\phi=30°$，问磨削后能否减小 3 次谐波的幅值？

解：将已知条件代入式（4-41）与式（4-42）

$$\theta=\arcsin\frac{h}{R_G+R_W}=\arcsin\frac{15}{200+25}=30°49'21.19''$$

$$\varphi=\arcsin\frac{h}{R_C+R_W}=\arcsin\frac{15}{150+25}=40°55'1.56''$$

将 θ、φ 与 ϕ 值代入式（4-39）、式（4-40），求得 η 和 ψ 值并代入式（4-65）

$$\begin{aligned}A_3&=1+\frac{\sin\eta}{\sin\psi}\cos3(\eta+\psi)-\frac{\sin(\eta+\psi)}{\sin\psi}\cos3\eta\\&=1+(-0.82289)-(-0.16442)\\&=0.34153>0\end{aligned}$$

$A_3>0$，可知该批工件越磨越圆。

例 4-2 与例 4-1 的磨削条件一致，但工件的外表面为 2 次谐波，问磨削后能否减小 2 次谐波的幅值？

解：将上述 η 和 ψ 值代入式（4-65）

$$\begin{aligned}A_2&=1+\frac{\sin\eta}{\sin\psi}\cos2(\eta+\psi)-\frac{\sin(\eta+\psi)}{\sin\psi}\cos2\eta\\&=1+0.87491-(-0.06381)\\&=1.93872>0\end{aligned}$$

$A_2>0$，可知该批工件越磨越圆。

以上两个例子表明：在无心外圆磨削中，无论磨前工件表面具有何种圆形偏差，即无论 i 为何值，只要合理选择工件中心高 h 和托板斜角 ϕ 这 2 个参数，就可以消除或减轻该种圆形偏差。

4. 几何稳定区域

为了方便地选择无心磨床的最佳磨削区，可以令 $A_i=0$，并在生产中常用的磨削几何区域画出相应的封闭曲线图。在 $A_i\leqslant0$ 区域打上阴影线，阴影线区域内所标注的 i 数字，说明该 i 次谐波在此区域处于不稳定状态。图 4-32 所示为无心磨削几何区域稳定图，其中图 4-32a 的谐波范围为 $i=2\sim20$，图 4-32b 的谐波范围为 $i=2\sim14$，可知当 $i\leqslant20$ 时，无心磨削的几何稳定区是比较宽大的。一般，当切削角 $\gamma=5°\sim7°$时可获得很好的成圆效果。

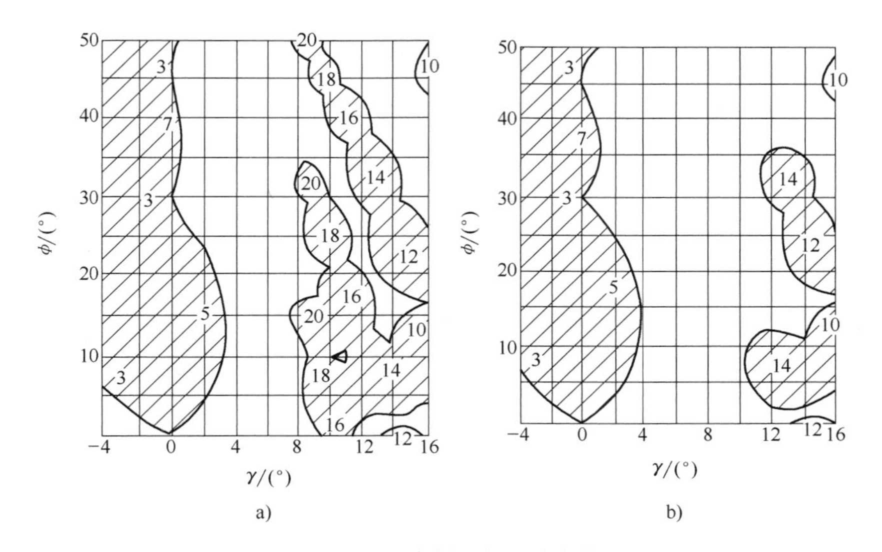

图 4-32　无心磨削几何区域稳定图

a) $i=2\sim20$　b) $i=2\sim14$

图 4-32 中的参数 γ 为切削角，其表达式为

$$\gamma=\theta+\varphi=\pi-(\eta+\varphi) \tag{4-66}$$

稳定条件是 θ 与 φ 的比值约等于导轮半径 R_C 与砂轮半径 R_G 的比值，即

$$\frac{\theta}{\phi}\approx\frac{\sin\theta}{\sin\phi}=\frac{R_C+R_W}{R_G+R_W}\approx\frac{R_C}{R_G}=0.7 \tag{4-67}$$

式（4-67）的比值近似为 0.7，认为工件半径 R_W 远远小于 R_C 和 R_G。贯穿式无心磨床 R_C 与 R_G 的比值一般在 0.6～0.8 之间，且多为 0.7，限于以上约束，若 R_C 与 R_G 的比值与 0.7 差距较大或工件直径较大时，不能采用图 4-31 判断稳定性，而应由计算的 A_i 值判断。

4.4.5　贯穿磨的砂轮修整

贯穿无心磨中包含参与切削作用的砂轮与导轮，虽然只有砂轮参与磨削，但由于导轮本身也是砂轮，且其形状与工件运动稳定性相关，因而也需修整，无心磨床上分别设置了砂轮和导轮的修整器。

1. 砂轮修整

在无心磨床贯穿磨削时，由于工件外径尺寸变化，因而砂轮的形状不是简单的圆柱形轮廓，应修整为折线形状以实现喂料、预磨、精磨、无进给磨、退料等过程。

图 4-33 所示为典型的贯穿磨砂轮外廓形。图中 Δ_1 为入口区，约为 0.5mm，该区域设置的目的是保证工件顺利进入磨削区，防止工件进入不畅造成磨削烧伤，对应的 b_1 长度约为 10～15mm；Δ_2 为导出端口，约为 0.2mm，可保证磨削后的工件顺利离开磨削区，对应的 b_2 长度约为 5～

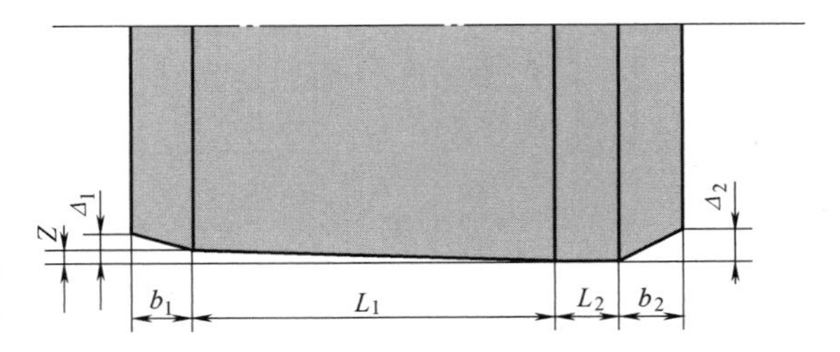

图 4-33　典型的贯穿磨砂轮外廓形

10mm；L_2 为光磨区，可给出工件弹性变形的释放空间，保证外径尺寸，一般粗磨时 L_2 长度设置约为 20mm，精磨时设置约为 50mm；L_1 为主磨削区，外径尺寸主要在这一区域去除，其长度依据设备上的砂轮总高确定。在磨削过程中，磨削火花应集中在主磨削区域；工件进入精磨及无进给光磨区后，火花应逐渐减少；工件在出口处应完全没有火花。砂轮修整采用曲线形修整，修整器的径向移动由设备上的靠模实现。

2. 导轮修整

在贯穿外圆无心磨的几何布局（见图 4-27）中，导轮轴线倾斜了一个 α 角度，而磨削中保证工件表面稳定运动的一个条件是工件和导轮必须保持良好接触，即整个磨削区域中沿工件宽度方向上工件和导轮应保持线接触，且应保证工件中心轨迹和砂轮轴线平行。

图 4-34 所示为不同外廓形的导轮与工件的接触形态：若导轮外形为圆柱形，由于导轮倾角 α 的影响，导轮与工件的接触为点接触，如图 4-34a 所示；若要保证导轮与工件线接触，则需导轮的理想形状为近似单叶双曲面的内凹曲面，如图 4-34b 所示，内凹曲面是由工件与导轮接触的空间曲线绕导轮轴线回转一周所描绘过的轨迹。

理想的导轮修整方法，是采用与被加工工件尺寸一致的圆柱金刚滚轮在导轮外径面按照前述运动规则加工导轮的外径面；但由于现有机床结构限制及金刚滚轮修整器的成本问题，大多外圆贯穿磨床仍采用金刚石笔单点修整。

导轮的金刚石笔单点修整如图 4-35 所示，图中的 α_t 和 h_t 是金刚石笔运动轨迹参数，即 α_t 和 h_t 决定了导轮双曲面的形状，可表达为

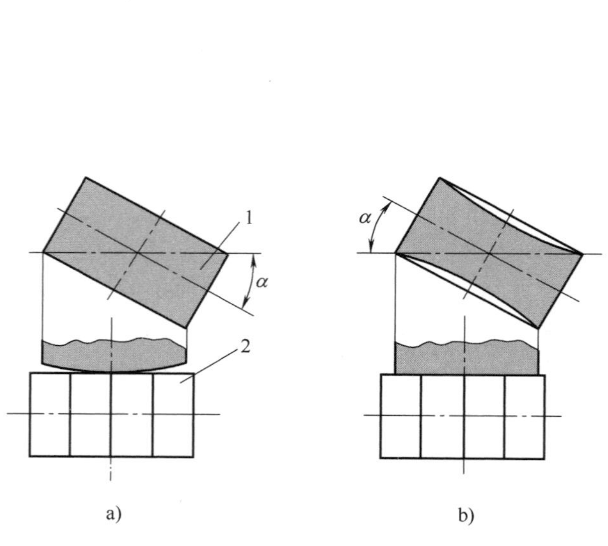

图 4-34　导轮形状对接触形式的影响

a）点接触　b）线接触

1—导轮　2—工件

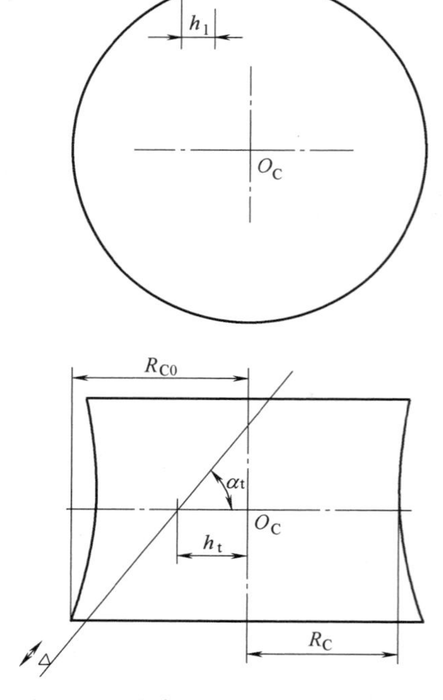

图 4-35　导轮的金刚石笔单点修整

$$\begin{cases} \alpha_{\mathrm{t}} = \arctan\left(\tan\alpha \sqrt{\dfrac{R_{\mathrm{C0}}}{R_{\mathrm{C0}}+R_{\mathrm{W}}}} \right) \\ h_{\mathrm{t}} = \dfrac{h}{\cos\alpha} \sqrt{\dfrac{R_{\mathrm{C0}}}{R_{\mathrm{C0}}+R_{\mathrm{W}}}} \end{cases} \tag{4-68}$$

式（4-68）中，R_{C0} 为导轮喉截半径即双曲面最小半径，其值为

$$R_{\mathrm{C0}} = R_{\mathrm{C}}\cos\alpha\arctan(\mathrm{cos}\tan\varphi) - R_{\mathrm{W}}(1-\cos\varphi) \tag{4-69}$$

式中，R_{C} 为导轮半径，对应于导轮轴线倾斜摆动中心的半径值；R_{W} 为工件半径；φ 为工件与导轮的接触角。

4.4.6 外径磨削常见的质量问题

如技术条件所要求，外径磨削关注尺寸精度、几何精度与表面粗糙度这几个主要方面。

1. 平均外径偏差超差

尺寸精度主要是指平均外径偏差 $t_{\Delta\mathrm{Dmp}}$，其超差原因包含机床调整因素、工艺调整因素与测量因素3个主要方面。机床调整方面包含进给系统精度差与磨削砂轮轴径向跳动量大两方面的原因；工艺调整方面包含纵向进给量或横向进给量太大，贯穿磨削次数少，磨削砂轮平衡不好造成摆动量大及砂轮或导轮磨损或修整不好等原因；测量方面，需保证被测工件与标准件之间等温，同时还需注意抽检测量间隔时间，观察磨削工艺系统的动态变化。

2. 外径圆形偏差超差

贯穿磨的几何成圆中仔细分析了外圆贯穿磨的成圆问题，并得到了工件中心高 h 和托板斜角 ϕ 是决定成圆的关键要素。

除以上原理性要素外，一些实际工艺要素，如导轮转速、进给量及机床本身精度对于外径圆形偏差 ΔCir 也有影响。无心外圆磨削时工件的转速取决于导轮的转速，一般情况下工件的转速要适当高些，这样可以加大磨削残留系数 K，使工件在磨削区域内有足够的转数，提高成圆效果；但导轮速度过高会引起系统振动，从而产生并加大圆形偏差，磨削精度迅速下降。实践经验表明：在无心磨床导轮传动链工作正常条件下，当导轮转速在28~35r/min之间变化时，对工件圆形偏差 ΔCir 影响不大。进给量太大，则贯穿磨削次数太少，无法消除或改善圆形偏差。在正常加工余量及合适的中心高条件下，合理的进给量和贯穿磨削次数可极大地改善套圈外径的圆形偏差。

无心磨削成圆理论表明，只要调整参数选择正确，又有充分的磨削时间，工件可以磨得很圆；但实际生产中对于外径大于100mm的工件，要达到0.001mm以下的圆形偏差十分困难，这主要是受到机床精度的限制，主要是砂轮轴、导轮轴的精度及其传动链的稳定性对圆形偏差 ΔCir 的影响较大。

3. 单一径向平面内外径变动量超差

单一径向平面内外径变动量 t_{VDsp} 理论上归属外径圆形偏差 ΔCir 的范畴，其实质为外径圆形偏差 ΔCir 中的2次谐波。其超差原因与解决办法可参照外径圆形偏差 ΔCir 处理，但个别参数具有特殊性。

工件中心高对外径变动量 t_{VDsp} 的影响，在某种意义上与多角（即外径低次奇次谐波）

相反，工件中心高在 $h=0$ 附近时 $\mu_i=0$，外径变动量 t_{VDsp} 可以迅速改善。提高工件中心高 h，圆形偏差变化系数 μ_i 增加，也由于工件中心高过高，受力不稳，容易发生振动，外径变动量 t_{VDsp} 不易改善，而且极易产生较高次的偶次谐波。一般情况下，外径变动量 t_{VDsp}（低次偶次谐波）比棱圆度（低次奇次谐波）容易改善，且不容易恶化。在实际加工中，综合考虑磨削效率与磨削精度，可采用“多次调整法”，粗磨时采用较高的工件中心高以改善棱圆度；精磨时将工件中心高适当降低，以改善 t_{VDsp} 为主，同时进一步改善棱圆度。

4. 平均外径变动量超差

平均外径变动量 t_{VDmp} 是工件轴向截面内的几何形状误差，当工件中心运动轨迹与理想直线在水平面内相交成一定角度时产生。产生原因包括磨削区域的砂轮、导轮等形状不正确，工件在磨削区受力不平衡及前后侧导板位置影响 3 个方面。砂轮、导轮磨损，导轮修整不合理，金钢笔安装位置不正确及托板工作表面磨损均会使工件轴线歪斜，从而造成外径平均变动量 t_{VDmp} 超差。工件在磨削区受的轴向力较多，受到的轴向力不均衡时会形成水平面内的力矩，使工件在水平面内产生转动，引起工件轴线倾斜，造成外径平均变动量 t_{VDmp} 超差。无心外圆磨床前后侧导板特别是靠近导轮一边的侧导板倾斜不平或位置调整不当会使外径素线形状凸凹不平，造成外径平均变动量 t_{VDmp} 超差。

5. 外径表面对端面的垂直度超差

外径表面对端面的垂直度 t_{Sd} 超差的主要原因在于贯穿时工件的贴合程度。贯穿磨时导轮和托板实现径向定位，端面定位依靠空间之间端面的贴合实现，工件在磨削区不能良好贴合，有“离缝”或异物在端面间均会造成 t_{Sd} 超差。另外，工件端面或倒角处有卡伤、碰伤，磨削冷却液不清洁或是套圈宽度变动量过大，也会影响端面间的贴合程度，造成 t_{Sd} 超差。

6. 磨伤

贯穿外圆磨时常发生倒角和外径磨伤，倒角磨伤一般较深，大都发生在工件进口与出口区，外径磨伤多发生在磨削区域内。主要由前后侧导板调整，砂轮形状修整及送料力度三方面因素造成。

导板高度调整方面：当前导板高于导轮工作素线时，工件进入磨削区时先与磨削轮接触，使工件沿边沿向里多磨掉一块，形状呈三角形；当前导板低于导轮的工作素线时，阻碍工件送进，造成工件倒角被磨轮磨掉一部分，在倒角上产生断续磨伤；当后导板高于导轮工作素线时，不能使工件顺利离开磨削区，会造成工件外径或倒角磨伤；后导板过长，工件在出口处堆积过多，阻碍了工件行进，使工件产生间断性停转也会造成磨伤。

磨削轮形状修整得不好，在进口或出口处有锐角，造成工件倒角或外径产生磨伤、刮伤，严重时会产生烧伤。可采用正常的靠模板修整砂轮或把修整器扳成不超过半度的小角，将砂轮进口及出口处的锐角修掉，使砂轮呈中凸状。

当采用人工推料或用上料机构送料时，用力方向不正会使工件运动方向偏斜，造成工件在磨削区“离缝”，使工件外径上产生磨伤。所以人工推料时用力方向要正，大小要合适，用上料机构送料时，送料辊棒要调整好，保证工件运动方向要正。

另外，磨削深度太深，磨削冷却液不清洁混有杂质和异物，导轮表面不平整或粘有杂物等，均可使工件产生磨伤。

7. 表面粗糙度超差

影响表面粗糙度的原因主要有：导轮倾角过大，工件纵向进给速度太快；导轮转速太快；磨削深度大，贯穿磨削次数太少；磨削轮粒度太粗或磨削轮修整质量差等。可针对不同的原因采取相应的解决办法，以保证表面粗糙度要求。

8. 烧伤

造成外径烧伤的主要原因有：套圈转速太低；磨削冷却液流量太小，冷却不充分；导轮与磨削轮表面质量差，磨削轮硬度太高或粒度太细，组织过密；磨削“火花”调整不合适等。

4.5　套圈内圆磨削

轴承套圈内径的内圆和外径外圆一样，是轴承成品安装时的定位表面。为保证轴承安装时的配合性与互换性，轴承内圈内孔的尺寸和形状精度较为严格。

与大量应用的中小尺寸轴承外圆贯穿磨不同，套圈的内圆需要逐件单个磨削，生产率低；砂轮外径尺寸必须小于套圈内径尺寸，限制了砂轮轴的尺寸进而影响了砂轮轴的刚性，在加工中容易出现锥度；砂轮外径尺寸小，砂轮轴必须要有极高的转速才能保证磨削线速度要求；砂轮轴与内径之间接触面积大，散热条件差，排屑能力差，砂轮修整次数多且易发生烧伤。基于以上诸多因素影响，内圆磨削是轴承套圈磨削中的薄弱环节，废品率较高。

4.5.1　技术条件

磨削后轴承套圈内径，尺寸精度方面的单一平面平均内径偏差 $t_{\Delta dmp}$、几何精度方面的平均内径变动量 t_{Vdmp}、内圈滚道对内孔厚度变动量 t_{Ki} 及内圈端面对内径垂直度 t_{Sd} 不得超过工序间技术要求；表面粗糙度应符合图样要求；表面不得有磨伤、划伤、振纹、黑皮、磕碰伤等；不允许任何情况的烧伤。

4.5.2　套圈内圆磨削方法

图 4-36 所示为套圈内圆磨削原理。工件和砂轮均做回转运动，工件径向进给，砂轮轴向往复移动实现磨削；砂轮钝化后需退出修整，假定修整量为 Δa，则工件的径向进给量需补偿 Δa，补偿量的大小与修整量相关，对于带主动测量的设备，内部可调整补偿量。

除立式磨床磨削大型、特大型轴承套圈内圆，多数中小型轴承套圈内圆磨削多采用卧式磨床。图 4-37 所示为轴承套圈内圆磨削的常用布局，称其为Ⅰ型布局，如图 4-37a 所示。按照主轴与工件轴运动的不同分配方式，还有Ⅱ型布局（见图 4-37b）和Ⅲ型布局（见图 4-37c）。Ⅱ型布局的特点是工件由工件主轴带动旋转，砂轮架做纵向往复运动，径向进给由砂轮架横向拖板来实现，操作方便；Ⅲ型布局的特点是纵向往复运动由工件拖板实现，砂轮架只完成径向进给，适用于控制力磨削的磨床。

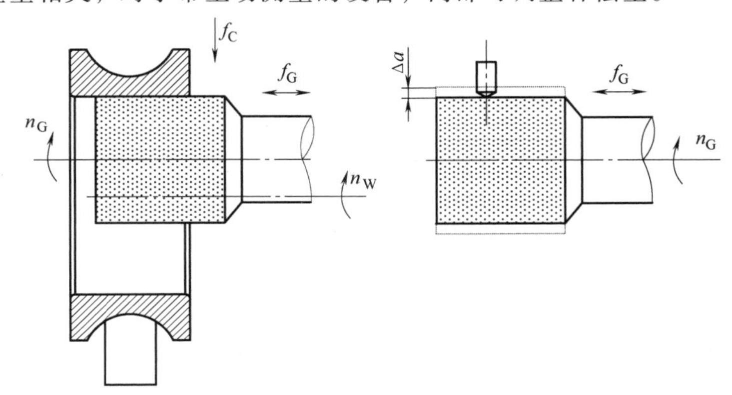

图 4-36　套圈内圆磨削原理

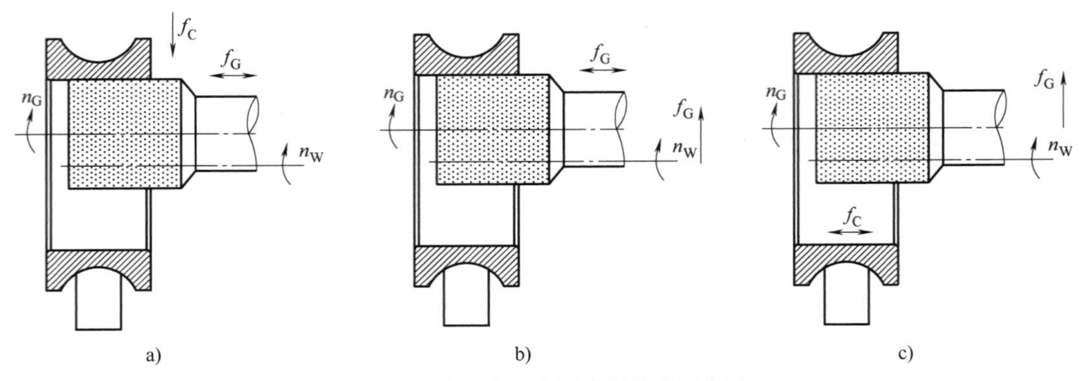

图 4-37 轴承套圈内圆磨削的常用布局

a) Ⅰ型布局 b) Ⅱ型布局 c) Ⅲ型布局

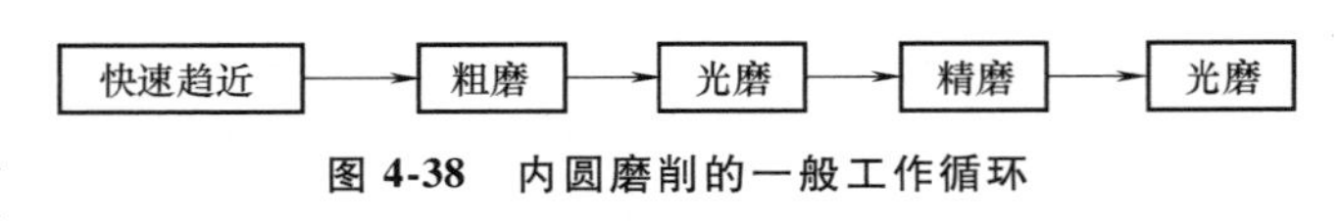

图 4-38 内圆磨削的一般工作循环

内圆磨削的一般工作循环如图 4-38 所示，加工工步往往分成粗磨和精磨两段。粗磨时进给量较大。粗磨用以切除大部分磨削余量，尽快把工件加工成准确的形状，为下一步的精磨做好准备；精磨主要是进一步修正工件的形状误差，达到设定的尺寸精度和表面粗糙度值，精磨时工件和砂轮的转速不变，但进给量较低，磨削力相对减少，切削作用减弱，有利于降低表面粗糙度值。一般中等规格的轴承套圈，磨削余量在 0.2~0.3mm，粗磨余量占 90%，精磨量只留 0.02mm 左右。由于砂轮轴伸出较长且直径较细，刚度较差，弹性变形较大，磨削中工件常常出现锥度等磨削缺陷，为了消除砂轮变形引起的加工误差，在工作循环中增加了二次光磨工步。粗磨结束后，进给滑板停止进给，进行无进给磨削，即第一次光磨，待砂轮轴变形得到恢复后再转入精磨，精磨结束后也进行一次无进给磨削，即第二次光磨，这样可以使磨削质量得到提高。为了缩短空行程，在粗磨开始前安排有快速趋近，其作用主要是缩短辅助时间。为提高生产率，轴承内圆磨床多采取全自动的工作方式，运动部件多，结构复杂，为适应不同的加工要求，工作循环往往可以进行相应的变换和调整。

4.5.3 内圆磨削的误差复映

内圆磨削时砂轮轴刚度低，磨削效率要求磨削时间不能太长，因为其表面形状误差的复映规律表现较为显著，以磨削偏心内圆为例定量分析内圆磨削误差复映规律。

1. 误差复映基本规律

图 4-39 所示为一偏心内圆磨削，磨削前形状误差为 Δ_0，工件转动一周后内圆形状误差为 Δ_1，则 Δ_0 和 Δ_1 的关系可定义为误差复映系数

$$\varepsilon_1=\frac{\Delta_1}{\Delta_0} \tag{4-70}$$

$$\Delta_0=a-b$$

在磨削时，1 点和 2 点的名义磨削深度不同，故对应点的系统变形 y_1 和 y_2 与实际磨削深度 a_{p1} 和 a_{p2} 也不同。图 4-39 中 R 为内圆磨后理想半径，则

$$\begin{cases}\Delta_0=(y_1-y_2)+(a_{p1}-a_{p2})\\ \Delta_1=y_1-y_2\end{cases} \tag{4-71}$$

将式（4-71）代入式（4-70），有

$$\varepsilon_1=\frac{y_1-y_2}{(y_1-y_2)+(a_{p1}-a_{p2})} \tag{4-72}$$

系统变形 y 与实际磨削深度 a_p 的关联关系表示为

$$\begin{cases}y=\dfrac{P_y}{K}\\ a_p=K_m P_y\end{cases} \tag{4-73}$$

即

$$a_p=K_m K y \tag{4-74}$$

式中，K_m 为磨削常数；K 为静刚度。

将式（4-74）代入式（4-72），得

$$\varepsilon_1=\frac{1}{1+K_m K} \tag{4-75}$$

式（4-75）为工件转一圈时的内圆磨削误差复映传递系数，表明 ε_1 仅与常数 K_m 和 K 相关，ε_1 应为常数，则工件转 m 圈时内圆表面形状误差 Δ_m 可直接列为

$$\Delta_m=\left(\frac{1}{1+K_m K}\right)^m\Delta_0 \tag{4-76}$$

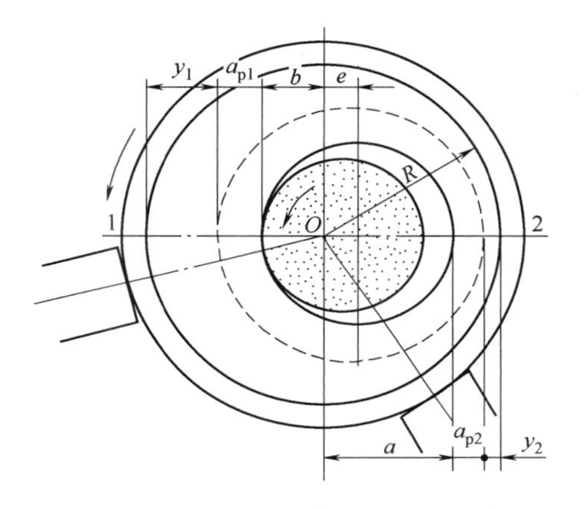

图 4-39 偏心内圆磨削的误差复映

一般，K_m 和 K 均为大于零的数，因此误差复映系数 ε 是小于 1 的正数，即内圆磨削后表面误差会减小，增加工件磨削的转数 m，能降低加工误差 Δ_m。但由于内圆磨削时 K 值很小，就使 ε 值接近 1，为保证 Δ_m 值，必须增大 m 值，延长磨削时间，从而导致内圆磨削的生产率很低。

在内圆磨削时，任何形状误差的复映规律都可用式（4-76）表示：当内圆定程磨削时，若一批工件尺寸分散范围为 Δ_0，磨削后该工件尺寸分散范围为 Δ_m，Δ_m 仍满足式（4-76）；外表面磨削的误差复映规律，也可用式（4-76）来近似描述。

实际生产中常用的工艺参数是工件转速和磨削时间，磨削时间可以采用转速和转数表示为

$$t_m=\frac{60m}{n_W} \tag{4-77}$$

$$m=\frac{\lg\left(\dfrac{\Delta_0}{\Delta_m}\right)}{\lg(1+K_m K)} \tag{4-78}$$

式中，n_W 为工件转速（r/min）；t_m 为磨削时间（s）。

例 4-3 磨加工 6308/02 内径，已知工件转速 $n_W=550\text{r/min}$，磨削圆形偏差为 $\Delta_0\leqslant 50\mu\text{m}$，若要求磨后圆形偏差为 $\Delta_m\leqslant 5\mu\text{m}$，问至少要磨削多长时间才能保证工件合格（设 $K_m=0.005\mu\text{m/N}$，$K=4\text{N}/\mu\text{m}$）？

解： 将已知条件代入式（4-78），得

$$m=\frac{\lg(\Delta_0/\Delta_m)}{\lg(1+K_m K)}=\frac{\lg(50/5)}{\lg(1+0.005\times 4)}\approx 116.28(r),$$

将已知条件与 m 的计算值代入式（4-77），得

$$t_m=\frac{60m}{n_W}=\frac{60\times116.28}{550}\approx13(s)$$

即最短磨削时间为 13s。

2. 圆形偏差复映系数的优化

以上内圆磨削误差复映问题以静态磨削系统为基础，但实际加工中内圆磨削是动态过程，尤其是圆形偏差，动态因素占重要的地位。对于动态磨削系统，误差复映系数存在优化问题。

在磨削过程中，背吃刀量 a_p（即磨削深度）的变化将引起磨削力 P_y 变化，工件以 2π 为周期转动，故 P_y 可描述为

$$P_y=P\cos\frac{2\pi i n_W t}{60} \tag{4-79}$$

式中，P 为磨削力 P_y 的幅值；i 为内圆表面的谐波次数；n_W 为工件转速（r/min）；t 为时间变量（s）。

在交变力 P_y 干扰下，砂轮系统和工件将产生相对位移 y，以质量弹簧阻尼系统建立其微分方程为

$$M\ddot{y}+C\dot{y}+Ky=P_y \tag{4-80}$$

式中，M 为砂轮系统等效质量；C 为砂轮系统等效阻尼系数；K 为砂轮系统等效静刚度。

式（4-80）的稳态解为

$$y=Y\cos(2\pi n_W t/60-\psi) \tag{4-81}$$

设固有频率为 f_n，阻尼比为 ξ，则

$$\begin{cases} f_n=\dfrac{1}{2\pi}\sqrt{\dfrac{K}{M}} \\ \xi=\dfrac{1}{2\sqrt{MK}} \end{cases} \tag{4-82}$$

y 的幅值 Y 和相位角 ψ 可表示为

$$\begin{cases} Y=\dfrac{P}{K}[(1-\lambda^2)^2+4\xi^2\lambda^2]^{-1/2} \\ \psi=\arctan\dfrac{2\xi\lambda}{1-\lambda^2} \end{cases} \tag{4-83}$$

获取砂轮系统的动刚度 K_D 为

$$K_D=\frac{P}{Y}=K\sqrt{(1-\lambda^2)^2+4\xi^2\lambda^2} \tag{4-84}$$

$$\lambda=\frac{i n_W}{60f_n} \tag{4-85}$$

式中，λ 为频率比。

磨削加工工艺系统的阻尼比一般很小，而且不易求得，故设 $\xi=0$，即

$$K_D=K|1-\lambda^2| \tag{4-86}$$

则式（4-76）变为

$$\Delta_m=\frac{1}{(1+K_m K|1-\lambda^2|)^m}\Delta_0 \tag{4-87}$$

若给定磨削时间 t_m，将式（4-85）代入式（4-87），有

$$\Delta_m=(1+K_mK|1-\lambda^2|)^{\frac{-\lambda t_m f_n}{i}}\Delta_0 \tag{4-88}$$

式（4-88）即为内圆磨削圆形偏差复映规律的动态描述，圆形偏差的动态复映系数为

$$\varepsilon_m=\frac{\Delta_m}{\Delta_0}=(1+K_mK|1-\lambda^2|)^{\frac{-\lambda t_m f_n}{i}} \tag{4-89}$$

动态复映系数 ε_m 是一个多元函数，除了与 K_m、K、t_m 相关，还与 λ、f_n、i 相关。工艺系数一定，K_m、K 和 f_n 是已知的；磨削中常见的且幅值较大的谐波次数 i 为 2、3、5、7 等，因此可以认为 i 为常数；虽然 t_m 越大 ε_m 越小，但生产率也会相应降低，为保证生产率，t_m 可看作常数：由以上分析可知表面工序间唯一可以调整的变量只有频率比 λ。

由式（4-89）绘制关系曲线如图 4-40 所示：当 $0\leqslant\lambda\leqslant\lambda_{opt}$ 时，ε_m 单调下降；当 $\lambda_{opt}\leqslant\lambda\leqslant1$ 时，ε_m 单调上升，即 $\lambda=\lambda_{opt}$ 时，ε_m 取极小值，λ_{opt} 为最优频率比。当 $\lambda=1$ 时，ε_m 取极大值，系统发生共振，加工表面圆形偏差最大；当 $1<\lambda<\infty$ 时，ε_m 单调下降，在 $\lambda\to\infty$ 处，$\varepsilon_m\to0$，但这个理想值不能实现，且 λ 越大，系统越易以高阶频率共振，从而使 ε_m 增大。因而内圆磨削时，应选取［0，1］区间内的最优值 λ_{opt}，以使 ε_m 最小。

$\lambda\in$［0，1］，ε_m 取最小值的必要条件为

$$\left.\frac{d\varepsilon_m}{d\lambda}\right|_{\lambda_{opt}}=0 \tag{4-90}$$

由式（4-89）对式（4-90）求解，得

$$\lambda_{opt}=\sqrt{\frac{[1+K_mK(1-\lambda_{opt}^2)]\ln[1+K_mK(1-\lambda_{opt}^2)]}{2K_mK}} \tag{4-91}$$

式（4-91）可由迭代法求解，将 $\lambda=\lambda_{opt}$ 代入式（4-89）可得圆形偏差动态复映系数的最小值。

考虑磨削系统的动态特性，式（4-78）描述的工件转数变为

$$m=\frac{n_W t_m}{60}=\frac{\ln\Delta_0-\ln\Delta_m}{\ln[1+K_mK(1-\lambda^2)]} \tag{4-92}$$

最佳工件转数为

$$m_{opt}=\frac{\ln\Delta_0-\ln\Delta_m}{\ln[1+K_mK(1-\lambda_{opt}^2)]} \tag{4-93}$$

最佳工件转速表示为

$$n_{Wopt}=\frac{60m_{opt}}{t_m}=\frac{60(\ln\Delta_0-\ln\Delta_m)}{t_m\ln[1+K_mK(1-\lambda_{opt}^2)]} \tag{4-94}$$

例 4-4 磨削一批轴承套圈内径，已知 $K_m=0.005\mu m/N$，$K=5N/\mu m$，若磨前内孔圆形偏差 $\Delta_0=50\mu m$，欲使磨后圆形偏差 $\Delta_m=5\mu m$，若不计系统阻尼，试确定最优频率比 λ_{opt} 和工件最佳转数 m_{opt}。

解： 将已知条件代入式（4-91），得

$$\lambda_{opt}=0.578934,$$

将 λ_{opt} 值代入式（4-93）可得最佳工件转数为

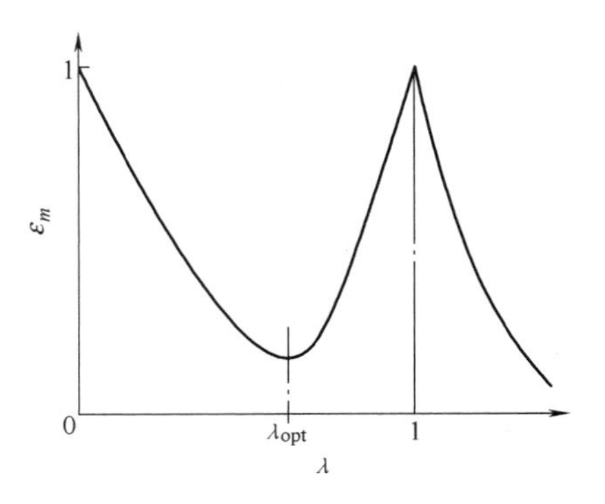

图 4-40 ε_m-λ 关系曲线

$$m_{opt}=\frac{\ln 50-\ln 5}{\ln[1+0.005\times5\times(1-0.578934^2)]}\approx 140(\mathrm{r})。$$

在实际生产中，根据生产率或生产节拍需求确定了磨削时间后，可计算出最佳工件转速 n_{Wopt}。如该工序环节许可磨削时间为 $t_m=15\mathrm{s}$，则由式（4-78）可得工件转速为

$$n_{Wopt}=\frac{60m_{opt}}{t_m}=\frac{60\times140}{15}=560(\mathrm{r/min})$$

4.5.4 内圆锥度

由于砂轮直径限制，内圆磨削的砂轮轴为细长的悬臂梁，受磨削力作用后变形造成砂轮外径素线与工件轴线不平行，从而使工件磨后呈锥形内孔，如图 4-41 所示。

在实际加工中，为减小锥形内孔误差，需延长无进给光磨时间以使砂轮轴充分恢复弹性，同时还可有效减小圆形偏差与尺寸误差；但这会造成生产率低下，不适用于轴承零件的大批量生产，因此需分析计算砂轮轴刚度，找出刚性提升途径或寻求其他磨削方法（如后续介绍的控制力磨削方法）以解决砂轮轴刚度问题。

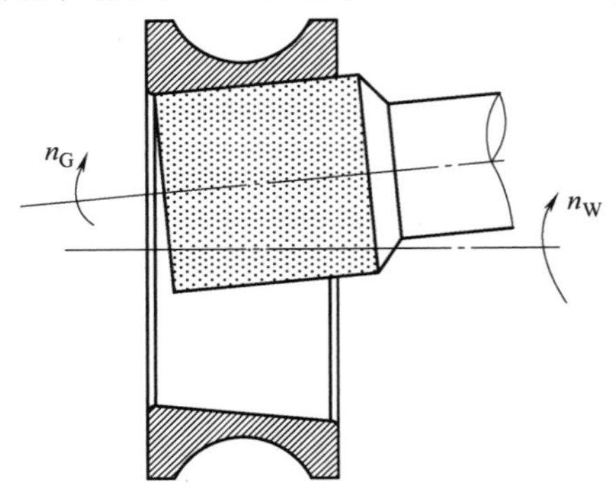

图 4-41 内圆磨削的锥形内孔

轴承内表面包括内圈内孔与外圈滚道（沟道），磨削时砂轮轴刚度计算方法相近。以往刚度计算比较烦琐，常用简化的悬臂梁法、两支承法或四支承法进行简化计算，近年来由于有限元分析软件应用日趋广泛，砂轮轴刚度计算问题已实现软件化，此处不再赘述；实际生产中，也可用测量法直接评定内表面磨削砂轮主轴的静刚度。

4.5.5 内圆磨削常见的质量问题

如技术条件所要求，内径磨削关注的也是尺寸精度、几何精度与表面质量这几个主要方面。

1. 单一平面平均内径偏差超差

内径磨削的尺寸精度主要是指单一平面平均内径偏差 $t_{\Delta dmp}$，其超差原因包含磨削用量、磨削液、前工序散差等工艺因素，也包含测量因素。

磨削用量选择不合适（尤其是进给量太大，光磨时间太短），易造成单一平面平均内径偏差 $t_{\Delta dmp}$ 超差；磨削冷却液不足或没有浇注在磨削区域，温度升高，套圈胀缩量太大，控制不准内径尺寸偏差的变化；前工序尺寸散差大，如采用支沟磨内径工艺时沟道尺寸散差太大，会造成定位精度变化大，引起内径偏差 $t_{\Delta dmp}$ 超差。

测量方面，由于目前中小型套圈内径磨削均采用在线主动测量，电感测头失灵、测爪松动、测力不准及校准不及时均会造成 $t_{\Delta dmp}$ 超差。

2. 单一径向平面内内径变动量超差

单一径向平面内内径变动量 t_{Vdsp} 超差原因主要在于工艺调整、设备调整及上工序质量问题。工艺调整方面：偏心量没调整好或夹具磁力不足，磨削中套圈产生跳动，使定位不准确；进给量太大，使磨削中套圈与支承的摩擦力矩加大，套圈旋转不均匀；砂轮磨钝失去正确形状或砂轮硬度太硬不脱落；支承磨损使定位不稳定，修整砂轮的金刚石笔磨损太钝，砂轮修整后

质量差等。设备调整方面：安装砂轮的电主轴跳动量过大，工件径向跳动量过大，均易造成 t_{Vdsp} 超差。前工序质量问题造成的误差复映也是 t_{Vdsp} 超差的重要原因：如沟道支沟磨内径时表面的圆度误差太大，复映到内径表面上；车削内孔时圆度误差太大；套圈热处理变形大。

3. 平均内径变动量超差

平均内径变动量 t_{Vdmp} 即为前述的锥度问题，由于砂轮轴的刚性问题，极易造成内径变动量 t_{Vdmp} 超差。实际加工中易造成 t_{Vdmp} 超差的原因包含砂轮、机床精度及工艺调整几个方面。

砂轮方面：砂轮硬度太软，磨损快；砂轮的工作长度太短，振荡磨削时无法保证砂轮与套圈内径始终保持全长接触；砂轮接长轴的刚性太差，磨削时受力变形大等。机床精度方面：砂轮的旋转中心线与砂轮工作台导轨不平行，砂轮修整后外形轮廓呈圆锥形；套圈旋转中心与砂轮旋转中心不平行、不等高。工艺调整方面：工件轴与砂轮轴角度未调整好，存在夹角；进给量太大，终磨余量太小或太大，光磨时间太短；内径磨削余量太大或原始内径变动量太大。

4. 内圈端面对内径垂直度超差

内圈端面对内径垂直度 t_{Sd} 超差的主要原因有：磁极吸住工件后，工件中心与磁极中心不平行，如磁极未上紧或磁极端面没有修平，轴向跳动量大；套圈端面有卡伤、碰伤；套圈宽度变动量过大或当支承套圈外径磨内圆时，外径素线对端面的垂直度过大等。

5. 内圈滚道对内孔厚度变动量超差

内圈滚道对内孔厚度变动量 t_{Ki} 超差的主要原因有：电磁无心夹具调整，如电磁无心夹具偏心量太小，工件夹持力或磁力太小，吸不牢工件，造成工件旋转不稳定；电主轴径向跳动大，工件轴轴承磨损，传动带松动等造成工件径向跳动过大。

6. 表面质量差

砂轮线速度过低，进给速度太快，进给量太大或光磨时间短，砂轮太软或金刚石笔磨钝，修整后砂轮表面质量差，使加工后表面粗糙度差；砂轮行程速度太快，砂轮接长轴刚性差产生弯曲，砂轮表面磨粒钝化或砂轮表面不平，易造成磨削后的内径表面出现螺旋痕迹。

4.6　套圈滚道磨削

滚动轴承套圈上供滚动体（包括球或滚子）运动的滚动工作表面，称为滚道。轴承行业内习惯称球轴承的滚道为“沟道”，外圈上的沟道称“外沟”，内圈上的沟道称“内沟”；滚子轴承的滚道称为“滚道”，同样，外圈上的滚道称为“外滚道”，内圈上的滚道称为“内滚道”。轴承应用中滚道需要承受较大的交变应力，工作条件较为苛刻，滚道的加工质量直接影响了轴承的精度、性能与工作寿命。滚动轴承的结构类型不同，滚道截面形状差异也较大，图 4-42 所示为一些常见的滚道截面形状，不同形状的滚道有不同的磨削方法。近年来，随着滚道磨床发展，切入磨削法成为滚道磨削的主要磨削方法，加工精度也日渐提升。

对于多数批量生产的中小套圈，一般以端面和外径作为定位基准，即外滚道磨削时采用支外磨内，内滚道磨削时采用支外磨外的磨削方式。外滚道磨削与内径磨削类似，同属内表面磨削，砂轮直径受限于套圈直径，磨削条件差，因而内滚道加工精度比外滚道相对容易保证。

4.6.1　技术条件

滚道截面形状差别大，具体技术要求也有差别，比如球轴承沟道的技术条件包括沟直径

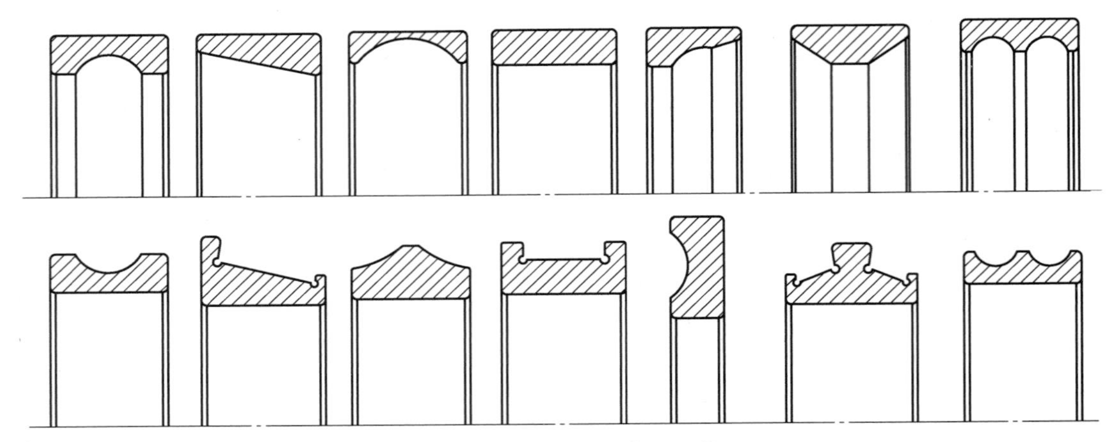

图 4-42　常见的滚道截面形状

尺寸与圆度、沟道位置、沟道与基准面之间的平行差（即沟摆）、沟曲率半径、沟道对装配表面的壁厚差等；表面粗糙度应符合图样要求；表面不得有磨伤、划伤、振纹、黑皮、磕碰伤等，不允许烧伤。

滚道磨削工序的技术条件有如下项目：内（外）滚道直径尺寸、单一径向平面内内（外）圈滚道直径的变动量、内（外）圈滚道圆锥角偏差、内（外）圈滚道素线对基准端面的倾斜度变动量、滚道直线度、内圈滚道对内（外）圆的厚度变动量；表面粗糙度应符合图样要求；表面不得有磨伤、划伤、振纹、黑皮、磕碰伤等，不允许烧伤。

4.6.2　滚道磨削方法

轴承套圈滚道磨削方法主要有切入磨削法、范成磨削法和摆动磨削法：应用最广泛的是切入磨削法；由于原理上的优越性，范成磨削法还可用于大型或特大型调心滚子轴承外滚道，或大型关节轴承内外滚道的磨削；摆动磨削法在轴承行业基本已经淘汰，只有部分特殊轴承套圈（如高度很高的调心滚子轴承外滚道）磨削时还在使用。

1. 切入磨削法

切入磨削是指将砂轮工作表面修整成滚道的形状，按成形磨削的原理在套圈上磨出滚道的磨削方法，可用于任何形状的滚道磨削。切入法磨削的磨床结构和运动相对简单，调整环节少，磨床的抗震性和磨削精度较高，加工稳定性好，易于实现高速磨削和自动化。

（1）球轴承沟道切入磨　图 4-43 所示为沟道切入磨削的工作原理，其中图 4-43a 所示为常规深沟球轴承的沟道磨削，图 4-43b 所示为双列球轴承沟道的磨削。图 4-43a 所示的深沟球轴承的滚道磨采用金刚石单点修整，修整工具价格便宜但修整后砂轮表面粗糙度值低；图 4-43b 所示的双列沟或其他表面复杂的零件，采用滚轮修整。

磨削沟道时，由于砂轮在磨削过程中相对工件的位置不变，磨粒划出的磨痕始终在同一轨迹上，致使表面粗糙度值有所增高；砂轮与工件接触弧长较长，容易发生烧伤；砂轮外表面不同位置承受的磨削力大小不同，砂轮表面磨损程度不同，造成砂轮外廓形失真，因而修整砂轮时间缩短。虽然修整砂轮将占用循环时间，影响机床的加工效率，但由于此机床的运动较为简单，容易达到工艺系统高刚度的要求，因此相应提高切削用量后，可以使修整砂轮的时间损失得到补偿。

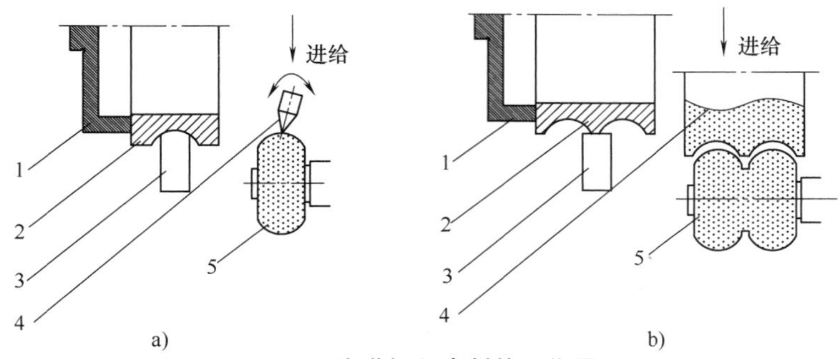

图 4-43　沟道切入磨削的工作原理

a）深沟球　b）双列球

1—磁极　2—工件　3—支承　4—修整器　5—砂轮

沟道切入磨削要求机床刚性好，砂轮质量均匀，另外还要求工件的上一道工序加工误差小，否则容易造成磨削中的偏沟，如图 4-44 所示。

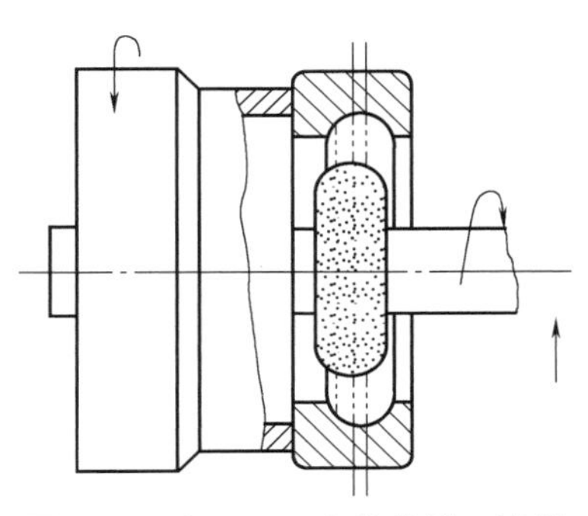

图 4-44　上、下工序沟位置一致性差异造成的偏沟

（2）滚子轴承滚道切入磨　图 4-45 所示为滚子轴承的滚道切入磨削法，其中图 4-45a 所示为滚道较宽的大型或特大型滚子轴承的滚道切入磨削，图 4-45b 所示为中小型滚子轴承滚道的切入磨削。

图 4-45a 的磨削方式：砂轮切入的同时，工件和砂轮在很小的行程内做纵向“振荡运动”，即短促的往复运动，从而改变了磨粒的磨削轨迹，提高了加工质量，但这种加工方式一般加工的是直线型滚道；对于中小型滚子轴承，目前大多要求滚道凸度，且对于滚道的轮廓形状及凸度量有明确要求，故需采用差补方式修整砂轮使砂轮有凹下量 δ，采用径向切入后，砂轮切入滚道表面，滚道表面复印砂轮形状，最终磨实现凸度形状与凸度量，如图 4-45b 所示。图 4-45 仅以圆锥滚道为例说明，圆柱滚子轴承的滚道切入磨与其类似。

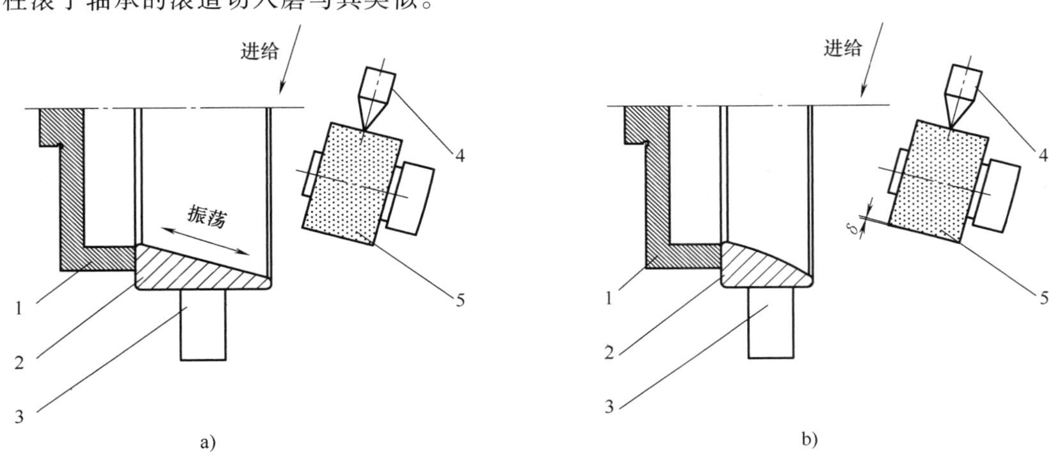

图 4-45　滚子轴承的滚道切入磨削法

a）宽滚道的往复切入磨　b）凸度滚道切入磨

1—磁极　2—工件　3—支承　4—修整器　5—砂轮

2. 范成磨削法

采用砂轮端面与工件表面接触加工套圈内径或者外径的磨削方法称为范成磨削方法。图 4-46 所示为加工调心轴承外滚道（沟道）的加工原理示意，加工时砂轮回转轴线和工件回转轴线垂直，砂轮部件实现进给运动，砂轮外径稍大于工件宽度，加工出球形的内径面。加工出的球径可由下式表示

$$R^2=\sqrt{r^2+l^2} \tag{4-95}$$

式中，R 为加工出的球面直径（mm）；r 为砂轮半径（mm）；l 为砂轮端面与滚道中心距离（mm）。

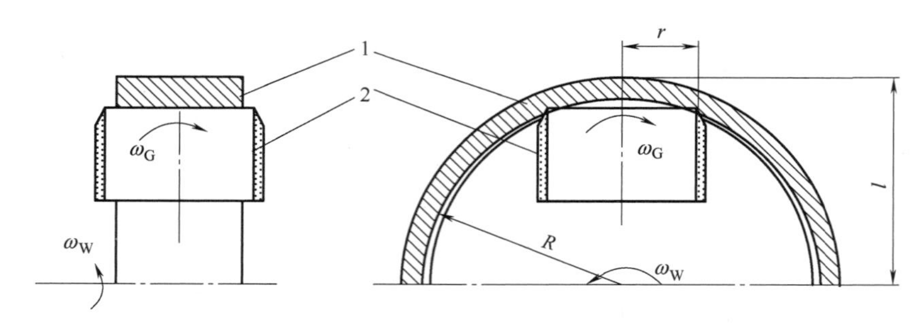

图 4-46　加工调心轴承外滚道（沟道）的加工原理示意

1—工件　2—砂轮

范成磨削法采用碗形砂轮端面斜坡边缘进行磨削，当砂轮端面圆周和工件充分接触时，工件表面形成了交叉磨削弧形线，如图 4-47 所示。由于采用砂轮边缘磨削，故这种磨削方法不需要专门的修整器，仅靠工人手工修出端面斜坡即可。

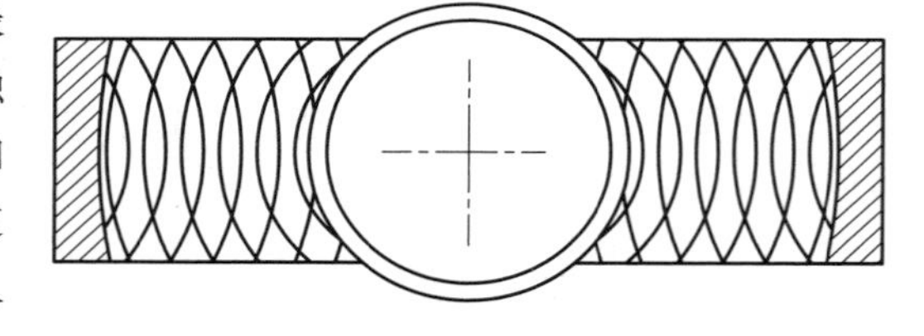

图 4-47　范成磨削的交叉磨削弧形线

实质上，采用砂轮端面磨削平面，为范成磨削法的一种特殊形式。砂轮处于工件内部加工内径，当工件轴与砂轮轴夹角为 90°时，范成磨削会加工出“内凹”的球面，如图 4-48a 所示，若减小砂轮轴与工件轴的角度，则加工出的球径 R 会增加；当砂轮回转中心线与工件回转中心平行时，即为端面磨削，如图 4-48b 所示；假定砂轮处于工件外部加工外径时的角度为负值，则当砂轮轴与工件轴夹角为-90°时会加工出外凸的球面，如图 4-48c 所示。

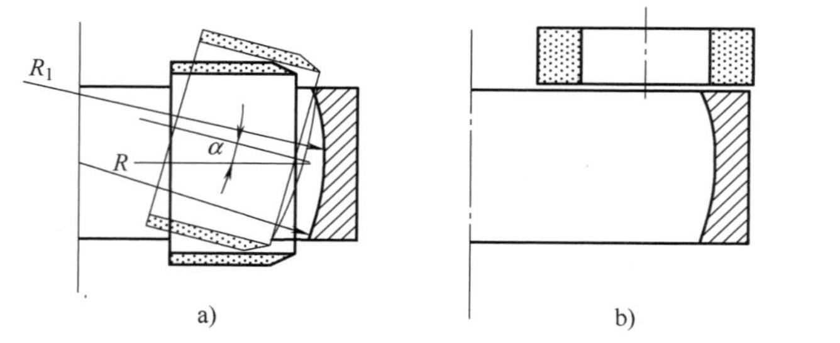

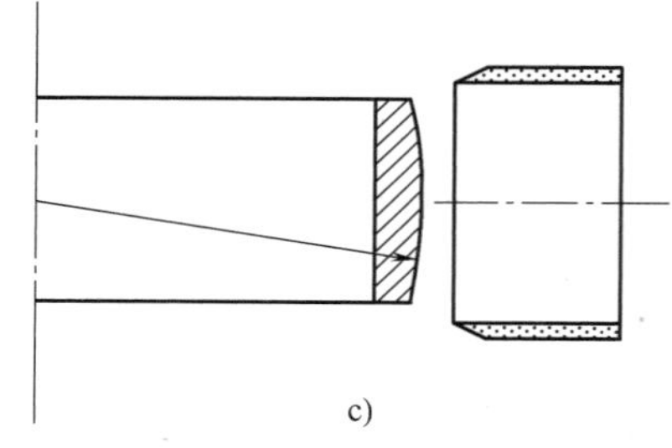

图 4-48　不同表面的范成

a）内径范成　b）平面范成　c）外径范成

3. 摆动磨削法

摆动磨削（俗称摆头磨）是指工件或砂轮摆动中心以 α 角往复摆动而形成其表面素线的磨削方法。加工时，若工件摆动，工件自转而形成其表面的导线，摆动形成轮廓线，砂轮以一定的磨削速度旋转，同时实现径向进给；若磨头摆动，则砂轮以一定的磨削速度旋转，同时摆动形成轮廓，工件自转形成表面导线，工件实行径向进给，图 4-49 所示即为一种磨头摆动的摆动磨削原理。

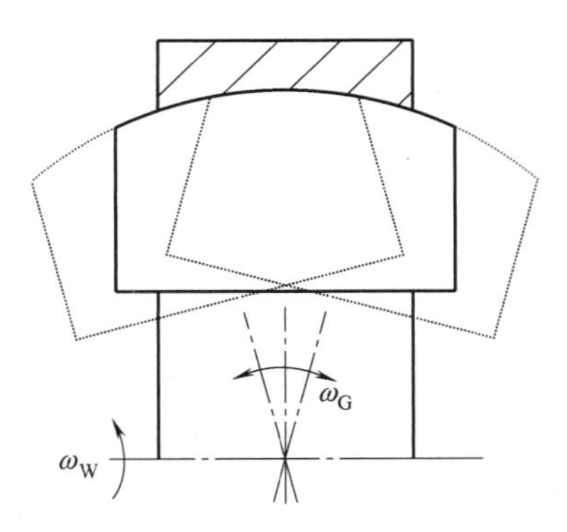

图 4-49　摆动磨削原理

保证摆动磨削法加工精度的基本条件是工件沟曲率中心和砂轮工作圆弧素线中心必须重合于摆头机构的摆动中心，但实际加工中很难实现砂轮工作面中心、沟曲率中心和摆动中心的绝对重合。摆动机构换向时的振动有时会使被加工表面出现振纹，另外，磨削接触面的时刻变化还会使工艺系统弹性产生周期性波动，影响加工质量。因而这种磨削方法已在中小型套圈沟道磨削中淘汰，现存的仅为磨削重大型超宽调心滚子轴承外滚道时使用的摆头磨床，其存留的原因在于其他磨削方法无法实现该类套圈零件的磨削加工。

4. 复合磨削

为了提升磨削效率，一些带挡边的轴承套圈采用复合磨削法同时磨削滚道和挡边，如图 4-50 所示。复合磨削本质上属于切入磨削方法，图 4-50a 采用周磨的方式同时切入滚道和挡边，从而完成两个表面的加工；图 4-50b 采用周磨的方式切入滚道，用砂轮端面磨削单侧挡边。

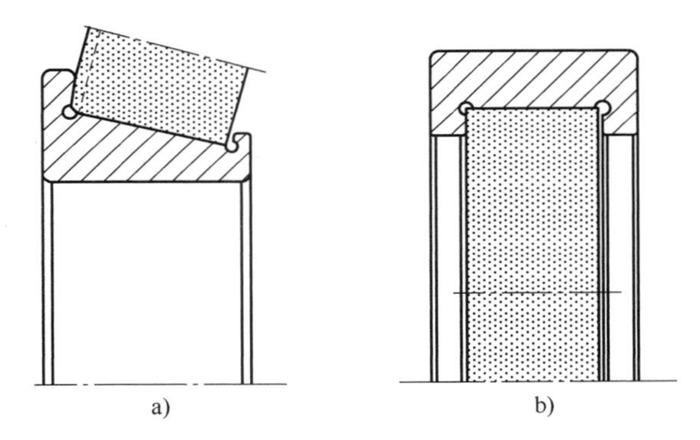

图 4-50　复合磨削法

a）圆锥滚子轴承　b）圆柱滚子轴承

4.6.3　滚道磨削的尺寸精度与成圆过程

滚道磨削实质仍为内圆磨削与外圆磨削，因而其尺寸精度及成圆过程与前述外圆磨、内圆磨存在一致性。

1. 滚道磨削的尺寸精度

滚道磨削常使用定程法，即滚道尺寸由事先调整确定。滚道尺寸精度（一批工件的尺寸分散范围）可用前述的内圆磨削尺寸分散范围公式，即式（4-76）来直接表述

$$\Delta_m = \left(\frac{1}{1+K_m K}\right)^m \Delta_0 \tag{4-96}$$

式中，Δ_m 为磨后一批工件的滚道尺寸分散范围；Δ_0 为磨前一批工件的滚道尺寸分散范围；m 为工件转数；K_m 为磨削常数；K 为静刚度。

式（4-96）与式（4-76）的形式完全一致，只是分析对象不同，符号含义具有差别。磨削时间 t_m 的计算可参考式（4-78）。

中小型套圈自动数控磨床多数带有主动测量装置用以控制滚道尺寸，对于此类设备，滚

道磨削的尺寸精度由测量精度决定。

2. 滚道磨削的成圆过程

轴承套圈滚道分为内滚道与外滚道，对于绝大多数中小型套圈，外滚道磨削采用支外磨内的磨削方式，而内滚道磨削则多采用支外磨外的磨削方式，两种不同磨削方式的成圆过程均已详细介绍，以下可直接采用。

（1）外滚道磨削的成圆过程　无论是滚子轴承的外滚道还是球轴承的外沟道，都属于内圆表面，其成圆过程与本章第 5 节中内径磨削的成圆机理相同，外滚道磨削也一样会牵涉砂轮轴的刚性问题，因而可采用式（4-87）描述其成圆过程

$$\Delta_m=(1+K_mK\,|\,1-\lambda^2\,|\,)^{-m}\Delta_0 \tag{4-97}$$

式中，Δ_m 为外滚道磨后圆形偏差；Δ_0 为外滚道磨前圆形偏差；λ 为频率比。

式（4-97）与式（4-87）形式完全一致，同样只是由于分析对象不同，符号含义具有差别。

外滚道磨削圆形偏差动态复映系数 ε_m、最佳频率比 λ_{opt}、最佳工件转数 m_{opt} 和最佳工件转速 n_{opt} 等可以采用与前述相同方法推导，此处不再赘述，具体可参考式（4-89）~式（4-94）。

（2）内滚道磨削成圆过程　内滚道包括滚子轴承内圈滚道和球轴承内圈沟道，它们都是外表面，磨削加工中以电磁无心夹具定位，采用支外磨外的磨削方式加工，其成圆过程和无心外圆磨削成圆过程一致，这是因为磨削时需进行自身定位的缘故。采用图 4-51 来表示内滚道磨削原理简图，则其成圆情况可用下述磨圆系数来描述

$$A_i=1+\frac{\sin\psi}{\sin(\psi-\gamma)}\cos i(\pi-\gamma)-\frac{\sin\gamma}{\sin(\psi-\gamma)}\cos i(\pi+\psi) \tag{4-98}$$

内滚道磨削的成圆情况和无心外圆磨削的几何成圆情况一样，可用 A_i 值表示：若 $A_i<0$，则工件处于几何不稳定状态，滚道将不能成圆；若 $A_i=0$，则工件处于临界状态，也是不稳定的，滚道将不能成圆；若 $A_i>0$，则工件处于几何稳定状态，滚道将很快成圆。

图 4-52 所示为 $i=2\sim14$ 的内滚道磨削几何稳定图，当角度 $\gamma=5°\sim10°$、$\psi>85°$时，均能获得好的圆形偏差，但考虑到定位稳定性，一般 ψ 取 100°~130°。

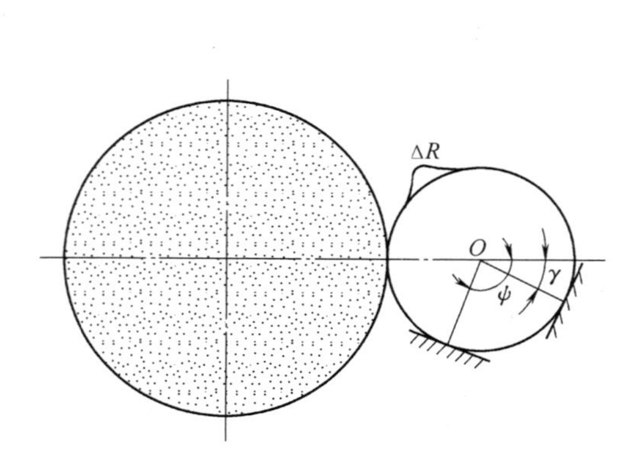

图 4-51　内滚道磨削原理简图

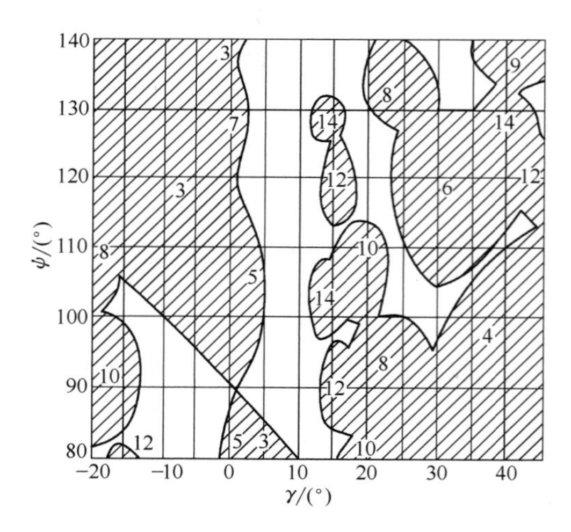

图 4-52　$i=2\sim14$ 内滚道磨削几何稳定图

例 4-5 经测试发现一批轴承套圈内滚道呈椭圆状，在磨削时，若取 $\gamma=0°$、$\psi=120°$，能否消除或减轻该椭圆误差？

解： 由图 4-52 知，当 $\gamma=0°$、$\psi=120°$时，对应于 $i=2$ 的状态是稳定的，因此，可以消除或减轻该椭圆误差。

4.6.4 套圈滚道磨削加工的常见问题

依据滚动体差别，滚道包括球轴承的“沟道”和滚子轴承的“滚道”，内、外圈上分别设置的滚道又包含“内滚道”与“外滚道”。套圈滚道磨削加工的技术要求很高，必须满足轴承工作时承受巨大交变应力的应用需求，因而滚道磨削需控制的质量指标较多，但由于磨削方法和加工质量控制指标具有一定的一致性，故汇总为以下几个方面。

1. 滚道单一直径偏差超差

滚道单一直径偏差包含外滚道直径偏差 $t_{\Delta Des}$ 和内滚道直径偏差 $t_{\Delta dis}$，对于可分离轴承，滚道单一直径偏差需严格控制并保证其互换性；对于不可分离型轴承，滚道尺寸在装配环节需分组以满足游隙要求，且滚道直径偏差不能过大以防止偏离设计要求。

滚道单一直径偏差 $t_{\Delta Des}$ 和 $t_{\Delta dis}$ 超差的主要原因在于进给砂轮修整补偿问题或系统故障。砂轮修整器补偿不合适是 $t_{\Delta Des}$ 和 $t_{\Delta dis}$ 超差的常见原因；进给系统的液压油压力不稳波动大、进给丝杆磨损、销钉松动或微进给丝杆压紧螺母松动等故障造成实际进给量与目标进给量偏离，也容易造成 $t_{\Delta Des}$ 和 $t_{\Delta dis}$ 超差。

2. 沟道曲率形状超差

沟道曲率形状是球轴承磨削加工技术条件，其不合格现象包含曲率半径大或小、曲率不圆、曲率偏、曲率起线等。产生这些问题的原因包含来料毛坯误差、机床系统问题及工艺调整问题。

来料毛坯沟道不圆、起线、曲率大小一致性差或沟道相互差太大会造成曲率形状不合格；机床工件轴轴承磨损严重造成机床系统振动，砂轮修整器的回转轴承磨损，液压不稳，修整器摆动中心与砂轮圆弧中心不重合等也会造成曲率形状不合格；电磁无心夹具的偏心量过小，套圈转动不稳定，金刚石笔磨损，修整速度太快会造成修整后砂轮表面粗糙、起线，进给量太大，粗细磨余量分配不合理，光磨时间太短等造成磨沟道后表面粗糙。

3. 沟道对端面的平行度超差

沟道对端面的平行度也是球轴承磨削加工技术条件，包含外圈沟道对端面的平行度 t_{Se} 和内圈沟道对端面的平行度 t_{Si}。

沟道对端面的平行度超差类似于内径磨削时内圈端面对内径垂直度 t_{Sd} 超差，主要原因是磁极吸住工件后，工件中心与磁极中心不平行。如电磁无心夹具磁极磁力小，磁极端面未修平或有异物，套圈端面有磕碰伤，工件轴轴承磨损产生较大的轴向窜动，上工序加工后套圈的宽度变动量 t_{VBs}、t_{VCs} 超差严重等。

4. 单一径向平面内内、外滚道直径变动量超差

单一径向平面内内滚道直径变动量 t_{Vdip} 与单一径向平面内外滚道直径变动量 V_{Dep} 超差原因类似于内径磨削的单一径向平面内内径变动量 t_{Vdip} 和外径磨削的单一径向平面内外径变动量 t_{Vdsp}，主要原因在于工艺调整与机床本身问题。

工艺调整方面：电磁无心夹具调整不合适（如支承夹角 α、β 角不对，偏心量 e 过小造成工件跳动量大，支承不稳），进给量太大光磨时间短，夹具上支承的支承面磨损后工件定位面接触不良及砂轮过软或过硬使自锐性发挥不好，均会造成单一径向平面内内、外滚道直径变动量超差。机床方面，砂轮轴的径向跳动大，工件轴的轴承间隙过大或传动带松、磨损，砂轮进入磨削位置时撞套圈也会造成单一径向平面内内、外滚道直径变动量超差。另外，套圈定位表面有振纹或其单一平面内的外径变动量大或圆形偏差大，复映到被磨套圈沟道表面上也会造成单一径向平面内内、外滚道直径变动量超差。

5. 内圈滚道素线对基准端面倾斜度变动量超差

内圈滚道素线对基准端面倾斜度变动量 t_{Sdi} 是滚子轴承的磨削技术条件，其超差原因与内径磨削时内圈端面对内径垂直度 t_{Sd} 超差的原因基本相同，如磨削参数选择不合理（进给量太大，没有无进给磨削时间或时间太短，加工余量分配不合理），磁极松动、磁极端面有异物、磁极端面不平引起端面跳动量大，工件轴或砂轮轴磨损导致工件轴或砂轮轴径向或轴向跳动量大，套圈基准端面不平、有卡伤或碰伤，电磁无心夹具磁力过大或过小及砂轮磨削面形状不正确等。

6. 圆锥角偏差超差

圆锥角偏差 $\Delta\beta$ 是圆锥滚子轴承的磨削技术条件，其产生原因在于砂轮选择与修整或机床调整。砂轮硬度太低使砂轮形状失真，修整砂轮的金刚石太钝或修整质量差，机床头架角度与锥角不等均易造成 $\Delta\beta$ 超差。

7. 表面粗糙度差

滚道表面粗糙度要求高，磨削中滚道表面粗糙度不合格的原因也主要在于工艺调整与机床调整。

工艺调整方面：砂轮粒度、硬度选择不合适，砂轮平衡质量差，磨削加工中进给量太大或进给量不均匀，工件转速过高，磨削液变质均会影响滚道表面粗糙度。机床调整方面：砂轮修整器机构间隙过大或砂轮修整速度太快，金刚石不锐利，工件轴和砂轮轴的径向跳动过大造成机床振动等也影响磨削后滚道的表面粗糙度。

8. 滚道烧伤

滚道烧伤的根本原因是磨削过程中产生的磨削热过多并且不能及时传散，因而需控制磨削用量并选择合适的砂轮特性以减少磨削热的产生，保证切削液浇注从而降低磨削区域温度。磨削用量方面，进给量太大或进给速度太快，工件轴转速太低及磨削余量分配不合理容易产生大量磨削热；砂轮特性方面，砂轮硬度过硬、自锐性差也将加大磨削区的摩擦产生大量磨削热；磨削液供应量不足或浇注位置不对，不能有效带走热量以降低磨削区的温度，另外冷却液变质后，其冷却性能也可能下降。

4.7 套圈挡边磨削

多数滚子轴承会在一个（或两个）套圈上设置挡边，以实现轴承内滚动体的轴向或径向限位。在滚动轴承工作时，挡边需承受载荷，且滚动体球基面（或端面）与挡边之间为滑动摩擦，因而挡边的轮廓形状与挡边工作时的润滑、摩擦、受力、发热等状况密切相关，也就是说，选择合理的挡边形状，对轴承的寿命十分有益。而获得合理的挡边形状，则完全依赖于挡边的磨削方法。

4.7.1　技术条件

挡边厚度尺寸、挡边的形状和角度、挡边厚度变动量、挡边位置；表面粗糙度应符合图样要求；表面不得有磨伤、划伤、振纹、黑皮、磕碰伤等，不允许烧伤。

4.7.2　挡边轮廓形状的类型

常见的带挡边套圈包含圆柱滚子轴承、圆锥滚子轴承、调心滚子轴承及滚针轴承等，如图 4-53 所示，依据滚道与回转中心的夹角差别，一些挡边与套圈回转中心垂直，也有一些挡边与套圈的回转中心存在一定角度的夹角。

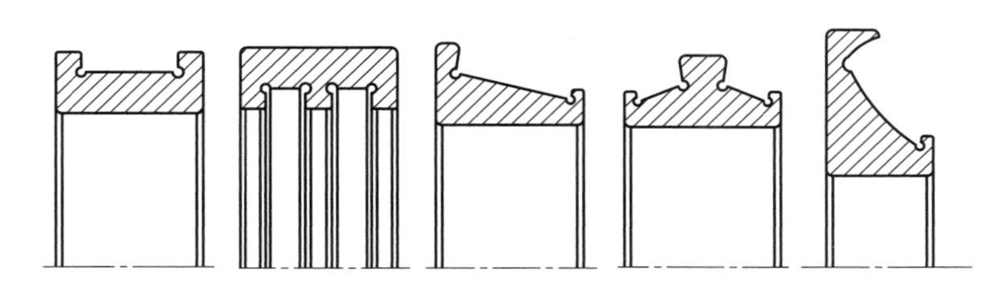

图 4-53　常见的套圈挡边

挡边轮廓的形状也不尽相同，图 4-54 所示为圆锥滚子轴承挡边的不同轮廓形状。

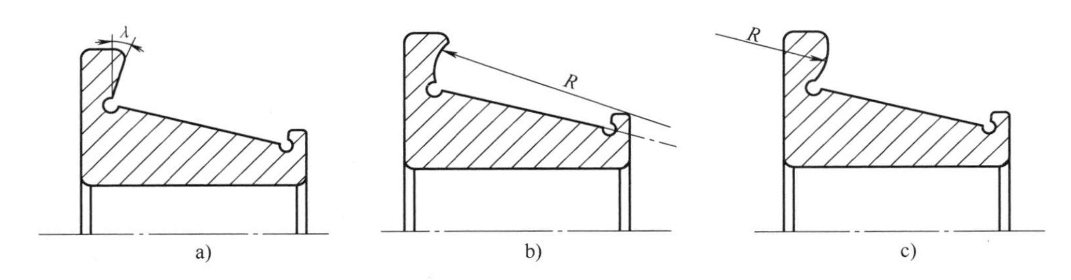

图 4-54　圆锥滚子轴承挡边的不同轮廓形状

a）直线形挡边　b）内凹圆弧形挡边　c）外凸曲线形挡边

直线形挡边如图 4-54a 所示，又称锥面挡边或直挡边，挡边与基准端面之间的斜角为 λ。端面采用球形基面的滚动体，与直挡边的接触形式为点接触，能有效提升端面润滑效果，减轻磨损和发热。

图 4-54b 所示为内凹圆弧形挡边，又称球面挡边和或圆弧挡边，其球面圆弧半径为 R。轴承工作时球基面与挡边之间“凹对凹”接触，不利于润滑，易磨损和发热，因而多数向心滚子轴承不再采用圆弧挡边；但对于推力滚子轴承（包括推力圆锥滚子轴承与推力调心滚子轴承），由于轴承工作时一般转速较低，且挡边承受较大的载荷，采用内凹圆弧形挡边能有效降低球基面与挡边的接触应力。

图 4-54c 所示为外凸曲线形挡边，其形状是外凸圆弧或多段圆弧组成的外凸曲线。这种形状的挡边具有很好的润滑性能，易形成油膜，不易磨损和发热，但难以加工，直线形挡边可以认为是这种挡边的一个特例。

4.7.3 挡边的磨削方法与成形原理

挡边一般采用平形砂轮或筒形砂轮磨削：磨削直线形挡边时一般修整砂轮外径或端面为直线，直接切入形成直挡边，图 4-50a 所示的滚道-挡边复合磨实质上也是平形砂轮的切入磨削；磨削内凹形挡边时，采用类似于图 4-48 的范成磨削方法，挡边内凹的球面曲率可通过调整砂轮回转轴与工件回转轴的夹角来确定；外凸形挡边的磨削较为困难，当挡边宽度较宽时可采用平形砂轮切入磨，宽度较窄的挡边则采用下一章的超精加工来实现。

1. 直线形挡边

用平形或筒形砂轮磨削直线形挡边时，砂轮是以外径或端面的直素线磨削，即砂轮与挡边的接触线是一条直线段。在实际加工时，为了提高生产率，减少砂轮更换次数，一般砂轮直径应尽可能选择大些，但砂轮直径过大时砂轮与挡边会发生干涉（见图 4-55），造成磨伤。砂轮半径 R_G 在同一平面内应小于挡边锥面的曲率半径 ρ，因此砂轮直径存在满足工艺需求的最大临界值，实际计算时应考虑挡边角度、轴承结构类型等具体因素。具体计算过程此处不再赘述，可参考相关文献[33-35]。

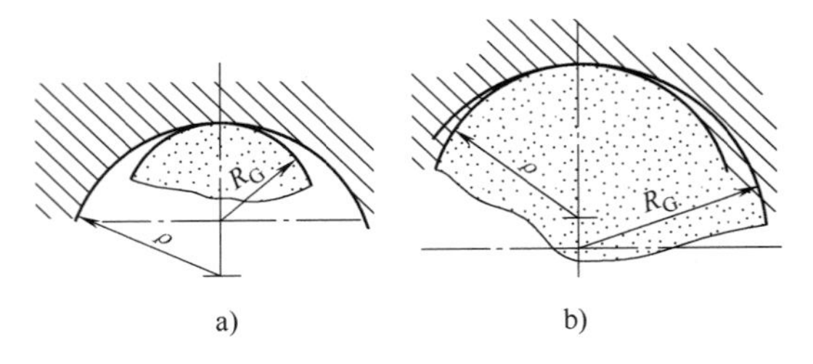

图 4-55 砂轮与挡边的干涉情况

a）不干涉 b）干涉

砂轮修整器的运动方向（砂轮端面斜角）应和工艺布局相适应，砂轮端面斜角 μ 和调整参数 θ 的组合，需保证挡边的倾斜角度满足技术条件，即

$$\lambda = \lambda(\theta, \mu) \tag{4-99}$$

图 4-56 所示为直线形挡边磨削的工艺布局，图 4-56a 所示为采用平形砂轮磨削，参数下标以 P 标记，图 4-56b 所示为采用筒形砂轮磨削，参数下标以 N 标记。

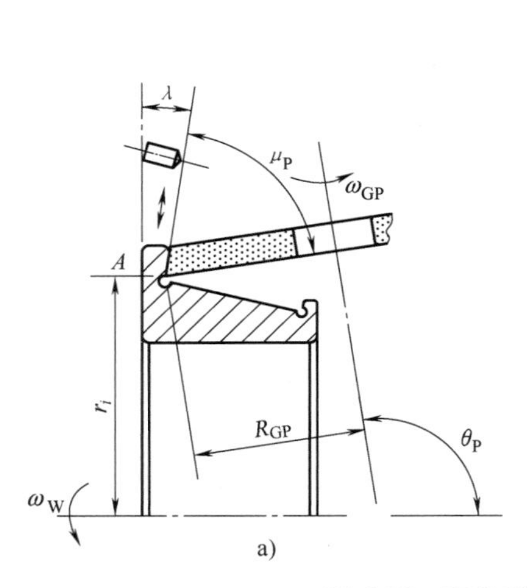

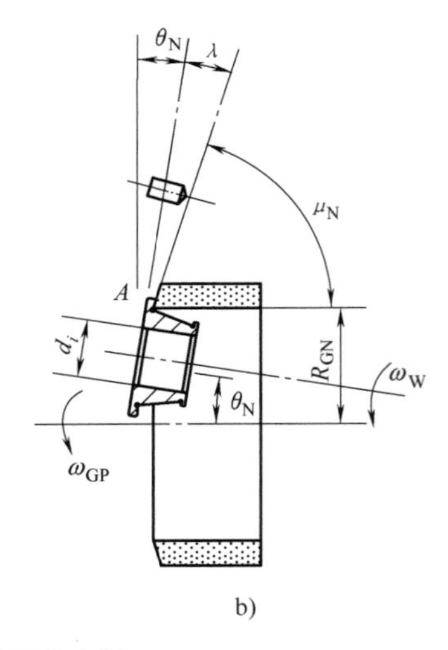

图 4-56 直线形挡边磨削的工艺布局

a）平形砂轮磨削 b）筒形砂轮磨削

对于平形砂轮磨削直线形挡边，调整参数 θ_P（砂轮轴线与工件轴线夹角）、砂轮端面斜

角 μ_P 及挡边倾斜角 λ 的关系为

$$\mu_P = \pi - \lambda - \theta_P \tag{4-100}$$

砂轮端面斜角 μ_P 即为砂轮修整器的运动方向。

为防止砂轮和挡边干涉，通常可按下式选择砂轮的最大半径 R_{GP}

$$R_{GP} < \rho \tag{4-101}$$

ρ_A 为砂轮与挡边接触平面内，挡边上 A 点的曲率半径，可近似表达为

$$\rho_A = \frac{r_i \sin(\theta_P + \lambda)}{\sin\lambda} \tag{4-102}$$

即平形砂轮最大半径 R_{GP} 的选择条件为

$$R_{GP} < \frac{r_i \sin(\theta_P + \lambda)}{\sin\lambda} \tag{4-103}$$

在实际生产中，考虑其他干扰因素引入小于 1 的系数 k_{rg}，确定 R_{GP} 的值为

$$R_{GP} = k_{rg} \frac{r_i \sin(\theta_P + \lambda)}{\sin\lambda} \tag{4-104}$$

式中，r_i 为直挡边的最小半径；k_{rg} 为选择系数，中小型套圈一般选取 $k_{rg} = 0.9$。

对于筒形砂轮磨削直线形挡边，调整参数 θ_N（砂轮轴线与工件轴线夹角）、砂轮端面斜角 μ_N 及挡边倾斜角 λ 的关系为

$$\mu_N = \frac{\pi}{2} - \lambda - \theta_N \tag{4-105}$$

和平形砂轮相似，筒形砂轮的半径 R_{GN} 应按下式选择

$$R_{GN} = k_{rg} \frac{d_i \sin(\theta_N + \lambda)}{2\sin\lambda} \tag{4-106}$$

例 4-6 在 3MZ2210 磨床上用筒形砂轮磨削 30205E/02 直挡边，已知 $d_i = 33.969\text{mm}$，$\lambda = 10°32'$。若取修整器运动方向角即砂轮端面斜角 $\mu_N = 60°$，试确定调整参数 θ_N 和砂轮直径 $2R_{GN}$ 的大小。

解：将已知条件代入式（4-105）可得

$$\theta_N = \frac{\pi}{2} - \lambda - \mu_N = 90° - 10°32' - 60° = 19°28',$$

再由式（4-106）可得 $2R_{GN}$

$$\begin{aligned} 2R_{GN} &= 0.9 \times \frac{33.969 \times \sin(19°28' + 10°32')}{\sin 10°32'} \\ &= 83.61827 \approx 83(\text{mm})。\end{aligned}$$

例 4-7 用平形砂轮磨削 30205E/02 直挡边，取调整参数 $\theta_P = 90°$，试计算砂轮直径 $2R_{GP}$。

解：将已知条件代入式（4-104），可得

$$\begin{aligned} 2R_{GP} &= 0.9 \times \frac{33.969 \times \sin(90° + 10°32')}{\sin 10°32'} \\ &= 164.4184 \approx 164(\text{mm})。\end{aligned}$$

调整参数 θ_N 和 θ_P 都是极限值（受磨床布局限制），因此所得结果也都是极限值。比较

$2R_{GN}$ 和 $2R_{GP}$ 值可知，用平形砂轮磨削直挡边要优于用筒形砂轮，原因在于 $R_{GP}>R_{GN}$，为保证一定的磨削线速度，平形砂轮磨削的砂轮转速较低，这给机床设计与质量控制带来了极大方便。

在磨削直挡边时，应重点考虑砂轮直径的选择，使砂轮和挡边不发生干涉，并优先使用平形砂轮磨削。

2. 内凹圆弧形挡边

内凹圆弧形挡边磨削的工艺布局如图 4-57 所示，其中图 4-57a 所示为筒形砂轮磨削，图 4-57b 所示为平形砂轮磨削。无论是使用平形砂轮还是使用筒形砂轮，砂轮和挡边的接触线均为一小段圆弧，该圆弧半径就是砂轮尖处的半径，亦即砂轮是用其轮缘尖端圆进行磨削的，当圆弧接触线绕工件轴线回转一周时，就形成了所需要的圆弧挡边。

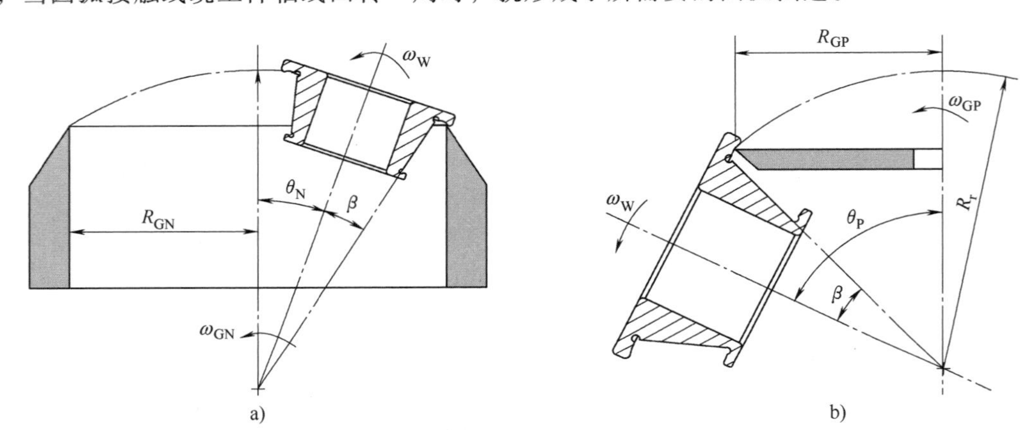

图 4-57 内凹圆弧形挡边磨削的工艺布局

a）筒形砂轮磨削 b）平形砂轮磨削

用筒形砂轮磨削圆弧挡边时，磨后挡边圆弧半径 R_r 为

$$R_r=\frac{R_{GN}}{\sin(\theta_N+\beta)} \tag{4-107}$$

式中，砂轮内孔半径 R_{GN} 为常数，故砂轮磨损不影响 R_{GN} 的值，挡边圆弧半径为定值，故磨削过程中不必变动调整参数 θ_N。

用平形砂轮磨削圆弧挡边时，工件轴线与砂轮轴线在水平面内呈 θ_P 角布置，磨后挡边圆弧半径 R_r 为

$$R_r=\frac{R_{GP}}{\sin(\theta_P-\beta)} \tag{4-108}$$

用平形砂轮磨削圆弧挡边时，挡边圆弧半径 R_r 取决于砂轮半径 R_{GP} 和调整参数 θ_P，随着砂轮的磨损，R_{GP} 值变小，要保证 R_r 值，必须改变 θ_P 角度。在实际生产中需不断调整 θ 角，对生产率有一定影响，因此这种磨削方法已基本淘汰。

3. 外凸曲线形挡边

外凸曲线形挡边一般都是为了解决挡边凸度问题，与滚道凸度一样，目前多采用差补方式修整砂轮使砂轮有凹下量 δ，采用径向切入磨后，滚道表面复印砂轮形状，最终实现凸度形状与凸度量，参见图 4-45b 所示。

4.7.4　挡边磨削加工的常见问题

挡边厚度变动量、大挡边与滚道间的夹角、挡边球面曲率半径和挡边单一厚度偏差超差，是挡边磨削中常见的质量问题。

1. 挡边厚度变动量超差

挡边厚度变动量超差的主要原因在于工艺调整参数不合理，如电磁无心夹具磁力太小使加工中套圈停转，磁极修整不平整，套圈大端磕碰伤，磨削液含杂质造成定位不良，磨削进给量太大或光磨时间太短等。

2. 大挡边与滚道间的夹角和挡边球面曲率半径超差

大挡边与滚道间的夹角和挡边球面曲率半径 R 超差的主要原因在于砂轮选择与机床调整。砂轮选择方面，硬度过软砂轮消耗太快，硬度过硬则影响自锐成形；砂轮直径选择不当造成砂轮端面旋转时形成的轨迹圆弧与大挡边的曲率半径不符。机床调整方面，砂轮与套圈的角度调整不正确，大挡边的曲率半径 R 就不能保证；在磨削加工前砂轮端面的倾斜角度没有修整好，不能很快地自锐形成曲率半径 R 的形状，影响曲率半径精度。

3. 挡边单一厚度偏差超差

挡边单一厚度偏差超差的主要原因在于工艺参数调整不合理，如砂轮的硬度不合适或同一片砂轮硬度很不均匀，磨削过程中进给量太大或光磨时间太短，电磁无心夹具磁力太小或偏心量太小造成套圈轴向或径向定位不稳等。

4.8　套圈工序间的稳定处理

轴承套圈车削加工完成后，需经淬、回火处理后得到合适的组织与硬度再开始磨削加工。而套圈磨削加工过程中产生的磨削应力使热处理后残留在套圈金属内部的应力重新分布，会导致套圈磨削加工中的精度改变，甚至产生表面龟裂。为进一步稳定轴承套圈（尤其是精度较高或壁厚较薄的轴承套圈）的组织，提高套圈精度的稳定性，需进行磨工工序间的附加回火，通常称为稳定处理。

轴承套圈淬火后内部包含残余奥氏体组织，残余奥氏体组织在轴承零件加工过程及后续储存过程中不断转化，从而影响轴承套圈磨削过程中的加工精度。轴承套圈的冷处理能够减少组织中的残余奥氏体，稳定组织，提高零件精度的稳定性。

轴承套圈的附加回火属于磨削加工的工序间处理，与热处理环节中淬火后的回火不同，附加回火温度一般应低于原回火温度，依据轴承套圈的壁厚、精度差异，可采用一次或多次附加回火以消除磨削应力造成的内应力再分布。冷处理属于轴承套圈制造过程的热处理环节，但由于其对磨削加工精度，尤其是精密轴承的套圈加工精度影响较为显著，因而此处做简单介绍。

4.8.1　套圈的附加回火

回火是指淬火后再次将淬火钢加热到 Ac_1 以下的某一个温度，保温一定时间后冷却至室温的热处理过程。回火的目的是减轻淬火过程中产生的巨大内应力，防止淬火件开裂，稳定材料内部组织，从而稳定后续机械加工的尺寸和精度；还能在硬度稍有降低的情况下，大大提高韧性，获得良好的综合力学性能。

轴承套圈淬火后均需回火，回火设备包含空气电炉、油炉与盐炉等。油炉或盐炉回火升温速度较快且温度均匀，但保温时间相对较短，专业热处理厂一般采用此类回火方式，表 4-10 所示为轴承套圈的一般回火规范。

表 4-10　轴承套圈的一般回火规范

名称	精度等级	回火温度/℃	回火时间/h
中小型套圈	P0 级	150~170	2.5~3
	P2 级、P4 级	150~170	3.5~4
大型套圈	P0 级	150~160	6~12

有些轴承要求在较高温度下要保证组织、性能和尺寸的稳定，则这些轴承零件的回火温度比一般回火温度高，即高温回火。GB/T 272—2017[36] 以代号“S”规定轴承工作温度较高，分别包含 S_0、S_1、S_2、S_3 和 S_4，对应的轴承工作温度分别为 200℃、250℃、300℃、350℃和 400℃。采用高温回火的零件，在锻件退火工序前要增加正火工序。

以上回火过程属于套圈制造过程中的正常热处理环节，磨削加工之后，应立即用低于原回火温度 20~30℃的温度再次回火的过程才是磨削环节的稳定处理过程，常见的附加回火工艺见表 4-11，附加回火规范见表 4-12。

近年来，由于制造过程中的环境保护要求日渐提升，很多轴承制造厂不具备采用油炉和盐炉进行稳定处理的条件，因而工序间稳定处理越来越多采用空气电炉。当附加回火介质为空气时，工件容易发生表面氧化，操作中发现工件表面出现氧化色，应采取保护措施或适当缩短保温时间。

表 4-11　常见的附加回火工艺

名称	精度等级	介质	温度/℃	时间/h
中小型套圈	P2 级	油	粗磨后 120~150	15
			细磨后 120~150	15
	P4 级	油	120~150	24
	P5、P6 级	油或空气	130~140	3~7.5
	P6、P0 级	油	130~140	3~7
		空气	130~140	3.5~7.5
	P4、P5、P6、P0 级	空气	130~140	3.5~7.5
大型套圈	P4、P5、P6 级	空气	130~140	8~15

表 4-12　一般品轴承套圈附加回火规范

套圈尺寸/mm	有效厚度	~6	6~12	12~20	20~
	设计外径	~100	100~200	200~300	300~
温度/℃		130~150	130~150	130~150	130~150
保温时间/h	油炉	3~4	5	6	7
	空气炉	3.5~4.5	5.5	6.5	7.5

4.8.2 套圈的冷处理

将工件淬火冷至室温后，应立即放置在低于室温的环境下停留一定时间，再取出置于室温中，这种低于室温的处理称为冷处理。轴承套圈的冷处理实质是淬火过程的延续，目的是为了减小精密轴承钢零件的畸变并稳定尺寸，工序环节在淬火之后、回火之前，冷处理仅适用于超精密轴承及经分级淬火的轴承套圈。轴承钢冷处理常用冷冻剂和干冰酒精溶液，近年来也有采用液氮来实现冷处理的。

淬火后套圈需冷却至室温才能进行冷处理以防止开裂，冷却至室温后，若不立即进行冷处理，则可能会降低奥氏体向马氏体的转变速度，因而淬火到冷处理之间的室温停留时间以不超过 30min 为宜。

冷处理的温度依据钢的马氏体转变终止温度 *Mf*、冷处理对力学性能的影响及零件的实际情况综合确定。GCr15 钢在正常淬火温度加热后连续冷却，其马氏体终止点在-70℃左右；-60℃以下的冷处理，可以稍微提高轴承的硬度，但又可以稍微降低其弯曲强度和冲击韧度。过低的冷处理温度，对轴承钢的冲击疲劳和接触寿命无益，因此精度要求高的轴承应尽量用接近但不必低于 *Mf* 的冷处理温度：GCr15 钢冷处理选-70℃较合适；对于精度要求不高的套圈或设备有限制时，冷处理温度可选为-70～-40℃；超精密套圈可在-80～-70℃之间或低于-80℃进行冷处理。

大量马氏体转变是在冷却到一定的温度顷刻间完成的，过久保温并无实际意义。实际处理中，为使冷处理的同一批套圈的表面和心部都均匀达到冷处理温度，到温后需停留1～1.5h。

经冷处理的套圈仍需回火处理，因冷处理后的套圈温度低，立即回火容易发生开裂，若不及时回火，冷处理后轴承套圈内部巨大的残余应力也易造成套圈开裂，故冷处理与回火之间的停留时间一般不应超过 2h。

4.9 套圈退磁

如前所述，轴承套圈磨削加工中大量使用了磁性夹具，如单头平面磨床的电磁吸盘和内外表面磨削的电磁无心夹具，磁性夹具的应用使轴承套圈被磁化。对于加工工序间的套圈零件，残磁会使金属表面吸附细微金属末，为后续磨加工工序带来基准面的定位误差，降低加工精度和测量精度；成品轴承带有残磁，将导致成品轴承摩擦力矩增加，吸附金属杂质从而增大轴承噪声和振动，降低轴承使用寿命。

轴承磨削加工中各工序结束后，均需在工序间退磁，套圈磨削结束后的磨工成品也需退磁后方可进入后工序；轴承装配完成形成成品后，仍需退磁并且残磁满足相关标准后方可包装。退磁工序在轴承套圈磨削中反复进行，因而放在本章介绍。

4.9.1 退磁方法

轴承零件退磁多采用交流退磁法，退磁磁场通过带有交流线圈的电路形成。交流退磁法实际是一个反复磁化的过程，即带有剩磁的轴承零件（或轴承产品）在交变磁场中受到一个幅值上递增而方向不断变化的磁场作用，从而使轴承零件上的剩磁减弱至某个最低限度。

在退磁过程中，退磁磁场的振幅必须足够大，以便轴承材料内的磁场能克服所遇到的最高势垒，从而实现磁矩重新取向，另外，振幅的衰减应尽可能慢，衰减太快将使套圈内残磁超标，相邻两次振幅的比值一般取 1.36~1.39。

退磁方法分为即时退磁和多次退磁两种。即时退磁是指工件在机床上充磁后立即进行退磁，可避免残磁老化和重复充磁而形成的复杂影响，还可以针对上磁部位退磁，充分发挥退磁机的能力；多次退磁是指将同一批产品重复进行若干次的退磁，退磁时某一残磁受到的退磁作用与退磁场在该残磁部位的强度及残磁方向相对于退磁场的夹角有关，夹角越接近 90°，强度越弱，受到的退磁作用也越小，而退磁场在轴承上的分布是不均匀的，残磁的方向也是随机的，于是在退磁时总会有一些残磁处在退磁场作用最小的部位，形成不利因素，多次退磁中要注意不能将轴承一直处于同一状态，如在一条输送带上连续经过两台退磁机或是通过退磁机后再返回来，这种方法起不到多次退磁的效果。

4.9.2 退磁细节

要使产品在退磁机中受到的退磁振幅尽可能大及振幅衰减得尽可能慢，应注意：退磁时产品不能堆在一起，从而防止外层产品屏蔽中间部分产品受到的退磁振幅；应使产品轴线与退磁机磁力线垂直，避免轴线与磁力线平行从而使产品实际受到的退磁振幅大为减小；退磁时磁场衰减是在产品离开退磁机时实现的，离开太快就等于衰减太快。

4.9.3 残磁检查

轴承退磁后，对残磁的大小有一定的要求。残磁的测量（见图 4-58）最好采用以霍尔效应为原理的测磁仪器，如 CJZ 系列残磁仪采用 4mm×2mm×0.2mm 规格的霍尔元件，测量时元件平面与轴承的距离 δ 为（1±0.05）mm。工序间也采用多种规格的其他手持式残磁测量仪。

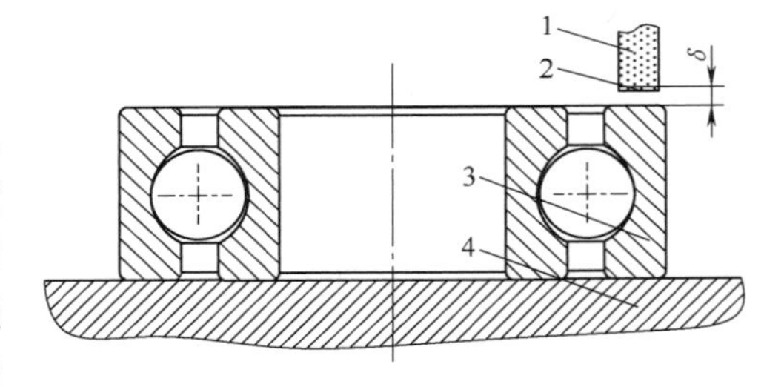

图 4-58 成品轴承的残磁检测

1—探头 2—霍尔元件
3—被测轴承 4—非导磁平台

现有中小型套圈磨削的自动加工生产线，在各工序环节均布置了退磁设备及相应的残磁检测装置；对于无法连线生产的大型、特大型套圈，磨削时工序间也可采用“吸铆钉法”简易判定残磁量，但对于成品轴承必须经仪器检测其残磁值，JB/T 6641—2017[37] 规定的成品轴承残磁极限值见表 4-13。各主机厂也有自己的残磁标准，通常主机厂的标准会比 JB/T 6641—2017 更严。

表 4-13 成品轴承残磁极限值

轴承公称外径/mm		残磁最大值/mT
>	<	
	30	0.4
30	50	0.5
50	120	0.6
120	250	0.8

（续）

轴承公称外径/mm		残磁最大值/mT
>	<	
250	500	1.0
500	1000	1.3
1000		1.5

4.10　套圈的控制力磨削

一般在进行内径磨床磨削时，会预先给定进给速度与进给时间，即控速磨削或恒进给磨削。采用以上磨削方法时，被加工工件的最终尺寸、表面粗糙度和几何形状偏差受砂轮锐利程度、工件材料硬度、加工余量及磨削参数等多方因素影响，实际加工中的进给速度和进给时间总是以最坏的待加工毛坯为依据，无法充分发挥机床效率，生产率低。

控制力磨削的概念最早由美国希尔德公司在1950年提出，并形成了完善的控制力磨削理论，其理论基础为基于质量-弹簧-阻尼系统的磨削应力分析。近年来，随着控制理论技术应用的飞速进展，衍生出了很多新型控制力磨削的磨床，本节将介绍控制力磨削的原理及控制力磨削的成圆过程。与恒进给或控速磨削相比，控制力磨削有生产率高，加工精度高，表面质量易于控制，减轻工件烧伤及工艺系统刚性要求低等优点[38-39]。

4.10.1　控制力磨削的原理

当磨削套圈内径时，砂轮作用于工件上的力可分解为轴向、切向和径向的3个分力，最大的为径向力且径向力对于零件加工质量的影响较为突出，因而“控制力磨削”就是控制磨削过程中径向磨削力的大小及变化规律。

控制力磨削的原理简图如图4-59所示，砂轮架安装在由静压导轨支承的横向进给拖板上，给定静态径向磨削力为P_0，即施加的进给力F_0恒等于P_0。静态磨削力不变，砂轮轴的挠度也不变，故可利用横向进给拖板的瞬时位移测定控制磨削过程中的工件内径尺寸；根据磨削力P_0可计算砂轮轴的变形挠度，预先调整砂轮架角度α以补偿砂轮轴的挠曲变形，使工件头架的往复运动方向与砂轮表面平行，加工后的内孔不会产生锥度误差。当磨削用量小（如精磨或沟道磨削）时，应调整α角为零。应用经验表明，当磨削中型外滚道时，工件加工表面的每毫米宽度施加控制力为6~15N较合适。

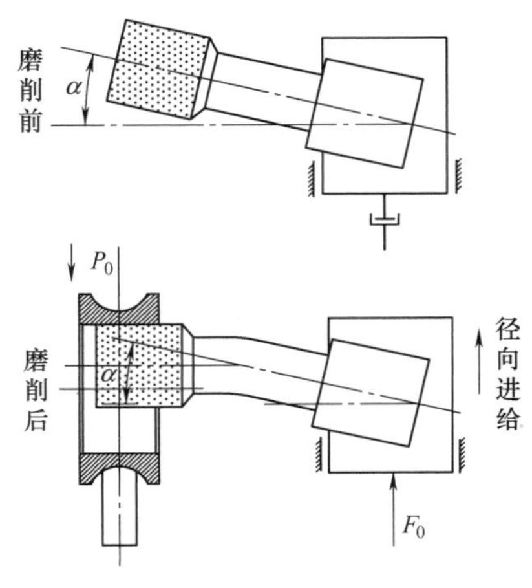

图4-59　控制力磨削的原理简图

4.10.2　控制力磨削的成圆过程

控制力磨削的成圆过程与前述恒进给或控速磨削圆形偏差复映的成圆过程不同，除圆形偏差复映外还包含圆形偏差的主动去除，因而控制力磨削的成圆更为迅速。

1. 成圆要求

磨削前套圈内径表面凸凹不平，从径向力的角度来看，应在磨削过程中磨凸起时增大磨削力，而磨凹坑时减小磨削力以加速成圆。这意味着在实际磨削中磨削力 P 不是常数，而是在静态力 P_0 附近周期变化的变力，套圈磨圆后实际磨削力 P 才逐渐趋近于静态磨削力 P_0。

2. 成圆条件

将图 4-59 描述的控制力磨削系统抽象为图 4-60 所示的振动模型，其中系统质量 M 可看作砂轮架及拖板的质量，弹簧刚度 K 可看作弹性砂轮轴的刚度，阻尼 C 可看作进给系统阻尼。在磨削时，砂轮和拖板不断运动，控制砂轮和拖板的运动规律即可控制实际磨削力的变化，从而把工件迅速磨圆。

为便于分析，将工件被加工表面展开并建立如图 4-60a 所示坐标系，图 4-60a 中 y 为工件表面的谐波函数（即砂轮的干扰位移），可表示为

$$y=Y_0\sin(2in_{\mathrm{W}}\pi t) \tag{4-109}$$

式中，Y_0 为谐波幅值；i 为谐波次数；n_{W} 为工件转速；t 为时间变量。

若设托板位移为 x，则在干扰位移 y 下，x 的变化规律为

$$x=X_0\sin(2in_{\mathrm{W}}\pi t+\varphi) \tag{4-110}$$

式中，X_0 为谐波幅值；φ 为 x 和 y 的相位差。

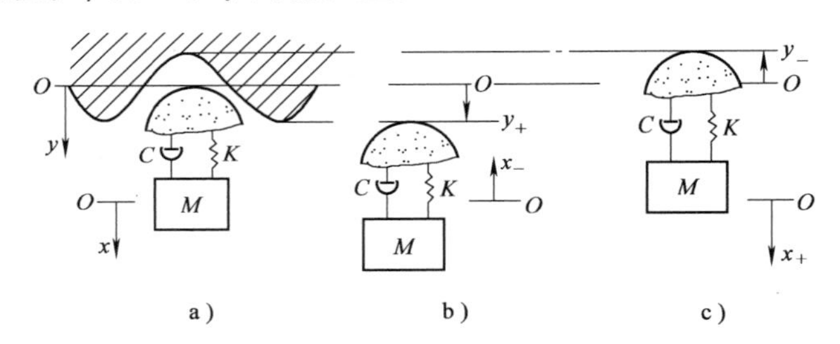

图 4-60　控制力磨削的成圆振动模型

a）静态　b）磨凸起　c）磨凹坑

当磨凸起时，砂轮位移为正值 y_+，托板 M 上的位移为负值 x_-，从而使弹簧 K 进一步压缩，磨削力增加，如图 4-60b 所示；当磨凹坑时，砂轮位移为负值 y_-，托板 M 上的位移为正值 x_+，从而使弹簧进一步伸长，磨削力减小，如图 4-60c 所示。为使工件快速成圆，须使 x 和 y 方向相反，即所谓“反相”。由式（4-109）和式（4-110）知，x 和 y 反相的条件为

$$90°<\varphi\leqslant 180° \tag{4-111}$$

由振动理论，相位 φ 和频率比 $in_{\mathrm{W}}/f_{\mathrm{n}}$ 有密切关系，如图 4-60a 所示，欲使式（4-111）成立，需

$$\frac{in_{\mathrm{W}}}{f_{\mathrm{n}}}>1 \tag{4-112}$$

振动系统的固有频率 f_{n} 可表示为

$$f_n=\frac{1}{2\pi}\sqrt{\frac{K}{M}} \tag{4-113}$$

由于 i 为自然数1、2、3……，因此，只要 $i=1$ 时式（4-112）成立，则 i 为其他数时式（4-112）一定成立，即 x 和 y 反相条件变为

$$\frac{n_W}{f_n}>1 \tag{4-114}$$

由式（4-114）可知，$n_W>f_n$ 即可迅速磨圆工件，故称 $n_W=f_n$ 的转速为临界转速 $n_{W临}$，即

$$n_{W临}=f_n \tag{4-115}$$

控制力磨削实践表明，只有工件转速 n_W 大于临界速 $n_{W临}$ 时才能迅速磨圆工件，因此控制力磨削要求较高的工件转速；但当工件转速 n_W 太高时，拖板的位移幅值 x_0 会减小，如图4-61b所示。拖板的位移幅值降低造成磨削力 P_0 的增量 ΔP 不显著，相当于恒进给或控速磨削，成圆效果不好。工件转速上限一般确定为

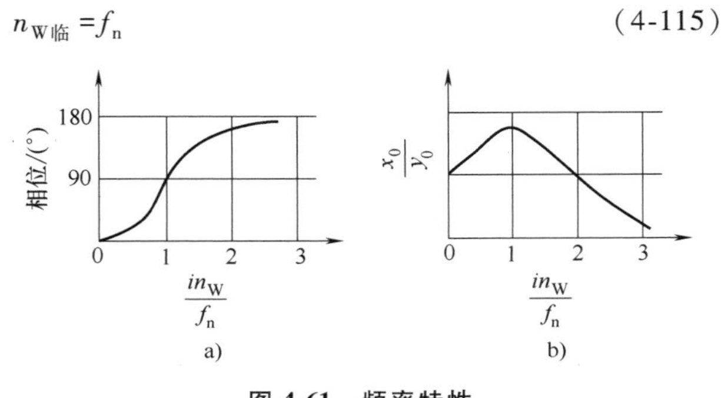

图4-61 频率特性

a）相位与频率比 b）幅值比与频率比

$$\frac{n_W}{f_n}<2.5\sim3 \tag{4-116}$$

综合式（4-114）和式（4-116），得控制力内表面磨削迅速成圆的条件为

$$1<\frac{n_W}{f_n}<2.5\sim3 \tag{4-117}$$

例4-8 表明：一般控制力内圆磨床振动系统的固有频率 $f_n=20\sim40\text{Hz}$，试计算工件的临界转速 $n_{W临}$。

解： 由式（4-115）得

$n_{W临}=f_n=20\sim40(\text{Hz})=1200\sim2400(\text{r/min})$。

例4-8的计算结果说明控制力内圆磨削时的工件转速很高，可达到1200～2400r/min，这是控制力磨削的一大特点。

4.11 新型特殊轴承套圈的磨削加工

随着主机发展的绿色化、轻量化与智能化需求日益提升，滚动轴承精度需求日益上升，主机设备上提供给轴承的安装空间减小，为了满足安装条件，还出现了诸多单元式结构的套圈（如汽车轮毂轴承单元等）。轴承套圈结构及精度需求的变化为轴承套圈磨削带来了一些新的问题，这些新问题需要针对具体的加工条件开展具体分析，以下以高精度套圈磨削、薄壁套圈磨削与不规则结构套圈磨削为例，简要说明轴承套圈磨削工艺实践中的一些新问题。

4.11.1 高精度轴承套圈的磨削加工

高精度轴承用于高精密设备、仪器、机床主轴等，要求轴承产品应用时具有高旋转精度。旋转精度主要取决于各零件的加工精度，套圈加工就是轴承生产的关键环节。

1. 工艺加工循环过程

以某P4级轴承套圈加工为例，某公司的加工工艺过程如图4-62、图4-63所示，其中图4-62所示为外圈加工工艺流程，图4-63所示为内圈加工工艺流程，图中的流程除磨削工艺外，包含了本章介绍的一些精密轴承套圈制造中必需的特殊热处理环节，如零件进行淬回火前先进行的去除车加工应力的附加回火（目的是减少车削应力造成套圈淬回火时产生的过大变形），热处理淬回火后的冷处理及工序间的稳定处理。高精度轴承套圈在进行磨削加工时，应进行两次或两次以上的去应力附加回火以去除磨削应力。

图示的流程仅为某公司的工艺安排，一些工厂在保证精度要求的前提下，工艺流程有较大程度的简化，图示的工艺流程仅做参考。

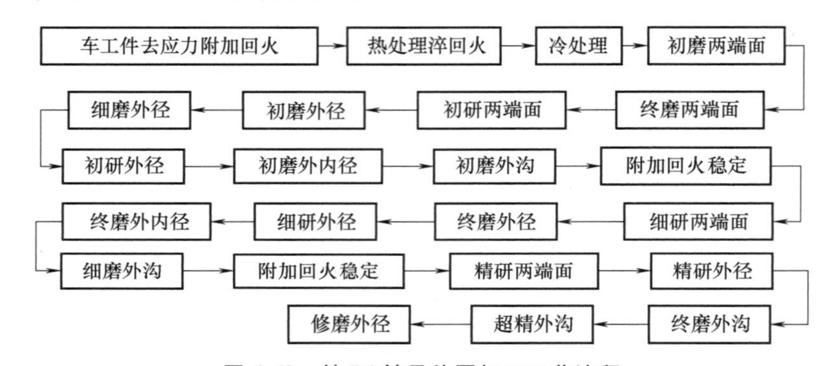

图4-62 某P4轴承外圈加工工艺流程

对比图4-62与图4-63，P4精度轴承套圈磨削加工工艺流程近似，磨削加工过程一般采用3个加工循环，工艺流程中可发现：提高内、外套圈的零件加工精度关键在于定位表面加工质量的提高。外圈加工定位基准与前述常规轴承套圈磨削时一样，采用套圈的两个端面与外径作为定位基准，内圈加工定位基准则包含两个端面、内径及内外径4个面作为加工定位基准，如图4-64所示。

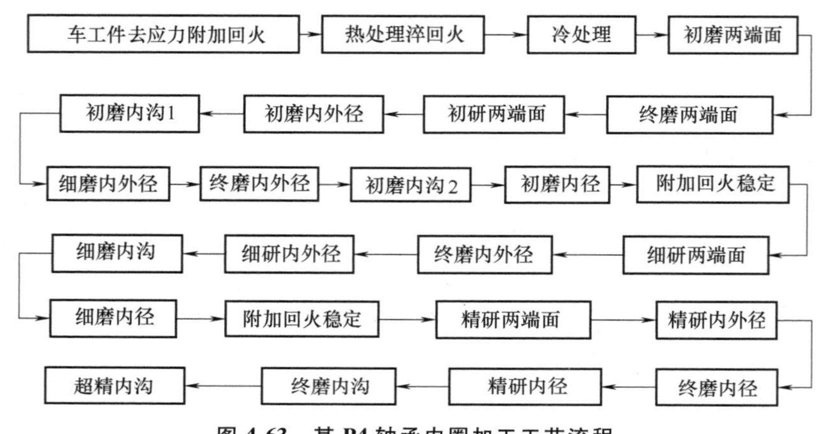

图4-63 某P4轴承内圈加工工艺流程

2. 套圈磨削过程中的细节指标控制

如前所述，定位表面加工质量的好坏是高精度套圈磨削的成败关键，即端面和外径的精度决定了套圈的最终加工质量。首先，套圈端面的磨削精度越高，宽度变动量、翘曲越小，在对其进行无心外圆磨削时得到的外径表面素线对基准端面倾斜度的变动量就越小，越有利于外径表面的加工；其次，由于套圈外径是其后工序各表面的加工定位基准面，外径几何精度的提高可以有效地改善内、外沟（滚）道的加工精度，间接保证了成品零件的旋转精度。

（1）端面的平面度　端面加工质量会直接影响所有后工序的加工质量，精度要求不高的轴承套圈磨削时应关注其宽度偏差 $t_{\Delta Bs}$ 或 $t_{\Delta Cs}$、宽度变动量 t_{VBs} 或 t_{VCs}，而对于精度高的轴承套圈，除以上要求外，还需关注其端面翘曲，因而精度高的轴承套圈端面磨削时立轴端面或卧式双端面已难以满足其精度需求，后续磨削中还应采用图 4-25 或图 4-26 所示的周磨或研磨来满足端面的平面度要求。在磨削用量的选择上，增加工件在加工过程中的工步次数，以小磨量多工步的方式反复加工端面来减小端面翘曲。一些精度特别高的套圈，如 P2 精度的套圈端面研磨甚至需采用手工研磨方法来提升端面精度，如图 4-65 所示。

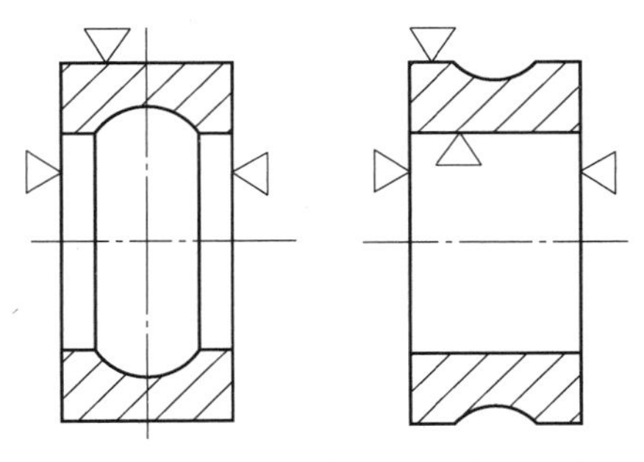

图 4-64　P4 轴承套圈加工定位基准

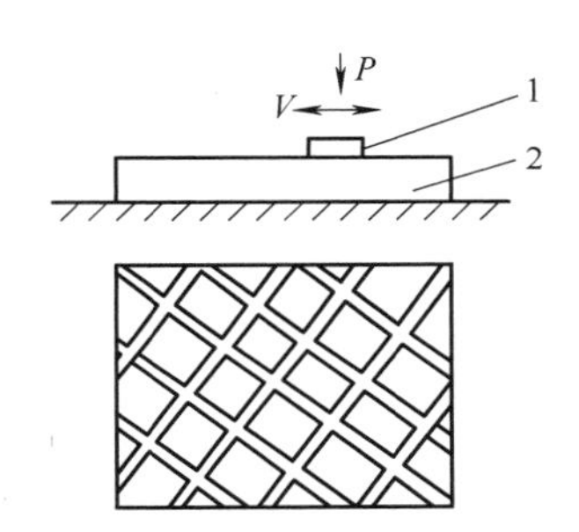

图 4-65　手工研磨

1—套圈　2—铸铁盘

（2）外径磨削　在套圈外径磨削时，应首先控制棱圆，再控制外径 t_{VDmp}。实际加工经验表明：ΔCir（三点法）在加工中改善起来难度较高，且 ΔCir（三点法）越小，复映到内、外沟（滚）道的圆度值越小，同时有利于提高外径素线对套圈端面倾斜度的变动量，即该值越小，越利于保证内、外沟（滚）道相对于内（外）径的厚度变动量。

（3）其他表面　内径加工时可以通过降低内径表面的粗糙度值、提高 ΔCir 来改善内径表面的加工质量，为后工序终（细）磨内沟（滚）时打好定位基准基础；终（细）磨内沟（滚）时可选择内支承，以套圈内径作为定位基准以保证套圈内、外沟（滚）道相对于内（外）径的厚度变动量，如图 4-66 所示。

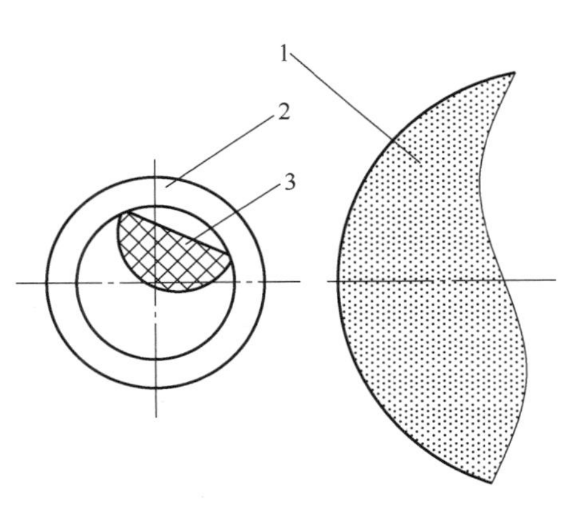

图 4-66　内支承磨削

1—砂轮　2—工件　3—内支承

3. 高精度轴承套圈磨削的工艺条件

在条件具备的情况下，高精度轴承套圈磨削采用 CBN 砂轮，控制力条件下的高速磨削能有效提升加工效率；若不具备设备条件，则只能增加磨削加工循环，磨削过程中还需控制磨削速度，选择合适的磨削液。

（1）磨削速度　磨削过程中砂轮线速度要求较高，高速磨削时砂轮线速度达到 50～200m/s 甚至更高，精密套圈磨削时砂轮线速度应达到 45m/s 以上。磨削线速度提升后，单位时间内参加磨削的磨粒数量大大增加，若保持每颗磨粒切去的磨屑厚度不变，则可增大进给量以提升效率；若进给量保持不变，则每颗磨粒切去的磨屑厚度变薄，磨粒的载荷减少，使每次修整砂轮可磨去更多的金属层，提高了砂轮的耐用度；另外，随着磨削速度的提高，磨粒切去的切屑厚度减少，每颗磨粒在工件表面上的切痕深度减少，相应地降低了工件表面粗糙度值 Ra 和工件的法向磨削力，提高了加工精度。

（2）磨削液　除具有普通轴承套圈磨削液的冷却、润滑、清洗、防锈作用外，高精度轴承套圈磨削中使用的磨削液还需具备长寿命的特点，以保证磨削加工中减少砂轮磨损，改善加工件的几何精度，降低功率消耗。精密套圈磨削中一般采用合成的高速磨削液。

4.11.2　薄壁轴承套圈的磨削加工

滚动轴承套圈零件对于一般机械加工来说已然认为其刚性差，属于薄壁环件，但随着主机行业轻量化发展，一些特殊机械设备（如工业机器人）留给滚动轴承的安装空间越来越小，套圈壁厚也随之减小，以壁厚系数 k 定义轴承的“薄壁”概念

$$k=\begin{cases}\dfrac{D}{D_{\mathrm{e}}} & \text{外圈}\\[2ex] \dfrac{d_{\mathrm{i}}}{d} & \text{内圈}\end{cases} \tag{4-118}$$

实际加工经验表明：内、外套圈壁厚系数 $k \leqslant 1.14$ 时（即柔性轴承套圈），已无法采用前述磨削手段加工出满足技术条件要求的套圈，而需采用特殊手段对轴承套圈进行保护加工，如图 4-67 所示。

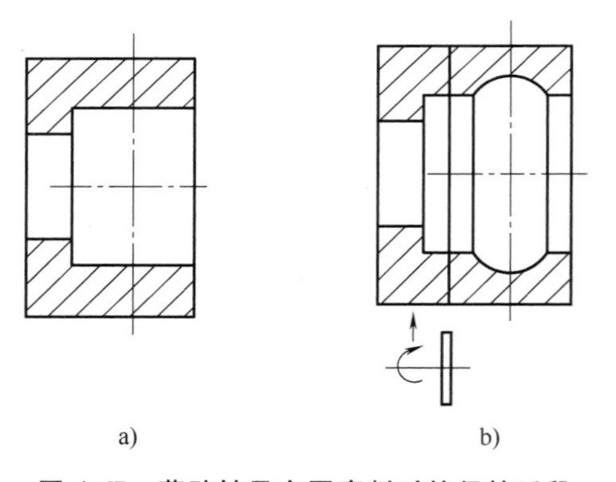

图 4-67　薄壁轴承套圈磨削时的保护手段

a）带加强圈的磨削加工　b）加工完成后的切割分离

薄壁轴承套圈磨削工艺流程如图 4-68 所示，该图为外圈磨削工艺流程，内圈工艺流程与其类似，不再赘述。分析图 4-68 的工艺流程可知：加工过程中尽可能增加套圈淬回火时的有效壁厚可以减少热处理变形；套圈整个加工过程中始终保持较强的刚性以防止后续加工过程中的变形；整个加工过程中用多循环磨削加工方式以提高几何精度。

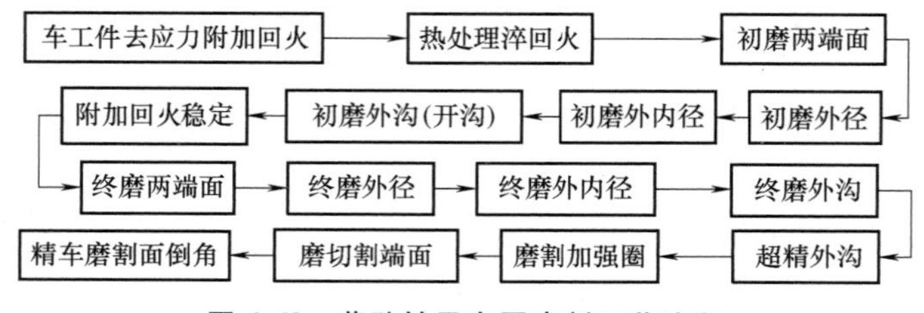

图 4-68　薄壁轴承套圈磨削工艺流程

工艺过程中的“初磨外沟（开沟）”是指不采用车削方式加工出沟道，而是在淬回火后磨削出沟道，这种工艺方法增加了车工件的最小壁厚，也减少套圈因淬回火产生的热变形。工艺过程中的“磨割加强圈”是指车工件带有如图 4-67a 所示的加强圈以间接提高套圈刚性，加强圈的壁厚系数 k 一般取为 1.3。

4.11.3　不规则结构轴承套圈的磨削加工

前述各章节描述的常规轴承套圈形状均为规则环件，随着主机发展的集成化需求，各种形状不规则的异形结构层出不穷。对于普通机械零件加工，这些结构较为常见，但轴承套圈还需满足很高的精度要求，复杂结构为磨削带来了挑战。图 4-69 所示为某轴承不规则的外圈结构，其外径表面与安装边平面、外圈滚道与其两挡边间的交接处为无越程槽的圆弧过渡，常规轴承磨削加工方法难以满足。

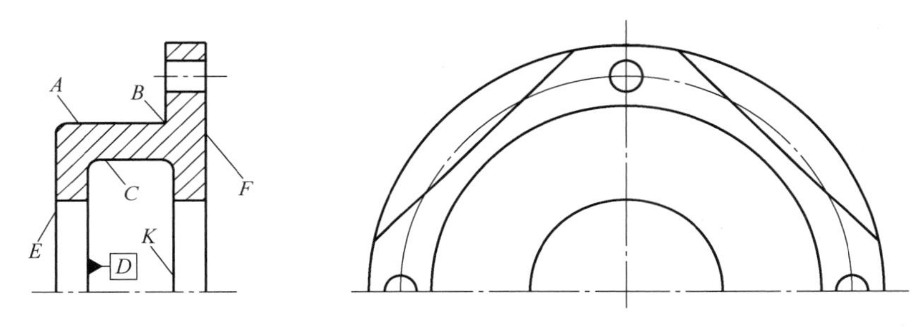

图 4-69　某轴承不规则的外圈结构

按照轴承套圈磨削的一般工艺流程，可制定如图 4-70 所示的不规则轴承外圈磨削工艺流程。

但在实际磨削中，这样的工艺流程无法实现该套圈的磨削加工，如磨削外径 A 面时，由于外径 A 面与安装边 B 面之间无退刀槽，会出现外径“留边”，即外径磨削结束后会留下台阶，台阶宽度为砂轮侧面与安装边 B 面之间间隙 δ，厚度为磨削余量的一半，如图 4-71a 所示。为修磨此台阶，磨削安装边 B 面时需采取双向进给方式，即在磨削 B 面的同时还要沿工件的外径方向进给，但外径方向的进给量很难控制，因为每一件产品零件的外径留量均不相同，形成的台阶厚度尺寸也各不相同。台阶修不掉，将影响成品轴承的正常安装，当磨削量过大时，则容易在产品的外径表面形成一个沟槽，如图 4-71b 所示。磨削外滚道及两挡边时，外滚道与其两挡边交接处也会出现类似“留边”或沟槽现象。

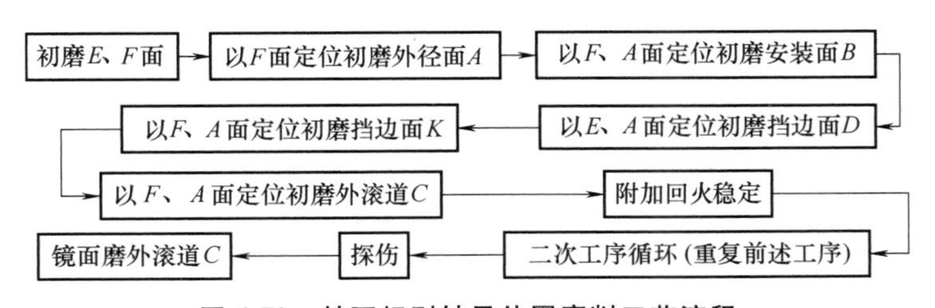

图 4-70　某不规则轴承外圈磨削工艺流程

按照上述工艺路线磨削时，几何公差、尺寸公差都难以得到有效控制。外径 A 面对安装边 B 面应有垂直度要求，而在磨削外径 A 面时，不能以 B 面来定位加工，需要一个过渡

基准 F 面来定位。在控制 A 面对过渡基准 F 面的垂直度时，要通过复杂的计算，将安装边 B 面与 F 面的平行度所引起的 A 面对安装边 B 面的垂直度影响量减掉，间接保证外径 A 面对安装边 B 面的垂直度要求。同理，在磨削两挡边时，挡边 D 对安装边 B 面、挡边 K 对挡边 D 的平行度需用 D 对平面 E、平面 E 对平面 F、平面 F 对安装边 B 或平面 F 对挡边 K 的方式进行平行度的多次转换控制。

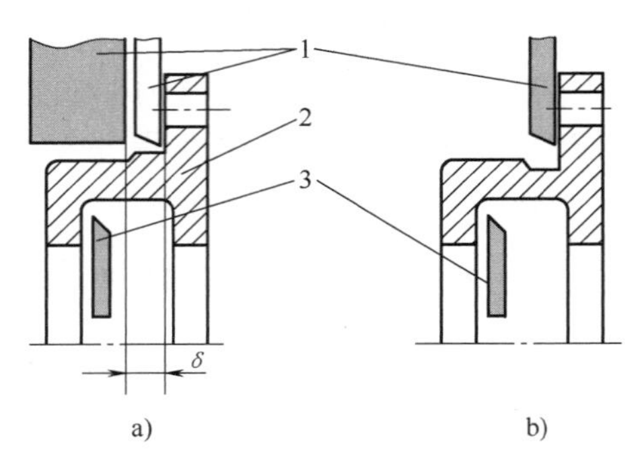

图 4-71　不规则套圈的常规工艺方法

a）外径磨　b）端面磨

1—砂轮　2—工件　3—内支承

复合磨削的加工方式很好地解决了这种难题，它将砂轮一次修整成形，同时磨削多个被加工表面。如图 4-72 所示，对于外表面可以将 E 面、A 面、B 面一次加工成形，外滚道及其两个挡边也可以一次加工成形，减少基准转换的同时，其相关表面之间的几何公差、尺寸公差可以靠修正其对砂轮的修整精度来得到保证，尤其是两挡边之间的平行度能够得到更有效地保证，挡边位置的工艺尺寸链计算也被简化了。

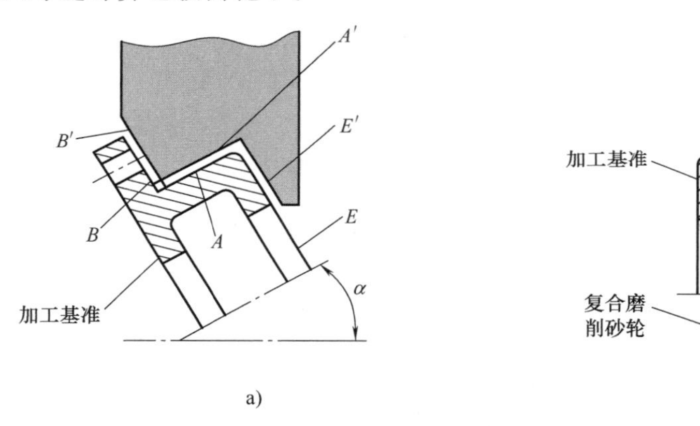

图 4-72　不规则套圈的复合磨削

a）外表面磨削　b）内表面磨削

4.11.4　陶瓷轴承套圈加工

由于具备耐高温、耐寒、耐磨、耐腐蚀、抗磁、电绝缘、无油自润滑、高转速等特性，陶瓷轴承近年来的应用越来越普及。作为无机非金属材料，陶瓷轴承套圈毛坯成形及后续的减材加工过程都与轴承钢制造的套圈具有显著差别。图 4-73 所示为陶瓷轴承加工的一般工艺流程。

毛坯成形过程的关键环节为压制与烧结，压制烧结的精度是后续加工的毛坯精度基础；减材工序主要为磨削与超精。陶瓷材料强度高，硬度大且脆性高，陶瓷轴承套圈的后续加工非常困难[40]，后续加工中最主要的减材环节为磨削加工，因而选择在磨削加工章节简要介绍其工艺。

与钢制轴承套圈相比，陶瓷轴承套圈加工上的显著差异在于硬度与导磁性，以下简要介绍其磨具与夹具。

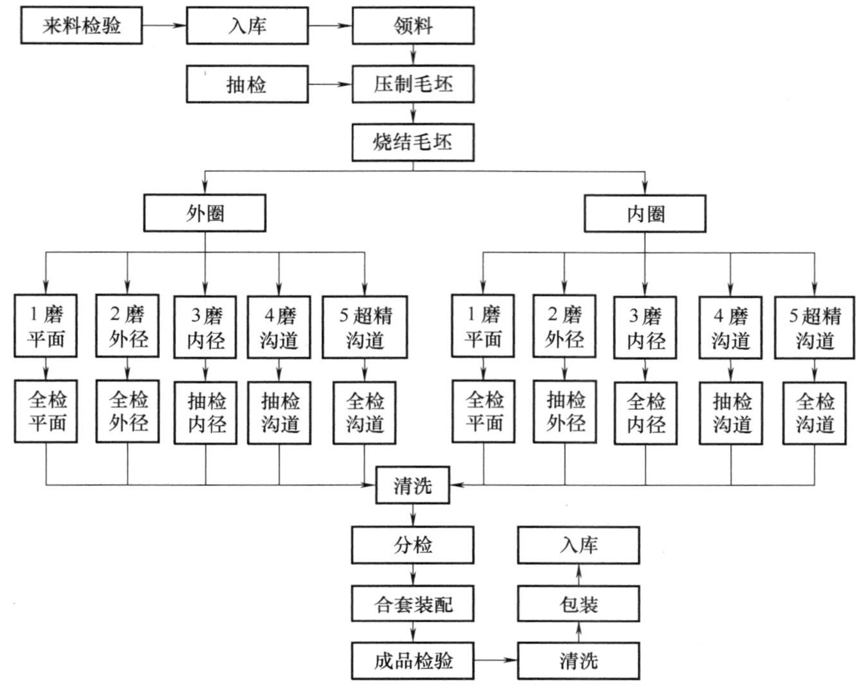

图 4-73 陶瓷轴承加工的一般工艺流程

1. 磨具

常用陶瓷轴承套圈材料特性见表4-14，材料烧结后硬度高，因而磨削和超精时需采用更硬材料的刀具。陶瓷轴承的磨具大都采用硬度高于陶瓷的金刚石砂轮或CBN磨具，如平面磨、外圆无心磨、内圆磨及内外沟道磨削时均采用金刚石砂轮；平面研磨采用金刚石研磨膏或碳化硅微粉研磨；内圆珩磨采用金刚石珩磨条加工。下一章节介绍的超精加工，在陶瓷轴承套圈中采用的磨具为CBN油石。

表 4-14 常用陶瓷轴承套圈材料特性

材料项目		ZrO_2	Si_3N_4	SiC
颜色		白色	黑色	黑色
主要特征		高机械强度、高韧性、耐磨、耐腐蚀、优秀的抗热冲击	轻质、耐磨、耐高温	较高的温度强度、耐腐蚀、良好的热导率
密度/(g/cm^3)		6.02	3.20	3.15
吸水率/(%)		0	0	0
机械特征	维氏硬度(载荷500g)/GPa	13.0	13.9	28.0
	抗弯强度/MPa	1250	610	380
	抗压强度/MPa	5690	3850	3900
	弹性模量/GPa	210	290	410
	泊松比	0.31	0.28	0.14
	断裂韧性/$MPa\cdot m^{1/2}$	6~7	5	5

（续）

材料项目				ZrO_2	Si_3N_4	SiC
温度性能	线性热膨胀系数/(10^{-6}/℃)	40~400℃		10.0	2.6	4.0
	热传导率[W/(m·k)]	20℃		3	23	120
	比热容/[$\times 10^3$J/(kg·K)]			0.46	0.66	0.65
	热冲击能力/℃				550	
电学性能	体积电阻率/Ω·cm	20℃			$>10^{14}$	$10^2 \sim 10^6$
	导电强度/(kV/mm)				13	
	介电损耗系数/10^{-4}					
化学性能	质量损失/[mg/(cm^2·d)]	90℃	硝酸(质量分数60%)	0	<1.11	0
		95℃	硫酸(质量分数95%)	<0.04	0	0
		80℃	氢氧化钠(质量分数30%)	<0.08	<0.2	0

与钢制轴承套圈一样，目前内、外沟道均采用切入磨，因而成形砂轮工作形面的精度保持性，金刚石砂轮的高效精密成形修整技术及砂轮的修锐技术在陶瓷轴承套圈沟道磨削中较为重要[32]。

2. 夹具

表4-15所示为简易的陶瓷轴承品质控制计划，仅给出了工艺流程中各环节使用的设备名称、管理内容及检测方法、器具，实际应用中还需对应不同工序的作业指导书以确认管控内容是否合格，对应检查记录以保证产品的可追溯性。

表4-15 陶瓷轴承品质控制计划

产品名称	轴承	规格型号	陶瓷轴承	文件编号	

流程	工序名称	设备名称	管理内容	检测方法、器具
1	原材料入库检验		球、棒料、粉体	核对批次检测报告
2	毛坯压制	YG32-16SX	压力、保压时间、外观、尺寸	目测、游标卡尺
3	毛坯烧制	RTB-100-16	温度、时间控制，密度检验	游标卡尺、密度仪
4	内圈外圈粗磨两平面	7475B立轴磨	尺寸公差、平行差、平面差、外观	高度仪表
5	内圈/外圈精辗磨两平面	辗磨机	尺寸公差、平行差、平面差、外观	高度仪表、灯光透视
6	外圈磨外径	3M1040	尺寸公差、圆度、锥度、棱圆度、垂直差、外观	外径仪表、灯光透视
7	内圈磨外径	3M1040	尺寸公差、圆度、锥度、棱圆度、垂直差、外观	外径仪表、灯光透视
8	外圈磨内径	3ME208B	尺寸公差、圆度、锥度、壁厚差	内径仪表
9	内圈粗磨内径	ME204	尺寸公差、圆度、锥度、壁厚差	内径仪表

（续）

产品名称		轴承	规格型号	陶瓷轴承	文件编号	
流程	工序名称		设备名称	管理内容	检测方法、器具	
10	内圈精磨内径		MH1860	尺寸公差、圆度、直线度、垂直差、外观	内径仪表、灯光透视	
11	内圈磨倒角		C0630	尺寸、外观	游标卡尺、塞规、灯光透视	
12	外圈磨倒角		C0631	尺寸、外观	游标卡尺、塞规、灯光透视	
13	外圈磨沟道		3M8810	尺寸公差、沟位、沟摆、椭圆度、刮色、外观	外沟道仪表	
14	内圈磨沟道		3M8810	尺寸公差、沟位、沟摆、椭圆度、刮色、外观	内沟道仪表	
15	内圈沟道超精研		CM204	粗糙度、外观	目测、灯光透视	
16	外圈沟道超精研		CM205	粗糙度、外观	目测、灯光透视	
17	零件清洗		超声波洗	外观	目测	
18	测量：内/外圈沟道、并合套组装		X092A	游隙、灵活性	游隙仪表	
19	清洗		超声波清洗	外观	目测	
20	成品检验		目检	外观、手动旋转灵活性、游隙、打字、清洁度	游隙仪表、打字机、目测	
21	成品清洗		超声波清洗	外观、手动旋转灵活性、清洁度	目测	
22	成品检验报告		系统			
23	包装		人工	外包装	目测	
24	入库		人工	入库数量、型号、材质应符合要求	目测	
25	出库		人工	出库数量、型号、材质应符合要求	目测	

由表4-15可知，陶瓷轴承的套圈磨削加工设备与钢制轴承套圈的磨削加工设备差别不大，但由于陶瓷材料的导磁性差，因而无法采用本章第2节所介绍的电磁无心夹具装夹工件，故其夹具具有显著差异。

在端面磨削时，7475B立轴磨的磁盘无法吸附工件，需采用电磁盘+钢套以固定工件；在辗磨机上研磨平面时采用行星轮装夹工件。内、外圈的外圆磨削在与3M1040类似设备上磨削外径时，采用贯穿式外圆无心磨床，其装夹靠导轮、托板及工件中心高等几何参数实现装夹定位，不需要专门夹具。内圆磨削在类似ME204等内圆磨床上进行，采用弹性夹具、气动夹具、薄膜夹具或端面滚轮夹具装夹。内圆珩磨在类似MH1860磨床上进行，采用外圆浮动支承。外沟磨在类似3MZ1410设备上进行，采用弹性夹具、气动夹具、薄膜夹具或端面滚轮夹具装夹。内沟磨也在类似3MZ1310设备上进行，采用弹性夹具、气动夹具或芯轴装夹。

下一章节介绍的超精加工，在陶瓷轴承套圈中采用的夹具为双辊棒或端面滚轮装夹，与下章介绍的钢制轴承套圈超精加工采用的夹具一致。

参考文献

[1] 夏新涛，马伟，颉谭成，等．滚动轴承制造工艺学［M］．北京：机械工业出版社，2007.
[2] 曹保亮，王素保，肖爱民．大型精密轴承套圈的硬车加工［J］．轴承，2011（5）：15-17.
[3] 周福章，夏新涛，周近民，等．滚动轴承制造工艺学［M］．西安：西北工业大学出版社，1993.
[4] 中国轴承工业协会．轴承套圈磨工工艺［M］．郑州：河南人民出版社，2006.
[5] 轴承行业教材编审委员会．轴承磨工工艺学［M］．北京：机械工业出版社，1986.
[6] 李次公．磨削表面变质层［M］．洛阳：机械工业部洛阳轴承研究所，1987.
[7] 曹甜东，盛永华．磨削工艺技术［M］．沈阳：辽宁科学技术出版社，2009.
[8] 李伯民，赵波，李清．磨料、磨具与磨削技术［M］．北京：化学工业出版社，2010.
[9] 吴国梁．磨工实用技术手册［M］．南京：江苏科学技术出版社，2009.
[10] 全国磨料磨具标准化技术委员会．磨料磨具术语：GB/T 16458—2021［S］．北京：中国标准出版社，2021.
[11] 全国磨料磨具标准化技术委员会．普通磨具　形状和尺寸：GB/T 4127—2007［S］．北京：中国标准出版社，2007.
[12] 全国磨料磨具标准化技术委员会．固结磨具　形状类型、标记和标志：GB/T 2484—2023［S］．北京：中国标准出版社，2023.
[13] 全国磨料磨具标准化技术委员会．固结磨具　技术条件：GB/T 2485—2016［S］．北京：中国标准出版社，2016.
[14] 全国磨料磨具标准化技术委员会．固结磨具　安全要求：GB/T 2494—2016［S］．北京：中国标准出版社，2016.
[15] 屈年志．分体组合移动式大型电磁无心夹具［J］．轴承，2001（4）：28-30.
[16] 李转杰．特大型轴承外滚道磨床电磁无心夹具的改进设计［J］．轴承，2005（6）：47.
[17] 邹小洛，吴金龙，关亚格．组合式轴承套圈磨加工电磁无心夹具：CN207206013U［P］．2018-04-10.
[18] 高吉良，姜贵安．用于万能落地磨床的无心电磁夹具：CN201913528 U［P］．2011-08-03.
[19] 周建美．磨床电磁无心夹具圆弧包容支承分析［J］．轴承，2010（1）：64-65.
[20] 杨彪，李凌霄，王明杰，等．电磁无心夹具的无痕支承技术［J］．轴承，2019（11）：27-31.
[21] 夏新涛．V型浮动支承式电磁无心夹具定位误差的理论分析［J］．轴承，1987（1）：48-52，64.
[22] 张果，季军警．电磁无心夹具定位面变化对定程磨削尺寸的影响［J］．轴承，2011（9）：25-28.
[23] 陈乃豪，王志伟，张香社，等．电磁无心夹具的磁力分析［J］．轴承，2012（8）：22-24.
[24] 连振德．轴承零件加工［M］．洛阳：机械工业部洛阳轴承研究所，1989.
[25] 张文现，刑镇寰．磨削质量解疑［M］．洛阳：机械工业部洛阳轴承研究所，1988.
[26] 刑镇寰，吴宗彦．轴承零件磨削和超精加工技术［M］．洛阳：机械工业部洛阳轴承研究所，2004.
[27] 夏新涛．无心磨削的理论与实践［M］．北京：国防工业出版社，2002.
[28] 夏新涛，周近民．轴承表面谐波控制方法［J］．轴承，1995（2）：33-37.
[29] 夏新涛，孙立明，赵联春．滚动轴承噪声的谐波控制原理［J］．声学学报，2003，28（3）：255-261.
[30] 夏新涛，王中宇，朱坚民．谐波与圆度误差分析的范数理论［J］．仪器仪表学报，2002（z2）：542-544.
[31] 夏新涛，曲廷敏．谐波分析与圆度评价的误区及其最新研究对策［J］．数学的实践与认识，1995

（1）：20-24.
[32] 夏新涛. 支承式无心磨削稳定性研究［J］. 洛阳工学院学报，1989，10（1）：30-40.
[33] 阮巍巍. 推力圆锥滚子轴承挡边磨削砂轮临界直径的确定［J］. 轴承，2008（8）：11-13.
[34] 马建生. 大锥角圆锥滚子轴承推力挡边磨削砂轮直径的确定［J］. 轴承 1997（9）：17-19.
[35] 宋艳华，刘丽红，张秀波. 推力圆锥滚子轴承挡边磨削用砂轮临界直径的确定［J］. 轴承，2007（4）：45.
[36] 全国滚动轴承标准化技术委员会. 滚动轴承　代号方法：GB/T 272—2017［S］. 北京：中国标准出版社，2017.
[37] 全国滚动轴承标准化技术委员会. 滚动轴承　残磁及其评定方法：JB/T 6641—2017［S］. 北京：机械工业出版社，2017.
[38] 冯恭道，姜金凯，余鸿钧，等. 轴承套圈内表面的控制力高速磨削［M］. 洛阳：机械工业部洛阳轴承研究所，1989.
[39] 俞年荣. 控制力磨削的实验研究［J］. 机床，1981（2）：15-18，45.
[40] 崔仲鸣，王彦林，杜磊. 陶瓷零件精密成形磨削新工艺研究［J］. 金刚石与磨料磨具工程，2007（4）：49-50，54.

第5章　套圈滚道超精研加工

套圈滚道超精研加工是指磨加工后为获得低的表面粗糙度与高的表面几何精度，采用油石对滚道开展的最终加工[1]。滚道超精研加工属于套圈表面光整加工的一种，光整加工方式主要有超精研、抛光、窜光、砂布带研磨及超精磨[2]。

套圈滚动表面的质量高低直接影响轴承的工作性能和使用寿命[3]。磨削时由于磨床的精度、振动、变形、高温及高生产率要求的影响，一般均不易达到滚动表面所限制的表面粗糙度、允许的波纹度、要求的几何形状精度和表面层的物理机械性能，套圈滚动表面磨加工后需光整加工以满足技术条件要求[4]。

由于超精研加工具有一系列优点，滚道的光整加工目前主要采用自动化程度较高的超精研加工。本章介绍的套圈滚道为常见的光整加工，并会着重论述滚道超精研加工。

5.1　套圈超精研加工概述

超精研是油石以一定压力作用于工件表面，垂直于工件旋转方向按一定规律做快而短促的往复摆动或直线运动，在良好润滑条件下能自动完成提高几何精度、降低表面粗糙度的机械加工方式[5]。超精研属于光整加工，由于其效率高，加工质量稳定，因而在轴承行业得到了迅速推广[6]。超精研加工需要专用设备，尤其适用于大批量生产，常用的其他光整加工方法也可用于滚道终加工。

5.1.1　光整加工

光整加工是指轴承套圈的滚道在磨削加工后进行的最终加工，光整加工的目的是降低轴承套圈滚道表面粗糙度，同时提升轴承成品性能与寿命。

1. 光整的作用

为了保证套圈的全部技术要求，大多轴承套圈的滚道需要进行光整加工，光整加工的主要作用包括：

（1）降低表面粗糙度值　JB/T 7051—2006《滚动轴承零件　表面粗糙度测量和评定方法》[7] 规定了不同等级轴承滚道表面粗糙度应达到的最小值，表 5-1 中只给出了部分精度的粗糙度要求，其余参见标准。

试验与实际应用经验也表明：套圈滚动表面粗糙度对轴承的使用寿命有直接影响，

表 5-2 所列为球轴承沟道表面粗糙度对轴承寿命的影响，表 5-3 所列为圆柱滚子轴承滚道表面粗糙度对轴承寿命的影响。试验表明滚道表面粗糙度值 Ra 为 0.08～0.04μm 较为理想，进一步提升表面粗糙度对提升寿命无显著影响。

表 5-1 滚动表面规定的表面粗糙度值 *Ra* （单位：μm）

轴承精度	球轴承沟道	滚子轴承滚道
P0	0.1～0.32	0.2～0.4
P6	0.08～0.25	0.125～0.25
P5	0.063～0.16	0.08～0.2

表 5-2 球轴承沟道表面粗糙度对轴承寿命的影响

表面粗糙度值 Ra /μm	轴承平均寿命为计算寿命的百分比(%)
0.2	589
0.1	972
0.05	1200
0.025	1280

表 5-3 圆柱滚子轴承滚道表面粗糙度对轴承寿命的影响

表面粗糙度值 Ra/μm		轴承平均寿命为计算寿命的百分比(%)
套圈	滚子	
0.4	0.2	100
0.2	0.1	388
0.1	0.1	440
0.1～0.05	0.05～0.025	566

（2）降低圆度误差与波纹度　套圈滚动表面的圆形偏差，尤其是波纹度将直接影响轴承振动、噪声、旋转精度、承载能力及使用寿命等。在滚道磨削中，由于加工工艺条件限制，不可避免地会使滚道产生圆度误差及波纹度误差等，需通过光整加工才能有效消除。试验表明，波纹度从 2.5μm 降低到 0.5μm，轴承寿命可提高一倍多，并能显著地降低噪声和振动。

（3）提高滚道横截面的几何形状精度　滚道几何精度对轴承工作寿命有着重要影响，技术条件中对球轴承沟道圆弧轮廓和滚子轴承滚道凸出轮廓的形状精度都提出了越来越多的要求[8]。通过光整加工，球轴承沟道与钢球实际接触面积可由磨削后的 10%～35%提高到 70%～90%。

（4）改善滚动表面的物理机械性能　由于滚动表面在磨削加工时受到磨削力和高达 750～1200℃的高温的影响，使表面层（约 4～6μm）的金属结晶组织破坏并容易产生拉应力，因此光整加工的任务之一就是切除缺陷层，提高表面的接触疲劳强度和轴承寿命。

2. 光整加工方法

滚动表面光整加工方法有许多种，其名称也不尽统一，主要包含超精研、超精磨、抛光、窜光与砂布带研磨等。超精研加工是本章的主要内容，将着重介绍。此处简单介绍行业内仍在使用的抛光、窜光、砂布带研磨与超精磨。

（1）抛光　抛光是指将膏剂、糊状剂或磨粉形式的磨料涂于布带或直接添加于柔性抛光工具上，施加压力对工作表面进行光亮加工的一种方法。抛光能有效降低工件的表面粗糙度值，但无法消除或减少其他几何形状误差，甚至还会对原有形状精度起破坏作用。抛光工艺的生产效率高，设备简单，经济性好，但劳动强度大且劳动条件差，国内轴承行业中在逐步淘汰此方法，只有一些设备条件不具备的工厂还在采用此类光整加工方法。

（2）窜光　窜光属于游离磨粒磨削加工的范畴，是将轴承零件置于窜桶中并加入相应的介质、抛光剂和工作液，经过窜桶的旋转或振动，使轴承零件与磨料相互作用，以降低轴承零件的表面粗糙度值，改善表面质量。窜光工艺的生产率高，设备简单，经济性好，适用范围广，但劳动强度大，工作环境差。

（3）砂布带研磨　砂布带研磨指刚性精研块以一定压力压在砂布带上并最终作用于工件表面，通过套圈回转、砂布带或精研块振荡实现加工的光整加工方法[9]，如图5-1所示。用于轴承研磨的砂布有长短之别，习惯上称短砂布加工为砂布研磨，长砂布加工为砂布带研磨。砂布带研磨具有少量切削和抛光的双重功能，不仅可以降低表面粗糙度值，还可以提高其几何精度，砂布带研磨后表面粗糙度值 Ra 可达 0.10～0.05μm。

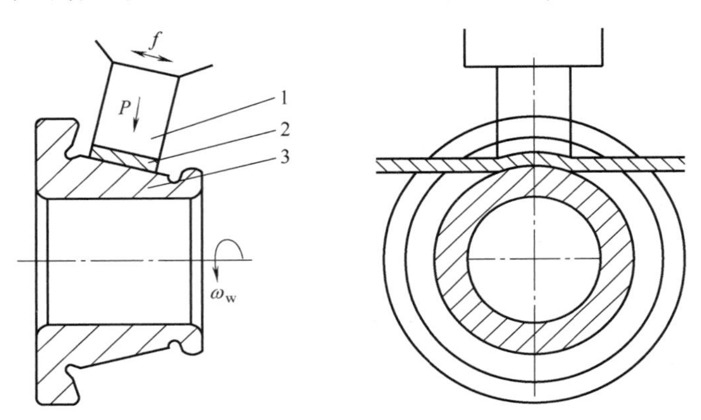

图 5-1　砂布带研磨

1—精研块　2—砂布带　3—工件

砂布带的带基包含纸、布与尼龙基，磨料一般为 WA 和 GC，粒度在 100#～300#之间，依工件材质选用。加工时新砂布带十分锋利，切削力强，随后由于不断切削，磨粒逐渐变钝，同时砂布带上磨粒间的空隙被磨屑嵌没，切削作用自动变弱，最后转变为抛光作用，由此保证了加工质量。当更换工件后，砂布带会自动更新一段工作面，按上述过程重复循环，这种加工自我完结过程与超精研加工类似。

（4）超精磨　超精磨又称镜面磨削[10]，用的磨床要具备以下条件：有很高的精度、刚度并采取减振措施；砂轮主轴的旋转精度高于 1μm；砂轮架相对工作台的振幅小于 1μm；横向进给机构能精确微动；工作台在低速运动时无爬行现象。磨削时，先采用粒度 60#以内的陶瓷结合剂砂轮，经精细修整，使砂轮表面的有效磨粒形成许多等高的半钝态微刃，磨削时只切下微细的磨屑，并有适当的摩擦抛光作用，表面粗糙度值 Ra 达到 0.08～0.04μm，这是超精磨削阶段。然后再用微粉磨料（W14～W5）、树脂结合剂和石墨填料做成的砂轮，经精细修整，在适当的磨削压力下进行磨削，经过一定时间的摩擦抛光作用，最后达到表面粗糙度值 Ra 不大于 0.01μm 的镜面。超精磨的磨削用量较小，如磨削外圆时砂轮速度为 15～

20m/s，工件速度小于 10m/min，工作台进给速度为 50～100mm/min，横向进给磨削深度为 3～5μm，然后做无进给的光磨 20～30 次。在磨削时，切削液要充分，并有良好的过滤装置，以防划伤工件表面。砂轮修整需用锋利的单颗粒金刚石，修整时工作台速度为 6～10mm/min，横向进给 2～4 次，每次切深 2～3μm，再无进给光修一次。超精磨工艺的加工精度高，生产率低，设备复杂，经济性差，劳动强度大，适用范围小。

5.1.2 超精研加工

超精研加工，指在良好的润滑冷却条件下，被加工工件按规定的速度旋转，油石按规定（较低）的压力弹性地压在工件加工表面上，并在垂直于工件旋转方向按一定规律做往复振荡运动的一种能够自动完结的光整加工方法。

超精研加工方法是 20 世纪 30 年代中期针对轴承滚动表面加工创立的加工方法，是一种经济的精密加工工艺[11]。随加工对象性质与加工条件的差别，其工艺规范不尽相同，但各种超精研加工都使用油石作为磨具，因而在滚动轴承制造工艺中，凡是用油石进行光整加工的方法统称为超精研（以下简称超精）。

1. 超精作用与特点

超精属于光整加工，因而超精作用与光整作用具备一致性，但与具体的光整加工方法（如抛光、砂布带研磨）相比，又有自身的特点。

（1）功能特点　超精能有效地减小圆形偏差（主要是波纹度），有效地改善沟道横截面（沟 R）的几何形状误差，去除磨削变质层，降低表面粗糙度值，能使表面具有残余压应力，在加工表面形成纹理均匀细腻的交叉纹路并使工作接触支承面积增大。

图 5-2 对比了超精前后的圆度，其中图 5-2a 所示为某 6206 轴承外滚道超精前在圆度仪上检测的圆形偏差，测量时包含谐波范围为 1～500 波，放大倍数为 4000；图 5-2b 所示为该轴承外滚道超精后在圆度仪上检测的圆形偏差，测量时包含谐波范围为 1～500 波，放大倍数为 10000。对比可知，超精能有效减小圆形偏差，尤其对波纹度和 5 棱以上的圆形偏差的降低效果显著。

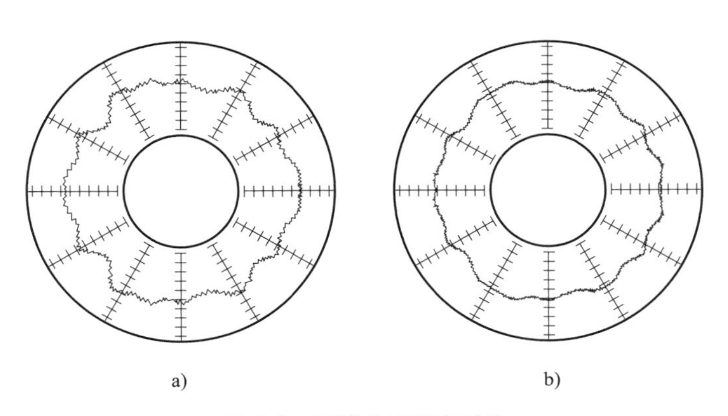

图 5-2　超精前后圆度对比

a）超精前　b）超精后

图 5-3 对比了超精前后的沟道轮廓，其中图 5-3a 所示为上述 6206 轴承超精前的轮廓，图 5-3b 所示为超精后的轴承轮廓，可知超精加工能修整沟道横截面的几何形状误差。

在超精过程中，油石的工作硬度并不高，但自锐性好，整个加工过程能自动地调整切削作用，其磨粒能够走出非常致密而均匀的运动轨迹，既能切除磨削变质层又能获得低粗糙度值的镜面，*Ra* 值可达 0.10~0.025μm。

因超精加工的切削深度很小，切削速度比磨加工小，油石压力低，且受到良好的冷却润滑作用，一般加工区的温度在 50 ℃以下，所以工件表面层不受到热变形的影响，而是冷塑性变形（一般为 1μm，磨加工则为 7μm 以上），因而会在工件表面层形成残余压应力。滚道表面的残余压应力能显著提升滚动轴承的接触疲劳强度。

超精加工后加工表面会形成纹理均匀细腻的交叉纹路，由工件的旋转与油石振荡运动的合成及油石的工作性能结合形成。超精条纹易于存油，使轴承工作表面的耐磨性及承载能力均得到提高。另外，经超精的滚道表面工作接触支承面积增大，试验表明：超精加工后其工作接触支承面积可由磨削后的 15%~40%增加到 80%~95%。

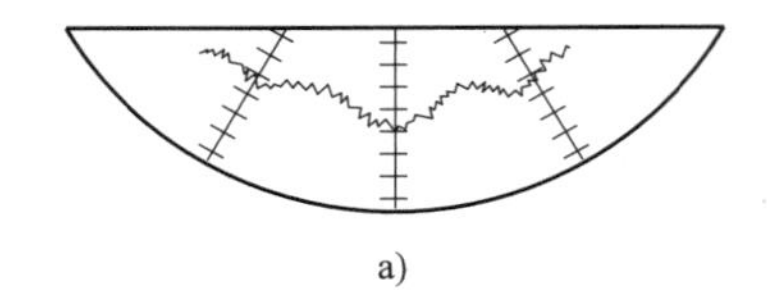
a)

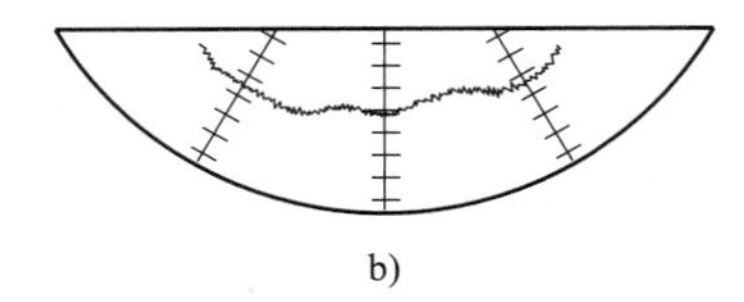
b)

图 5-3　超精前后沟道轮廓对比

a）超精前　b）超精后

（2）生产工艺特点　相比于其他光整加工方法，在完成同等技术要求的前提下，超精加工的生产率高，经济性好；目前超精加工大多使用自动超精研机进行，加工质量稳定；同时也减轻了工人的劳动强度，另外还可与生产线、自动化生产线配套，均衡套圈生产。

2. 超精对滚动轴承工作性能的影响

依据前述套圈超精的功能特点，经滚道超精的套圈装配成为滚动轴承后，其工作性能也有显著提升，主要作用包含：提高轴承的旋转精度，降低轴承的振动和噪声；提高轴承的承载能力；提高轴承的润滑效果，减小磨损并减少轴承工作时的发热。

5.1.3　磨料磨具

依据超精加工的定义，油石是超精加工的专用磨具，其质地细腻，形似石头，使用时一般需伴有油液，故命名为油石。油石是超精加工中起切削作用的“刀具”，由磨料和结合剂组成，并经焙烧而成，其中还有一定的空隙。油石在超精加工中占据着十分重要的地位，对于加工质量、生产率、加工成本影响尤其大，油石本身质量对超精加工也有严重影响。

1. 油石的特性

油石也属于固结磨具，其特性与上一章中介绍的砂轮特性近似，但细节存在差异。

磨料是制造油石的主要原材料，是决定切削性能的主要因素。磨料的种类、结晶形态、硬度和韧性等直接影响切削能力。选择油石磨料的方法与选择砂轮磨料的方法相同，主要根据工件材料和精度要求来决定。GB/T 2476—2016《普通磨料　代号》[12] 规定了不同类别的常用磨料及其代号。超精加工油石的制造，一般仍选用氧化铝（刚玉）、碳化硅这两类基本磨料，而又以白刚玉和绿色碳化硅使用最普遍。随着机械加工技术向高精度、高效率方向发展和难加工钢材的选用，除以氧化铝系列改变其结晶结构和物理特性所获得的新品种磨料，还采用立方氮化硼、立方碳化硅和人造金刚石粉等磨料。

磨料粒度的大小对表面粗糙度及生产率有直接影响，并影响工件表层的金相组织，粒度粗切削能力强，表面粗糙度高，生产率高；粒度细，切削能力弱，表面粗糙度低，生产率低，但粒度与表面粗糙度之间并没有固定的关系，只是影响表面粗糙度的重要参数之一。GB/T 2481.2—2020《固结磨具用磨料　粒度组成的检测和标记　第2部分：微粉》[13] 规定了刚玉、碳化硅微粉 F230~F2000、240#~8000#的粒度组成、粒度标记和检测方法。GB/T 2481.2—2020 也规定了 F 系列与 J 系列微粉的粒度号，油石一般采用 J 系列，粒度测量时分别采用沉降管法与电阻法，表 5-4 所列为电阻法颗粒计数器测量的微粉号对应的测量值及采用这些不同粒度的油石超精时能达到的表面粗糙度。

表 5-4　油石粒度对工件表面粗糙度的影响

微粉号	d_{v0} 最大值/μm	d_{v3} 最大值/μm	d_{v50} 粒度中值/μm	超精可达表面粗糙度值 Ra/μm
800#	38	31	14±1	0.10~0.05
1000#	32	27	11.5±1	0.05~0.025
1500#	23	22	8±0.6	0.025
2500#	16	14	5.5±0.6	0.025~0.012
3000#	13	11	4±0.5	0.012
4000#	11	8	3±0.4	0.012~0.006

结合剂的作用是将磨粒黏结在一起，制成各种形状的油石，其结合阻力又称磨粒抵抗分裂出去的阻力决定了油石的硬度，而结合剂的种类、性能、加入量和颗粒的大小又决定了油石的结合力、均匀度与自锐性，GB/T 2484—2023《固结磨具　形状类型、标记和标志》[14] 规定了常见结合剂代号。油石制造广泛采用陶瓷结合剂和玻璃结合剂，为获得低粗糙度的表面，油石必须容易变钝，玻璃或陶瓷结合剂的油石此性能相对突出，另外超精加工不希望产生热量，而用有机物黏结的油石，在正常磨损时必然有热量产生。因此，用有机物黏结的油石，如树脂油石，一般用于超精很软的材料（如铝、黄铜等）。与砂轮硬度的规定一致，油石硬度是结合剂的外力作用下抵抗磨粒从油石表面脱落的难易程度，即结合剂固结磨粒的强度。油石硬度的高低主要取决于结合剂的用量、性质，并与成型密度、焙烧温度和时间等有关，GB/T 14319—2008《固结磨具　陶瓷结合剂强力珩磨磨石与超精磨磨石》[15] 规定了不同硬度等级的油石的硬度值，硬度分级与硬度值在 GB/T 2490—2018《固结磨具　硬度检验》[16] 做了具体规定。

超精加工中油石硬度的选择十分重要，硬度过高，易堵塞、粘铁，失去应有的切削作用，且易划伤工件表面；而硬度过低则消耗快，甚至会大块崩落，影响超精的质量与效率。油石的选择应使其有良好的自锐性并具有摩擦、跑合等光整加工性能，能自动完成超精加工过程，生产率和加工表面质量高，且油石的消耗最小。从硬度选择原则来看，油石和砂轮有很多相同之处。例如，它们与被加工材料硬度的关系，都是软材料采用硬磨具，硬材料采用软磨具；都有静态硬度和动态硬度的相互转变关系等，但由于加工机理不一样，油石与工件的接触面比砂轮宽等原因，加工同种材料的工件时，油石的硬度要比砂轮低一些。滚道超精加工时油石硬度的选择原则包括：超精量多的采用低硬度，超精量少的采用高硬度；油石与工件的接触面宽采用低硬度，接触面窄采用高硬度，由此推出油石硬度的高低与工件直径大小有关；光滑加工面采用低硬度；粗超阶段采用低硬度，精超阶段采用高硬度；油石压力小采用低硬度，压力大采用高硬度；油石粒度细采用低硬度，粒度粗采用高硬度；油石组织密采用低硬度，组织松采用高硬度；工件原始几何形状误差大采取低硬度，误差小采取高硬度。

油石的组织也是指磨粒、结合剂和气孔三者之间的体积关系，其气孔率的大小及分布均匀性将直接影响超精加工的质量及切削效率。气孔率大，能增加容纳切屑的空间，改善油石的工作状态，提高油石的切削压力，油石不粘铁且不会划伤工件，切削效率高；气孔率过大，切削自锐性太强，油石消耗太快，光整作用差，表面粗糙度难以达到；气孔率过小，油石自锐性差，容易堵塞，切削效率低：油石的气孔率必须适当，一般油石的组织在 10~12 级之间。油石的组织可以磨粒率表示，JB/T 8339—2012《固结磨具　组织号的测定方法》[17] 规定了磨具组织号的测定，组织号可采用磨粒率表示，如

$$N=31-\frac{V_g}{2} \tag{5-1}$$

式中，N 为组织号；V_g 为磨粒率。

一般滚动表面超精所用的油石均为矩形，GB/T 4127.10—2008《固结磨具　尺寸　第10部分：珩磨和超精磨磨石》[18] 中规定了油石的标准尺寸。在宽度和高度选择方面，宽度大对多角形圆形偏差修整能力强，宽度小对波纹修整能力强，若油石过宽则其加工面的前后切削作用不同，前部正常超精，而后部由于有破碎、脱落的磨粒和切屑，在加工面上易造成划伤；油石的高度关系到油石的使用寿命，其夹持部分的高度关系到工件质量和生产率。夹持部分过高，超精时阻抗力矩大，会在工件表面产生自激振动，产生表面缺陷；若夹持高度过低，则每次调整后加工工件的数量不多，故会影响生产率：夹持高度一般取油石宽度的 0.5~2 倍，若加工中出现振动或产生尖叫声，则说明油石夹持高度过高，应当适当降低。另外，保持均匀的油石夹紧力也至关重要，否则油石易被折断。在实际应用中，油石还会依需要制成其他形状，如 O 形、S 形、Z 形、M 形及 X 形等不同形状，以实现超精加工中滚道凸度的要求。

油石的浸渍处理是油石的制造辅助工艺之一。目前国外广泛对玻璃和陶瓷结合剂油石进行烧结的渗硫磺、渗黄蜡、渗硬脂酸等处理，使用最多的为渗硫磺。渗硫磺后，油石的硬度增加可达极硬级，其强度也会增大，一般会比同一等级未经处理的油石硬度高 2~3 级，从而提高了油石的耐磨性并减少了切削抵抗力；渗硫磺后，气孔会被硫磺填满，可防止切屑堵塞气孔，当切屑附在硫磺上时立即会被排除，不会与磨粒和结合剂粘在一起；渗硫磺后的油石磨粒不会发生大的和中等程度的破碎，硫磺膜产生的附加润滑作用能促使工件获得良好的精度和粗糙度；渗硫磺后部分压力会被硫磺负担，压力增加，可以提高加工的切削压力。采用硫磺处理也存在缺点，如当超精时由于切削油的活性作用，往往会引起工件生锈，所以可改用黄蜡处理。

GB/T 2485—2016《固结磨具　技术条件》[19] 和 GB/T 16458—2021《磨料磨具术语》[20] 中规定了油石的一些其他规范。标准油石标记为：标准号-型号-型面-宽度-厚度-长度-磨料种类-粒度-硬度-结合剂-浸渍处理，其图形示意如图 5-4 所示。

2. 影响油石工作性能的因素

油石在超精加工中不修整，但需在循环加工中保持其加工特性，因此这不仅要求油石质

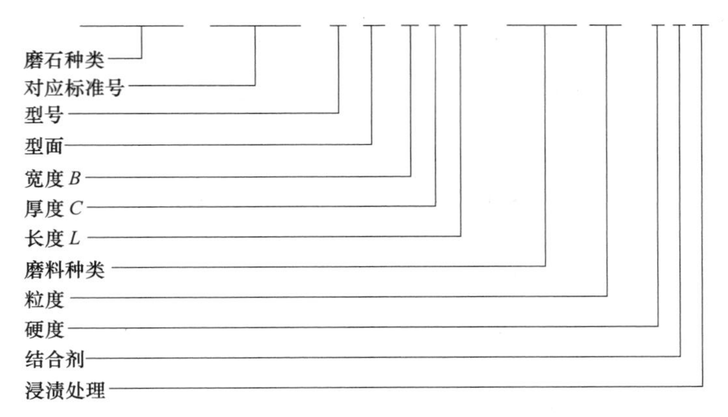

图 5-4　标准油石标记示意

量均匀、稳定，尤其要求油石有适宜具体加工条件的“自锐性”和“自钝性”，才能在短时间内切除较多留量，以获得高的几何形状精度和低的表面粗糙度值，从而达到高质、高效的加工目的[21]。

油石的尺寸越大，同时参加切削的颗粒越多，切削效率越高；但油石尺寸太大时很难保证工件与油石有良好的接触，工件尺寸难于控制且表面粗糙度不均匀，同时也增加了运动时的惯量和振动，进而限制了油石振动频率[22]。当加工圆度要求特别高时，宽度最好尽可能选得大些，但大于直径的 85% 则会产生破裂，进而妨碍冷却液流入。油石长度，特别是切入加工时对工件锥度影响很大，若选得太高，加工中会产生振动，破坏加工表面。所以，超精加工用的油石长度一般是 50mm，最长也不应超过 100～150mm；油石的宽度一般取工件直径的 0.5～0.8 倍。超精加工中一般采用矩形油石，其长度可根据工艺要求切割，但与工件接触的部分需与工件表面吻合。换装新油石前，需把新油石粗修整成与工件接触面相同的曲率，如图 5-5 所示。

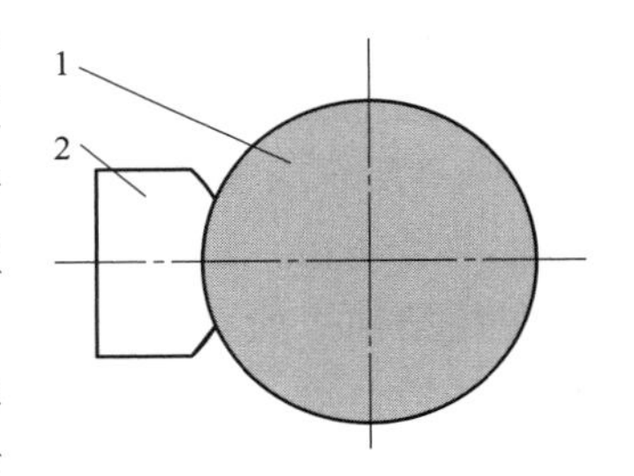

图 5-5　油石的修整
1—修整器　2—油石

油石在装夹时要保持干燥，潮湿的油石是耐油的，但会导致冷却润滑液无法进入超精区域，影响正常的超精加工。油石使用时要仔细调整，其中心线要恰好对正工件的中心，工作面与工件的轮廓形状要吻合。

5.1.4　超精研切削液

切削液的作用包含冷却、清洗、润滑与防锈。上一章讨论磨削切削液的时候，其最主要的作用是冷却和清洗；而在超精加工中，其主要作用为润滑，并在形成吸附油膜的同时防锈。超精加工过程中，良好的润滑能减小油石与工件之间的摩擦并防止划伤已加工好的表面；在加工过程后期，随着工件表面的光整而逐渐形成吸附油膜，控制切削作用，保护已光整好的表面，使加工过程自动完结。除润滑作用外，还可冲刷脱落的磨粒和切屑，防止油石堵塞，提高切削效率，同时也可使工件表面产生冷塑性变形和残余压应力。

为了获得低粗糙度值的表面，超精切削液应具有适当的黏度方能形成油膜。黏度的大小与工件表面粗糙度和切削效率有密切的关系：黏度大，表面粗糙度低，切削作用差，但黏度过大，油石会显得过硬，去除量不够，可能引起堵塞；若超精切削液过稀，即黏度小，油石可能会显得过软，磨损快，表面粗糙度不佳。一般来讲，若加工要求光亮、留量小时采用高黏度，而对于难切削的硬质材料采用低黏度，因为油石与工件间的接触面积大，超精切削液需随同工件旋转进入油石加工区方能发挥作用，且硬材料难于切削需要有充足的超精切削液。超精切削液除要有适当的黏度外，还要具有防锈和挥发性小的性能，以防超精后工件生锈或工作空间的污染。另外超精切削液是重复使用的，因而要求保持清洁，不能有杂质，必须经过磁性过滤系统或其他过滤器的严格过滤，以清除金属屑和磨粒等杂质。综上，超精时一般采用油类超精切削液。

目前使用的超精切削液的主要成分是煤油和机油（20#或 30#），仅这两种成分并不能满足加工要求，需在其中加入极少量的添加剂，添加剂对超精切削液的工作性能影响很大，加入的添加剂不同，对加工效率和质量产生的影响不同，目前应用较多的添加剂主要是硫基或氯基润滑油。

5.1.5 超精研加工原理

如前述定义，超精加工需要综合油石特性、工件运动、油石运动及油石压力等多种因素方能实现加工过程。

1. 工艺条件

要实现超精加工工艺，必须满足一定的工艺条件。磨具方面，油石应具有合适的工作性能，在一定条件下能够“自锐”以具备较强的切削能力；而在另一条件下又能够“自钝”以具备光整能力，同时油石还要具有一定的工作面积。油石运动方面，油石要做规定的往复运动，并按一定的压力规律作用在工件加工表面。套圈运动方面，套圈应按一定的速度变化规律做有固定轴线的旋转运动。同时还要求具备良好的润滑冷却条件。

图 5-6 所示为超精加工原理示意，其中图 5-6a 所示为沟道超精，图 5-6b 所示为滚道超精。图中标注了超精加工所必需的基本运动和压力，其中工件的旋转运动 ω_W 是实现完整回转表面加工的必要条件。油石的振荡运动 f 能使油石工作面上的磨粒和工件表面上的凸点（波峰）受到多方面变化的切削作用力，利于提高油石的“自锐”能力，加强切削作用；与工件的旋转运动配合，可在工件加工表面上形成交叉网纹；振荡运动还便于排除磨屑和加强润滑冷却作用。油石压力可产生超精加工所需的切削力，同时使油石实现自锐→钝化的过程，自动完结切削过程。

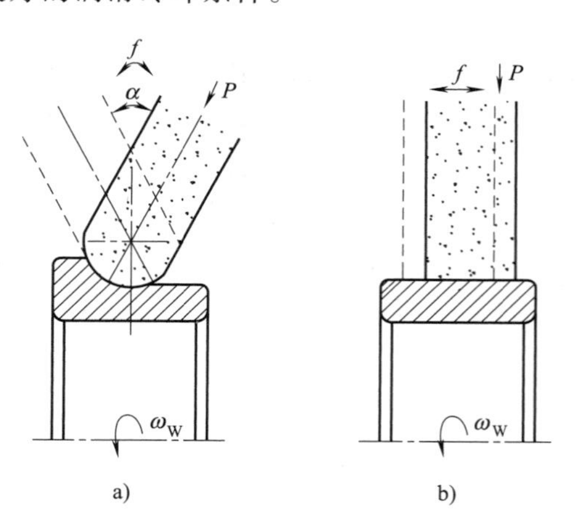

图 5-6 超精加工原理示意

a）沟道超精 b）滚道超精

2. 加工过程

与其他光整加工过程不同，超精加工过程是一个可以自动完结的切削过程，即在基本工艺参数不变的条件下（切削速度、油石压力和硬度、振荡频率、工件材料、磨料种类及超精切削液的黏度等），油石连续工作去除一定的金属量获得光整的表面后，只要加工条件不变，工件与油石间形成油膜，再对工件继续切削将不再去除金属[23]。为分析方便通常把正常的超精过程分为 3 个阶段：切削阶段、半切削阶段、光整阶段，如图 5-7 所示，其中

图 5-7a 所示为切削阶段，图 5-7b 所示为光整阶段，半切削阶段为切削阶段与光整阶段的临界状态。对应这 3 个阶段，油石所呈现的状态分别称为切削状态、半切削状态和光整状态。

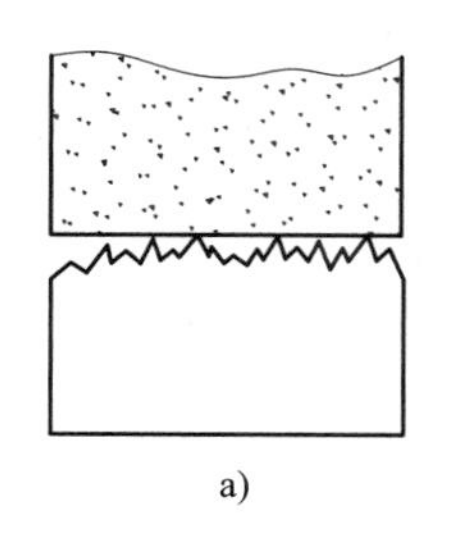
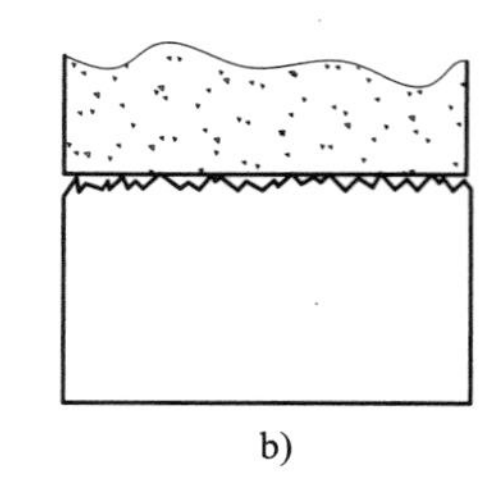

图 5-7　超精加工原理

a）切削阶段　b）光整阶段

（1）切削阶段　当光整油石表面与工件粗糙的加工表面刚接触时，油石表面首先受到的仅是粗糙表面上的一些凸出点的刺划作用，此时实际的接触面积极小，单位面积上的压力很大，油石的工作硬度又较低，油石首先受到工件的“反切削”作用，以致油石表面也变得粗糙、锋利起来（油石面上的部分磨粒脱落和碎裂，露出一些新的、锋利的磨粒刃边）；与此同时工件粗糙表面凸峰受到快速切削，经过切削和反切削的相互作用，在工件表面上去除了这些“凸峰”和一定深度的磨削变质层；同时油石自身也会消耗，超精切削液不断将切屑和油石末冲走并冷却加工面。切削阶段油石处于切削状态，切除了大部分金属留量，使工件加工表面变得比较平坦，可见到明显的交叉切削网纹，但表面光泽暗淡；油石工作面保持粗糙、气孔不堵塞，超精切削液里也可观察到脱落的磨粒和小切屑片。

（2）半切削阶段　工作表面越来越平，油石与工件实际的接触面积明显增大，单位面积上的压力减小，油石能参加切削的磨粒数目增多，切削深度也明显减小，油石面上的磨粒处于钝化→破碎（或脱落）→钝化的交替变化中，油石表面的部分气孔被磨粒末所堵塞，油石处于半切削状态，其消耗大大减小；工件表面主要受到刮擦和微量的切削作用。半切削阶段又进一步切除了小部分金属留量，结束了超精加工切除磨削变质层、提高几何形态精度的工作，并使工件表面具有了一定的光泽，若观察超精切削液，仍能见到少量磨粒和细小的切屑。

（3）光整阶段　油石与工件表面之间逐渐被润滑油膜隔离，能直接接触的表面单位面积上的压力也很小，切削力已不足以使油石自锐，油石表面的磨粒变得越来越钝，气孔逐渐堵塞，只能对工件表面进行摩擦跑合作用，直到表面间全部形成润滑油油膜，油石与工件表面无直接接触，最终结束超精加工。光整阶段，油石与工件表面的形态已十分吻合，油石处于光整状态，工件表面粗糙度值大大降低，表面光泽均匀明亮，若将工件表面放大能够看到深度极浅的细腻的交叉网纹（主要是前两个阶段形成并残留下来的）。此时超精切削液中已几乎找不到磨粒和切屑的痕迹。到此，一个超精加工的过程结束，如果还要用这块油石对下一个工件进行超精加工，则超精过程又将从头开始，可连续不断地进行加工，形成切削过程的自动循环[24]。

5.2　超精研加工的定位夹紧方式

当套圈滚道超精时，各表面精度已经较高，不合适的夹持方式会破坏零件的原有精度，因而超精加工的定位与夹紧对于套圈成品精度较为重要。目前常用的定位夹紧方式主要为无心支承端面滚轮压紧与定心支承端面滚轮压紧（液压、气压），一些场合也还在沿用双辊轮无心支承，电磁无心支承目前已被淘汰，不再用于超精定位夹紧。

5.2.1 无心支承端面滚轮压紧

无心支承端面滚轮压紧是目前应用广泛的一种定位夹紧形式，图 5-8 所示为外沟道超精时的无心支承端面滚轮压紧，图 5-9 所示为内沟道超精时的无心支承端面滚轮压紧。无心支承端面滚轮压紧的定位方式与电磁无心夹具一致，偏心 e 和径向支承块水平设置；与电磁无心夹具不同的是轴向夹紧力不由电磁力产生，而由作用在套圈非基准端面上的两个对称放置的压轮（一般采用轴承）提供，完全避免由于使用磁力所引起的一系列不良影响，超精质量较好，但也存在一些问题，如超精外沟由外径定位，其加工精度会受到外径几何形状误差的影响；当超精内沟时，若用内外径定位，则需要在前加工工序中先磨削内外径，内外径磨后的几何形状误差会影响超精质量；若用支沟超沟的支承形式，易给沟道的最终表面留下划伤的痕迹；工件转速受限，不能过高，否则可能引起端面或外圈表面烧伤等；沟道对基准端面的原始平行度不能太差，否则加工质量不稳定。

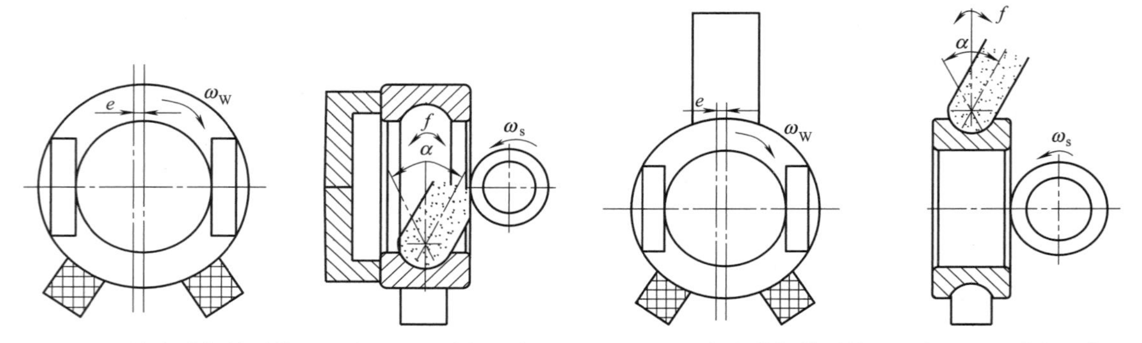

图 5-8 外沟道超精时的无心支承端面滚轮压紧　　图 5-9 内沟道超精时的无心支承端面滚轮压紧

5.2.2 定心支承端面滚轮压紧

所谓定心是指套圈定位圆周面（外圈外圆，内圈内孔）的中心与机床工件轴的轴心一致，即在同一轴线上，并通过压紧套圈使工件轴与主轴同心。定心的实现是依据油压或气压将套圈顶起，形成厚度均匀的“空隙”层，其定位原理有流体静压的平衡成分，但由于套圈定位面的公差限制并考虑到套圈上下料容易，其“空隙”层不可能很薄以实现真正的流体静压，即定心油或气形成的“空隙”层一般不能承受油石压力，油石压力要靠套圈面与工件定位套端面压紧后产生的摩擦力来平衡，定心用的定心轴（或盘）在实现定心压紧后，不随工件旋转。

液压或气压定心方式有如下特点：

1）定位精度高。加工时旋转精度高，内、外圈都可以做到加工定位基准与设计基准一致；加工质量很好，不仅表面粗糙度值低，而且对沟道各种形状甚至位置误差，如圆形偏差（波纹度、多角）、沟道对基准端面的平行度、沟道对内（外）径的厚度变动量等都有不同程度降低；加工质量不受套圈径向定位表面形状误差的影响，套圈端面也不存在滑动摩擦。

2）加工效率高。超精过程中加工平稳，工件可以高速旋转，从而提高了生产率。

3）排屑方便。油石能在水平方向加压，比在垂直方向加压排屑容易。

4）辅件精度保持好。轴颈外圆面、定心盘内孔面及工件轴端面支承面等零件工作面几乎不与工件直接发生摩擦，加工过程中产生的磨损小，便于保持调整精度。

但实现液压或气压定心还要满足以下条件：

1）要有高的工件主轴回转精度，否则将失去“定心”的意义。

2）定心装置的有关零件的制造精度要高，部件运动要及时准确。

3）对于液压定心，要有一套提供压力油的系统和精密过滤系统。加工中定心油与润滑冷却油是同一种油液，需提高过滤精度以避免油中杂质沉积堵塞定心用小油孔。

4）套圈定位面的形状和位置精度不能太差，沟道对基准端面的原始平行度也不能太差。

（1）液压定心　液压定心是通过工件定心轴颈（或上料盘孔）圆周（制造精度保证其中心与工件轴同心）上均布的许多小孔（小孔直径与数量均视套圈尺寸大小而定）或对应小孔的圆周面上的浅槽喷涌出压力油，并迅速充满套圈定位圆周面与轴颈（或盘孔）间空隙的定心方法。工件依靠液压定心机构实现定位与夹紧，如图5-10所示，其中图5-10a所示为外沟超精，图5-10b所示为内沟超精。

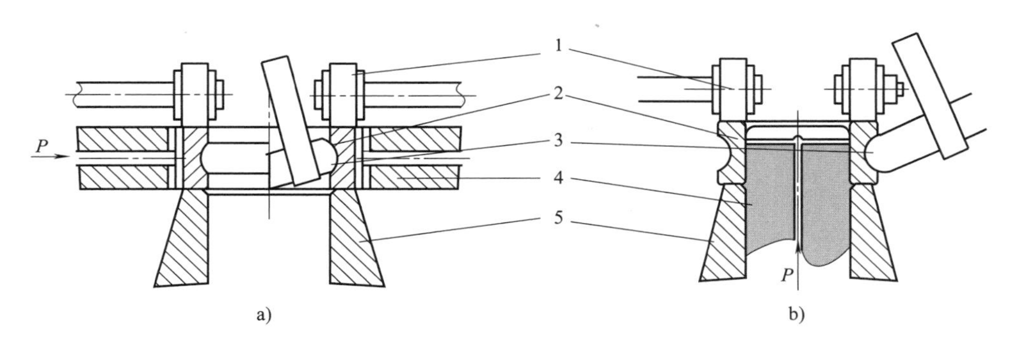

图5-10　液压定心

a）外沟超精　b）内沟超精

1—压紧轮　2—工件　3—油石　4—送料盘或芯轴　5—旋转支承

在图5-10中，P为压力油的进油方向，压力油进入送料盘与工件外径（或芯轴与工件内径）间的间隙后形成油膜，实现定心，然后用端面压紧轮压住固定位置。图5-10a所示外沟超精的定位夹紧过程是：工件上料到位→送料盘径向喷出压力油，使工件定心→压紧轮端面压上，实现端面定位夹紧→工件主轴带动工件旋转，同时油石进入孔内→油石压上，开始超精；图5-10b所示内沟超精的定位夹紧过程是：工件上料到位→芯轴轴颈伸入内孔，同时轴颈径向孔喷出压力油，实现定心→压紧轮端面压上，实现端面定位夹紧→工件主轴带动工件旋转→油石压上，开始超精。

（2）气压定心　气压定心装夹与液压定心装夹的原理一致，只是将定心的介质由润滑油改为空气，其原理如图5-11所示[25]。装夹时，工件先被压缩空气径向定心，然后压紧端面，其特点是无夹紧变形。这种装夹方式超精研沟道的缺点是：夹具结构较为复杂，由夹具喷嘴喷出的压缩空气会将切削液吹散于空气中，对操作者健康不利；上下料时间长，影响生产率。

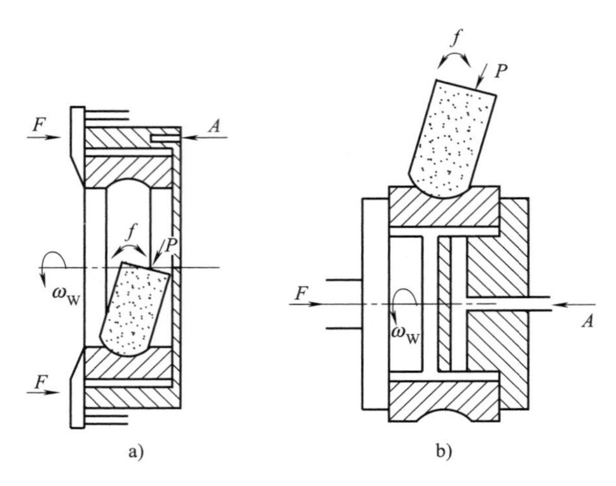

图 5-11 气压定心

a）外沟超精 b）内沟超精

5.2.3 双辊轮无心支承

双辊轮无心支承的定位夹紧方式类似于贯穿式无心磨削，采用两个辊轮替代贯穿磨削时的砂轮与导轮，无导板，其夹持原理如图 5-12 所示。

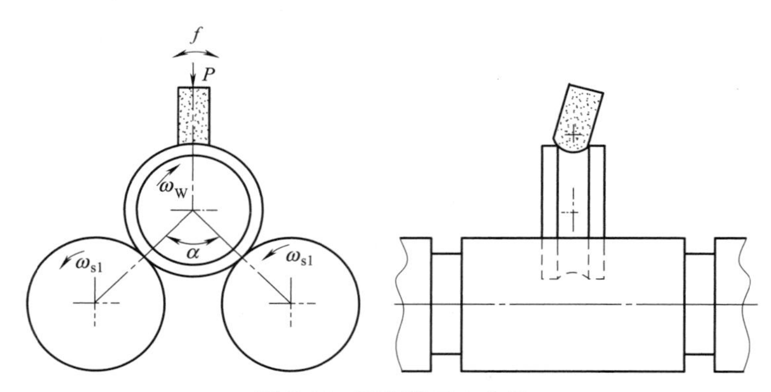

图 5-12 双辊轮无心支承

双辊轮无心支承以外表面定位（外径或内外径），套圈的端面不定位，靠油石加工时自动找正沟道中心，实际上是一种以沟道中心在轴向方向上定位的支承方式。双辊轮无心支承结构简单，应用范围大，使用调整方便，可实现一机多头（多加工位置），生产率高；沟道是定位面，所以沟道对基准端面平行度差的套圈超精后仍能得到较好的效果，即对“平行度”要求不高，同时也失去了对“平行度”的修正能力。外表面是加工定位面，误差会一定程度“复映”到沟道上，并影响正常的成圆（如超精内沟就要求内外径事先磨削加工），即套圈外表面的几何形状精度要求高；因无端面定位，加工中套圈要随油石摆动，加工定位不稳定，加工质量受一定影响；辊轮表面的不均匀磨损等都会带来不利影响。以上显著的缺陷决定套圈沟道形状精度和位置精度要求高，不宜采用双辊轮无心支承形式，因而目前滚道超精大都不采用这种夹紧方式。

此处仍然论述这种夹紧方式的原因在于：此夹紧方式的效率很高，加工成本低，因而一些企业采用此类设备超精套圈外径以提升外观质量，近年来的应用趋势较为突出。

双辊轮无心支承形式中套圈相对于辊轮的位置，用工件中心和两辊轮中心连线的夹角 α 来表示，其值的大小关系到套圈转动的灵活性和稳定性，一般 α 在 140°~150°之间。在实际调整中，依靠改变双辊轮之间的距离 L 来保证支承角 α，L 为

$$L=(D+d)\sin\frac{\alpha}{2}-D \tag{5-2}$$

式中，D 为辊轮直径（mm）；d 为套圈支承面直径（mm）；α 为支承辊与工件中心的连线夹角（°）。

5.3　超精研加工方法

轴承套圈滚动表面的超精加工，就是指对各类球轴承沟道和滚子轴承滚道的超精。

5.3.1　技术条件

球轴承的沟道超精技术条件与滚子轴承的滚道超精技术条件大多一致，如表面粗糙度、圆度误差、波纹度、外观等；但由于被加工位置的截面形状不同，也有所差异，如球轴承要求沟道对内（或外）径的厚度变动量、单一径向平面内（外）沟道直径变动量、沟道曲率半径、内（外）圈沟道对基准端面的平行度及沟位置等，滚道超精则要求单一径向平面内（外）滚道直径变动量、内（外）滚道圆锥角偏差、内（外）滚道对基准端面的倾斜度变动量及滚道直线度与凸度等。

5.3.2　加工留量

超精量即超精加工去除工件表层的厚度，超精量的选择即超精工序间留量的制订，由于超精加工属于一种半强制性的加工，不能像磨削加工那样去除较大的留量，较大的几何形态、位置误差应在超精加工前的工序中严格控制，不能指望超精加工带来大的改观。

由于超精加工为微量切削精加工，工件前工序的表面粗糙度、要求的成品表面粗糙度及几何形状精度要求会直接影响超精加工留量。从磨具的损耗和循环时间方面考虑，希望尽可能减少超精量以减少油石消耗提升超精效率。依实践经验，超精加工留量可依下式选取。

$$\Delta d=2\Delta r \tag{5-3}$$

$$\Delta r=1.2(R_{a0}+F_{r0}) \tag{5-4}$$

式中，Δd 为超精直径留量（μm）；Δr 为半径留量（μm）；R_{a0} 为表面原始粗糙度（μm）；F_{r0} 为原始形状误差（半径值）（μm）。F_{r0} 只能取超精加工有能力修正的值，过大则很不经济或达不到要求。

一般情况下，（$R_{a0}+F_{r0}$）包含了磨削变质层深度，且有 1.2 倍的放大系数，在实际生产中通常取 5~20μm，最常用的超精量为 10μm 左右。

5.3.3　滚道超精研方法

轴承套圈沟道和滚道的超精方法类似，由于滚道长度较长，为了保证超精加工后滚道表

面的直线度（或凸度），超精过程中需要往复，以下介绍超精的工艺方法及滚子轴承滚道超精的特殊性。

1. 超精工艺方法

滚道超精方法主要采用一序两段、一序两步法，对于精度要求不高的滚道，也可采用一序一段法。

（1）一序两段　一序两段指将超精工序分成两个阶段来完成，其目的是提高超精加工的效率和加工质量。第Ⅰ阶段通常称为“粗超”，完成超精过程切削阶段的任务，去除大部分留量，大大降低圆形偏差等加工面的形状或位置误差；第Ⅱ阶段通常称为“精超”，主要完成半切削阶段和光整阶段的任务，使工件表面光整，大大降低了表面粗糙度值。

在实际超精中，工件只在一个加工位置进行了一次定位夹紧，加工过程中只需事先分配好粗超和精超阶段的时间比例，通过调整油石压力、振荡频率及工件转速等工艺参数即可实现“粗超”与“精超”。

（2）一序两步　一序两步是在两个加工工位上利用两种不同性质的油石来完成整个超精的过程。在每一工位上又分为粗超和精超两个阶段，即在每一工位上都采取一序两段工艺。

由于使用的是两个工位，一序两步法有条件地选择油石以充分发挥不同性质油石的作用，如在第一工位采用粗粒度和软的油石以提高切削作用，在第二工位采用细粒度和较硬的油石以提高光整作用；工艺参数的数值选择范围与数量均增多；加工中设置两个工位的加工时间重合，相当于原加工过程时间缩短了一半，大大提高了生产率；加工切除量相对其他方法可以增加，能更好地减小几何形状误差，提升加工质量，且表面质量更加稳定；套圈需经两次定位夹紧，要求定位精度高。以上一系列优点决定该工艺方法应用较为广泛。

（3）一序一段　一序一段指超精整个过程中各工艺参数——工件转速、油石、振频、振幅、压力、超精切削液等均不改变的工艺方法。一序一段超精法很难满足超精加工过程各阶段的要求，加工效率和加工质量都很低，在滚道超精中已淘汰，仅少量用于表面的外观处理。

2. 滚道超精的特殊性

滚子轴承滚道超精工艺方法与球轴承沟道超精一致，采用的也多为一序两段、一序两步或一序一段，最显著的差异在于沟道超精时油石以固定中心摆动，而滚道超精时油石则进行往复直线运动；滚道超精的套圈定位夹紧方式主要是无心支承端面滚轮压紧，也可采用液（气）压定心支承端面滚轮压紧的方式[26]。

滚子轴承类型众多，但目前采用滚道超精的多为圆柱滚子轴承和圆锥滚子轴承的套圈，即超精面主要为圆柱面和圆锥面。图 5-13 所示为圆柱滚子轴承的内外滚道超精，其中图 5-13a 所示为外滚道超精，图 5-13b 所示为内滚道超精；图 5-14 所示为圆锥滚子轴承的内外滚道超精，其中图 5-14a 所示为外滚道超精，图 5-14b 所示为内滚道超精。在超精中，油石沿滚道素线方向往复振动，圆柱滚子轴承超精时油石振动方向与套圈轴线平行，而圆锥

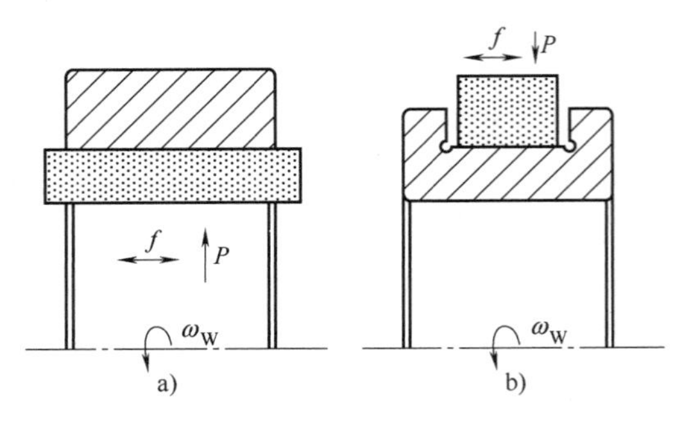

图 5-13　圆柱滚子轴承的内外滚道超精

a）外滚道超精　b）内滚道超精

滚子轴承超精时油石振动方向与轴线相交[27]。

一些企业为了进一步提升圆锥滚子轴承的品质，降低振动与噪声，也对圆锥滚子轴承内圈的大挡边进行了超精，但若将挡边超精作为独立工序会大大降低超精效率[28]。为了同时兼顾产品质量与加工效率，可采用如图 5-15 所示的复合超精方法。

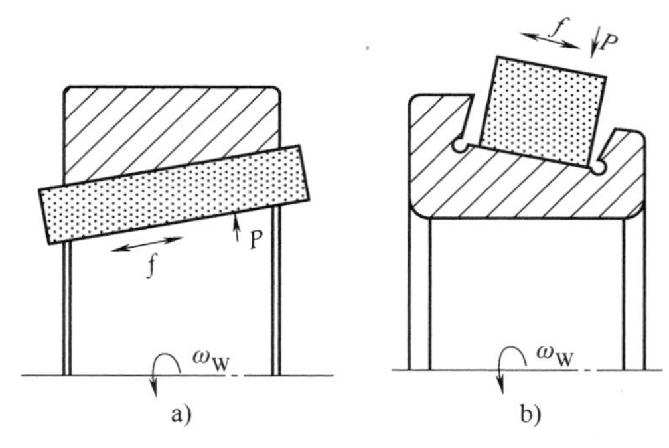

图 5-14　圆锥滚子轴承的内外滚道超精

a）外滚道超精　b）内滚道超精

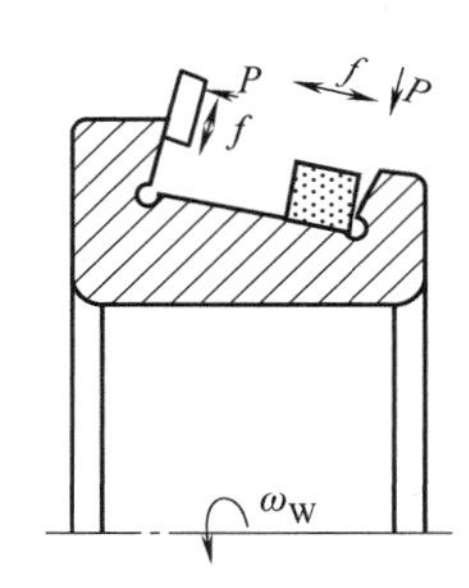

图 5-15　圆锥滚子轴承内圈滚道与大挡边的复合超精

与沟道超精相比，滚道超精时加工面积大，因而实际加工中滚道超精质量比沟道超精低。

滚道超精的主要困难包括：

1）油石与工件接触面积大，不易排屑，不能排出的切屑黏在油石加工面上，形成“粘铁”，容易划伤工件。

2）滚道超精加工要求滚道的素线平直或带有凸度。

3）滚道磨加工后的形状精度和表面质量比沟道超精差，因而滚道超精加工留量大于沟道超精，为了提高加工效率，需要滚道超精的切削效率更高。

4）圆锥滚子轴承滚道大小端直径不一，在同样的工件转速下加工面的圆周速度不同使油石消耗不同，切削作用也不同，因此会造成滚道加工质量不一致，另外圆锥滚子轴承外滚道超精时油石的宽度（包角）或振幅受到滚道锥角的限制，内滚道超精时受到挡边的约束，从而限制了油石的宽度和长度。

针对以上滚道超精时存在的问题，在实际加工中可通过调整工艺参数、采用特殊工艺方法或修正油石形状等方法解决，如：

1）加大切削角以提高切削能力（关于切削角的影响内容将在下节论述）。

2）采用大振幅小振动的特殊工艺方法进行超精，即油石同时以两种振幅和振动频率作用于滚道表面，油石相对滚道宽度可取短一些，在覆盖全部滚道表面上做大振幅低频振动的同时还附加有小振幅高频振动。大振幅低频振动使油石面消耗均匀，全部滚道面切除量基本均等，滚道素线超精后平直，不产生圆锥偏差，同时也为更好地排屑和润滑冷却创造了条件，低频主要是为避免由于大振幅高频所带来的一系列不良影响[29]。小振幅高频振动的作用主要是提高切削功能并增加切削量。图 5-16 所示为外滚道超精的大振幅小振动，其中 f_1 为低频振荡频率，f_2 为高频振荡频率。

3）采用特殊形状的油石。在超精中，油石在滚道中间部位振荡停留时间长，重复切削次数多，而在两端时间短，切削次数少，切除量小，这样就会在滚道中间段产生下凹现象或

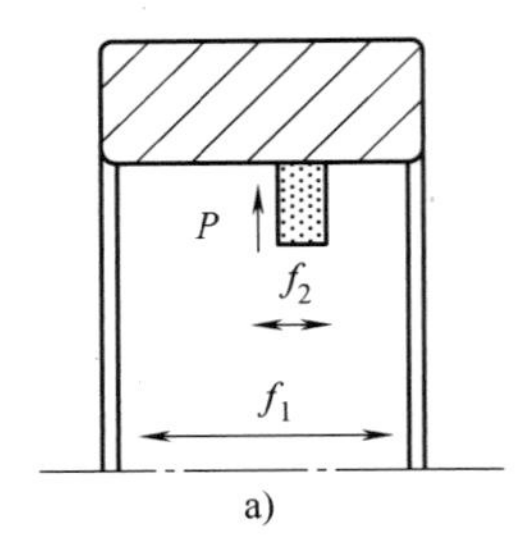

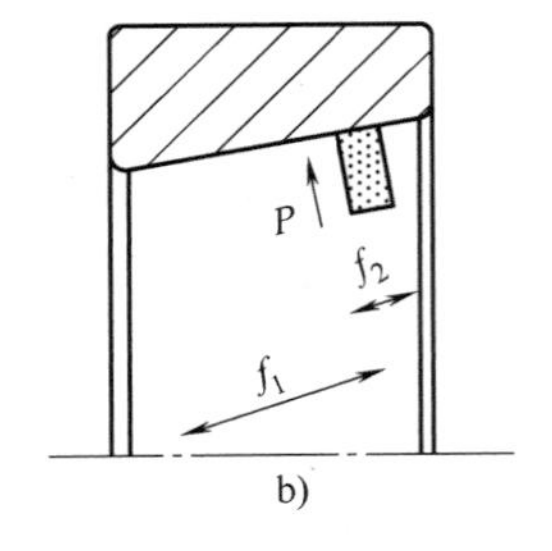

图 5-16　外滚道超精的大振幅小振动

a）圆柱滚子轴承外滚道　b）圆锥滚子轴承外滚道

引起角度变化。采用特殊形状的油石（如 N 形、O 形或 Z 形等），不仅可避免产生中间凹度，且可在滚道中段产生凸度，为滚道创造良好的工作条件[30]。

另外，采用“超声波超精”的方法也可收到良好的效果。

5.4　超精研加工的工艺参数

在前述超精工艺方法的论述中，工艺参数调整对超精效果有显著影响，以下介绍超精加工中的运动参数、油石压力与油石包角等。

5.4.1　运动参数

超精加工中的运动主要包含工件运动与油石振荡两个方面：工件运动为圆周运动，目的是实现圆周方向的滚道面加工；油石振荡则是实现滚道在轴向上的加工。

1. 切削角

工件的圆周速度在一个工艺环节一般不变，即工件圆周速度 V_g 一般不改变，而油石由于反复振荡，其速度 V_s 持续变化。定义合成速度 V 与工件圆周速度的夹角 θ 为切削角，即

$$\theta=\arctan\frac{V_s}{V_g} \tag{5-5}$$

图 5-17 所示为切削角的示意，油石振荡速度以正弦形式变化，最大速度位于振荡中心位置，即式（5-5）所描述的切削角的值也在 $0\sim\theta_{max}$ 之间周期变化，定义 θ_{max} 为最大切削角，即

$$\theta_{max}=\arctan\frac{af}{dn_g} \tag{5-6}$$

式中，a 为振荡幅值；f 为振荡频率；d 为被加工工件直径；n_g 为工件转速。

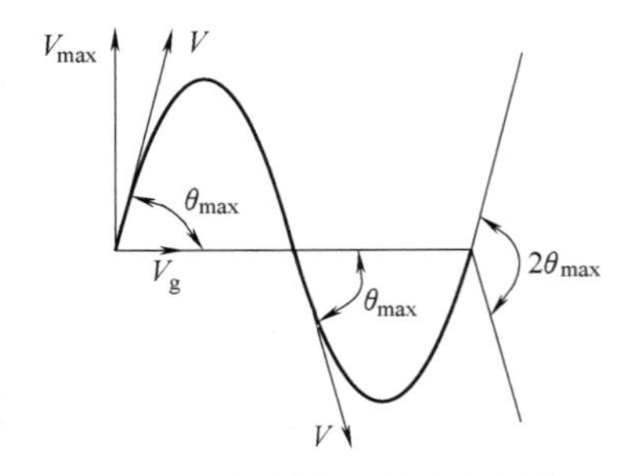

图 5-17　切削角与最大切削角

调整油石振荡频率、幅值或工件转速将改变最大切削角 θ_{max} 的大小，超精加工切削作用的强弱一般也依据最大切削角来表示。

当工件圆周速度 V_g 小、油石振荡速度 V_s 大时，θ_{max} 取大值，即油石上的磨粒受到较大角度范围的切削力作用。此时油石面上每个处于不同方位的磨粒或刃边能更充分地发挥切削

作用；油石面上方向上强度不一的磨粒更容易脱落、折断、破碎，增强了油石的自锐性；润滑冷却液容易冲入加工面，易于排除磨粒渣和金属屑，油石气孔不易堵塞，利于保持油石的切削能力；工件表面也受到了大角度范围的切削作用，易于去除表面峰尖和磨削变质层，在工件表面形成相对稀疏的网纹，如图 5-18a 所示。总之，θ_{max} 大，切削作用强，切削效率高，但表面较粗糙，适合用于超精加工的切削阶段（或半切削阶段）。

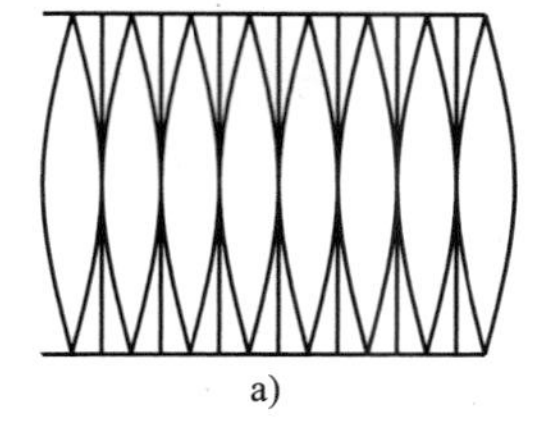

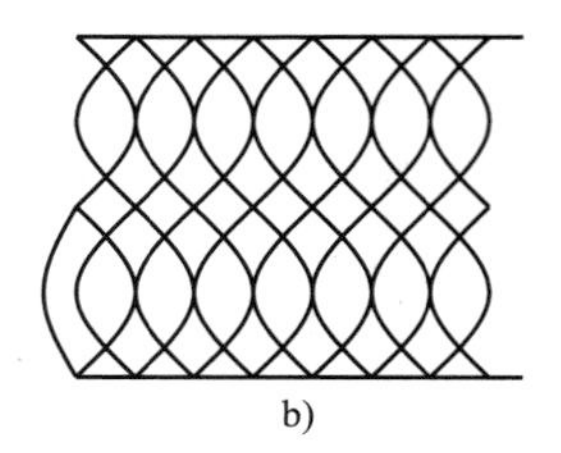

a)　　b)

图 5-18　最大切削角不同取值所形成的网纹

a）最大切削角取大值　b）最大切削角取小值

当工件圆周速度 V_g 大、油石振荡速度 V_s 小时，θ_{max} 取小值，油石切削作用的角度范围减小，磨粒不易脱落，易钝化，气孔易堵塞，切削作用减弱，易于降低表面粗糙度值，可以在工件表面沿圆周方向形成拉长、致密的网纹，如图 5-18b 所示，此种网纹有利于轴承滚道的工作及润滑，θ_{max} 取小值适合用于超精加工的光整阶段（或半切削阶段）。

在实际应用中，切削角的选择与工件材料和硬度、加工方法、表面质量要求、油石特性及超精设备的性能等诸多因素有关，且这些因素相互约束。超精工艺过程中应依具体情况选取合适的切削角，如切削角过大，切削阶段会一直延续下去，不能向光整阶段转换，得不到应有的表面质量。一般以提高切削效率为主的切削阶段，切削角 θ_{max} 选 20°～40°较为合适，此时超精切削量最大，油石消耗量相对较小；以降低表面粗糙度值为主的光整阶段，切削角 θ_{max} 选 5°～10°较为合适；若超精过程中 θ_{max} 不能改变，则选为 10°～20°。

2. 振荡频率

依据式（5-6），加工过程中的可调节工艺参数包括油石振荡频率 f、工件旋转速度 n_g 及油石振幅 a，实际加工经验表明：油石振荡频率是决定超精加工效果的关键因素，其影响比工件旋转速度和油石振幅更为显著。

油石振荡频率 f 高，则单位时间内磨粒的切削长度加长，对加工表面的切削次数增加，由式（5-6）可知切削角增大，所以切削作用强，油石振荡频率总体往高频方向发展，但振频的提高受到机床工艺系统刚性及油石夹持器的惯性等限制。f 太高容易引起工艺系统的某些部件发生较强烈振动，在加工表面留下振纹，影响波纹和表面粗糙度值的降低，同时油石的工作硬度也显得过软，消耗量大；f 太低则切削效率低，油石显得过硬，容易堵塞和擦伤工件表面。

f 的选择取决于加工对象、加工方法和具体的加工工艺条件。尽管不同的超精工艺过程 f 的取值不同，甚至差距很大，但总的规律全是先高后低，这一点是相同的、合理的。

3. 振幅

油石振幅 a 越大，油石摆动速度越大，切削角增大，切削作用强，表面质量降低。在实际应用中，油石振幅 a 易引起较大振动，对于工艺系统要求高，因而振幅增加的难度大，超精加工中改变振频 f 比改变振幅要容易得多，所以在整个超精过程中振幅 a 一般是不变化的，但振幅也不能过小，否则将失去超精加工应有的功能。

有研究认为：当振幅与振频的乘积相同时，其加工效率亦相同，并推荐 $a \times f$ 在 2400～3400mm/min 范围内选择为宜，图 5-19 所示为常用切削角的振幅 a（mm）与振频 f（min^{-1}）

的乘积与工件速度 V_g（m/min）的关系，可作为选择振幅、振频和工件圆周速度的参考。振幅的选择一般是 1~5mm 内的一个常量；对油石摆动的控制就是摆角，通常摆角 α 为±(8°~14°)。

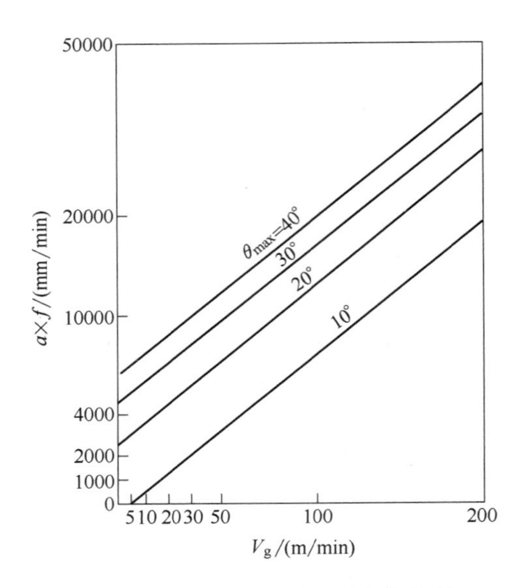

图 5-19 常用切削角的振幅与振频的乘积与工件速度的关系

4. 工件的圆周速度

工件的圆周速度对超精加工影响也较为突出，V_g 大，θ_{max} 则小，油石易钝化和堵塞，切削作用弱，有利于降低表面粗糙度值。与前述关于振幅提升的限制一样，V_g 过大也易造成工艺系统振动和工件表面损伤。在工艺系统刚性许可条件下，精超时工件圆周速度越高对超精加工越有利。传统设备上工件圆周速度大约为 30m/min，一些新的设备则有了较大提升，甚至已上升约 10 倍。

图 5-20 所示为一定试验条件下，工件圆周速度 V_g 与加工表面粗糙度值 Ra、加工循环时间 T 及整个加工循环内金属去除量 Δ 的关系曲线，图示曲线表明，随着 V_g 的提高，Ra 降低，T 缩短并且 Δ 减少，与前述分析一致。

图 5-20 中虚线为 Ra 的变化过程，表明当加工表面具有较深残留磨痕时，V_g 提高或切削角减小会降低金属去除量，加工表面磨痕难以消除，即磨工质量差时，提高 V_g 不但不能降低表面粗糙度，反而会使表面粗糙度急剧增高。因而当为降低表面粗糙度值而提高工件圆周速度时，金属去除量需能消除掉上工序的残留磨痕。

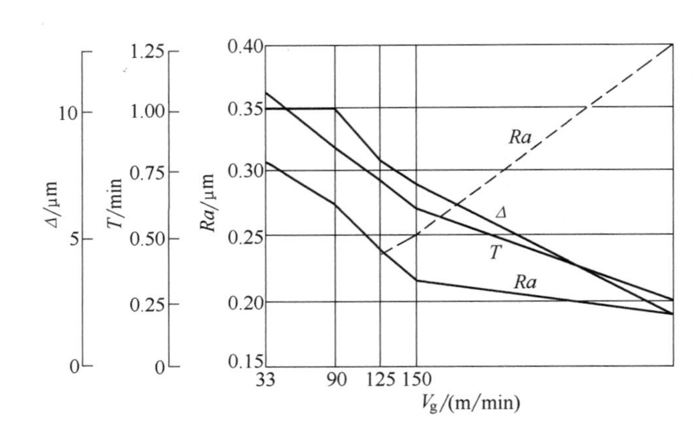

图 5-20 工件圆周速度与表面粗糙度、加工循环时间以及金属去除量的关系曲线

5. 切削速度

以上分析了单因素变化对超精加工的影响，各因素对于超精影响的共同点在于切削角的变化。若切削角 θ_{max} 不变，改变切削速度 V，则 V_g 和 V_s 需同时按比例增大。

图 5-21 所示为一定试验条件下，固定 θ_{max} 不变，切削速度 V 与表面粗糙度值 Ra、总切除量 Δ 和加工循环时间 T 的关系图。切削速度提高后，表面粗糙度降低，加工循环时间和

金属去除量减少，且加工循环时间减少要比金属去除量减少得更为显著；随着切削速度提高，磨粒切削刃的磨损和钝化过程加快，因此整个超精加工过程完结得比较快，即加工循环时间减少。为了获得最高生产率，必须在保持最佳切削角的同时尽可能采用最大的切削速度。当然要充分注意到切削速度对金属去除量的影响，要保证能去除切削留量。在生产实际中，高的切削速度往往会受到机床结构和工作能力的限制，而通常油石夹持器的振荡频率是主要限制因素。

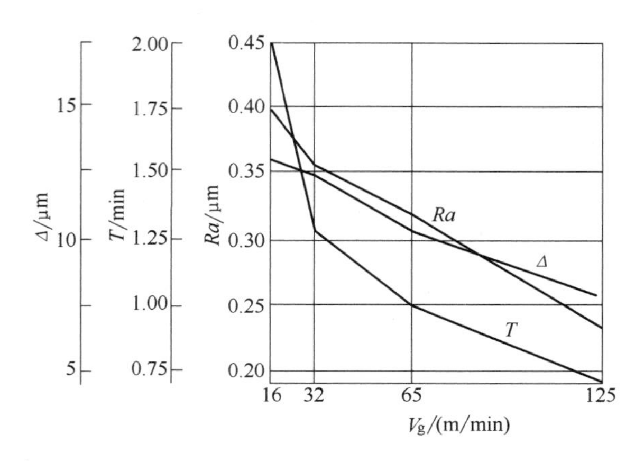

图 5-21 切削速度与表面粗糙度、加工循环时间及金属去除量的关系曲线

5.4.2 压力参数

油石压力是超精加工的重要工艺参数，决定着加工面上单位面积力的大小，对加工效率、切除量和加工质量的影响很大。

1. 油石压力

当压力较大时，油石自锐性好，磨粒切入工件表面较深，切削作用强，效率高。切除金属量与油石压力大致呈正比例关系，较大的压力适合于切削阶段，但压力大会难以得到理想的光整镜面；当压力小时，油石容易钝化，磨粒切深小，切削作用弱，适合光整阶段，但油石压力过小，会导致切削作用太弱，不仅切削效率低，而且一些磨痕也去除不尽，对表面粗糙度值的降低也不利。

油石压力按实际接触面积的压强计算

$$p=\frac{F}{S} \tag{5-7}$$

式中，F 为油石总压力（N）；S 为油石作用面积（cm^2）。

如果采用气缸或液压缸加压，则 F 为表读压力与缸体有效面积的乘积，油石压力一般指压强 p。油石压力的选择与加工工件的性质、加工方法、油石的工作性能、超精运动参数及超精切削液的性质等密切相关。工件硬、原始表面质量差，油石紧密、硬度高，超精切削液黏度大，油石的压力应高一些；反之，则应低一些，常用压力 p 约为（$0.5\sim8$）$\times10^5$Pa，具体数值依具体应用条件或由经验确定。

2. 临界现象

当超精加工时，为提高切削作用和加工效率需要增加油石压力，但油石压力的增大是有限制的。试验表明，任何性质的油石在运动参数和润滑冷却条件不变的情况下，当压力 p 增加到一定值时，切削量（能力）就不再增加，而且此时油石会发生明显的异常变化——油石加工面破碎，甚至崩裂，油石消耗量激增，这个现象称为油石的临界现象，此时的油石压力 p 称为临界压力。

图 5-22 所示为一定条件下油石消耗量和油石压力 p 的关系曲线，可以看出油石消耗曲线接近于三条直线组成的折线：从 A 点起，p 增大，油石消耗激增，表明油石脱落是油石消耗的主要原因，A 点是临界现象出现与否的分界点；A、B 之间曲线表明油石消耗减小，比较正常，油石消耗主要是磨粒破碎和脱落，此阶段适合切削段的加工；B 点以左的曲线表明油石几乎没有多少消耗，此阶段油石消耗主要是磨粒磨损为主，适合于光整加工，B 点可以认为是光整阶段的起始点。一般把交点 D 所对应的压力称为油石的临界压力，即 $p_{临}=p_D$。

掌握了超精加工的临界压力就能更好地引导超精过程。在超精过程一开始就采用临界压力或接近临界压力的压力，能迅速去除大部分留量，提高加工效率。油石的临界压力不仅与磨粒的性质、油石的制造工艺等因素有直接关系，而且还会受到超精加工中的运动参数、润滑效果的影响而变化，不同的加工条件油石所呈现的临界压力是不同的。

图 5-23 所示为保持油石压力 p 不变，只改变切削角而得出的油石消耗曲线，该图仍然存在着油石开始剧烈消耗的 A 点（出现临界现象），D 点对所应的 θ_{max} 也可称为临界切削角，此时的压力 p 也为这一状态下的临界压力。同样，还会有临界 V_g、临界 f 和临界 a 等。所以临界压力也是在一定条件下呈现出来的，各种条件下的临界压力所产生的切削效果也是不同的，应通过生产实践或试验掌握临界压力的变化规律，才能合理利用临界压力为超精加工服务。

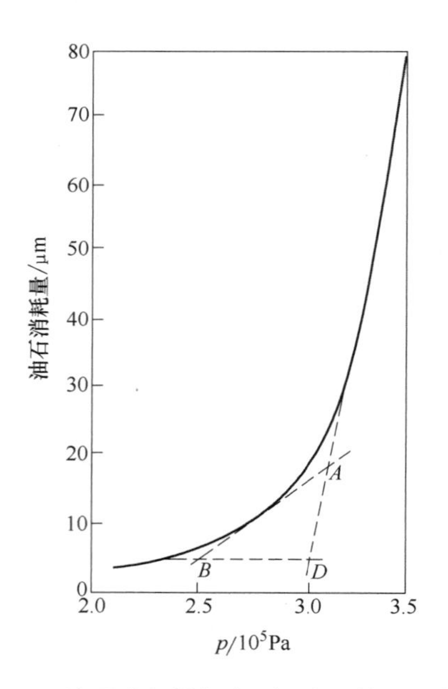

图 5-22 油石消耗量与油石压力 p 的关系曲线

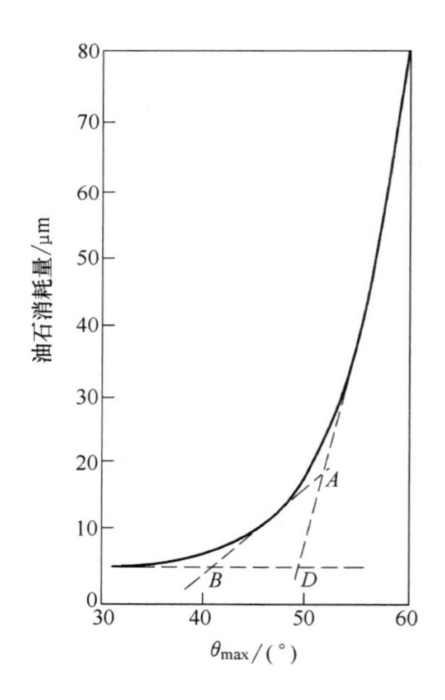

图 5-23 油石压力恒定时最大切削角与油石消耗量的关系曲线

3. 加工阶段分界图

加工阶段分界图是选择不同加工阶段工艺参数的指导图，来源于试验与生产实践。图 5-24 所示为切削界线、镜面界线与油石压力 p 及最大切削角 θ_{max} 的关系，图中显示了各加工阶段的分界线，该图形的试验条件为：软钢工件，白刚玉陶瓷结合剂油石，超精切削液为 80%煤油+20%锭子油（体积分数）的混合油。

图 5-25 所示为超精加工阶段分界线与工件速度 V_g、振幅 a 和振频 f 的关系，该图试验条件为：铬钢工件，油石为 WAW14、RH60、陶瓷结合剂；油石压力为 2×10^5Pa，超精切削液为 80%煤油+20%锭子油（体积分数）的混合油。

满足图 5-24 与图 5-25 绘制的试验条件，即可在相应的区域内选择相关的工艺参数，以达到各超精阶段的目的。以上仅为一种工艺参数选择方案，不同超精加工条件下的分界图不同，最佳工艺参数的选择主要还应依据理论分析、试验研究和生产实践。

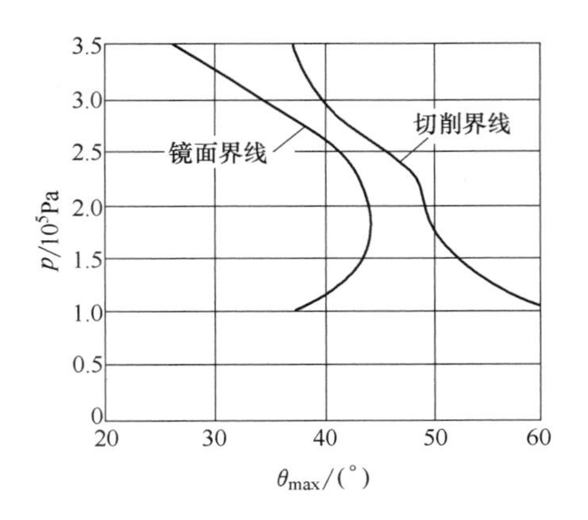

图 5-24 切削界线、镜面界线与油石压力 p 及最大切削角 θ_{max} 的关系

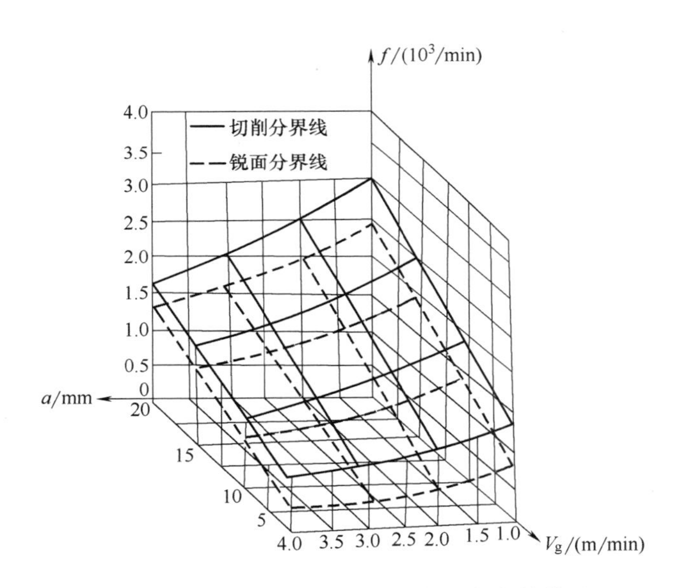

图 5-25 分界线与工件速度、振幅、振频的关系

5.4.3 油石包角

所谓油石包角就是油石宽度 B 所能覆盖的工件圆心角 α，如图 5-26 所示。

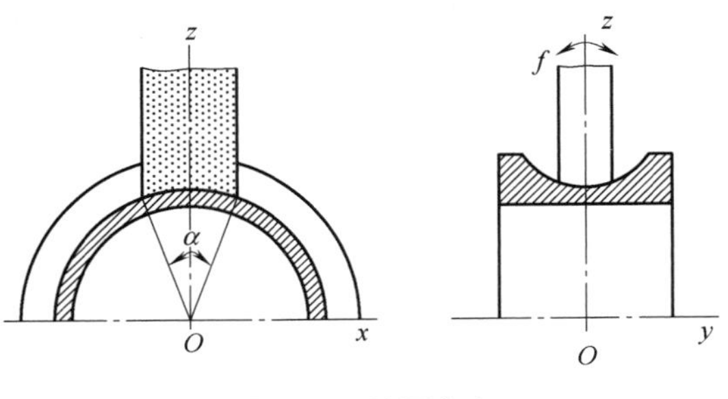

图 5-26 油石包角

增大油石宽度使其对工件具有一定包角是修改圆形偏差的有效措施，试验和生产实践均表明：包角越大，修正圆形偏差的能力越强；但当油石与沟道接触包角过大时，油石边缘部分易碎，且在超精沟道时容易造成沟道曲率变形。

造成沟道曲率变形的原因是：在精研时，油石在套圈轴向方向振荡，包角在圆周方向。

因而油石只能在一个截面内摆动且其半径等于沟道曲率半径，其余截面与圆弧曲率不一致，无法形成研磨。

5.5 超精研加工对滚动表面几何形状的改善

由于超精的加工留量限制，超精对于宏观几何形状的改善能力较弱，但对于波纹度、沟形及滚道凸度等则有显著改善作用，以下介绍超精加工对原有误差的改善能力、油石的包角效应及其对于滚道素线的影响。

5.5.1 超精研加工对原有误差的改善能力

超精加工使用的“刀具”是油石，油石与工件处于“弹性”接触状态，其切削作用为半强制性作用，且油石与工件接触面积相对较大，因此超精加工不会像磨削加工那样将机床的静态或动态误差反映在加工表面上，即超精加工本身一般不会产生新的加工误差，超精加工的切削能力远弱于磨削加工。

任何加工都存在工件毛坯复映误差的影响，超精加工也不例外，与不会产生新的形状误差的原因一样，超精加工受上道工序形状误差复映的影响很大。

图 5-27 所示为套圈超精前后的几何形状对比，超精前主要几何形态（宏观）在超精后保持不变，存在着明显的形状复映，只是误差值相对减小。图 5-28 所示为滚动表面为多角形时超精前后的对比，可见超精后形状有较大改善和提高。由此可知，超精加工对于多角形和波纹度的圆形偏差的改善很明显，而对于位置误差、大的形状误差，则必须在超精加工前给予严格控制。

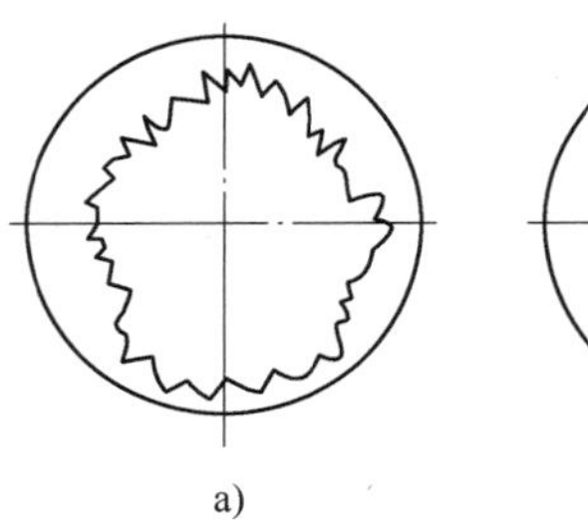

a)

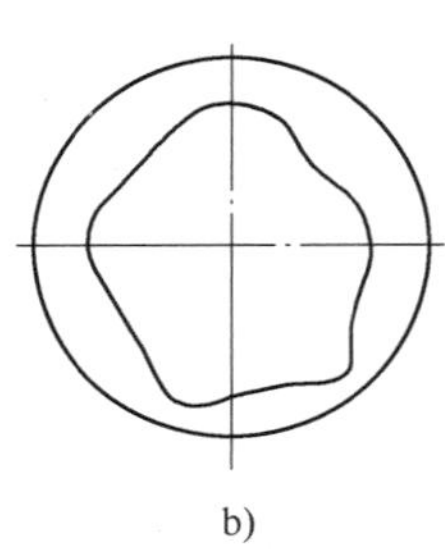

b)

图 5-27 工件几何形状复映

a）超精前 b）超精后

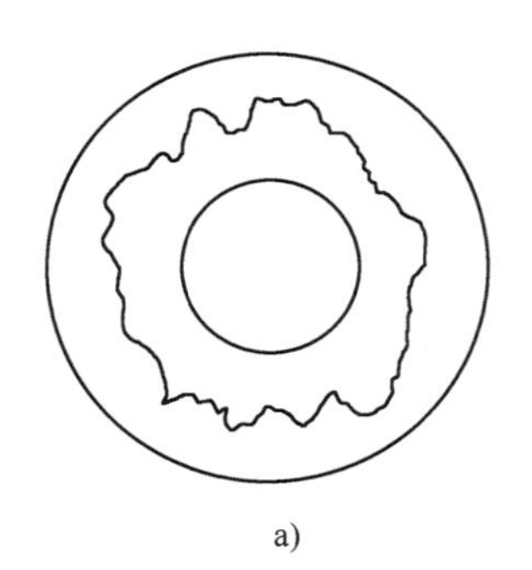

a)

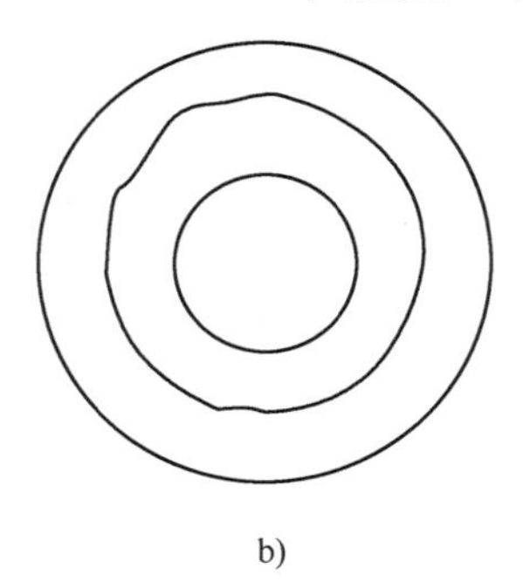

b)

图 5-28 超精对于“多角”的修正

a）超精前 b）超精后

5.5.2 超精研加工的油石包角效应

如前所述，增大油石宽度使其对工件具有一定包角是修改圆形偏差的有效措施。试验和生产实践均表明，包角越大，修正圆形偏差的能力越强。超精沟道的表面质量，是评定超精工序主要的技术指标之一，其中油石起着很大作用，特别是油石包角 α 与加工工件的表面质量有着非常重要的关系。

1）加大油石包角能显著改善沟道的波纹度。

2）沟道超精后的圆度和波纹度与其超精前的圆度和波纹有关。当超精前圆度在 1μm 以下时，用小包角油石超精后，相当一部分套圈的沟道圆度会遭到破坏，而用大包角油石超精后，沟道圆度和波纹度都能得到不同程度的改善。

3）油石包角对超精后沟道圆度和波纹度的影响大于油石硬度、磨料及超精压力的影响。

另外试验和生产实践也表明，油石与沟道接触包角越大，改善波纹度的能力越好，故在超精加工时要求油石最少须跨越加工表面的两个波峰，而不能在两个波峰之间，如图 5-29 所示。实践证明：55°左右的油石包角可使超精后的圆度平均值下降 0. 88μm 左右。

当油石宽度 B 能包住工件表面的“误差段”，即油石与工件接触的圆弧长大于（至少等于）工件表面波纹的波长时，能保证油石始终作用在凸峰上而不与波谷接触，实际接触点的压力高，凸峰被迅速切除，从而减小圆形偏差，这种现象称为油石的包角效应。

油石宽度越宽，包角越大，能容纳的各次谐波“误差段”越多，成圆能力就越强。油石的包角效应起到了滤波的作用，主要对工件表面的高次谐波的修正有效。

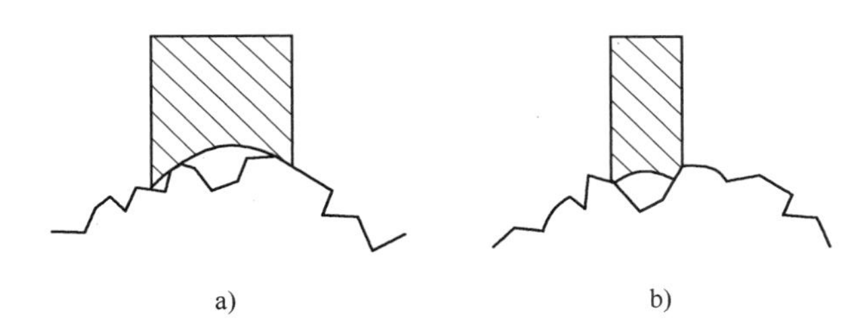

图 5-29 油石宽度包容谐波次数

a）跨越两个波峰 b）两个波峰之间

但包角不能取过大，包角过大，容易造成油石宽度边缘强度差而断裂，且润滑冷却效果差，不便于排屑。尤其在超精球轴承沟道时，包角过大将带来更为严重的影响：沟的形状不好，表面质量不均匀，甚至会造成废品。

试验和生产实践证明，油石宽度选择沟道直径的 1/5～1/3 为佳。按这个范围选择油石宽度，在允许的沟道曲率变形范围内可以得到比较好的包角效应。也有人认为，从谐波控制角度看，包角选为 60°，可以有效地改善 10 次以上的高次和较高次谐波幅值。

5.5.3 表面粗糙度

超精加工的表面粗糙度主要与油石的性质（粒度、硬度等）和磨粒的加工痕迹的分布有关，在同一油石条件下，只要磨粒的加工痕迹不重叠，就易于得到低的表面粗糙度值。因此，在超精加工过程中，如果能使切削按一定的规律连续变化，就能有效地保证各磨粒的加工痕迹不重叠，从而降低表面粗糙度值。

5.5.4 超精研加工对滚动表面素线的影响

球轴承与滚子轴承滚动表面素线存在差异，在超精加工中的振荡方式也不同，对于球轴承主要影响其沟形误差，对于滚子轴承则主要影响其直线度（或凸度）。

1. 对球轴承沟形误差的影响

为获得正确的沟形，超精加工中要求油石的摆动中心与沟道曲率中心重合，并且一经调整好后整个加工过程中就不再变化，所以影响沟形精度的直接因素主要是调整精度，准确调整后沟形精度由加工运动来保证，当然也不应忽视包角过大造成的影响。一般油石的长度近似工件沟道的宽度，一定的摆角下沟道中间部分的加工重复次数多，故加工质量要好于两侧。

超精加工中油石修正沟形误差的情况如图 5-30 所示，其作用原理类似于包角效应，油石首先作用在沟道横截面的波峰上，可将波纹度去除或大幅度减小，从而提高沟道形状精度。

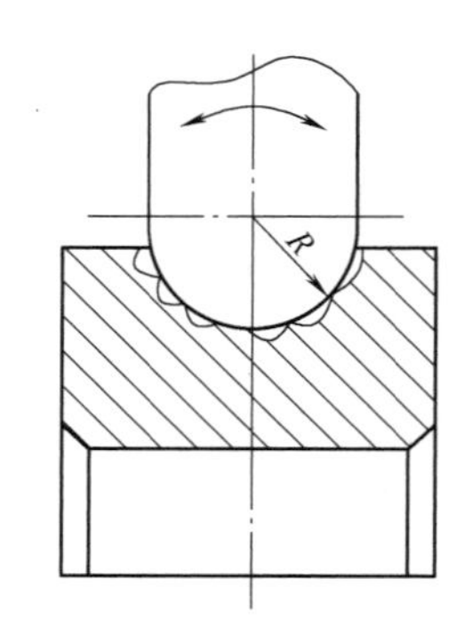

图 5-30 油石修正沟形误差

2. 对滚道素线直线度或凸度的影响

在超精直素线滚道时，油石与工件加工部分的相对长度对素线的直线度有影响。图 5-31 所示为实际中常遇见的两种情形，其中图 5-31a 所示为工件加工长度大于油石长度的情形，图 5-31b 所示为工件加工长度小于油石长度的情形，这两种不同情形对于滚道素线形状有不同影响。

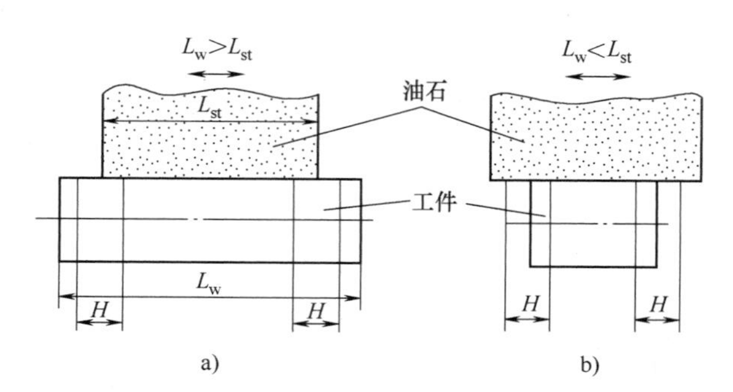

图 5-31 油石长度、工件长度及振幅的关系

a）长滚道 b）短滚道

以图 5-31a 的情况为例，将油石在工件表面上的运动面展开如图 5-32 所示。油石在工件圆柱面上的重复率 μ 为

$$\mu=\frac{t_\mu}{T} \tag{5-8}$$

式中，t_μ 为重复时间；T 为分析周期。

由图 5-32 知，式（5-8）可描述为

$$\mu=\frac{1}{2}-\frac{1}{\pi}\arcsin\left(\frac{2h}{H}\right) \tag{5-9}$$

μ 的值如图 5-32 左侧所示，油石磨损率可用 $1/\mu$ 来表示，尤其在接近 $h=H/2$ 时，油石

的重复率小但又必须磨除大量的金属，因此油石消耗很大，从而使油石工作面两端向上翘起，故对工件两端的切削作用减弱，使工件素线出现下凹的形状。

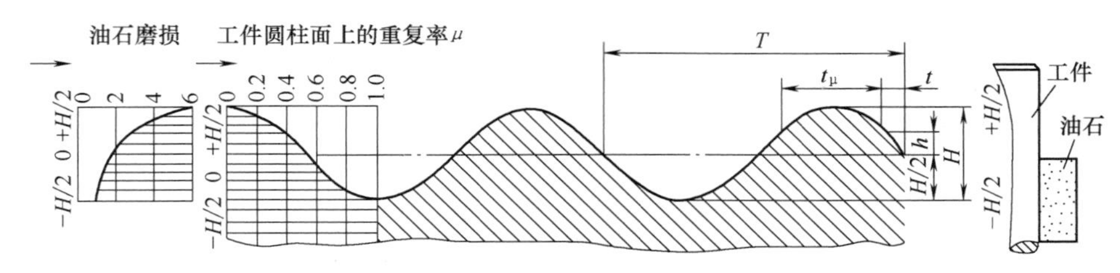

图 5-32　油石在长滚道表面上的运动展开图

图 5-33 所示为油石长度与振幅不变而工件长度变化的情况下素线直线度偏差的状况，以及油石硬度不同引起的一些差异。

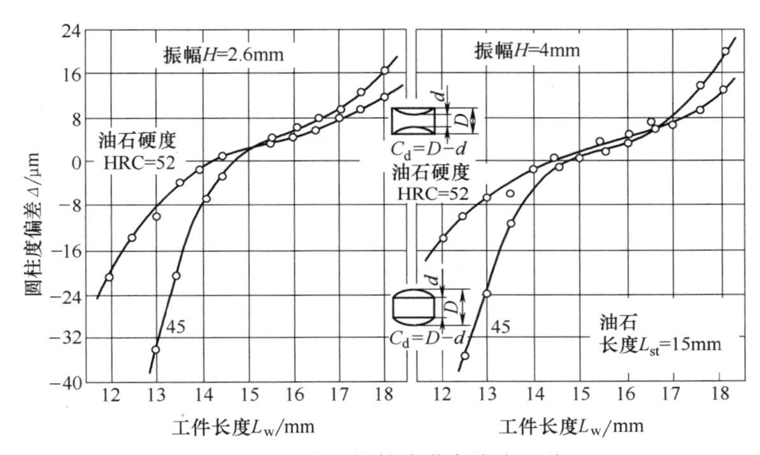

图 5-33　油石修整滚道直线度误差

当工件加工长度 L_w 大于油石长度 L_{st} 时工件素线出现凹度，对于滚道表面极为不利，加工中不允许出现；在工件加工长度 L_w 小于油石长度 L_{st} 时工件素线出现凸度，而且油石硬度越高素线凸度越大，油石硬度越低素线直线度越好；当工件加工长度 L_w 近似等于油石长度 L_{st} 时，直线度最好。

目前对滚道素线的要求是平直或有少许凸度，但滚道超精油石长度往往会受到套圈挡边的限制，以致 $L_w > L_{st}$，因此给加工带来了困难。

目前在工艺上采取的主要措施：

1）使用特殊形状的油石，如空心油石和双曲面油石等，如图 5-34 所示。

2）油石往复运动采用“大振幅小振动”，即在低频大振幅的往复运动上叠加高频小振幅的往复运动。

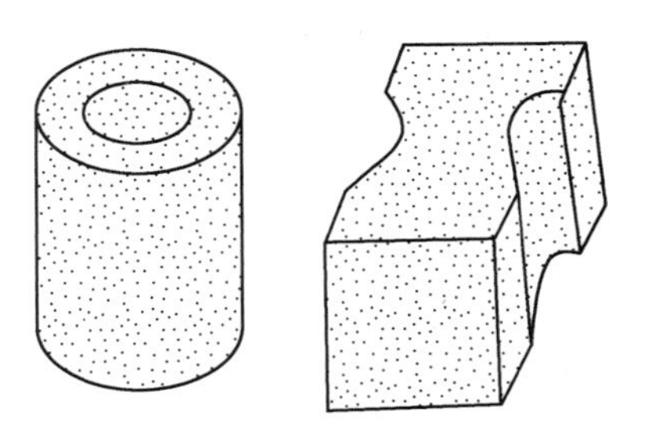

图 5-34　特殊形状的油石

5.6　套圈超精研加工的常见质量问题

套圈滚动表面超精加工后要进行加工质量检查。目前对加工精度和表面质量的物理机械性能等一般只能进行少量抽检，通常要进行全面检测的是表面粗糙度和外观。

5.6.1 表面质量分析

1. 表面粗糙度

套圈滚动表面的表面粗糙度规定为被检查轮廓的算术平均偏差 Ra，指在取样长度 l 内轮廓偏距绝对值的算术平均值。

$$Ra = \frac{1}{l}\int_0^l |y(x)|\mathrm{d}x \tag{5-10}$$

式中，l 为用于判别具有表面粗糙度特征的一段基准线长度。

式（5-10）可近似为

$$Ra = \frac{1}{n}\sum_{i=1}^{n} |y_i| \tag{5-11}$$

一般应在被测表面上选取均匀分布的 3 个有代表性的部位进行测量，并且以这 3 个部位测量值的平均值作为该工件被测 Ra 的代表值。对正常工艺条件下可能产生的粗大加工痕迹仍按表面粗糙度处理，而对裂纹、锈蚀、气孔、砂眼、磕碰伤、黑斑等不计入表面粗糙度的测量结果，但应在检定报告上予以注明。

在实际生产中，采用表面粗糙度仪进行检测的零件数量很有限，绝大多数靠人工肉眼直接观察，凭经验检查以判断是否合格。

超精加工的表面粗糙度不好的原因主要包括：①精超时间太短；②精超油石压力过高；③油石有问题；④精超工件转速过低；⑤超精切削液有问题；⑥油石包角过大等。

解决措施通常首先是提高工件转速，然后考虑降低油石压力或增加超精时间，最后才考虑更换油石。

2. 超精瘤（白点、黑点）

超精瘤是指超精后表面形成的大小、形状不同的白色或黑暗灰色的凸起颗粒。经光谱分析，白色瘤是研屑微粒在瞬间高温高压下烧结而成的，而黑暗灰色瘤为油石中的金刚砂微粒的烧结物。它的存在使成品轴承振动、噪声猛增，增值高达 5~15dB，大大影响了轴承的使用寿命[31]。

产生超精瘤的原因主要是：①油石压力大；②超精前表面粗糙度值太大；③超精采用的是白刚玉油石；④工件转速高；⑤超精切削液不充分或机油含量太多；⑥套圈磨加工的残磁大等。

预防和消除的方法主要是对上述原因有针对性地合理选用并调整工艺参数，总结经验。

3. 砂轮花

砂轮花是超精后表面沿圆周方向留下的白色磨痕，对轴承振动、噪声有直接影响，必须严格控制。

砂轮花有 3 种形式，主要的产生原因是：

1）整个沟道均有砂轮花。①粗超时工件转速太高；②粗超时间太短；③油石太硬，粗超油石压力太小；④油石粘铁；⑤超精切削液有杂质；⑥磨加工时表面砂轮花太粗等。

2）沟道两边有砂轮花。①油石摆动中心低于沟 R 中心；②油石摆角过小；③油石夹持不紧有间隙；④油石宽度不够等。

3）沟道一边有砂轮花。①油石摆动中心与沟道中心不对中；②摆动偏重；③油石夹持不正或松动等。

有针对性地采取措施即可有效控制和消除砂轮花。

4. 丝子

丝子是超精后表面出现的线状浅划痕，深度一般为1~1.5μm，多由油石含杂质、磨料粒度不均匀、有硬粒、超精切削液有杂质、冲洗不足等原因造成。

5. 溜子

溜子是超精后表面形成的深度很浅的暗色条纹，主要是由油石被堵塞后处于半切削状态时，较粗磨粒及铁屑划伤所致，靠正确使用油石和超精切削液即可消除。

6. 亮带

亮带是超精后表面呈现的带状发亮部分，主要是由于表面有少量黏结物造成的。解决办法是去除油石黏结点，适当缩短超精时间，减少超精切削液中的机油比例。

7. 蝌蚪痕

蝌蚪痕是超精后表面出现形似蝌蚪状的伤痕，主要是由超精时油石上坚硬的磨粒脱落后被压入工件表面造成，对轴承振动影响很大，解决办法是正确选择油石和降低油石压力。

8. 拖尾

拖尾是指超精后表面出现的形似尾巴的划痕，主要由工件超精结束时油石跳离工件表面速度太慢，油石装夹太松或油石相对工件的位置不当等原因引起。

9. 油石印痕

油石印痕是超精后沿滚道圆周表面出现的呈规律性的白点痕迹，产生主要原因是：①磨削加工原有的磨削振纹未超精掉；②油石夹持太松；③工件旋转不稳定等。对此应提高磨削表面质量；对超精应延长粗超时间，增加超精量；调整机床，正确装夹油石等。

5.6.2 加工精度

在此仅对球轴承沟道进行简单分析。

1. 沟道几何精度不好

这里主要指沟道超精后单一径向平面内（外）圈沟道直径变动量大，沟道圆形偏差不好，内（外）圈沟道对内（外）径和厚度变动量大，沟道对基准端面的平行度超差等。

产生原因：①磨削的几何精度不好；②工件定位不稳定；③油石尺寸不合适，包角小；④油石摆动中心与工件沟曲率中心不重合等。

2. 沟 *R* 不圆

包括沟一边不圆、沟两边不圆、沟两腰不圆及沟底不圆，大多是由于油石摆动中心位置调整不正确所造成，必须针对具体情况进行精细调整，最好使用专用的检测仪器。

参 考 文 献

[1] 夏新涛，马伟，颉谭成，等. 滚动轴承制造工艺学 [M]. 北京：机械工业出版社，2007.

[2] 连振德. 轴承零件加工 [M]. 洛阳：洛阳轴承研究所，1989.

[3] 刘桥方，陈龙. 轴承套圈磨工工艺 [M]. 郑州：河南人民出版社，2006.

[4] 周福章，夏新涛，周近民，等．滚动轴承制造工艺学［M］．西安：西北工业大学出版社，1993.
[5] 邢镇寰，吴宗彦．轴承零件磨削和超精加工技术［M］．洛阳：洛阳轴承研究所，2004.
[6] 张文现，邢镇寰．滚动轴承套圈 磨削质量解疑［M］．洛阳：洛阳轴承研究所，1988.
[7] 全国滚动轴承标准委员会．滚动轴承零件 表面粗糙度测量和评定方法：JB/T 7051—2006［S］．北京：机械工业出版社，2006.
[8] 郭章计．超精研加工对轴承套圈沟形偏差影响的研究［D］．洛阳：河南科技大学，2011.
[9] 周煊．采用精密砂带超精轴承滚道的工艺研究［J］．现代制造工程，1995（11）：2-4.
[10] 王旭，赵萍，吕冰海，等．滚动轴承工作表面超精密加工技术研究现状［J］．中国机械工程，2019，30（11）：1301-1309.
[11] 张宏友，吴鸣宇．滚动轴承套圈及滚子滚道超精研发展现状［J］．机械工程与自动化，2015（6）：220-221，224.
[12] 全国磨料磨具标准化技术委员会．普通磨料 代号：GB/T 2476—2016［S］．北京：中国标准出版社，2016.
[13] 全国磨料磨具标准化技术委员会．固结磨具用磨料 粒度组成的检测和标记 第 2 部分：微粉：GB/T 2481.2—2020［S］．北京：中国标准出版社，2020.
[14] 全国磨料磨具标准化技术委员会．固结磨具 形状类型、标记和标志：GB/T 2484—2023［S］．北京：中国标准出版社，2023.
[15] 全国磨料磨具标准化技术委员会．固结磨具 陶瓷结合剂强力珩磨磨石与超精磨磨石：GB/T 14319—2008［S］．北京：中国标准出版社，2008.
[16] 全国磨料磨具标准化技术委员会．固结磨具 硬度检验：GB/T 2490—2018［S］．北京：中国标准出版社，2018.
[17] 全国磨料磨具标准化技术委员会．固结磨具 组织号的测定方法：JB/T 8339—2012［S］．北京：机械工业出版社，2012.
[18] 全国磨料磨具标准化技术委员会．固结磨具 尺寸 第 10 部分：珩磨和超精磨磨石：GB/T 4127.10—2008［S］．北京：中国标准出版社，2008.
[19] 全国磨料磨具标准化技术委员会．固结磨具 技术条件：GB/T 2485—2016［S］．北京：中国标准出版社，2016.
[20] 全国磨料磨具标准化技术委员会．磨料磨具术语：GB/T 16458—2021［S］．北京：中国标准出版社，2021.
[21] 杨明亮，王东峰，何灵辉，等．油石端部初始形状对球轴承沟道超精质量的影响［J］．轴承，2019（7）：24-28.
[22] 刘勇，张宇，宋亚楠．球轴承沟道超精时油石修整方法的改进［J］．轴承，2021（10）：34-35.
[23] 顿涌泉，赵梅春，李定宇，等．滚动轴承沟道超精加工分析［J］．轴承，2008，（11）：11-12.
[24] 张晶霞，汪燮民．深沟球轴承沟道超精方法分析［J］．轴承，2011（2）：12-14.
[25] 谷素斐．轴承超精机床定心装置改进［J］．设备管理与维修，2006（1）：1.
[26] 高武正，刘旗，奚强．NJ 系列圆柱滚子轴承双挡边超精工艺改进［J］．轴承，2017（10）：13-15.
[27] 李悦凤．圆滚锥轴承套圈滚道超精研工艺参数的选择［J］．组合机床与自动化加工技术，2007（10）：79-82.
[28] 李良福．高效超精研磨圆锥轴承套圈滚道的过程［J］．精密制造与自动化，2001，（2）：45-47.
[29] 曹新建，高向红．滚子轴承套圈滚道凸度超精加工方法介绍［J］．精密制造与自动化，2008（2）：35-36.
[30] 陈毅宜，韩克宪．圆锥滚子轴承内圈滚道凸度超精研分析［J］．轴承，2001（9）：21-21.
[31] 杨佐，陈春晓，姜忠伟．轴承套圈超精切屑瘤的形成机理［J］．轴承，2000，（10）：28-29.

第6章　滚动体加工——球

滚动轴承工作时，由于承载区域的滚动摩擦与伴随滑动摩擦的影响、非承载区域保持架的推动作用，滚动体会随转动套圈的运动，周期性地通过滚动轴承承载区，承受周期交变载荷[1]。

常见的滚动体包括球和滚子两大类，其中球与轴承沟道之间的接触形式为点接触，而滚子与滚道的接触形式为线接触。点接触时接触面积小，在同等外载荷作用下产生的接触应力大。由于工作中需承受巨大的交变应力，球成为滚动轴承内部的薄弱零件，因而其加工质量对于轴承成品质量提升具有重要作用[2]。大多数轴承内部采用钢球，陶瓷球由于其具备的耐高温、耐寒、耐磨、耐腐蚀、抗磁、电绝缘、无油自润滑、高转速等一系列优越特性，近年来的应用呈显著上升趋势。

本章首先介绍球的相关标准规定、常用材料与基本工艺路线；依据工艺路线，再逐一介绍钢球的毛坯成形方法、光磨加工、硬磨与硬研加工、表面强化及钢球的初研与精研加工；针对陶瓷球应用上升的现状，还介绍了陶瓷球的加工工艺。

6.1　球加工概述

与其他轴承零件加工相比，球的加工具有显著的特殊性，一般由专业制造厂生产并以零件商品形式流通，GB/T 24608—2023《滚动轴承及其商品零件检验规则》[3] 除规定滚动轴承的检验原则外，同时规定了商品零件（钢球、圆锥滚子、圆柱滚子、滚针）及轴承附件的检验原则，其检验依据包含相关标准。以下介绍球的相关标准及其基本工艺路线。

6.1.1　技术要求

GB/T 308 对于球的技术要求提出了明确要求，现行标准分为两个部分，分别为 GB/T 308.1—2013《滚动轴承　球　第1部分：钢球》[4] 和 GB/T 308.2—2010《滚动轴承　球　第2部分：陶瓷球》[5]，其中 GB/T 308.1—2013 规定了钢球的技术要求，GB/T 308.2—2010 则规定了陶瓷球的技术要求。GB/T 308 及 GB/T 6930—2002《滚动轴承　词汇》[6]、GB/T 4199—2003《滚动轴承　公差　定义》[7] 对于球定义的规定术语介绍如下。

1）球公称直径。球公称直径为各公称尺寸球直径的标准尺寸，用于标识球尺寸的直径值，用符号 D_w 表示。GB/T 308 规定了优先采用的球公称直径。

2）球单一直径。与球实际表面相切的两平行平面间的距离称为球单一直径，用符号

D_{ws} 表示。

3）球平均直径。球的最大与最小单一直径的算术平均值称为球平均直径，用符号 D_{wm} 表示。

4）球直径变动量。球的最大与最小单一直径之差称为球直径变动量，用符号 V_{Dws} 表示。

5）球表面形状误差。偏离理想球表面形状的各种误差称为球表面形状误差，起因于球形误差、波纹度、表面粗糙度及表面缺陷等。

6）球形误差。与最小二乘球同心的最小外接球体与最大内切球体之间的径向距离称为球形误差，用符号 Δ_{RSw} 表示。

7）波纹度。随机或周期性偏离理想球形的表面不平度称为波纹度。

8）球批。假定制造条件相同并可视为一个整体的一定数量的球。

9）球批平均直径。球批中最大球与最小球的平均直径的算术平均值称为球批平均直径，用符号 D_{wmL} 表示，即

$$D_{wmL}=\frac{D_{wmmax}+D_{wmmin}}{2} \tag{6-1}$$

10）球批直径变动量。球批中最大球与最小球的平均直径之差称为球批直径变动量，用符号 V_{DwL} 表示。

11）球等级。球的尺寸、形状、表面粗糙度及分组公差的特定组合称为球等级。球按制造的尺寸公差、形状公差、规值即表面粗糙度分为 11（钢球）或 10（陶瓷球）个不同等级，用数字 3、5、10、…表示，数字越小，等级越高。表 6-1 所列为不同等级钢球的直径变动量误差、球形误差与表面粗糙度，陶瓷球无 G20 级，其余与钢球相同。

表 6-1　钢球的直径变动量、球形误差与表面粗糙度[4]　（单位：μm）

球等级	球直径变动量 V_{Dwsmax} ①	球形误差 Δ_{RSwmax} ①	表面粗糙度值 Ra_{max} ①
G 3	0.08	0.08	0.01
G 5	0.13	0.13	0.014
G 10	0.25	0.25	0.02
G 16	0.4	0.4	0.025
G 20	0.5	0.5	0.032
G 24	0.6	0.6	0.04
G 28	0.7	0.7	0.05
G 40	1	1	0.06
G 60	1.5	1.5	0.08
G 100	2.5	2.5	0.1
G 200	5	5	0.15

① 数值未考虑表面缺陷，测量时应避开这样的缺陷。

12）球规值。球批平均直径与球公称直径的差量称为球规值，用符号 S 表示。不同等级球的批直径变动量、球规值和分规值见表 6-2。

表 6-2 不同等级球的批直径变动量、球规值和分规值[4] （单位：μm）

球等级	球批直径变动量 V_{DwLmax}	球规值间距	优先球规值	球分规值间距	球分规值
G3	0.13	0.5	-5,…,-0.5,0,+0.5,…,+5	0.1	-0.2,-0.1,0,+0.1,+0.2
G5	0.25	1	-5,…,-1,0,+1,…,+5	0.2	-0.4,-0.2,0,+0.2,+0.4
G10	0.5	1	-9,…,-1,0,+1,…,+9	0.2	-0.4,-0.2,0,+0.2,+0.4
G16	0.8	2	-10,…,-2,0,+2,…,+10	0.4	-0.8,-0.4,0,+0.4,+0.8
G20	1	2	-10,…,-2,0,+2,…,+10	0.4	-0.8,-0.4,0,+0.4,+0.8
G24	1.2	2	-12,…,-2,0,+2,…,+12	0.4	-0.8,-0.4,0,+0.4,+0.8
G28	1.4	2	-12,…,-2,0,+2,…,+12	0.4	-0.8,-0.4,0,+0.4,+0.8
G40	2	4	-16,…,-4,0,+4,…,+16	0.8	-1.6,-0.8,0,+0.8,+1.6
G60	3	6	-18,…,-6,0,+6,…,+18	1.2	-2.4,-1.2,0,+1.2,+2.4
G100	5	10	-40,…,-10,0,+10,…,+40	2	-4,-2,0,+2,+4
G200	10	15	-60,…,-15,0,+15,…,+60	3	-6,-3,0,+3,+6

13）球批规值偏差。球批平均直径减去公称直径与球规值之和称为球批规值偏差，用符号 ΔS 表示，即

$$\Delta S = D_{wmL} - (D_w + S) \tag{6-2}$$

14）球分规值。最接近球规值的实际偏差的已定系列中的量称为球分规值。球分规值的系列标准见表 6-2。

15）球批尺寸偏差。球批平均直径与球公称直径之差称为球批尺寸偏差，用符号 Δ_{wmL} 表示。图 6-1 所示为 G5 级球的球规值与球分规值示例，图 6-2 所示为球批及其球规值之间的关系。

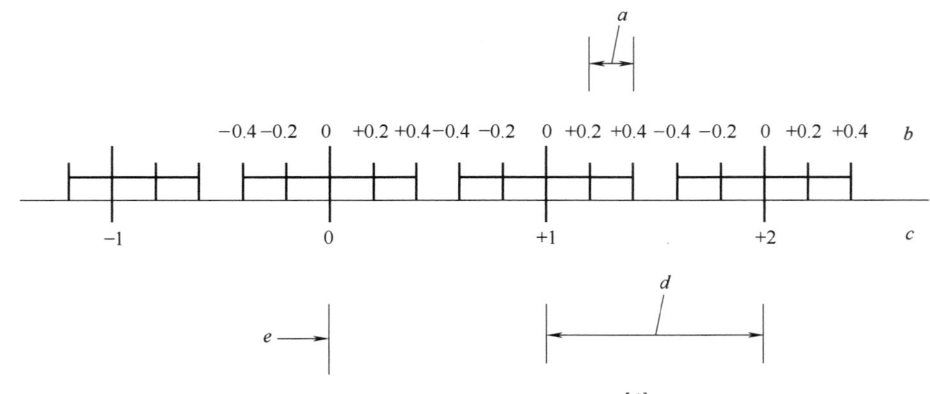

图 6-1 球规值与球分规值示例[4]

a—球分规值间距 *b*—球分规值刻度 *c*—球规值刻度 *d*—球规值间距 *e*—球公称直径

6.1.2 球的材料及热处理

表 6-3 所列为轴承钢球常用材料及热处理标准。陶瓷球的材料与陶瓷套圈的材料类似，可参见第 4 章表 4-14，ISO 26602《精细陶瓷（高级陶瓷，高级工程陶瓷）滚动轴承球用氮

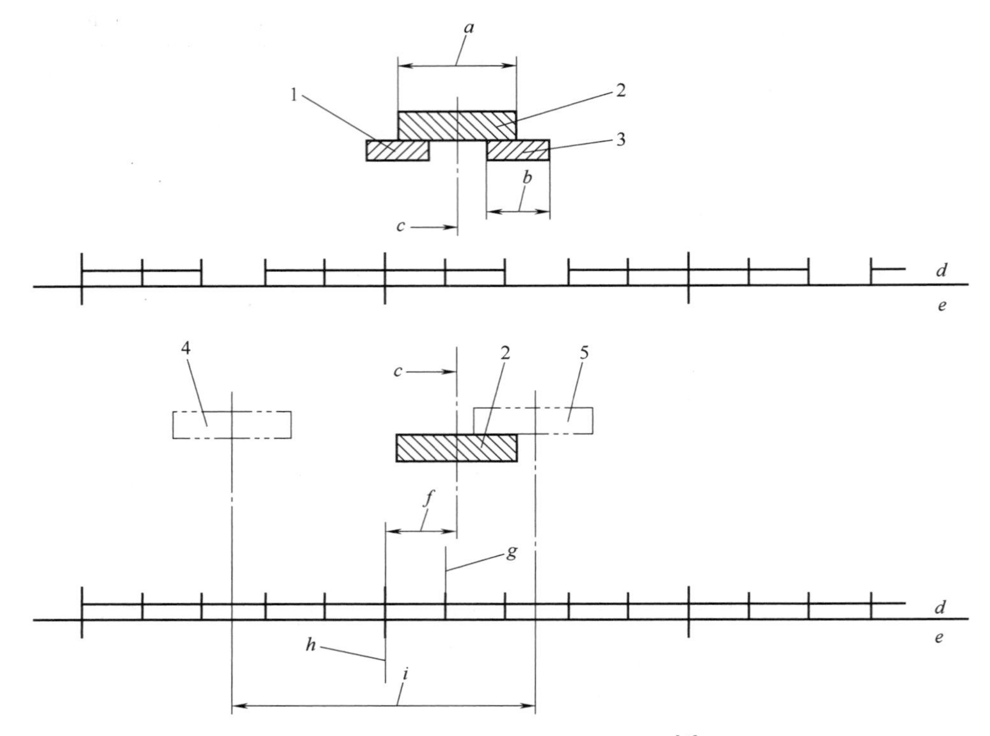

图 6-2 球批及其球规值之间的关系[4]

1—球批中的最小球 2—球批 3—球批中的最大球 4—属于球规值 S 的最小 D_{wmL} 的球批

5—属于球规值 S 的最大 D_{wmL} 的球批

a—球批直径变动量（V_{DwL}） b—球直径变动量（V_{Dws}）

c—球批平均直径变动量（D_{wmL}） d—球分规值刻度 e—球规值刻度

f—球批规值偏差（Δ_S） g—球批选定的球分规值 h—球规值（S） i—球规值 S 的球批平均直径范围

化硅材料》[8] 仅对氮化硅材料特性做出了详细规定。

表 6-3 轴承钢球常用材料及热处理标准

材料		材料标准	热处理标准
高碳铬轴承钢	GCr15	GB/T 18254—2016[9]	GB/T 34891—2017[10]
	GCr15SiMn		
	GCr15SiMo		
	GCr18Mo		
高碳铬不锈轴承钢	G95Cr18	GB/T 3086—2019[11]	JB/T 1460—2011[12]
	G102Cr18Mo		
	G65Cr14Mo		
高温轴承钢	Cr4Mo4V	GB/T 38886—2020[13]	JB/T 11087—2011[14]

6.1.3 球的硬度与压碎载荷

为保证钢球具有良好的耐磨性、抗冲击能力和抗疲劳剥落性并减小接触变形，要求钢球有一定的硬度和压碎载荷。常用的高碳铬轴承钢、不锈轴承钢及高温轴承钢制造的钢球硬度与压碎载荷见表 6-4。

表 6-4 钢球硬度与压碎载荷

球公称尺寸 D_w/mm		GB/T 308.1—2013[4]		JB/T 1460—2011[12]		JB/T 2850—2007[15]	
最小值	最大值	硬度(HRC)	压碎载荷值	硬度(HRC)	压碎载荷值	硬度(HRC)	压碎载荷值
	30	61~66	标准附录 B	≥58	标准附录 D	61~66	标准附录 F
30	50	60~65					
50		58~64					

6.1.4 球的加工基本工艺路线

随着毛坯材料的形状、球等级及生产条件的不同，球的制造工艺过程也有所差异[16-20]，表 6-5 所列为不同直径钢球的加工工艺过程。分析表 6-5，可见球的基本工艺路线大致相同，如图 6-3 与图 6-4 所示。

表 6-5 不同直径钢球的加工工艺过程

钢球公称直径	mm	<1.5	1.588~5.5	5.556~15	15.081~26	26.988~48	>50
	in	<1/17	1/16~3/16	7/32~9/16	19/32~1	17/16~31/16	>2
主要加工工序		切圆柱体 锉削 软窜或软研 热处理 粗研 细研 精研	冷镦压 光磨 (软磨或软窜) 热处理 硬磨 1 强化处理 硬磨 2 粗研 精研 1 精研 2 精研 3	冷镦压 光磨 (软磨) 热处理 硬磨 强化处理 粗研 精研 1 精研 2	冷镦压/热轧 光磨 热处理 硬磨 强化处理 粗研 精研 1 精研 2	热处理 高温热镦压/热轧 退火 去环带/车削 光磨 热处理 强化处理 硬磨 粗研 精研 1 精研 2	热镦压或锻造 成形 去环带 退火 初磨或单个车削 单个磨削 热处理 硬磨或无心磨 单个磨削 细研 精研
备注		也可用稍大球研磨改制		硬磨后可加强化工序		30mm 以下可采用光磨加工代替去环带，初磨或锉削	

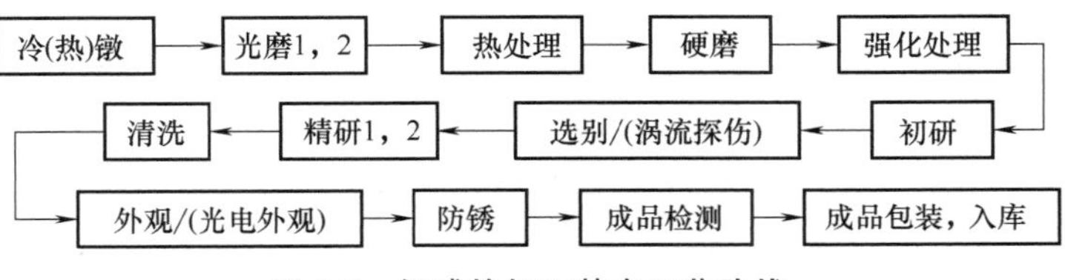

图 6-3 钢球的加工基本工艺路线

对比图 6-3 与图 6-4，钢球与陶瓷球的加工基本工艺路线类似，最显著的差异在于毛坯成形方式，以下以钢球为主要论述对象说明球的加工工艺。

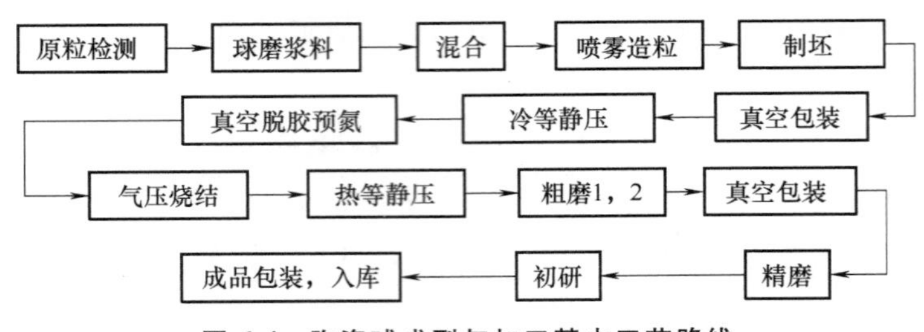

图 6-4 陶瓷球成型与加工基本工艺路线

6.2 钢球毛坯成形

依据钢球公称直径差别，钢球毛坯的成形方法包括冷镦压、热镦压、轧制和锻造，表 6-6 所列为钢球毛坯成形方法的选择。表 6-6 中的镦压设备在近年做了较大更新，多采用高速镦锻机以提升效率与毛坯精度，如 BH-51、BH-141 及 BH-201 等。

表 6-6 钢球毛坯成形方法的选择

钢球公称直径/mm	轴承钢钢球毛坯成形方法	标准设备型号
1.5~6.5	冷拔盘料冷镦压	Z28~7.5
7~9	冷拔盘料冷镦压	Z28~10
9.5~14	冷拔盘料或棒料冷镦压	Z28~16
15~25	冷拔盘料或棒料冷镦压	Z28
26~35	热轧或热镦	Z32
36~48	棒料加热后热镦压	Z32
50~75	棒料热切下料、加热模锻成形和切除环带	摩擦压力机热镦或锻打成形。经过球化退火后再采用专用数控车床车加工至光磨尺寸球坯

6.2.1 冷镦压成形

冷镦与第 2 章中的冷剪切下料类似，是在常温下冷剪切下料，并同时实现冷镦压的工艺过程。

1. 球坯冷镦压成形过程

在冷镦机上镦压球坯的过程如图 6-5 所示。送料轮将原材料送入切料位置，当原材料和挡铁接触时，其长度为冲压一个钢球毛坯所需之长度；由切料刀板将原材料切断并被夹持杆压紧，送到冲头和凹模的镦压位置；当冲头移向凹模时，由于冲头弹簧的作用，冲头凹模的球窝先将料段压紧，这时切料刀杆和夹持杆开始后退，直到退回原位为止；由于冲头滑块继续前进，致使冲头弹簧完全压缩，并直接推动冲头前进，直到将料段镦成球坯；当冲头随同滑块开始返回原位时，推杆同时分别从冲头及凹模球窝内将球坯推出。

镦压后的球坯形状如图 6-6 所示，球坯除了需求的球形坯以外，还带有环带和两极。出现两极的原因是冲模有孔，而有孔的原因：一是装推杆，二是加工中排气，以防冲模充不满金属；出现环带的原因则是留有一定体积剩余防止欠冲，同时也防止两冲模直接碰撞。

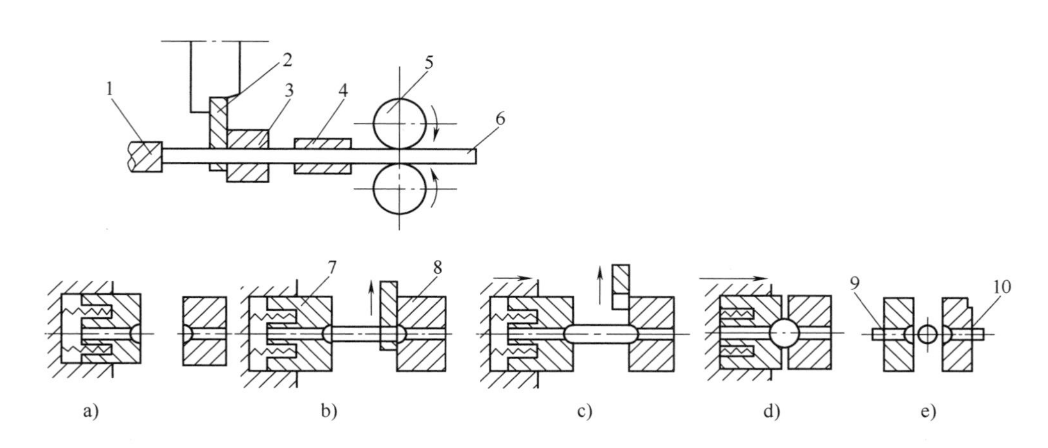

图 6-5　钢球毛坯镦压过程

a）进料　b）切料和送料　c）压紧材料并退出切料刀　d）冲压成形　e）顶出球坯

1—挡块　2—切料刀　3—切料筒　4—进料管　5—送料轮　6—棒料　7—冲头　8—凹模　9、10—推杆

2. 冷镦压球坯成形原理

球形球坯冷镦成形时的变形过程大体上可分为四步，如图 6-7 所示，变形的特点是先出环带、后出两极。

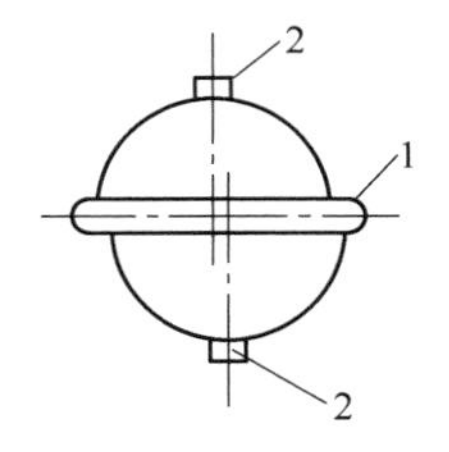

图 6-6　钢球毛坯形状

1—环带　2—两极

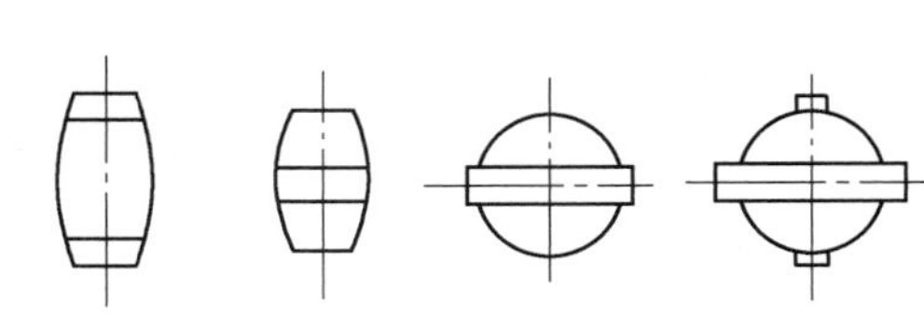

图 6-7　钢球毛坯变形过程

图 6-8 所示为钢球毛坯变形过程的阻力方向与冷镦力的分解。与第 2 章介绍的最小阻力定律一致，金属在发生塑性变形时，首先沿阻力最小的方向流动，即图 6-8a 中 MN 和 $M'N'$ 接触处的阻力远远大于冲模 $2C$ 周围的阻力，金属首先流向 $2C$ 处形成环带；环带金属继续向外流动的阻力随着两冲模端面间距 $2C$ 值减小而逐渐增大，阻力超过塑性变形金属向钢球两极流动的阻力时，球坯两极被充满。

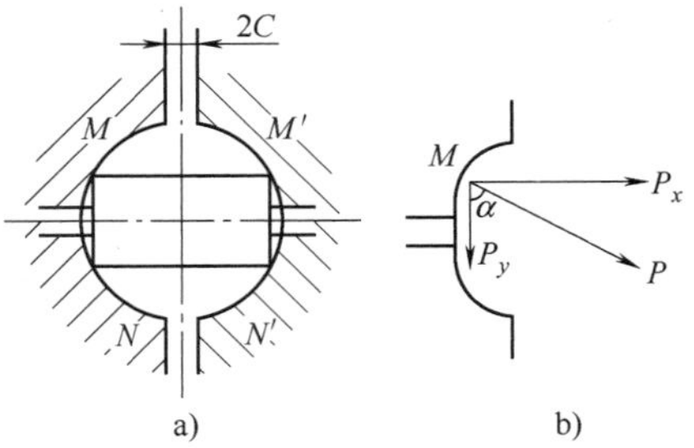

图 6-8　钢球毛坯变形原理

a）阻力方向　b）冷镦力分解

球形球坯的成形需要很大的镦压力，如图 6-8b 所示，当材料在球形球坯型腔内塑变流动时 P_x 和 P_y 在不断变化，表示为

$$\begin{cases} P_x = P\sin\alpha \\ P_y = P\cos\alpha \end{cases} \tag{6-3}$$

式中，P_x 为镦粗力；P_y 为端面收缩力；P 为正压力；α 为角度变量。

越接近型腔底部，α 越大，镦粗力 P_x 也随之变大，端面收缩力 P_y 则逐步减小，金属的变形抗力也越大。金属要充满型腔底部即形成两极要有较大的镦压力。

3. 球形球坯成形后的金属流线

球形球坯成形后的金属流线如图 6-9 所示，可以看出，两极与环带处的收缩越小越好，这样可以使成品钢球获得较小的纤维切断区域，而纤维切断区域往往是钢球最早损坏的地方。

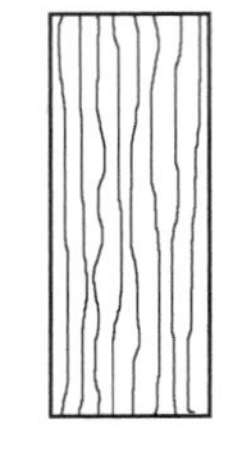

图 6-9　球形球坯成形后的金属流线

6.2.2　热镦压成形

直径较大的钢球（一般指 $\phi26\sim\phi48$mm），冷镦设备难以完成冷镦压过程，通常先将原材料加热到一定温度后再镦压，以减少变形阻力，这种镦压方法称为热镦压，其原理和毛坯形状与冷镦压相似。与套圈锻造类似，热镦压完成的钢球毛坯也需要进行球化退火，以降低表面硬度并获得球状珠光体组织。

6.2.3　轧制成形

轧制球坯方法通常适用于大批量生产较大直径（$\phi26\sim\phi48$mm）的钢球。在轧制时，将已加热的棒料送入轧球机的左右两轧辊中，两轧辊同向旋转，棒料被轧辊上的螺旋形凸棱咬住而逐渐前进并发生塑性变形，直至充满轧辊的孔型（由轧辊上的螺旋槽和凸棱构成的空腔），最后在螺旋孔型的末端被凸棱切断成一个个的球坯。

由于原材料加热温度高，在轧制时必须用大量的冷却水冷却轧辊，使轧制后的钢球毛坯硬度较高，为便于下道工序机械加工，球坯必须进行退火；此外，还应利用锉球机或滚筒将球坯的连接颈去除。

6.2.4　锻造成形

对于直径很大的大型钢球（$\phi50\sim\phi75$mm），通常采用锻造成形方法制造球坯，其加工过程包括：将棒料加热后在压力机上切成料段，即下料；将料段加热至 850~1050℃，然后在锻锤上经过不断翻转锻打后呈球体，即锻造成形；锻造后的球坯也应退火，以便进行机械加工；球化退火后的球坯采用专用的卡盘和刀具，在数控车床经过 2~3 次换夹精密车削，该工艺精度和效率高，车削后的球体圆度好，目前已经逐步替代光磨工艺，且与传统光磨工艺对比，能耗降低约 80%。

6.2.5　下料力、镦压力与球坯

与第 2 章套圈锻造类似，钢球毛坯成形也属于基本成形工序，因而也牵涉下料直径和长度的计算、切料力和镦球压力的计算及球坯尺寸的确定等问题。

1. 下料直径和长度的计算

依据第 2 章的金属体积不变定律，实际应用中考虑到球坯体积与下料体积应相等，故下料直径为

$$d=(D_w+\delta_w)\sqrt{\frac{k_1}{\lambda}} \tag{6-4}$$

式中，D_w 为成品钢球公称直径；δ_w 为成品钢球公差；k_1 为系数，其取值可参考表 6-7；λ 为压缩比，与第 2 章的镦粗比类似，可表示为

$$\lambda=\frac{L}{d} \tag{6-5}$$

式中，L 为下料长度。

表 6-7　球形球坯下料系数 k_1

原材料直径 /mm	3~5.5	6~7.5	6~12	12.5~18	≥18
材料类型	冷拉钢 冷镦压	冷拉钢 冷镦压	冷拉钢 冷镦压	冷拉钢 冷镦压	热轧钢 冷镦压
k_1	0.76	0.73	0.72	0.7	0.7

2. 切料力和镦球压力的计算

切料力为

$$p_\tau=\frac{\pi}{4}d^2\tau i \tag{6-6}$$

式中，p_τ 为切料所需剪切力；d 为原材料直径；τ 为原材料剪切强度；i 为一次行程切料数量。

镦球压力为

$$P_D=CD_0^2\times10^4 \tag{6-7}$$

式中，P_D 为镦球压力；C 为综合常数，其中热镦（原材料温度 810~850℃）时 $C=0.039$，冷镦时，$C=0.156$；D_0 为钢球公称直径 D_w 加 $0.5\delta_0$，δ_0 为球坯制造公差。

3. 球坯尺寸的确定

镦压后的球坯形状希望能接近理想球形，但在实际加工中受设备、模具等诸多因素影响使球坯无法达到理想球形，实际球坯的常用尺寸如图 6-10 所示，图中，K_w 为环带厚度，A_w 为环带宽度，h_w 为极高，d_{1w} 为极的直径，S_w 为半球位移，D_1 为球坯最大直径，D_2 为球坯最小直径，r_w 为环带边沿圆弧直径，r_{1w} 为极处的圆弧直径。

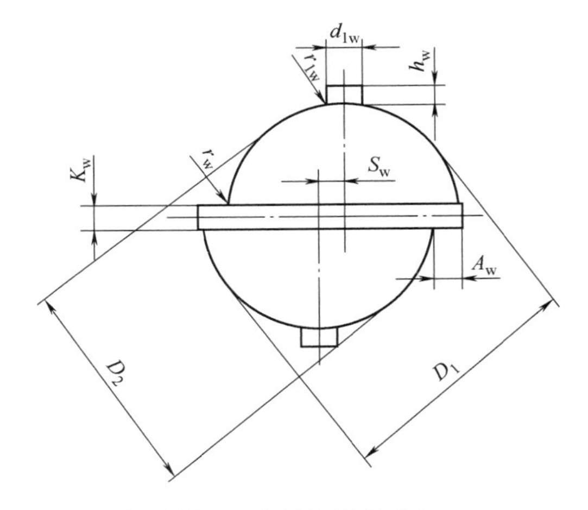

图 6-10　实际球坯的常用尺寸

6.3　光磨加工

光磨加工是利用光磨板实现钢球前加工的专门加工方法。早期钢球的前加工大量采用锉削和软磨，而采用光磨加工则大大缩短了工艺过程，并节省了各种成本消耗，因而本章不再介绍锉削和软磨工艺，直接论述光磨加工。

6.3.1 光磨加工方法

光磨加工采用专用的光磨设备开展，光磨机上有两块经热处理的合金铸铁盘（俗称“光磨板”），一块固定，另一块转动，光磨板的工作表面上预先车制有同心的半圆形沟槽，如图 6-11 所示。

工作时，光磨板在较高工作压力（20~40t）和一定的转速（80~200r/min）下，使进入光磨板沟槽内的钢球与沟槽产生相对运动而得到磨削加工。该加工过程是通过机床的载料连续向光磨板沟槽内输送钢球，通过光磨板的运动完成磨削加工并去除金属余量，使球坯逐渐获得同软磨工序一样的表面质量和几何精度，然后直接进行热处理。

光磨加工一般分为低压低速去环带、极柱；高压高速正常磨削；降速、降压提精度 3 个阶段，如图 6-12 所示。初始阶段球坯有环带、极柱及一定的位移偏差，球坯的流动性不好，容易卡死产生磨削伤，因此需要低压低速去环带、极柱后方可进入正常磨削阶段，在离钢球加工完成尺寸约 0.05mm 左右必须要降速、降压提精度，以获得较好的加工质量和尺寸一致性。

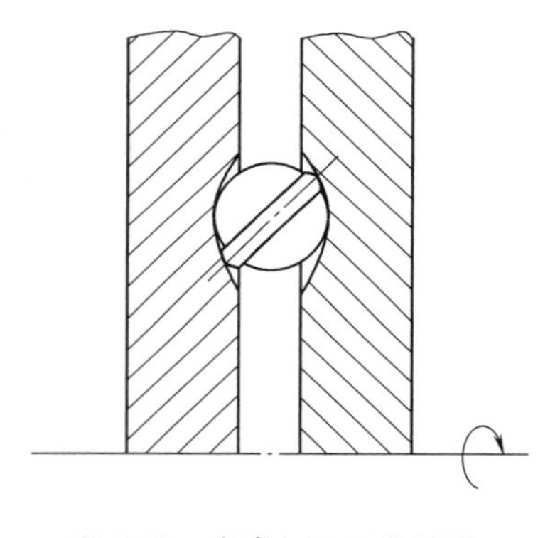

图 6-11 光磨加工工作原理

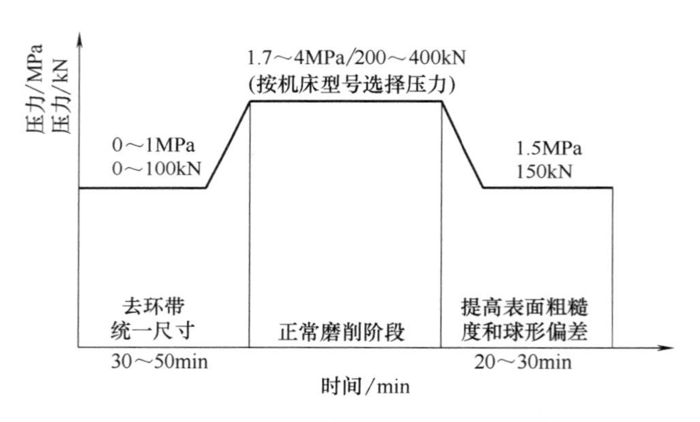

图 6-12 光磨加工工作循环

6.3.2 光磨机理

光磨板的磨削作用与光磨板的内部金相组织及加工时的外界工艺条件有关。光磨板的主要金相组织为马氏体、碳化物和石墨。马氏体和碳化物都是硬脆相，而石墨的强度和硬度接近于零，在板内如同孔洞，会切割基体并造成应力集中。

当钢球在一定压力下沿板沟运动时，它与板沟表面产生相对运动，由于错动和冲击的作用，板沟表面部分石墨和硬脆相的基体很快破碎和脱落，形成许多细小麻坑，凹凸不平，凸起的不规则部分主要是马氏体，既硬又脆，形成了大量的细小锋刃。当钢球相对板沟运动时，在压力作用下，这些凸起的锋刃像砂轮的磨粒一样磨去了钢球表面金属。在光磨过程中，由于板沟表面的石墨和硬脆的磨粒不断碎裂和脱落，再加上清洗液的循环冲洗，致使板沟表面不断产生并显露出新的锋刃，从而保持了光磨板连续不断的磨削能力。

光磨板的磨削作用一方面取决于板内的金相组织，另一方面必须有相宜的外界工艺条件：一定的压力，球与板沟相对运动，清洗液不断洗涤。在光磨过程中，板沟表面上凸起的细小锋刃在压力作用下可垂直压入球表面，切向力使锋刃与球表面做相对的切向运动。于是，钢球表面被剪切、犁皱或切削，造成了金属磨损脱落，在钢球表面上留下了肉眼可见的细槽痕迹。因此，钢球表面金属的脱落属于磨料磨损，而光磨板对钢球表面的磨削可以看作是一种固定金属的磨粒磨削。

6.3.3 光磨板的材料

国内轴承行业多使用铬钼铜光磨板，该种材料可基本满足应用要求。表6-8列出了几种不同光磨板化学成分的质量分数。

表6-8 光磨板化学成分的质量分数 (%)

序号	C	Si	Mn	Cr	Mo	Cu	V	Ti	Re	S	P
1	3.0~3.5	1.3~1.7	0.8~1.3	0.3~0.6	0.7~1.1	1.0~1.6	0.04~0.06	0.02~0.03	<0.02	<0.12	<0.15
2	3.0~3.3	1.4~1.8	0.8~1.0	0.4~0.6	0.8~1.0	1.2~1.4		0.02~0.03		<0.1	<0.1
3	2.77~2.8	1.2~1.38	1.0~1.03	0.33~0.36	0.35~0.36	0.20~0.30				<0.25	<0.06
4	2.9~3.3	1.0~1.6	0.6~1.0	0.3~0.7	0.8~1.2	1.0~1.5				<0.12	<0.15
5	2.6~3.0	1.4~1.8	0.6~1.0	0.3~0.7	0.5~0.8	0.5~1.0				<0.12	<0.15

6.3.4 光磨板的修整

光磨板以往多采用砂轮刀与金刚石条进行修整，随着钢球产品工艺不断优化，对过程质量和几何精度的要求不断提升，光磨板的修整从20世纪90年代逐步被专用的立车加工所取代，其修磨原理是把需要修整的光磨板放在立车的旋转工作台上用卡盘固定调整平面和同心后，通过专用刀具对其工作面进行车削修整并车沟，以获得所需要的光磨板沟槽及工艺深度。该加工方式精度高，沟槽深度一致性好，更利于光磨板的修整和加工。

6.4 钢球的硬磨

依据钢球尺寸和精度不同，钢球的前加工最终工序可能为光磨、软磨、软窜、车削或者锉削。完成前加工后，钢球将进入淬火热处理环节，经淬火热处理后的钢球硬度提升，需进行硬磨以进一步提升精度。

直径小于5.5mm的钢球热处理后，在立式研磨机上的两块铸铁盘间用粗粒度磨料和油类配成的油膏进行研磨，此工序称硬研，用以代替硬磨。

6.4.1 硬磨

钢球热处理后在磨球机上用砂轮进行磨削的方法叫硬磨。硬磨的作用在于消除软磨（或光磨）缺陷，去除热处理中产生的表面氧化、脱碳、变形及屈氏体组织缺陷，进一步提高精度和表面质量，为后续精加工打下基础。

钢球硬磨采用专用的硬磨机进行磨削，硬磨机的平面布置如图6-13所示。硬磨的工作区域为固定盘与砂轮，其过程示意如图6-14所示。

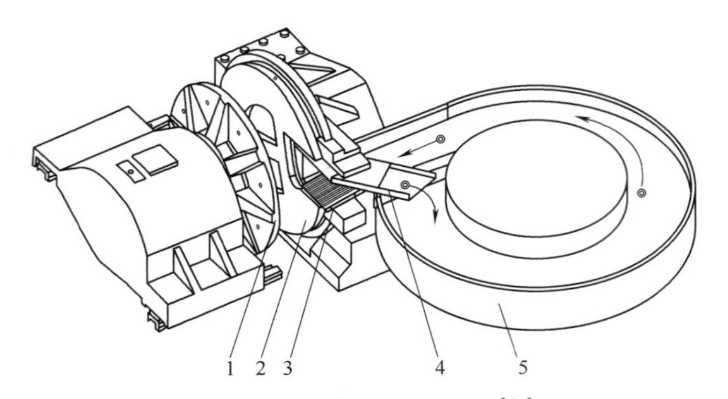

图 6-13　硬磨机的平面布置[21]

1—固定盘基座　2—砂轮基座　3—入口流球板　4—出口流球板　5—料盘

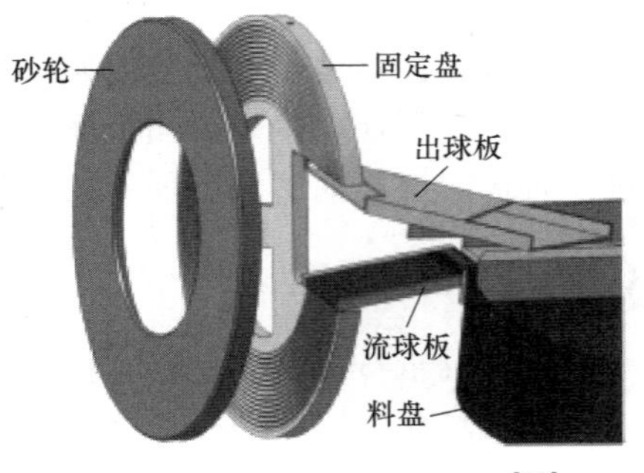

图 6-14　钢球硬磨过程示意[22]

钢球硬磨多采用循环磨削法，钢球装入料盘后随料盘转动，由固定盘进料槽口，经流球板进入磨削区域（固定板与砂轮之间）进行磨削加工，磨完一圈后再从出料槽口流出，重新进入料盘。在磨削时间充足的前提下，循环磨削法能使每粒钢球进入磨削区域的次数和时间近似。

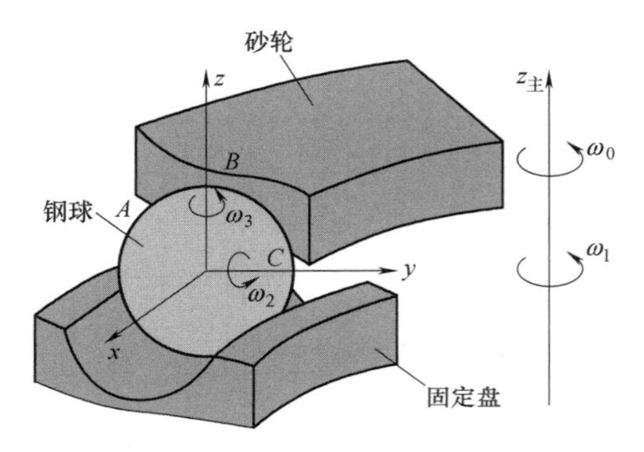

图 6-15　磨削区域内钢球、砂轮与固定盘之间的运动关系[22]

磨削区域内钢球、砂轮与固定盘之间的运动关系如图 6-15 所示。当砂轮以角速度 ω_0 绕砂轮轴旋转时，钢球在磨削力与摩擦力作用下以角速度 ω_1 绕砂轮轴公转，同时钢球以角速度 ω_2 绕钢球中心自转。其自转角速度可分解为绕水平轴（y）的滚转角速度 ω_2 和绕垂直轴（z）的枢转角速度 ω_3。以上各运动的复合使钢球表面各点均能得到加工，从而提升钢球的球形精度。

在硬磨过程中，虽然磨削质量受到诸多因素的影响，但钢球成圆的基本条件可以归结为以下两点：

1）切削等概率，即钢球表面上每个点都有相同的切削加工概率；

2）磨削尺寸选择性，即在加工过程中，应该磨尺寸大的球而不磨或少磨尺寸小的球；磨长轴方向，不磨或少磨短轴方向。

6.4.2　硬磨烧伤

在钢球硬磨加工中，砂轮转速高，钢球硬度高，会产生大量的磨削热，而硬磨设备的结构决定了其散热条件差，因而钢球硬磨工序的主要质量问题为磨削烧伤。

钢球硬磨烧伤主要为二次回火烧伤和二次淬火烧伤。磨削中局部温度上升到高温回火温度（250℃）以上再冷却后的组织为回火屈氏体，即产生回火烧伤，由于钢球在热处理时已经回火，故称此类烧伤为二次回火烧伤；磨削时局部表面瞬时温度很高，达到了淬火温度（830℃）以上又迅速冷却后的组织为灰白色的淬火马氏体+黑色屈氏体，称二次淬火烧伤。

烧伤部分的形状各异，可分为线状烧伤、点状烧伤和两极烧伤。线状烧伤又分为线状二次回火烧伤和线状二次淬火烧伤；点状烧伤也可分为点状二次回火烧伤和点状二次淬火烧伤。常见的烧伤形状如图 6-16 所示。硬磨烧伤的常见原因见表 6-9，实际应用中可依据表 6-9 中的相应措施来减轻或消除烧伤。

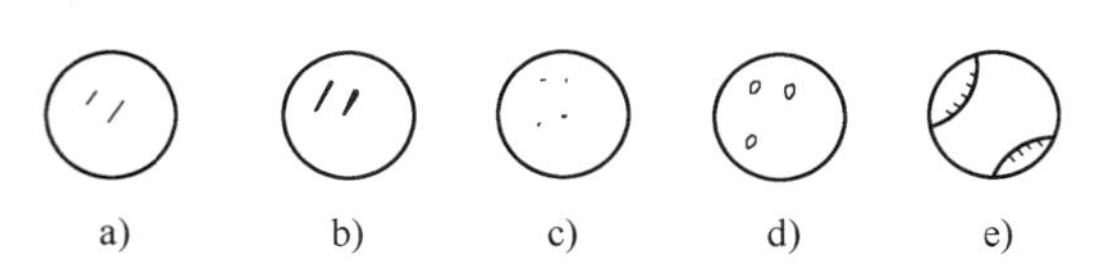

图 6-16 硬磨烧伤形状

a）线状二次回火烧伤 b）线状二次淬火烧伤
c）点状二次回火烧伤 d）点状二次淬火烧伤
e）两极烧伤

需要说明是：并非所有钢球制造都必须采用硬磨工序，如：直径小于 1.5mm 的钢球，在前工序需软窜或软研，热处理后直接粗研；部分直径小于 5.5mm 的钢球热处理后也可不经软磨直接粗研。

表 6-9 钢球硬磨烧伤原因

烧伤形式	烧伤原因
线状烧伤	1. 铸铁盘或砂轮沟槽过深,影响钢球自转的灵活性 2. 铸铁盘与砂轮工作面不平行或沟槽深浅不一致,造成钢球顶钢球的摩擦现象 3. 铸铁盘与砂轮的沟槽不吻合 4. 分配器与铸铁盘的交接处不吻合 5. 铸铁盘入口处喇叭口过于宽大,使钢球接触砂轮沟边沿 6. 流球槽的斜度调整不当,使钢球流动速度太快或太慢 7. 砂轮掉位(块)阻挡,使进、出球不顺利 8. 聚球刀板的吸球角太平或磨损成凹状,聚球不顺利 9. 工作压力施加不当
点状烧伤	1. 砂轮转速太快,钢球突然加速运转 2. 砂轮掉粒(块)垫于球表面时引起局部压力剧增 3. 砂轮沟裂纹或掉块缺陷处撞击钢球 4. 机床主轴轴承损坏,使砂轮摆动过大 5. 铸铁盘有砂眼、气孔和硬粒,使钢球表面局部压力过大 6. 分配器与铸铁盘入口的交接处不吻合,或分配器后退使钢球在入口处短暂停留,而被砂轮的沟沿打伤 7. 铸铁盘入口处进球窜沟 8. 进球速度太慢,砂轮与盘间钢球数量太少,从而使钢球压力太大 9. 冷却液太脏,修整砂轮时没有及时清理砂轮渣
两极烧伤	1. 机床上的某些死角,使个别球得不到正常磨削而成为大球。大球在沟槽中只公转、不自转,被砂轮两沟缘摩擦挤压 2. 某一沟槽被砂轮块、料头等异物堵塞,未及时发觉和排除

6.5 钢球的表面强化处理

钢球经强化后能显著延长轴承寿命，因而表面强化广泛地应用于钢球的制造过程。钢球表面强化是指在表面弹-塑性变形范围内，利用钢球的碰撞使其表面发生宏观弹性变形与微观塑性变形，从而使钢球表面硬度提高，硬度均匀性提升，且表面呈压应力分布状态的工艺过程。

在现行工艺中，一般将钢球强化工序安排在硬磨之后、初研之前；也有一些工厂将强化工序安排在硬磨之前，在这种工序安排中必须充分计算强化以后的磨削量对有效强化层及最高应力峰值的影响因素，避免后工序的磨削降低了强化的效果。本章按照常用的工序排序方法将强化工序排在硬磨之后。

6.5.1 钢球表面强化原理

钢球表面强化常采用机械冲击法，其工作原理如图 6-17 所示。图 6-17a 所示为常见的钢球表面强化用的卧式金属圆筒。在强化时，将钢球装入圆筒中，筒壁上沿圆周均匀分布的钢板将钢球带到高点后，钢球由于自重会下落。经一定时间循环后，钢球表面碰撞均匀，完成了强化过程。对于尺寸较小的钢球（直径 6mm 以下），由于钢球自重轻，通过提升后自由撞击所获得的强化处理效果不理想，故在滚筒内设置高速旋转的带击球板的转子，如图 6-17b 所示，当钢球从提升斗内落下后，高速转子上的击球板会击打钢球增加强化效果，同时击打出去的钢球也增加了与滚筒内钢球的碰撞概率，以增加钢球的碰撞机理，提高强化效果，减小球间硬度差。

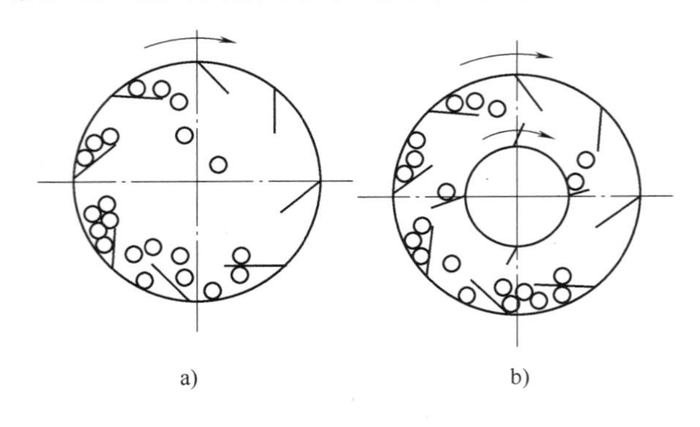

图 6-17 钢球表面强化工作原理
a）不带内筒 b）带内筒

钢球表面强化的工作环境非常恶劣，近年来由于环境保护需求大幅提升，本工序均需设置大功率的独立吸除尘装置，并保持强化过程中强化桶和钢球的干燥清洁，以减少粉尘的产生。

6.5.2 钢球强化后的表面硬度与应力状态

经强化后的钢球，硬度应提高 1~3HRC，同一钢球上的三点硬度测量值的最大与最小之差（球内极差）不应超过 0.5HRC，且同批球之间硬度测量值的最大差值（球间极）不应超过 1HRC；表面应力状态应为压应力。

1. 表面硬度

图 6-18 所示为 3 种直径的钢球强化后的表面硬度与深度。直径越小，硬化层深度越浅，如直径为 7.938mm 的钢球，硬化层深度仅 0.3mm 左右，而直径为 15.08mm 的钢球，硬化层深度为 0.8~0.9mm，造成这种现象的原因在于钢球直径越大，其重量越重，强化效果越好。

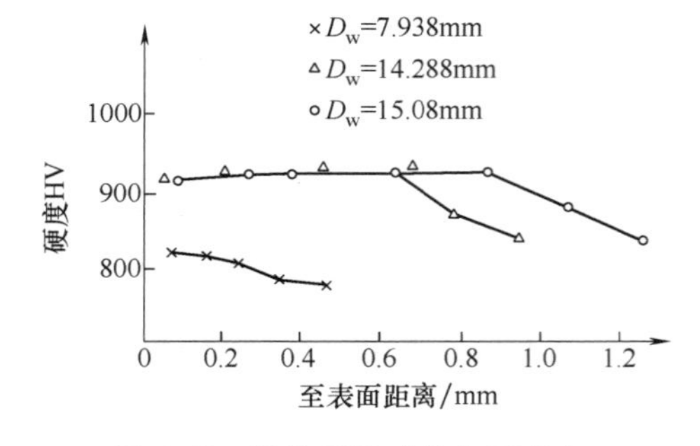

图 6-18 强化后钢球的表面硬度

2. 应力分布

依据最大剪切应力理论，当球轴承工作时会在接触区次表面最大剪切应力深度处产生疲劳源，在承受交变应力后，疲劳源会形成微裂纹并向表面扩展最终形成疲劳剥落。若最大剪切应力深处具备残余压应力，则可消除促进微裂纹产生并扩展的拉应力，从而延长钢球寿命。

钢球强化工艺能够将钢球表面的应力状态改为压应力状态，其原因在于强化过程中表层金属会产生冷塑性变形。金属经过冷塑性变形后，总会有一定的原子从其稳定平衡的晶格位置上被移动，晶格被扭曲、拉长、碎化导致金属的密度下降，即“组织疏松”，而次表层金属没有发生塑性变形，仍具有较好的弹性，会阻碍表面金属体积的增大，从而在金属表层产生压应力。

图 6-19 所示为直径 14.288mm 钢球强化后表面不同深度位置的表面应力分布。图 6-19 表明：钢球表面应力为压应力；最表层处应力值较大，沿半径方向至钢球内部，应力有所下降，大约在距表层 0.05~0.1mm 处应力值下降到最低点；随后应力值开始回升，大约在 0.15mm 附近应力值升到最高点；随着距表层距离增加，应力值逐渐下降。

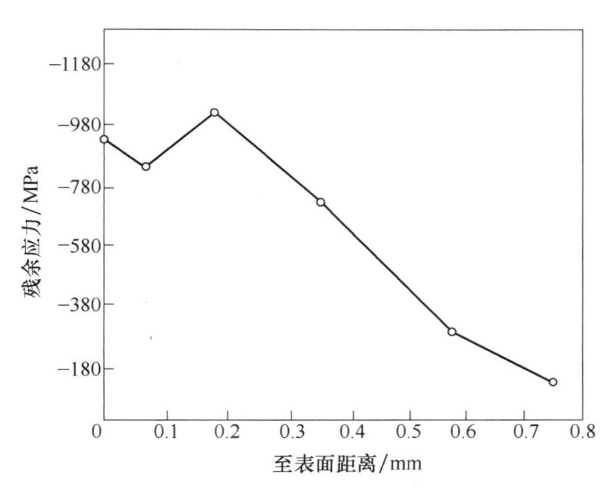

图 6-19　强化钢球表面应力

6.5.3　强化时间对表面质量的影响

钢球强化时间对于加工效率有直接影响，强化时间短能提升效率，但在实际加工中需保证有充足的时间以满足质量要求。强化时间对于硬度、应力、金相组织及压碎载荷均有显著影响。

1. 强化时间与硬度的关系

钢球表面硬度和强化时间的关系如图 6-20 所示。强化开始阶段，钢球表面硬度 H 上升很快；随着时间 t 的推移，钢球表面硬度上升逐渐缓慢；当强化达到一定时间后，钢球表面硬度几乎不再增加。

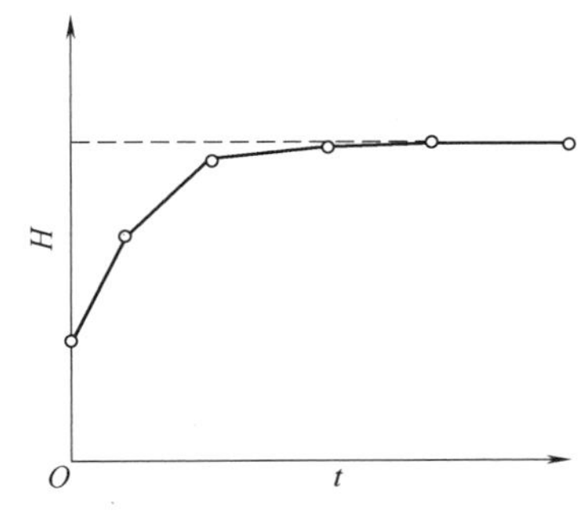

图 6-20　强化时间与硬度

强化时间 t 和钢球表面硬度 H 可用下式表示

$$H=\frac{t}{C_w+C_0}+H_0 \tag{6-8}$$

式中，H_0 为强化前钢球硬度平均值（HRC）；H 为强化后钢球硬度平均值（HRC）；t 为强化时间（h）；C_w 为不同条件下的型号系数；C_0 为系数。

系数 C_w、C_0 与具体的强化工艺条件有关，可根据试验结果用最小二乘法求得，表 6-10 给出了一些试验数据。

表 6-10　强化系数 C_w、C_0

钢球直径/mm	C_w	C_0	备注
≤7.938	0.6	1.45	圆筒直径 1200mm，转速 10r/min，无高速内筒
8.731~11.907	0.4		
12.7~15.082	0.3		

由式（6-8）可得强化过程的硬度增量为

$$\Delta H=H-H_0=\frac{t}{C_{w}t+C_0} \tag{6-9}$$

式中，ΔH 为硬度增量。

由表 6-10 可知，C_w 为小于 1 的小数，即随强化时间 t 增加，钢球表面硬度增加，因而增加强化时间能提高钢球表面硬度；但强化时间的增加有限制，对式（6-8）取极限，有

$$\underset{\lim\to\infty}{\Delta H}=\lim_{t\to\infty}=\frac{t}{C_{w}t+C_0}=\frac{1}{C_w} \tag{6-10}$$

硬度增量存在极限值 $1/C_w$，即无论强化的时间有多长，硬度增量的最大值为 $1/C_w$。另外，强化时间愈长，生产率愈低，加工成本愈高，还容易使表面产生裂纹并破坏球内极差和球间极差。在保证硬度的前提下，使球内极差和球间极差为最小，且钢球金相组织及压碎载荷处于最佳状态的强化时间为最佳强化时间。

2. 强化时间对硬度均匀性的影响

钢球硬度的均匀性用球内极差和球间极差来表征。在强化开始阶段，钢球表面硬度迅速增加，但硬度均匀性遭到了破坏，球内极差和球间极差普遍上升，约在 2~4h 达到最高点；随后开始下降，约在 4~6h 出现最低点。

以上变化规律与钢球直径相关，一般大球强化 4h 左右硬度均匀性最好；而小球强化 5~6h 硬度均匀性最好；大球和小球的界限可推荐为直径 9.525mm（即 3/8in）的钢球。

3. 强化时间对金相组织的影响

钢球经热处理后内部金相组织为马氏体和残余奥氏体等，其中马氏体包含位错型和孪晶型两种形式。位错型属板条状，经强化后可以变得均匀，对钢球性能十分有利；孪晶型属片状，经强化后碎化，可诱导裂纹的发生，对钢球性能十分不利。残余奥氏体较软，强化后可部分转化为马氏体，但强化时间过长也不会再转化。过长的强化时间不仅对硬度的提高无显著作用，还会诱导钢球表面产生裂纹。

4. 强化时间对压碎载荷的影响

压碎载荷是钢球成品的重要技术指标，图 6-21 所示为不同强化时间与钢球压碎载荷的关系。强化开始阶段，压碎载荷值增加较快；随后继续强化则变化缓慢，甚至还会稍有下降，这是由于强化过度使表层金属脆性增大而削弱了强度的缘故。

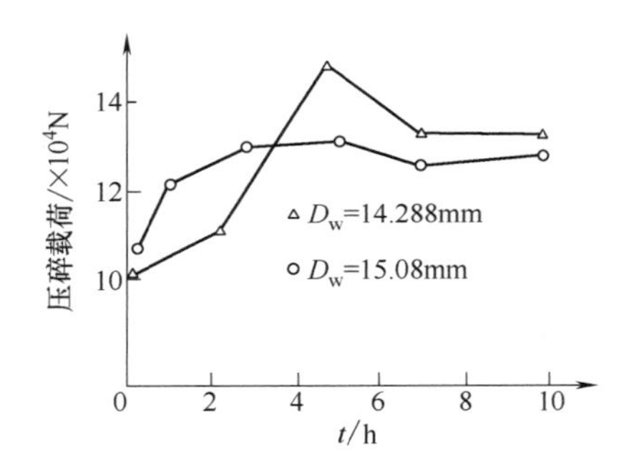

图 6-21　强化时间与压碎载荷

6.6　钢球的初研与精研

研磨是指在两块研磨盘间采用细粒度磨粉和硬脂酸、油类配制的油膏进行的加工方式。

在研磨过程中，油膏内的磨料对钢球表面做微小切削，切削形式包括滑动切削和滚动切削。滑动切削指在钢球和磨粒的相对滑动中，磨粒在钢球表面摩擦、刮削形成无数条重叠交错切痕的切削过程；滚动切削则指形状不规则的磨粒因滚动、旋转在钢球表面上形成点状切痕的切削过程。另外，研磨剂中的活性物质（硬脂酸或油酸）可以加速钢球表面氧化膜的

脱落，从而增强磨粒的切削性能。

研磨包括初研与精研，其加工原理一致，差别在于研磨盘材料、结构及研磨膏类型有一定差异；对于精度要求高的球，还可增加超精研工序以更进一步提升加工精度。

6.6.1 研磨加工方法

研磨设备种类较多，研磨方法与设备布置形式相关联。按研磨盘的安装方向，水平安装的称为立式研磨，垂直安装的称为卧式研磨；按加工过程的循环方式分为循环式和封闭式；按研磨方式分为V槽研磨、自旋回转角控制研磨、锥形研磨和磁悬浮研磨。

1. 循环方式

循环式加工又称开口式加工，循环式精研只能用来加工等级稍低的钢球，可进一步分为大循环和小循环。大循环加工适合直径3.000~25.400mm的钢球；小循环加工特别适合直径1.588~9.525mm的小钢球。

封闭式研磨加工如图6-22所示。加工时钢球在研磨盘沟槽内做复杂的球面运动，沟槽形状与钢球形状相吻合；依据不同工序，如后工序时选择很细的研磨剂，能加工出表面光滑的正确球形，因而适合高等级的钢球加工。

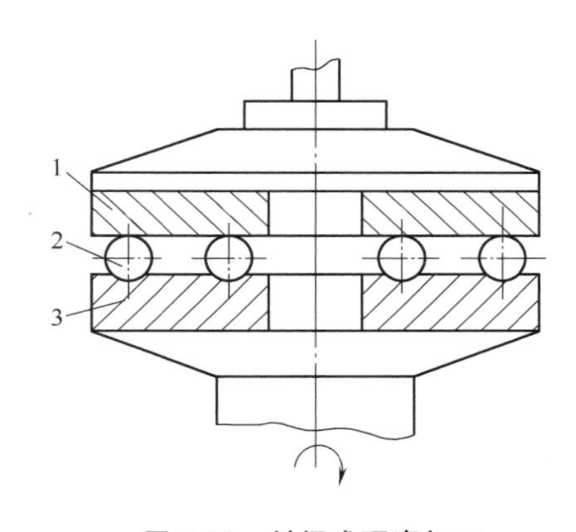

图6-22 封闭式研磨加工

1—固定研磨盘 2—钢球 3—转动研磨盘

2. 研磨方式

在钢球的研磨过程中，成球的关键要素包括切削的等概率性和磨削尺寸的选择性，即在磨削过程中，任意球表面每个质点都有相同的切削加工概率；磨大球，不磨或少磨小球；磨长轴方向，不磨或少磨短轴方向。实现以上目标的重要先决条件是钢球在研磨盘的接触表面充分自转，自转程度越高，成球质量越高。在实际加工过程中为使钢球充分自转，采用了多种不同的研磨方式，包括V形槽研磨、自旋回转角控制研磨、锥形研磨及磁悬浮研磨。

V形槽研磨原理如图6-23所示。下研磨盘表面开有同心的V形槽，工作时下研磨盘恒速转动，上研磨盘固定或与下研磨盘反向转动；球坯在同心V形槽中处于三点接触状态，在压力作用下，研磨盘、钢球及研磨剂之间相互作用，使钢球承受挤压摩擦以去除球坯表面的加工余量，逐步磨圆成球。

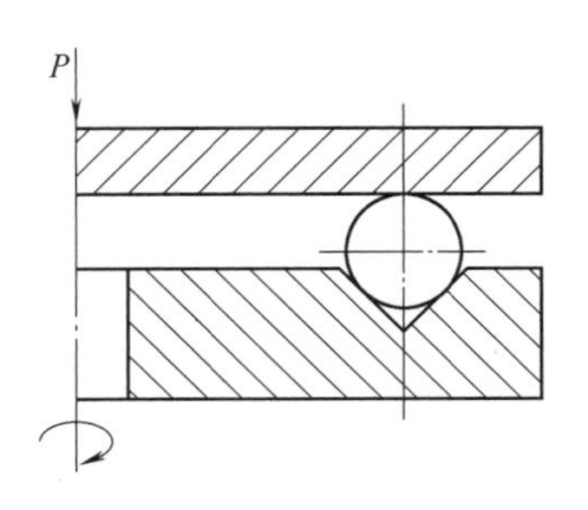

图6-23 V形槽研磨原理

自旋回转角控制研磨如图6-24所示，该研磨方法由日本金泽大学黑部利次提出[23]。自旋回转角控制研磨与V形槽研磨原理类似，最大的差别在于将开槽的研磨盘更换为两个不同的回转件，可分别控制V形槽两个槽面的转速，增大球的自旋角，从而增加回转滑动分量，提升加工效率。有研究者采用自旋回转角控制研磨方法加工ϕ9.525mm陶瓷球，试验材料为热等静压氮化硅陶瓷，磨料粒度为2~6μm的金刚石粉，研磨介质为水溶性油剂，试验结果表明：测试陶瓷球的表面粗糙度值Ra在30min内从1μm

提高到了 0.2μm，具有较高的加工效率。但这种研磨方法的设备复杂，调整困难，适用于小批量、大规格的球加工。

锥形研磨如图 6-25 所示，设置锥形研磨盘的目的仍然是提升研磨过程中球的自转程度，从而提升加工效率。有研究者采用锥形研磨方法加工 ϕ14mm 的 ZrO_2 陶瓷球，磨料为 100/120～W1 的金刚石粉，研磨介质为机油、煤油、水和脂的混合液，精研时研磨盘磨采用洋火钢或铸铁材料，所加工陶瓷球球形误差为 0.10～0.25μm、批直径变动量为 0.15～0.25μm、表面粗糙度值 Ra 为 0.02μm，与传统的加工方法相比，此方法加工效率可提高 1 倍。该方法能明显提高球的加工效率，加工机床相对简单，但由于每次上料数量不多，不适合大批量加工，但在大规格小批量球的加工上有一定的优势。

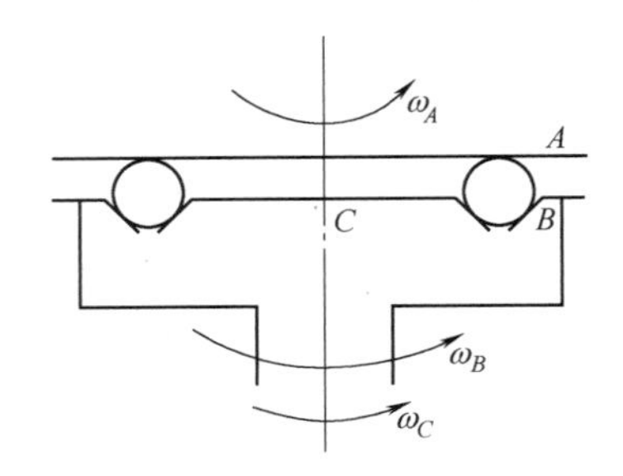

图 6-24 自旋回转角控制研磨

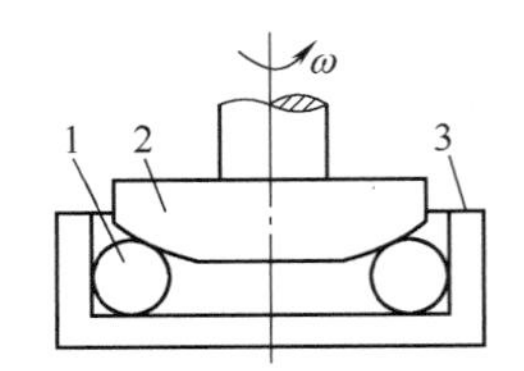

图 6-25 锥形研磨
1—球 2—上研磨盘 3—下研磨盘

磁悬浮研磨的研磨装置及研磨原理如图 6-26 所示，其中图 6-26a 所示为研磨装置，图 6-26b 所示为研磨原理。在研磨过程中，将一定比例磨料形成混合液置入具有磁流场梯度的特殊磁场中，磁性物质朝向强磁场方向聚积，而磨料等非磁性体则都被排斥到弱磁场一方，从而形成垂直方向的磁浮力和水平方向的保持力；在磁流体研磨装置中，磁场由条状强磁铁产生，尼龙浮板是非磁性体，在磁浮力作用下向上浮起形成加工压力，由高速驱动轴通过导向环和尼龙浮板的导向作用，带动被加工陶瓷球在磁流体和磨料的混合液中运动，从而实现陶瓷球

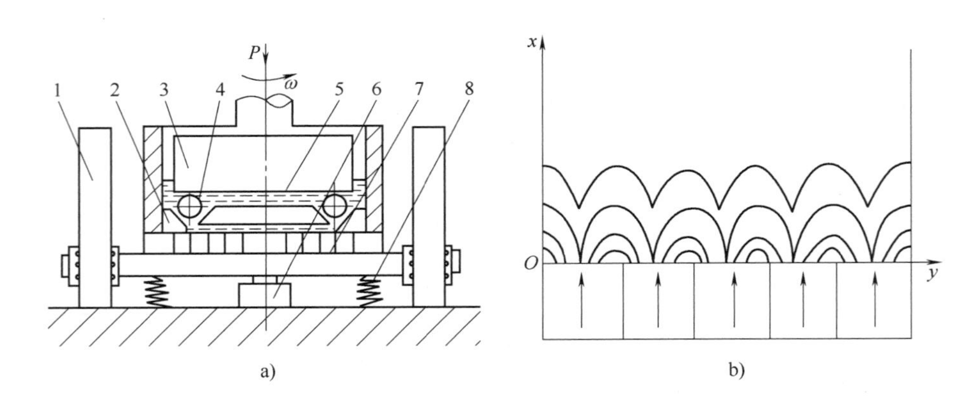

图 6-26 磁悬浮研磨
a）研磨装置 b）研磨原理
1—立柱 2—导向环 3—高速驱动轴 4—球 5—尼龙浮板 6—测力仪 7—磁铁 8—弹性元件

的研磨加工。有研究者采用磁悬浮研磨方法加工 ϕ13mm 的陶瓷球，磨料为 $100^{\#}$~$400^{\#}$的 SiC 粉和 W1 金刚石微粉、研磨介质密度为 1.3×10^{3}kg/m^{3} 的水剂磁流体、驱动轴转速为 900~8000r/min，试验结果表明：研磨效率可达 8.2μm/min，相当于传统研磨法的 3.5 倍，但所加工陶瓷球的球形误差高达 3μm、表面粗糙度值 Ra 为 0.064μm、批直径变动量为 2μm，不能满足精密球加工需求。

6.6.2 初研加工

初研属于研磨加工，指直径 5.5~32mm 或更大的钢球在研磨机上的两块铸铁盘间用细粒度磨粉和硬脂酸、油类配制的研磨膏进行的研磨加工。

初研的研磨原理与前述相同，只是研磨剂有差异。水剂研磨是钢球初研加工发展的方向，当前，很多钢球生产厂都采用了水剂研磨。水剂研磨的加工合格率明显高于油剂研磨，且可消除点状和线状烧伤；水剂研磨加工表面粗糙度、表面缺陷明显优于油剂研磨加工，而且质量稳定可靠；水剂研磨加工后可以减少钢球的清洗过程，从而也减少了对钢球表面造成的破坏和混差现象，水剂加工可以改善作业环境，且减少过磨尺寸，保证质量，提高生产率。

6.6.3 精研与超精研

精研指钢球置于两块铸铁研磨盘，或一块树脂砂轮一块铸铁研磨盘，或两块树脂砂轮之间用研磨膏进行的研磨加工。

1. 精研加工

除特殊要求的钢球产品，一般钢球精研加工均采用立式或卧式大循环加工方法，精研加工规格与对应装载量及机床选型见表 6-11。

表 6-11 精研加工规格与对应装载量及机床选型

钢球直径/mm	研磨盘直径/mm	设备结构	装载量/kg	循环方式
0.5~3.175	460/500/660/720	立式或卧式	15~80	料盘大循环
3.969~6.000	660/720/800	立式或卧式	180~220	料盘大循环
6.350~25.400	800	立式或卧式	220~500	料盘大循环
26.000 以上	800/900	卧式	240~280	料盘大循环

随着钢球精度需求的提升，绝大多数球的精研均分为两次进行，即精研 1、精研 2，这种划分实质上将精研工序分为了两个阶段，以有效提升精研质量；一些钢球（如 ϕ1.588~ϕ5.5mm）还将精研划分为精研 1、精研 2 和精研 3，参见表 6-5。

采用树脂砂轮研磨盘时，其上车有沟槽，铸铁固定研磨盘没有沟槽，应用时沟槽应先经压沟处理。钢球精研盘沟槽形状可用参数 α、β 及 λ_0 表征，其中直径比 λ_0 为

$$\lambda_0=\frac{D_w}{2R} \tag{6-11}$$

式中，R 为精研时钢球中心距研磨盘轴线的距离，即钢球公转半径（mm）；D_w 为钢球直径（mm）。

由图6-27可知，钢球与固定研磨盘的接触点为C，与转动研磨盘的接触点为A和B，即钢球在A、B、C三点受研磨盘作用，钢球瞬时自转轴线为OP线，P点近似认为是AB线与研磨盘自转轴线的交点，钢球上A、B、C三点的瞬时运动轨迹是垂直于瞬时自转轴线OP的3条直线，这3条直线的间距用参数a和b表示，称为环距。当参数α和β取不同值时，3个圆环在球面上的分布情况不同，环距a和b相等有利于提升研磨质量和效率，因此应合理选择α和β值以使a、b尽可能相等，调整中的变化参数主要是沟的形式与压力方向。

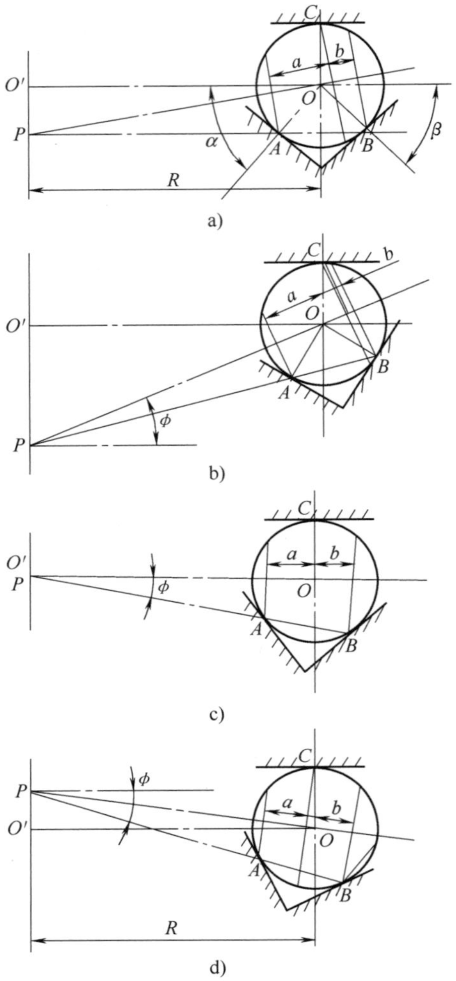

图6-27 精研盘压沟方式

a）正压正沟 b）偏压正沟

c）偏压正偏 d）正压偏沟

2. 超精研加工

对于精度要求高的G3、G5级球，一般需采用超精研。超精研也分为水剂和树脂砂轮两种工艺方法，水剂研磨一般采用铸铁研磨盘及专用精研液添加0.5μm的金刚石微粉，在10kN、10r/min的工艺参数下进行慢研；树脂砂轮超精研一般采用特制超细粒度的金刚石砂轮（WA24000）+铸铁研磨盘，配备带过滤的磨削油箱，在低于10kN、10r/min的工艺参数条件下进行8~12h的超精研磨加工。

对精度等级及应用要求均特别高的钢球（军工、航天产品领域）采用封闭式小循环精研的加工方式，这种精研方式设备没有料盘，装载量一般在2~4kg/批。

3. 研磨剂

精研时使用的研磨剂（膏）是由磨料和研磨液组成的，磨料常用氧化铬微粉，研磨液常用机械油加硬脂酸或油酸。表6-12所列为常用精研研磨剂组成（质量分数），实际应用中应根据加工工艺、球等级等相关因素选择。

表6-12 常用精研研磨剂组成（质量分数） （%）

序号	氧化铬	硬脂酸	机械油	煤油	油酸
1	10	90	适量		
2	30	70	适量	适量	
3	5~10	微量	90~95	适量	
4	适量				20
5	10		80	80	10

6.7 钢球加工的成圆条件[24]

钢球的加工工艺过程，除球坯成形外，其他工序均依赖转动圆盘、钢球和固定盘三者之间的相互作用，使钢球与盘沟表面形成接触高副，受到挤压、摩擦，消耗球坯表面的多余金属，从而逐渐磨圆成球。钢球加工是磨盘与钢球群体之间的相互作用过程，因而把某个钢球从群体中割裂出来单个分析，并不能解释钢球的成圆机理。

如前所述，钢球各工序切削过程具备切削等概率性和磨削尺寸选择性两大特点，这两个条件的实现水平决定了钢球的精度水平。实现上述条件的显著性愈强则钢球加工效率及几何精度愈高。切削等概率性由钢球加工的循环方式决定，而磨削尺寸选择性则取决于磨板与钢球群体之间的相互作用。影响钢球加工上述两个条件实现水平的因素众多，影响程度也不尽相同，主要包括机床结构与输球方式、机床精度、研磨盘沟槽形状、磨盘参数、加工参数及误差复映等。

钢球加工设备有卧式、立式两种结构，且各自形成系列型谱。立式机床的输球方式主要为水平输球环；卧式机床则有较多的输球方式：输球桶、提升料斗及水平或倾斜放置的料盘等。立式机床的钢球磨盘水平放置，切削过程不受重力、离心力变化的影响，压力通过弹簧作用在固定盘上，呈“浮动”定位，使被磨钢球受力均匀，因而有良好的磨削尺寸选择性，能更好、更快地修正钢球的几何误差，生产的高精度钢球，适用于钢球后工序精加工。存在的问题包括出球口堆积易产生“死角”，影响加工等概率性；钢球装球量有限制；进球质量受压力、转速等因素制约。卧式机床结构充分利用了盘的开口高度落差，通过适宜的溜球角度及长度使进球均匀，出球顺畅，改善了钢球的切削等概率性，特别是倾斜料盘的输球方式，进一步增加了溜球长度和储球堆积高度，使钢球高效率、大批量（450kg/盘）加工得以实现。现在存在的问题是主轴水平放置，使重量较大的磨板悬空在轴的一端，形成悬臂梁，造成磨板对钢球的作用力不均匀，影响了磨削尺寸选择性，因而卧式机床多用于前工序粗加工或半精加工。

机床的精度除主轴的制造装配精度、端面跳动和径向跳动外也包括两磨盘的平行度、同心度。机床的精度是引起加工振动的根源，同时也会引起钢球受力运动的无规则性，丧失钢球切削的尺寸选择能力，造成钢球表面质量与几何精度的破坏。提高机床精度是改善钢球加工质量的最有效手段之一，但过分追求机床精度则会增加机床制造与维修成本，钢球工序间球坯精度与机床精度的关系见表6-13。

表6-13 钢球工序间球坯精度与机床精度的关系 （单位：μm）

工序	光磨	硬磨	初研	精研
钢球精度（V_{Dws}、Δ_{Sph}）	20~30	2~4	0.3~0.6	≤0.2
机床主轴精度（径跳）	50~100	30~50	15~25	10~15

研磨盘沟槽在钢球加工中对钢球运动起导向作用，使钢球形呈规律性运动。对图6-28所示圆弧形和V形沟槽分析可知：圆弧形沟槽控制压力集中在沟槽弧底，因而切削尺寸选择性差，沟槽弧的顶部与钢球接触形成最大的相对滑动摩擦，切削效率较高，适用于钢球粗

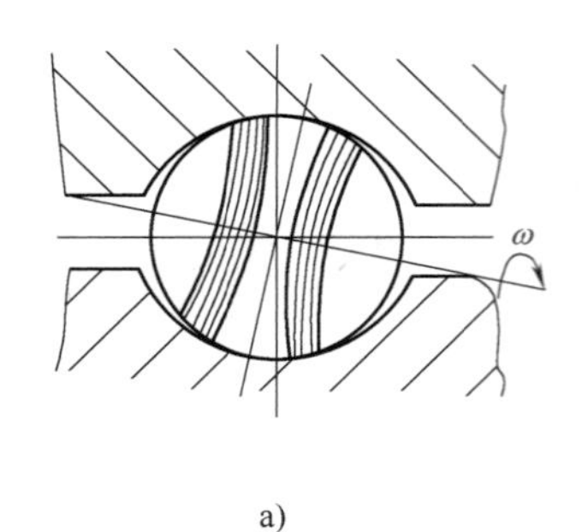

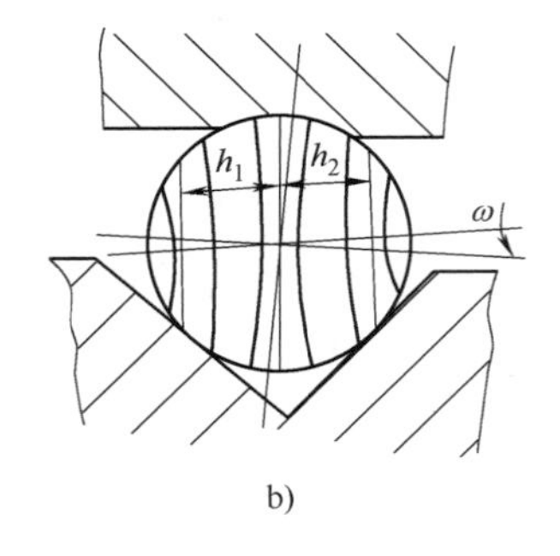

图 6-28　研磨盘沟槽

a）圆弧形　b）V 形

加工或半精加工；V 形构槽经过压沟磨耗，钢球与固定盘、转动盘形成三段接触圆弧，形成稳定支承式约束，切削方式以滚动摩擦为主，因而加工效率低，适用于钢球精加工工序。

在压力、转速等机床加工参数一定时，钢球尺寸磨削量与盘沟半径的平方呈正比，如图 6-29 所示。当磨盘外径一定时，减少内径可增加沟槽数量，但对整体切削效率影响不大，而各沟槽尺寸磨削量的差异形成了钢球尺寸相互差，不利于钢球几何精度与表面质量的提高。另外，钢球经过溜球槽及分配器时，在重力作用下以近似均匀的间隔和速度排列进入磨盘沟槽，磨盘转速一定时各沟槽的线速度与沟径呈正比。在机床转速较低时，对外沟钢球进入平稳性有利，但内沟线速度低，钢球进入沟槽不能拉开正常间隙，造成球与球连在一起滚动，形成线状烧伤；而当转速过高时，外沟线速度过高会使钢球无法顺利进入沟槽，在盘口外极易形成啃伤、碰划伤及点状烧伤。

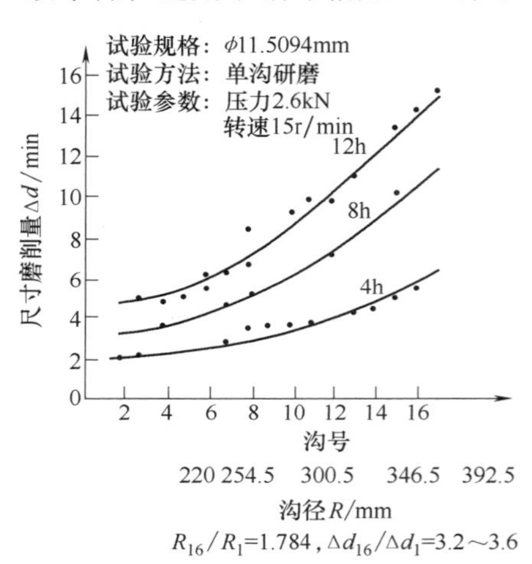

图 6-29　不同沟径时钢球尺寸的磨削量

钢球的主要加工参数是压力和转速，合理地选择加工参数是保证钢球磨削效率，改善几何精度和提高表面质量的重要条件。压力太小，不易形成较好的接触圆弧，盘沟不能对钢球形成有效的约束，使钢球打滑、运动无规则，从而造成线状烧伤，钢球磨削效率低；过高的压力则会严重破坏钢球表面吸附切削液所形成的适宜润滑膜，影响钢球的运动灵活性，造成表面质量恶化，同时也会使磨盘失去磨削的尺寸选择性，几何精度变差。提高转速能增加钢球磨削加工效率，条件允许时应尽可能地提高转速，但转速提高会造成钢球进出球口加速度增加，使钢球进、出不顺畅或断流，冲击钢球表面，造成表面碰伤及点状烧伤。总体来说，粗加工时压力、转速稍高些，精加工则低一些；大钢球加工时压力、转速稍低一些，小钢球加工时则稍高些。

钢球加工属于典型的无心磨削，与其他机械加工方法相比“误差复映”规律更加突出。钢球质量必须从毛坯抓起，每道工序都必须严格要求，否则难以生产出高精度、低振动的优质成品钢球。

6.8 陶瓷球加工

陶瓷材料与轴承钢相比具有低密度、低膨胀系数、高弹性模量、高硬度等特性，能够有效削弱轴承由于润滑不良造成的影响，延长轴承使用寿命。目前轴承行业实际使用的材料包括氮化硅、氧化锆和碳化硅，可参见第4章表4-14。氮化硅是目前轴承行业应用最为广泛的陶瓷材料，ISO 26602：2009 *Fine ceramics* (*advanced ceramics*, *advanced technical ceramics*)-*Silicon nitride materials for rolling bearing balls and rollers*[8] 规定了其材料特性。

陶瓷球与钢球制造最显著的差异在于毛坯成形过程，陶瓷球制坯过程是典型的粉末冶金工艺方法，关键环节包括压制、烧结及热等静压等；球坯成形后的减材加工过程与钢球加工类似。

6.8.1 加工特点

与钢球加工过程类似，陶瓷球加工也包含粗磨、精磨、初研和精研等基本工序。粗磨前，应首先评价毛坯质量，开展性能检测、尺寸分选，防止性能不合格的陶瓷毛坯球进入昂贵费时的加工过程，毛坯加工留量一般控制在0.3~0.5mm；粗磨工序需完成陶瓷毛坯球加工留量95%的加工量，在保证陶瓷球加工质量的前提下尽量提高加工速度以提升效率；精磨工序进一步改善由于粗磨造成的表面加工缺陷，提高陶瓷球的表面质量和精度；初研工序改善了陶瓷球的精度和表面质量，使陶瓷球的精度基本达到成品球的要求；精研工序进一步改善了陶瓷球的表面质量和精度，使陶瓷球达到成品球精度要求。

陶瓷材料硬度高，表面能低且重量轻，因而其加工过程与钢球加工有一定差异。硬度高，故磨料多用金刚石粉、碳化硼、碳化硅等硬磨料；表面能低，故研磨介质和磨料附着性差，影响陶瓷球加工效率、球表面粗糙度和球批直径变动量；重量轻，故与研磨盘的摩擦系数小，在研磨盘沟道中自转性差，影响陶瓷球的加工精度特别是球形误差。提高研磨介质与磨料的附着能力，提升加工过程中球的自转性能是陶瓷球加工的关键要素。

6.8.2 粗磨

粗磨加工是陶瓷球加工的第1道工序，材料去除量大，要求在控制加工表面质量和精度的前提下提高加工效率。大部分生产厂粗磨加工使用循环加工方法，主要使用两种工艺：金刚石研磨盘配合水基研磨液工艺；铸铁研磨盘，采用金刚石微粉，配合陶瓷球复合研磨液工艺。加工中研磨转速为40~170r/min，压力为2~3MPa。加工过程中控制陶瓷球加工精度、表面质量，加工质量控制指标见表6-14。

表6-14 陶瓷球粗磨加工质量控制指标

球直径/mm	直径公差/mm	球直径变动量/μm	球形误差/μm	批直径变动量/μm	表面粗糙度值 Ra/μm	外观
<4	+0.01,0	0.8	1	5	0.8	不允许有加工环带、啃伤及凹坑等缺陷
4~8	+0.01,0	0.8	1	5	0.8	
8~13	+0.10,0	0.8	1	5	0.8	
13~20	+0.015,0	1	2	8	1	
20~26	+0.015,0	2	4	12	2	

6.8.3 精磨

由于陶瓷球粗磨所用磨料粗，磨球机转速快，加工球表面粗糙，精度低，需进行陶瓷球的精磨加工以改善表面质量和精度。精磨加工采用循环加工方法，通常采用铸铁研磨盘，磨料为金刚石微粉或者复合磨料，并配以陶瓷球复合研磨液。研磨盘转速为20~80r/min，压力为2~3MPa。加工过程中控制陶瓷球加工精度和表面质量，质量控制指标见表6-15。

表6-15 陶瓷球精磨加工质量控制指标

球直径/mm	直径公差/mm	球直径变动量/μm	球形误差/μm	批直径变动量/μm	表面粗糙度值*Ra*/μm	外观
<4	+0.01,0	0.7	0.7	3	0.4	不允许有加工环带、啃伤及凹坑等缺陷
4~8	+0.01,0	0.7	0.7	3	0.4	
8~13	+0.10,0	0.7	0.8	3	0.4	
13~20	+0.015,0	1	1	3	0.4	
20~26	+0.015,0	1	1	3	0.8	

6.8.4 初研

为进一步改善陶瓷球表面质量和精度，采用初研对陶瓷球进行进一步加工，初验后的陶瓷球精度基本达到成品球的要求。陶瓷球精研加工采用循环加工方法，通常用铸铁研磨盘，采用金刚石微粉或者复合磨料，配合陶瓷球复合研磨液；研磨盘转速为10~40r/min，压力为1~2.5MPa。初研中需控制加工精度和表面质量，质量控制指标见表6-16。

表6-16 陶瓷球初研加工质量控制指标

球直径/mm	直径公差/mm	球直径变动量/μm	球形误差/μm	批直径变动量/μm	表面粗糙度值*Ra*/μm	外观	荧光探伤
<4	+5,0	0.4	0.4	0.5	0.1	不允许有加工环带、明显擦伤及凹坑等缺陷	不允许有裂纹、疏松等缺陷
4~8	+5,0	0.4	0.4	0.5	0.1		
8~13	+10,0	0.4	0.4	0.8	0.1		
13~20	+10,0	0.6	0.6	1	0.2		
20~26	+10,0	0.6	0.6	1	0.2		

6.8.5 精研

精研是陶瓷球的终加工工序，精度和表面质量按产品需求确定。依据批量大小和精度要求，可采用循环精研和单沟精研。通常采用专用精研板，硬度为190~220HB，复合磨料；精研盘转速为5~30r/min，压力为0.5~2MPa。精研加工质量控制指标见表6-17。

表6-17 陶瓷球精研加工质量控制指标

检查项目	量仪和方法	每批抽检数量/粒
规值	国家标准	3
球直径变动量	国家标准	3

（续）

检查项目	量仪和方法	每批抽检数量/粒
球形误差	国家标准	3
批直径变动量	国家标准	3
表面粗糙度	放大 100 倍标准照片对比、轮廓仪	3
密度	分析天平称重计算体积法	6
硬度	维氏硬度计(载荷 98N)	3
孔隙度	金相显微镜(100×)	3
压碎载荷	万能材料试验机	9
单球振动值	GS-1 型钢球测振仪	3
外观	日光灯下目视检查	全检

参 考 文 献

[1] HARRIS T A. Rolling Bearing Analysis [M]. New York: CRC Press Inc, 5th ed, 2006.

[2] 夏新涛，马伟，颉谭成，等. 滚动轴承制造工艺学 [M]. 北京：机械工业出版社，2007.

[3] 全国滚动轴承标准化技术委员会. 滚动轴承及其商品零件检验规则：GB/T 24608—2023 [S]. 北京：中国标准出版社，2023.

[4] 全国滚动轴承标准化技术委员会. 滚动轴承 球 第 1 部分 钢球：GB/T 308.1—2013 [S]. 北京：中国标准出版社，2013.

[5] 全国滚动轴承标准化技术委员会. 滚动轴承 球 第 2 部分 陶瓷球：GB/T 308.2—2010 [S]. 北京：中国标准出版社，2010.

[6] 全国滚动轴承标准化技术委员会. 滚动轴承 词汇：GB/T 6930—2002 [S]. 北京：中国标准出版社，2002.

[7] 全国滚动轴承标准化技术委员会. 滚动轴承 公差 定义：GB/T 4199—2003 [S]. 北京：中国标准出版社，2003.

[8] International Organization for standardization. Fine Ceramics (Advanced Ceramics, Advanced Technical Ceramics)-Silicon Nitride Materials for Rolling Bearing Balls and Rollers: ISO 26602—2009 [S]. Geneua: ISO Central Secretariat, 2009.

[9] 全国钢标准化技术委员会. 高碳铬轴承钢：GB/T 18254—2016 [S]. 北京：中国标准出版社，2016.

[10] 全国滚动轴承标准化技术委员会. 滚动轴承 高碳铬轴承钢零件 热处理技术条件：GB/T 34891—2017 [S]. 北京：中国标准出版社，2017.

[11] 全国钢标准化技术委员会. 不锈轴承钢：GB/T 3086—2019 [S]. 北京：中国标准出版社，2019.

[12] 全国滚动轴承标准化技术委员会. 滚动轴承 高碳铬不锈轴承钢零件 热处理技术条件：JB/T 1460—2011 [S]. 北京：机械工业出版社，2011.

[13] 全国钢标准化技术委员会. 高温轴承钢：GB/T 38886—2020 [S]. 北京：中国标准出版社，2020.

[14] 全国滚动轴承标准化技术委员会. 滚动轴承 钨系高温轴承钢零件 热处理技术条件：JB/T 11087—2011 [S]. 北京：机械工业出版社，2011.

[15] 全国滚动轴承标准化技术委员会. 滚动轴承 Cr4Mo4V 高温轴承钢零件 热处理技术条件：JB/T 2850—2007 [S]. 北京：机械工业出版社，2007.

[16] 全国滚动轴承标准化技术委员会. 滚动轴承 中碳耐冲击轴承钢零件 热处理技术条件：JB/T 6366—2007 [S]. 北京：机械工业出版社，2007.
[17] 全国滚动轴承标准化技术委员会. 滚动轴承 零件碳氮共渗 热处理技术规范：JB/T 7363—2023 [S]. 北京：机械工业出版社，2023.
[18] 全国滚动轴承标准化技术委员会. 滚动轴承 碳钢轴承零件热处理技术条件：JB/T 8566—2008 [S]. 北京：机械工业出版社，2008.
[19] 全国滚动轴承标准化技术委员会. 滚动轴承 碳钢球：JB/T 5301—2007 [S]. 北京：机械工业出版社，2007.
[20] 全国滚动轴承标准化技术委员会. 滚动轴承 硬质合金球：JB/T 9145—2010 [S]. 北京：机械工业出版社，2010.
[21] 张韬. 钢球硬磨机工艺与设备优化的研究 [D]. 无锡：江南大学，2009.
[22] 傅蔡安，张韬，薛喆. 钢球硬磨加工工艺的优化 [J]. 轴承，2010 (3)：12-16.
[23] 黑布利次，张宏耀. 陶瓷球的超精密研磨 [J]. 国外轴承，1992 (2)：47-48.
[24] 聂兰芳，赵学军. 钢球加工成圆条件及影响因素探讨 [J]. 轴承，2001 (1)：16-18.

第7章　滚动体加工——滚子

滚子轴承适用于载荷大的各种应用场合，滚子是滚子轴承的滚动体。依据滚子轴承承载能力方向差异，滚子轴承分为向心滚子轴承与推力滚子轴承，其中向心滚子轴承包含圆柱滚子轴承、圆锥滚子轴承、调心滚子轴承与滚针轴承；推力滚子轴承包含推力圆柱滚子轴承、推力圆锥滚子轴承、推力调心滚子轴承和推力滚针轴承[1]。各种滚子轴承应用的滚动体形状包含圆柱、圆锥和球面 3 种基本外径面形状，在一些特殊应用领域还使用螺旋滚子。

滚子与滚道的接触形式是线接触，轴承应用选型时选择滚子轴承一般需承受大的外载荷。滚子的加工质量对滚子轴承的旋转精度、摩擦力矩、振动与噪声等工作性能均有直接影响，是影响轴承使用寿命的主要因素[2]。与钢球一样，大多数滚子均采用钢材作为原材料；由于陶瓷材料的突出特点，部分滚子（如圆柱滚子、球面滚子）开始采用陶瓷材质。

本章首先介绍各种类型滚子的相关技术要求、常用材料与基本工艺路线；依据类型差异，分别介绍圆锥滚子、圆柱滚子、球面滚子与滚针的加工工艺过程与特点。虽然陶瓷滚子的应用有日渐增加的趋势，但由于其毛坯制造方法与钢球毛坯类似，减材加工方法则与本章介绍的钢制滚子类似（更换了磨料与磨具），故本章不再论述。

7.1　滚子加工概述

滚子一般也由专业制造厂生产，但由于滚子轴承内部结构设计差异，滚子的尺寸差异较大，外形尺寸系列化程度不高，目前国家标准仅规定了圆柱滚子[3] 和滚针[4] 的优选尺寸，圆锥滚子和球面滚子无明确规定；一些标准型号的圆锥滚子行业内也有约定俗成的尺寸，球面滚子一般按图样定制，GB/T 24608—2023《滚动轴承及其商品零件检验规则》[5] 也规定了圆锥滚子、圆柱滚子、滚针的检验原则。以下介绍滚子类型、不同类型滚子的技术要求、滚子材料及热处理与加工基本工艺路线。

7.1.1　滚子类型

如前所述，滚子形状包含圆柱、圆锥和球面 3 种基本外径面形状，但形状的细节还存在一些差异，即使是同种形状和尺寸的滚子，精度不同时技术要求也有显著差异，以下依据形状与尺寸、精度区分滚子类型。

1. 形状与尺寸

按照形状与尺寸，滚子分为圆锥滚子、圆柱滚子、长圆柱滚子、滚针及球面滚子，其中圆柱滚子、长圆柱滚子和滚针均为圆柱体，只是由于直径与长径比不同而进一步区分。

（1）圆锥滚子　圆锥滚子的形状为圆锥体，大头端面称为基面，基面形状包含平面、锥面和球面3种，如图7-1所示，平基面和锥基面目前已基本淘汰，大量应用的是球基面；圆锥滚子的锥角 φ 一般为1°~4°20′，锥角 φ 超过4°20′的圆锥滚子称为大锥角滚子，用于轴向承载要求高的大锥角向心圆锥滚子轴承或推力圆锥滚子轴承。

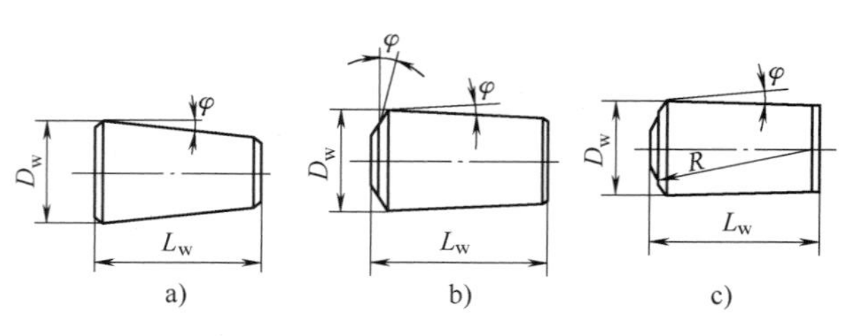

图7-1　圆锥滚子

a）平基面　b）锥基面　c）球基面

（2）圆柱滚子　圆柱滚子形状为圆柱体，如图7-2所示。圆柱滚子专指长径比不大于2.5的圆柱滚子，即 $L_w \leqslant 2.5D_w$，L_w 为滚子的公称长度，D_w 为滚子的公称直径。圆柱滚子端面多为平基面，也有部分应用中采用球基面。

（3）长圆柱滚子　长圆柱滚子形状也为圆柱体，如图7-3所示。长圆柱滚子专指长径比大于2.5的圆柱滚子，即 $L_w > 2.5D_w$，一些长圆柱滚子多为平基面，也包含一些有轴颈的结构，如图7-3b所示。

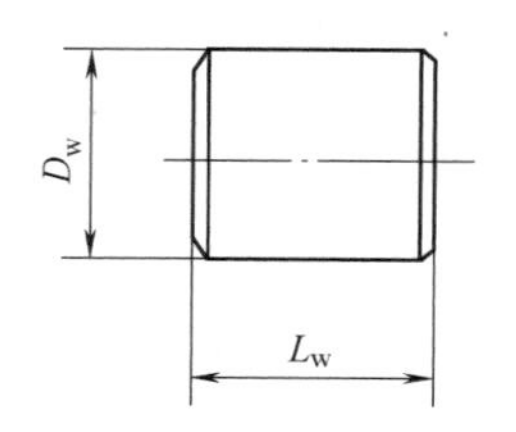

图7-2　圆柱滚子

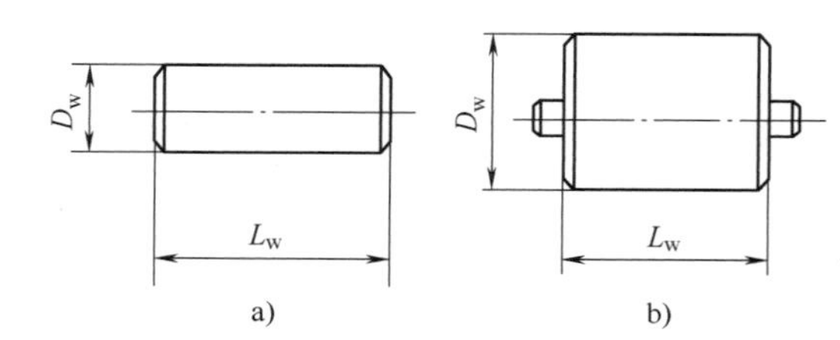

图7-3　长圆柱滚子

a）平基面　b）带轴颈

（4）滚针　滚针可理解为直径较小的长圆柱滚子，$L_w > 2.5D_w$ 且 $D_w \leqslant 5\text{mm}$，形状细长呈针状，因而称为滚针。按头部形状不同，滚针包括平头、锥头、圆头和弧头等多种结构，如图7-4所示。滚针主要应用于滚针轴承或推力滚针轴承，也有一些商品滚针直接用于机械装备。

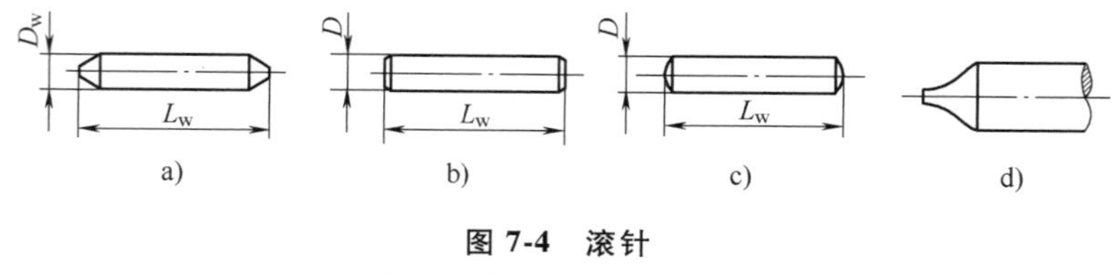

图7-4　滚针

a）锥头　b）平头　c）圆头　d）弧头

（5）球面滚子　球面滚子的形状为腰鼓形，如图7-5所示，应用球面滚子的轴承具有自动调心性能，能承受很大的外载荷。依据调心滚子轴承挡边的结构形式与调心角差异，球面滚子包含有对称球面滚子和不对称球面滚子，不对称球面滚子指滚子的最大直径位置不在中心位置，如图7-5a所示；球面滚子轴承内圈设置有中挡边或中挡圈，多数球面滚子的一个端面设置有球基面以保证球面滚子端面与套圈中挡边或中隔圈的接触状态，也有部分球面滚子两端面均为平面，如图 7-5b 所示。

一些冲击载荷特别大的应用领域还采用弹簧钢卷制的螺旋滚子，如图 7-6 所示。这种滚子的应用领域较窄，且加工方法与常用滚子存在显著差异，本书不再介绍，可查阅专门文献。

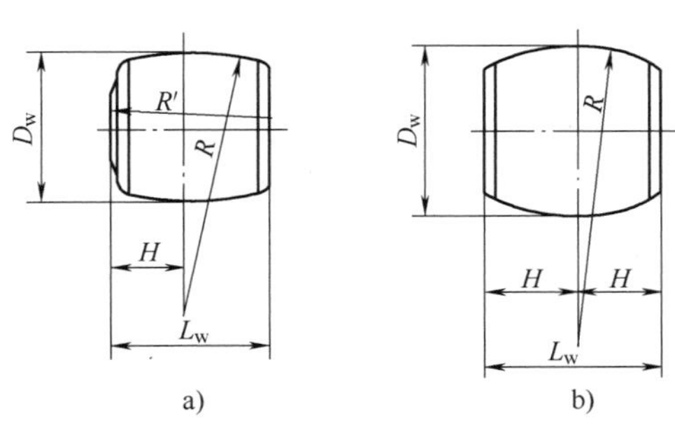

图 7-5 球面滚子

a）球基面 b）平基面

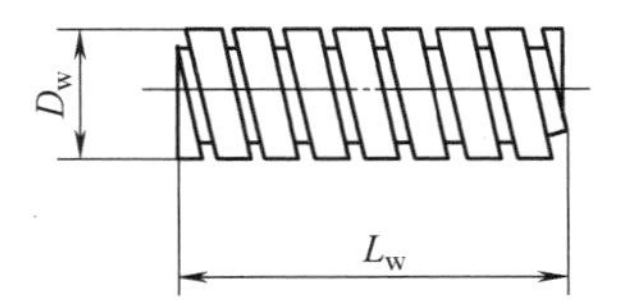

图 7-6 螺旋滚子

2. 精度

不同精度的滚子制造成本差异很大，精度高的轴承需采用相应的高精度滚子才能满足轴承产品的精度要求。

GB/T 25767—2010《滚动轴承 圆锥滚子》[6] 将圆锥滚子分为 0、Ⅰ、Ⅱ、Ⅲ共 4 个等级，精度依次由高到低。

GB/T 4661—2015《滚动轴承 圆柱滚子》[3] 将圆柱滚子分成 G1、G1A、G2、G2A、G3、G5 共 6 个等级，精度依次由高到低。由于结构相对简单，圆柱滚子轴承应用中精度提升难度小，因而在球轴承无法承受的高速重载领域，一般采用圆柱滚子轴承，要求高精度的圆柱滚子才能满足此类应用。

GB/T 309—2021《滚动轴承 滚针》[4] 将滚针分为 2、3 和 5 共 3 个级别，精度依次由高到低。

CSBTS TC98. 69—1999《滚动轴承零件 球面滚子 技术条件》[7] 规定了Ⅱ级和Ⅲ级球面滚子的尺寸、公差与表面粗糙度。

7.1.2 滚子技术要求

相关标准对于不同形状、不同尺寸及不同精度的滚子提出了明确的技术要求。

1. 圆锥滚子

圆锥滚子也有专门的术语定义，与 GB/T 4199—2003《滚动轴承 公差 定义》[8] 和 GB/T 6930—2002《滚动轴承 词汇》[9] 的规定一致，术语及符号[10] 包含：

滚子公称直径——用于识别滚子直径的数值，指圆锥滚子大端理论尖角处的径向平面的理论直径，以符号 D_w 表示。

滚子单一直径——在垂直于滚子轴线的平面内，与滚子实际表面相切的两条平行切线间的距离，以符号 D_s 表示。

单一平面滚子平均直径——单一径向平面内，滚子的最大与最小直径的算术平均值，以符号 D_{wmp} 表示。

单一平面滚子直径变动量——单一径向平面内，滚子的最大和最小单一直径之差，以符号 V_{Dwsp} 表示。

圆锥角——用于识别滚子角度的角度值，指在滚子任一轴向平面内，圆锥表面两素线间的夹角，以符号 2ϕ 表示。

圆锥角偏差——在滚子任一轴向平面内，圆锥表面两素线间的夹角与公称圆锥角之差，以符号 $\Delta_{2\phi}$ 表示。

圆度误差——在任一径向平面内，外表面实际轮廓线的外接圆与轮廓线上任意点间的最大径向距离，以符号 Δ_{Rw} 表示。

滚子大端面对外表面的跳动——滚子大端面上一距滚子最大倒角尺寸 1.2 倍处，且圆心在该滚子轴线上的圆周，在此圆周上的各点距一径向平面的最大与最小轴向距离之差，以符号 S_{Dw} 表示。

滚子规值——在规定的同一径向平面内，由单一平面滚子平均直径偏离滚子公称直径的上偏差和下偏差所限定的直径偏差范围。

滚子规值批——指同一公差等级相同公称尺寸的滚子数量。

滚子规值批直径变动量——在同一滚子规值批内，具有最大单一平面平均直径的滚子与具有最小单一平面平均直径的滚子，其单一平面平均直径之差，以符号 V_{DwL} 表示。

滚子规值批圆锥角变动量——在同一滚子规值批内，具有最大圆锥角的滚子与具有最小圆锥角的滚子的圆锥角之差，以符号 $V_{2\phi L}$ 表示。

不同精度、不同尺寸圆锥滚子的尺寸公差、形位公差及表面粗糙度均有差异，表 7-1 所列为 GB/T 25767—2010《滚动轴承　圆锥滚子》[6] 规定的圆锥滚子尺寸公差、形位公差的许可值，也规定了公差的测量方法；表 7-2 所列为 GB/T 25767—2010 规定的表面粗糙度许可值，表面粗糙度的测量按照 JB/T 7051—2006《滚动轴承零件　表面粗糙度测量和评定方法》[11] 执行；GB/T 25767—2010[6] 还规定了成品圆锥滚子的残磁要求，见表 7-3。

早期圆锥滚子轴承精度要求相对低，实际中大量应用的是Ⅱ级和Ⅲ级滚子，近年来由于一些新型应用场合（如 RV 减速机、盾构装备等）及扩大应用的结构（如交叉圆锥滚子转盘轴承）的大量应用，对于圆锥滚子的精度提出了更高要求，0 级和Ⅰ级圆锥滚子的需求越来越旺盛。

表 7-1　圆锥滚子的尺寸公差、形位公差的许可值[6]

公差等级	D_w/mm		形位公差/μm		圆锥角偏差		规值批尺寸变动量/μm	
			V_{Dwsp} 和 Δ_{Rw}	S_{Dw}	$\Delta_{2\varphi}$ ①,②		V_{DwL}	$V_{2\varphi L}$ ①,②
	超过	到	最大值		上偏差	下偏差	最大值	
0	—	10	0.3	1.0	+0.6	−0.6	1.0	0.6
	10	18	0.3	1.0	+0.7	−0.7	1.0	0.7
	18	30	0.4	2.0	+0.7	−0.7	1.0	0.7
Ⅰ	—	10	0.5	2.0	+1.0	−1.0	1.0	1.0
	10	18	0.5	2.5	+1.0	−1.0	1.5	1.0
	18	30	0.8	3.0	+1.5	−1.5	2.0	1.5
	30	50	1.2	4.0	+2.0	−2.0	2.5	2.0

（续）

公差等级	D_w/mm		形位公差/μm		圆锥角偏差		规值批尺寸变动量/μm	
			V_{Dwsp} 和 Δ_{Rw}	S_{Dw}	$\Delta_{2\varphi}$ ①,②		V_{DwL}	$V_{2\varphi L}$ ①,②
	超过	到	最大值		上偏差	下偏差	最大值	
Ⅱ	—	10	1.2	3.0	+2.0	-2.0	2.0	2.0
	10	18	1.2	4.0	+2.0	-2.0	2.5	2.0
	18	30	1.5	5.0	+2.5	-2.5	3.0	2.5
	30	50	2.0	6.0	+3.0	-3.0	3.0	3.0
Ⅲ	—	10	2.0	5.0	+2.0	-2.0	3.0	3.0
	10	18	2.0	6.5	+3.0	-3.0	3.0	3.0
	18	30	3.0	8.5	+4.0	-4.0	5.0	5.0
	30	50	3.0	10.0	+5.0	-5.0	5.0	5.0
	50	80	4.0	12.0	+5.0	-5.0	5.0	5.0

① 该值系在滚子有效长度范围内，以径向尺寸的变化来表示。

② 仅适用于 $\varphi \leqslant 3°$ 的滚子。

表 7-2 圆锥滚子的表面粗糙度许可值[6]

公差等级	D_w/mm		表面粗糙度值 Ra/μm		
			圆锥面	滚子大端面	其余表面
	超过	到	最大值		
0	—	10	0.04	0.1	1.25
	10	18			
	18	30			
Ⅰ	—	10	0.08	0.125	1.25
	10	18			
	18	30			
	30	50	0.125	0.16	
Ⅱ	—	10	0.10	0.16	2.5
	10	18	0.125		
	18	30			
	30	50	0.16	0.20	
Ⅲ	—	10	0.125	0.25	2.5
	10	18	0.16	0.32	
	18	30			
	30	50	0.25		
	50	80		0.4	

表 7-3 成品圆锥滚子的残磁要求[6]

D_w/mm	超过	—	18	30	50
	到	18	30	50	—
残磁最大值/mT		0.2	0.25	0.3	0.4

圆锥滚子的滚动素线只允许凸出，不同厂家设计的凸出形状与凸出量各异，制造中应依据产品图样执行。

2. 圆柱滚子

圆柱滚子的术语和定义与圆锥滚子类似，与 GB/T 4199—2003《滚动轴承　公差　定义》[8] 和 GB/T 6930—2002《滚动轴承　词汇》[9] 的规定一致，只是由于结构差异，定义稍有差异，如 D_w 也表示滚子公称直径，但直径是指圆柱面整个直径，以下仅介绍圆柱滚子的一些特殊术语和定义，前述与圆锥滚子类似的不再重复。

滚子平均直径变动量——在滚子圆柱部分，对称于滚子长度中部排列的两径向平面内所测得的滚子最大与最小平均直径之差，以符号 D_{wmp} 表示，圆锥滚子 D_{wmp} 表示的是单一平面滚子的平均直径，是由于结构差异造成的不同定义。

滚子长度——用于标识滚子长度的尺寸值，用符号 L_w 表示。

滚子端面对滚子轴线的轴向跳动——在距离滚子轴线某一径向距离处，滚子端面的最大与最小距离之差，以符号 S_{Dw} 表示。

滚子直径规值——滚子直径规值批平均直径与滚子公称直径的差量。

滚子直径规值间距——将允许的滚子直径规值批平均直径均分后的量，以符号 I_{GDw} 表示。

滚子长度规值——滚子长度规值批平均直径与滚子公称长度的差量。

滚子长度规值间距——将允许的滚子长度规值批平均长度均分后的量。

滚子直径规值批——同一公差等级和公称尺寸且单一平面滚子平均直径均在同一滚子直径规值内的滚子数量。

滚子直径规值批平均直径——在同一滚子直径规值批内，最大滚子与最小滚子平均直径的算术平均值，以符号 D_{wmL} 表示。

滚子长度规值批平均长度——在同一滚子长度规值批内，最长滚子与最短滚子平均长度的算术平均值，以符号 L_{wmL} 表示。

滚子直径规值批直径变动量——在一滚子直径规值批内，单一平面平均直径最大滚子与最小滚子的单一平面平均直径之差，以符号 V_{DwL} 表示。

滚子长度规值批长度变动量——在一滚子长度规值批内，平均长度最大的滚子与平均长度最小的滚子之差，以符号 V_{LwL} 表示。

与其他类型滚子相比，圆柱滚子的精度要求最高，其直径公差和轴向跳动见表 7-4，长度公差见表 7-5；表面粗糙度见表 7-6，同一批圆柱滚子的直径与长度的一致性有明确需求，图 7-7 所列为直径规值与分组原则，图 7-8 所列为长度规值与分组原则。另外，圆柱滚子外形尺寸具有优选系列，其尺寸值可参见 GB/T 4661—2015《滚动轴承　圆柱滚子》[3]。

与圆锥滚子一样，为了有效降低轴承应用中靠近端面位置的应力集中，圆柱滚子的滚动素线也只允许凸出，凸出形状与凸出量也不尽相同，制造中也依据产品图样执行。

表 7-4　圆柱滚子的直径公差和轴向跳动[3]　　（单位：μm）

公差等级	Δ_{Rw} ① 最大值	V_{DwL} ① 最大值	V_{Dwmp} ①,② 最大值	S_{Dw} 最大值	I_{GDw} c	推荐的滚子直径规值③
G1	0.5	1.5	0.8	6	0.5	-10，-9.5，…，-1，-0.5，0，+0.5，+1，…，+4.5，+5

（续）

公差等级	Δ_{Rw}① 最大值	V_{DwL}① 最大值	V_{Dwmp}①,② 最大值	S_{Dw} 最大值	I_{GDw}c	推荐的滚子直径规值③
G1A	0.8	2	1.2	6	0.5	-10,-9.5,…,-1,-0.5,0,+0.5,+1,…,+4.5,+5
G2	1	2	1.5	6	1	-10,-9,…,-2,-1,0,+1,+2,…,+4,+5
G2A	1.3	3	2	6	1.5	-18,…,-1.5,0,+1.5,+3,+4.5,+6
G3	1.5	3	3	10	1.5	-18,…,-1.5,0,+1.5,+3,+4.5,+6
G5	2.5	5	4	15	3	-18,-15,…,-6,-3,0,+3,+6,…,+15,+18

① 数值仅适用于滚子外径表面的圆柱部分。
② 数值仅适用于对称于滚子长度中部的两个单一平面。
③ 滚子直径规值和规值间距也可由用户和制造厂协商确定。

表 7-5　圆柱滚子的长度公差[3]

公差等级	D_w/mm		I_{GDw}c /μm	滚子长度规值/μm
	>	≤		
G1	3	18	6	-18,-12,-6,0,-6
G1A	3	30		
G2	3	50		
G2A	10	80		
G3	18	80	10	-40,-30,-20,-10,0,+10
G5	30	80		

表 7-6　圆柱滚子的表面粗糙度[3]　　（单位：μm）

公差等级	滚动表面①	端面	倒角
	Ra 最大值		
G1	0.1	0.125	1.25
G1A	0.125	0.16	1.25
G2	0.125	0.2	1.25
G2A	0.16	0.25	2.5
G3	0.20	0.32	2.5
G5	0.25	0.32	2.5

① 数值适用于外径表面的圆柱部分。

3. 滚针

滚针既可用于滚针轴承又可作为单独产品使用，在轻、重工业中都有着广泛的应用。GB/T 309—2021《滚动轴承　滚针》[4] 规定了平头（见图 7-4b）与圆头（见图 7-4c）滚针的术语和定义，这些术语与圆柱滚子轴承类似，具体可参见标准[4]，表 7-7 所列为滚针规值批直径变动量、优选规值和圆度误差。

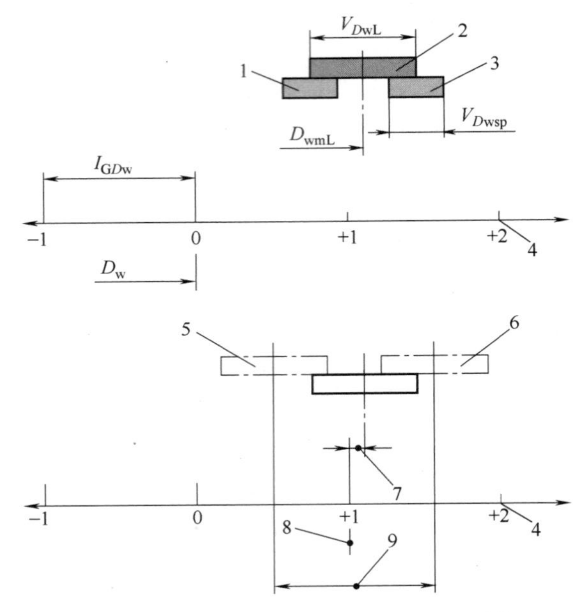

图 7-7　圆柱滚子直径规值与分组原则[3]

1—滚子直径批中的最小滚子　2—滚子直径批　3—滚子直径批中的最大滚子　4—滚子直径规值刻度
5—滚子直径规值的最小 D_{wmL} 的滚子直径批　6—属于球规值 S 的最大 D_{wmL} 的球批
7—D_{wmL} 偏离滚子直径规值的偏差　8—滚子直径规值　9—滚子直径规值批平均直径范围

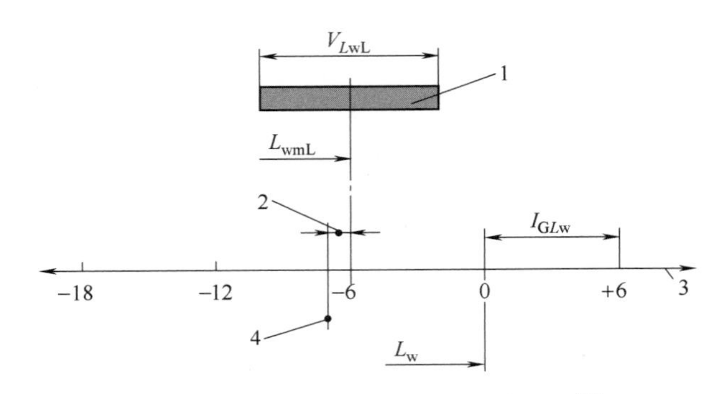

图 7-8　圆柱滚子长度规值与分组原则[3]

1—滚子长度批　2—L_{wmL} 偏离滚子长度规值的偏差　3—滚子长度规值刻度　4—滚子长度规值

表 7-7　滚针规值批直径变动量、优选规值和圆度误差[4]　　（单位：μm）

<table>
<tr><th>公差等级</th><th>V_{DwL} ᵃ 最大值</th><th colspan="19">滚针优选规值 D_{wmp}</th><th>圆度误差最大值</th></tr>
<tr><td rowspan="2">2</td><td rowspan="2">2</td><td>上偏差</td><td colspan="2">0</td><td colspan="2">−1</td><td colspan="2">−2</td><td colspan="2">−3</td><td colspan="2">−4</td><td colspan="2">−5</td><td colspan="2">−6</td><td colspan="2">−7</td><td colspan="2">−8</td><td rowspan="2">1</td></tr>
<tr><td>下偏差</td><td colspan="2">−2</td><td colspan="2">−3</td><td colspan="2">−4</td><td colspan="2">−5</td><td colspan="2">−6</td><td colspan="2">−7</td><td colspan="2">−8</td><td colspan="2">−9</td><td colspan="2">−10</td></tr>
<tr><td rowspan="2">3</td><td rowspan="2">3</td><td>上偏差</td><td colspan="3">0</td><td colspan="3">−1.5</td><td colspan="3">−3</td><td colspan="3">−4.5</td><td colspan="3">−6</td><td colspan="3">−7</td><td rowspan="2">1.5</td></tr>
<tr><td>下偏差</td><td colspan="3">−3</td><td colspan="3">−4.5</td><td colspan="3">−6</td><td colspan="3">−7.5</td><td colspan="3">−9</td><td colspan="3">−10</td></tr>
<tr><td rowspan="2">5</td><td rowspan="2">5</td><td>上偏差</td><td colspan="6">0</td><td colspan="6">−3</td><td colspan="6">−8</td><td rowspan="2">2.5</td></tr>
<tr><td>下偏差</td><td colspan="6">−5</td><td colspan="6">−5</td><td colspan="6">−10</td></tr>
</table>

4. 球面滚子

球面滚子应用于调心滚子轴承或单列调心滚子轴承，该类轴承能够自动调心，且能承受较大的载荷。目前仅 CSBTS TC98.69—1999《滚动轴承零件 球面滚子 技术条件》[7] 规定了球面滚子的相关技术条件，尚未有其他标准规定。CSBTS TC98.69—1999[7] 规定的定义与符号与前述滚子类似，规定Ⅱ级和Ⅲ级精度球面滚子的尺寸、公差及表面粗糙度见表7-8。

现有技术条件对于球面滚子精度要求较低，近年来一些应用领域对于调心滚子轴承的精度要求逐步提升，相应球面滚子精度要求也大幅提高，一些工厂已经开始制造精度较高的球面滚子。

表7-8 球面滚子的尺寸、公差及表面粗糙度[7]

公差等级	D_w/mm		形位公差/μm			批变动量/μm	表面粗糙度值 Ra/μm		
			V_{Dwp}	ΔC_{ir}	S_{Dw}	V_{DwL}	滚动表面	基准端面	其余表面
	超过	到	最大值						
Ⅱ	—	10	1.5	1.5	3.0	3.0	0.125	0.40	2.5
	10	18	1.5	1.5	4.0	3.0	0.125	0.40	2.5
	18	30	2.5	2.5	5.0	4.0	0.16	0.40	2.5
	30	50	3.0	3.0	6.0	5.0	0.25	0.40	2.5
	50	80	4.0	4.0	8.0	6.0	0.32	0.40	2.5
	80	120	5.0	5.0	9.0	7.0	0.40	0.63	5.0
Ⅲ	—	10	2.0	2.0	5.0	4.0	0.16	0.40	2.5
	10	18	2.0	2.0	6.5	4.0	0.16	0.40	2.5
	18	30	3.0	3.0	8.5	5.0	0.25	0.40	2.5
	30	50	4.0	4.0	10	6.0	0.32	0.40	2.5
	50	80	5.0	5.0	12	7.0	0.40	0.40	2.5
	80	120	6.0	6.0	13	8.0	0.63	0.63	5.0

7.1.3 滚子的材料及热处理

滚子的主要材料也是钢材，近年来一些企业也开始采用陶瓷材料制造滚子。与钢球的材料类似，滚子用钢材也包括：高碳铬轴承钢（材料标准与热处理标准分别为 GB/T 18254—2016[12] 和 GB/T 34891—2017[13]）、高碳铬不锈轴承钢（材料标准与热处理标准分别为 GB/T 3086—2019[14] 和 JB/T 1460—2017[15]）及高温轴承钢（材料标准与热处理标准分别为 GB/T 38886—2020[16] 和 JB/T 2850—2007[17]）；与钢球材料不同，大型或重大型轴承为承受巨大冲击力，尺寸较大的圆柱滚子与圆锥滚子广泛采用渗碳钢材料，材料标准与热处理标准分别为 GB/T 3203—2016[18] 和 JB/T 8881—2020[19]；球面滚子多采用轴承钢材料，也有部分国外公司采用渗碳钢材料。

陶瓷滚子目前没有专门的材料标准，实际应用中多采用氮化硅，其材料特性也依据 ISO 26602：2009 *Fine ceramics (advanced ceramics, advanced technical ceramics)-Silicon nitride materials for rolling bearing balls and rollers*[20] 的规定。

7.1.4 滚子加工基本工艺路线

滚子形状虽然简单，但由于质量要求高，所以从投料到成品要经过很多工序才能完成，图 7-9 所示为某Ⅲ级中、小尺寸圆锥滚子的工艺路线，图 7-10 所示为某 G3 级圆柱滚子的工艺路线，图 7-11 所示为某车削毛坯圆头滚针的工艺路线，图 7-12 所示为某大型锻造毛坯球面滚子的工艺路线。

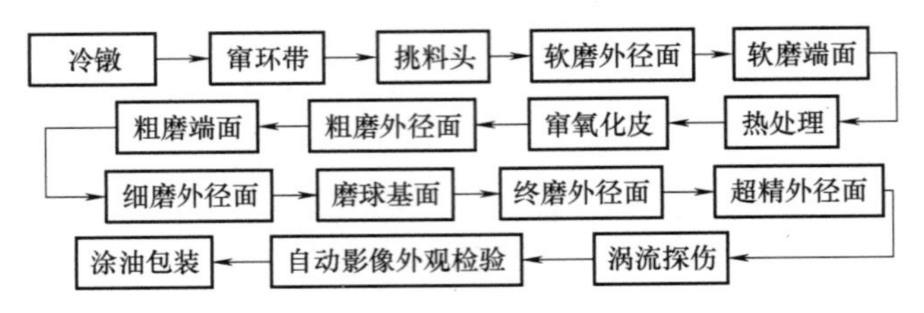

图 7-9 某Ⅲ级中、小尺寸圆锥滚子的工艺路线

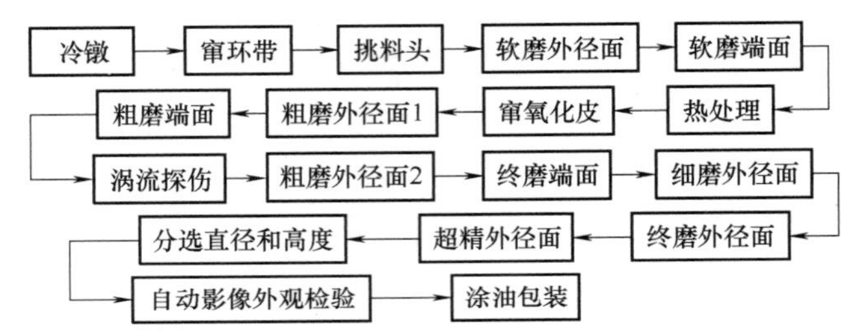

图 7-10 某 G3 级圆柱滚子的工艺路线

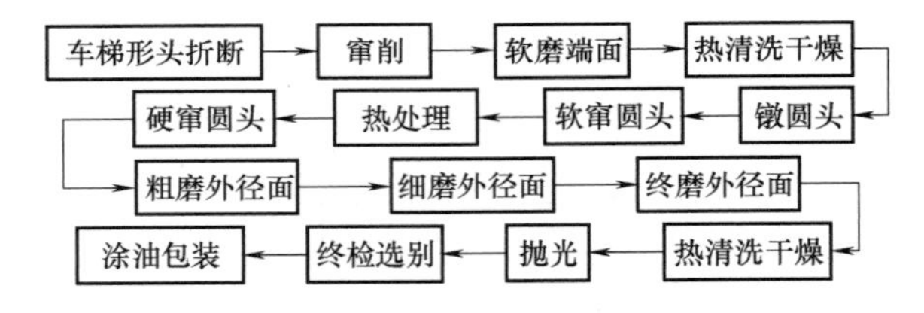

图 7-11 某车削毛坯圆头滚针的工艺路线

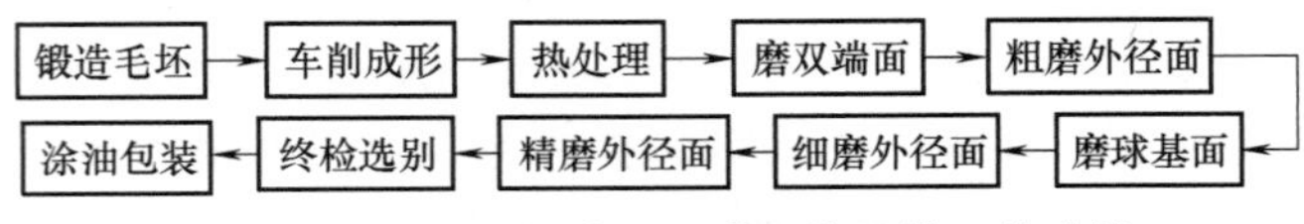

图 7-12 某大型锻造毛坯球面滚子的工艺路线

对比图 7-9~图 7-12 可知，滚子的形状、精度等级、尺寸及生产批量不同，加工工艺也存在差别。制造过程大致可划分为 6 个阶段，即毛坯加工、热处理前的软磨、热处理、热处理后的硬磨、精加工及质量检查与选别。

7.2 圆锥滚子加工

依据圆锥滚子的加工工艺路线，分别介绍冷镦、窜削加工、外径面磨削、端面磨削与外径面超精研，针对目前圆锥滚子均要求凸度的现状，还将介绍圆锥滚子的凸度加工。

7.2.1 冷镦

圆锥滚子轴承应用范围非常广泛，使用的圆锥滚子的尺寸差别也很大，毛坯成形方法也不尽相同，包括冷镦、棒料车削和热锻件车削[21]。当棒料直径小于 ϕ30mm 时，多采用卧式冷镦机冷镦成形；当棒料直径为 ϕ30～ϕ60mm 时，由于棒材成形中经过冷拔环节，材料内部致密性好，多采用车床车削成形；直径超过 ϕ60mm 的轧制棒材，为减少材料内部疏松，需首先锻造成形，然后再经车削成形。冷镦是最为高效、经济且内在质量好的毛坯成形方法。

中小尺寸的圆锥滚子的用量最大，圆锥滚子的冷镦成形应用最为广泛。圆锥滚子冷镦成形与钢球的冷镦类似，即在室温下利用模具迫使金属料段产生塑性流动，充满凹模与凸模（或冲头）之间的空腔形成毛坯的方法，圆锥滚子冷镦毛坯形状如图 7-13 所示。冷镦毛坯具备以下优点。

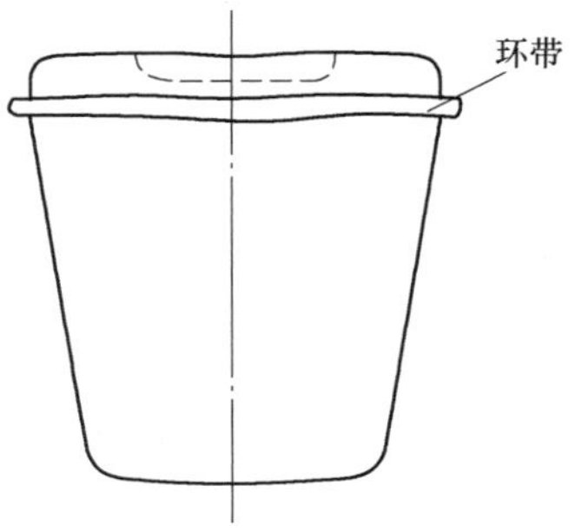

图 7-13 圆锥滚子冷镦毛坯形状

1）提高滚子的力学性能。冷镦时金属会在室温下产生塑性变形，故必然会产生冷作硬化，且棒料的原有纤维不被切断，金属内部若有少许缺陷也可被压实，有利于提高滚子的强度。

2）节约原材料。冷冲压本身是一种少无切削的塑性成形方法，若工艺上处理得好，如采用硬质合金模具，模具在使用寿命内膨胀变化很小，环带可以很小，加工出的毛坯外径尺寸散差小，甚至可以使整批尺寸散差在 0.03mm 以内，从而可以大大节约金属材料。

3）生产率高。一般冷镦机的自动化程度都较高，操作简单，只要调整好，生产率是比较高的，一般为 70～120 个/min，国外高速冷镦机能达到 400 个/min。

4）滚子形状和尺寸准确，表面粗糙度值小。冷镦滚子的形状和尺寸精度主要是由模具和机床调整精度来保证的，在冷镦过程中，金属材料表面在高压下受到模具光滑表面的熨平，滚子表面粗糙度值较小，一般 Ra 为 2.0～0.25μm，如果加工调整得好，质量稳定，滚子甚至可不经软磨而直接进行热处理。

1. 冷镦变形

冷镦使用圆柱形棒料段，冷镦圆锥滚子过程中除滚子小端倒角区域和柱心部分受三向压应力外，大部分基体受一向压应力和两向拉应力，越靠近滚子大端其拉应力越大。压应力有利于晶内变形而可提高金属的塑性，而拉应力会导致金属晶间变形，降低金属塑性。因而当毛坯或模具形状尺寸设计得不合理，材料质量不佳，冷镦工艺不当时，冷镦滚子往往在大端倒角处出现开裂。

在冷镦过程中，毛坯与模具表面间的摩擦、材料内部组织不均匀及模具形状尺寸不合理，均会降低金属的塑性，增加金属的变形抗力，在滚子内部产生残余应力。残余应力会造成滚子的形状尺寸变化并降低工艺性能，尤其是外摩擦所引起的附加应力，会对冷镦滚子质量和加工工艺带来显著的不利影响，冷镦过程中应尽量减小工件与模具间的摩擦（影响摩擦的主要因素是材料性能、模具的结构形状、表面质量与润滑效果）。

当滚子冷镦变形量超过金属材料本身最大许用变形量时，滚子圆周表面会形成裂纹，产生废品。不同形状和尺寸的滚子应当选择合理的变形量。一般冷镦变形量 ε 常用冷镦后的最大横截面面积 S_2（环带处）和冷镦前的棒料断面面积 S_1 之差与 S_2 之比表示，即

$$\varepsilon=\frac{S_2-S_1}{S_2}=\left(1-\frac{d^2}{D^2}\right)\times100\% \tag{7-1}$$

式中，d 为原始棒料直径；D 为冷镦后的环带直径。

对于制造滚子的常用材料 GCr15，冷镦最大许用变形量 $[\varepsilon]=55\%\sim65\%$。冷镦中工件不仅有塑性变形，还伴有弹性变形。滚子出模后，在弹性恢复力的作用下滚子会向外膨胀，产生“回跳”现象，回跳量的大小取决于滚子材料性质、冲压方式、模具截面形状和滚子尺寸大小等，工艺设计中需考虑回跳的影响。

2. 冷镦方法

圆锥滚子的冷镦方法有单工位单击卧式冷镦、单工位双击卧式冷镦、多工位卧式冷镦与单工位单击立式冷镦。由于冷镦过程需较大的镦压力，冷镦设备的设置一般为卧式机床，仅有一些小批量滚子毛坯需在冷镦时采用立式压力机成形。滚子冷镦毛坯质量随镦击次数的增加而提高，一次冷镦成形的滚子毛坯变形剧烈，变形量大，附加应力大，内部变形不均，且滚子形状不规则、回跳量大、尺寸分散，对后续工序加工不利；多次镦击方法生产率低，设备复杂，设备成本高，模具数量多且要求精度高，一般对批量大、形状复杂的滚子较合适。

（1）单工位单击卧式冷镦　单工位单击卧式冷镦是滚子毛坯冷镦成形应用最广泛的方法，生产率和自动化程度高，加工成本低；除前述缺点外，还会在加工过程循环过快时造成模具温度升高，由于温度和压力影响，模具空腔增加，使滚子尺寸分散增大，成形质量不稳定。

图 7-14 所示为 Z31-25 冷镦机的传动系统。Z31-25 是目前国内应用较多的一种单工位单击卧式冷镦机，冷镦滚子最大直径 25mm，切料最大直径 24.5mm，切料最大长度 60mm，滑块行程数 70 次/min，电动机功率 37kW，电动机转速 975r/min，工作压力约 1500kN。

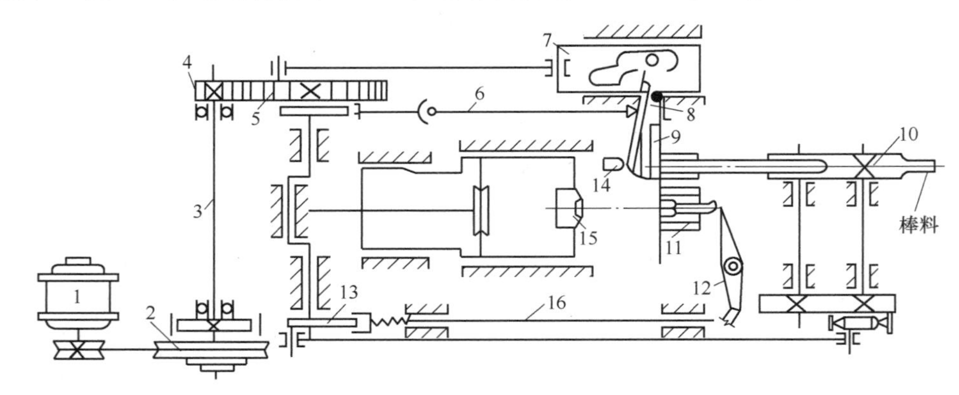

图 7-14　Z31-25 冷镦机传动系统

1—电动机　2—带轮　3—传动轴　4、5—齿轮　6—打入连杆　7—曲线滑板　8—刀杆　9—刀板　10—送料轮　11—凹模　12—推出杠杆　13—凸轮　14—挡块　15—冲头　16—推出连杆

图 7-15 所示为单工位单击卧式冷镦机的镦压区域元件，冷镦过程（见图 7-16）包含切断、打入、成形与推出 4 个环节。冷镦时，棒料由送料轮送到切料筒并进入卡头，由挡块控

制切料长度；刀板通过刀杆前进，切下料段，并将切下来的切料送到凹模前面；打入连杆通过打料臂将料段打入凹模孔内，并使凹模夹持住；刀杆退回，冲头前进，并镦击凹模孔内的料段，使其成形；冲头后退，推出杆顶出滚子毛坯，完成一个滚子毛坯的冷镦过程。

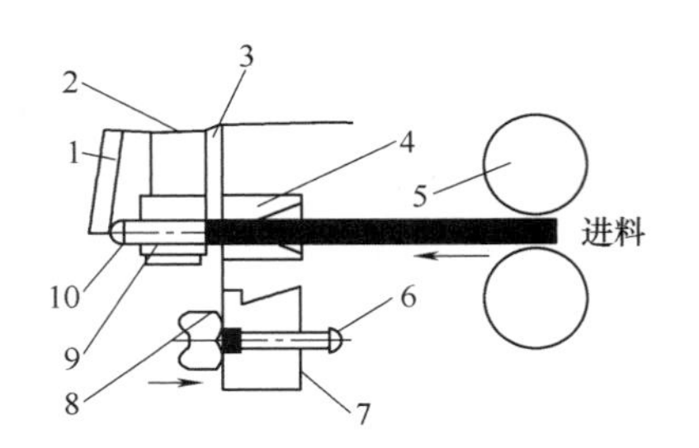

图 7-15 单工位单击卧式冷镦机的镦压区域元件

1—打料臂 2—刀杆 3—刀板 4—切料筒 5—送料轮 6—推出连杆 7—凹模 8—冲头 9—卡头 10—打入连杆

（2）单工位双击卧式冷镦　单工位双击卧式冷镦也在专门的卧式冷镦机上开展，与单工位单击卧式冷镦不同，料段在一个凹模内要分别采用两个冲头镦击 2 次成形。由于滚子分两次成形，故每次的变形程度都较小，滚子的内、外质量都较好，环带小分布均匀，模具使用寿命也较长，尤其适合于圆锥滚子毛坯的生产，图 7-17 所示为单工位双击卧式冷镦机冷镦圆锥滚子的加工简图。

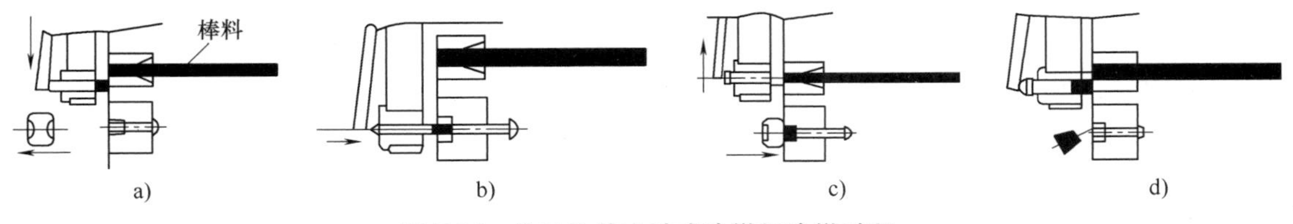

图 7-16 单工位单击卧式冷镦机冷镦过程

a）切断 b）打入 c）成形 d）推出

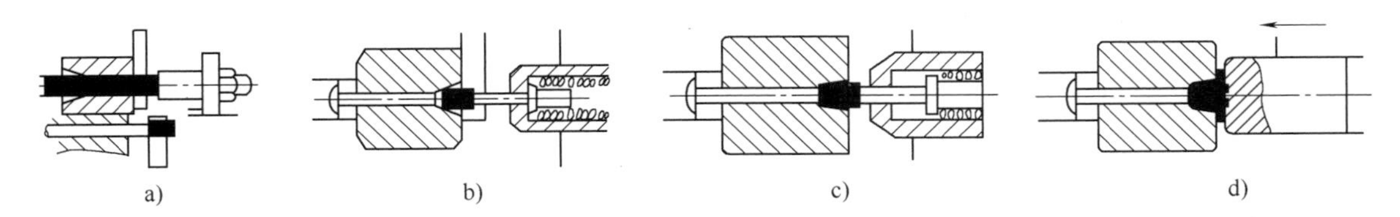

图 7-17 单工位双击卧式冷镦机冷镦圆锥滚子的加工简图

a）切断 b）打入 c）1 次冷镦 d）2 次冷镦

（3）多工位卧式冷镦　多工位卧式冷镦将料段通过 3 个或 4 个工位的镦击，使滚子毛坯逐步成形，变形均匀，附加应力小且下料准确，冷镦的滚子毛坯内、外质量都较好。目前主要应用于批量大的圆柱和球面滚子的毛坯生产中。

（4）单工位单击立式冷镦　单工位单击立式冷镦采用普通立式压力机，当普通立式压力机冷镦滚子时，需先将棒料剪切成料段，磨料并窜去毛刺后才能放入凹模冲压成形。

3. 冷镦质量问题

冷镦滚子毛坯的加工精度要求项目有直径、长度、角度、滚动面形状、滚子毛坯上下两部分的位移、端面跳动及环带的宽度和厚度、大小端倒角坐标、球穴直径和深度、外观质量等。和所有机械加工过程一样，毛坯质量对于后续加工及最终成品质量都有直接影响，滚子毛坯的冷镦成形质量也难以依赖后工序修正而达到高加工质量。滚子冷镦时以每分钟 70~120 件甚至 200 件以上的镦打速度生产，工作条件随时都有可能变化，几分钟的疏忽就能造成较大的损失。因此，掌握生产规律和缺陷产生的原因，对提高冷镦质量有着重大的意义。

冷镦的加工精度，主要与模具的结构及材质、制造精度、使用状况和机床的工作性能、调整水平等因素有关。

1）欠冲。欠冲指切下的料段金属未能充满模具型腔，主要发生在大头、小头和大端面部位，如图 7-18 所示。造成欠冲的主要原因包括：剪切工具选择不当造成料段变形太大；剪切工具相互配合间隙过大；剪切工具刃口太钝；棒料直径尺寸过小；材料硬度过低使料段产生凹心；润滑油或污物堵塞在模具内某部分，使金属在这部分无法充满；凹模工作孔过深，使金属在深处流动困难等。

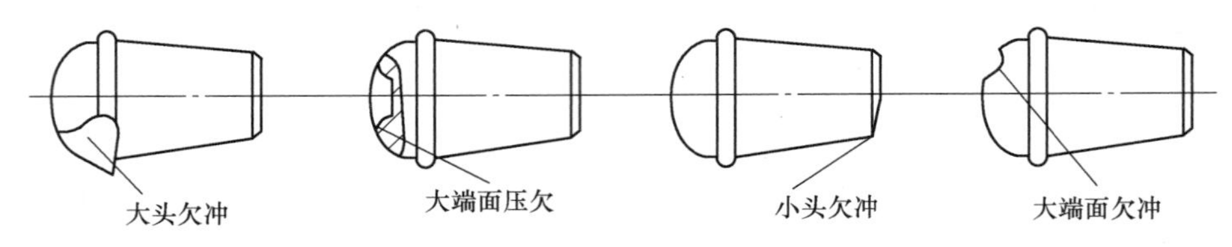

图 7-18　圆锥滚子冷镦欠冲形式

2）卡伤或划伤。卡伤是由于送料卡头夹料歪斜，冲击时外径出现较深的卡伤，冷镦后仍在外径表面；划伤则是由于滚子从凹模中推出时，因冲力太大，推出后撞到有尖棱的部件上而形成的。产生卡伤或划伤的原因包括模具工作表面粗糙度值大或表面硬度不足，棒料硬度过高或棒料直径过大而划伤模具表面，润滑不良，金属毛刺被带入模具内等。图 7-19 所示为圆锥滚子冷镦的卡伤与划伤。

3）歪边。歪边是指滚子毛坯与环带轴线不同轴，偏向一侧的现象。产生原因包括剪切时切料变形过大，切料段在凹模工作孔内夹持不紧，冲头和凹模的不同心度过大等，冷镦歪边的形状如图 7-20 所示。

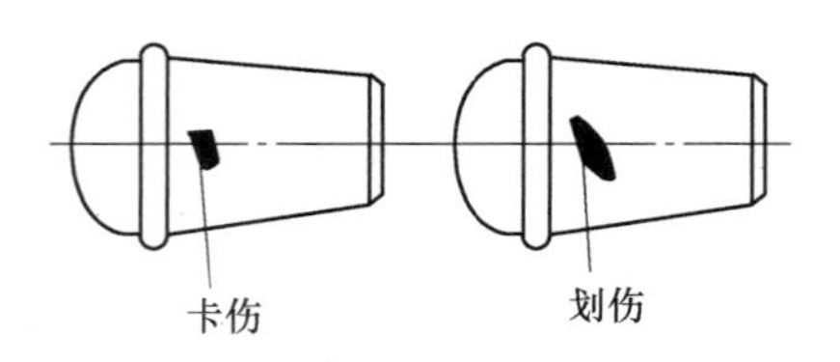

图 7-19　圆锥滚子冷镦的卡伤与划伤

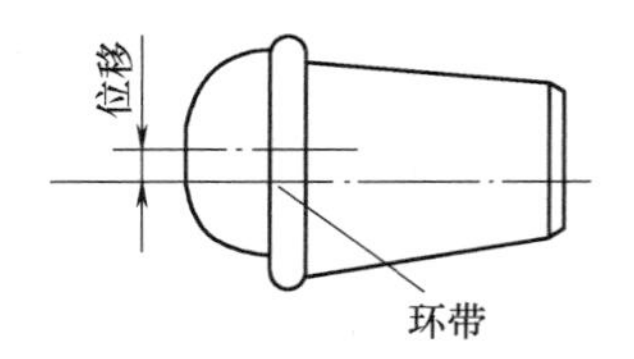

图 7-20　圆锥滚子冷镦歪边的形状

4）卷冲或垫伤。卷冲产生原因是剪切工具的轴向间隙过小或切料刀板刃口太钝，致使在切料端面挤错产生毛刺，冷镦时，毛刺被压入滚子毛坯表面而形成；垫伤产生的原因：在剪切或切断打入凹模时产生的金属微粒，在冷镦时压入冷镦滚子表面。卷冲与垫伤的示意如图 7-21 所示。

5）滚子无凹穴或环带过宽。滚子无凹穴是指冲压后的滚子大端面没有凹槽，主要是由于切料质量不好或料段长度不足未填充满模具型腔而造成的。环带过宽则是由于送料太长，多余材料挤出形成宽环带。过宽的环带影响后工序窜削的效率，且环带窜光后易造成小头和大头倒角变大，最终造成成品滚子倒角超差。圆锥滚子冷镦无凹穴或环带过宽如图 7-22 所示。

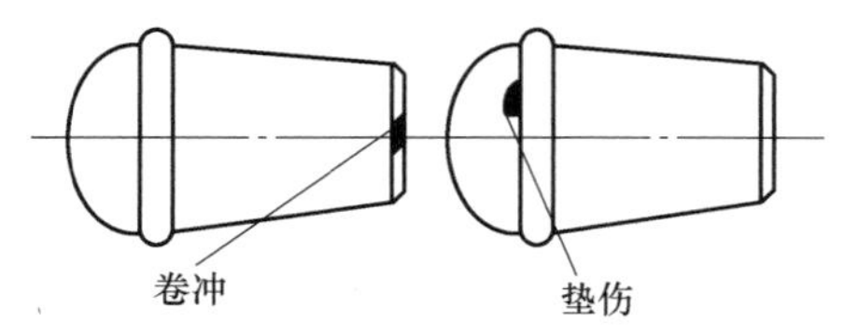

图 7-21 圆锥滚子冷镦的卷冲与垫伤

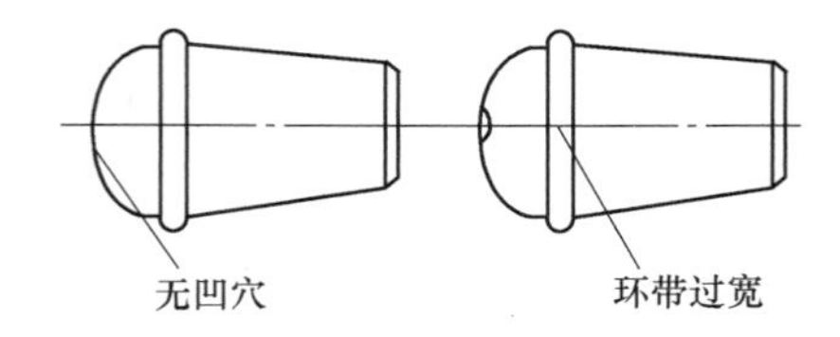

图 7-22 圆锥滚子冷镦无凹穴或环带过宽

7.2.2 窜削加工

窜削加工包括窜环带、窜氧化皮工序，钢球和钢制滚子均需采用窜削加工以高效地去除环带与氧化皮。窜削加工效率高，加工质量好，但加工产生较多废水且伴随较大噪声，是目前轴承制造中的重污染环节，目前已经逐步被一些新的工艺方法替代。

滚子冷镦毛坯的环带需在前加工中尽快去除，去除环带最有效且最经济的加工方式即为窜削加工。一般采用陶瓷结合剂砂轮块在双面圆盘窜桶中去除环带；树脂和橡胶结合剂砂轮块结合强度低，环境污染程度高；而碳化硅磨料的砂轮块过于锋利，容易将滚子砸伤，也不宜采用。目前有的厂家通过开发硬质合金冷镦模具以实现无环带，从而取消窜环带工序。去除环带的另一种方法是以磨代窜，即增加磨环带工序。

滚子经热处理淬、回火后会在滚子表面形成氧化皮与油污，直接采用砂轮磨削易堵塞砂轮，且效率极低，因而一般在窜桶中用河沙去除。也可采用抛丸方式去除，抛丸处理是利用抛丸机抛头上的叶轮在高速旋转时的离心力，把钢丸以很高的线速度射向被处理的钢材表面，产生打击和磨削作用，从而去除钢材表面的氧化皮和锈蚀，并产生一定的表面粗糙度。抛丸处理的效率很高，可以在密封的环境中进行，有吸尘装置，无粉尘飞扬，是效率很高的自动化流水线作业。

另外，光饰是近年来应用较广泛的概率加工方法。光饰是将滚子装入光饰机内，再加入一定量的磨料、光亮剂和水一起转动或振动的过程。光饰工艺也可用于热处理后的氧化皮去除，还可用于成品滚子的外观处理，适用于中小尺寸滚子。热处理后的滚子经光饰可去除倒角与凹穴的毛刺、锈蚀和氧化皮，使倒角、凹穴光亮清洁，从而改善外观质量；终磨滚子光饰后在改善外观质量的同时，还可以降低滚子的表面粗糙度值，改善几何公差，延长滚子的疲劳寿命。近年来，光饰工艺在滚子加工中的应用不断增加，涡流式、振动式和行星式光饰机均有应用。

7.2.3 外径面磨削

圆锥滚子外径面磨削一般要经过软磨、粗磨、细磨和终磨 4 道工序，均采用无心磨削，具体又可分为定程磨削、切入磨削和贯穿磨削，实际应用中应依据滚子直径和批量大小来选用。

1. 定程磨削

定程磨削又称为止推磨削，磨削过程中工件纵向进给，用挡铁来限定工件轴向移动的极限位置，工件不能完全通过磨削区，适合受形状限制而不适于穿过磨削区的滚子加工。

定程磨削采用的设备与套圈贯穿磨床一致。由于磨削的滚子具有锥度，砂轮与导轮间修整出与滚子的锥角相适应的角度 2φ，砂轮和导轮的修整形式有 3 种，如图 7-23 所示，其中修整方式Ⅲ使滚子回转中心与砂轮回转中心一致，运动平稳且加工过程稳定，应用较为广泛。

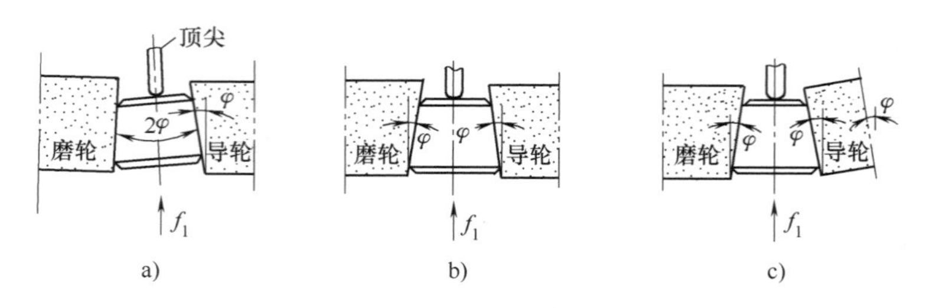

图 7-23　定程磨削砂轮与导轮的形状

a）修整方式Ⅰ　b）修整方式Ⅱ　c）修整方式Ⅲ

工件放置于导轮与砂轮之间，砂轮起磨削作用，挡铁或顶针置于滚子回转的中心位置，磨削过程中随着滚子直径的减小，工件在导轮带动下纵向移动。滚子轴向移动的原因是导轮倾斜角产生的轴向速度分量，圆锥滚子粗磨时导轮倾斜角为1°~2°，精磨时为9′~30′，当滚子端部接触挡铁或顶针时，外径尺寸合格，滚子退出，外径面磨削完成。

圆锥滚子外径面磨削的成圆原理与套圈的外径面贯穿磨一致，其原理参见本书 4.4 节的相关内容。由于被加工工件存在锥角，以下简要叙述其差异。圆锥滚子外径面定程磨削的几何布局如图 7-24 所示，图中，r 和 R 分别为圆锥滚子小端和大端半径；φ 为滚子半锥角；L 为滚子除倒角坐标外的长度；φ_1 为加工滚子横截面内的托板斜面倾角；A 为圆锥滚子大、小半径差 φ_1 在 y 轴的投影。

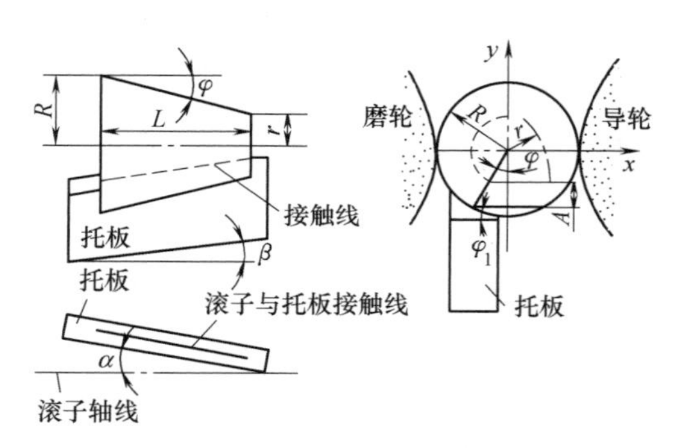

图 7-24　圆锥滚子外径面定程磨削的几何布局

依据图中几何关系，有

$$\begin{cases}\tan\varphi=\dfrac{R-r}{L}\\ A=(R-r)\cos\varphi_1\end{cases}\tag{7-2}$$

为保证加工中圆锥滚子素线全长与托板斜面接触，托板需要做两个方向的转动，如图 7-24 所示。在垂直面翘起 β 角，由带 β 角的垫铁实现；在水平面顺时针方向转 α 角，由托板调整来实现。两个转动角度为

$$\begin{cases}\tan\beta=\tan\varphi\cos\varphi_1\\ \tan\alpha=\tan\varphi\sin\varphi_1\end{cases}\tag{7-3}$$

托扳倾斜角为 φ_0，如图 7-25 所示，且与安装角 β 和 α 相关。

$$\tan\varphi_0=\tan\varphi_1\ \frac{\cos\beta}{\cos\alpha}\tag{7-4}$$

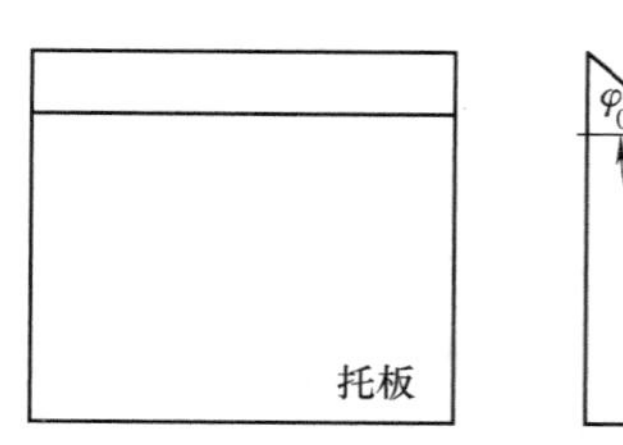

图 7-25　托板倾斜角

导轮转速对加工质量和生产率影响很大，应依具体情

况合理选择。工件中心高一般取（0.25~0.67）D_w。

2. 切入磨削

切入磨削一般用于大型或特大型滚子的加工。在以往的加工中大量采用贯穿式磨床，几何布局及砂轮修整方式与定程磨削相同，所不同的是：在加工过程中导轮架同滚子一起径向移动实现切入磨削，一次工作往复中可以切除较多的磨量。当切入磨削时，导轮的倾斜角比定程磨削大，为2°~4°，可使滚子紧靠挡铁。对于推力圆锥滚子，由于锥角太大，滚子在磨削中会自动向外退，挡铁可反过来顶在前面滚子的大端处。由于滚子直径较大，通常导轮的转速仅为29r/min左右。

近年来，大型与特大型滚子开始大量采用电磁无心夹具单个磨削滚子的加工方式，其加工原理与套圈的外沟道或者外滚道磨削原理一致。

3. 贯穿磨削

圆锥滚子贯穿磨削是将无心磨床的导轮换成用特殊铸铁或钢制造的螺旋轮，从而实现带锥角工件贯穿磨削的加工方式。在自动送料装置的传动下被加工滚子送入螺旋槽中，螺旋槽底带有角度，其大小与滚子锥角相适合，使滚子素线平行于砂轮素线；滚子靠螺旋槽挡边推动沿砂轮素线贯穿移动，如图7-26所示。螺旋导轮的精度将直接影响加工精度，因而导轮修整设备极为关键。

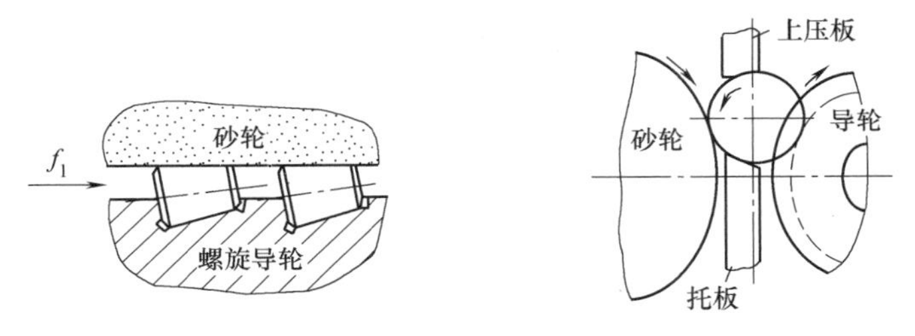

图7-26　螺旋导轮贯穿磨削

7.2.4　端面磨削

圆锥滚子端面磨削包括磨双端面和磨球基面两道工序。圆锥滚子小端面是非工作表面，一般不需要磨削，但当冷镦工序质量不好时，增加双端面磨削能有效提升磨削的定位基准，因而目前国内一些厂家制造圆锥滚子时使用双端面磨削，国外的圆锥滚子不常采用此工序；球基面是滚子与挡边直接接触的位置，其磨削质量对于轴承工作时的振动、噪声及温升都有直接影响，是圆锥滚子加工中所必需进行的工序。

1. 双端面磨削

双端面磨削的主要目的是改善滚子基准端面的圆跳动，并统一滚子长度的尺寸。由于直径大的滚子需要磨去较多的留量，因而多采用软磨以提升效率；直径小的滚子磨量小，采用硬磨可有效修正热处理变形并获得较好的表面质量；一般滚子直径大于8mm宜软磨双端面，小于8mm则硬磨双端面。

滚子双端面磨削专业磨床包括M775Z及M775B，两种设备结构基本相同，只是加工滚子的尺寸范围不同，这些磨床的进给和驱动单元近年来大多实现了数字控制，但加工原理类似，其磨削原理如图7-27所示。机床运动包括两个砂轮的主运动、送料盘的圆弧进给运动、砂轮修整器的修整运动及砂轮的横向进给运动，磨削过程及原理与套圈双端面磨削类似。

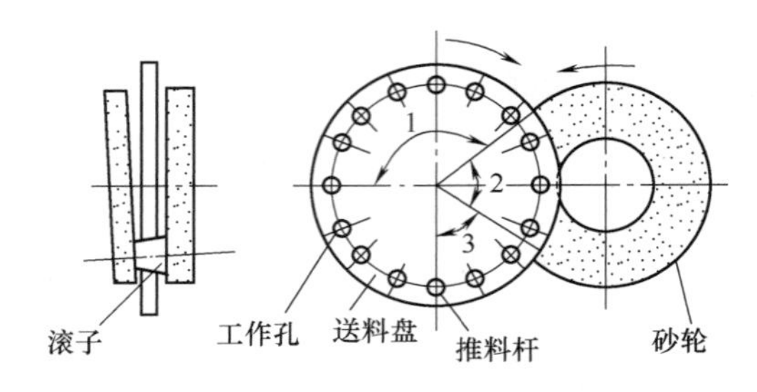

图 7-27　双端面磨床磨削原理

2. 球基面磨削

圆锥滚子球基面可采用筒形砂轮单个磨削，也可采用成形砂轮贯穿磨削。磨削方式的选择依据滚子的尺寸与批量的大小来区分，大型、特大型滚子采用筒形砂轮单个磨削较多，而中、小型滚子则多采用成形砂轮贯穿磨削。

（1）筒形砂轮单个磨削　滚子球基面相当于在一个轴端面要磨成一个外凸的球形面，成形原理可参考第 4 章关于滚道磨削的内容。在磨削时，滚子轴心线与砂轮轴心线在同一平面相交，并各自围绕自己的轴心线旋转，范成过程中砂轮回转中心应与工件回转中心偏离角度 α。实质上，倾斜角度 α 后滚子和砂轮两个圆柱体相交产生的相贯线为一条高阶曲线，该曲线旋转一周便形成了球面，筒形砂轮磨削球基面原理如图 7-28 所示。

筒形砂轮轴线与滚子轴线的交角 α 为

$$\alpha=\arcsin\frac{r_{\mathrm{m}}}{R} \tag{7-5}$$

式中，r_{m} 为筒形砂轮的平均半径；R 为滚子球基面所要求的球形半径。

工作时，转动砂轮座，使砂轮轴心线以砂轮座中心 O_{P} 为圆心旋转角度 α，然后横向移动砂轮座，按砂轮的平均直径调整到滚子基面的中心，此时，两条中心线相交于 O 点，O 点就是欲磨球面的球心，砂轮直径 r_{m}、倾斜角 α 和滚子直径都会影响球基面的曲率半径 R。当 α 很小时可以得到近似 ∞ 的 R 值，相当于前述套圈磨削中介绍的采用单头立轴磨床磨削平面的原理。筒形砂轮磨削球基面，砂轮端面的球形不必用专门的修整器修整，而是靠滚子和砂轮相互间的运动来使其自砺以保持球形不变，当然也应选择自锐性好的砂轮。

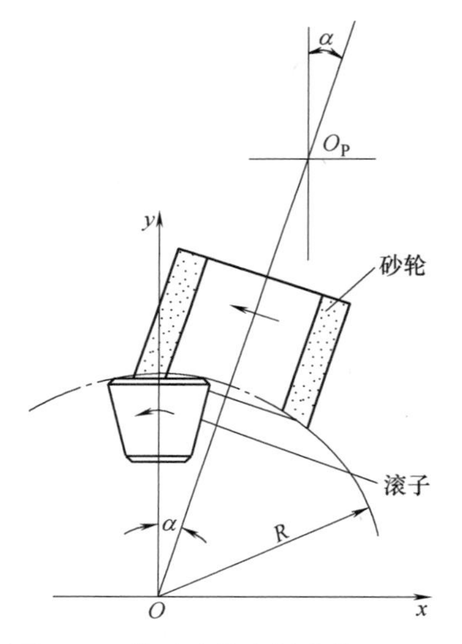

图 7-28　筒形砂轮磨削球基面原理

滚子在磨削球基面前应先进行外圆的粗磨或细磨，以保证磨球基面时定位准确稳固。

（2）成形砂轮贯穿磨削法　成形砂轮贯穿磨削法是一种高效圆锥滚子球形基面磨削方法，一般采用专用磨床，也有一些是用无心磨床改装而成的，目前常用的成形砂轮贯穿磨削有磁盘式与无磁式两类，无磁式又分卧式结构和立式结构两种。采用贯穿磨削时，上、下料时间与磨削时间重合，生产率高；磨削后滚子球基面跳动可达 5μm 左右，表面粗糙度值 Ra 约为 0.25μm。成形砂轮贯穿磨削只能把滚子球形端面加工到砂轮修正所得的型面半径，由于工装（磁盘和隔离盘）及砂轮修整器回转半径所限，一般贯穿法加工的球基面 SR 值很难超过 400mm。

1）磁盘式。图 7-29 所示为磁盘式成形砂轮通过式磨削的原理。在磨削时，滚子经送料机导向沿弹簧软管进入送滚器，隔离盘每转过一齿就有一个滚子由送滚器送下并卧置于下盘锥面和隔离盘齿形槽中，随隔离盘转动，滚子经围板进入磨削区。下盘底盘中装有激磁线圈，通电后产生的磁场会将滚子吸紧在下盘上。下盘的转速比上盘（隔离盘）快且转向相反，下盘以摩擦力带动滚子快速旋转。而砂轮置于上盘和下盘的侧面，其素线被修整成半径为 R 的内凹圆弧形，其水平径向平面内的中心与隔离盘的回转中心相重合，实际上也就是滚子球基面的曲率中心。

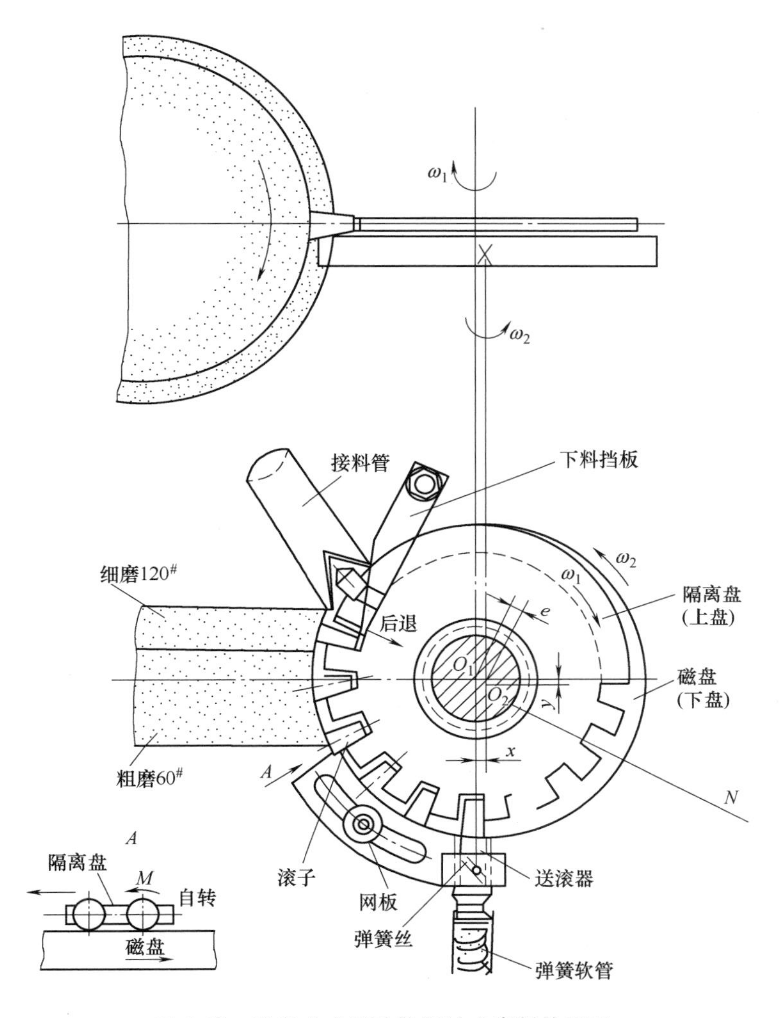

图 7-29 磁盘式成形砂轮通过式磨削的原理

隔离盘与下盘的回转中心不重合，存在设计偏心量 e，只要偏心方向选择合适，就可以使磁盘对滚子的摩擦力在滚子轴向（隔离盘径向）的分力将滚子压向砂轮，形成磨削的轴向进给力。磨削时除砂轮的旋转运动外，还有隔离盘的回转运动和滚子同向的进给运动，在滚子自转和砂轮圆弧素线的联合作用下形成滚子端部球基面。随着隔离盘的转动，逐步完成球基面的磨削，当滚子转到出口处，就会碰到下料挡板，迫使滚子沿挡板斜面落到接料管，从而完成加工过程。

实际使用中隔离盘转速一般为1~3r/min，下磁盘转速为60~90r/min；砂轮采用氧化铝固体树脂结合剂、中硬、粒度60#~120#，砂轮轴向宽度约等于滚子球基面半径。砂轮一般采用定制的特殊砂轮，同一砂轮具有两种不同的粒度，前段多为60#，后段多为120#。在磨削区轴向力逐渐减小，滚子的外形状态变化等因素造成砂轮磨损不均，需采用专门的修整装置定时修整砂轮的圆弧素线。

隔离盘和磁盘的设计要合理：隔离盘制造时应注意齿槽的工作面延长线须通过盘的回转中心，且表面质量好；磁盘边缘锥形工作面的形状和角度均会对滚子球基面的加工精度有影响，应严格控制。

2）无磁式。无磁式贯穿磨削（见图7-30）是把滚子放置到连续旋转的两个摩擦盘之间夹持住，由于左、右两摩擦盘转速不等，会反方向夹持圆锥滚子旋转，在左、右摩擦盘的不等速旋转下，滚子在两摩擦盘摩擦下自身绕滚子轴线旋转实现自转并带动隔离盘进行公转，修整砂轮的金刚石安装在隔离盘的一个齿槽内，将砂轮修整出所需要的球面半径 *SR*，以实现成形磨削。

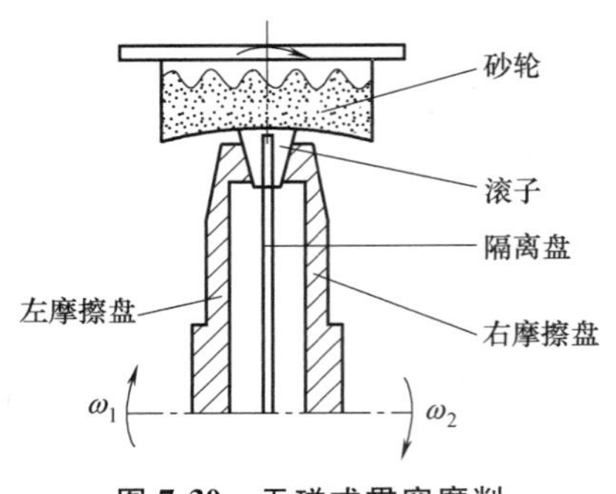

图7-30　无磁式贯穿磨削

由于左右两个摩擦盘与滚子外径面接触带有一定的角度，该角度与滚子角度匹配，实现了滚子轴向、径向定位，故而可以实现强制成形磨削，达到强力大模量、高精度磨削，磨量可达0.05~0.15mm，在冷镦毛坯技术过关的情况下，可以不必磨削双端面而直接磨削球基面，磨削后球基面表面粗糙度值 *Ra* 在0.16mm以内。

7.2.5　外径面超精研

滚子与滚道直接接触，故需要好的表面质量与几何形状，才能承受大的接触应力，进而提升轴承寿命，因而外径面一般需超精研加工。

圆锥滚子外径面超精工艺方法分为切入法超精和贯穿法超精。切入法超精针对每个滚子逐一进行，超精效率较低，适合于大尺寸、批量较小的圆锥滚子，其加工原理与套圈滚道超精类似，此处不再介绍，具体可参见第5章套圈超精研的内容。中小尺寸的圆锥滚子采用贯穿法超精，生产率高，其原理如图7-31所示。图7-32所示为超精滚子外径面时滚子素线与油石的振荡方向。

贯穿法超精圆锥滚子外径面的夹持原理与第5章介绍的双辊轮无心支承类似，但两个导辊之间无倾斜角，因而无法给工件提供轴向推动力。由于工件是圆锥体，两螺旋导辊的滚道工作面需与锥面适应，故在实际应用中一个螺旋导辊带有推圆锥滚子球基面的挡边，另一个螺旋导辊在对应挡边的位置形成螺旋形空刀槽，便于高速时对正螺距。当两螺旋轮以同速同向放置时，滚子在螺旋轮锥面和挡边的联合驱动下，一边旋转一边向超精油石送进。超精时不同油石夹头可以安装不同粒度的油石，以完成粗超、中超和精超；油石压力 p 为0.2~0.25MPa，振幅 a 为1~4mm，振频 f 为1500~2000次/min。贯穿超精过程连续进行，能在短时间内获得高精度和高质量的滚子，适合大批量生产。

以上超精的圆锥滚子素线为直线，目前绝大多数的滚子外径面素线带凸度，故上述超精方法已逐步被淘汰，凸度滚子的超精将在下节介绍。

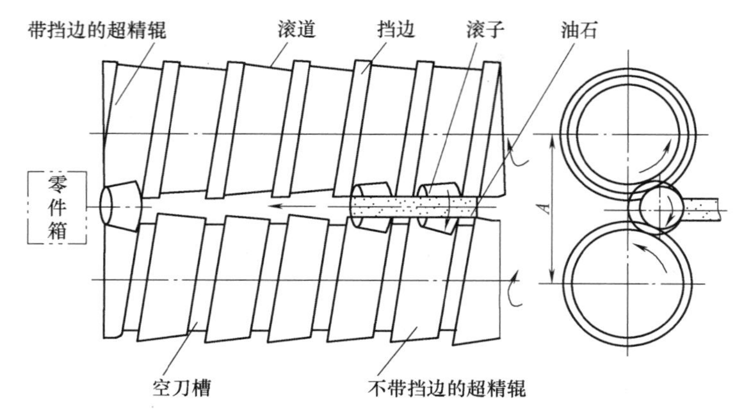

图 7-31 贯穿法超精圆锥滚子外径面

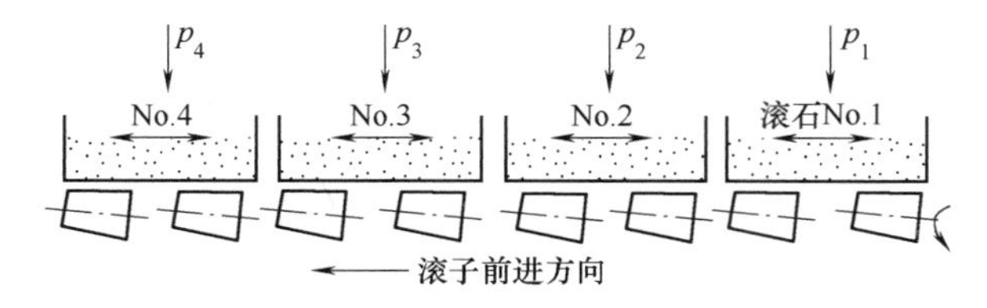

图 7-32 滚子素线与油石振荡方向

7.2.6 圆锥滚子的凸度加工

滚子轴承在应用时，有多种因素可造成套圈偏斜，致使滚子端部产生较大应力。即使轴承安装正确，承受载荷滚子的两边缘处的接触应力也远大于其他部位，即边缘效应，如图 7-33 所示。

为了消除边缘应力集中，提高滚子轴承的寿命，滚子的外径面素线一般加工出一定的凸度以使整个接触线的应力分布均匀，如图 7-34 所示。

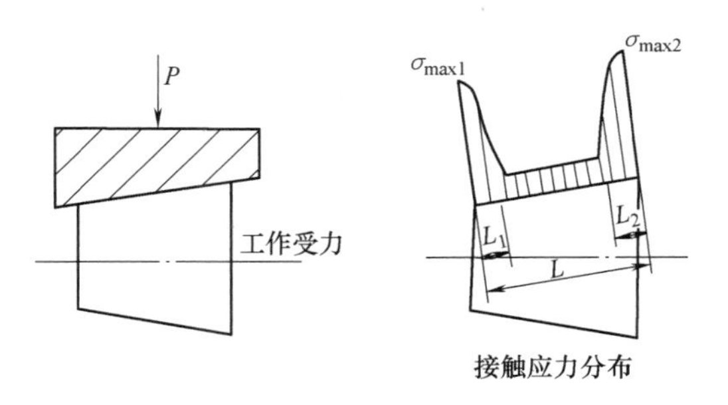

图 7-33 直素线滚子表面的接触应力分布

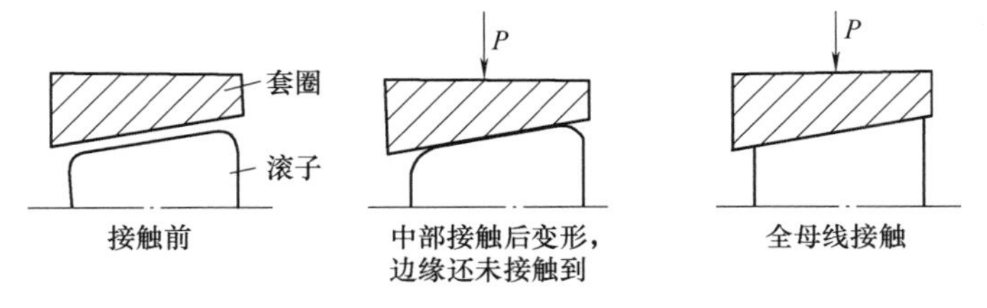

图 7-34 凸度圆锥滚子的接触受力情况

目前常用的凸度形状包括直线斜坡形、圆弧斜坡形、全圆弧形、三段圆弧形及对数曲线形，如图 7-35 所示，图中 Δ 为凸度量。直线斜坡形指滚子素线边缘处加工成两条直线段；

圆弧斜坡形指滚子素线边缘处加工成两段相同半径和相同圆心的圆弧；全圆弧形则指滚子整个素线为一大圆弧段；三段圆弧形指滚子素线为3段圆弧相切构成，其中两端圆弧半径为R_1，中部圆弧半径为R_2；对数曲线形指滚子素线为对数曲线，曲线方程为

$$y=A\ln\frac{1}{1-\left(\frac{2x}{L_{\mathrm{w}}}\right)^2} \tag{7-6}$$

式中，y为滚子凸度量；x为检测点离滚子素线中心点的距离；A为凸度系数；L_{w}为滚子凸度检测长度。

凸度圆锥滚子能减轻或消除边缘应力效应及套圈偏斜的影响，直线斜坡形加工简单，但由于有明显折点，应用效果稍差；三段圆弧与对数曲线的应用效果好，但由于制造和检测能力限制，具有较大的加工难度。

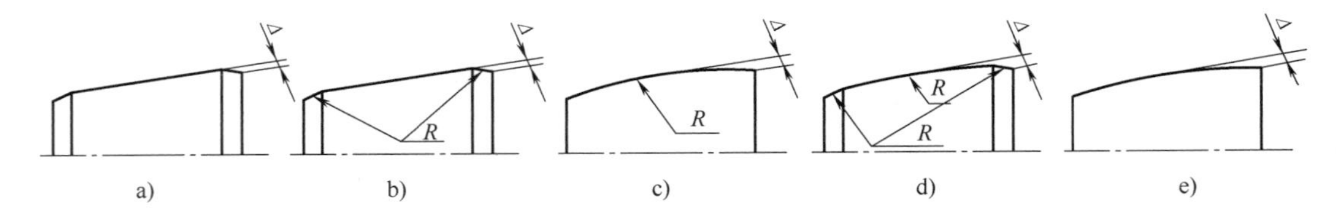

图7-35 圆锥滚子凸度的素线形状

a）直线斜坡形 b）圆弧斜坡形 c）全圆弧形 d）三段圆弧形 e）对数曲线形

滚子凸度可以采用超精与磨削两种不同的加工方式实现。凸度量较小的滚子，可采用超精加工方法获得凸度；凸度量较大的滚子，由于超精留量与超精效率的限制，可采用磨削加工获得凸度。当磨削获得凸度的滚子表面粗糙度难以达到技术要求时，还需进一步超精，但超精有可能破坏轮廓的素线形状。

1. 超精加工凸度

凸度圆锥滚子超精方法很多，最常用的是“三段超精法”，也称倾斜超精法。倾斜超精法设备及超精原理与前述贯穿超精一致，只是在螺旋导辊修整的时候调整了超精辊的滚道角度，如图7-36所示。滚子在超精过程，第1段使滚子小端朝上以超精小端，第2段使滚子大端朝上以超精大端，第3段使滚子素线和油石平行以超精中部直线。滚子超精中由螺旋导辊定位，螺旋导辊修整出3种不同角度，即可实现滚子的凸度加工。

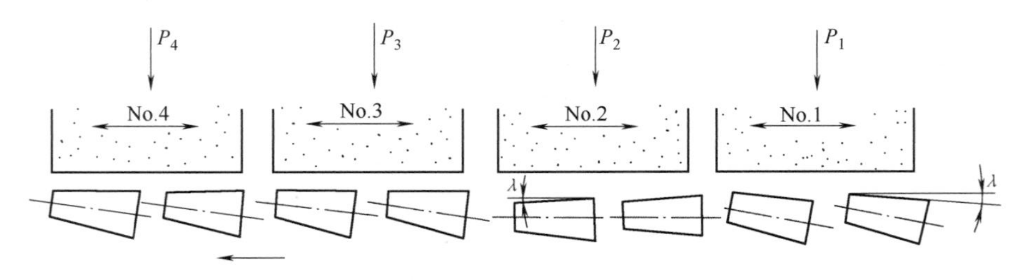

图7-36 滚子凸度超精原理

超精导辊的角度是决定“三段超精法”超精效果的关键要素，图7-37所示为滚子与导辊的位置关系及滚子倾斜角度示意。依据图中的几何关系，滚子倾角λ可以表示为

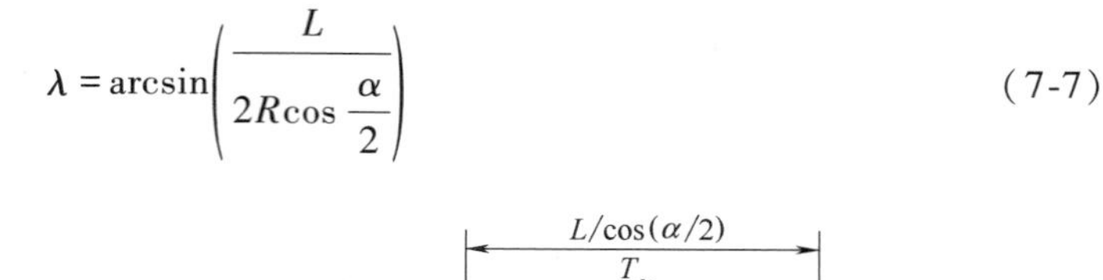

$$\lambda=\arcsin\left(\frac{L}{2R\cos\dfrac{\alpha}{2}}\right) \tag{7-7}$$

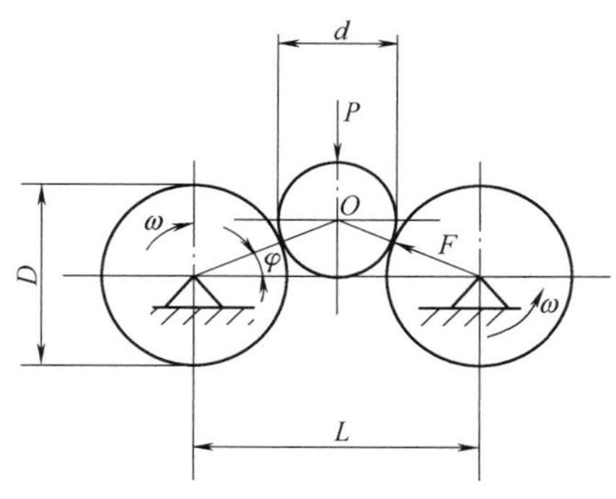

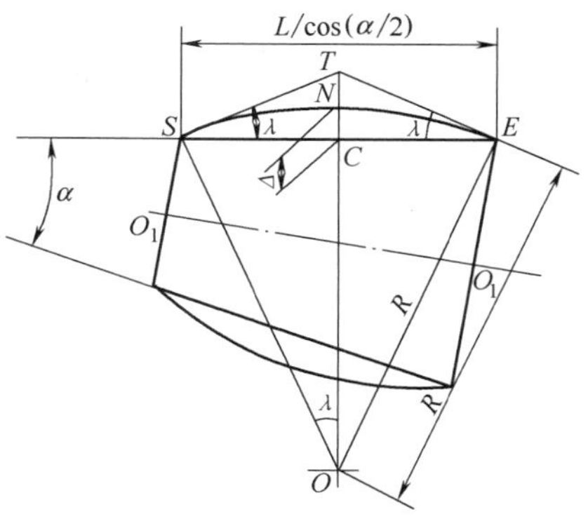

图 7-37　三段超精法滚子角度

随着滚子在导辊内的位置变化，角度 λ 也产生了变化。当 $\lambda>0$ 时超滚子小端，当 $\lambda<0$ 时超滚子大端，当 $\lambda=0$ 时超滚子中间平直部分。在实际生产过程中，λ 根据经验要加倍，即 $\lambda_{实}=K\lambda_{理}$。根据圆锥滚子直径和角度不同，K 取 2~6。

超精导辊工作部分全角可表示为

$$\frac{\tan\delta}{2}=\sin\varphi\tan\beta+\frac{\tan\dfrac{\varphi}{2}}{\cos\beta} \tag{7-8}$$

式中，δ 为超精导辊工作部分全角；β 为滚子中心线与油石工作面夹角，$\beta=\alpha/2\pm\lambda$；φ 为超精时的压力角，一般取 12°~19°。

压力角 φ 的选取将直接影响超精导辊的使用寿命和圆锥滚子圆度的提高，其值与超精辊直径和两个超精导辊的中心距离有关。图 7-37 中 P 为超精油石对滚子的压力，F 为超精导辊对滚子的支承力，$P=F\sin\varphi$；超精时，油石压力确定，若 φ 角度小，则 F 增大，即增加了滚子与超精导辊的摩擦力，需要频繁对超精导辊进行修磨；如果 φ 过大，超精时将不能有效地改善圆锥滚子的圆度。根据加工经验，滚子直径 $D_w\leqslant10$mm，φ 取 15°为宜；当 10mm $<D_w<18$mm 时，取 18°为宜；因超精导辊的直径在超同一直径滚子时对压力角 φ 有直接影响，一般可取超精导辊直径为 125mm。

超精过程中滚子表面素线的变化过程如图 7-38 所示。“三段超精法”超精出的滚子线凸度理论上应为直线斜坡形，超精后实际成品轮廓与圆弧斜坡形近似，有些甚至能达到三段圆弧形。造成这种现象的原因也是“边缘效应”，折线位置接触应力集中，油石压力相对其他位置大，切削作用强，造成此点光滑，最终成为圆弧相切的衔接。

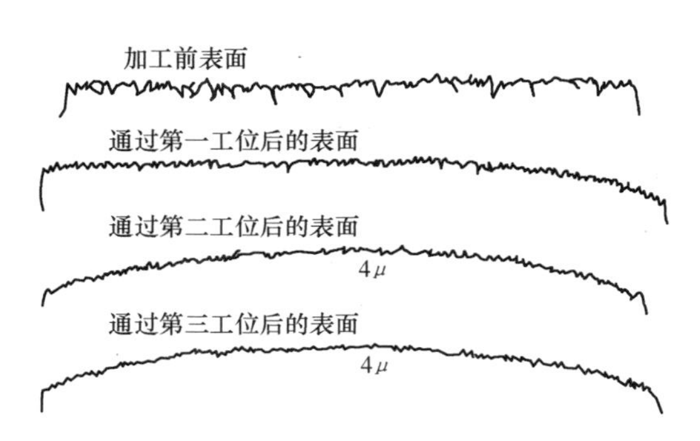

图 7-38　“三段超精法”的滚子表面素线变化

在实际应用中，由于贯穿式超精的各超

精头的工艺参数可单独控制，也可采用图 7-32 所示的平直式超精方法来获得凸度。在具体加工中，当滚子依次通过各工位油石时，大小头会依次接触、离开油石，只要选用适当的工艺参数，在油石的压力和高频率振动过程中也可以形成凸度。

无论是采用“三段超精法”，还是通过控制超精头的工艺参数超精凸度，经过一段时间加工后，油石的截面形状将由于自锐作用形成理想的圆弧，如图 7-39 所示。

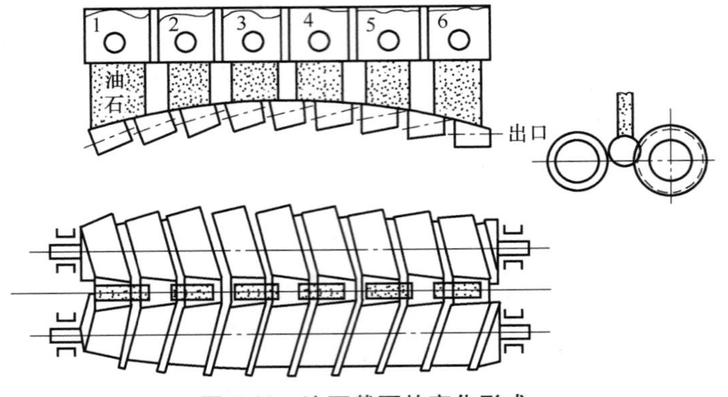

图 7-39　油石截面的变化形式

2. 磨削加工凸度

采用磨削加工获取凸度实质上属于滚子外径面磨削加工的内容，由于凸度加工的特殊性，故在此处单独说明。前述滚子外径面磨削加工中介绍了定程磨削、切入磨削与贯穿磨削 3 种不同方法，磨削加工凸度时也主要采用切入磨削与贯穿磨削。以下以全圆弧素线的圆锥滚子凸度磨削为例说明，图 7-40 所示为全圆弧素线圆锥滚子的几何结构。

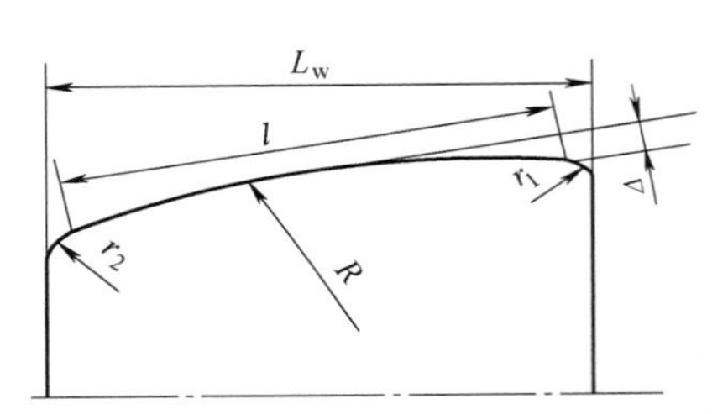

图 7-40　全圆弧素线圆锥滚子的几何结构

由图 7-40 的几何关系可知

$$R^2=\left(\frac{l}{2}\right)^2+(R-\Delta)^2 \tag{7-9}$$

式中，l 为凸度检测距离；Δ 为凸度量；R 为凸度半径。

即

$$R=\frac{l^2}{8\Delta}+\frac{\Delta}{2} \tag{7-10}$$

Δ 值相对 R、l 特别小，故

$$R=\frac{l^2}{8\Delta} \tag{7-11}$$

对于大型、特大型圆锥滚子，生产批量一般不是很大，采用与套圈类似的单个切入磨削方法是近年来应用增长较快的磨削方法，其磨削原理如图 7-41 所示。磨削过程中采用电磁无心夹具，前后支承磨削；滚子外径面的凸度靠砂轮表面修整出的“凹心”实现，其凸度形状与精度依赖砂轮修整的精度。

大批生产的中、小型滚子外径面凸度的磨削采用贯穿磨削，与单个切入磨相比，贯穿磨削生产率高，批尺寸差容易控制[22]。凸度贯穿磨在专用圆锥滚子磨床（如 XF-004A）上进

行，由于凸度贯穿磨的加工质量与导轮的制造精度和使用状况有很大关系，以下说明导轮轮廓半径的选取。

当滚子凸度贯穿磨削时砂轮与导轮的位置关系如图 7-42 所示，图中导轮半径小于砂轮半径，差值为 δ，可使滚子逐渐进入和通过磨削区。

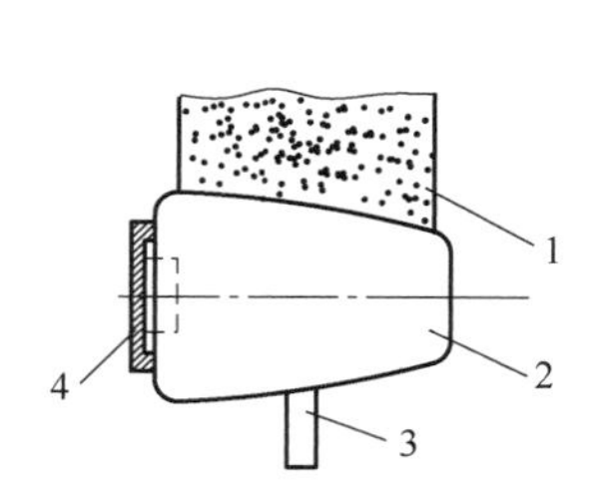

图 7-41 大型圆锥滚子凸度的单个切入磨削

1—砂轮 2—滚子 3—支承 4—磁极

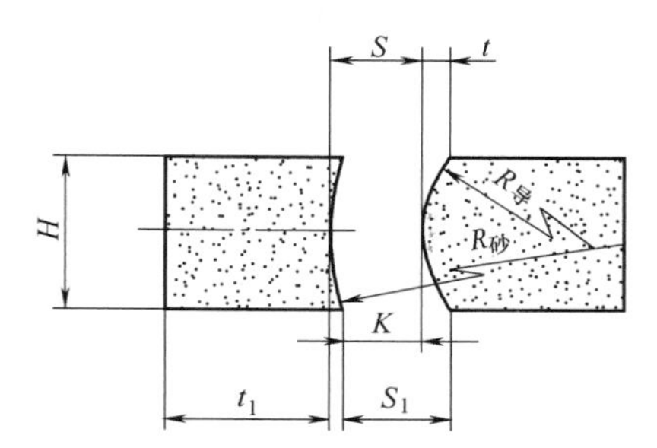

图 7-42 当滚子凸度贯穿磨削时砂轮与导轮的位置关系

由图 7-42 中几何关系知

$$\delta=t-t_1 \tag{7-12}$$

$$\begin{cases} t=\dfrac{H^2}{8R_{导}} \\ t_1=\dfrac{H^2}{8R_{砂}} \end{cases} \tag{7-13}$$

将式（7-13）代入式（7-12）

$$\delta=\frac{H^2}{8}\left(\frac{1}{R_{导}}-\frac{1}{R_{砂}}\right) \tag{7-14}$$

则导轮轮廓半径为

$$R_{导}=\frac{R_{砂}\ H^2}{H^2+8R_{砂}\ \delta} \tag{7-15}$$

δ 值主要根据凸度值而定，应大于凸度值。当 δ 值大时调整容易，但有效磨削区短，δ 值太大则磨削不稳定，滚子锥度易超差；当 δ 值小时，虽不易调整，但有效磨削区长，磨削稳定。

螺旋轮贯穿磨削凸度时涉及的其他具体问题还有很多，如机床的性能与调整，螺旋导辊和砂轮的修整方法，托板的安装和调整，自动送料装置和机床连线等，此处不再一一介绍。

7.3 圆柱滚子加工

圆柱滚子用量大，不仅可大量应用于滚动轴承，还可单独应用于机床导轨等将滑动摩擦转为滚动摩擦的场合。与其他类型的滚子相比，圆柱滚子精度要求更高。其制造环节与圆锥滚子类似，以下仅简要介绍其毛坯加工、磨削与外径面超精研几个主要环节。

7.3.1 毛坯加工

与圆锥滚子毛坯加工一样，圆柱滚子的毛坯加工方式也包含冷镦、棒料车削和热锻件车削，毛坯加工方式的选择也与滚子直径相关。

1. 冷镦

圆柱滚子冷镦方法与圆锥滚子相同，也采用单工位、多工位卧式自动冷镦机或压力机冲压，大多工艺环节一致，不再详细讨论，以下仅说明其区别。

与圆锥滚子不同，圆柱滚子冷镦的凹模必须设计有脱模角度（锥角）以便从凹模中推出滚子毛坯；脱模角度越大，毛坯越容易出模，但留量应相应增加，材料利用率降低；脱模角度随滚子直径和长度的增大而增大，随冲压工位数的增加而减小。

圆柱滚子冲头和凹模的分界线位置（即环带位置）是影响脱模角的主要因素，现圆柱滚子冷镦分界线有3种，如图7-43所示。不同分界方式有不同特点，有些分界方式对于滚子在轴承应用中的承载与寿命起优势作用，如图7-43a环带处于大端面位置，滚子承受载荷的主要区域位置金属流线好，能提升滚子寿命。有些分界方式则有较好的工艺性，如图7-43b环带处于中间位置，可减小脱模角度对留量的影响，使滚子两端变形均匀，另外两端处倒角可与滚子毛坯素线相切，便于出模；但这种分界方式环带位置对滚子（尤其是凸度滚子）寿命有一定影响，且不适于单工位冲压的模具，因为此时模具中的定位夹持太短加工质量无法保证。图7-43c类似于大端分界，只是环带下移，可采取稍加大冲头R和用斜线连接（近似相切）过渡的方法减小脱模角，采用单工位冷镦也可取得较好效果。

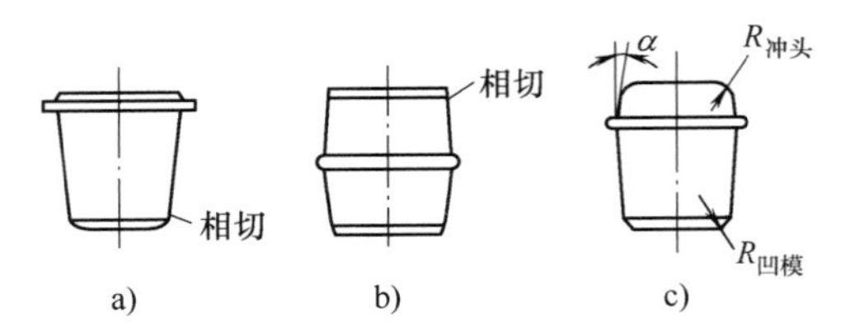

图7-43　圆柱滚子冷镦分界线

a）大端分界　b）中部分界　c）端部下移分界

2. 车削

圆柱滚子车削毛坯多用于大滚子、批量较小的小滚子或具有特殊要求的滚子，对于直径超过60mm的滚子，一般也应锻造后再经车削形成滚子毛坯。

圆柱滚子毛坯的车削加工，目前绝大多数采用数控加工，与套圈车削一样，一般采用两台数控车床联线的加工方式。

7.3.2　磨削

圆柱滚子的磨削主要是外径面和端面的磨削，磨削设备和工艺与圆锥滚子的接近，但一些具体技术要求有所差异，如圆柱滚子的长度公差、端面加工质量均比圆锥滚子高，以下着重论述其不同点。

1. 端面磨削

与轴承套圈端面磨削类似，圆柱滚子端面磨削也可采用双端面磨削或在立轴圆台磨床上进行单端面磨削。单端面磨削仅适用于大型、特大型滚子或批量很小的中小型滚子，劳动强度大，生产率低，同时由于电磁力对加工精度的影响，还需要采用一些辅助方法固定工件，因而实际中多采用双端面磨削；另外，由于圆柱滚子的长度精度要求高，端面又是外径面磨削的定位基准，为了进一步提升端面精度，端面还要经常进行研磨。

（1）双端面磨削　圆柱滚子双端面磨削的加工特点、工艺布局、设备情况等和圆锥滚子双端面磨削基本相同，但圆柱滚子端面对滚子轴线的轴向跳动S_{Dw}要求高，因而双端面磨削时的送料盘需提升制造精度。

图 7-44 所示为圆柱滚子双端面磨削送料盘。工作套筒均布安装在送料转盘体的圆周孔内，套筒和转盘体可选用不同的材料制作，以使套筒具有更好的耐磨性，且随滚子尺寸不同只需更换套筒，降低了工装成本。为满足垂直度加工精度的要求，相应地对送料盘的制造精度，如平直度、工作孔中心线对送料盘基准端面的垂直度、送料盘中心线的平行度等提出了较高要求，但由于送料盘直径大（ϕ600～ϕ700mm），厚度薄（有的只有 5mm 左右），给制造带来很大困难。加工送料盘时要采取有效措施提高加工质量，如用万能磨床一次装夹加工出套筒的挡边和内孔，以消除安装定位误差；设计专用夹具以提高加工盘体的加工精度等。通常滚子与套筒工作孔间的间隙为 0.2mm 左右；工作孔长度为滚子长度的 0.8 倍左右。为防止送料盘的挠曲变形，常选用 40 钢制造，并经过调质处理，硬度为 25～28HRC。工作套筒要考虑耐磨性，常选用 GCrl5 钢制造，硬度为 58～62HRC。

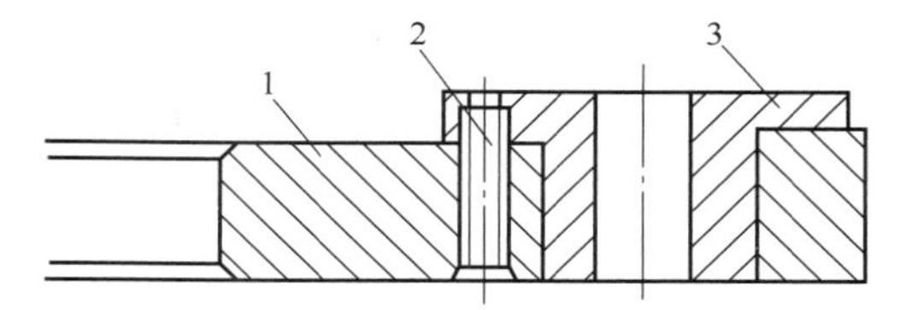

图 7-44　圆柱滚子双端面磨削送料盘

1—转盘体　2—连接螺钉　3—套筒

（2）双端面研磨　圆柱滚子的双端面研磨与套圈端面研磨类似，只是由于滚子直径相对套圈直径较小，实际应用中有多种不同的研磨装置。在研磨过程中，工件放在上、下两个旋转方向相反的研磨盘中间，同时借助偏心或行星装置使工件在研磨盘间产生转动和滑动；工件和研磨盘间的研磨剂磨粒也发生了滚动和滑动，在研磨剂中研磨液的化学作用下，磨粒对工件起机械切削作用，达到了研磨效果。研磨中，工件外圆以隔离的圆柱面作为定位基准，从而达到修正工件端面对本身轴线的垂直精度，同时圆柱滚子两端面互为基准，提高了端面平行度。

按照研磨装置的结构不同，圆柱滚子双端面研磨包含单盘研磨、双盘研磨与行星研磨等不同研磨方式。

单盘研磨用一个隔离盘带动工件旋转进行研磨加工，其原理如图 7-45 所示。研磨时，工件旋转于隔离盘、钢带和导向板之间，张紧轮用来调整钢带压力，工件以外径面定位紧靠在隔离盘外圆柱面上，钢带不旋转只起拉紧作用。隔离盘和研磨盘不同心，调整其偏心距 e 的大小，可使工件获得合理的研磨轨迹。上、下研磨盘的中心线重合，但旋转方向相反，研磨后一般 Ra 为 0.1～0.05μm，垂直差和平行差均可达到 3μm。

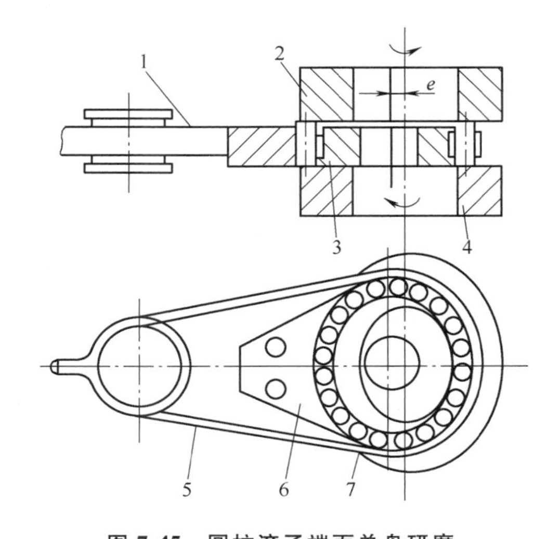

图 7-45　圆柱滚子端面单盘研磨

1—张紧轮　2—上盘　3—隔离盘　4—下盘

5—钢带　6—导向板　7—工件

双盘研磨采用两个隔离盘，可同时加工两盘滚子，如图 7-46 所示，生产率较高。钢带分可旋转和不可旋转两种，采用旋转钢带时，工件和隔离盘的旋转由钢带带动。

行星研磨的隔离盘既有公转又有自转，工件放在隔离盘内，由隔离盘带动研磨，上、下研磨盘旋转方向相反，中心线重合，如图 7-47

所示。行星研磨加工的研磨轨迹复杂，内外加工情况一致，使工件端面可以得到良好的垂直差和平行差，所以一般用于精研双端面工序。

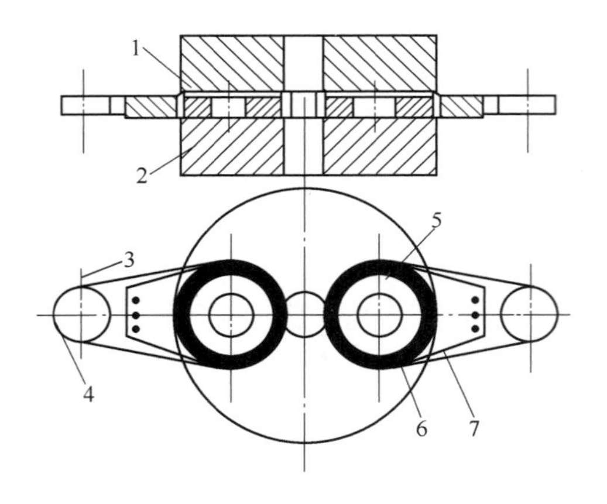

图 7-46　圆柱滚子端面双盘研磨

1—张紧轮　2—上盘　3—隔离盘　4—下盘
5—钢带　6—导向板　7—工件

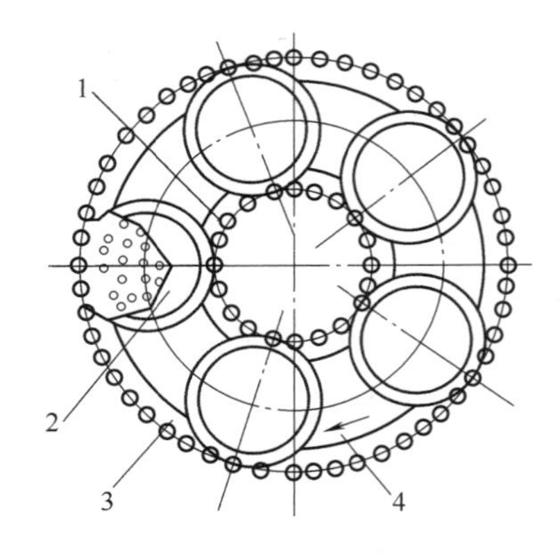

图 7-47　圆柱滚子端面行星研磨

1—内圆柱销　2—隔离盘
3—外圆柱销　4—研磨盘

上、下研磨盘的材料一般采用铸铁，也可采用磨料。采用铸铁时，应添加研磨剂进行研磨；采用磨料研磨盘时不必添加研磨剂，但应用乳化液或苏打水进行冷却与清洗。铸铁研磨盘可选用 HT20～40 的铸铁材料，其组织应紧密，不应有夹砂、砂眼与气孔等缺陷，硬度为 170～220HB，铸铁盘适用于高精度研磨。磨料研磨盘实际上是一个细粒度的砂轮，其研磨效率高，但质量较低。

由于隔离盘的工作面是工件的定位基准面，圆柱滚子的双端面垂直差精度主要取决于隔离盘的精度，故隔离盘的制造精度要求高；隔离盘的厚度比滚子长度小 1～3mm，材料可采用 40 或 45 钢，硬度为 40～45HRC。

钢带韧性要好，一般采用 65Mn，厚度约 0.5～1.5mm，硬度为 40～45HRC。导向板要耐磨，一般可采用 40 或 45 钢制作，硬度要求为 40～45HRC。导向板的厚度和隔离盘相同，其半径为隔离盘的半径和工件的直径之和。

2. 外径面磨削

圆柱滚子外径面磨削的特点是批量大，精度要求高，目前主要是采用无心贯穿式磨削方法，其工艺布局与套圈的外圆无心磨削很相似。圆柱滚子外径面加工质量要求很高，分软磨、粗磨和多次的细磨、终磨等多道工序，需多次磨削。由于磨削过程中滚子两端面互为基准，且多次循环，因而可逐步提高加工精度。各工序不仅砂轮特性、磨削规范不同，而且对机床的精度要求也不同，不再介绍。

下面介绍磨凸度。与圆锥滚子一样，圆柱滚子工作中也存在边缘应力集中问题，因而圆柱滚子目前也带有凸度，凸度量大的圆柱滚子也靠磨削加工实现。磨削方式与圆锥滚子类似，批量较小的大滚子采用与套圈磨削类似的切入磨削方法，批量大则采用贯穿磨削。

与圆锥滚子类似，贯穿加工滚子凸度时也将砂轮和导轮修整为不同曲率的圆弧，导轮向下倾斜一个角度以推动滚子沿弧形刀板移动，圆柱滚子移动中两端边缘处与砂轮接触，中间部分与导轮接触，从而达到磨凸度的目的，如图 7-48 所示。

在圆柱滚子磨凸度时，由于外径面非锥面，具有一些不稳定因素，包括：滚子与导轮的接触为点接触，而与砂轮为线接触，会产生比正常磨削大的滑动；工件由圆柱体磨成腰鼓体，端部磨量大于中部，磨削力不一致会造成工件跳动；砂轮与导轮的圆弧形结构导致每个滚子端面不能互相贴紧，难以保证送进的连续均衡。另外，每个滚子在磨削区运动时，磨量和方向随着滚子位置的变化差异很大，尤其是在出口，砂轮对滚子后端尚有磨削作用，而前端则不磨削，不平衡的磨削力会使滚子处于不平衡状态，容易在后端产生振纹，只能将砂轮出口修出一定角度来减轻影响。

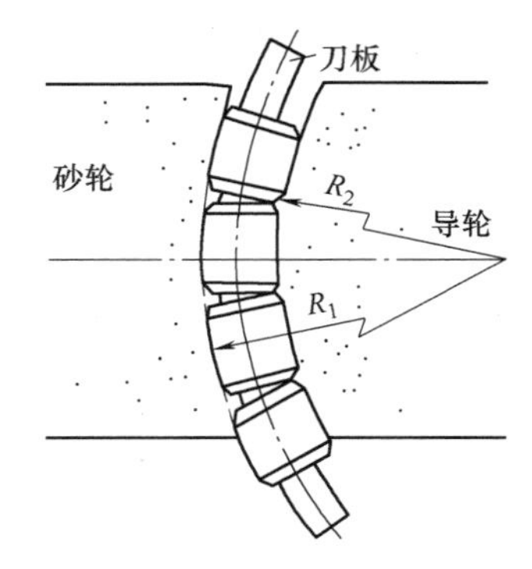

图 7-48 圆柱滚子凸度加工原理

当磨凸度时，砂轮与滚子接触的圆弧素线的曲率中心要与对应的导轮圆弧素线曲率中心在一条直线上，即：砂轮靠模 R 中心，导轮靠模 R 中心及刀板 R 中心在同一垂直平面内才能使磨削区分布合理，如果中心位置调整不正确，则磨削区分布不均，工件将产生弧偏振纹、锥度和粗糙度不好等缺陷。为保证 3 个 R 中心的位置正确，首先要确定它们的参考基准位置（即导轮素线最凸出点）处于导轮中间，以此点为基准安装修砂轮的靠模，使砂轮修整后最凹点与导轮最凸点相对应，再以导轮凸出点为基准安装刀板，使刀板的最凹点与导轮的最凸点相对应。

滚子中心高 H，即滚子中心对砂轮与导轮中心边线的高度，对滚子加工质量有很大影响，一般实践经验认为，圆形偏差不好可升高刀板；两端直径差不好可降低刀板，但 $H>0$。

7.3.3 外径面超精研

圆柱滚子外径面超精工序主要是针对高精度滚子进一步提高表面质量和获得一定形状的凸度素线，凸度量较小的圆柱滚子可由超精得到外径面凸度。

图 7-49 所示为常见的圆柱滚子外径面研磨超精原理，与圆锥滚子的超精设备结构稍有差异，其主要部件为两个直径不同的铸铁超精辊与一个上压板，通过研磨膏中添加的硬质颗粒游离磨粒加工以实现外径面研磨。

在加工中，两铸铁辊以相同角速度向同一方向转动，滚子在三点（线）限制下进行研磨，加工中通过压板施加研磨所需的压力；由于辊轮直径和外圆线速度不同，滚子与辊轮接触的两点线速度差提供驱动力矩使滚子绕自身轴线旋转；小研磨辊带有 30′的锥度，同时在垂直和水平位置具有角度调整，实现了滚子的轴向移动[23]。

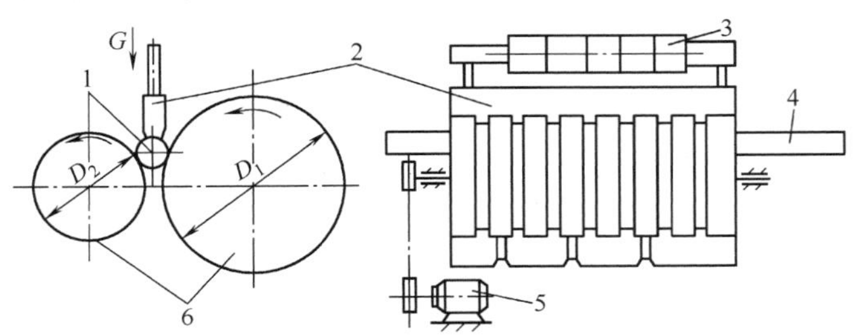

图 7-49 圆柱滚子外径面研磨超精原理

1、5—工件 2—压板 3—加压重锤 4—送料槽 6—铸铁研磨辊

圆柱滚子外径面研磨超精时滚子的受力状态如图 7-50 所示，由于辊轮直径差异，滚子与二辊轮的接触角有 $\alpha_1<\alpha_2$，所以 $P_1<P_2$。两不同接触点的线速度示为

$$\begin{cases} V_1=\pi n(D_1-D_2) \\ V_2=k\pi nD_2 \end{cases} \tag{7-16}$$

式中，V_1 为滚子表面相对大辊轮表面的滑动速度；k 为打滑系数；n 为小辊轮转速；D_2 为小辊轮直径；D_1 为大辊轮直径；V_2 为由小辊轮引导的滚子的滚动圆周速度，即滚子表面相对压板的滑动速度。

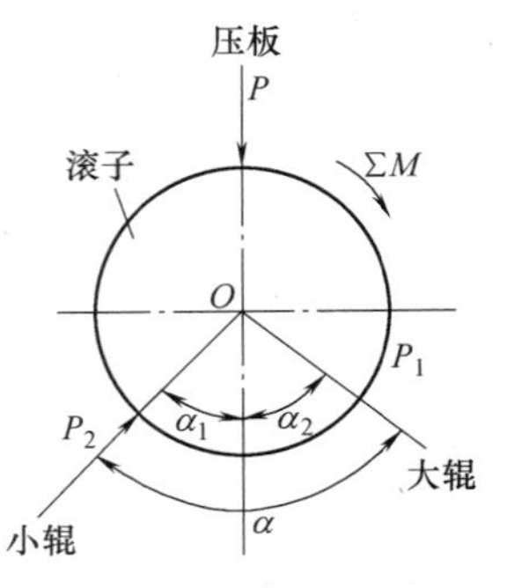

图 7-50　圆柱滚子外径面研磨超精时滚子的受力状态

通常定义角度 α 为圆柱滚子外径面研磨的接触角，实际生产中接触角一般取 130°~140°，即

$$\alpha=\alpha_1+\alpha_2 \tag{7-17}$$

接触角由大、小辊轮之间的间隙 L 来控制调整，如图 7-51 所示，由图中几何关系知

$$\begin{cases} OA=\dfrac{D_1+D_w}{2} \\ OB=\dfrac{D_2+D_w}{2} \end{cases} \tag{7-18}$$

$$AB=\sqrt{OA^2+OB^2-2OAOB\cos\alpha} \tag{7-19}$$

则大、小辊轮之间的间隙 L 为

$$L=\sqrt{OA^2+OB^2-2OAOB\cos\alpha}-\frac{D_1+D_2}{2} \tag{7-20}$$

实践表明：超精可大大减小工件的圆形偏差，提高直线度，提高程度取决于工件尺寸和原始精度，研磨量一般取原始精度值的 2 倍。

研磨压力由压板提供，油石的宽度一般为 $(0.5\sim0.7)D_w$，根据工件的加工要求可分为 3~6 块，采用分段加压可以减小工件尺寸分散对研磨质量的影响；若需要分粗、精研时，粗研时压力取大值，精研时压力取小值，压力不能过大，否则工件与研磨辊接触时容易划出痕迹，影响工件的表面粗糙度。

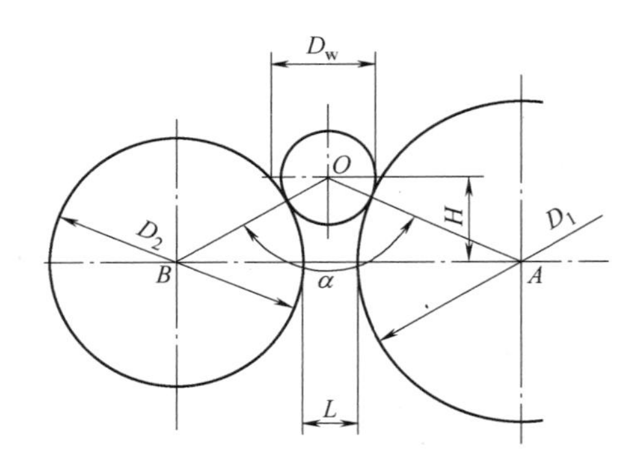

图 7-51　圆柱滚子外径面研磨接触角的调整

由于研磨中的辊轮不仅提供驱动力矩带动滚子转动，还同时起研磨作用，应具备良好的耐磨性，要求其硬度均匀，结晶细致，组织紧密，无砂眼、气孔和氧化物、夹杂白口铁等。铸铁基体最好是片状珠光体，其中石墨呈细短片状或点状，硬度在 200HB 左右，以充分发挥磨粒嵌入性，耐磨性好，并能较长时间保持形状准确。研磨辊在制造时要经磨削加工，表面粗糙度值 Ra 为 0.60~0.16μm，圆度偏差 3μm，工作表面与轴颈的同轴度不超过 2μm，大研磨辊表面锥度不大于 10μm。工作前为使研磨辊表面细致圆滑，需要预先用 W_{14} 金刚砂在较大的压力下进行反复研磨，直至研磨辊表面上磨削痕迹全部消除并呈现出均匀一致的暗灰

色，方可进行工作研磨。

研磨剂中起主要作用的是磨料的性质和粒度，一般粗研磨和中等粗度的研磨主要采用金刚砂；在高精度研磨中通常使用氧化铬和超细度的氧化铝为磨料。

圆柱滚子另一种超精方法类似圆锥滚子超精，其主要部件为两个直径相同的铸铁超精辊，两辊之间调整出一个夹角，以实现推动滚子旋转的同时往前行进，夹角决定了滚子的前行速度。实现圆柱滚子外径面凸度超精的方法最常用的是“三段/五段超精法”，也称倾斜超精法，其原理和超精圆锥滚子凸度相同，不再赘述。将超精辊分成多段区域，每一段具有自己的素线形状和角度，滚子在超精过程中，一段使滚子小端朝上以超精小端，一段使滚子大端朝上以超精大端，一段使滚子素线和油石平行以超精中部直素线。通过在超精辊不同部位修磨出不同的曲线和角度，每一部位对应相应油石，即可实现滚子素线的平直加工、半凸、全凸、对数凸度加工。采用此种方法通过控制油石的磨料、粒度、硬度、油石压力、振幅、振频等加工参数的合理组合，可以加工出高精度圆柱滚子，圆度在 0.5μm 以内，表面粗糙度值 *Ra* 在 0.05μm 以下，通过合理设计修磨超精辊可获得平直、半凸、全凸、对数凸度素线。

7.4　球面滚子加工

调心滚子轴承能承受较大的弯矩，因而在重载领域应用广泛。球面滚子的结构包含对称球面滚子与非对称球面滚子；一些滚子一端带球基面，一些则两端面均为平面。球面滚子主要加工表面为外径面与端面，带球基面的滚子还需磨削球基面。虽然近年来已有滚子制造厂着力提升球面滚子精度，但与圆柱滚子或圆锥滚子相比（尤其是圆柱滚子），球面滚子加工精度要求相对低。球面滚子的加工方法大多与圆锥滚子、圆柱滚子近似，以下着重论述加工过程中的不同点。

7.4.1　毛坯的制造

与圆锥滚子和圆柱滚子毛坯加工一样，球面滚子的毛坯加工方式仍为冷镦、棒料车削和热锻件车削，毛坯加工方式的选择也与滚子直径相关。直径小于 20mm 的球面滚子多采用冷镦方法，也有一些滚子制造厂在 250t 的压力机上冷镦直径 30~45mm 的球面滚子；大多直径 20~60mm 的球面滚子毛坯采用车削方法；直径超过 60mm 的球面滚子毛坯应先经锻造后再车削，若采用退火棒料直接车削，则对于原材料的棒材应有明确要求。

1. 冷镦

冷镦效率很高，是最常用的滚子毛坯成形方法，但球面滚子的冷镦却有较多不利条件，如：镦压变形大；滚子长度小于直径（短粗），切料时料段易变形；料段用球面凹模壁夹持定位易歪斜等。

针对以上问题，实际中采用的具体解决措施有：采用多工位冷镦机，可有效减小冷镦变形程度，保持较高的生产率；下料时采用套筒式封闭切料，可有效减小切料变形；通过生产试验与实践，正确选择棒料直径；另外，还可在下模上方加一个稳料弹簧丝，以将坯料夹正，防止偏料和掉料。

当冷镦直径 30~45mm 的球面滚子时，试验表明其坯料直径可按下式计算：

$$D=D_{\mathrm{w}}+\Delta d-2\{R-\sqrt{R^{2}-[l-(0.85-0.9)c_{d}^{2}]}\tag{7-21}$$

式中，D 为球面滚子坯料直径；D_{w} 为球面滚子最大直径；Δd 为球面滚子外径留量；R 为下模模腔半径；l 为下模模腔 R 的圆心到模底距离；c_d 为下模倒角的纵坐标。

2. 车削

车削是球面滚子采用较多的毛坯加工方法，对于大型滚子或锻坯滚子，目前多采用两台数控车床连线的加工方法，与锻造毛坯套圈常用的车削加工方法类似。对于批量相对大的棒料车削滚子，可采用多轴自动车床车削的工艺，如图 7-52 所示。

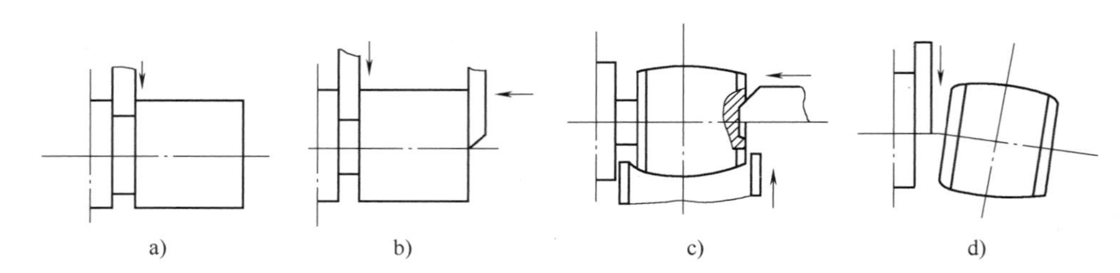

图 7-52　多轴自动车床车削球面滚子的工艺

a）工位 1　b）工位 2　c）工位 3　d）工位 4

7.4.2　磨削

球面滚子的外径面为球面，对于尺寸很大的球面滚子，多采用与套圈磨削类似的单个磨削法，将砂轮修整为内凹的球面，切入磨削滚子外径面；对于批量大的球面滚子外径面，则采用批量贯穿的磨削方法。一些球面滚子的两端面为平面，只需单头立轴磨床分别磨削两端面，或卧式双端面同时加工两端面；对于端面有球基面的球面滚子，则需要针对球基面开展专门磨削。

1. 球基面磨削

球面滚子的球基面可采用筒形砂轮单个磨削，也可在电磁吸盘上批量磨削。

图 7-53 所示为直径超过 50mm 的球面滚子的球基面磨削方法，其磨削原理与图 7-28 中圆锥滚子球基面的筒形磨削原理一致，只是由于外径面为球面，实际应用中增加了支承个数，常采用的设备为 3M-4325 等。

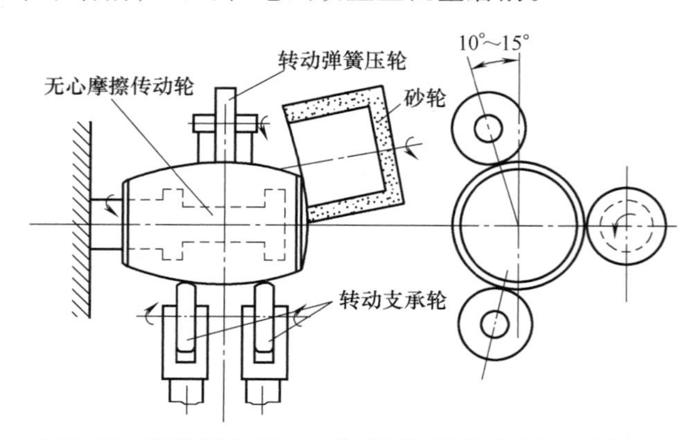

图 7-53　直径超过 50mm 的球面滚子的球基面磨削方法

对于大批生产的球面滚子，则采用贯穿磨削方法，如图 7-54 所示。对于带球基面的球面滚子，其工作表面为球基面，另一侧端面在应用中不受载，为了保证球基面磨削时的稳定性，可将不受载的一面作为工艺表面加工成凹球面，如图 7-54a 所示，加工工艺表面时电磁吸盘也为一凹球面，可与滚子的平形端面良好接触，加工时可将滚子稳定地吸紧在磁盘上，滚子的凹球面和砂轮的凸球面形状、尺寸由调整、运动及砂轮的自励性来保证。

加工好工艺基面后，由凹球面端面定位来加工滚子凸球面端面，其加工原理如图 7-54b 所示。当球基面磨削时，电磁吸盘为一凸球面，可与滚子的凹球面端面良好接触，保证了加工定位的稳定性，常用机床为 3M-41100 等。当这种加工方法磨削外凸球面，尤其是非对称球面滚子的球基面时，滚子大头在上小头在下，加工不当容易翻倒，从而磨废滚子或造成砂轮破碎。

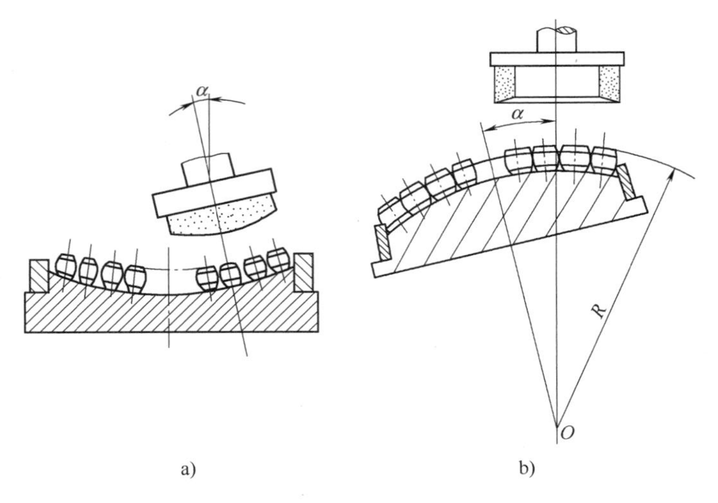

图 7-54　球面滚子球基面的批量磨削

a）定位工艺面的磨削　b）球基面磨削

2. 外径面磨削

球面滚子的外径面磨削也包含软磨、初磨、细磨和终磨。随工件尺寸、精度要求和生产批量的不同，磨削方法包含贯穿磨削法、切入磨削法和摆动磨削法等。

贯穿磨削法与圆锥滚子外径面贯穿磨法类似，如图 7-55 所示。导轮表面修整为球面形螺旋槽，砂轮素线修整成内凹圆弧形，滚子下的托板也制成圆弧面；在磨削时，滚子由导向器送入螺旋槽内，在挡边的推动下一边旋转一边沿着弧线移动，经砂轮磨削完成外径面加工。贯穿磨削法的显著优点是生产率高，适合大批量生产，但由于导轮形状复杂，制造困难而难以提升精度，从而影响滚子外径面磨削的质量，所以这种方法一般仅用于粗磨外径面，最多用于细磨外径面。

切入磨削法也称为横磨法，工件横向进给，砂轮不经线修整呈与滚子 R 一致的圆弧形；工艺调整时需将砂轮弧面中心线、工件球面中心线、导轮弧面中心线及托板弧面中心线调整在同一截面 OO' 上，如图 7-56 所示。为保证滚子在加工过程中定位和运动稳定，一般将导轮圆弧 R 修整得比砂轮小一些，以保证与滚子的两端接触；随滚子加工数量的增加导轮面不断磨损，最终趋向于与滚子球面 R 相吻合；另外导轮轴线在垂直方向上还应倾斜 1°~2°，以保证滚子端面与挡铁的良好接触定位。切入磨削法较适用于直径大而批量小的球面滚子，也可用于大批量生产中的细磨或终磨加工。

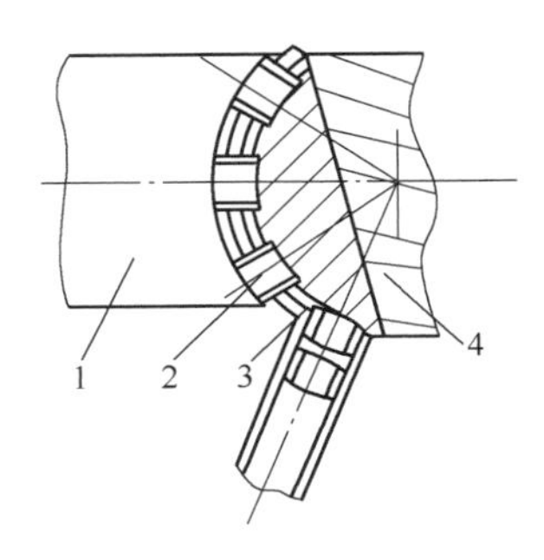

图 7-55　球面滚子的贯穿磨削

1—砂轮　2—滚子　3—托板　4—球面螺旋导辊

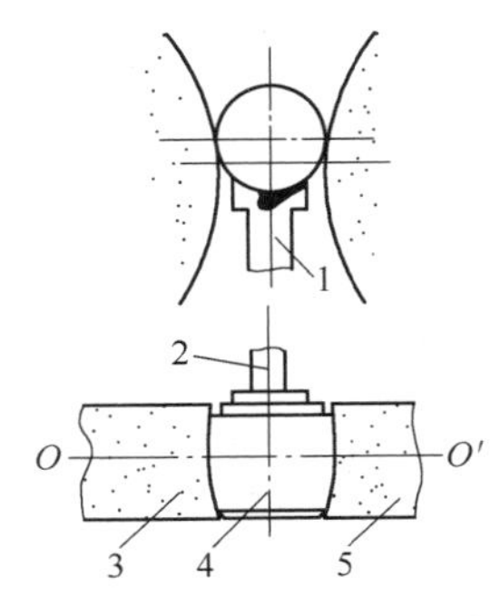

图 7-56　球面滚子的切入磨削

1—托板　2—挡铁　3—砂轮　4—滚子　5—导轮

摆动磨削法是一种往复贯穿的无心磨削方法，如图 7-57 所示。工件由圆弧托板支承，其一个端面紧靠挡铁，砂轮和导轮均按工件球面曲率修整成圆弧面；在磨削时，工件由导轮带动旋转，并随导轮架做以 O 为圆心，以 R 为半径的圆弧摆动，砂轮可做横向进给运动。摆动磨削砂轮磨损较均匀，砂轮形状不需要经常修整，利用率较高；磨削时滚子端面紧靠挡铁，滚动面对端面的位置精度较高；上下料的辅助时间较长，生产率较低，且工人劳动强度也较大，因而摆动磨削法多用来磨削直径大于 20mm 的球面滚子。

电磁无心夹具切入磨削是最近几年比较常用的球面滚子外径面磨削方法，其支承和夹具与图 7-53 一致，差别在于砂轮要修整为内凹形球面，其原理与套圈内滚道加工相同，与套圈一样切入磨。这种磨削方法由无心支承代替导轮与托板，消除了导轮对工件加工精度的影响，从而提高了磨圆精度；支承刚性好，可提高磨削效率；以滚子端面作为定位基准，利于控制基准端面的圆跳动；采用数控单机加工，可实现上、下料和加工自动化、智能化及多工序连线加工。

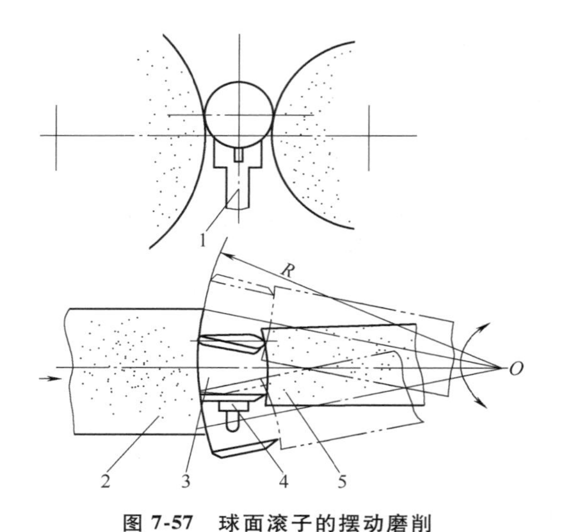

图 7-57 球面滚子的摆动磨削

1—托板 2—砂轮 3—滚子 4—导轮 5—挡铁

7.4.3 窜光与光饰

球面滚子经磨削加工后，表面还存在着砂轮花等，表面粗糙度值也较大，还不能满足产品的最终要求，必须进一步进行光整加工。目前常用的球面滚子光整加工方法为窜光或光饰，尚无类似超精的更好的光整加工方法。

窜削抛光是一种陈旧的光整工艺方法，用于成品光整时容易碰伤和破坏已磨好的几何形状。窜削抛光设备与窜软点设备相同，在抛光中，为防止碰伤工件，应加入大、中、小不同尺寸的软球作为垫料，并均匀混合，每桶装载总质量约 20kg，工件与软球之比为 2：5~1：5，另外要加水 15kg；滚桶倾斜角度为 35°~40°，转速为 40~45r/min。成品抛光时可分为金刚砂抛光和石灰抛光两个工步：金刚砂抛光时采用 150# 粒度的金刚砂作为磨料，每桶用量约为 1kg，加工时间 4~5h，抛光量约为 2~3μm，目的是为了抛掉磨削中的砂轮花；石灰抛光时石灰的装入量为 5~6kg，石灰抛光量极微小，作用是抛掉金刚砂抛光时的加工痕迹和改善表面粗糙度，增加亮度，一般需 2h 左右。窜削抛光可以降低滚子表面粗糙度值，可达 $Ra=0.1\mu m$；除去滚子的尖棱锐边，减轻边缘应力集中；“冷作硬化”提高滚子表面硬度从而增加耐磨性；去除轻微的烧伤和锈蚀。

光饰是将一定比例的工件、磨料和添加剂放在光饰机的容器中，依靠容器的周期性振动，使工件和磨料运动并相互磨削从而达到加工工件的目的。滚子加工中常用的光饰机分为旋流式（见图 7-58）与振动式（见图 7-59）。光饰机的工作原理实质上是通过磨料与滚子之间的摩擦、碰击实现微量切削，其加工也分为研磨和光亮两个工步。研磨时，将磨料和滚子混合在一起，加入清水与研磨剂开始研磨；研磨结束后分选滚子，将滚子与光亮用磨料（高频瓷）混合，加入光亮剂光饰一定时间以完成光饰环节[24]。

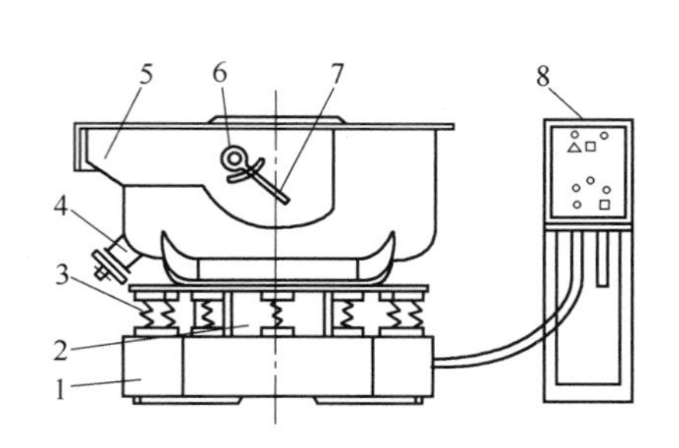

图 7-58　XL120 型旋流式光饰机原理[24]

1—底座　2—电动机　3—隔振弹簧　4—卸料口　5—分选筛　6—光饰桶　7—手柄　8—电控箱

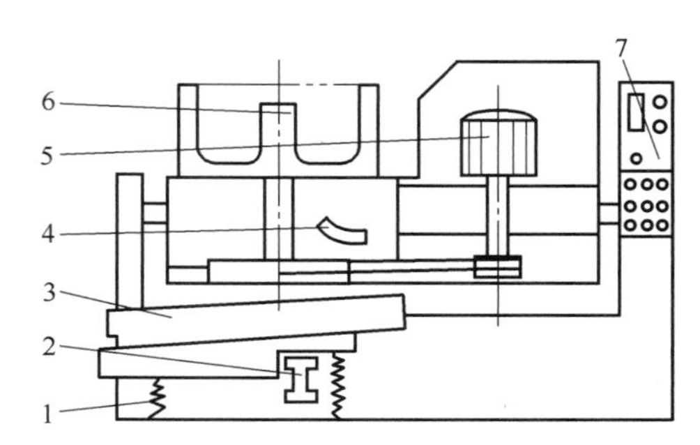

图 7-59　振动式光饰机原理[24]

1—振动弹簧　2—振动电动机　3—分选筛　4—放水阀　5—主电动机　6—光饰桶　7—电控箱

7.5　滚针加工

7.5.1　毛坯的制造

与圆锥滚子、圆柱滚子及球面滚子不同，专门定义滚针的直径小于 5mm。由于滚针直径小，故原材料多为盘料，毛坯的加工方法主要有车削和剪切两种。

1. 车削

圆头、平头和锥头的滚针，一般改变端面车刀的主偏角和形状，在单轴自动床上就可以分别车出，如图 7-60 所示。圆头滚针，通常是先车成平头滚针，然后在大窜桶内将两端面镦成圆头。

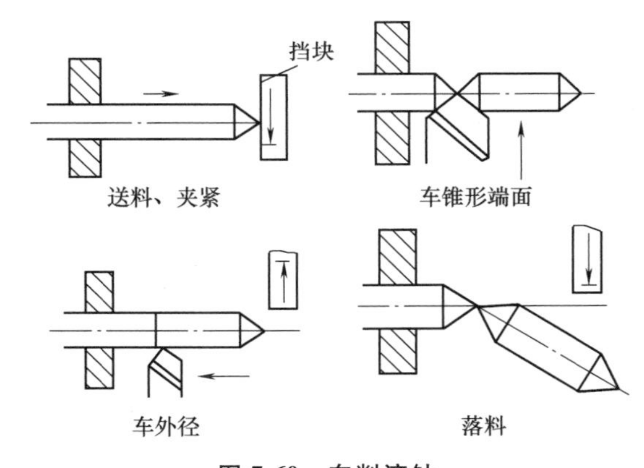

图 7-60　车削滚针

2. 剪切

切料机切断滚针毛坯是一种较为理想的方法，属于少无切削加工，金属材料的利用率可达 90%以上，生产率高，生产成本低，且易于实现全自动化。

轧机切断机构类似滚子冷镦的切料机构，原材料盘圆线材通过矫直机后连续送入切料刀板中，刀板有凸轮机构推动往复运动，在快速冲力的作用下将线材切断成需要的长度。

另外，在轧制中要充分注意工件的力学性能，特别是金属的塑性指数。轧制过程中还应采用充足的冷却润滑液。

7.5.2　窜圆头

窜圆头用于加工圆头滚针的头部，其本质也属于窜削加工。与前述窜环带、窜氧化皮或窜软点相比，其窜桶结构相对特殊，如图 7-61 所示。加工时，装入窜桶的滚针由窜桶隔板带至顶部，然后由自重使滚针从2m左右的高度落下碰撞在窜桶下部的砧板上，砧板的倾角可调，镦圆头取30°。在多次重复的镦击下，滚针的头部便自然地成为球形端面。为了缩短加工时间，在窜桶的导向支架中通有压缩空气，使下降的滚针在空气流的作用下保持尖端在前的最适宜的位置，同时增加了滚针的下落速度，从而加速了成形。

加工设备为直径2~2.5m的卧式窜桶。这种加工方法需时很长，一般为25~120h，适用于大批量、大尺寸的圆头滚针加工。一般镦圆头后其表面质量还达不到最终要求，需要在倾斜式窜桶中再用金刚砂等窜光。

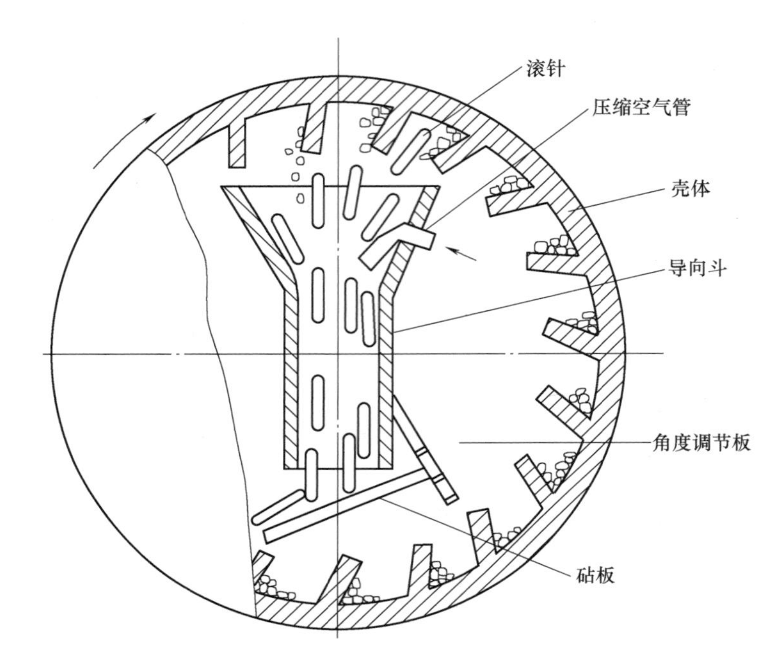

图7-61　窜圆头窜桶

7.5.3　磨削

滚针的平端面在双端面磨床上磨削；滚针外圆的多次磨削在贯穿无心外圆磨床上进行，工艺方法与加工圆柱滚子类似。

滚针在使用中也同样存在着边缘应力集中问题，采用带凸度的滚针是消除边缘应力集中，提高轴承使用寿命的有效方法之一。

与圆柱滚子的凸度加工类似，滚针也可采用磨削加工或超精加工得到凸度，其磨削和超精方法与圆柱滚子相同。对于精度要求不高的滚针，还广泛采用窜削加工以获得外径表面凸度，具体方法是：在圆形窜桶内加入适量的研磨粉和水，转动2~3h便能修出一定量的凸度，虽凸度量不易控制，但加工效率高，在精度要求不高的滚针上仍大量采用。

参考文献

[1]　HARRIS T A. Rolling Bearing Analysis [M]. New York: CRC Press Inc, 5th ed, 2006.

[2] 夏新涛，马伟，颉谭成，等. 滚动轴承制造工艺学 [M]. 北京：机械工业出版社，2007.
[3] 全国滚动轴承标准化技术委员会. 滚动轴承 圆柱滚子：GB/T 4661—2015 [S]. 北京：中国标准出版社，2015.
[4] 全国滚动轴承标准化技术委员会. 滚动轴承 滚针：GB/T 309—2021 [S]. 北京：中国标准出版社，2021.
[5] 全国滚动轴承标准化技术委员会. 滚动轴承及其商品零件检验规则：GB/T 24608—2023 [S]. 北京：中国标准出版社，2023.
[6] 全国滚动轴承标准化技术委员会. 滚动轴承 圆锥滚子：GB/T 25767—2010 [S]. 北京：中国标准出版社，2010.
[7] 全国滚动轴承标准化技术委员会. 滚动轴承零件 球面滚子 技术条件：CSBTS TC98. 69—1999 [S]. 洛阳：全国滚动轴承标准化技术委员会秘书处，1999.
[8] 全国滚动轴承标准化技术委员会. 滚动轴承 公差 定义：GB/T 4199—2003 [S]. 北京：中国标准出版社，2003.
[9] 全国滚动轴承标准化技术委员会. 滚动轴承 词汇：GB/T 6930—2002 [S]. 北京：中国标准出版社，2002.
[10] 全国滚动轴承标准化技术委员会. 滚动轴承 参数符号：GB/T 7811—2015 [S]. 北京：中国标准出版社，2015.
[11] 全国滚动轴承标准化技术委员会. 滚动轴承零件 表面粗糙度测量和评定方法：JB/T 7051—2006 [S]. 北京：机械工业出版社，2006.
[12] 全国钢标准化技术委员会. 高碳铬轴承钢：GB/T 18254—2016 [S]. 北京：中国标准出版社，2016.
[13] 全国滚动轴承标准化技术委员会. 滚动轴承 高碳铬轴承钢零件 热处理技术条件：GB/T 34891—2017 [S]. 北京：中国标准出版社，2017.
[14] 全国钢标准化技术委员会. 不锈轴承钢：GB/T 3086—2019 [S]. 北京：中国标准出版社，2019.
[15] 全国滚动轴承标准化技术委员会. 滚动轴承 高碳铬不锈轴承钢零件 热处理技术条件：JB/T 1460—2017 [S]. 北京：机械工业出版社，2017.
[16] 全国钢标准化技术委员会. 高温轴承钢：GB/T 38886—2020 [S]. 北京：中国标准出版社，2020.
[17] 全国滚动轴承标准化技术委员会. 滚动轴承 Cr4Mo4V 高温轴承钢零件 热处理技术条件：JB/T 2850—2007 [S]. 北京：机械工业出版社，2007.
[18] 全国钢标准化技术委员会. 渗碳轴承钢：GB/T 3203—2016 [S]. 北京：中国标准出版社，2016.
[19] 全国滚动轴承标准化技术委员会. 滚动轴承 渗碳轴承钢零件 热处理技术条件：JB/T 8881—2020 [S]. 北京：机械工业出版社，2020.
[20] International Organization for Standardization. Fine Ceramics (Advanced Ceramics, Advanced Technical Ceramics)-Silicon Nitride Materials for Rolling Bearing Balls and Rollers: ISO 26602—2009 [S]. Geneua: ISO Central Secretariat, 2009.
[21] 连振德. 轴承零件加工 [M]. 洛阳：洛阳轴承研究所，1989.
[22] 张文现，邢镇寰. 磨削质量解疑 [M]. 洛阳：洛阳轴承研究所，1988.
[23] 邢镇寰，吴宗彦. 轴承零件磨削和超精加工技术 [M]. 洛阳：洛阳轴承研究所，2004.
[24] 张悦霞，王宪锋. 滚子的“光亮工程”——谈谈光饰工艺的应用研究 [J]. 现代零部件，2004 (6)：75-77.

第8章　保持架加工

保持架在滚动轴承中起到4个基本作用：①等间距地分隔滚动体，使滚动体在滚道圆周上均匀分布，以防轴承工作时滚动体之间发生相互碰撞和摩擦；②引导滚动体在相应的滚道上滚动；③增加润滑空间，改善润滑条件；④防止滚动体从可拆分和可调心的轴承中脱落，保证轴承运行可靠性。

保持架形状复杂，有多种结构类型。保持架上有许多等距离的孔，称为兜孔（对于滚子轴承，也称为窗孔），用于隔离和引导滚动体。兜孔有球形、圆形、椭圆形、矩形和齿形等，其尺寸大于滚动体尺寸，两者尺寸之差称为兜孔间隙。由于存在兜孔间隙，保持架有一定的径向和轴向活动量，其在径向的总活动量称为保持架间隙。

滚子轴承用保持架窗孔之间的连接部分称为过梁，除了连接两窗孔，还起到增加保持架强度的作用。大多数滚子轴承有一个可分离的套圈，另一个套圈则与保持架和滚子组成装配组件。当可分离套圈脱出时，滚子会因本身重量脱离套圈滚道，单个滚子脱离的量值称为滚子脱离量。为了防止由于装配问题而引起轴承损坏，应尽量减小滚子的脱离量。

现行滚动轴承保持架相关标准有10项：GB/T 20056—2015《滚动轴承　向心滚针和保持架组件　外形尺寸和公差》[1]、GB/T 25762—2010《滚动轴承　摩托车连杆支承用滚针和保持架组件》[2]、GB/T 33949—2017《轴承保持架用铜合金环材》[3]、GB/T 4605—2003《滚动轴承　推力滚针和保持架组件及推力垫圈》[4]、GB/T 28268—2012《滚动轴承　冲压保持架技术条件》[5]、JB/T 11841—2014《滚动轴承零件　金属实体保持架　技术条件》[6]、JB/T 7048—2011《滚动轴承　工程塑料保持架　技术条件》[7]、JB/T 4037—2019《滚动轴承　酚醛层压布管保持架　技术条件》[8]、JB/T 7359—2007《直线运动滚动支承　滚针和平保持架组件》[9]、JB/T 8211—2023《滚动轴承　推力圆柱滚子和保持架组件及推力垫圈》[10]。其中，GB/T 28268—2012、JB/T 7048—2011、JB/T 11841—2014、JB/T 4037—2019四项基础标准的制定、修订，促进了轴承行业技术进步，使保持架行业内各生产企业以此为准绳，很大程度上控制和提高了各类保持架的产品质量。

本章首先对保持架加工进行了概述，初步介绍保持架的基本种类、材料、热处理和加工的一般工艺流程；逐一介绍冲压保持架的技术要求、冲压工艺基础和工艺特点，还对冲压保持架制造的辅助工序和表面处理进行了简单介绍；着重介绍了浪形保持架、筐形保持架和调心滚子轴承用保持架的工艺编制、模具结构和质量分析；对金属实体保持架材料进行了概述，并对金属实体保持架的车制流程、喷砂处理工艺、钻铰孔加工和拉削加工进行了介绍；并简单介绍了非金属保持架的种类。

8.1　保持架加工概述

随着滚动轴承不断向高转速、高精度、高载荷和智能化方向发展，对保持架的性能也提出了更高的要求。本节从基本种类、材料、热处理和加工的一般工艺流程 4 个方面概述保持架的加工。

8.1.1　保持架的基本种类

保持架的种类多种多样，按制造方法可以分为冲压保持架、车削保持架、压铸保持架和注塑保持架等，按形状结构和制造特点又可以分为不同的种类，如图 8-1 和表 8-1 所示[5,11]。

现以冲压保持架和工程塑料保持架为例，简述其特性及用途。冲压保持架以碳素结构钢、不锈钢、弹簧钢、铜合金等材料的板（带）通过模具在压力加工设备上加工成形。冲压保持架材质轻，强度好，相比实体保持架占用空间更小，有利于润滑剂的添加，适用于高速、大批量、自动化生产，多用于中小型轴承配套。工程塑料保持架采用玻璃纤维增强的聚酰胺 66（PA66-GF25，PA66-GF10）、聚酰胺 66（PA66）、玻璃纤维增强聚酰胺 46（PA46-GF30，-40～170℃）、聚酰胺 46（PA46）及聚酰亚胺（PI）、聚四氟乙烯（PTFE）、高性能热塑性树脂聚苯硫醚（PPS）、聚醚醚酮（PEEK）等工程塑料粒子为材质，通过热熔后注入模具，在注塑机上加工成型。工程塑料保持架具有比重小、自润滑、耐磨损、耐腐蚀、韧性好、低摩擦、能抗振等优点，适用于中小型高速轴承。

1）浪型保持架：深沟球轴承用带铆钉孔、带油槽和带爪浪型保持架结构形式（见图 8-1a～c）。

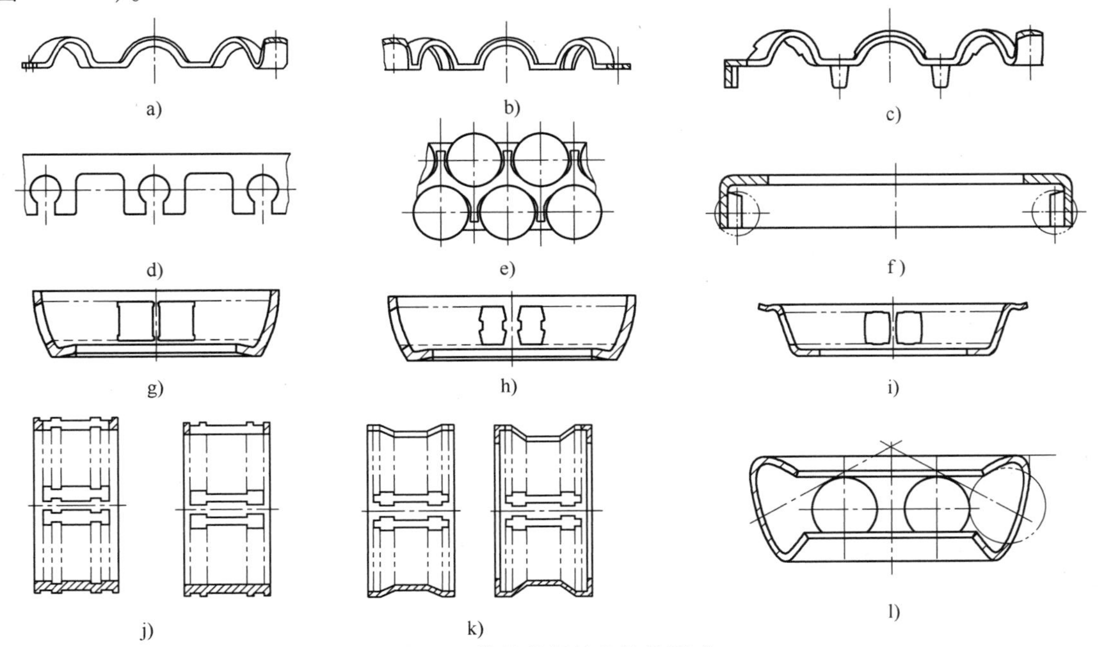

图 8-1　常见的保持架结构形式

a）带铆钉孔浪形保持架　b）带油槽浪形保持架　c）带爪浪形保持架　d）向心球轴承用冠形保持架　e）调心球轴承用菊形保持架　f）调心球轴承用葵形保持架　g）全锁式碗形保持架　h）点锁式碗形保持架　i）Z 形保持架　j）滚针轴承用 K 形保持架　k）滚针轴承用 M 形保持架　l）角接触球轴承用 C 形保持架

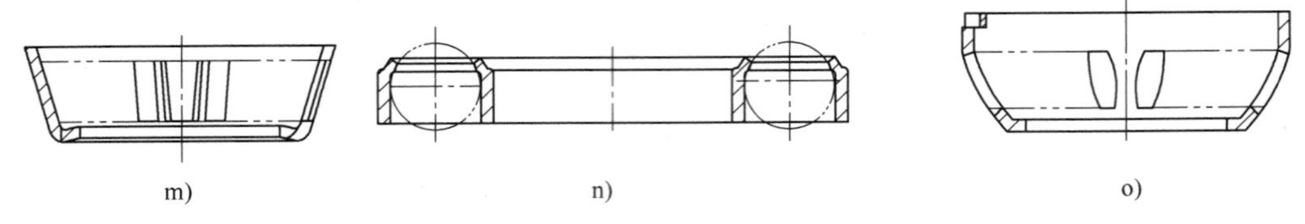

图 8-1 常见的保持架结构形式（续）

m）圆锥滚子轴承用筐形保持架 n）推力球轴承用Π形保持架 o）推力调心滚子轴承用钵形保持架

表 8-1 保持架的分类

按制造方法分类	按形状结构或制造特点分类
冲压保持架	浪形保持架、冠形保持架、 菊形保持架、葵形保持架、 K 形保持架、M 形保持架、 筐形保持架、Z 形保持架、 C 形保持架、碗形保持架、 Π 形保持架、钵形保持架 ……
车削保持架	整体式保持架、组合式保持架
压铸保持架	压铸保持架
注塑保持架	塑料保持架

2）冠形保持架，用于向心球轴承（见图 8-1d）。

3）菊形、葵形保持架，用于调心球轴承（见图 8-1e、f）。

4）碗形及 Z 形保持架，用于调心滚子轴承（见图 8-1g~i）。

5）K 形、M 形保持架，用于滚针轴承（见图 8-1j、k）。

6）C 形保持架，用于角接触球轴承（见图 8-1l）。

7）筐形保持架，用于圆锥滚子轴承（见图 8-1m）。

8）Π 形保持架，用于推力球轴承（见图 8-1n）。

9）钵形保持架，用于推力调心滚子轴承（见图 8-1o）。

风电变桨轴承用保持架，圆柱滚子用轴承槽型和双挡圈组合保持架可参考 GB/T 28268—2012[5]。

8.1.2 保持架材料

轴承高速旋转时，保持架要承受一定的离心力及冲击、振动作用，同时还会因滑动摩擦而产生大量的热。因此，保持架的材料应具有良好的导热性及耐磨性、小的摩擦系数、较小的比重、一定的强度、与滚动体相近的膨胀系数，以及良好的加工工艺性能。特殊用途的轴承保持架还应满足特殊工作条件的要求，如耐高温、耐腐蚀、自润滑、无磁性等。目前，广泛采用的保持架材料有钢板（在第 1 节绪论中已详细介绍）、黄铜、尼龙、酚醛胶布管、聚四氟乙烯、聚酰亚胺等，其中有些材料需经热处理才能达到性能指标要求。工程实际中可根据工况条件、材料成本和工艺成本等需求选用最合适的保持架材料：如用二硫化钼、聚四氟乙烯、玻璃纤维改性的聚酰亚胺等材料加工而成的轴承保持架，可在真空时无油润滑工作，目前已应用于宇宙飞船上；多孔含油聚酰亚胺保持架应用在陀螺仪长寿命轴承上，聚酰亚胺保持架应用在高速牙钻轴承上，效果均良好。

1. 黄铜

黄铜是由铜和锌所组成的合金。锌的含量越高，其强度越高，塑性越低。工业中采用的黄铜含锌量不超过45%（质量分数），再高将会产生脆性，使合金性能变差。黄铜材料在国内常见，常用的有以下4种，但目前国际上因环保要求对含铅的黄铜有严格限制或禁用，故多用其他铜合金材料。

（1）锡黄铜　锡能改善黄铜的切削加工性能，在黄铜中加入质量分数为1%的锡能显著改善黄铜的抗海水和海洋大气腐蚀的能力，因此又称为“海军黄铜”。

（2）铅黄铜　铅黄铜即通常所说的易削国标铜，加铅的主要目的是改善切削加工性和提高耐磨性，铅对黄铜的强度影响不大。雕刻铜也是铅黄铜的一种。多数铅黄铜具有良好的色泽及加工性和延展性，易于电镀或涂装。

（3）镍黄铜　黄铜中加入镍能提高其再结晶温度，促使形成更细的晶粒，同时可显著提高其在大气和海水中的耐蚀性。

（4）锰黄铜　黄铜中加入质量分数为1%~4%的锰，在不降低其塑性的前提下可显著提高合金的强度和耐蚀性，同时冷、热态下的压力加工性能也会有所改善。

2. 尼龙

聚酰胺俗称尼龙，具有机械强度高、软化点高、耐热、耐磨损、摩擦因数小、自润滑、吸振、消声、耐油、耐弱酸、耐碱及其他一般溶剂、绝缘性好、自熄、无毒、无臭、耐候性好、染色性差等优点；缺点是吸水性大，影响尺寸稳定性和导电性能。纤维增强可降低树脂吸水率，使其能在高温和高湿下工作。尼龙与玻璃纤维的亲和性良好，如尼龙46（PA46）具有如下特性：①优异的耐热性，熔点高达295℃，在1.82MPa载荷下热变形温度达220℃；②优良的耐蠕变性和耐疲劳性（优于尼龙66）；③优良的耐蚀性，结晶度高，对化学药品的抵抗性优良；④优良的耐摩擦磨损性（优于尼龙66）。

3. 酚醛胶布管

酚醛胶布管密度小，机械强度高，机械加工性能好，有一定的耐热性和吸油、渗油等能力。酚醛胶布管保持架具有较高的机械强度和自润滑性能且耐磨损，有一定的弹性、塑性、刚度、硬度、冲击韧度、疲劳强度和断裂韧性。

4. 聚四氟乙烯

与普通塑料相比，聚四氟乙烯具有以下优良特性：

1）耐高、低温性。聚四氟乙烯受温度的影响不大，温域范围广，250℃以下长时间加热仍可保持优良的力学性能，在-260℃时仍有韧性。

2）耐蚀性和耐候性。除熔融的碱金属、氟化介质及高于300℃的氢氧化钠外，聚四氟乙烯几乎不受任何化学试剂腐蚀。例如，在浓硫酸、硝酸、盐酸、王水中煮沸，其质量及性能均无变化，几乎不溶于任何溶剂。不吸潮，不易燃烧，对氧和紫外线均极稳定，耐候性优异。

3）绝缘性。聚四氟乙烯在较宽频率范围内的介电常数和介电损耗都很低，而且击穿电压、体积电阻率和耐电弧性都较高。

4）自润滑性。在所有塑料中，聚四氟乙烯的摩擦因数最小，是理想的无油润滑材料。

5）不黏性。聚四氟乙烯是表面能最小的固体材料，固体物质基本上均不会黏附在其表面。

聚四氟乙烯耐磨性和耐辐射能力差，线膨胀系数比聚酰亚胺大几乎一倍，对保持架的尺寸稳定性非常不利。耐磨性等缺点可以通过添加一些强化添加剂来解决，而抗辐射能力主要取决于基体材料的性能。

5. 聚酰亚胺

聚酰亚胺的化学结构决定了其拥有许多优良特性，主要包括以下几个方面：

1）耐热性。聚酰亚胺的分解温度一般超过500℃，是目前已知的有机聚合物中热稳定性最高的品种之一，这主要是因为其分子链中含有大量的芳香环。

2）力学性能。未增强的基体材料的抗拉强度在100MPa以上，聚酰亚胺纤维的弹性模量高达500MPa，仅次于碳纤维。

3）化学稳定性及耐湿热性。聚酰亚胺材料一般不溶于有机溶剂，耐腐蚀并耐水解。

4）耐辐射性。聚酰亚胺薄膜经5×10^9rad剂量辐射后，强度仍能保持86%；某些聚酰亚胺纤维经电子辐射后，其强度保持率为90%。

上述性能在很宽的温度范围和频率范围内都是稳定的，除此之外，聚酰亚胺还具有耐低温，膨胀系数小，阻燃及良好的生物相容性等特性。

聚酰亚胺的耐磨性、高低温性能和耐辐射能力都非常理想，但其转移性能和自润滑性能一般，可以通过添加适当的填充剂来改善不足之处。以聚酰亚胺材料为基体的固体润滑保持架已越来越多地应用在航天工业中，固体润滑轴承保持架也基本上以聚四氟乙烯和聚酰亚胺为基体材料，但这两种材料均有不足之处，需要添加一些填充剂来改善其使用性能。

8.1.3 保持架热处理

需进行热处理的主要是冲压保持架。由于冲压保持架在制造过程中材料变形次数多，变形大，产生了严重的加工硬化和内应力，给进一步加工带来了困难，常出现裂纹或疲劳折断现象，成形后的表面强化热处理可增加其表面硬度，延长其服役寿命。

钢板冲压现已自动化大批量生产，很少采用工序间热处理。多品种、小批量有特殊要求的产品，有色金属或不锈钢带工序间才可能会采用软化处理：优质碳素薄钢板冷冲压保持架再结晶退火（将工件加热到600℃左右，保温2~3h，炉冷）；黄铜带冷冲压保持架再结晶退火（加热到600~650℃，保温30min，空冷或水冷）；不锈钢带冷冲压保持架软化处理等。通常为了保持工件原有的亮度，需在热处理过程中采取相应的保护措施，如真空加热等。由于用低碳钢板材冲压的保持架强度低，刚性差，可以采用淬火方法使已冲压好的保持架得到强化。

8.1.4 保持架加工的一般工艺流程

保持架按制造方法分为冲压保持架、车制保持架、压铸保持架和注塑保持架等，由于前两种保持架比较常见，本节主要介绍其加工的一般工艺流程。

1. 冲压保持架加工的一般工艺流程

冲压保持架的一般加工流程包括材料的冲裁、弯曲、拉延、成形与立体压制五大类。这里列举几个典型结构冲压保持架的加工工艺流程。

（1）浪形保持架的冲压工艺流程 浪形保持架（见图 8-1a）的冲压工艺过程一般有两种，一种是普通压力机（单工位）冲压，另一种是多工位自动压力机冲压。

在普通压力机上生产浪形保持架典型工艺流程如图 8-2 所示。

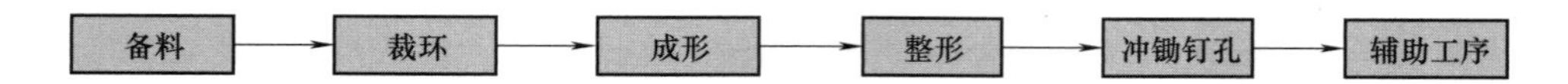

图 8-2 在普通压力机上生产浪形保持架的典型工艺流程

冷冲压加工完成后还要进行其他辅助工序，包括清理、酸洗、窜光、检查和涂油包装。

在普通压力机上加工冲压保持架时，生产灵活性大，机床结构简单，价格低，使用调整较容易，但工序分散，占用面积大，生产率较低，劳动条件较差。

多工位压力机一般有 7~8 个工位，每个工位都有安装及调整各加工工位所需要的模具，可在机床滑块的一次行程中完成全部冲压工序，半成品在各工位间靠送料夹板自动传送。采用多工位压力机生产浪形保持架的工艺流程如图 8-3 所示。该类冲压工艺属于半自动化的生产过程，机械化程度较高，生产率高，加工质量稳定、可靠，适用于大批量生产。

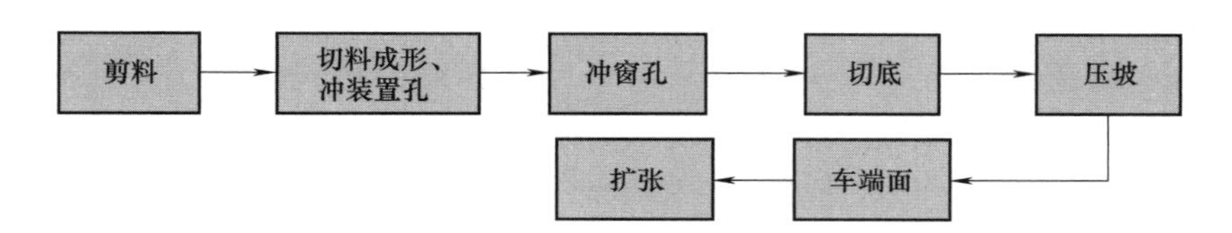

图 8-3 采用多工位压力机生产浪形保持架的工艺流程

（2）筐形保持架的冲压工艺流程 在有大型冲压设备和模具加工条件的工厂，筐形保持架（见图 8-1m）的加工应尽量采用集中工序，既可以减少工序又可以保证产品精度。缺少大型冲压设备的工厂，可以采用分散工序进行成形加工。

目前筐形保持架的冲压工艺分为：①单个冲窗孔的生产工艺；②一次冲窗孔的生产工艺；③在多工位压力机上的生产工艺；④采用连续模的生产工艺。不同生产方法在工艺上的区别主要是保持架成形尺寸有所变化，如单个冲窗孔生产的保持架成形尺寸与产品尺寸相同；一次冲窗孔生产的保持架在成形时必须考虑到其定位和一次冲窗孔（由内向外冲的冲窗孔形式）引起的内径扩大，成形时要适当缩小保持架尺寸。

筐形保持架单个冲窗孔的生产工艺流程（在普通压力机上进行），如图 8-4 所示。

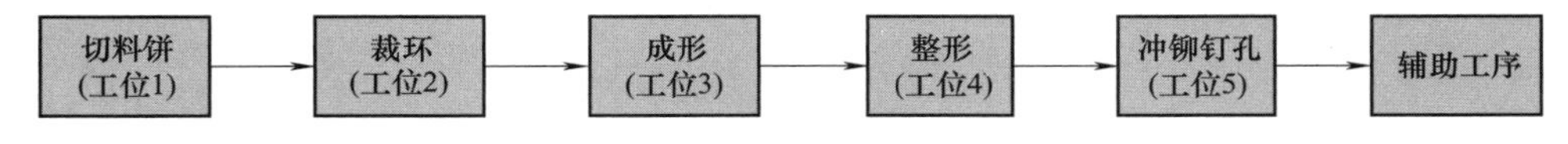

图 8-4 筐形保持架单个冲窗孔的生产工艺流程

一次冲窗孔的生产工艺流程与上述工艺过程相同，只是加工要求和方法稍有不同。如在保持架成形时，内底径要比上述工序的略小 $d'=0.989d$；冲窗孔时采用一次冲窗孔模具可同时冲出所有等分窗孔。

在多工位压力机上生产时可以在各工位上连续完成除辅助工序以外的所有工作，包括切边和一次冲窗孔，具体工艺流程如图 8-5 所示。该工艺流程虽然很先进，但要求模具精度高，结构复杂，唯有足够批量时才会采用。

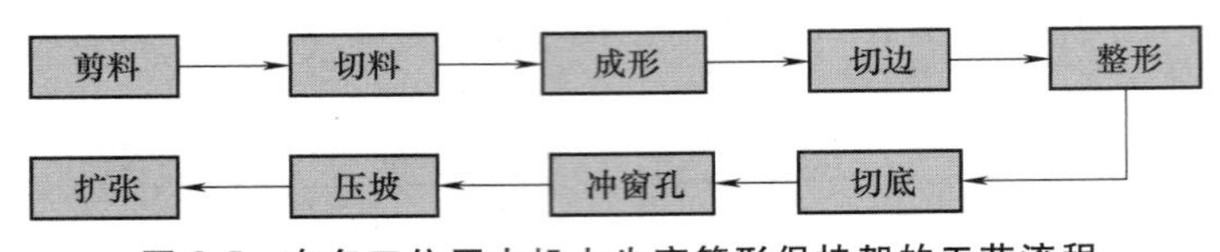

图 8-5　在多工位压力机上生产筐形保持架的工艺流程

2. 车制保持架加工的一般工艺流程

金属实体保持架在结构上主要有分离型和整体型两种，分离型结构的区别大多在连接方式上，整体型结构的区别则体现在对轴承摩擦、运转和承载等性能的改进上。由于分离型保持架需组成整体后实现功能，两半保持架的设计主要考虑的是工艺方便，但两半保持架的连接存在不可靠因素。因此，随着工艺技术的进步，整体型保持架的应用越来越广泛。

目前，加工保持架的设备有数控车床、普通车床、无心磨床、台式钻床、加工中心、卧式拉床、毛刺机、光饰机、探伤机、清洗机和平衡机等。受上述设备加工能力和生产能力的限制，保持架的加工方式以车削为主，车加工设备除锻件投料采用数控车床 CY-K500 外，均使用 C620 系列卧式车床。以下介绍几种典型结构保持架的加工工艺流程。

（1）球轴承整体型保持架　球轴承整体型保持架的结构和加工工艺流程如图 8-6 所示[12]。虽然由此流程加工而成的保持架外径表面质量及圆度很好，但该工艺存在的主要问题是端面和内台阶的形位精度和尺寸散差不理想，这种加工精度水平对应的保持架动平衡精度范围通常为 1~3.5g·cm。

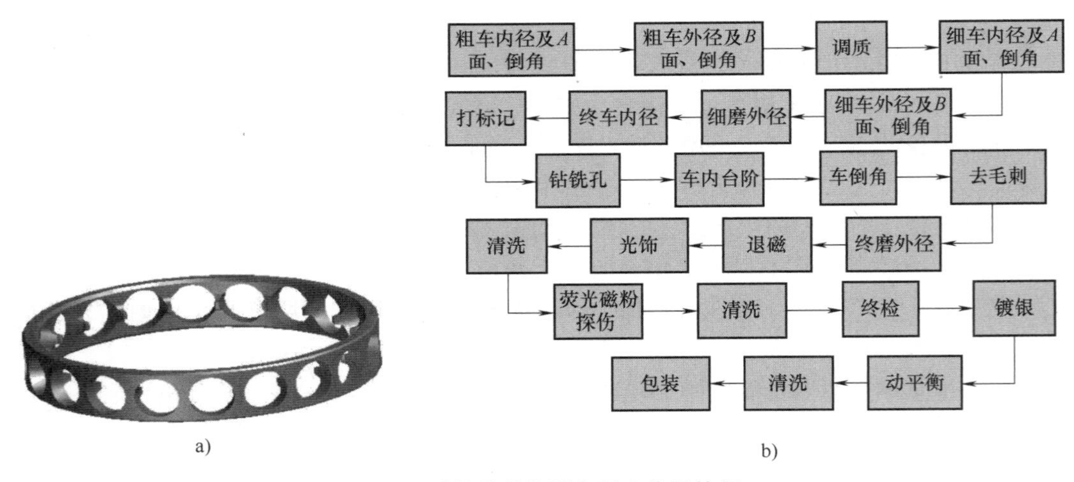

图 8-6　球轴承整体型车制实体保持架

a）保持架结构图　b）保持架生产工艺流程

（2）球轴承分离型保持架　球轴承分离型保持架的毛坯为棒料，其结构和加工工艺流程如图 8-7 所示。

（3）短圆柱滚子轴承整体型保持架　短圆柱滚子轴承整体型保持架的毛坯类型为锻件，其结构和加工工艺流程如图 8-8 所示，该加工精度水平对应的保持架动平衡精度范围通常为 1.5~3.5g·cm。

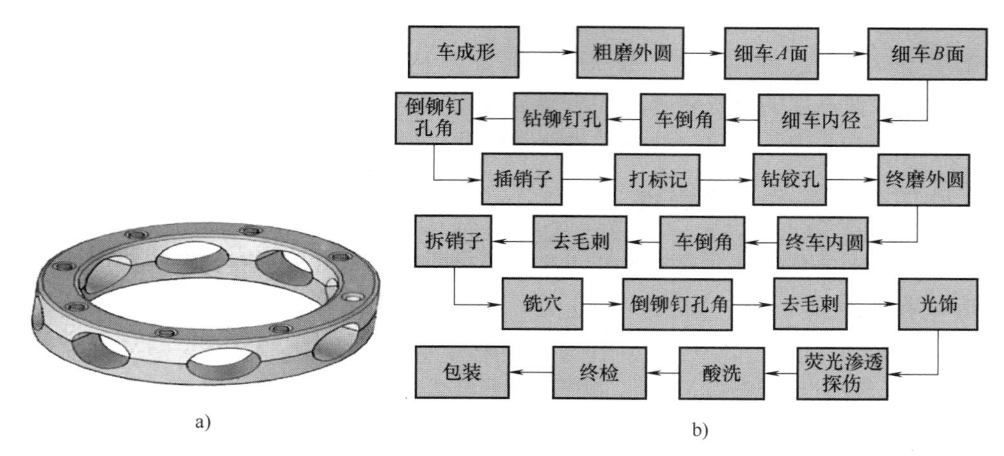

图 8-7 球轴承分离型车制实体保持架

a）保持架结构图 b）保持架生产工艺流程

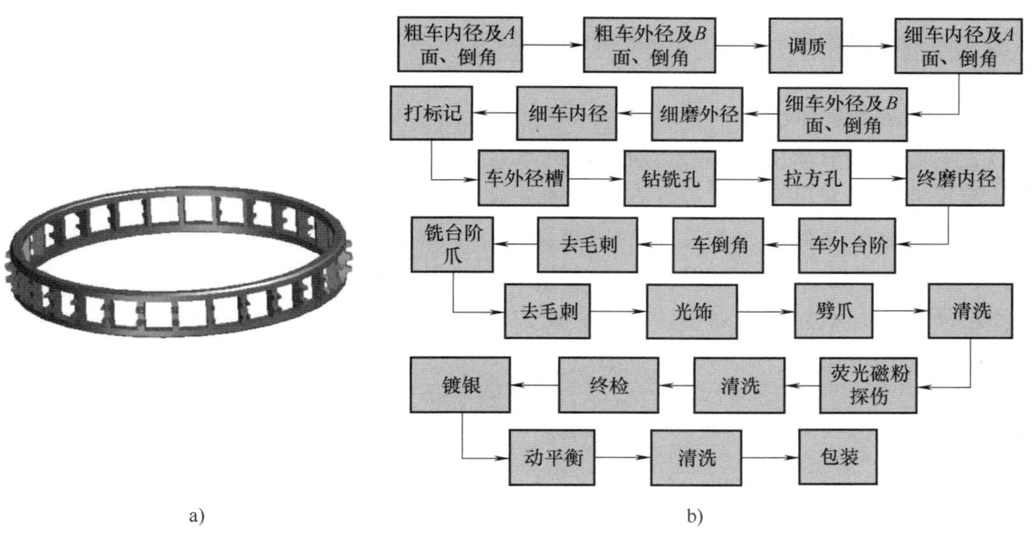

图 8-8 短圆柱滚子轴承整体型车制实体保持架

a）保持架结构图 b）保持架生产工艺流程

8.2 冲压加工基本原理

冲压保持架一般采用钢板在常温下冲压而成（即由冷冲压法制成），滚动轴承使用的保持架绝大多数都是由冷冲压方法制造的，冷冲压工艺是塑性加工的基本方法之一。各类钢冲压保持架可采用 08、08Al、ML08Al、10、15、20、DC01、DC03、DC04 冷轧低碳薄钢板、钢带和冷镦钢材；黄铜冲压保持架可采用 H62、H70 冷轧铜带或薄铜板；锡青铜冲压保持架可采用 QSn6. 5-0. 1 锡青铜板；不锈钢冲压保持架可采用 06Cr19Ni10、12Cr18Ni9、30Cr13、40Cr13 冷轧不锈钢带或钢板。对于一些特殊用途的保持架，需要满足性能使用要求，如风电变桨轴承根据应用环境的不同需选用不同的材料，高寒地区选择 Q355GNH 高耐候性结构钢，海岛环境选择 Q390 低合金高强度结构钢，一般环境选用 Q345、40CrMnMo 低合金高强度结构钢。

本节就冲压保持架的技术要求、冲压工艺基础、冲压工艺特点及冲压保持架的辅助工序和表面处理 4 个方面进行介绍，并以几种典型的冲压保持架为例进行说明。

8.2.1 冲压保持架的技术要求

成品技术要求可分为尺寸要求及外观质量要求两方面，对于不同类型的冲压保持架，其技术要求也不同。

对于浪形保持架，尺寸要求除须保证内外径尺寸公差、球兜尺寸公差、球兜深度公差、球兜中心径公差、铆钉孔内径尺寸公差、铆钉孔中心径公差满足图样要求外，还必须检查保持架的宽度变动量、外径变动量、铆钉孔对球兜的偏移量和钢球径向串动量[13]；外观要求为保持架表面必须光滑和色泽一致，不允许有划伤、垫伤、锈蚀、毛刺、夹层和裂纹等缺陷。

对于筐形保持架，尺寸要求包括外径或内径、角度尺寸、底径尺寸、孔长及孔宽、窗孔底高尺寸、兜孔内外接圆尺寸、上幅尺寸、外径变动量、底孔位置变动量、梁宽变动量、窗孔底高变动量、兜孔垂直差、装套后滚子游动量、扩张尺寸；外观要求为工件表面应光滑和色泽一致，不允许有大的划伤、锈蚀，冲截断面应均匀、无毛刺、坡面均匀，断面不允许出现夹层及材料疏松现象。

对于调心滚子轴承用保持架，应检验的尺寸公差包括大端内径尺寸、内径尺寸、底径尺寸、球面尺寸、高度尺寸、孔长、孔宽、内外接圆尺寸、窗孔上幅尺寸、窗孔下幅尺寸和高度尺寸；应检验的几何公差包括大端内径圆度、小端内径圆度、两端面平行度、孔梁宽度差、窗孔底高差、压坡素线倾斜度、底径对外径的径向圆跳动；外观质量要求为工件表面应光滑和色泽一致，不允许有划伤、垫伤和锈蚀，冲截断面应均匀、无毛刺，断面不允许有夹层及材料疏松现象。

8.2.2 冲压工艺基础

冲压保持架的加工一般包括材料的冲裁、弯曲、拉延和成形等过程，均涉及材料的塑性变形。

1. 变形力

在冲压保持架时，板料同时受外力及内力作用，处于多向应力状态，而且应力呈不均匀分布，其单位变形力也呈现复杂状态。单位变形力的大小取决于以下因素：①板料各部分产生不均匀的变形；②摩擦力改变了冲压作用力的分布；③加工中的冷作硬化。

对于冲裁，其单位变形力等于材料的抗拉强度 R_m，对于弯曲、拉延等，其单位变形力应小于材料的抗拉强度；而对于挤压和平面精压等，其单位变形力往往超出了材料的抗拉强度 R_m，达到 R_m 的 2~4 倍。

单位变形力的计算方法有两种：

1）解析法，即根据塑性方程式和力的平衡方程式计算各种变形方式的单位变形力。

2）经验公式法，根据经验数据，求出适应系数与各因素的关系。经验公式为

$$p=k_1R_m \tag{8-1}$$

式中，p 为单位变形力（MPa）；k_1 为经验系数；R_m 为材料的抗拉强度，对于 08 或 10 钢，

$R_m = 400MPa$。

采用表 8-2 和表 8-3 中的经验值，可计算出不使金属发生破裂的最大单位变形力。

表 8-2 DC03 钢板在不同变形方式下的单位变形力

材料	变形方式	单位变形力/MPa	经验系数(k 值)
DC03 钢板	平面精压	1600	4
	压坡	800	2
	冲裁	400	1
	成形(整形)	340	0.85
	拉延(压延)		
	弯曲	300	0.75
	矫正	40	0.1

表 8-3 材料的单位变形力 （单位：MPa）

材料	变形方式		
	成形(整形) 拉延(压延)	冲裁	压坡
H62(软)	260	300	600
12Cr18Ni9	480	540	1200
65Mn		900	

2. 冲裁

冲裁是利用模具使板料的一部分与其余部分分离的冲压工序，主要完成制件的毛坯下料或冲孔等任务，涉及板料的变形、冲裁力计算、冲裁件排样与搭边量选取 3 个方面。

（1） 板料的变形 冲裁时材料的变形过程极快，具体可分为 3 个阶段，如图 8-9 所示。

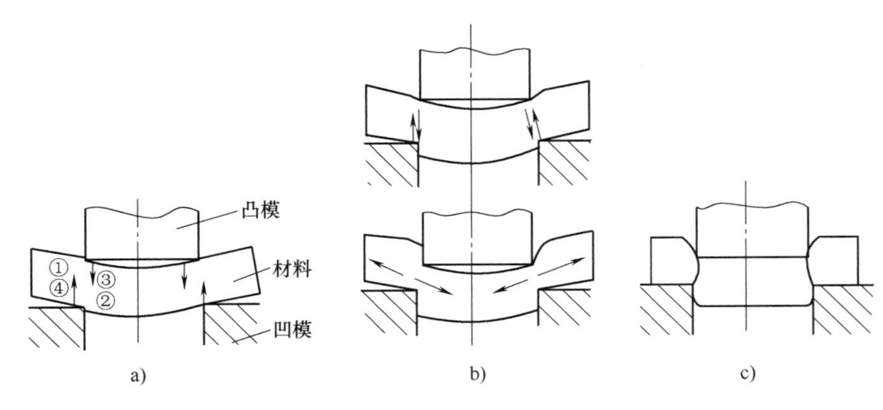

图 8-9 冲裁时材料的变形过程

a）弹性变形阶段 b）塑性变形阶段 c）剪裂分离阶段

1） 弹性变形阶段。在凸模的压力作用下，板料将产生弹性变形，此时板料略挤入凹模孔口并发生弹性压缩和弯曲，①②区出现弯曲和拉伸形成的小圆角，③④区出现压痕。内应力逐渐增大到材料的弹性极限，如图 8-9a 所示。

2）塑性变形阶段。凸模继续向下移动加压，当材料应力达到屈服极限时，将会发生过量的塑性变形，导致凸模和凹模侧面的金属出现光滑带。由于金属出现加工硬化现象，以及凸模与凹模刃口对金属板料造成的应力集中现象，随着金属塑性变形的增大，位于凸、凹模刃口部位的材料会产生剪裂裂缝，金属中的应力达到剪切强度。由于刃尖部分的静压应力较高，因而裂纹起点不在刃尖，而在模具侧面距刃尖很近的地方。因此，在裂纹产生的同时也形成了毛刺，如图 8-9b 所示。

3）剪裂分离阶段。当凸模再继续下压，位于凸、凹模刃口部位的材料出现的剪裂裂纹将继续发展，最终迅速扩大并导致材料全部分离，如图 8-9c 所示。

经过这 3 个阶段后，冲出的零件切口断面也相应地呈现圆角带、较光滑的塑剪带、粗糙的剪裂带 3 个区域，如图 8-10 所示。其断面质量取决于凸、凹模刃口的锋利程度和合适的间隙，以及凸、凹模的对中程度。凸、凹模间隙的选取应尽量满足上、下裂缝重合，否则将产生大量毛刺并将增大剪切断面的表面粗糙度值，进而影响加工质量。保持架生产实际经验间隙数值见表 8-4。

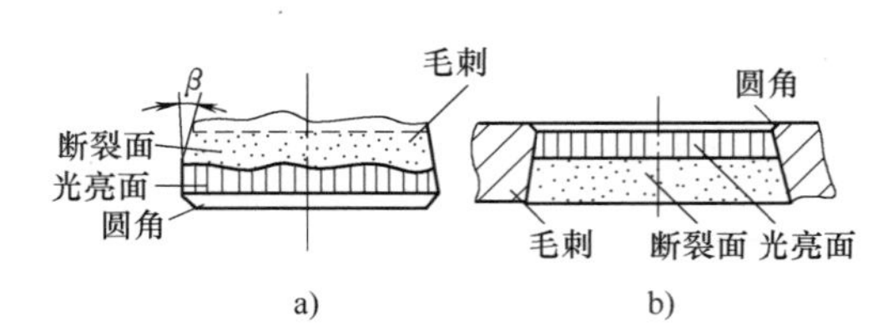

图 8-10　冲裁件正常的断面状况

a）落料件　b）冲孔件

由于冲裁时裂缝会与模具轴线呈一定角度，故落料的尺寸应以凹模为准，冲孔的尺寸应以凸模为准。

表 8-4　DC03 钢板冲裁间隙（圆料）　　（单位：mm）

材料厚度	间隙值范围(双面)	材料厚度	间隙值范围(双面)
0.1	0.005～0.008	1.5	0.2～0.3
0.15	0.008～0.012	2.0	0.3～0.45
0.2	0.01～0.015	2.5	0.4～0.55
0.3	0.015～0.025	3.0	0.5～0.65
0.4	0.02～0.03	3.5	0.6～0.8
0.5	0.035～0.05	4.0	0.8～1
0.6	0.05～0.06	4.5	0.9～1.1
0.7	0.05～0.08	5.0	1.0～1.3
0.8	0.06～0.09	5.5	1.2～1.5
1.0	0.15～0.2	6.0	1.3～1.6
1.2	0.18～0.25	6.5	1.5～1.8

注：1. 不锈钢、黄铜料厚在 1mm 以下者，间隙取表中的最小值。
2. 不锈钢、黄铜料厚在 1～2mm 以内者，间隙取料厚的 10%。

（2）冲裁力计算　冲裁力计算的通用公式为

$$P = Lt\tau_b \tag{8-2}$$

式中，P 为冲裁力（N）；L 为零件周长（mm）；t 为板料厚度（mm）；τ_b 为板料的抗剪强度（MPa）。

（3）冲裁件排样与搭边量的选取　排样与搭边量的确定对合理用料、提高材料利用率，保证冲裁件质量和加工连续性，以及延长模具寿命等均有重要意义。

1）材料利用率

$$\eta=\frac{fn}{F}\times 100\% \tag{8-3}$$

式中，η 为材料利用率；f 为冲裁件面积；n 为工件个数；F 为板料面积。

2）圆形冲裁件的排样。保持架常用排样呈圆形或环形，常用的排样方法如图 8-11 所示。

对于单排，排样如图 8-11a 所示，该排样在实际应用中最常见。图中 M 为侧搭边宽度；N 为工件之间搭边宽度；D 为冲裁工件直径尺寸；B 为带料宽度，$B=D+2M$。材料利用率为

$$\eta=\frac{\pi D^2}{4(D+N)(D+2M)}\times 100\% \tag{8-4}$$

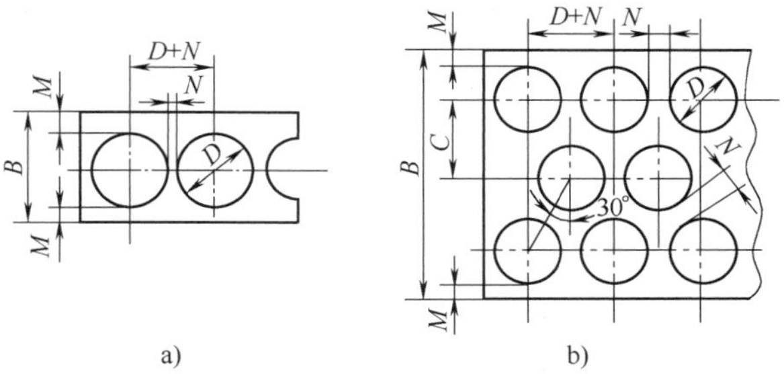

图 8-11　保持架常用排样图

a）单排排样图　b）多排排样图

对于多排，排样如图 8-11b 所示，

$$B=D+2M+0.87(D+N)(K-1) \tag{8-5}$$

材料利用率

$$\eta=\frac{k\pi D}{4(D+N)[D+2M+0.87(D+N)(k-1)]}\times 100\% \tag{8-6}$$

式中，k 为排数。

3）搭边量。单排样的最小搭边量见表 8-5，可知搭边量随材料厚度增大而增大，主要原因是受到冲裁质量和模具寿命的影响。此外，在自动冲裁或连续冲裁时选择的搭边量应保证残料仍具有一定的刚性和强度，以便能连续送进条料。

表 8-5　单排样的最小搭边量　　（单位：mm）

材料厚度	M	N	材料厚度	M	N
0.5	1.5	1.0	4.0	3.0	2.5
0.5~1.0	1.5	1.2	5.0	4.0	3.5
1.0	2.0	1.5	6.0	5.0	4.0
1.5	2.0	1.5	8.0	6.0	5.0
2.0	2.5	2.0	10.0	7.0	6.0
3.0	3.0	2.5			

3. 弯曲

弯曲变形可使工件达到或接近所要求的几何形状，同时也提高了冲压工件的刚性和强度。弯曲变形是坯料的一部分对另一部分的相对变形，不会产生分离或破裂。

（1）弯曲变形特点　变形后工件侧壁的坐标网格及断面变化如图 8-12 所示。

1）圆角部分的正方坐标网格变成扇形，远离圆角的直边部位则没有变形，靠近圆角的

直边有少量变化。因此，弯曲变形区主要位于弯曲件的圆角部分。

2）在变形区内，板料的外区（靠凹模一侧）纵向纤维 bb 受拉而伸长，内区纵向纤维 aa 受压缩而缩短，由内、外表面至板料中心，其缩短和伸长的程度逐渐变小。从外区的拉伸过渡到内区的压缩，其间有一层纤维在弯曲变形前后的长度不变，此层称为应变中性层（图 8-12 中 oo 层）。

3）弯曲变形区中，板料厚度由 t 变薄至 t_1，$\eta_1=\dfrac{t_1}{t}$称为变薄系数。

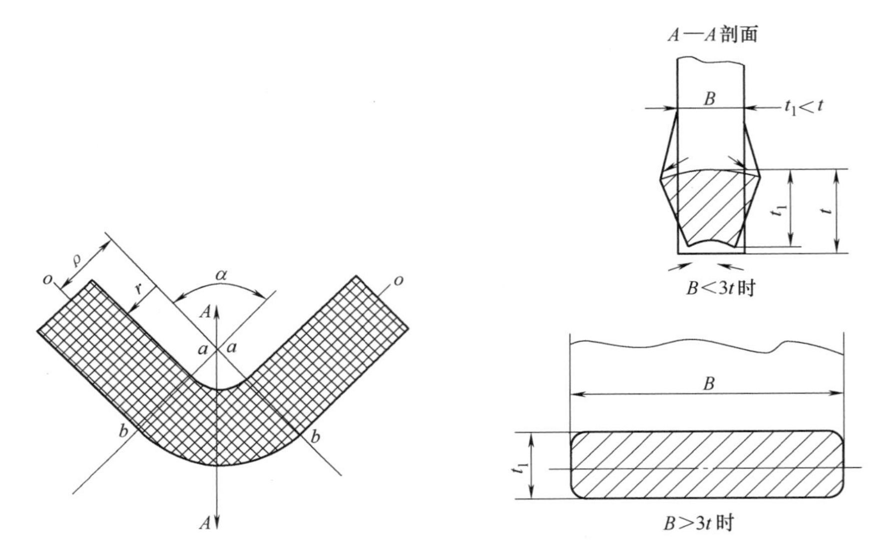

图 8-12　弯曲变形后工件侧壁的坐标网格及断面变化

4）变形区的横断面分两种情况：当宽板（$B>3t$）弯曲时，横断面几乎不变，仍为矩形；当窄板（$B<3t$）弯曲时，断面由矩形变成了扇形。

由图 8-12 可知，由于弯曲过程中抵抗力不同，窄板易变形成宽板。大多数情形下弯曲都伴随着大的变形，该过程中金属除了有纵向的拉应力和压应力，还有径向压应力。究其原因，是由于外层金属对内层金属有压力，且压力在中性层达到最大值。

板料弯曲时变形区内的应力和应变状态与变形程度有关。当弯曲变形较大（$r/t<4$）时，变形区的应力应变呈现立体状态，见表 8-6，表中主应力以 σ 表示，应变以 ε 表示。

表 8-6　弯曲时的应力及应变状态图

条料（毛坯）	横剖面区域	图形	
		应力状态	应变状态
窄板（$B<3t$）	压缩区	σ_1 σ_2 σ_3	ε_1 ε_2 ε_3

（续）

条料（毛坯）	横剖面区域	图形	
		应力状态	应变状态
窄板 （$B<3t$）	拉伸区	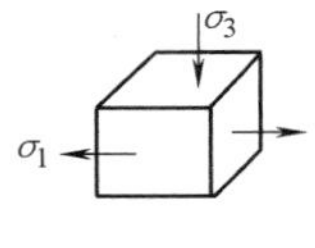 σ_3 σ_1	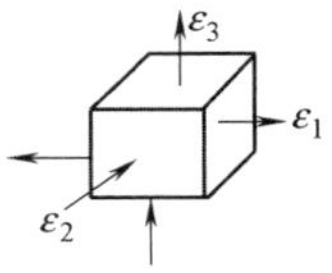 ε_3 ε_1 ε_2
宽板 （$B>3t$）	压缩区	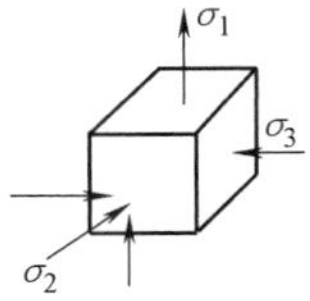 σ_1 σ_3 σ_2	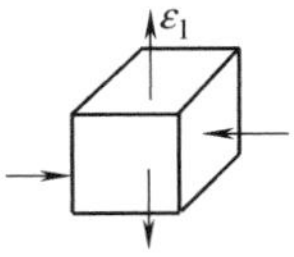 ε_1
	拉伸区	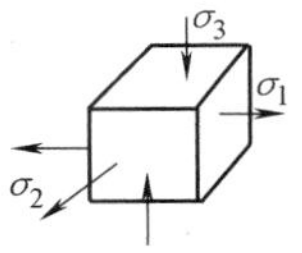 σ_3 σ_1 σ_2	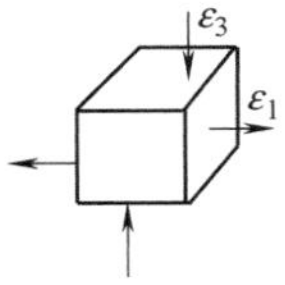 ε_3 ε_1

（2）弯曲变形中性层位置　在板料冲压时，为了确定弯曲的毛坯尺寸，必须知晓变曲变形中性层的位置。

对于大圆角半径弯曲，中性层位于板厚中央，即

$$\rho=r+\frac{t}{2} \tag{8-7}$$

式中，ρ 为中性层曲率半径；r 为弯曲件内半径；t 为板料厚度。

在小圆角半径弯曲时，板料厚度有所减小，因而使中性层的位置向内层移动。掌握其移动情况便可精确地计算毛坯，该问题在冷冲压工艺计算中比较重要。部分学者研究认为，中性层的位置主要取决于弯曲半径与厚度的比值（r/t）和材料弯曲变形区域内变薄的程度。其计算方法为

$$\rho=r+x_0t \tag{8-8}$$

式中，x_0 为决定中性层距内表面位置的系数，其值与弯曲件的宽度和弯曲角度有关。当宽板（$B>3t$）弯曲 90°时，x_0 可按表 8-7 选取。

表 8-7　对 DC03 钢板弯曲 90°时 x_0 的值

r/t	x_0	r/t	x_0	r/t	x_0	r/t	x_0
0.1	0.21	0.5	0.25	1.0	0.32	2.5	0.39
0.2	0.22	0.6	0.26	1.2	0.33	3.0	0.40
0.3	0.23	0.7	0.28	1.5	0.36	4.0	0.42
0.4	0.24	0.8	0.30	2.0	0.38	5.0	0.44

（3）最小弯曲半径　在保证毛坯外表面纤维不发生破坏的条件下，工件能够弯曲的内表面最小圆角半径称为最小弯曲半径 r_{min}。r_{min}/t 的值越小，板料弯曲性能越好，生产中用

它来表示弯曲时的成形极限。

影响 r_{min} 的因素有：①材料的力学性能，塑性越好，r_{min} 越小；②板料的纤维方向与弯曲方向相互垂直时最小，平行时最大；③板料的表面质量和冲切断面质量高、光滑、无毛刺时，r_{min} 小；④板料厚度越薄 r_{min} 越小，反之越大。

对 08、10 钢板和 H62 黄铜，r_{min} 在 $0.4t \sim 0.8t$ 之间。

（4）弯曲毛坯展开尺寸　确定弯曲毛坯的展开尺寸时，分两种情况：

1）有圆角半径的弯曲（$r>0.5t$）。当宽板弯曲时，弯曲件的展开长度等于各直边部分和各弯曲部分中性层长度之和，即

$$L_{总} = \sum L_{直边} + \sum L_{弯曲} \tag{8-9}$$

各弯曲部分中性层长度 $L_{弯曲}$ 为

$$L_{弯曲} = \frac{\pi\varphi}{180}\rho \approx 0.17\varphi(r+x_0 t) \tag{8-10}$$

式中，φ 为弯曲中心角。

2）无圆角半径或圆角半径很小时的弯曲（$r<0.5t$）。展开长度一般依据毛坯与工件体积相等的原则，计算时还需考虑弯曲处材料变薄的情况。不同形状的弯曲，计算公式也不同，可查阅相关工艺手册。

（5）弯曲件的回弹　弯曲变形是一种塑性、弹性共存的变形过程。当变形结束，工件不受外力作用时，由于中性层附近纯弹性变形及内、外区总变形中弹性变形部分的恢复，使弯曲件的弯曲中心角和弯曲半径与模具的尺寸不一致，该现象称为弯曲件的回弹（或回跳）。由于弯曲时内、外纵向应力方向不一致，因而弹性恢复时方向也相反，这种反向的弹性恢复加剧了工件形状和尺寸的改变。

欲使弯曲后工件的形状和尺寸符合要求，在设计模具时须考虑材料的回弹量。实践表明，回弹量主要与材料的种类、厚度、硬度、工件形状、弯曲半径及弯曲力有直接关系。回弹量一般以角度表示，常用冲压材料在多种情况下的回弹角度已制成曲线图或表格，以便实际应用。

（6）弯曲力　不同的弯曲形状、弯曲方式，其弯曲力的计算公式也不同，可查有关手册。

4. 拉延

以冲裁制成的一定形状的平板坯件，通过在凸、凹模间产生的塑性变形，制成各种形状的开口空心零件的工序称为拉延，如图 8-13 所示。

（1）拉延加工特点　由图 8-13 可知，直径为 D、厚度为 t 的圆形毛坯，经过拉延模拉延，可得直径为 d（内、外圆平均直径 d_m）的圆筒形工件。如将平板毛坯的三角阴影部分切去（见图 8-14），沿直径 d_m 的圆周对留下部分的狭条进行弯折，并加以焊接，便可形成一个圆筒形工件，其高度 $h=(D-d_m)/2$。但在实际拉延过程中并没有把三角形材料切掉，该部分材料

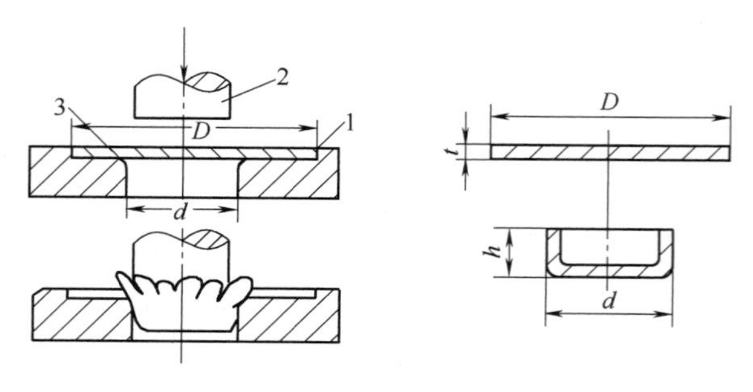

图 8-13　拉延

1—凹模　2—凸模　3—平板坯件

在拉延过程中由于产生塑性流动而转移了。其结果是：一方面工件壁厚度增加 Δt；另一方面，更主要的是工件高度增加 Δh，使 $h>(D+d_m)/2$。

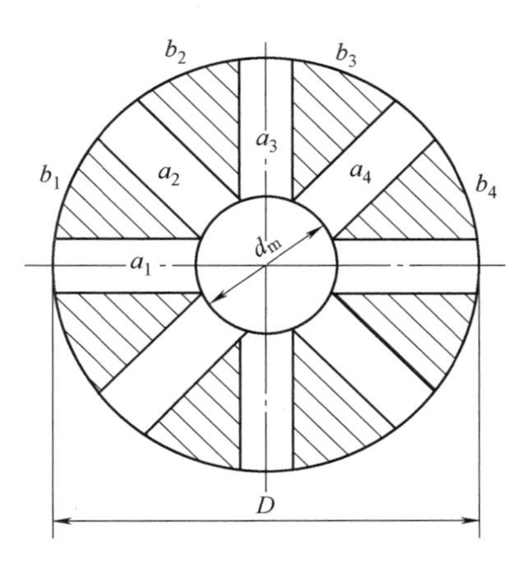

图 8-14　材料的转移

经过拉延产生塑性流动后，工件的料厚和硬度发生的变化如图 8-15 所示。为进一步了解金属的流动状态，可在圆板毛坯上画出许多等间距 a 的同心圆和等分度的辐射线，如图 8-16 所示。

由这些同心圆和辐射线组成的网格经拉延后，圆筒形件底部的网格基本上保持原来的形状，而筒形件的筒壁部分网格则发生了很大变化，原来的同心圆变为筒壁上的圆筒线。而且，间距 a 也增大了，越靠近筒的上部增大越多，即有 $a_1>a_2>a_3\cdots>a$。此外，原来等分度的辐射线变成了筒壁上的垂直平行线，其间距完全相等，即 $b_1=b_2=b_3\cdots=b$。如自筒壁取网格中的一个小单元体来看，拉延前为扇形的 A_1 在拉延后变成了矩形 A_2，若忽略很小的厚度变化，小单元面积不变，则 $A_1=A_2$。

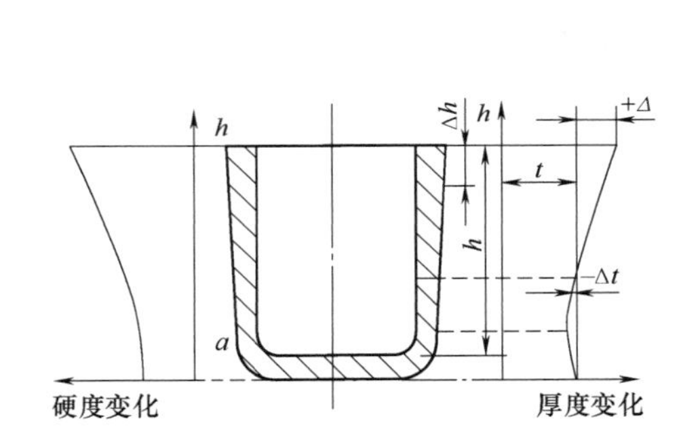

图 8-15　拉延件沿高度方向硬度和厚度的变化

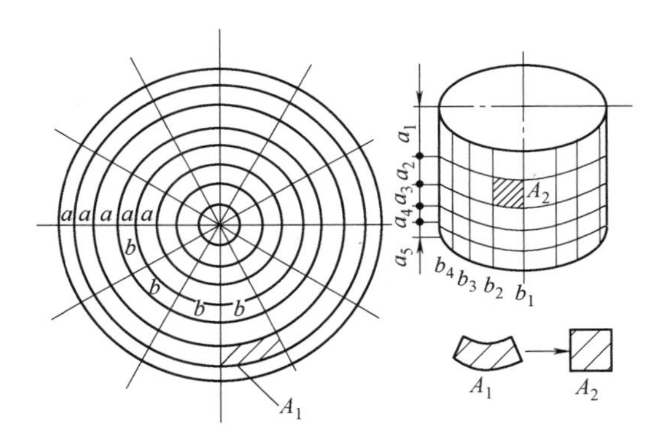

图 8-16　拉延件的网格变化

综上可知，拉延过程可以归结如下：在拉延过程中，受凸模拉延力的作用，毛坯径向产生拉伸应力，切向产生压缩应力，在其共同作用下材料发生塑性变形，并不断被拉入凹模内形成筒形拉延件。

（2）拉延方法　拉延过程最容易出现的问题是工件边缘起皱槽，皱槽由多余材料（阴影部分）造成，会增加拉延力而导致掉底、裂口、断裂，必须采取有效措施加以克服。

拉延通常有下列两种方法：

1）无压边圈的简单拉延。这种方法仅限于拉延深度不大且没有法兰盘的筒形件。

2）有压边圈的拉延。模具除凸模和凹模外，还增加了一个压边圈，如图 8-17 所示。是否采用压边圈，常根据毛坯厚度与直径 D 的比值，即材料的相对厚度 Δ 来确定。

第 1 次拉延时

$$\Delta=\frac{t}{D} \tag{8-11}$$

以后各次拉延

$$\Delta' = \frac{t}{d_{n-1}} \quad (8\text{-}12)$$

式中，d_{n-1} 为第 $n-1$ 次拉延的工件外径。

经验表明，在第 1 次拉延时，如果 $\Delta<1.5$，应使用压边圈；如果 $\Delta>2$ 则可不用压边圈；Δ 在 1.5～2.0 之间，应视凹模的引导口圆角 R 大小、润滑情况、材料性质及制件的形状等进行适当考虑。因有加工硬化的影响，以后各次拉延与第 1 次有所不同，$\Delta'<1.0$ 时使用压边圈，$\Delta'>2.0$ 时可不用压边圈，Δ' 为 1.0～2.0 时视情况而定。

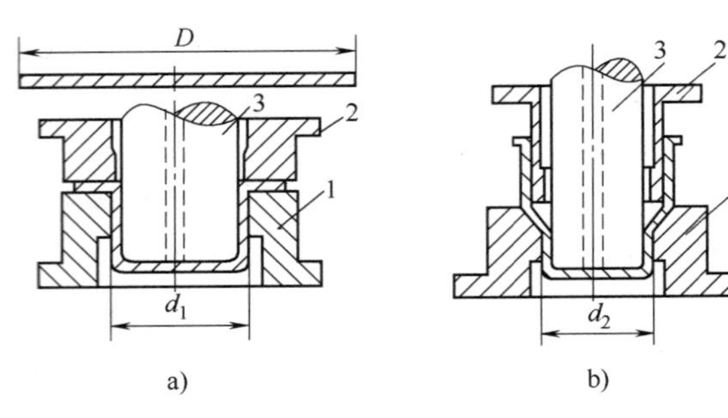

图 8-17　有压边圈拉延加工

1—凹模　2—压边圈　3—凸模

（3）拉延力　由图 8-15 可知，拉延件各部分的厚度不同，且硬度也不一致，说明在拉延加工中材料的变形和受力状态复杂。如在拉延过程中的某一时刻，毛坯处于图 8-18 所示的状态。

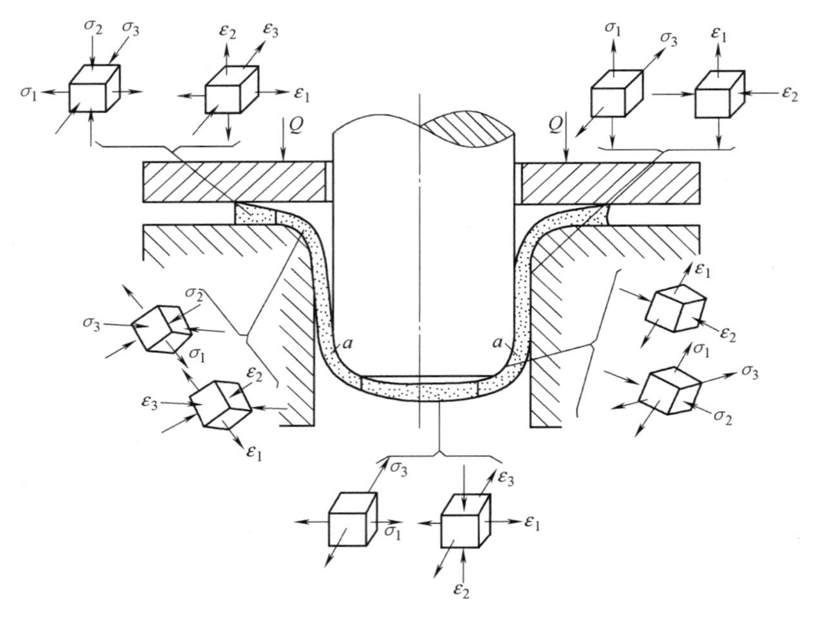

图 8-18　拉延过程中毛坯的应力与应变

随着拉延过程的进行，应力 σ、应变 ε 还将不断变化。值得注意的是，拉延件底部转角处稍上的地方（见图 8-15 和图 8-18 中的 a 处），在拉延开始时处于凸、凹模间，需要转移的材料较少，变形小，冷作硬化程度低，且不受凸模圆角处有益的摩擦作用，需要传递拉延力的截面积也较小，往往该处会成为整个拉延件强度最薄弱的地方，称为“危险断面”。如果拉延的变形程度很大，则拉延件可能在此处断裂或由于变薄严重而使零件报废。应力、应变的变化规律对使拉延成形时达到最大变形程度和较准确地计算拉延力有帮助。在计算拉延力之前，要知悉拉延加工中的应力和其影响因素。常用的计算方法有：

1）材料无变薄的拉延力

$$p_1 = \pi dt\left(\frac{D}{d}-0.65\right)p \tag{8-13}$$

式中，p_1 为拉延力（N）；d 为成形后的工件直径（mm）；D 为毛坯外径（mm）；t 为毛坯板厚（mm）；p 为单位拉延变形力（MPa）。

2）材料有变薄的拉延力

$$p_1 = \pi dt\left(\frac{t}{t_1}\right)\left(\frac{D}{d}-0.65\right)p \tag{8-14}$$

式中，t_1 为工件壁厚（mm）。

3）压边力

$$Q = k\frac{\pi}{4}[D'-(d+R)^2]q \tag{8-15}$$

式中，Q 为压边力（N）；k 为系数，取 1.1~1.3；D'为切成凹模的切料外径（mm）；d 为切成凹模的成形直径（mm）；R 为切成凹模的圆角半径（mm）；q 为单位压边力（MPa）。

（4）拉延系数 在拉延的工艺过程中，拉延系数的正确选择具有决定性作用。在此基础上才能正确决定工件的拉延次数，同时也决定了模具的套数、设备的台数。选用拉延系数的原则是使工件在变形过程中的变形程度最大，同时又防止其应力超过材料的极限强度。变形程度 E 为

$$E = \frac{A_1-A_2}{A_1} = \frac{d_1-d_2}{d_2} = 1-m \tag{8-16}$$

式中，A_1、A_2 为拉延件在拉延前后的面积（mm^2）；d_1、d_2 为拉延件在拉延前后的直径（mm）；m 为拉延系数，其值为 d_n/d_{n-1}，$m<1$。

直径为 D 的毛坯拉延成直径为 d_n、高为 h_n 的工件的拉延工序如图 8-19 所示，第 1 次拉延系数为 $m_1 = d_1/D$；以后各次拉延系数为 $m_2 = d_2/d_1$，$m_3 = d_3/d_2$，…，$m_n = d_n/d_{n-1}$。有了拉延系数便可求出工件各次拉延变形后的尺寸。

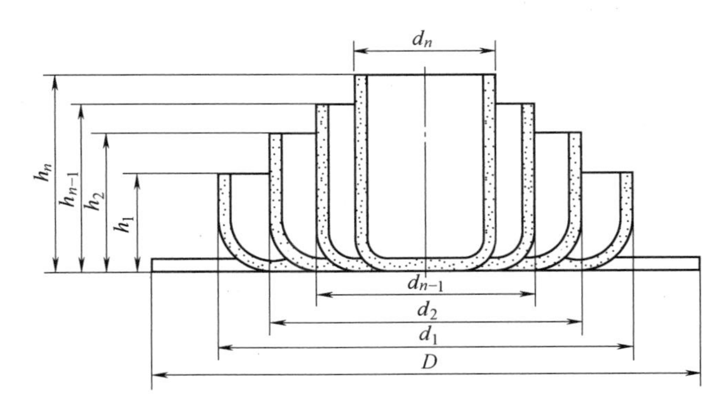

图 8-19 拉延工序

拉延系数是拉延工序中重要的工艺参数，用来表示拉延过程中的变形程度。拉延系数越小，变形程度越大。当拉延系数取得过小时，会使拉延件起皱、断裂或严重变薄超差。因此，拉延系数 m 的减小有一个客观的界限，即存在最小拉延系数。理论上材料的第 1 次拉延系数 m_1 可达 0.37，而生产实践中因影响拉延系数的因素很多，总要加大拉延系数。实际加工表明：①材料的抗拉强度越高，拉延系数应越大；②塑性变形会引起金属内部的结构变化，使材料的强度和硬度增加，多次拉延过程中要逐次增大拉延系数或在工序中增加退火工序等；③为提高金属塑性，对于某些金属材料或表面不够光洁的材料往往要在加工前预先退火或直接加大拉延系数。

表 8-8 列出的第 1 次拉延系数，可供设计保持架工艺时参考。

表 8-8 第 1 次拉延系数（DC03 钢板）

t/D	m_1	t/D	m_1
<0.8	0.61~0.65	1.6~2.0	0.5~0.53
0.8~1.2	0.57~0.61	>2.0	0.47~0.5
1.2~1.6	0.53~0.57		

（5）拉延毛坯尺寸　在壁厚没有变薄的拉延中，材料的厚度变化一般可忽略不计，但要加上修边余量。因此，对壁部没有变薄的拉延件，其毛坯的计算一般采用面积相等法；在壁部有变薄的拉延中，毛坯尺寸主要根据体积相等法来求得；此外，还有重量相等法和图解法等。

采用面积相等法时毛坯尺寸的计算公式为

$$D_{mo}=\sqrt{d_0^2+4d_{cp}(h_0+h')+2\pi R_{cp}d_0+8R_{cp}^2} \tag{8-17}$$

式中，D_{mo} 为毛坯直径；d_0 为圆筒底部平面部分直径；d_{cp} 为圆筒平均直径；R_{cp} 为圆筒内圆角平均半径；h_0 为圆筒部分圆角中心以上高度；h'为筒高修整量。

各参数之间的具体关系如图 8-20 所示。

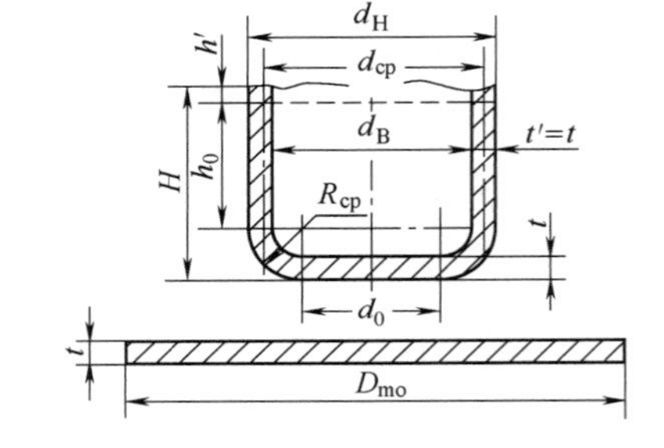

图 8-20　面积相等法时各参数之间的关系

采用体积相等法时毛坯尺寸的计算公式为

$$D_{mo}=\sqrt{d_{cp}^2+4d_{cp}(h+h')\frac{t'}{t}} \tag{8-18}$$

式中，t 为毛坯厚度；t'为圆筒壁厚。

若工件是由两个以上形状简单的圆筒组成的旋转体，其毛坯尺寸的计算公式为

$$D_{mo}=\sqrt{\frac{4}{\pi t}\sum_{i=1}^{n}v_i} \tag{8-19}$$

式中，v_i 为第 i 个圆筒体积；n 为总圆筒个数。

5. 成形

成形是使冲载后的冲压件达到最后形状要求不可缺少的变形过程，在冲压保持架的生产中被广泛应用。成形加工包含整形、缩口、翻边、胀形等工序。

整形可使成形件获得更准确的几何形状，同时也可使冲压件达到最后的产品尺寸和形状。整形力 q_1 为

$$q_1=Fq \tag{8-20}$$

式中，F 为整形件水平投影面积（mm^2）；q 为单位整形力（MPa）。

缩口是针对筒形工件的撇口，按照产品要求将其直径（口部）均匀缩小。缩口变形程度 k_2 表示为

$$k_2=\frac{D-d}{d} \tag{8-21}$$

式中，D 为缩口前直径；d 为缩口后直径。对于钢件，k 可取 0.1~0.15；对于铜件，k 可取 0.15~0.20。

在模具的作用下将孔边缘翻成竖立的直边称为圆孔翻边，用翻边可以加工出具有复杂形状、良好刚度和合理空间形状的立体零件。“⊓”形及梅花形等保持架均使用这种方法。

胀形是将空心工件或管状毛坯向外扩张成为所要求的曲面零件的成形方法。制造保持架过程中主要利用模具来实现胀形，如圆锥滚子保持架的扩张工序、管料冲压保持架的成形工序等。

各种成形加工如图 8-21 所示。

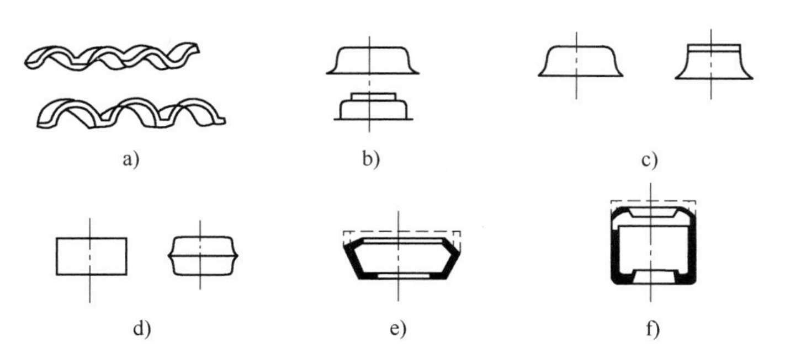

图 8-21 各种成形加工

a）浪形保持架的成形、整形 b）乙形保持架的成形、整形 c）冲压轴承的成形、整形、翻边 d）胀形 e）缩口 f）缩口、弯边

8.2.3 冲压工艺特点

滚动轴承使用的保持架绝大多数由冷冲压方法制造，当冲压加工时，在模具的作用下板料内部产生使之变形的内力，当内力达到一定程度时，毛坯或毛坯的某个部分便会产生与内力相对应的变形，从而获得具有一定形状、尺寸和性能的保持架。冲压保持架加工工艺特点如下：

1）生产率高，操作简便，易于实现机械化与自动化。

2）利用模具，可以获得其他加工方法无法或难以制造的形状复杂的保持架。

3）保持架的尺寸形状精度均由模具保证，加工精度高，互换性好，尺寸稳定。

4）与其他机加工相比，节能且材料利用率高。

5）冲压过程中板料表面不受破坏，冲压保持架表面质量较好。

6）冲压保持架重量轻，加工成本低，但有些模具制造复杂，周期长，成本高；另外保持架边缘表面易出毛刺，需有辅助修饰工序加以解决。

8.2.4 冲压保持架的辅助工序和表面处理

在制造冲压保持架时，除冷冲压工序外，还包含清理、酸洗、喷丸、退火等辅助工序，此外还有镀锡、磷化及氟化等表面处理。

1. 辅助工序

如前所述，保持架的退火工序多在冲压工序间进行，其目的是恢复或提高工件的塑性，保证后工序冲压顺利进行。酸洗、喷丸等工序须在冲压工序后进行。清理工序则根据工艺要求而定，部分在工序间进行，部分在冲压工序后进行。

（1）清理（光饰） 清理工序是将工件放置于倾斜式或卧式窜桶中，加入适量的窜料，如磨料、铸铁屑、河砂、木屑、稻壳、碎皮革及添加剂等，借助于窜桶带动工件旋转，使工件与窜料相互摩擦，以去除工件表面的油污、氧化皮、小毛刺及表面轻微的锈蚀，使工件表面光泽。

根据工艺要求，清理可分为半成品清理及成品清理。对半成品而言，一般去油污、倒锐角时用稻壳作为窜料，清理 40~50min 即可满足工艺要求。部分工件需要窜掉小毛刺，须用稻壳加铸铁屑作为窜料，根据工件的表面情况确定时间。成品要求表面光洁，一般用稻壳加碎皮革作为窜光料效果较好，清理时间约需 4~8h。

窜桶有倾斜式和八角形卧式两种：倾斜式窜桶效率高，操作装卸方便，可用于半成品和成品的清理；八角形卧式窜桶效率较低，一般适用于尺寸较大的成品清理。为保证窜桶有良好的工作环境，还须配置除尘通风设施。

工件窜光的质量和效率主要受工件与窜料填装量的比例决定，也受通风的影响。在成品清理时，倾斜式窜桶工件和窜料的总填装量约为窜桶容积的五分之三左右，八角形卧式窜桶工件和窜料的总填装量不超过窜桶容积的三分之二，且工件与窜料的填装容积比为 1∶1 或 1∶2。值得注意的是，如果通风不好，装入的工件又过多，即使窜光的时间加长，工件的表面质量仍将达不到技术要求。

窜桶清理的最大缺陷是不能窜光零件的内表面，这是因为窜光是基于摩擦原理，而保持架内表面受到很大程度的限制，所以保持架的内表面总不如外表面光亮。

(2) 酸洗　酸洗工序是利用化学方法去除工件表面的锈蚀、氧化物、小毛刺及明化工件表面，使工件获得均匀一致的颜色。工件在酸洗前必须经过清理工序，以去掉工件表面上的油污、锐角。

钢制保持架的酸洗规程如下：

1) 脱脂。脱脂液成分（质量分数，下同）见表 8-9，温度 80~90℃，时间 10~15min。

表 8-9　脱脂液成分（余量为水）　（单位：%）

名称	成分Ⅰ	成分Ⅱ	成分Ⅲ
焙烧苏打	10~8		5~3
磷酸三钠	5~3	5~3	5~3
氢氧化钠		3~1	3~1

2) 清洗。先用 70~80℃的热水清洗，再用流动冷水清洗。

3) 明化。明化液成分见表 8-10，室温，时间 1~2min。

表 8-10　明化液成分（余量为水）　（单位：%）

名称	百分比	名称	百分比
工业铬酸	10~15	硫　酸	0.2~0.4

4) 防锈。防锈液成分见表 8-11，室温，时间 1~2min。

表 8-11　防锈液（余量为水）　（单位：%）

名称	百分比	名称	百分比
焙烧苏打	0.5~1.0	亚硝酸钠	5~10

(3) 喷丸　喷丸处理是一种被广泛采用的表面强化工艺，其设备简单，操作方便，成

本低廉，不受工件形状和位置限制，但工作环境较差。喷丸主要用于提高零件的机械强度、耐磨性、抗疲劳和耐腐蚀性等，还可用于表面消光、去氧化皮，消除铸、锻、焊件的残余应力等。

喷丸又分为喷丸和喷砂。用喷丸进行表面处理，打击力大，清理效果明显，但喷丸对薄板工件的处理容易使工件变形。目前，主要采用喷丸来消除保持架毛刺，效果良好。

在现有的工件表面清理方法中，效果最佳的是喷砂，喷砂适用于工件表面要求较高的清理。我国目前通用的喷砂设备多由铰龙、刮板、斗式提升机等原始笨重输砂机械组成，喷砂时需要施建一个深地坑并做防水层来装置机械，建设费用高，维修工作量及维修费用极大，喷砂过程中产生大量的矽尘无法清除，严重影响操作工人的健康并污染环境。

2. 表面处理

表面处理是一种在基体材料表面上人工形成与基体的力学、物理和化学性能不同的表层的工艺方法，目的是满足产品的耐蚀性、耐磨性、装饰或其他特种功能要求。本节主要介绍以下几种常用的表面处理方法。

（1）镀银　常用作润滑膜的金属有金、银、铅、锡等，其在500℃温度下的蒸发速度很低，可用于不允许气体从润滑剂中析出的高温环境。近代喷气发动机主轴轴承要求采用特定的保持架材料和保持架覆盖层，以满足在非常严苛条件下长时间运转的需要。20世纪60年代在民用喷气发动机和军用发动机轴承上采用的先镀银后镀铅的铁硅青铜保持架已不能满足要求，随着运行温度和速度的增高，寻求性能更好的保持架新材料已刻不容缓。

（2）镀锡　用电解法在材料的表面镀金属锡，锡层的厚度约0.004~0.006mm，将其作为变薄拉伸工件的固体润滑剂，效果较好，缺点是成本高，生产率低。

（3）磷化　磷化是在工件表面产生化学反应，生成一种不溶性的呈多孔状态的磷酸盐薄膜，对润滑剂有吸附作用，膜层厚度约为0.007~0.2mm。

磷化和镀锡的目的一样，在冷冲压中都起到润滑的作用，可以降低工作时的外摩擦力，避免工件在变形过程中产生黏结现象而划伤，从而提高模具寿命和制件质量。磷化与镀锡相比，具有成本低和生产率高的优点，有逐步取代镀锡的趋势。

磷化规程如下：

①脱脂，温度为85℃，时间1.5~2min；②冷水清洗；③用纯盐酸酸洗，时间视酸的浓度而定，一般约5~20min；④冷水清洗；⑤中和；⑥磷化，用马日夫盐（酸式磷酸锰）加水稀释，$\frac{\text{总酸度}}{\text{游离酸度}}=75\sim10$，温度为95℃，时间15~200min；⑦冷水清洗；⑧皂化，溶液成分为一升水含肥皂60~70g，温度为65℃，需时15~20min。

（4）氰化（碳氮共渗）　氰化是一种化学热处理方法，在工件表面同时渗入碳和氮原子，使工件获得高硬度、高耐磨性的表面。保持架的氰化通常是采用气体氰化或液体氰化，但由于氰盐有毒，而且污染现象严重，所以一般都不采取使用氰盐的液体氰化工艺。

气体氰化工艺：煤气9cm^3/min，氨气45~79cm^3/min，温度为55℃，需时15~30min。氰化过程中应注意检查氰化层的深度、脆性及工件的变形。

8.3 浪形保持架制造

用冲压法制造的深沟球轴承保持架便是浪形保持架。由于浪形保持架的需求量很大，在普通压力机上生产已无法满足需求，可以在多工位压力机上生产以解决该问题。

8.3.1 浪形保持架的工艺编制

主要从浪形保持架毛坯尺寸和冲压力计算两方面进行说明。

1. 浪形保持架毛坯尺寸

如图 8-22 所示，根据保持架平均直径，可求得其展开尺寸为

$$D_{mo}=K\left[NR+\frac{R_0}{10800}(21600-N\alpha)\right]$$
$$=K\left[2R_0+0.36338N\left(R+\frac{t}{2}\right)+\frac{R_0}{10800}(21600-N\alpha)\right] \tag{8-22}$$

式中，D_{mo} 为保持架毛坯平均直径；N 为球兜个数；t 为材料厚度；R_0 为保持架球兜平均半径，$R_0=D_0/2$；α 为球兜所包的中心角；K 为材料延伸系数，一般取 0.845。

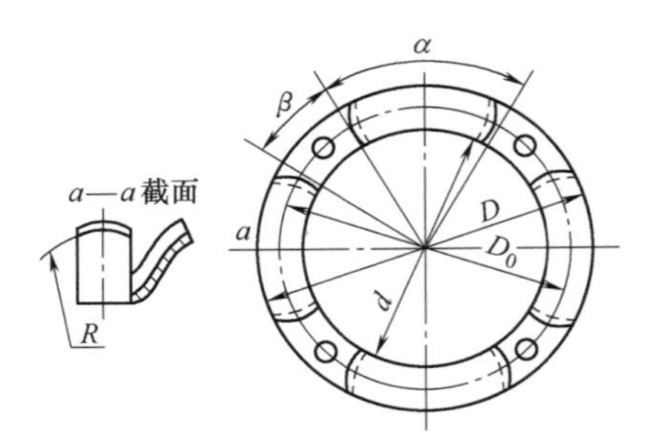

图 8-22 浪形保持架

毛坯外径 D_t 为

$$D_t=D_{mo}+\frac{D_B-d_B}{2} \tag{8-23}$$

式中，d_B、D_B 为保持架内、外径。

毛坯内径 d_t 为

$$d_t=D_{mo}+\frac{D_B-d_B}{2} \tag{8-24}$$

由式（8-22）可知，K 值对 D_{mo} 有直接影响，通过适当调整 K 值可以实现连续套裁，提高材料利用率。为充分利用料芯，将 K 值修改为 0.815~0.87，材料利用率可由原来的 18% 提高到 50%~65%。

2. 冲压力计算

1）裁环压力 P_1。

$$P_1=K_1\pi(D+d)tR_m \tag{8-25}$$

式中，K_1 为安全系数；R_m 为抗拉强度（MPa）。

式（8-25）考虑到材料厚度不均，模具刃口变钝等因素，计算裁环力时不用抗剪强度而用抗拉强度。各种常用材料的抗拉强度 R_m 见表 8-12。

表 8-12 几种材料的抗拉强度 （单位：MPa）

材料	R_m	材料	R_m
DC01	410	H62	软 300
DC03	370		半硬 350
DC04	350		硬 420
DC05	330	65Mn	900

因计算图解法容易掌握，精度可以满足生产要求，适合于现场生产使用，冲压保持架制

造时使用计算图解法已越来越普遍。举例说明，取 $R_m=400\text{MPa}$，结合实际生产取安全系数为1.3。根据 $P_1=1.3\pi(D+d)tR_m$ 的计算值结果作图，如图8-23所示。

依据 $D+d$ 和 t 的值可从图8-23中查出所需的压力。例如：$D=80$（mm），$d=70$（mm），$t=1.5$（mm），可从图得到 $P_1=367\text{kN}$。

2）成形力 P_2。

$$P_2=\frac{2NBt^2R_m}{R_t+t} \tag{8-26}$$

式中，B 为毛料球的宽度（mm）；N 为球兜数；t 为板厚（mm）；R_m 为抗拉强度（MPa）；R_t 为成形冲头 R 的平均半径（mm）。

3）整形压力 P_3。

$$P_3=Aq \tag{8-27}$$

式中，A 为保持架水平投影面积（mm^2）；q 为单位整形力（MPa）。

如果用工件内、外径来表示面积，q 取345MPa，式（8-27）可简化为

$$P_3=270(D_B^2-d_B^2) \tag{8-28}$$

生产实践中常用公式 $P_3=400(D_B^2-d_B^2)$ 来计算整形压力 P_3，并做成计算图，如图8-24所示。

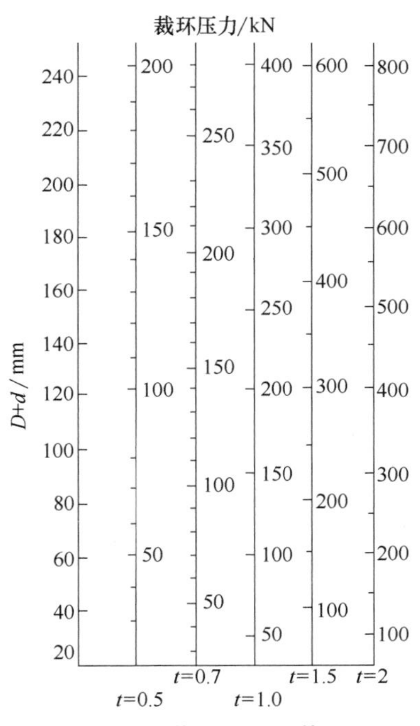

图8-23　裁环压力计算图

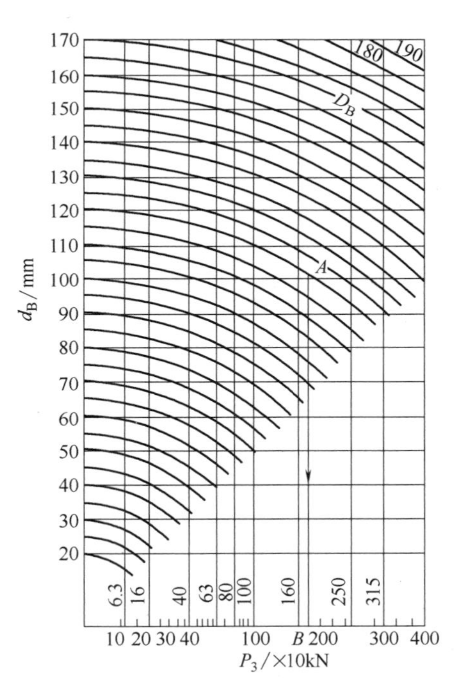

图8-24　整形计算图

图8-24中各圆弧代表浪形保持架的外径尺寸，取 $D_B=120\text{mm}$，$d_B=100\text{mm}$，计算整形力：首先顺着半径为120mm的圆弧找到与纵坐标值100的交点 A，再通过点 A 做垂线，与横坐标相交于 B 点，此点数值1760kN即为整形时所需要的压力。

4）冲铆钉孔力 P_4。

$$P_4 = \pi d' t N R_m \tag{8-29}$$

式中，d'为铆钉孔的直径（mm）。

8.3.2 浪形保持架的模具结构

浪形保持架的模具包括普通压力机模具和多工位压力机模具，以下分别就其结构进行介绍。

1. 普通压力机上的模具结构

普通压力机上的模具结构包括裁环模、成形模、整形模和冲铆钉孔模4种。

（1）裁环模　裁环模是一种复合模具，可用条料直接冲裁出圆环料，如图8-25所示。其主要工作部分包含凹模、冲头、凸凹模，均可由GCr15钢制作，要求热处理硬度达到58～60HRC，如图8-26所示。

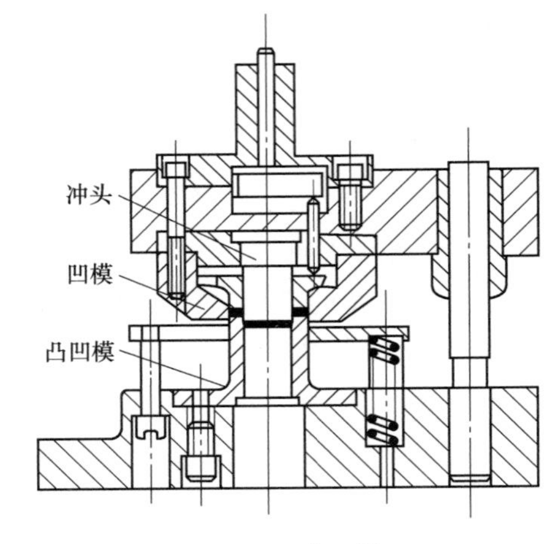

图8-25　裁环模

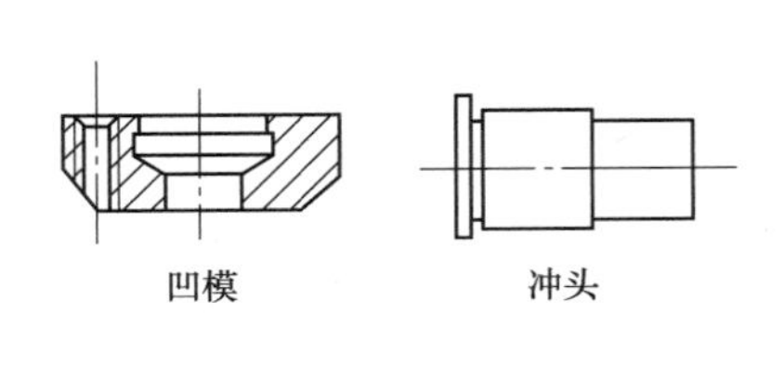

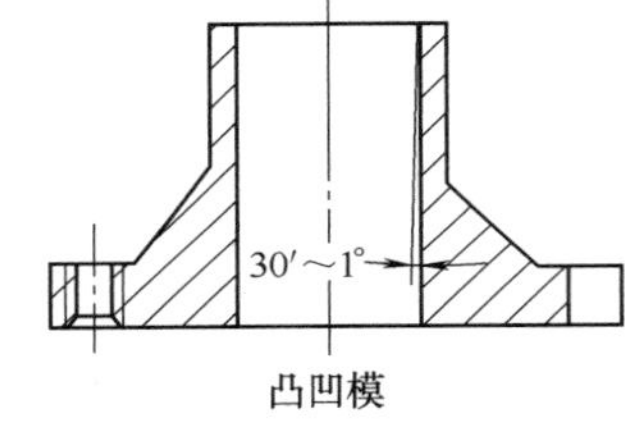

图8-26　裁环模组成

（2）成形模　成形模的工作原理如图8-27所示，起主要作用的是上、下冲头和卸料环，工作部件如图8-28所示。冲头既带有圆弧，又具有斜坡角度，有利于材料的收缩变形，以使环料变形均匀，不易开裂。冲头用GCr15制成，硬度为58~61HRC，卸料环材料为40钢。

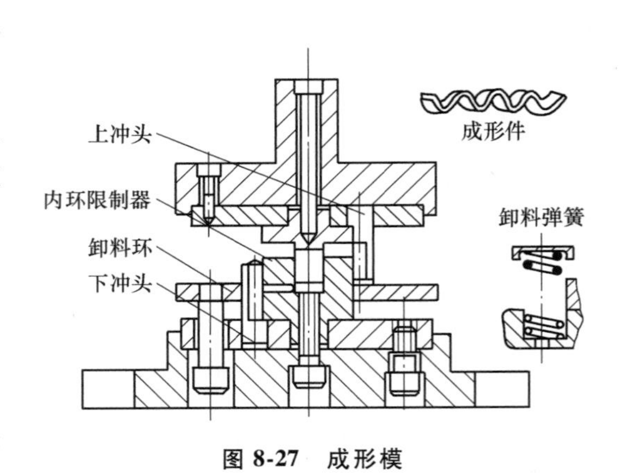

图8-27　成形模

（3）整形模　浪形保持架整形工序的工艺要求是提高制件的质量，延长整形冲头的寿命，目前广泛采用的钢球整形法效果很好。整形模具工作原理如图8-29所示，起主要作用的是冲头和凹模，如图8-30所示。其中，冲头由冲头座与钢球组合而成。凹模由Cr12MoV等耐磨性好的合金钢制成，硬度58~62HRC。

（4）冲铆钉孔模　冲铆钉孔模的工作原理如图8-31所示，起主要作用的是冲孔冲头、球面定位销和冲孔凹模，如图8-32所示。冲孔冲头材料可用GCr6或GCr9，硬度56~58HRC；球面定位销共有3个，材料用40钢，硬度40~45HRC；冲孔凹模材料用Cr12MoV，硬度58~61HRC。

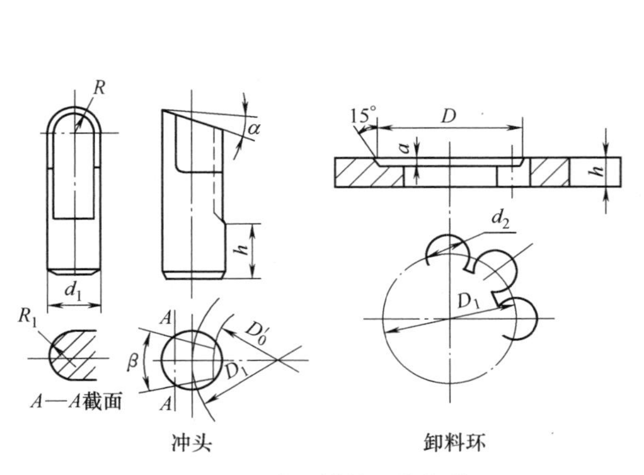

图 8-28　成形模的工作部件

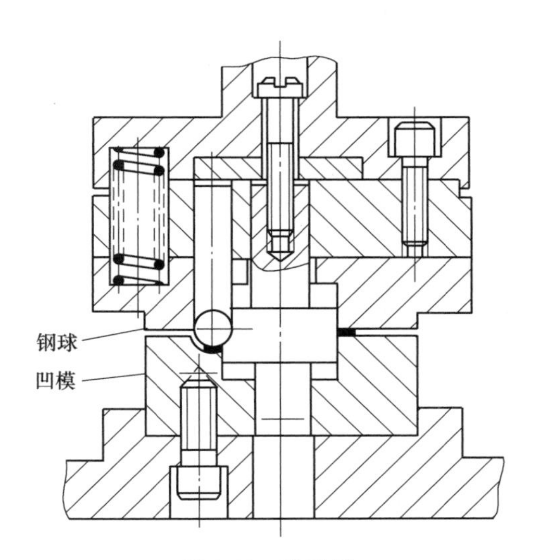

图 8-29　整形模

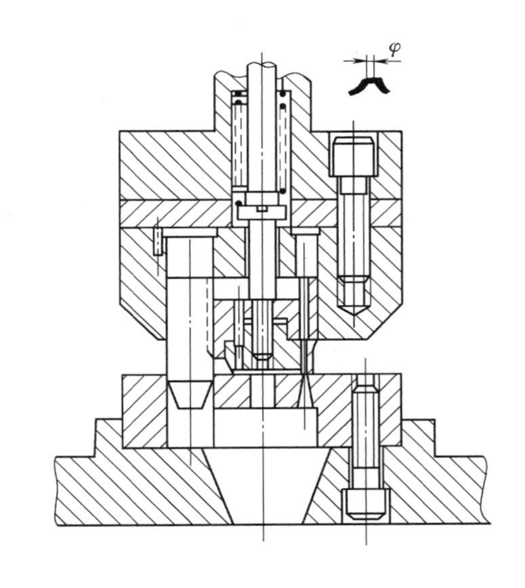

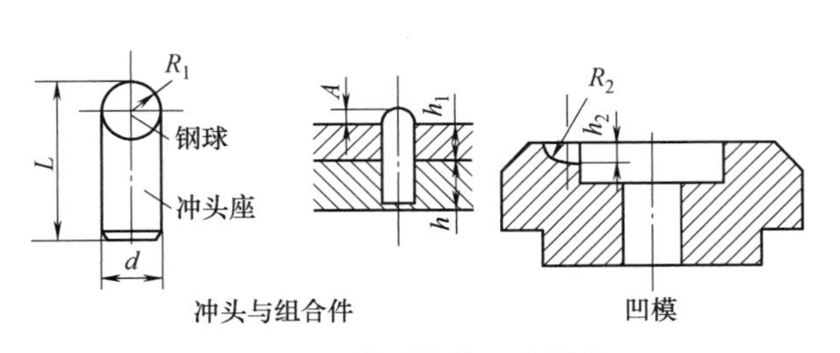

图 8-30　整形模的工作部件

图 8-31　冲铆钉孔模

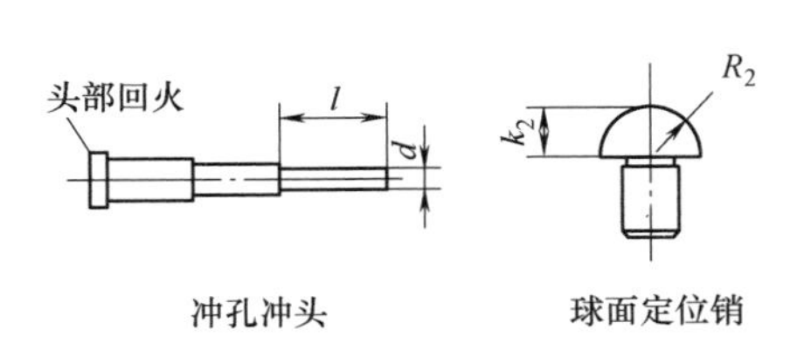

图 8-32　冲铆钉孔模的工作部件

2. 多工位压力机上的模具结构

多工位压力机上的模具工作原理如图 8-33 所示。

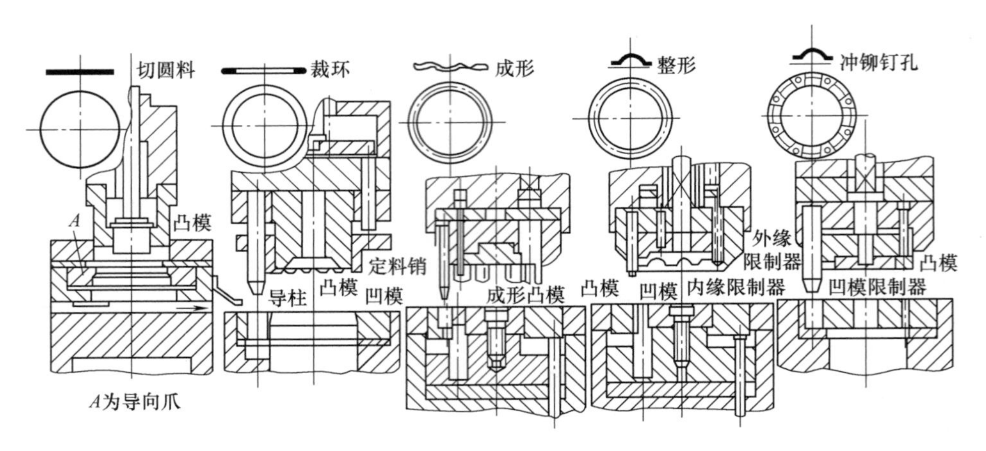

图 8-33　多工位压力机上的模具工作原理

8.3.3　浪形保持架的质量分析

各个工序在浪形保持架加工过程中均影响着保持架的成品质量，以下就其加工质量进行详细分析。

1. 裁环工序

外径尺寸大的主要原因是凹模内径大或已磨损；内径尺寸小的主要原因是凸模外径小或已磨损变小；宽度变动量超差的主要原因是模具制造精度低，模具变形及磨损。

2. 成形工序

内径尺寸大的主要原因有两个：一是成形冲头的滑移角小，工件在加工时不易径向收缩；二是冲头表面粗糙，加工时表面摩擦力大，使工件不易收缩。高度超差的主要原因是工件在加工时不易径向收缩。工件内径尺寸不一致的主要原因是成形冲头高度不一致，料环定位偏。

3. 整形工序

整形外径大的主要原因有 3 种：一是工艺上毛坯计算大，二是成形工序外径大，三是整形平面压力大，造成材料变形大。整形内径大的主要原因是工件成形内径大；整形游隙超差的主要原因是模具制造精度差，模具平行度不好，机床精度不高，材料的厚度超差；兜孔偏的主要原因是冲头及凹模兜孔的等分性差；平面未压平整的主要原因是卸料环低或其表面磨损。

4. 冲铆钉孔工序

铆钉孔小的主要原因是冲头直径小或冲头已磨损；铆钉孔偏的主要原因是冲孔卸料环偏或定位松；冲孔有毛刺的主要原因是冲头、凹模刃口磨损或冲孔间隙不匀。

8.4　筐形保持架制造

筐形保持架共有 3 种形式，如图 8-34 所示。其中，图 8-34c 保持架因自身具有自锁滚子特性，常用于无内圈轴承。按照生产批量的大小可采用连续模、多工位压力机生产、高效率冲窗孔模和合并工序等来提高生产率。由于板料冲压筐形保持架材料利用率仅为18%左右，为进一步提高材料利用率，国内外都在尝试用管料或将带钢卷制成管坯再经焊接来制造筐形保持架。

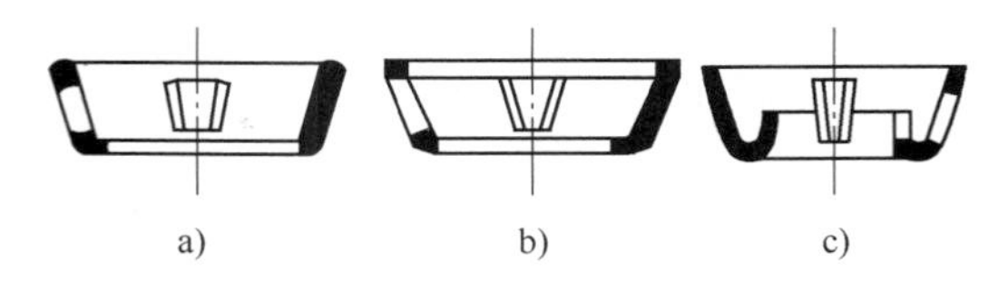

图 8-34 几种常用的筐形保持架

8.4.1 筐形保持架的工艺编制

筐形保持架的工艺编制包括毛坯计算、保持架外角的确定和成形底部圆角半径的确定3部分，以下分别进行介绍。

1. 毛坯计算

毛坯计算主要是计算出冲压成保持架所需的圆盘毛坯料直径 D_{mo}，一般用表面面积展开法计算。

以图8-34a保持架的工艺编制为例，其结构图和底部放大图如图8-35所示，从图中可求出 D_{mo}。

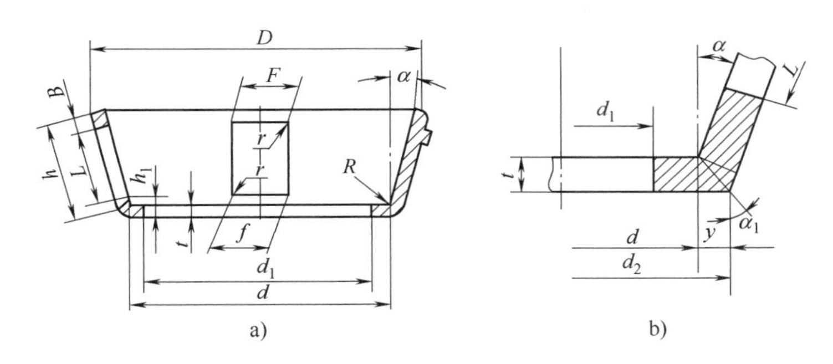

图 8-35 筐形保持架工艺参数

a）筐形保持架结构图 b）底部放大图

由图8-34可知，

$$d_2=d+2y$$

$$y=\tan\alpha_1 t$$

$$\alpha_1=\frac{1}{2}(90°-\alpha) \tag{8-30}$$

基于冲压前后面积不变，可得

$$\frac{1}{4}\pi D_{mo}^2=\frac{1}{4}\pi d_2^2+\frac{1}{2}\pi(D+d_2)h \tag{8-31}$$

则

$$D_{mo}=\sqrt{d_2^2+2h(D+d_2)} \tag{8-32}$$

2. 保持架外角的确定

用板料加工筐形保持架时，其成形过程即拉延加工过程。成形后的保持架沿锥面逐渐变厚，如果工艺上以内锥面为基准，则外角随壁厚的变厚而增大，如图8-36a所示，β 为外角增大量。对于板料在成形变形时引起的锥度变化，理论上尚没有完整的计算方法；但该变化符合体积不变规律，在模具设计中应加以重视，其对获得高质量的冲压制件和保证模具安全生产有着重要作用。在实际工作中，角度的增大值可按表 8-13 查取。

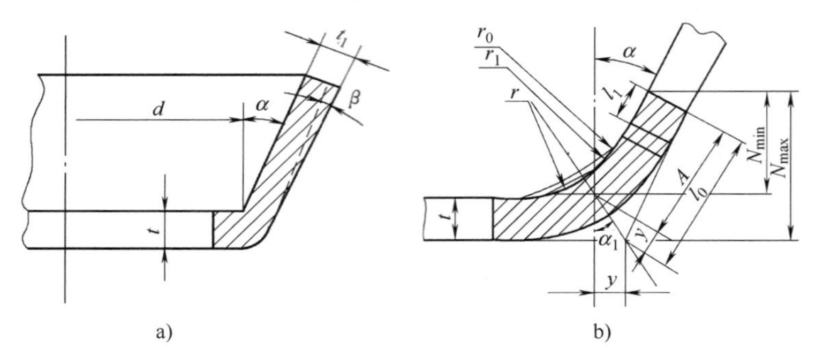

图 8-36 保持架外角

a）成形后角度变化 b）底部圆角图

表 8-13 角度增大值 β

d/mm	β	d/mm	β
30 以下	10′	90~120	50′
30~40	30′	120 以上	1°
40~90	40′		

3. 成形底部圆角半径的确定

成形底部圆角半径如图 8-36b 所示，图中 r_0 为保持架原始理论半径；r_1 为外冲孔时凹模及切底时卸料环的圆角半径；r 为成形时的凸模圆角半径。产品图样一般对 r_0 不作规定，但该圆角处存在“危险断面”，工艺上为保证成形拉延变形时不致裂口，由外向内方向冲窗孔时凹模有较高的强度，对底部圆角做出以下规定：

$$A = N_{min}/\cos\alpha \tag{8-33}$$

$$r_0 = A/\tan\alpha_1 ,\ \alpha_1 = \frac{1}{2}(90° - \alpha) \tag{8-34}$$

$$N_{min} = N_{max} - (t - x) \tag{8-35}$$

当 $t<1.5$mm 时，取 $x=0.2$mm；当 t 为 2~3mm 时，$x=0.3$mm；当 t 为 3.5~5mm 时，$x=0.4$mm；当 t 为 5.5~7mm 时，$x=0.5$mm。

$$r_1 = r_0 - \frac{l_1}{\tan\alpha_1} \tag{8-36}$$

当 $t<1.5$mm 时，$l_1=0.3$mm；当 t 为 2~3mm 时，$l_1=0.4$mm；当 $t>4$mm 时，$l_1=0.5$mm。

$$r = r_1 - (0.4 \sim 0.5) \tag{8-37}$$

底部工艺孔的作用是为了冲窗孔时能机械地转动坯料，小孔直径 d_1 和其位置直径 d_0 按经验确定，d_H 为保持架小端内底直径，小孔直径与位置直径见表 8-14。

表 8-14　小孔直径与位置直径　（单位：mm）

d_H	d_1	d_0	d_H	d_1	d_0	d_H	d_1	d_0
<45	4	15	75～85	8	30	120～155	10	50
45～55	5	20	85～95	8	40	>155	15	60
55～65	6	26	95～105	10	40			
65～75	8	26	105～120	10	45			

8.4.2　筐形保持架的模具结构

本节仅展示模具结构简图，不进行具体尺寸设计，各图中的尺寸符号是设计时的主要控制尺寸。

1. 切料成形模

切料成形模是一种复合模具，如图 8-37 所示。一次冲压可完成切圆片料、成形和冲装置孔的工作，适合在普通压力机上使用。其主要零件是成形凹模和成形凸模，其结构如图 8-38 所示。成形凹模除有成形作用外，还有着下料冲头的作用。在保持架成形过程中由于拉伸可能使模具表面划伤，故对其材料选择、热处理硬度等方面均需仔细考虑。成形凹模一般采用 GCr15 钢，热处理硬度 55～58HRC；成形凸模一般采用 GCr15 钢，热处理硬度 58～61HRC。

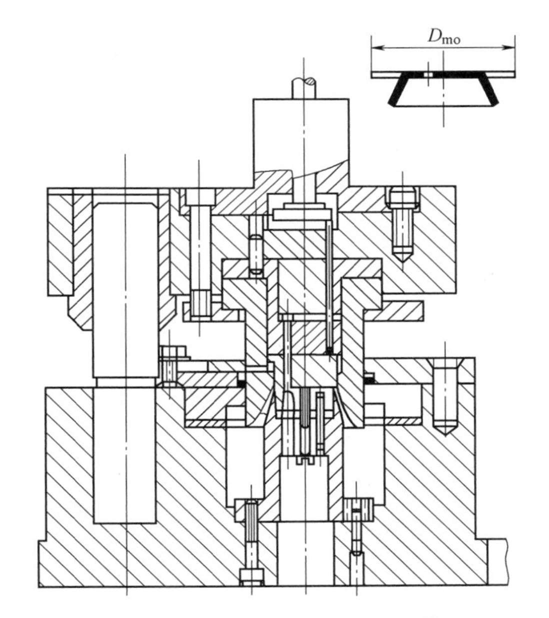

图 8-37　切料成形及冲装置孔模

2. 单个冲窗孔模

单个冲窗孔指压力机滑块每上下运动一次完成一个窗孔的冲切。为使其能连续工作，在压力机的曲轴端头安装一偏心轮，通过连杆推动等分轮，从而推动冲窗孔模的中间轴使保持架进行间歇旋转，以实现在保持架圆周上连续冲切窗孔的目的。

单个冲窗孔模的主要零件是凹模和冲头。凹模结构如图 8-39 所示，材料为 GCr15 钢，热处理硬度 50～55HRC。冲头材料为用 GCr15 钢，热处理硬度 58～61HRC，其工作尺寸依据保持架窗孔尺寸而定。

对冲孔的质量要求是孔形周边无毛刺和冲切断面无鱼鳞片，冲孔间隙的取值对其影响很大，尤其是尖角处间隙量的确定。工作时模具尖角有应力集中的部分磨损快，所以在尖角部分会首先出现毛刺。为解决该问题，制造模具时先不加工冲头的工作尖角，待冲切调整时再进行研配。在实际工作中，对冲窗孔间隙、角间隙值及模具的制造公差都已做了具体规定。

另外，还有一种较先进的冲孔模——无定位冲窗孔模，由于事先已切除了工件的底，故在冲窗孔前不需要冲定位装置孔。该模具具有效率高、精度好、漏料渣方便等特点，为实现冲窗孔半自动和自动化创造了良好条件。

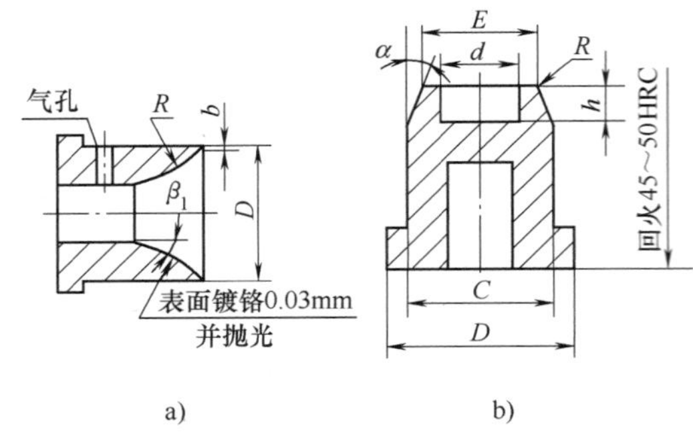

图 8-38 切料成形模主要零件结构

a）成形凹模 b）成形凸模

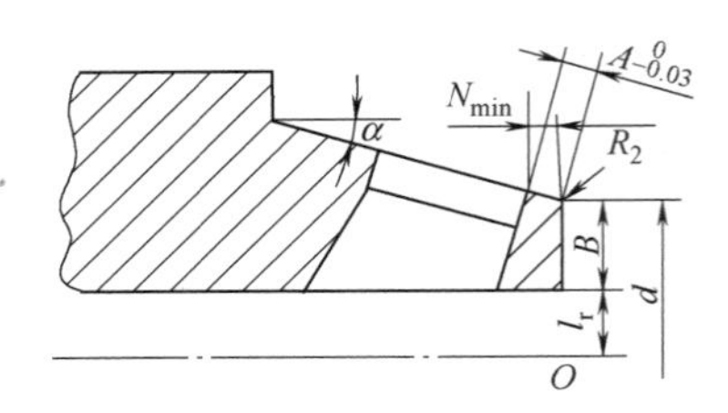

图 8-39 单个冲窗孔凹模

值得注意的是，圆锥滚子轴承正向加强型圆锥滚子轴承（即型号带“E”的轴承）发展。对加强型筐形保持架来说，其窗孔较多，过梁较窄，单个外冲窗孔时过梁会产生扭转，如图 8-40 所示。保持架沿箭头所示的方向旋转，在冲第 1 个窗孔时窗孔的断面形状保持不变；但冲第 2 个窗孔时，过梁由于单边受力而发生扭转；在之后的冲孔中，除最后一个孔梁的扭转方向与其相反外，其余每个孔梁的扭转方向都相同。因此，冲窗孔的断面形状发生了改变，已不能满足加工精度的要求。

冲窗孔前后料渣的断面形状如图 8-41 所示。在冲窗孔工序中，料渣首先要经过弯曲变形，然后再经剪切变形。保持架的过梁部分在冲孔时实际承受了弯曲力和冲裁力的合力，由于过梁窄小，受力时很容易引起过梁扭转。窗孔数越多，过梁宽度越小，引起的扭转变形越大。从工艺分析上来看，该问题的产生主要与冲窗孔方式和冲头刃口形状有关。

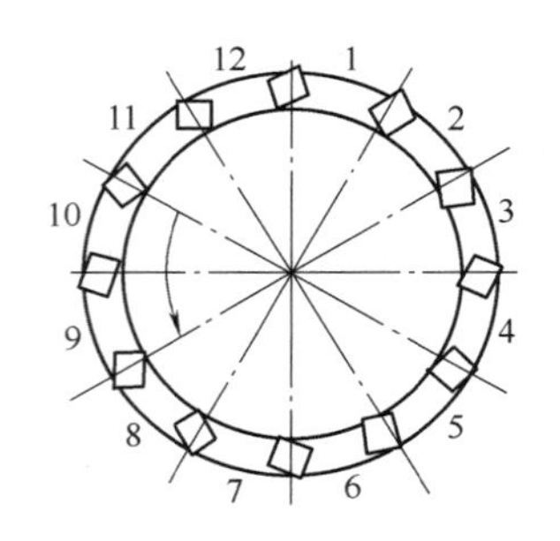

图 8-40 加强型筐形保持架过梁扭转

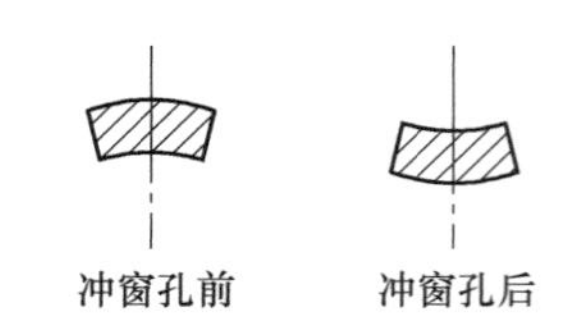

图 8-41 冲窗孔前后料渣的断面形状

采用外冲式平面刃口冲头冲压窗孔会使过梁发生扭转，如图 8-42a 所示，针对该诱因，可采取的工艺方法主要有：

1）采用内冲窗孔方式。因内冲孔时料渣不用承受额外的弯曲力，保持架过梁仅受单一冲裁力的作用而不易变形。

2）在外冲窗孔时，可用如图 8-42b 所示的冲头结构形式。冲头宽度方向的双面斜刃口先接触过梁，使其发挥接近剪切的作用，减小了实际的冲裁力，能最大限度地减小保持架过梁的扭转变形。实际生产中所用的 32308 保持架冲头结构尺寸如图 8-43 所示。

3）尽量减小两侧的冲裁间隙，也可产生一定效果。

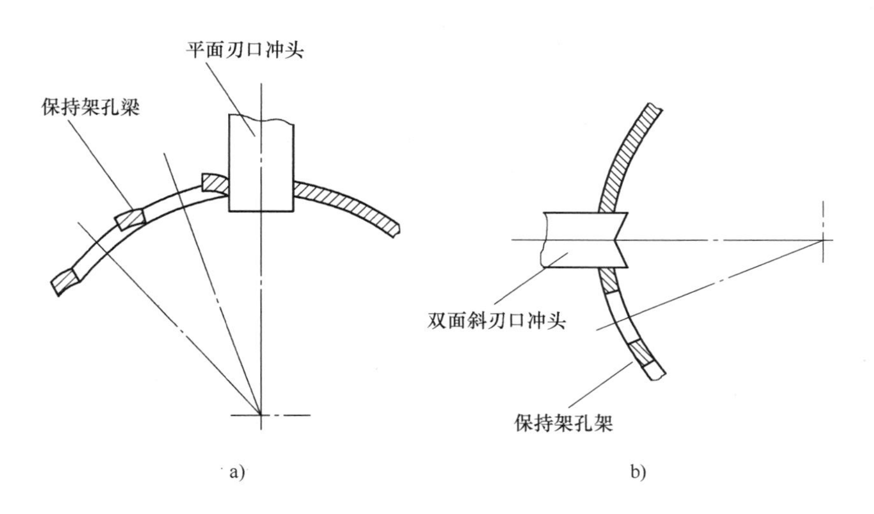

图 8-42 外冲式冲头冲压窗孔

a）平面刃口冲头 b）双面斜刃口冲头

3. 切底模

切底模结构如图 8-44a 所示，对于切底模，决定孔尺寸的是冲头，冲头的工作尺寸如图 8-44b 所示。

4. 一次压坡模

压坡模分为一次压坡模和单个压坡模，其设计原理均是将滚子的弧面放在模具上完成压坡工作，近年来已把保持架窗孔坡形改为斜面。一次压坡模的结构如图 8-45 所示，具有调整方便，生产率高和使用安全等优点。

5. 单个压坡模

单个压坡模用于小批量或大型、特大型筐形保持架的生产，结构如图 8-46 所示。

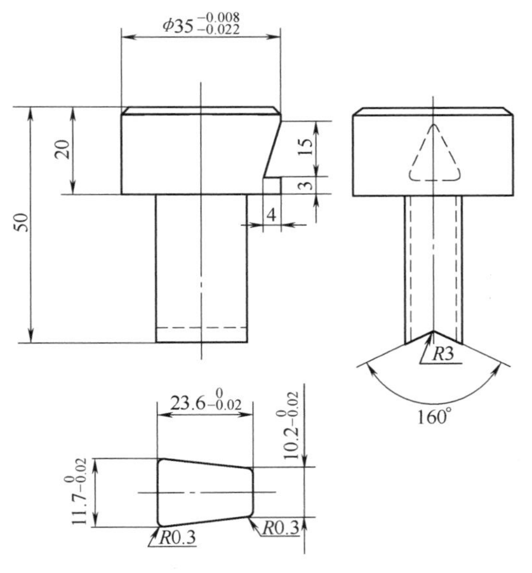

图 8-43 32308 保持架的冲头结构尺寸

6. 滚子压坡模

一次压坡模的压坡冲头加工困难，需借助专用的二级工具来制造，冲头磨损后翻新次数少，材料浪费大，因而已有不少工厂直接采用圆锥滚子压坡的方法，只需将滚子放入能上下移动的导架中，并借助锥体的作用就可以完成保持架的一次压坡工作。但滚子压坡模应用中还存在一些问题，如操作不方便，生产率不高，波形形状不理想，有一定危险性，容易引起人身事故等。

7. 车端面夹具

车端面夹具要保证筐形保持架在车床上装夹方便可靠。半自动车床车削保持架的端面夹头如图 8-47 所示。

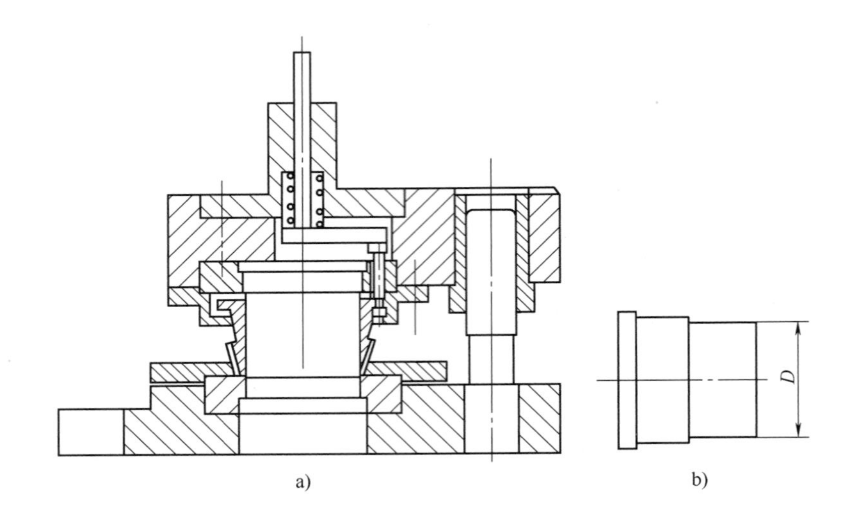

图 8-44　切底模

a）切底模结构图　b）冲头

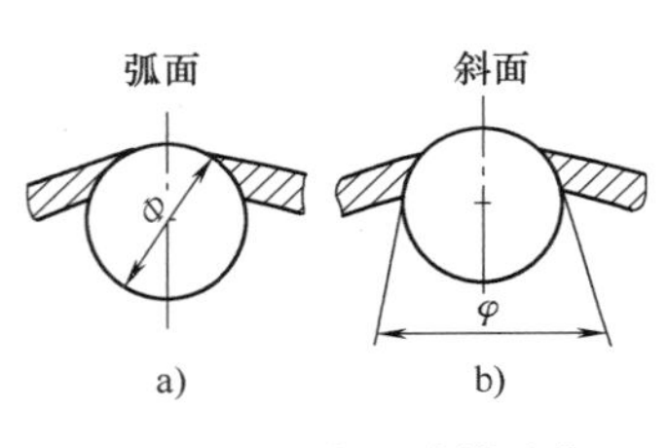

图 8-45　一次压坡模结构

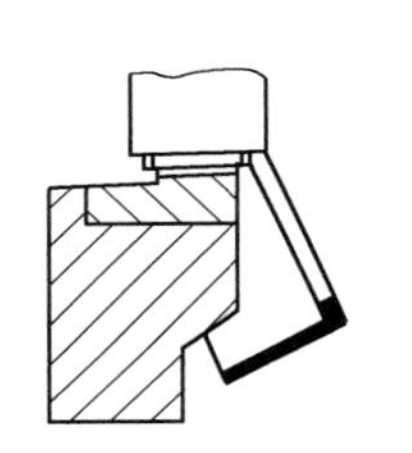
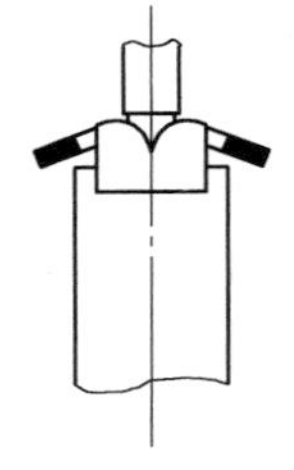

图 8-46　单个压坡模结构

8. 扩张模

扩张模的结构如图 8-48 所示。

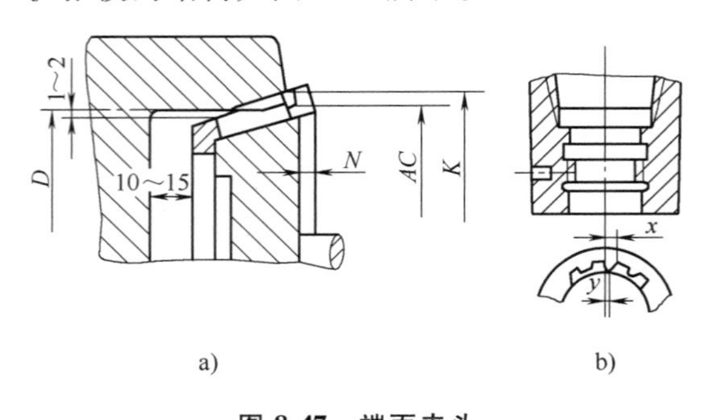

图 8-47　端面夹头

a）作图　b）夹头剖面形状

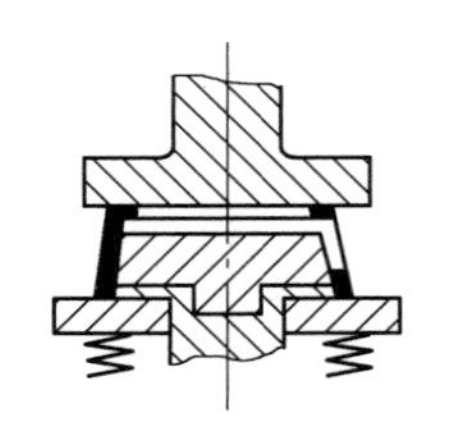

图 8-48　扩张模结构

9. 一次冲窗孔模

一次冲窗孔模采用楔进式结构，如图 8-49 所示。该模具冲窗孔效率很高，适用于板厚 1.5~2.5mm、直径 50~120mm、孔长 45mm 以下的筐形保持架。

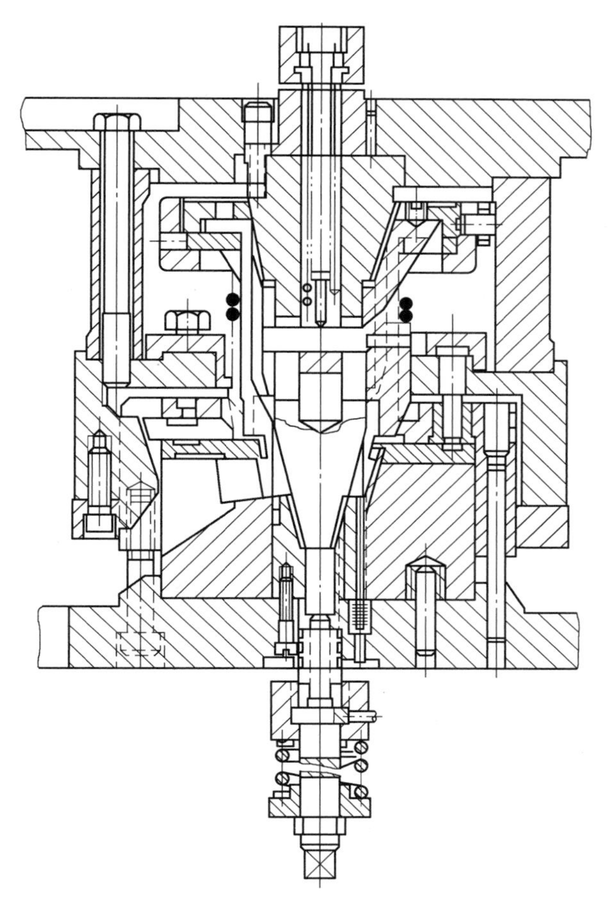

图 8-49　一次冲窗孔模

8.4.3　用管料冲压筐形保持架

采用管料加工筐形保持架是为了提高材料利用率，用管料加工可节省 40%左右的材料。目前，国内已有一些工厂采用焊管及无缝钢管生产筐形保持架。用管材加工筐形保持架在成形工序其增大角与用板材加工筐形保持架时相反，在工艺和模具设计时应予注意。其他模具的结构与板材模具相同。用管材加工筐形保持架的两次成形模工作原理如图 8-50 所示。

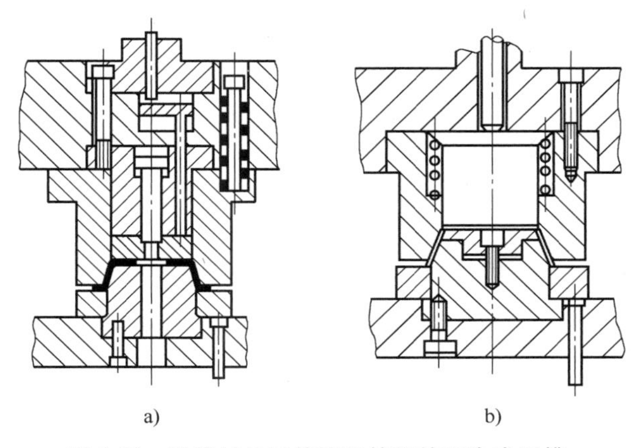

a)　　　　b)

图 8-50　用管材加工筐形保持架的两次成形模

a）初成形模　b）整形模

8.4.4　筐形保持架的质量分析

各工序在筐形保持架加工过程中均影响着保持架的成品质量，以下就其加工质量进行详细分析。

1. 切料成形工序

外径及角度不合格的主要原因是模具成形间隙太大或调整模具时卸料环过高；底平面未压平整的主要原因是模具的卸料环低；总高底低的主要原因是工艺上料坯计算小或工件口部波浪性大；装配孔出现毛刺的主要原因是冲头与凹模的间隙不均匀或刃口已磨损。

2. 冲窗孔工序

孔梁宽度变动量超差的主要原因是模具的等分轮制造精度差，等分轮与主轴连接松动，传动小轴与工件小孔配合松，定位爪发生松动及有冲孔毛刺；窗孔底高变动量超差的主要原因是工件内径小或不规则，工件与凹模的间隙小和顶盘未压紧；单个窗孔底高变动量超差的主要原因是凹模孔偏，调整模具时冲头偏斜；窗孔有毛刺的主要原因是冲孔间隙不均匀或冲头圆角磨大；孔梁发生扭曲的主要原因是冲孔间隙太大，两侧间隙调整不合适，工件与凹模间隙大。

3. 切底工序

内径小的主要原因是冲头设计小或已磨损；底孔位置变动量超差的主要原因是工件定位太松且上、下偏心太大；切底有毛刺的主要原因是冲孔间隙不均匀及凹模刃口磨损。

4. 车端面工序

上幅宽度不匀的主要原因是卡头口部尺寸小，工件孔端面与卡头端面接触不良，工件变形大造成定位不准及在冲窗孔工序中工件高度变动量大；孔梁卡伤的主要原因是卡头尺寸大，卡头齿部大及齿不正。

5. 压坡工序

工件外径胀大的主要原因是压坡模卸料环太高；压坡不均匀的主要原因是成形工序时工件大端材料变厚及模具尺寸不合适；内切圆、外接圆尺寸达不到要求的主要原因是冲头设计尺寸小；压坡孔长超差的主要原因是冲窗孔工序中孔长尺寸不合适；外径挤出毛刺的主要原因是压坡凹模孔梁设计尺寸大，上、下模未对正，冲窗孔工序中孔梁宽度变动量超过工艺要求太多；压坡挤出毛刺的主要原因是冲头设计宽度大，工件窗孔圆角太大，冲头棱角棱边未倒角。

6. 扩张工序

扩张后装不进内圈的主要原因是扩张凸模尺寸设计小，达不到扩张要求；扩张后滚子装不进窗孔的主要原因是孔梁弯曲严重。

8.5 调心滚子轴承用保持架制造

由于调心滚子轴承用保持架结构较为复杂，车制实体保持架材料大都是黄铜，生产率低而成本高。随着调心滚子轴承的发展，生产批量的不断增加，目前已改变了原有的轴承结构，取消了轴承内圈挡边，将不对称形滚子改为对称形滚子，从而为冲压保持架的应用创造了条件。以下介绍一种冲压调心滚子轴承用保持架的工艺。

8.5.1 调心滚子轴承用保持架的工艺编制

调心滚子轴承用保持架的工艺编制主要包括毛坯计算和冲压工艺过程两方面。

1. 毛坯计算

切料饼的直径 D_{mo} 为

$$D_{mo}=\sqrt{2(D+2t)^2-4(R+t-H)^2} \tag{8-38}$$

2. 冲压工艺过程

一般采用工序分散的工艺方法，各工序中工件的变化如图 8-51 所示。

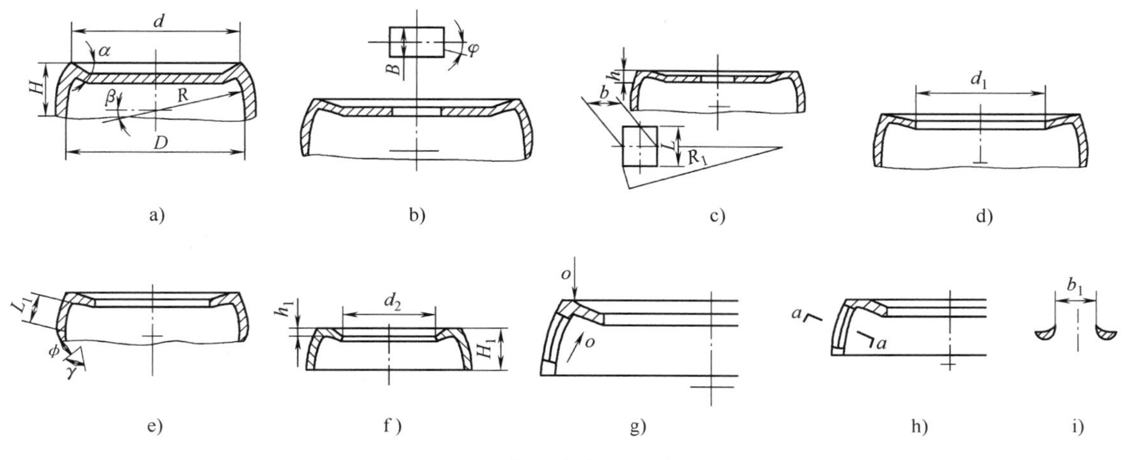

图 8-51　各工序中工件的变化

1）切料饼：使用冲裁的方法在压力机上进行。

2）成形（见图 8-51a）：利用模具进行拉延。

3）冲装置孔（见图 8-51b）：因该类保持架的结构适合采用内冲窗孔工艺，所以事先利用工件的底面制出装置孔，以便内冲窗孔时安装和带动工件，该工序采用冲裁方法。

4）冲窗孔（见图 8-51c）：借助模具采用冲裁方法，窗孔侧壁为圆弧形；为单个冲窗孔工艺。

5）切底（见图 8-51d）：无用的工件底心部，采用冲裁方法去除。

6）压坡（见图 8-51e）：利用模具在压力机上进行，为滚动体与保持架创造良好的接触面。

7）车底面、车内径（见图 8-51f）：利用专用夹具在普通车床上同时进行，为在工件底面打印标记做准备且使工件内径满足要求。

8）车端面（见图 8-51g）：在普通车床上进行，以去除端口曲折不整齐的部分并满足规定。

9）打印标记（见图 8-51h）：利用模具在压力机上给需要扩孔的窗孔做标记。由于调心滚子轴承的装配要求最后两个球面滚子从保持架相隔约 180°的两个窗孔装入轴承中，所以对相隔约 180°的两个窗孔进行打标记及扩孔。

10）扩孔（见图 8-51i）：利用模具在压力机上进行，偶数窗孔在对应 180°处各扩一个窗孔，奇数窗孔可多扩 1~2 个窗孔，扩孔量一般为（双向）1mm 左右。

8.5.2　调心滚子轴承用保持架的模具结构

本节介绍冲窗孔模和压坡模的结构及工作原理。

1. 冲窗孔模

以某种冲窗孔模为例，其结构如图 8-52 所示。为了使窗孔位置接近保持架底面，冲窗孔模具从保持架的内径往外冲孔。保持架的安装是借拉杆的移动通过其底部的装置孔用压板压紧来实现的，借助固定在压力机滑块上的连杆，保持架通过棘轮机构和轴上的等分轮进行分度。为了工作方便，在模具的尾部有两个同步的水平移动汽缸，可使机头拖动保持架进行水平移动，其移动距离由限位螺钉控制。由于保持架表面为球形，冲完窗孔后可能产生毛刺，使机头进行水平移动时产生阻力，因而需要借助固定在导轨上的斜面抬起或是落下移动中的机头。凹模安装在固定的导轨座上，冲头安装在与压力机滑块连在一起的上模座中。为适应不同角度的保持架，机头的角度可通过相应厚度的垫块来调整。

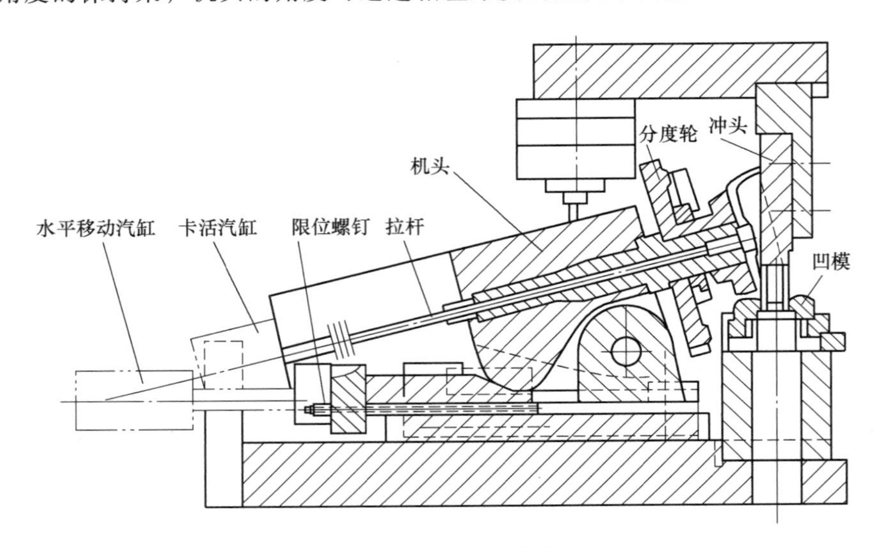

图 8-52 冲窗孔模结构

2. 压坡模

压坡模是根据球面滚子的形状运用作图法进行设计的，其工作原理是冲头靠上模的锥形端面推动使之呈辐射状地向周围伸张。该模具的最大优点是作用力施于冲头上，可使保持架尽量不变形，从而保证了保持架的质量。冲头的定位由锥体上的槽实现，借助下面的缓冲器推动冲头下端面而实现收缩。将冲头上端面突起预先置于窗孔内，以实现保持架加工前的定位，如图 8-53 所示。

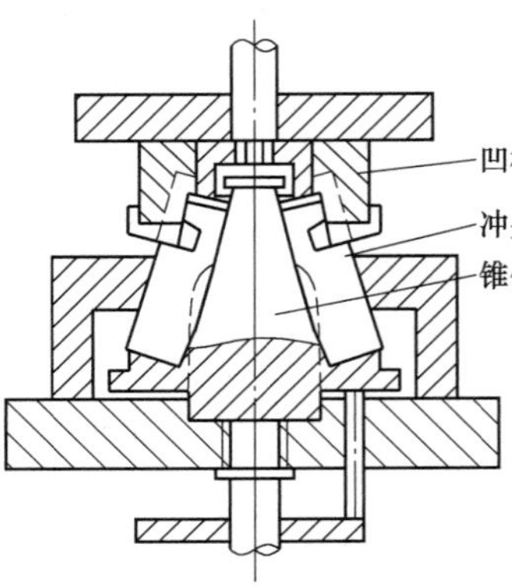

图 8-53 压坡模

8.5.3 调心滚子轴承用保持架的质量分析

各工序在调心滚子轴承用保持架的加工过程中均会影响保持架的成品质量，以下就其影响因素进行详细分析。

1. 切料工序

外径尺寸大的主要原因是设计错误，凹模内径大；断面有毛刺的主要原因是切料间隙不均匀，凸模刃口已磨损。

2. 成形工序

内径及球面尺寸不符合样板的主要原因是模具尺寸设计不合适，调整不当；外表面划伤的主要原因是成形间隙太小，凹模成形表面硬度低，表面拉毛。

3. 冲装置孔工序

同轴度超差的主要原因是工件定位太松，冲头和凹模中心不一致；冲孔有毛刺的主要原因是冲孔间隙不均匀或凹模刃口已磨损。

4. 冲窗孔工序

孔梁宽度变动量超差的主要原因是等分轮制造精度低，等分轮定位机构性能差，工件外径变动量大，工件装置孔与外径同轴度差及冲孔产生毛刺；窗孔底高变动量超差的主要原因是模具精度差，工件与凹模之间的窗隙太大；单个窗孔底高变动量超差的主要原因是冲头相对主轴偏斜；冲孔有毛刺的主要原因是冲孔间隙不均匀，冲头圆角处磨损，凹模刃口磨损或损坏。

5. 切底工序

切底偏的主要原因是上、下模偏心太大，工件定位太松；切底有毛刺的主要原因是裁间隙不均匀或凹模刃口已磨损。

6. 压坡工序

压坡素线倾斜度超差的主要原因是冲窗孔工序中兜孔偏斜和压坡冲头制造精度差；内切圆、外接圆尺寸小的主要原因是压坡冲头设计不合适和工件外径变形太大；工件外径处压出飞边的主要原因是压坡凹模尺寸设计不合理，模具制造精度差，凹模梁处损坏，冲孔工序中梁宽变动超差。

7. 车内径和车端面工序

压坡素线对底径的径向跳动超差的主要原因是工件定位太松；窗孔底高变动量超差的主要原因是工件变形造成定位紧，工件底面与夹具定位面接触不良。

8. 车端面和倒角工序

端面对底面平行度超差的主要原因是工件定位紧；倒角不均匀的主要原因是工件太松。

9. 打印工序

打印不均匀和不清晰的主要原因是上工序工件底部不平整。

10. 扩孔工序

扩孔偏的主要原因是压坡孔宽不一致，定位柱尺寸小；工件变形的主要原因是工件与凹模的间隙太大，凹模孔宽尺寸设计太大。

8.6 金属实体保持架

轴承金属实体保持架以高强度铜合金、锌铝合金、球墨铸铁等为材质。由于铜合金具有良好的机械加工和减磨、耐磨及耐热性能，目前高速、重载场合下使用的中、大型轴承实体保持架大部分都采用铜合金制造[14]。

本节就金属实体保持架材料、保持架的车制流程、车制保持架的喷砂处理工艺、钻铰孔加工、拉削加工等方面进行介绍。

8.6.1 金属实体保持架材料概述

金属实体保持架材料按含铁量可分为铁系保持架材料和非铁合金材料。金属实体保持架通常采用高强度黄铜车制，具有良好的工艺性能，易获得优良光洁的表面质量。在高温条件下工作的轴承实体保持架可用硅青铜制造，工作温度可达315℃。

为稳定轴承价格，提高轴承的使用性能，轴承行业多采用球墨铸铁代替铜合金制造实体保持架。目前，调心滚子、四列圆柱、深沟球、角接触、推力等类型轴承的实体保持架均可以用球墨铸铁来制造。与铜保持架相比，球墨铸铁实体保持架在抗拉强度、伸长率、硬度、耐磨性、减振性等方面具有一定的优势。

1. 铁系保持架材料

一般轴承保持架大都采用冷轧或热轧碳素钢板，属于铁系保持架材料，其化学成分及性能见表8-15。

表8-15 铁系保持架材料的化学成分及性能

钢种	符号	化学成分(质量分数,%)						机械性能		
		C	Si	Mn	P	S	Cr	抗拉强度/MPa	伸长率(%)	硬度(HRB)
保持架用钢板1	DC01	≤0.12	<0.04	≤0.60	≤0.03	≤0.03		270~410	>24	<63
保持架用钢板2	DC03	≤0.10	<0.04	≤0.45	≤0.025	≤0.025		270~370	>30	<67
保持架用钢板3	DC04	≤0.08	<0.04	≤0.40	≤0.25	≤0.25		270~350	>34	>82
机械碳素结构钢	S25C	0.22~0.28	0.15~0.35	0.30~0.60	<0.03	<0.035		>450	>27	123~183 HBW
含铅易切削钢	S25CF	0.22~0.28	0.15~0.35	0.30~0.60	<0.03	<0.035		>450	>27	123~183 HBW
不锈钢板1	SUS24CP	<0.12	<0.75	<1.00	<0.04	<0.03	16.0~18.0	>450	>25	<88
不锈钢板2	SUS27CP	<0.08	<1.00	<2.00	<0.04	<0.03	18.0~20.0	>520	<52	<90

要求耐蚀的保持架可以采用不锈钢，如当轴承套圈和滚动体采用不锈钢制造时，保持架亦应采用不锈钢，因为保持架不需要特别高的硬度，故可用奥氏体不锈钢，其也是良好的高温保持架材料。大型轴承的保持架大多采用切削加工制成，可用碳素结构钢加工，尤其是采用含铅易切削钢能够显著提高加工效率。在需要提高保持架强度的场合，可以采用低碳钢并加以碳氮共渗处理。

高温保持架应使用高合金钢制造，表8-16所列为高温保持架材料的化学成分。经研究证明，M1高速钢和440C不锈钢是良好的高温保持架材料。

2. 非铁合金材料

当轴承套圈、滚动体和保持架材料都使用铁合金时，会导致其耐粘连性不足，因此，在高速运转易发生磨损和粘连的场合宜采用铜合金（见表8-17）。高强度黄铜是最常用的保持架材料，一般采用低频感应电炉熔炼，经离心浇铸、连续铸造或金属模铸造，有时亦可采用锻造和挤压成形。其适合切削加工后进行钻孔制成保持架，铸管在切削加工之前应当在

350℃左右的温度下去应力退火。如果退火温度和时间选取不当，将会产生残余应变而影响机械加工精度，并可能产生时效变形，其最高使用温度为200℃。铁硅青铜比高强度黄铜具有更高的高温强度，最高使用温度可达315℃。

表 8-16　高温保持架材料的化学成分

材料	化学成分(质量分数,%)							
	C	Mn	Si	Ni	Cr	Mo	Cu	Fe
M1 高速钢	0.75~0.85	0.20~0.40	0.20~0.40		3.75~4.50	7.75~9.25		余量
H-11 工具钢	0.40	0.40	1.05		5.0	1.35		
AMS 5643 耐蚀钢	0.07	1.0	1.0	4.0	16.5		4.0	
改良 440C 不锈钢	0.95~1.20	≤1.0	≤1.0		13.0~16.0	3.35~4.25		
AMS 6415 钢	0.40	0.75	0.28	1.8	0.80	0.25	0.35	
S-Monel	<0.25	0.50~1.50	3.50~5.0	62~68			余量	3.5
H-Monel	0.10	0.80	3.2	64			30	1.5
AMS 5709 镍合金	0.07	0.10	0.15	余量	19.5	4.30	0.1	2.0

表 8-17　铜合金保持架材料的化学成分及性能

种类	符号	化学成分(质量分数,%)						机械性能		
		Cu	Zn	Fe	Mn	Al	Pb	抗拉强度/MPa	伸长率(%)	硬度(HBW)
黄铜板材	BsP2	64.0~68.0	其余	<0.15			<0.15	>330	>28	
磷青铜板材	PBP1	>99.5						>350	>15	
高强度黄铜棒材	HBsB1	56.0~61.0	其余	<1.0	<1.5	<1.0	<0.8	>450	>20	
铸造高强度黄铜 1	HBsC1	55~60	其余	0.5~1.5	<1.5	0.5~1.5	<0.4	>440	>20	
铸造高强度黄铜 2	HBsCR	55~62	33~37	0.5~1.5	0.5~1.5	0.1~1.0	0.1~1.0	>450	>30	>90
铁硅青铜	SiBF	>90	1.5~4.0	1.0~2.0	1.0~2.0			>390	>30	>90
特殊铝青铜	ABB2	其余		3.0~5.0	3.0~5.0	8.0~11.0		>700	>15	>170

对于精密轴承，铜合金车制保持架的使用比冲压保持架更为普遍。在润滑困难的场合中，宜采用镀银的青铜保持架。例如，燃气涡轮发动机轴承在发动机停止运转之后随着温度升高可能会发生润滑油中断现象，宜使用镀层厚0.13mm的镀银保持架。铜合金的切削加工性和加工表面粗糙度均良好，适用于精密轴承。

铝青铜具有颇高的强度特性，铁硅青铜保持架能够满足燃气涡轮发动机轴承的性能需求，但是当温度超过316℃（600℉）时，因其机械强度显著降低而不宜使用。研究表明，镍基合金是良好的高温保持架材料，Monel镍基合金保持架的最高使用温度可达540℃。

8.6.2　保持架的车制流程

车制保持架的主要内容包括：①加工环状毛坯——粗车和精车内、外径面，车端面，切断和端面修整；②采用等分模具，由钻头或铣刀、拉刀加工兜孔；③修饰辅助工序。

8.6.3 车制保持架的喷砂处理工艺

实体车制保持架的外表面及兜孔边缘通常存在毛刺和锐角，这些缺陷在后续加工过程中仍有残留，如果将其用于装配，会影响轴承的回转精度及外观质量。为了提高保持架的外观质量，采用喷砂工艺去除毛刺和锐角。采用喷砂工艺取代传统的酸洗工艺，不仅可以提高产品质量，还可以减少环境污染。

喷砂机按工作方式分为干喷与湿喷两种。湿式喷砂机以压缩空气为动力，20~40 目的石英砂与水混合后，在压缩空气的作用下，依靠砂水的冲击力将毛刺和锐角打磨掉。工件在工作室内旋转，可根据工件的大小任意调整喷嘴的角度及距离，并配有手动喷嘴进行局部喷砂，时间为 8~20min。喷砂后保持架的毛刺和锐角被打磨成微小圆角，手感光滑，有轻微机械加工痕迹，外观质量好，但效率低，主要用于特大型保持架。

经干喷或湿喷的保持架，均须先用手锉去除较大、较硬的毛刺，然后才能喷砂。

8.6.4 车制保持架的钻铰孔加工

车制保持架钻铰孔时可选取不同形状的铰刀，如锥柄直刃铰刀、锥柄麻花铰刀和锥柄麻花阶梯铰刀，本节只做简单介绍。

1. 锥柄直刃铰刀和锥柄麻花铰刀

锥柄直刃铰刀（见图 8-54a）、锥柄麻花铰刀（见图 8-54b）的切削部分均是圆周方向上的四个切削刃，加工工件时以铰刀圆周上的两个相对刃为切削刃进行刃磨和钻削。为了保证加工质量并防止切削过程中发生干涉现象，未刃磨的两刃需先磨去一部分，即未刃磨两刃的

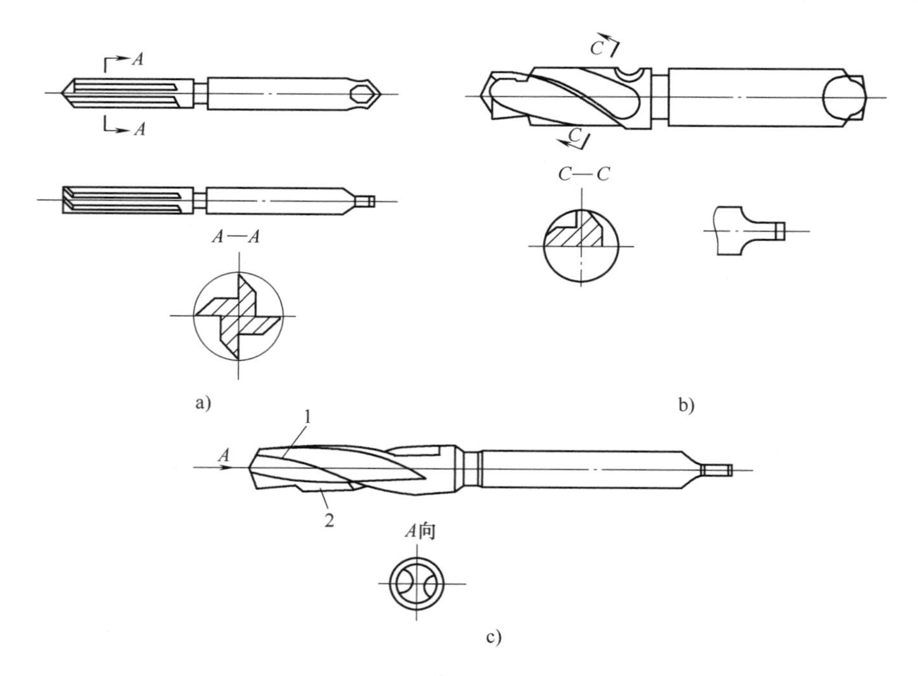

图 8-54 锥柄铰刀

a）锥柄直刃铰刀 b）锥柄麻花铰刀 c）锥柄麻花阶梯铰刀

切削刃直径将小于已刃磨两切削刃的直径，以便保证已刃磨好的两切削刃参与切削，未刃磨的不参与切削，从而避免干涉现象。

由于不参与切削的两个切削刃的直径被部分磨去，铰刀在切削过程中刚性降低，易产生微小变形，进而影响工件的加工质量。

2. 锥柄麻花阶梯铰刀

为了保证实体保持架钻铰孔的加工质量，提高劳动生产率和钻铰刀的耐用度，应使用锥柄麻花阶梯铰刀，如图 8-54c 所示。其切削刃、排屑槽均为两个，且排屑槽呈螺旋线形状，实际是将钻孔和铰孔的加工刀具组合起来使用。

在圆周方向上开有两个切削刃和两个排屑槽，提高了铰刀抵抗变形的能力，减少了摩擦热，提高了刀具的耐用度。为了保证加工尺寸的要求，把铰刀做成阶梯形，即把实体保持架孔所需加工的两道工序（钻孔和铰孔）一次完成。使用该刀具加工时，可保证工件加工表面之间获得较高的位置精度（如孔的同轴度、孔与端面的垂直度及平行度等），减少工件的安装及定位误差，且生产率高，加工成本低，加工范围广。但需自行设计制造，同时刃磨也比较麻烦，只适用于成批或大量生产。

8.6.5 车制保持架的拉削加工

拉刀是一种成形工具，主要由头部、颈部、过渡锥部、前导部、切削部、校准部和后导部等组成，如图 8-55 所示。各部分的主要作用如下：头部用来夹持拉力，传递动力；前导部起引导作用，防止拉刀进入工件孔后发生歪斜，并可检查拉前孔径是否太小，以免拉刀因第 1 个刀齿负荷太重而损坏；切削部担负着拉刀的切削工作，用于切除工件上的全部加工余量，由粗切齿、过渡齿和精切齿组成；校准部用来提高孔的精度和表面粗糙度，校准齿还可作为精切齿的后备齿；后导部用以保持拉刀前后的正确位置，防止在拉刀即将离开工件时，工件下垂面损坏已加工孔的表面。

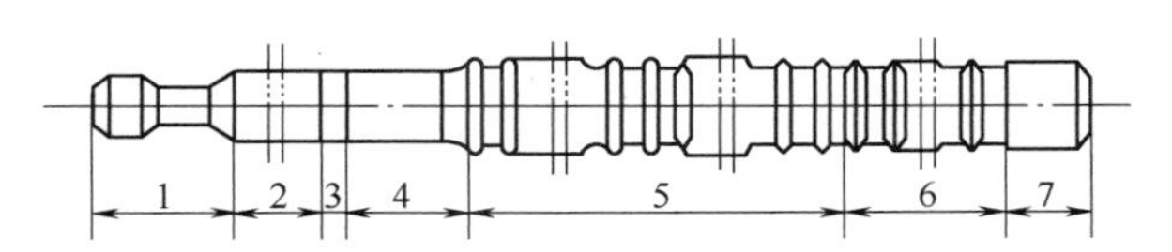

图 8-55 拉刀

1—头部 2—颈部 3—过渡锥部 4—前导部 5—切削部 6—校准部 7—后导部

拉削加工质量的好坏，不仅与拉刀的质量有关，还与前道铰孔工序、工人操作水平和机床调整状态有关。目前，拉削加工存在的主要问题是工件（实体保持架）圆周上所拉削出来的孔相对基面的平行差超差，拉削出的各个孔相对基面的倾斜度超差，圆周上相邻两个孔的中心壁厚（即孔的等分差）超差及圆周上孔的直径尺寸超差。

1. 平行差超差

这种超差主要源于前道铰孔工序。如果铰孔工序的平行差已经接近所要求平行差的最大值，则拉孔工序只允许微小的平行差。若铰孔的平行差为 0.06mm，拉孔的平行差为 0.08mm，则实际平行差只有 0.02mm，在圆周孔等分较多的情况下一般不容易达到该拉孔的平行差要求。因此，要求铰孔工序在保证加工质量的同时，尽可能地减小平行差。平行差超差还与拉刀质量有关，拉刀同一对刀齿相对 180°的位置上刃带宽度不一致，或前角与后角在相对 180°的位置上不相等，会使拉削加工出的工件孔的平行差超差，因此，应保证拉刀刃口的锋刃性在180°相对称的位置上一致。此外，拉孔时拉刀头部夹紧处中心、工件孔中心和拉刀托架不在一条直线上，也将造成平行差超差。

2. 倾斜度超差

倾斜度超差主要源于拉床夹头调整不当。

3. 等分差超差

等分差超差是造成拉孔废品的主要原因之一。造成等分差超差的主要原因有以下几种：

1）预加工的孔径太大，拉削时拉刀向一边偏移。预加工的孔径太大，保持架圆周上相对两孔径中心不在一条直线上，即相对两孔中心不同心，如图8-56所示（图中δ为拉刀前导部直径与工件孔径之间的间隙）。

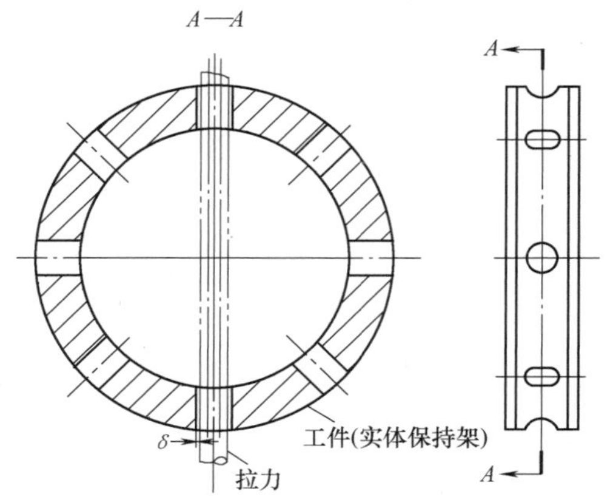

图8-56 保持架圆周上相对两孔中心不同心

当拉刀进入工件孔时，前导部孔径中心与工件孔径的中心不重合，使拉刀前导部不能起到引导作用，拉刀进入工件孔后发生歪斜，向一边偏移，特别是在拉削青铜、硅青铜或铝等材料时，最易发生孔径向一边偏移的现象。

2）拉刀本身弯曲，使拉削时同一齿圈上的拉削深度不一致，导致孔径向一边偏移，造成等分差超差。

3）同一刀齿相对180°的位置上刃带宽度不一致，造成齿的一边刃口尖锐，另一边刃带宽而刃口钝；或前角与后角在相对180°的位置上不相等，一边的前角与后角磨得较大，刃口尖锐，另一边刃口较钝，引起拉削后的孔径向一边偏移，使等分差超差。

4）拉刀后导部的托架中心与拉刀后导部中心不重合，向一边偏移，导致拉削后的孔径向一边偏移，进而引起等分差超差。

上述原因除了会引起等分差超差，对平行差也有一定的影响，可以采取以下措施加以解决：

1）应根据拉刀前导部直径留有微小的余量加工预加工孔，孔径一般应比拉刀前导部直径大0.03~0.05mm。

2）要妥善放置保管拉刀，保证拉刀的加工精度。

3）使拉刀同一对刀齿在相对180°的位置上刃带宽度一致，或前角与后角在相对180°的位置上相等，保持刀口的锋利且在角位置上相等。

4）正确调整拉刀后导部托架，使拉刀的后导部中心与托架中心重合。

8.7 非金属保持架

国防和工业的发展对滚动轴承提出了许多新的要求，促使轴承保持架在结构和材料方面不断改进和发展。目前，保持架在滚动轴承中的作用已经超出了保持、隔离、引导滚动体正常转动的作用，现已在发展利用保持架来供油润滑，如高速轴承、特殊介质中工作的轴承、自润滑轴承，以及一次润滑长寿命的轴承等。随着轴承转速的提高，密度大的金属材料保持架已不能满足轴承的要求，而密度仅为金属的1/4~1/8，有耐磨、抗震、抗磁、耐辐射、耐蚀、低摩擦等独特优点的塑料，进入了滚动轴承保持架材料的行列。

酚醛层压布材料密度小，机械强度高，机械加工性能好，有一定的耐热性和吸油、渗油等特性，目前已广泛应用到内径2~200mm的角接触球轴承保持架制造中，如高速电主轴轴承、机床轴承、仪表轴承、陀螺仪轴承、涡轮机轴承、增压器轴承等都采用酚醛层压布管保持架，其 dn 值可以高达 4×10^6mm·r/min［dn 值是指主轴轴承的平均直径（mm）与主轴的极限转速（r/min）的乘积］。

非金属保持架包括工程塑料保持架、酚醛层压布管保持架和陶瓷保持架等，由于陶瓷保持架与前述陶瓷套圈加工类似，本节仅就前两种保持架进行介绍。

8.7.1 工程塑料保持架

在金属保持架无法满足主机要求的场合，塑料保持架显示出了特殊的优越性。如在不允许使用润滑油的液态氧（-183℃）中工作的轴承，装有冲压钢质保持架的深沟球轴承6204在980kg轴向载荷，10000r/min下运转16min即被烧毁，而装用玻璃纤维增强的聚四氟乙烯塑料保持架的角接触球轴承，在980kg的轴向载荷，20000r/min下运转20h后，摩擦力矩仍无增加。用二硫化钼、聚四氟乙烯、玻璃纤维改性的聚酰亚胺制造的保持架，可在真空辐射下无油润滑工作，已应用于阿波罗飞船的轴承上。多孔含油聚酰亚胺保持架在陀螺仪长寿命轴承上，多孔含油酚醛层压布管保持架在通信卫星机构的轴承上，聚酰亚胺保持架在高速牙钻轴承上，玻璃纤维增强聚酰胺66保持架在小轿车的齿轮箱、差动齿轮箱、离合器和轮毂、水泵和矿井传送装置轴承中的使用效果都很好。

国外很多公司也在大量使用塑料保持架，如SKF公司已将各类塑料保持架在一定尺寸范围内选作标准保持架；FAG公司采用的塑料保持架轴承占其产量的30%，为每辆汽车提供的50多套轴承中，绝大多数均采用了塑料保持架。门窗轴承、高档家具抽屉轴承、餐桌转盘轴承、玩具轴承等均已采用工程塑料制作保持架，具有大量节约金属，节约工时，降低成本等独特优点，且拥有良好的自润滑性能。

1. 制造工艺

工程塑料保持架采用保持架专用料热注塑成形，加工设备主要有全自动数控注塑机、全自动配料系统、精密模具加工设备（数控加工中心、数控车床、数控线切割设备和数控影像检测仪）等。将真空干燥粒状的树脂，置于挤塑机的料筒内，经过电阻丝加热熔化，借助柱塞或螺杆加压，使熔融态原料从喷嘴注入安装在注塑成型机上的专用模具型腔内，经过保温、冷却后获得所需的保持架成品。其工艺特点是：保持架一次注塑成型，可以获取精确的几何形状和尺寸精度，且表面光洁明亮；可实现一模多腔注塑成型，生产率高，轴承装配方便，容易实现自动化。

但由于塑料本身的受热易变形、老化和脆裂等缺点，以及保持架结构和注塑工艺上的一些问题，使塑料保持架的应用受到了限制。

2. 模具设计要点

1）分析保持架产品的加工工艺性，确定拔模抽芯方式和顶出方式，尽量采用一模多腔结构模具。

2）根据不同材料的收缩率进行模具设计，如当用玻璃纤维增强聚酰胺66材料制作保持架时，球兜孔或窗孔收缩率取1.2%，内径、外径、中径收缩率取0.4%~0.7%。

3）尽量采用标准化、通用化、系列化设计。合理选用模具材料，提高模具制造精度和降低表面粗糙度值。

4）严格执行技术标准，试压首件检查模具，合格后方可批量生产，确保产品的内在质量。

5）严格按注塑工艺规程进行生产，如对增强聚酰胺66保持架等，工艺要求模具须预热，以获取所需要的径向抗拉强度，不致出现脆断。

3. 发展方向

1）整体淬硬模具的普遍制造和应用，使保持架毛刺等需要人工去除的工序逐渐减少。

2）随着耐高温塑料保持架材料的不断涌现及保持架专用料国产化成本的降低，塑料保持架应用越来越广泛。

3）保持架模具计算机辅助设计（CAD）和计算机辅助工程（CAE）技术推广并逐步取代手工师傅的经验开模制造。

4）自动化、专业生产线应用于大批量生产。

8.7.2 酚醛层压布管保持架

酚醛层压布管作为毛坯，经过车、钻、铣、镗、拉、去毛刺、表面处理等工序加工为成品，其主要成形方法是车削，故称为车制保持架。

1. 制造工艺

酚醛层压布管实体保持架由管料加工而成，管料的制备采用精致细纱、麻纱等织布浸渍酚醛树脂后，在加热条件下以轴向加压的办法压制而成，管料压制工艺过程包括：下料→卷绕→烘烤→压制→压出。保持架加工工艺流程为：粗车端面、切断→浸油→终车内、外径面→钻孔→浸油。管料制备设备主要是卷管机、烘干机等，机加工设备主要是数控加工中心、数控镗铣床、数控车床、钻孔机。

其主要加工内容[15]有：

1）加工环状毛坯。粗车和精车内、外径面，车端面，切断和端面修整。

在车削酚醛胶木时，必须精心选定切削速度和刀具角度，以保证保持架兜孔和引导表面光洁无毛刺，黄铜和夹布胶木才易获得光洁的表面。

2）通常采用等分模具，用钻头或铣刀、拉刀加工兜孔。

3）修饰辅助工序同前所述。

2. 技术难点

1）管料变形控制。由于使用棉纱布支数的不同，酚醛配比和用量不同，加压、浸油等工艺环节控制的不同，酚醛层压布管的性能也有变化，故加工后保持架的尺寸稳定性不同，需要通过优化加工工艺参数来保证。

2）专业加工设备的开发。目前企业多采用普通数控车床或镗铣、钻床来加工，产品质量不稳定，应根据酚醛层压布管的特点，开发出高效、高精度专业加工数控设备。

3. 发展方向

1）基础材料越来越向高、精纺布发展，酚醛树脂也在不断地优化改进。

2）卷管机及产品自动控制加工，产品去毛刺更便捷有效，产品质量和生产率提高。

3）随着塑料保持架耐高温性能和产品精度的提高，越来越多的产品将被工程塑料保持架所替代。

参考文献

[1] 全国滚动轴承标准化技术委员会. 滚动轴承 向心滚针和保持架组件 外形尺寸和公差：GB/T 20056—2015 [S]. 北京：中国标准出版社，2015.

[2] 全国滚动轴承标准化技术委员会. 滚动轴承 摩托车连杆支承用滚针和保持架组件：GB/T 25762—2010 [S]. 北京：中国标准出版社，2010.

[3] 全国有色金属标准化技术委员会. 轴承保持架用铜合金环材：GB/T 33949—2017 [S]. 北京：中国标准出版社，2017.

[4] 全国滚动轴承标准化技术委员会. 滚动轴承 推力滚针和保持架组件及推力垫圈：GB/T 4605—2003 [S]. 北京：中国标准出版社，2003.

[5] 全国滚动轴承标准化技术委员会. 滚动轴承 冲压保持架技术条件：GB/T 28268—2012 [S]. 北京：中国标准出版社，2012.

[6] 全国滚动轴承标准化技术委员会. 滚动轴承零件 金属实体保持架 技术条件：JB/T 11841—2014 [S]. 北京：机械工业出版社，2014.

[7] 全国滚动轴承标准化技术委员会. 滚动轴承 工程塑料保持架 技术条件：JB/T 7048—2011 [S]. 北京：机械工业出版社，2011.

[8] 全国滚动轴承标准化技术委员会. 滚动轴承 酚醛层压布管保持架 技术条件：JB/T 4037—2019 [S]. 北京：机械工业出版社，2019.

[9] 全国滚动轴承标准化技术委员会. 直线运动滚动支承 滚针和平保持架组件：JB/T 7359—2007 [S]. 北京：机械工业出版社，2007.

[10] 全国滚动轴承标准化技术委员会. 滚动轴承 推力圆柱滚子和保持架组件及推力垫圈：JB/T 8211—2023 [S]. 北京：机械工业出版社，2023.

[11] 夏新涛，马伟，颉谭成，等. 滚动轴承制造工学 [M]. 北京：机械工业出版社，2007.

[12] 刘海波. 精密轴承保持架动不平衡量控制技术研究 [D]. 哈尔滨：哈尔滨工业大学，2019.

[13] 连振德. 轴承零件加工 [M]. 洛阳：洛阳轴承研究所，1989.

[14] 扈文庄. 滚动轴承金属实体保持架技术 [C] //第七届中国轴承论坛论文集. 2014：61-65.

[15] 洛阳轴承研究所. 滚动轴承生产 [M]. 北京：机械工业出版社，1979.

第9章　轴承装配原理

滚动轴承装配是以一定的方法、顺序和要求把合格的轴承零件组装成符合有关标准的轴承产品的工艺过程[1]。一般情况下，滚动轴承由内圈、外圈、滚动体和保持架这四大件组成。另外，密封圈（防尘盖）、配套隔圈、润滑脂等也是很多类型轴承的必备零部件。因此，滚动轴承装配的主要任务有两项：一是将内圈、外圈和滚动体进行尺寸分选，以保证规定的配合关系；二是将内圈、外圈、滚动体、保持架和其他零部件组装起来，形成一个比较完整的机械元件，并进行必要的标记、防锈和封装处理。

本章首先对轴承装配进行概述，初步介绍装配的基本概念和术语、质量指标和基本要求、装配特点；以深沟球轴承、角接触球轴承、圆锥滚子轴承和调心滚子轴承为例，阐述轴承装配的基本工艺路线；简单介绍轴承装配工艺规程，并着重介绍轴承配套计算方法，对轴承配套计算的尺寸链、径向游隙的保证、轴向游隙的保证、轴承接触角的保证、轴承宽度的保证和轴承凸出量的保证进行逐一介绍；详细介绍轴承最优配套原理、最高合套率条件及优选初值；以深沟球轴承、角接触球轴承、圆锥滚子轴承和调心滚子轴承为例，对轴承装配质量逐一进行分析。

9.1　轴承装配概述

滚动轴承的装配是轴承产品生产过程的最后一个技术环节，装配工艺流程的科学性和执行情况直接决定了轴承产品的质量。本节从装配的基本概念和术语、质量指标和基本要求、装配特点 3 个方面概述轴承的装配。

9.1.1　装配的基本概念和术语

在滚动轴承装配工艺中有许多概念和术语，查阅相关标准[2-3]，了解这些概念和术语，有助于理解滚动轴承装配原理，主要技术参数如下：

1）径向游隙 G_r。在不同角度方向，无外载荷作用下，一个套圈相对另一个套圈从一个径向偏心极限位置移向相反极限位置，其径向距离的算术平均值。

2）轴向游隙 G_a。当无外载荷作用时，一个套圈相对于另一个套圈从一个轴向极限位置移向相反的极限位置，其轴向距离的算术平均值。

3）公称接触角 α。垂直于轴承轴心线的平面（径向平面）与经过轴承套圈或垫圈传递给滚动体的合力作用线（公称作用线）之间的夹角。

4）滚动体组内（外）径 F_w（E_w）。所有滚动体的内（外）接理论圆柱体的直径。

5）轴承的公称宽度（向心轴承）B、C 或 T。限定轴承宽度的两套圈理论端面间的距离。

6）轴承实际宽度（圆锥滚子轴承）T_s。轴承轴线与限定轴承宽度的套圈实际端面两切平面交点间的距离。

7）轴承实际宽度偏差（向心轴承）Δ_{T_s}。轴承实际宽度与轴承公称宽度之差。$\Delta_{T_s}=T_s-T$。

8）轴承公称高度（推力轴承）T。限定轴承高度的两垫圈理论背面间的距离。

9）轴承实际高度（推力轴承）T_s。轴承轴线与限定轴承高度的垫圈实际背面两切平面交点间的距离。

10）轴承实际高度偏差（推力轴承）Δ_{T_s}。轴承实际高度与轴承公称高度之差。$\Delta_{T_s}=T_s-T$。

11）成套轴承内圈径向跳动（向心轴承）K_{ia}。当内圈在不同的角位置时，内孔表面相对外圈一固定点间的最大与最小径向距离之差。在点的角位置或在其附近两边，滚动体应与内、外圈滚道及圆锥滚子轴承内圈大挡边接触，即轴承零件处于正常的相对位置。

12）成套轴承外圈径向跳动（向心轴承）K_{ea}。外圈在不同的角位置时，外径表面相对内圈一固定点间的最大与最小径向距离之差。在点的角位置或在其附近两边，滚动体应与内、外圈滚道及圆锥滚子轴承内圈大挡边接触，即轴承零件处于正常的相对位置。

13）成套轴承内圈轴向跳动（沟型向心球轴承和圆锥滚子轴承）S_{ia}。对于沟型向心球轴承，在距内圈轴线的径向距离等于内圈滚道接触直径一半处，内圈基准端面在内圈不同的角位置相对外圈一固定点间的最大与最小轴向距离之差。内、外圈滚道应与所有球接触。

对于圆锥滚子轴承，在距内圈轴线的径向距离等于内圈滚道平均接触直径一半处，内圈背面在内圈不同的角位置相对外圈一固定点间的最大与最小轴向距离之差。内、外圈滚道及内圈背面挡边应与所有滚子接触。

14）成套轴承外圈轴向跳动（沟型向心球轴承）S_{ea}。当外圈在不同的角位置时，在距外圈轴线的径向距离等于外圈滚道接触直径一半处，外圈基端面相对内圈一固定点间的最大与最小轴向距离之差。内、外圈滚道及圆锥滚子轴承内圈大挡边应与所有滚动体接触。

9.1.2 轴承装配质量指标和基本要求

轴承装配的质量指标主要包括装配通用要求、精度公差、游隙等级、振动与噪声、注脂量等。轴承装配的基本要求是在保证装配质量指标的前提下，使合套率最高。

1. 装配通用要求

轴承装配通用要求包括残磁、表面质量、清洁度、旋转灵活性、包装等。其中，表面质量包括标志、美观、表面粗糙度等，不允许有磕碰伤、划痕、裂纹、压伤、黑皮、毛刺、锈蚀等缺陷。旋转灵活性指经过合套装配后的成品轴承转动起来没有卡死、卡滞、骤停等不良现象。

2. 精度公差

精度公差包括外形尺寸公差、几何公差和旋转精度公差等，其符号表示方法可参考 GB/T 7811—2015《滚动轴承　参数符号》、GB/T 4199—2003《滚动轴承　公差　定义》及本书第 1 章中 1.3 节。

外形尺寸包括成品轴承的内径、外径、宽度和高度、套圈倒角尺寸等 4 个指标。根据标准 GB/T 4199—2003，内径参数可细分为 16 种，外径参数可细分为 16 种，宽度和高度参数可细分为 21 种，套圈倒角尺寸参数可细分为 4 种，此处不做赘述。

几何公差包括成品轴承的形状、滚道平行度、表面垂直度及厚度变动量等 4 个指标。根据 GB/T 4199—2003《滚动轴承　公差　定义》，形状参数可细分为 3 种，滚道平行度参数可细分为 2 种，表面垂直度参数可细分为 3 种，厚度变动量参数可细分为 4 种。

旋转精度包括成品轴承的径向跳动和轴向跳动两个指标。根据 GB/T 4199—2003《滚动轴承　公差　定义》，径向跳动参数可细分为 3 种，轴向跳动参数可细分为 6 种。

滚动轴承精度公差已经被列为国家标准或行业标准，其等级直接影响主机的安装和使用精度。依据尺寸公差与旋转精度分级，GB/T 307.3—2017《滚动轴承　通用技术规则》[4] 规定了轴承公差等级由低到高依次分为 P0、P6、P5、P4 和 P2 级。根据主机的精度要求选择相应公差等级的轴承，而相应公差等级的轴承应满足国家标准或行业标准规定的相应精度技术参数的要求。

3. 游隙等级

游隙是轴承的重要技术指标之一，轴承能否实现设计要求很大程度取决于其游隙。径向游隙是轴承内圈、外圈和滚动体组配的依据，是国家标准等规定中重要的技术质量要求项目。例如，GB/T 4604.1—2012《滚动轴承　游隙　第 1 部分：向心轴承的径向游隙》[5] 规定了 6 种类型圆柱孔轴承的径向游隙值，以及圆锥孔调心球轴承、圆柱滚子轴承、长弧面滚子轴承和调心滚子轴承的径向游隙值。

轴承装配后达到的游隙称为原始游隙，也是轴承制造环节重要的技术指标。轴承的原始径向游隙已经被列为国际和国家标准，其数值大小与轴承的工作性能和疲劳寿命密切相关。游隙的选择，除应考虑轴承的工作条件和使用性能要求外，还需考虑轴承安装后游隙的收缩量、工作温差和结构件形变对游隙的影响。值得注意的是，游隙的组配应真实、可靠，除了保证各零件清洁和充分恒温、准确地进行尺寸分选外，还需减少各种误差的影响。

4. 振动与噪声

引起滚动轴承产生振动和噪声的原因主要包括轴承零件制造过程滚动体、内圈、外滚道与配合表面的几何形状和位置误差、保持架选配和润滑油脂的选型等。滚动体、内圈和外圈三者中，滚动体滚动表面的几何精度对轴承振动和噪声影响最大。对于深沟球轴承，沟曲率半径大小决定了球与沟道的密合程度，也对振动和噪声有影响。轴承的振动和噪声直接影响着主机的使用性能，是中小型轴承及微型轴承重要的常规质量指标之一，也是某些特定场合大型、特大型轴承的特殊要求。

滚动轴承振动可以分别用振动加速度值和振动速度值来评价。测量轴承振动加速度值和速度值时，轴承内圈以一定的转速转动，外圈不旋转，并施加一定的径向或轴向载荷进行检测。根据 GB/T 32325—2015《滚动轴承　深沟球轴承振动（速度）技术条件》[6]，轴承振动速度值的被测物理量是在低频（50～300Hz）、中频（300～1800Hz）、高频（1800～10000Hz）3 个频带下轴承外圈的径向振动速度，单位为 μm/s（RMS），分成 V、V1、V2、V3、V4 等几个组别，组别越大，要求振动速度值越小。根据 GB/T 32333—2015《滚动轴承　振动（加速度）技术条件》[7]，轴承的振动加速度值以加速度级来评定，单位为分贝

(dB)，分成 Z、Z1、Z2、Z3、Z4 等几个组别，组别越大，要求振动加速度级数值越小。零分贝相当于地球重力加速度 g 的千分之一，分贝数的计算公式为

$$L=20\lg(a/a_0) \tag{9-1}$$

式中，L 为振动加速度级（dB）；a 为某一频率范围内的轴承振动加速度均方根值或振动加速度峰值（m/s^2）；a_0 为参考加速度值，其值为 $0.001g$，即 $9.81\times10^{-3}m/s^2$。

轴承的振动值（加速度和速度）应符合行业标准规定。Z 组和 V 组是对通用轴承的基本要求，轴承上不标记振动值代号，其余各组别需标注在轴承基本代号后。根据 GB/T 32333—2015《滚动轴承　振动（加速度）测量方法及技术条件》和 GB/T 32325—2015《滚动轴承　深沟球轴承振动（速度）技术条件》，可查询深沟球轴承部分尺寸段的振动加速度级和速度限值，具体见表 9-1 和表 9-2。根据 JB/T 10237—2014《滚动轴承　圆锥滚子轴承振动（加速度）技术条件》[8] 和 JB/T 10236—2014《滚动轴承　圆锥滚子轴承振动（速度）技术条件》[9]，可查询圆锥滚子轴承部分尺寸段的振动加速度级和速度限值。根据 JB/T 8922—2011《滚动轴承　圆柱滚子轴承振动（速度）技术条件》[10]，可查询圆柱滚子轴承部分尺寸段的振动加速度级。

表 9-1　深沟球轴承振动加速度级限值　　（单位：dB）

轴承公称内径 d/mm	0 直径系列				2 直径系列					3 直径系列				
	Z	Z1	Z2	Z3	Z	Z1	Z2	Z3	Z4	Z	Z1	Z2	Z3	Z4
5	37	36	34	30	38	37	34	32	28	39	37	35	33	29
10	43	42	38	33	44	42	39	35	30	46	44	40	37	32
15	45	44	40	35	46	44	41	36	31	48	46	42	38	33
20	47	45	41	36	48	46	42	38	33	50	48	43	39	34
25	48	46	42	38	49	47	43	40	36	51	49	44	41	37
30	49	47	43	39	50	48	44	41	37	52	50	45	42	38
35	51	49	45	41	52	50	46	43	39	54	52	47	44	40
40	53	51	46	42	54	52	47	44	40	56	54	49	45	41
45	55	53	48	45	56	54	49	46	43	58	56	51	47	44
50	57	54	50	47	58	55	51	48	45	60	57	53	49	45
55	59	56	52	49	60	57	53	50	47	62	59	54	51	48
60	61	58	54	51	62	59	54	51	48	64	61	56	53	50
70	50	49	47	42	51	50	48	43		52	51	49	44	
80	52	51	49	43	53	52	50	45		54	53	51	46	
90	54	53	52	47	56	55	53	48		58	57	54	49	
100	58	57	56	51	60	59	57	52		62	61	58	53	
110	62	61	60	53	64	63	61	56		66	65	62	57	
120	64	63	62	57	66	65	63	58		68	67	64	59	

轴承噪声可根据相应标准通过噪声检测仪进行检测。

5. 注脂量

轴承有向单元化发展的趋势，某些轴承单元带有密封装置，并预先加注轴承润滑脂。注

表 9-2 深沟球轴承振动速度限值 （单位：μm/s）

公称外径 D/mm		V			V1			V2			V3			V4		
>	≤	低频	中频	高频	低频	中频	高频	低频	中频	高频	低频	中频	高频	低频	中频	高频
10	15	110	60	60	80	40	40	55	28	28	40	18	18	28	12	12
15	20	145	70	70	100	50	50	65	30	30	45	18	18	32	12	12
20	25	185	85	95	120	55	60	80	35	35	52	20	20	35	12	12
25	30	225	100	125	145	65	75	95	40	45	60	25	25	38	15	15
30	40	265	120	170	170	75	100	110	50	65	70	32	35	45	20	20
40	50	310	140	220	195	90	130	125	60	85	80	38	50	50	25	30
50	60	360	160	270	225	105	165	145	70	105	90	45	65	55	30	40
60	70	410	185	320	255	120	200	165	80	125	105	52	80	65	35	50
70	80	460	210	370	285	135	235	185	90	145	120	60	95	75	40	60
80	90	510	240	430	320	155	270	205	100	170	135	68	110	85	45	70
90	100	560	270	490	355	175	310	225	110	195	150	75	125	95	50	80
100	110	610	300	550	390	195	350	250	120	220	165	82	140	105	55	90
110	120	660	330	610	425	215	390	275	130	245	180	90	155	115	60	100
120	130	710	360	670	460	235	430	300	140	270	200	98	170	130	65	110
130	140	760	390	730	500	255	470	330	155	295	220	105	190	145	70	120
140	150	810	420	790	540	275	510	360	170	325	240	115	210	160	75	135

脂量通常可依据轴承内部有效运转空间或特定用途而定，注脂量太少无法保证良好润滑功能和轴承寿命，注脂量过多则易造成轴承运转时油脂溢出和轴承发热。根据 GB/T 32321—2015《滚动轴承　密封深沟球轴承　防尘、漏脂及温升性能试验规程》[11]，漏脂性能试验后将轴承样品外部漏出的润滑脂和油污擦拭干净，称量试验后轴承样品质量，并用专用工具将密封圈或防尘盖拆掉，清洗轴承样品内部及密封圈或防尘盖上的润滑脂，待干燥后再称量轴承样品的净质量（包括密封圈或防尘盖）。

单套轴承样品的漏脂率为

$$\text{单套轴承样品的漏脂率}=\frac{\text{单套轴承样品的漏脂量}}{\text{单套轴承样品的填脂量}}\times 100\% \tag{9-2}$$

单套轴承样品的漏脂量=试验前轴承样品质量-试验后轴承样品质量，

单套轴承样品的填脂量=试验前轴承样品质量-轴承样品净质量。

9.1.3 轴承装配特点

如前所述，滚动轴承装配的任务之一是将内圈、外圈和滚动体进行尺寸分选，以保证装配后具有要求的径向游隙或宽度。

由图 9-1 可知，影响滚动轴承径向游隙或宽度的因素主要是内、外圈滚道的直径偏差及滚动体的直径偏差等。由于滚动轴承功能的重要性，使得对其游隙值或宽度公差要求十分严格，且径向游隙和宽度公差大部分已经标准化。以中小型深沟球轴承为例，其径向游隙公差范围只有0.01~0.02mm；而目前，在成批生产的情况下，轴承零件加工的经济精度范围多在0.04~0.05mm，该制造误差不能满足滚动轴承互换配套的需要。因此，滚动轴承的装配不能采用一般的互换装配方法，只能采用选择装配的方法，而对个别具有可分离套圈的轴承（如单列圆锥滚子轴承的外圈），可采用互换性的装配方法。

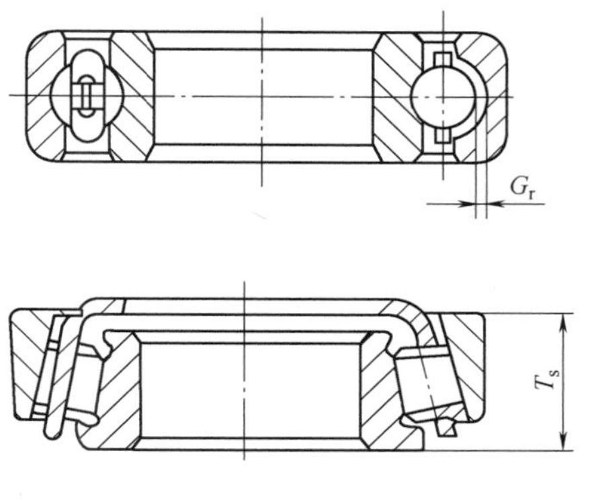

图 9-1 游隙与宽度

将内、外套圈滚道直径在其公差范围以内按一定的尺寸差分组（滚动体的直径分组公差同样按技术条件规定，经过选别机选好），将相应尺寸的内圈、外圈与滚动体相配合，以达到标准技术或现行图样规定的游隙值或轴承宽度公差，该过程就是滚动轴承的选择装配，简称选配。

9.2 装配的基本工艺路线

滚动轴承的种类和型号繁多，不同轴承制造企业的技术水平、工艺路线和生产线自动化程度存在较大差异，因而在轴承装配工艺过程细节上各有差异。一般类型的滚动轴承装配工艺过程大致如图9-2所示。

零件退磁 → 零件清洗 → 质量目检(人工装配) → 尺寸测量(库存零件初选) → 配套零件公差订制 → 选别分组 → 配套 → 保持架装配(带保持架轴承) → 退磁/剩磁检测 → 游隙检查/包络圆测量 → 注脂(脂润滑) → (密封盖/防尘盖) → 称重检测 → (激光)刻字 → 防锈处理 → 成品包装

图 9-2 装配工艺过程

通常，滚动轴承装配包括轴承零件的尺寸分选和组装两大内容。尺寸分选的计算原理将在本章后面几节中叙述，这里主要以几种常见轴承为例，介绍其组装方法。

9.2.1 深沟球轴承装配工艺

典型的深沟球轴承主体零件包括内圈、外圈、滚动体和保持架，某些特殊类型的深沟球轴承可能不包含某一套圈或保持架。常见的深沟球轴承附件包括密封圈、防尘盖、止动件等，根据有无防尘盖或密封圈可将深沟球轴承分为密封深沟球轴承和开式深沟球轴承。带防尘盖或密封圈的深沟球轴承，不仅能够保存润滑脂和油类，而且可防止灰尘等异物进入深沟球轴承，确保滚动体在清洁的环境中转动，称为密封深沟球轴承，多用在环境较差、免维护、维修和保养不便的场合。普通开式深沟球轴承则无密封圈和防尘盖。

深沟球轴承的一般装配过程可分为轴承主体装配和附件的组装。深沟球轴承主体组装工艺的主要内容是滚动体（球）的装填和保持架的组装。装填滚动体（球）时，首先将内、外圈同心平放，平移内圈直到与外圈接触，然后在内外圈之间填充特定数量的球，如图9-3所示。如果φ小于186°，则钢球可以一次装足；如果轴承的填球角φ超过186°，则装配时就不能一次将球装够，最后一个球需用机械方法压装到轴承的内、外圈沟道之间，其原理是利用金属的弹性变形。如图9-3所示，在A点施加力P，外圈受力发生弹性变形，呈椭圆形状。在施加力 P 前，先将最后一个球放在内、外套圈之间。施加力 P 的同时，用力拉动内圈至轴承的中心位置，填球即可完成。

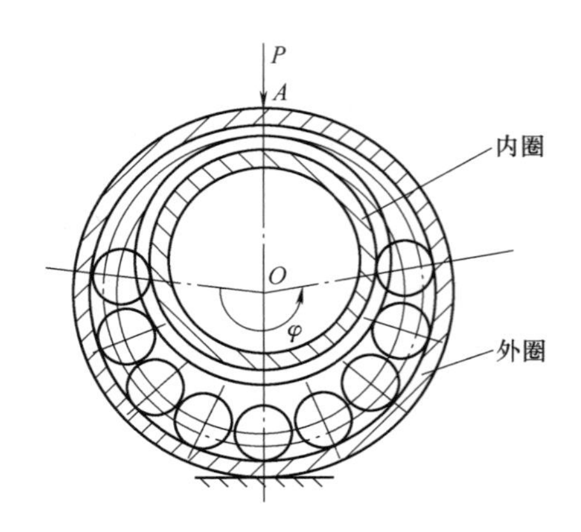

图 9-3 深沟球轴承的填球角

深沟球轴承保持架的类型繁多，冲压浪形保持架通常需要铆接组装。在保持架铆接之前，需先将铆钉装入半保持架的铆钉孔中。铆接工序是采用专门的装配模具，在压力机上使铆钉成形，从而将两片保持架铆紧。也有使用焊接保持架组装工艺，这样便可省去铆接工序。对于小型深沟球轴承，以上填球、铆接过程可由球轴承自动生产线完成，基本操作原理类似。S 形保持架与浪形保持架的形状近似，但为一个整体，两面带球窝，没有铆钉头和铆钉孔的位置，因此装球数量比浪形保持架增加了很多。装用 S 形保持架的深沟球轴承由于填球角很大，故需要装球缺口。

本节以密封深沟球轴承和带装球缺口的深沟球轴承为例，介绍其装配工艺。

1. 密封深沟球轴承的装配

密封深沟球轴承是将防尘盖或者有金属骨架的橡胶圈嵌入轴承套圈凹槽内（通常是外圈），其与另一个套圈（通常是内圈）之间处于小间隙或过盈配合（接触），形成闭式结构。两端密封的轴承，必须在装配过程中注入润滑脂，形成独立的轴承单元。装入润滑脂的数量，一般是轴承内自由空间或净空间的 30%~45%。如果装脂量过多，不仅会增加系统运转的阻力，引起轴承工作温度的升高，同时润滑脂会从密封唇口溢出，造成环境污染。

(1) 嵌入式防尘盖的装配　在嵌入式防尘盖装配时，先将防尘盖放入轴承外圈的牙口槽中，在压力机的冲头作用下用压盖模具将防尘盖压平、撑大、胀紧在外圈的牙口槽中。压盖模具装有内圆限制器，对防尘盖的内圆进行限位，防止内圆缩小太多，从而保证防尘盖内径与轴承内圈的外径台阶配合面之间留有适当的间隙。防尘盖的外圆在模具的压力下撑大，并嵌入到外圈的牙口槽中。

(2) 翻边式防尘盖的装配　在翻边式防尘盖装配时，用压盖模具将防尘盖的直边张开成倒圆锥形，使防尘盖胀紧在轴承外圈的牙口槽中。防尘盖装配胎具如图 9-4 所示，锥轴的端面是锥形，锥形下移则弹簧胎具外胀，使防尘盖向外翻边，卡死在轴承牙口槽中。

(3) 卷边式防尘盖的装配　卷边式防尘盖的装配与翻边式防尘盖类似，用压盖模具将防尘盖的卷边直径撑大，使防尘盖胀紧在外圈的牙口槽中。

两面带防尘盖的轴承装配过程为：铆接保持架→退磁、清洗→轴承检验→压装第一面防尘盖→向轴承中注油脂→压装第二面防尘盖→轴承匀脂→检查轴承密封性和外径尺寸→(轴承振动值检测)→轴承表面涂油防锈→包装。

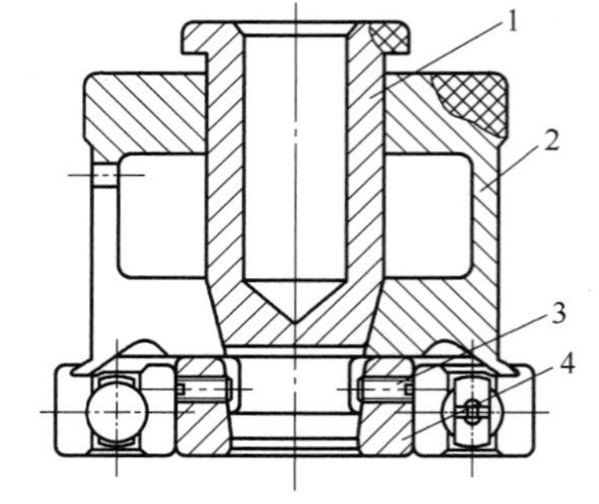

图 9-4 防尘盖装配胎具

1—锥轴　2—胀胎　3—螺钉　4—滑套

密封深沟球轴承内部注脂、压装密封后，要在匀脂机上转动 5s 左右，使内部油脂运甩均匀，即匀脂，小型球轴承匀脂机转速一般为 1000r/min。密封深沟球轴承防尘、漏脂温升性能，可在单独的试验机上进行检查。

橡胶密封圈一般由金属骨架注塑高分子材料而成，装配时将密封圈沿圆周压入轴承外圈牙口斜槽。密封圈的外圆和宽度与牙口槽采用过盈配合，保证密封圈不松动；密封唇口与轴承内圈外径的台阶面采用过盈或小间隙配合，从而保证轴承的密封作用。带密封圈的深沟球轴承的装配操作过程，基本上与带防尘盖轴承相同。

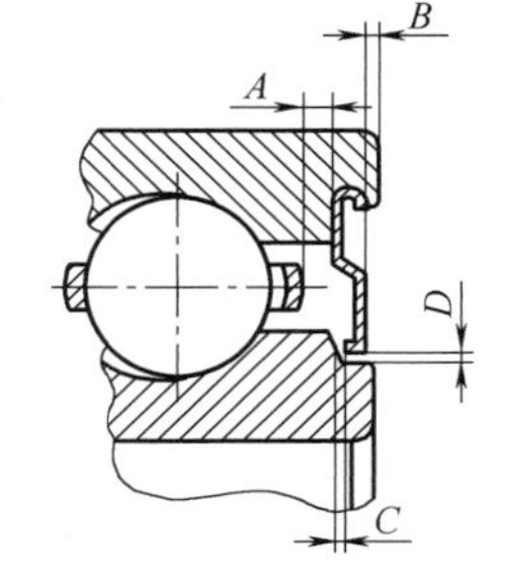

图 9-5 防尘盖装配的正确位置

密封深沟球轴承的防尘盖和密封圈装配后，轴承仍应保持未装之前的旋转灵活性和质量标准，应注意：

1）轴承密封压装后，轴承的外圆柱面形状和尺寸虽有变化，但应在规定的范围内。

2）防尘盖不应接触内圈，且不影响内圈的转动。

3）密封圈的端面不得超过轴承端面，密封圈和保持架不得接触，与轴承各部分有正确的间隙，如图 9-5 所示，图中所示为防尘盖的情况。

4）密封圈与外圈不得有松动，应牢固装卡在牙口槽中。

2. 带装球缺口的深沟球轴承的装配

带装球缺口的深沟球轴承，一般采用无保持架设计，通过装球缺口在沟道里装满钢球，轴承型号为 60000V 型，如图 9-6 所示。

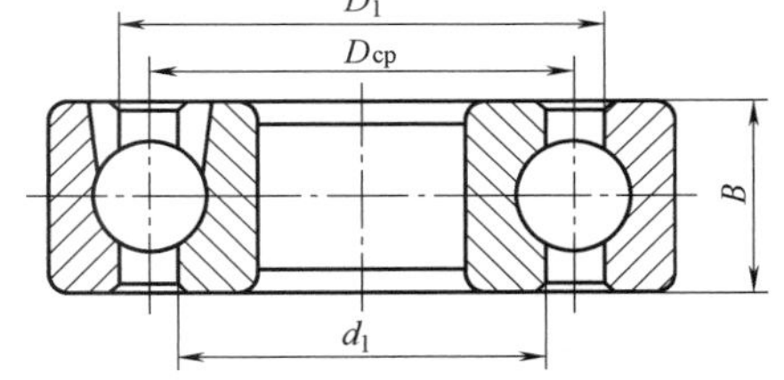

图 9-6 带装球缺口的深沟球轴承

由于轴承装球数量增加，因此大大提高了轴承的径向承载能力，但许用转速较低；也正由于套圈上有缺口，故该类轴承不宜承受轴向载荷。

带装球缺口的深沟球轴承也按径向游隙配套，但一般应以游隙组别的最大极限值合套，为从缺口装球提供方便。这类轴承装满球后拆套很不方便，因此装球前一定要保证轴承径向游隙合格。

无保持架的轴承在装配时，一般先装入一半多一点的钢球，或按填球角达到 186°的数量装钢球，其余钢球要从装球缺口中装入。为防止钢球掉出，轴承内、外圈缺口的半径等于或大于钢球半径，但内、外圈缺口之间的最大距离应小于钢球直径。即使利用装球缺口装球，钢球也不易进入轴承沟道中，因此，装球时要使用类似图 9-7 所示的装球胀冲工具。

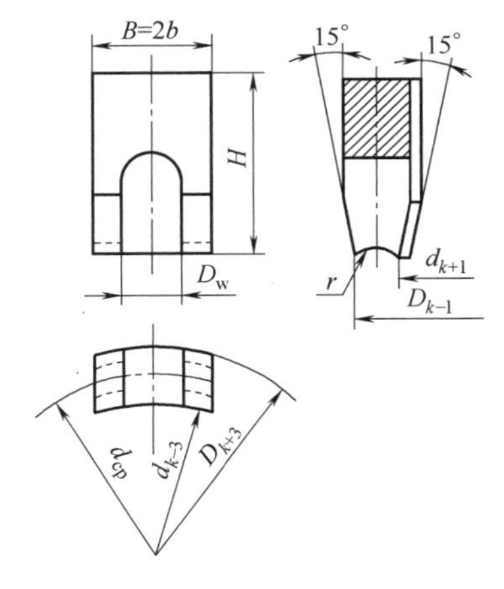

图 9-7 装球胀冲工具

装球胀冲工具两侧面各有一个角度，呈斜面，便于受压撑开缺口。胀冲工具配有球窝，胀冲后使球进入内外圈沟道。装球时内、外圈的缺口要对正，在压力机的压力下利用胀冲的斜面使内、外圈同时弹性变形而撑开，缺口尺寸略有增大后，钢球便可顺利落入轴承内外圈沟道中。如果使用液压机装球，则球在缺口撑开的情况下可连续装入；如果使用曲轴压力机等设备装球，则每装入一粒球后，应拔离或转动套圈使该球离开缺口位置，以便再装下一粒球，直到球装满为止。在使用装球胀冲装球时，应避免选用大吨位的曲轴或偏心压力机，以免造成轴承零件损伤或安全事故。

采用S形保持架的带装球缺口深沟球轴承，球数为偶数。装配时，先向轴承中装入一半球，再从轴承端面一侧放入S形保持架，将球等分开，然后从装球缺口处利用胀冲将另一半球逐粒装入S形保持架的另一侧。由于钢球和保持架的互相干扰，内、外圈的缺口很难与保持架的球窝对准，装球过程较为困难，一般要旋转轴承数十圈才能将三者的位置对准。

一般带装球缺口的深沟球轴承的装配过程为：零件清洗→内、外圈尺寸偏差分选→装一半球、按游隙合套→检查游隙→分球、放入S形保持架→胀冲装球→轴承退磁、清洗→注脂→轴承成品检查→(激光）刻字→清洗、防锈、包装。

9.2.2 角接触球轴承装配工艺

角接触球轴承的结构与深沟球轴承相近，故其套圈滚道尺寸偏差分选，按径向游隙选配外圈、内圈和球合套的方法与深沟球轴承装配相同，一些工具、仪器、尺寸标准件等也可与深沟球轴承通用。角接触球轴承使用整体的实体保持架，无铆钉、无铆接工序。除检验轴承配套径向游隙以控制接触角的大小外，还要检验成品轴承的实际宽度。

基本装配过程为：首先从装配库中取出外圈、内圈、球和保持架，零件经清洗除掉防锈油，然后进行内、外圈的滚道尺寸分选；合套时把内圈及球同时放入外圈之中，通过控制径向游隙来选择3个相配零件的尺寸偏差，操作时把外圈的斜坡面朝上，将规定数量的钢球放在外圈与内圈的两滚道之间，使钢球均布，然后测量径向游隙；游隙确认合格后拆下钢球，进行保持架组装，将内圈、钢球、保持架合于外圈中；组装好之后对成品轴承进行检验，检验项目主要包括轴承的旋转灵活性、外表面质量、尺寸及旋转精度、实际宽度等，然后退磁、刻字、清洗、防锈、包装、入库。

1. 不可分离型角接触球轴承的装配

不可分离型角接触球轴承装配的特点，表现在钢球与保持架组件组装到套圈内的方式上。以外圈带斜坡的轴承装配为例，合套以后，把保持架放在内圈外，将钢球从外侧装入保持架兜孔内。外圈斜坡一侧带有锁口，且锁口处直径小于内圈组件钢球组的包络外径，如图9-8所示。

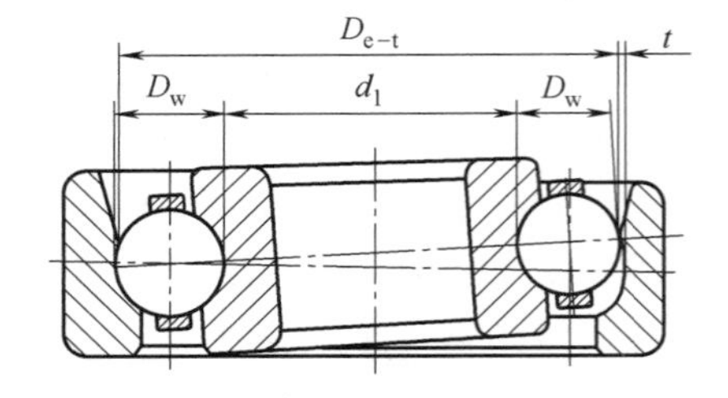

图9-8 加热前内圈组件在外圈内的位置

加热外圈一般是把外圈加热到100~120℃（最高不应超过140℃），使其滚道及锁口直径扩大，然后可把内组件一起放入外圈中。冷却之后，内圈、保持架和钢球不会脱出，形成不可分离型。

加热温度要控制适当，温度过高，会使外圈再次受到高温而回火并产生变形；温度过低，则外圈没有足够的胀大量，增加组装的困难。如果用力压入钢球，不仅会使锁口处遭受压伤，钢球表面也会卡伤，轴承将不能使用。

一般采用恒温油槽加热法，也有用红外线加热炉或电阻丝加热的平板加热器。使用电阻丝油槽加热，以油为介质加热外圈，为了保持加热介质油的恒温，需有温度自动控制装置，以使套圈受热均匀。介质油采用机油，要经常更换以保证质量，油质不好会使外圈表面变色或产生油斑。用油加热套圈会产生大量油烟，影响工人健康和环境。

加热外圈的胀大量与外圈的锁口高度 t 有关。不同的轴承，外圈锁口高度不同，如轴承7204C 外圈锁口高度为 0.04~0.065mm，轴承 7214C 外圈的锁口高度为 0.075~0.11mm。下面介绍如何确定加热外圈胀大量及套圈的锁口高度。

1）外圈锁口处封口尺寸 D_t。

$$D_t = D_e - 2t \tag{9-3}$$

式中，D_t 为锁口处封口尺寸；D_e 为外圈滚道直径；t 为锁口高度。

2）内圈组件外径尺寸 D_F。

$$D_F = d_i + 2D_w \tag{9-4}$$

式中，D_F 为内圈组件外径；d_i 为内圈滚道直径；D_w 为钢球直径。

3）加热胀大量 Δ。

$$\Delta = D_F - D_t = d_i + 2D_w - (D_e - 2t) = -(D_e - d_i - 2D_w) + 2t \tag{9-5}$$

$$D_e = d_i + G_r + 2D_w \tag{9-6}$$

式中，G_r 为配套径向游隙，依据 D_w 和接触角 α 确定。

进而求解得到 $\Delta = 2t - G_r$。当 $2t > G_r$ 时，Δ 值为“+”，需要胀大；当 $2t \leqslant G_r$ 时，考虑到其他球与锁口的干涉，胀大量很小或不需要胀大就能使内圈组件落入外圈中，此种情况内圈组件容易从外圈中脱落，造成轴承散套。因此，轴承套圈的锁口高度值 $2t$ 至少要大于配套径向游隙的最大值，以使轴承成品不散套。

锁口高度值 t 的上限与外圈加热后实际的热膨胀量有关。以轴承钢材料为例，根据铬轴承钢的线膨胀系数，套圈的热膨胀量 Δ' 表示为

$$\Delta' = DK\Delta t \tag{9-7}$$

式中，D 为外圈的外径（mm）；K 为铬轴承钢的线膨胀系数，为 $11.2\times10^{-6}/℃$；Δt 为温差（℃）。

2. 分离型角接触球轴承的装配

对于型号系列 S70000 的轴承，与不可分离型角接触球轴承的差别主要是外圈无锁口和锁量，内圈和保持架、钢球形成内圈组件，可很方便地装入外圈之中，并且同一规格的外圈及内圈组件可任意互换和分开，安装方便。此类轴承广泛用于磁电动机上，又称为磁电动机轴承。

外滚道、内滚道、钢球尺寸偏差在装配工艺规定的范围内时，两个滚道尺寸偏差不需要进行尺寸分选。轴承装配主要过程为：各零件清洗、烘干→外圈摆放在作业台面上→用手工或模具把钢球装入保持架中→将保持架放在内圈上→将钢球压入保持架每个兜孔内→用模具压保持架成形，包住钢球→将内圈组合件放入外圈中→刻字→退磁→成品检查→清洗、防锈涂油、包装。

分离型角接触球轴承以实际宽度 T_s 为配套依据，没有径向游隙要求。在 T_s 值范围内两套圈可以互换，实现互换的前提是单件的滚道形状和位置尺寸应严格控制在工艺规定偏差之内，如图 9-9 所示。

从图 9-9 中的几何关系分析可知，影响实际宽度 T_s 的因素有：外滚道直径偏差、外滚道中心平面位置偏差、外滚道曲率偏差、钢球直径偏差、内滚道直径偏差、内滚道中心平面位置偏差、内滚道曲率偏差。以上 7 种因素属于外圈影响 T_s 的因素有 3 个，属于内圈及钢球构成的组件影响 T_s 的因素有 4 个。因此，可用表示为

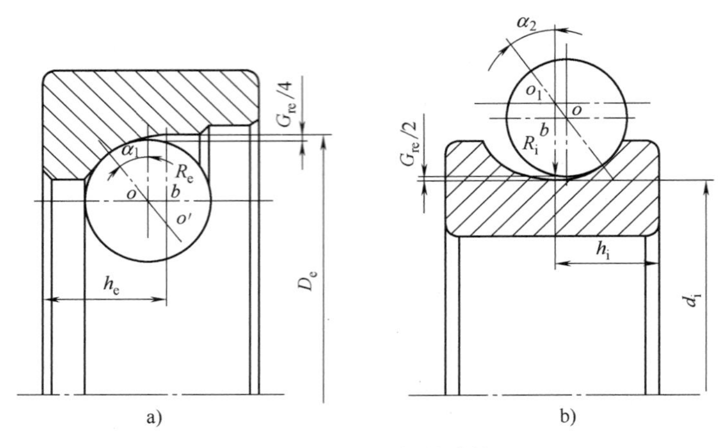

图 9-9　分离型角接触球轴承

a）外圈　b）内圈

$$t_{\Delta T_s}=t_{\Delta T_e}+t_{\Delta T_i} \tag{9-8}$$

式中，$t_{\Delta T_s}$ 为轴承实际宽度的偏差；$t_{\Delta T_e}$ 为外圈各有关因素对 T_s 的公差影响量；$t_{\Delta T_i}$ 为内圈各有关因素对 T_s 的影响量。

当分析影响 T_s 的各因素关系时，可依据径向游隙、接触角、宽度的关系进行计算。如果配套径向游隙不能直接测量，可用间接方法测量后再进行计算。

如果外圈的滚道尺寸偏差分散很大则互换困难，需要对内滚道尺寸进行偏差分组，可以使用"标准外圈"来检查内圈组件的尺寸，测出 $t_{\Delta T_i}$ 值，再将外圈与"标准外圈"进行比较检查，控制 T_s 进行选配合套。"标准外圈"从成品中选出，经计量部门检测，标出滚道直径和位置的实际偏差。

分离型角接触球轴承保持架采用铜薄板材冲压成形，结构简单，其断面呈 U 形。装球时从保持架外侧径向推入，保持架开口处尺寸 b 略小于钢球直径，因此钢球被轻轻夹住；然后将组件放入成形模具，使保持架收缩，在夹球的位置形成小的兜口形状，用以限制钢球的位置，钢球应在保持架兜孔内自由转动而不会脱落。

9.2.3　圆锥滚子轴承装配工艺

普通单列圆锥滚子轴承的配套要求具有互换性，即内组件（由内圈、保持架和滚子组合成）和外圈可随意组配，且可保证轴承宽度（装配高）满足要求。双列圆锥滚子轴承与其不同点是在两内圈或外圈之间配有一定宽度尺寸的中隔圈，以产生及控制轴承轴向游隙。四列圆锥滚子轴承一般采用单套磨配的方式组配，套与套之间的零件不能互换。本节分别就以上 3 种圆锥滚子轴承的装配工艺进行介绍。

1. 单列圆锥滚子轴承的装配

轴承标准中已将外圈与内组件的装配高公差进行了分配，各占轴承成套宽度公差的一半，分别称作内组件有效宽度和外圈有效宽度。只要这些公差能够达到要求，互换起来就合乎要求。由于轴承磨削加工技术水平的提高，两套圈的滚道尺寸广泛采用机床主动测量、定程磨削，使相配套的有关尺寸控制在规定的工艺尺寸偏差范围之内，外圈可以不经挑选即可与内组件装配。如果加工工艺能得到保证，装配过程中一般不必要进行套圈的尺寸分选和装

配高 T_s 的再检测，但当有些精密轴承不能互换时，必须按内、外滚道的尺寸偏差分选，并测量 T_s 值。

单列圆锥滚子的装配工艺相对简单，合套方法容易。对于铸铁或冲压钢制保持架，通常采用专用模具对内组件进行保持架锁紧，使用工程塑料保持架时不用收缩模具，其他类型保持架可根据具体材料和结构确定相应的组配方法。

可互换单列圆锥滚子轴承装配的主要过程为：清洗外圈、内圈、滚子和保持架→将滚子装于保持架中，放入内圈→保持架收缩，使内圈、滚子和保持架成内组件→外圈与内组件配套→轴承外观、灵活性检查→退磁、清洗→成品检验→防锈涂油，包装。

如果在装配过程中发现滚子和内滚道加工尺寸偏差较分散，为了提高合套率，可以对内滚道尺寸偏差进行分组。内滚道负偏差与正偏差滚子相配，内滚道正偏差与负偏差滚子相配，可使内组件装配更容易满足装配要求。

有些精密圆锥滚子轴承不要求或不允许任意互换，则内、外圈和滚子要按尺寸偏差分组，并按轴承宽度 T_s 进行合套，其他装配过程与可互换外圈装配过程相同。

当测量外滚道直径尺寸时，因为产品规定的滚道尺寸位置恰在基准端面与圆锥素线的交界处，不便于测量，可采用间接法测量并通过计算获得。

在图 9-10 的△ABC 中，

$$AB=H \tag{9-9}$$

$$BC=AB\tan\alpha=H\tan\alpha \tag{9-10}$$

$$D_o=D_e+2BC=D_e+2H\tan\alpha \tag{9-11}$$

式中，D_e 为产品图规定的外滚道直径；D_o 为外滚道测量直径；H 为径向平面高度；α 为外滚道素线相对轴心线夹角，即外接触角。

在图 9-11 的△ABC 中，

$$AB=BC\tan\beta \tag{9-12}$$

$$BC=H-a_o \tag{9-13}$$

$$d_o=d_i-2AB=d_i-2(H-a_o)\tan\beta \tag{9-14}$$

式中，d_i 为产品图规定的内滚道直径；H 为测量 d_o 的径向平面高度；a_o 为内圈大挡边高度；β 为内滚道素线相对轴心线夹角，即内接触角。

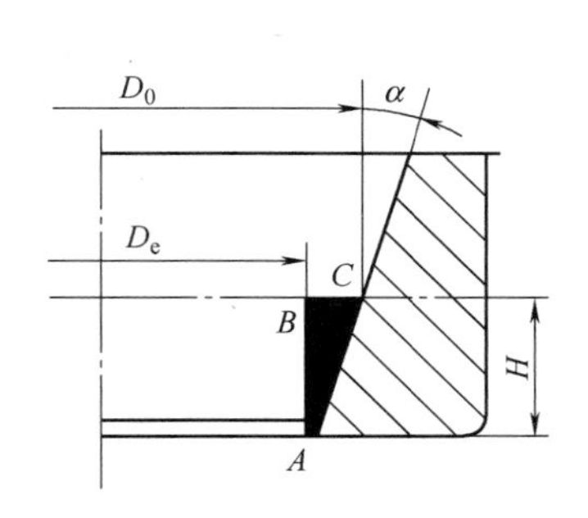

图 9-10 圆锥滚子轴承外滚道直径测量法

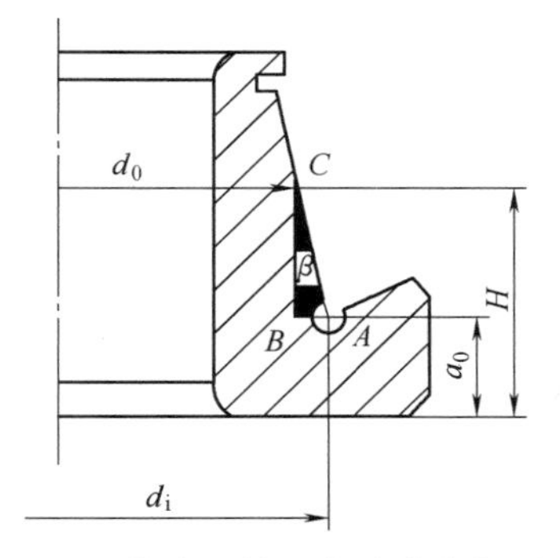

图 9-11 圆锥滚子轴承内滚道直径测量法

在实际生产中，对于中、小型圆锥滚子轴承，人工测量滚道尺寸时都是利用滚道标准件通过对比进行测量。

把内圈放入已装好滚子的钢保持架中之后，要在压力机上利用收缩模具收缩保持架窗孔之间的过梁，使保持架的形状还原，便于保持架引导滚子，同时防止内圈掉落。圆锥滚子轴承冲压钢制保持架收缩模具如图 9-12 所示。

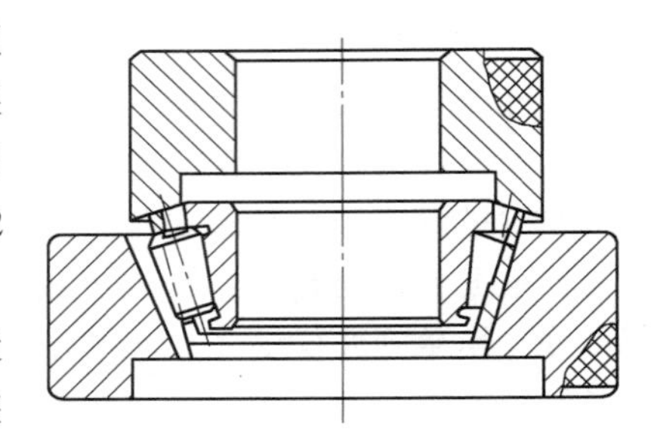

图 9-12　圆锥滚子轴承冲压钢制保持架收缩模具

保持架冲压成形后，需要对窗孔之间的过梁在靠近小头的位置进行扩张，使内圈小挡边外径容易通过已装入保持架内的滚子小端。装入滚子后，利用模具把保持架收缩到未扩张前的尺寸和形状（设计图样），使保持架起到良好作用。

未经收缩的保持架，虽然滚子及内圈暂时不会分离，但仍无法正常使用，因为保持架窗孔不能正确引导滚子，滚子在运转中不稳定。当收缩保持架时，上模受压力机滑块的作用而下降，压向保持架的大端面，保持架在向下运动中与凹模的斜面相互作用，使保持架的窗孔过梁向内收缩。需要强调的是，不同轴承企业或针对不同类型的轴承和保持架结构，模具的具体形式也各不相同。

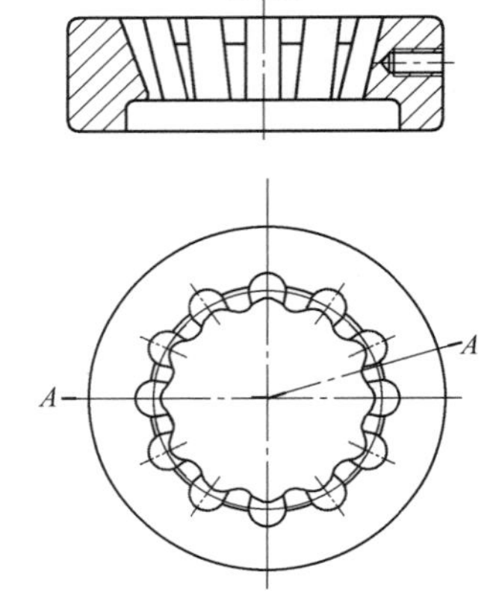

图 9-13　圆锥滚子轴承收缩保持架的典型凹模

圆锥滚子轴承收缩保持架的典型凹模如图 9-13 所示。凹模的斜兜孔与滚子的锥体有间隙，且各表面的相交处无锐角，防止压伤滚子，同时应确保内组件便于从凹模中取出。

2. 双列圆锥滚子轴承的装配

350000 型双列圆锥滚子轴承与单列圆锥 30000 型内圈、滚子和保持架通用，其不同点在于两内圈之间加有一定宽度的中隔圈，用以调节轴承的轴向游隙。

其主要的装配过程为：将内圈、外圈、滚子、保持架退磁、除油、清洗→在保持架内放足滚子，将内圈放入保持架及滚子组件中→用收缩模具压靠保持架，形成内圈组件，并保证其旋转灵活性→将内组件装入外圈，测量内圈小端面之间的距离→根据轴向游隙要求选配中隔圈或外隔圈→检查旋转灵活性、外观及规定的其他项目→刻字、清洗、烘干、防锈→用尼龙捆扎带捆好整套轴承，防止混套，包装、入库。

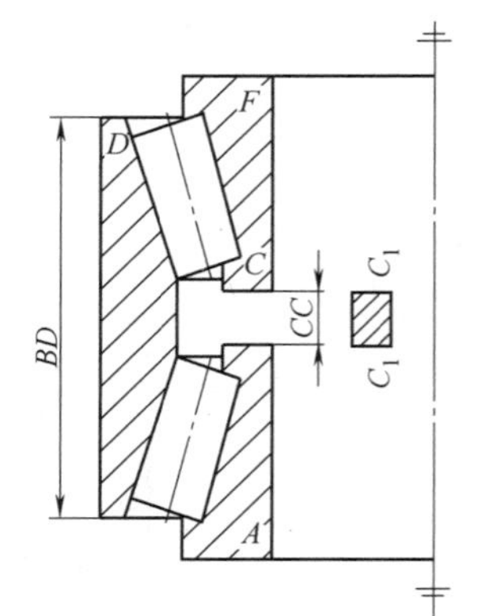

图 9-14　双列圆锥滚子轴承轴向游隙的调整

中隔圈宽度 CC 及轴承轴向游隙 G_a 的分析方法如图 9-14 和图 9-15 所示。

若 G_a 为规定的轴向游隙，中隔圈的宽度 C_1C_1 为

$$C_1C_1=CC+G_a \tag{9-15}$$

可以利用大型深度百分尺和其他标准件测量距离 DC、BC、BD。先将一个内圈组件放在工作台、平板或 3~4 块支撑块上，将外圈放在内圈组件上，测量距离 DC；翻转外圈并放在另一内圈组合件上，测量距离 BC，并测量外圈宽度 C_1 值，$BD = C_1$。于是，图 9-16 中两内圈小端面的距离 CC 为

$$CC=DC+BC-BD \tag{9-16}$$

将轴向游隙 G_a 值代入式（9-15）可求得 C_1C_1，即为选配的中隔圈宽度尺寸。

采用化学酸水蚀写或激光刻字等方法将宽度尺寸标注于选配合适的中隔圈上，同时将相配的轴承各零件进行编号。

双列圆锥滚子轴承的径向游隙范围见有关标准或规定，其与轴向游隙的换算关系为

$$G_a=G_r/\tan\alpha \tag{9-17}$$

双列圆锥滚子轴承的实际宽度 T_{2s} 为两内圈及中隔圈的实际宽度之和，即

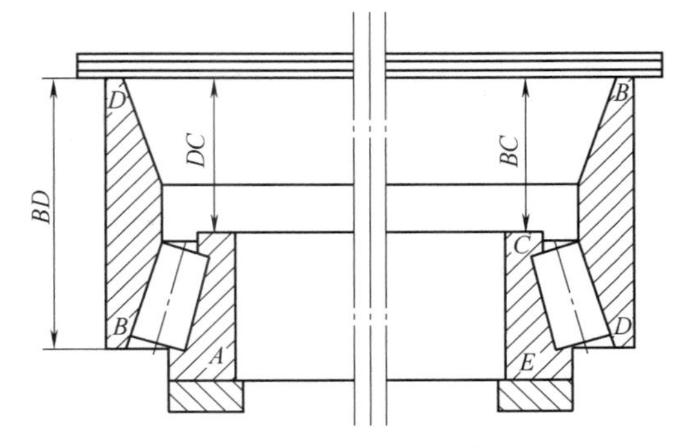

图 9-15　中隔圈尺寸确定

$$T_{2s}=AC+CD+C_1C_1 \tag{9-18}$$

3. 四列圆锥滚子轴承的装配

四列圆锥滚子轴承的某些零件与单列、双列圆锥滚子轴承通用，轴承合套时需要在多个外圈和多个内圈之间形成规定的轴向间隙，这些间隙靠定制宽度的外隔圈和内隔圈保证，如图 9-16 所示。

隔圈的标称宽度尺寸等于装配之后测得的各零件之间的距离和规定的轴向游隙值之和，宽度配磨时应留出适当的加工余量。

在轴向游隙示意图 9-16 中，相邻外隔圈的宽度尺寸分别为 B_1B_1 和 D_1D_1，内隔圈的宽度尺寸为 C_1C_1。

根据轴向游隙的要求有

$$\begin{aligned}C_1C_1&=CC+G_a\\B_1B_1&=BB+G_a\\D_1D_1&=DD+G_a\end{aligned} \tag{9-19}$$

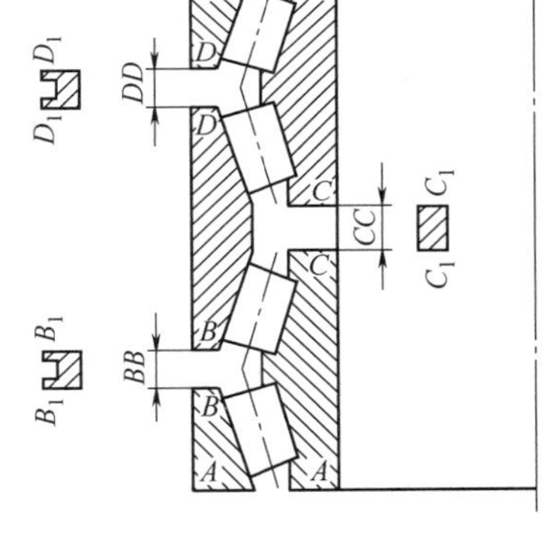

图 9-16　四列圆锥滚子轴承轴向游隙示意图

装配后测得距离 CC、BB、DD，加上规定的轴向游隙 G_a，即可计算得到每个隔离圈宽度尺寸 C_1C_1、B_1B_1、D_1D_1。

轴向游隙的调整和测量如图 9-17 所示，通过测量确定 CC、DD、BB 尺寸。

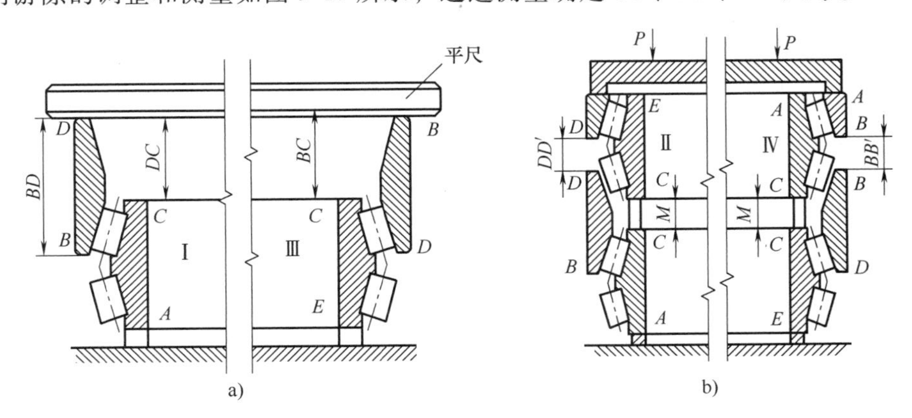

图 9-17　四列圆锥滚子轴承轴向游隙的调整和测量

a）Ⅰ、Ⅲ位置　b）Ⅱ、Ⅳ位置

在第Ⅰ位置测得 DC 尺寸后，将第二外圈（中间的外圈）反转，使其另一滚道与对应的另一内圈的一列滚子配合，并在第Ⅲ位置测得 BC 尺寸，则可确定 CC 的名义尺寸为

$$CC=BC+DC-BD \tag{9-20}$$

在第Ⅱ位置测量时，可在上下两内圈之间放置 3～4 个高度为 M 的垫块，$M \approx CC+5 \sim 10$（mm），其平面高度的尺寸变动量由精磨控制，然后将 EC 内圈放在 AC 内圈端面的垫块上，此时两内圈的 C 端与垫块接触，而上方内圈的下列滚子与第二外圈的 D 端滚道脱离接触，可避免误差传递和相互影响；再把 DE 外圈扣上，使其与内圈 E 端的一列滚子相接触、配合，当旋转外圈的质量不足 10kg 时，应施加规定的游隙测量载荷或压上另一个外圈以补足载荷；旋转 DE 外圈，使滚子与相应的滚道、中挡边接触良好，然后测量 DD' 尺寸。以同样的方法测量第Ⅳ位置处的 BB' 尺寸后，则可确定 DD 和 BB 的名义尺寸为

$$DD=DD'-(M-CC) \tag{9-21}$$

$$BB=BB'-(M-CC) \tag{9-22}$$

将零件清洗干净，按图 9-17 所示的方式摆放轴承套圈，确保滚道无磕碰伤，各部位接触良好，尤其要保证滚子球基面与中挡边完全接触。用手转动活动套圈，确保转动灵活且无阻滞、异常噪声或急停等现象。

由于不同合套轴承的宽度各不相同，根据测量相应距离尺寸订制配磨的隔圈厚度也不相同，为了防止装配或用户安装错误，应对每套轴承的每件隔圈及对应的套圈做标记，并与轴承采用相同编号。

在计算四列圆锥滚子轴承轴向游隙和宽度时，径向游隙由标准或产品图样给定，实际检测或保证由轴向游隙控制，而轴向游隙可根据径向游隙计算得到。

四列圆锥滚子轴承所有内圈实际总宽度 T_{3s} 为

$$T_{3s}=AC+CE+C_1C_1 \tag{9-23}$$

所有外圈实际总宽度 T_{4s} 为

$$T_{4s}=AB+B_1B_1+BD+D_1D_1+DE \tag{9-24}$$

综上所述，圆锥滚子轴承中钢板冲压保持架应用较多，装配时需要在压力机上用收缩模具将保持架形状还原；工程塑料保持架的应用广泛，其不用收缩，仅靠弹性变形即可将内圈、滚子和保持架形成内组件，装配更为简单。

单列圆锥滚子轴承装配的特点是保证轴承的实际宽度符合要求，而各零件的相关尺寸对轴承宽度分别有不同程度的影响，圆锥滚子直径偏差的影响系数最大，内圈大挡边宽度偏差的影响系数最小。当可分离型轴承的可分离零件有互换性要求时，圆锥滚子轴承的内组件和外圈应分别满足各自的有效宽度公差要求。

双列、四列圆锥滚子轴承的装配除了需保证轴承总宽度满足要求外，还要符合径向游隙组配的规定，当轴承接触角确定后，径向游隙与轴承游隙之间的比例关系也就确定了。由于径向游隙不易测量和控制，因此装配合套时均将径向游隙根据轴承接触角换算成轴向游隙，通过调整内或外隔离圈宽度尺寸来控制轴承的轴向游隙，是该类轴承装配的关键。

9.2.4 调心滚子轴承装配工艺

向心调心滚子轴承主要承受径向载荷，同时也能承受一定的双向轴向载荷。此类轴承有较大的径向承载能力，又具有调心功能，对轴和轴承座的加工精度和刚度要求较低，且耐振

动冲击性能较强，应避免安装误差或轴挠曲而影响轴承使用。双列调心滚子轴承从最初使用非对称球面滚子，到后来使用对称球面滚子，结构形式发展较快。对称型调心滚子轴承改变了内圈中挡边/圈受力较大的状况，使滚子受力集中在滚子最大直径处，从而可减小中挡边/圈的厚度，并相应增加了滚子的长度，提高了轴承的承载能力。此类调心滚子轴承称为加强型结构，在轴承代号后加字母“C”或“CA”。本节重点介绍双列调心滚子轴承的装配。

双列调心滚子轴承可以按球面滚子的形状分为两大类：滚子不对称型和滚子对称型。滚子不对称型双列调心滚子轴承通常采用两个实体铜或铸铁保持架，内圈中挡边固定，内、外滚道受力中心点不在同一平面上，中挡边受力较大，为调心滚子轴承早期结构，如图 9-18a 所示。滚子对称型双列调心滚子轴承的内、外滚道受力中心点连线经过轴承中心，在同一平面上，又可分为内圈无挡边型和内圈有挡边型。内圈无挡边型如图 9-18b 所示，活动中隔圈用于引导冲压保持架，称为 C 型；内圈有挡边型如图 9-18c 所示，活动中隔圈用于引导实体保持架，称为 CA 型。滚子对称型调心滚子轴承的结构形式还在不断发展当中。

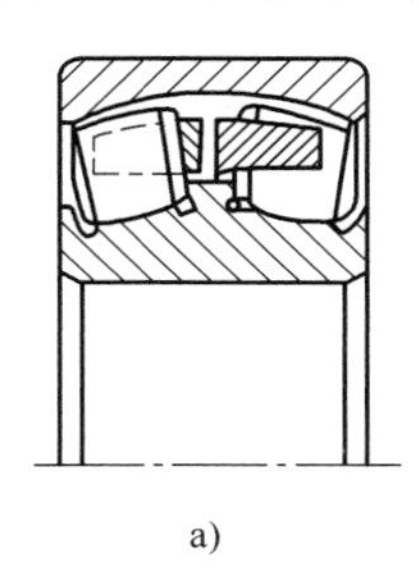

a)

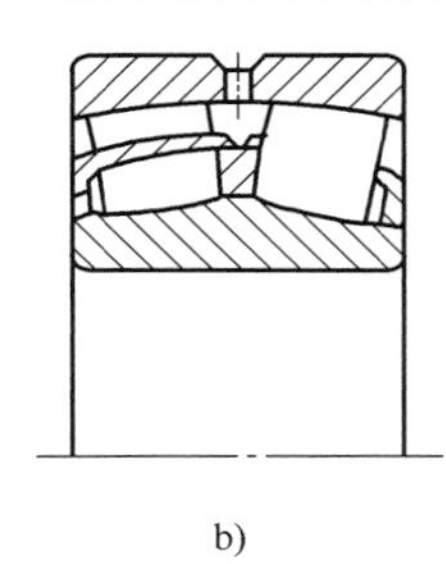

b)

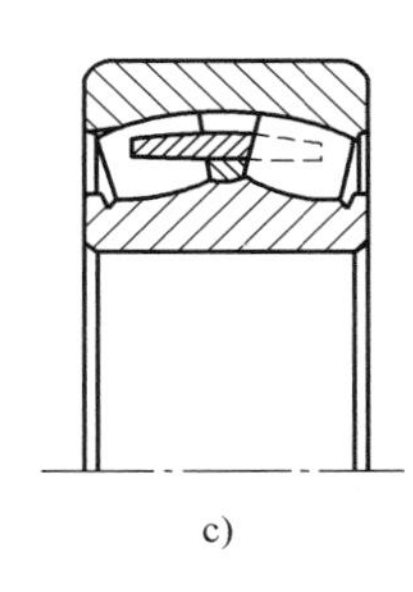

c)

图 9-18　调心滚子轴承内部结构形式

a）20000 型　b）20000C 型　c）20000CA 型

1. 20000 型和 20000CA 型轴承的装配过程

1）零件清洗后，按滚道直径偏差对内、外套圈分组。

2）根据径向游隙配套计算结果选配合适的内、外套圈和滚子。

3）将两半保持架或整体保持架套在内圈大挡边或活动中隔圈的外径上，从内圈小挡边的装滚子缺口（如果配有）装入合适的滚子，形成内圈组件。每列保持架对称位置保留 1~2 个兜孔先不装滚子。

4）保持内圈组件与外圈垂直，对准外圈滚道边缘推入外圈，然后翻转内组件与外圈平齐。

5）检查轴承转动灵活性和径向游隙，确定合格后通过缺口补装同组滚子，操作过程可采用辅助工具，避免滚子擦伤。

6）检查成品尺寸、旋转精度、外观等。

7）退磁、清洗、烘干、涂油、包装。

2. 20000C 型轴承的装配过程

20000C 型轴承带有活动中挡边，采用钢板冲压保持架，与实体保持架装配过程的不同点是内圈组件的形成和最后补装滚子的方法。最后补装的滚子从保持架外径装入，因此在每片保持架中有两个兜孔加工尺寸略大，对滚子锁量较小，并且能够分辨。装配时先把一片保持架大端朝上平放，除尺寸加大的兜孔外均装排滚子；然后，放入内圈和活动中挡圈，翻转并放入另一片已装好滚子的保持架，形成内圈组件之后再整体放入外圈中。中大型轴承应采用吊装设备辅助操作，整个装配过程应避免内圈组件散套或零件跌落，防止出现零件碰伤、擦伤或人身伤害。

为了保证轴承的径向游隙，需要对调心滚子轴承滚道直径偏差进行测量与分选，并选择直径合适的滚子。典型方法如下：

（1）外滚道直径偏差的测量与分选　调心滚子轴承外滚道是球面形状，与调心球轴承外圈相同。一般使用 D924、D923、D925 等内外径检测仪器，或特制外滚道专用测量仪器，中、小轴承的外滚道直径测量如图 9-19 所示；可用内径百分表测量大型轴承的滚道直径，用桥尺测量特大型轴承的滚道直径，如图 9-20 所示。

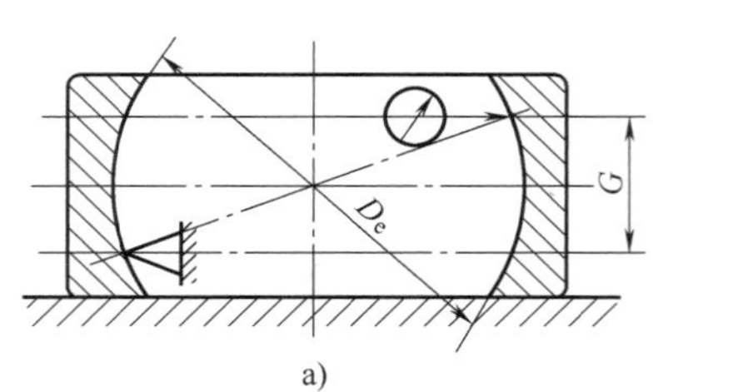

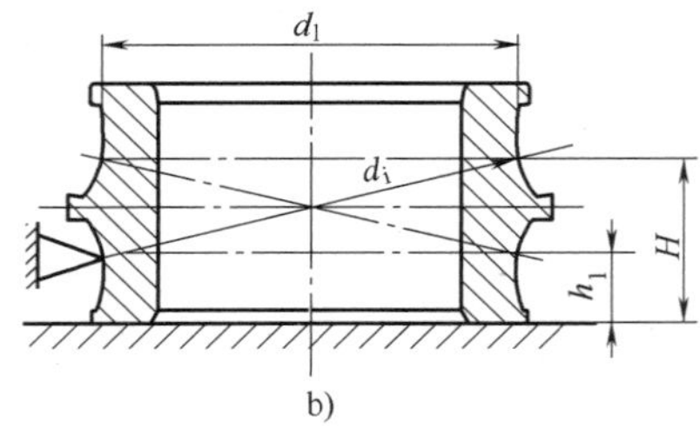

图 9-19　调心滚子轴承滚道直径的仪器测量

a）外滚道直径　b）内滚道直径

外滚道直径的标准件可以从产品中挑选，也可用内径标准件或标准尺，需经计量室鉴定，标准件上要注明鉴定使用的位置及直径名义尺寸及实际偏差。

（2）内滚道直径偏差的测量与分选　调心滚子轴承的内圈有两个滚道，要分别测量单滚道直径和两滚道对角直径，如图 9-19 和图 9-20 所示。

由于调心滚子轴承的内圈和滚道形状比较复杂，加工过程中可能产生以下几种尺寸及形状偏差：单一平面滚道直径变动量，两内滚道单一平面直径偏差，两内滚道对角线尺寸偏差，内滚道接触点处径向平面距基准平面的变动量和偏差，两内滚道接触点处径向平面间距离变动量和偏差，内滚道曲率形状误差。

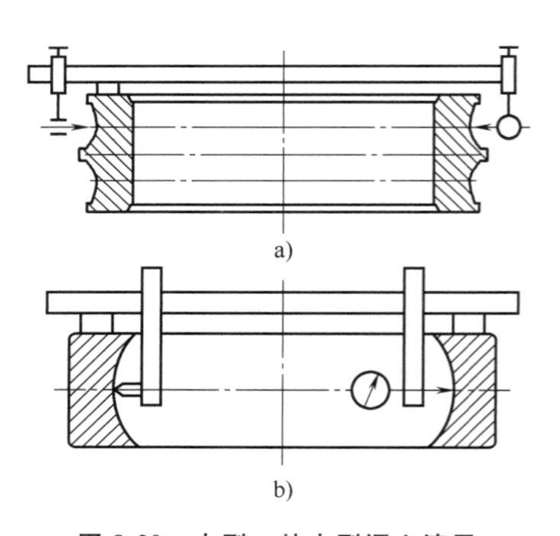

图 9-20　大型、特大型调心滚子轴承套圈滚道直径的测量

a）内滚道测量　b）外滚道测量

在测量两滚道对角直径时，固定支点位于一个滚道，测量点位于另一滚道，两点的垂直距离为 H，通过尺寸换算确定滚道对角直径的名义值。受百分表尖弹性伸缩量的影响，如果测量点不能达到滚道中部，可在距端面较近处确定位置，通过换算测量滚道直径。

不管采用哪种测量方法，均不可避免测量误差，需要通过试装找出径向游隙测量误差的规律，进行调整后再进行合套。对于特大型轴承，计算得出 d_i 值后试装，游隙不合适时需要进行套圈调配或修磨。

（3）径向游隙控制与合套　径向游隙是调心滚子轴承装配的主要技术指标，合套就是在保证径向游隙的前提下，将技术指标合格的套圈、滚动体、保持架、隔圈组装在一起的过程。

调心滚子轴承的结构复杂，相关尺寸较多，影响径向游隙的因素也较多。有时按径向游隙选择相应尺寸的零件配套后，径向游隙测量值与合套计算游隙值仍不相同，因此，这类轴承配套时虽然以计算为主，但径向游隙的实际测量和验证仍不可少。

径向游隙常使用塞尺进行测量，对于外径小于 120mm 的轴承，有条件时也可使用径向游隙检查仪器测量。

使用塞尺测量时，先用相当于最小径向游隙值厚度的片尺，或单片或组合，插入外滚道与滚子表面之间，并尝试沿轴向拉出片尺，若能拉出则表示实际径向游隙大于最小值；然后再用相当于最大径向游隙值厚度的片尺插入外滚道与滚子表面之间，若沿轴向拉不出片尺，则表明实测径向游隙最大值在规定值之内，即径向游隙合格。塞尺测量法操作方便，但测量必须选择至少三处测量点，同时对轴承两面的滚子都要测量。

9.2.5 轴承装配工艺规程

滚动轴承装配过程及操作方法，取决于企业生产规模、产品数量、设备现状、磨加工零件质量、企业技术及管理水平，特别是专业化的程度。

每一种轴承，除了相似的装配工艺过程外都有具体的装配要求，主要体现在尺寸精度、旋转精度、游隙、注脂量、实际宽度、摩擦力矩、接触角等方面，因此在总的装配工艺流程图之外，对每一种轴承还要制定专门的装配工艺规程，主要包括装配工艺过程卡、成品检查规程、设备操作规程、相关质量要求等。

轴承装配工艺过程卡由工艺人员编制，是体现轴承装配具体工序编排和具体要求的工艺规程，是所有有关轴承装配的人员，包括操作工、检查员、技术及生产管理人员阅读和执行的文件。装配工艺过程卡中要给出轴承的外形示意图，写明轴承名称和型号，要提供轴承各装配零件的有关信息，如尺寸、规格、数量等，还要对成套轴承技术要求进行规定，并描述装配从开始到结束各工序具体的操作步骤，每个步骤都要给出操作所采用的设备、仪器或工具、具体要求等。工艺过程卡已经列明了完成装配的各个工序。对于每个工序，根据需要还要制定相应的作业指导书，以规范操作。例如，铆接保持架工序的作业指导书，首先要说明本工序的名称（包含任务），本工序加工前后零件的状态，加工后的质量要求，所使用的工位器具等；然后规定压力机设备的操作步骤和注意事项，设备先空转，调节冲头压下的行程，试压零件，对首件的质量要求和检查做出具体规定；最后将铆接保持架的步骤进行说明：将装配模具的下模反扣在轴承上→移至工作台边沿翻转下模和轴承→将下模及轴承放在压力机的工作台上，扣上上模→将装配模具推到压力机的冲头下，双手撤出→脚踏压力机操纵机构，使冲头完成往复动作，铆压全部铆钉→从压力机冲头下移出模具，同时拆下上模，取出轴承并检查外观，进行下个循环。

9.3 轴承配套计算方法

滚动轴承装配的主要过程有两个：第 1 个过程是将内圈、外圈和滚动体进行尺寸分选，保证其符合规定的配合关系；第 2 个过程是组装，使滚动体约束在轴承的套圈内不至于散落，并形成完整的机械基础件。这两个过程提炼成两个字，就是“选配”。按照尺寸对零件进行分选，就需要通过计算，将成套轴承的游隙、宽度、接触角、零件是否可互换等要求，转化为各个零件的尺寸和精度要求。计算过程中还要考虑各零件机械加工时的精度保证能力，并加以合理分配。本节讲述轴承配套计算方法，计算过程中不可避免地要考虑装配尺寸链的问题，并介绍装配尺寸链的分析与计算。

9.3.1 轴承配套计算的尺寸链

在工件加工和装配过程中，由相互联系的尺寸，按一定顺序排列成的封闭尺寸组，称为尺寸链。

采用不同的区分方法，尺寸链可以分为不同的形式。按照尺寸链在空间分布的位置关系，可以分为线性尺寸链、平面尺寸链和空间尺寸链；按照尺寸链的应用范围，可以分为工艺尺寸链和装配尺寸链；按照尺寸链各环的几何特征，可以分为长度尺寸链和角度尺寸链；按照尺寸链之间的相互关系，可以分为独立尺寸链和并联尺寸链。

滚动轴承的所谓装配尺寸链，是指在装配过程中，各相关的零部件相互联系的尺寸所组成的尺寸链。对于径向游隙控制，尺寸链由内、外滚道直径、滚动体直径、径向游隙组成。对于轴承宽度或高度偏差控制，尺寸链由内、外滚道直径、内、外滚道位置尺寸、滚动体直径组成。

尺寸链的计算，包括分析确定封闭环，包含哪些基本尺寸，分析这些基本尺寸之间及其公差或极限偏差之间的关系等。组成封闭环的基本尺寸是产品设计给定的尺寸，通常都是已知量。在尺寸链分析计算过程中，首先要校核各组成环的基本尺寸是否有误，即名义尺寸是否与组成环的公差和极限偏差吻合。通常情况下可直接给出经济可行的数值，但需要应用尺寸链的分析计算来审核所给定数值是否满足封闭环的技术要求。

封闭环的基本尺寸为各组成环的基本尺寸的代数和，即

$$A_{\Sigma} = \sum_{i=1}^{m} r_i A_i \tag{9-25}$$

式中，A_{Σ} 为封闭环的基本尺寸；A_i 为各组成环的基本尺寸；r_i 为各组成环的传递比或影响系数；m 为组成环数。

封闭环的中间偏差为各组成环的中间偏差的代数和，即

$$\Delta_{\Sigma} = \sum_{i=1}^{m} r_i \Delta_i \tag{9-26}$$

式中，Δ_{Σ} 为封闭环中间偏差；Δ_i 为组成环中间偏差。

中间偏差为极限偏差的平均值。设 ES 表示上偏差，EI 表示下偏差，则中间偏差为

$$\Delta = \frac{1}{2}(ES+EI) \tag{9-27}$$

由不同计算方法，可得不同值的封闭环公差。基本的计算方法有极值互换法与概率互换法。

极值互换法计算尺寸链的基本出发点，是由组成环的极值直接导出封闭环极值，不考虑各组成环实际分布特性的影响，即

$$T_{\Sigma L} = \sum_{i=1}^{m} |r_i| T_i \tag{9-28}$$

式中，$T_{\Sigma L}$ 为封闭环极值公差；T_i 为组成环公差。

概率互换法计算尺寸链的基本出发点，是考虑各组成环的实际概率分布特性的影响，各组成环获得极值及同时获得极值的概率很小。根据概率论与数理统计导出的封闭环公差与组成环公差的关系有如下几种：

$$T_{\Sigma Q} = \sqrt{\sum_{i=1}^{m} r_i^2 T_i^2} \tag{9-29}$$

$$T_{\Sigma S} = t_{\Sigma} \sqrt{\sum_{i=1}^{m} r_i^2 \left(\frac{1}{t_i}\right)^2 T_i^2} \tag{9-30}$$

$$T_{\Sigma E} = \frac{t_{\Sigma}}{t} \sqrt{\sum_{i=1}^{m} r_i^2 T_i^2} \tag{9-31}$$

式中，$T_{\Sigma Q}$ 为不考虑置信度，按均方根计算的封闭环公差；$T_{\Sigma S}$ 为考虑置信系数的封闭环公差；$T_{\Sigma E}$ 为各环取相同置信系数的封闭环公差；t_{Σ} 为封闭环的置信系数；t_i 为各组成环的置信系数，当各组成环取相同置信系数时，用 t 表示。

比较式（9-28）~式（9-31）的封闭环公差可知：$T_{\Sigma S}$ 较精确，$T_{\Sigma L}$ 最大，$T_{\Sigma Q}$ 最小，$T_{\Sigma L}$ 和 $T_{\Sigma Q}$ 是 $T_{\Sigma S}$ 的两个极限，$T_{\Sigma E}$ 是 $T_{\Sigma S}$ 的近似计算值。

封闭环的上偏差和下偏差，为相应的封闭环中间偏差分别加上或减去封闭环公差的半量，即

$$\begin{cases} ES_{\Sigma} = \Delta_{\Sigma} + \dfrac{1}{2} T_{\Sigma} \\ EI_{\Sigma} = \Delta_{\Sigma} - \dfrac{1}{2} T_{\Sigma} \end{cases} \tag{9-32}$$

式中，ES_{Σ} 为封闭环的上偏差；EI_{Σ} 为封闭环的下偏差；T_{Σ} 为所取的某种封闭公差。

封闭环的最大和最小极限值，为相应的封闭环的基本尺寸分别加上封闭环的上偏差和下偏差，即

$$\begin{cases} A_{\Sigma \max} = A_{\Sigma} + ES_{\Sigma} \\ A_{\Sigma \min} = A_{\Sigma} + EI_{\Sigma} \end{cases} \tag{9-33}$$

式中，$A_{\Sigma \max}$ 为封闭环的最大极限值；$A_{\Sigma \min}$ 为封闭环的最小极限值。

9.3.2 径向游隙的保证

以深沟球轴承为例，分析径向游隙的计算问题，调心球轴承、圆柱滚子轴承等向心轴承的径向游隙与此类同。影响深沟球轴承径向游隙 G_r 的主要因素是外圈沟道直径 D_e、内圈沟道直径 d_i 和钢球直径 D_w。由图 9-21 可得

$$G_r = D_e - d_i - 2D_w \tag{9-34}$$

在式（9-34）中，径向游隙 G_r 属于尺寸链中的封闭环，因此，其上偏差 $G_{r\max}$ 和下偏差 $G_{r\min}$ 为

$$G_{r\max} = \Delta D_{e\max} - \Delta d_{i\min} - 2\Delta D_{w\min} \tag{9-35}$$

$$G_{\mathrm{rmin}}=\Delta D_{\mathrm{emin}}-\Delta d_{\mathrm{imax}}-2\Delta D_{\mathrm{wmax}} \tag{9-36}$$

式中，ΔD_{emax}、ΔD_{emin} 分别为外圈沟径偏离公称尺寸的实测上、下偏差；ΔD_{wmax}、ΔD_{wmin} 分别为钢球直径偏离公称尺寸的实测上、下偏差；Δd_{imax}、Δd_{imin} 分别为内圈沟径偏离公称尺寸的实测上、下偏差。

径向游隙的上、下偏差已有标准规定。若已知任意两个零件的实测上、下偏差，就可以通过式（9-35）和式（9-36）计算出第 3 个零件应具有的实测上、下偏差。

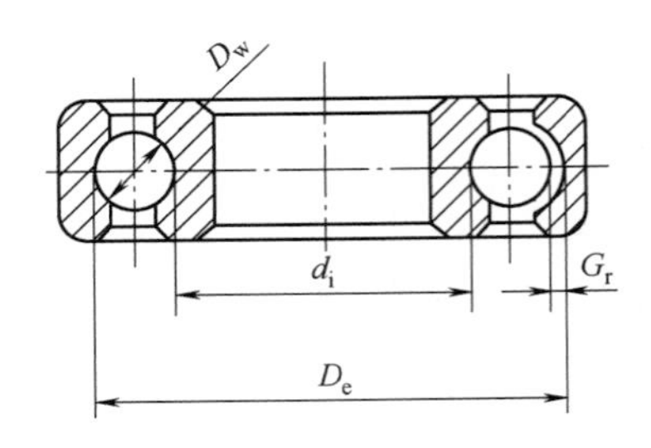

图 9-21　深沟球轴承径向游隙

为方便计算，生产中多按平均游隙 G_{rm} 来计算配套零件的偏差，即

$$G_{\mathrm{rm}}=\Delta D_{\mathrm{e}}-\Delta d_{\mathrm{i}}-2\Delta D_{\mathrm{w}} \tag{9-37}$$

式中，ΔD_{e} 为外圈沟径偏离公称尺寸的实测偏差；Δd_{i} 为内圈沟径偏离公称尺寸的实测偏差；ΔD_{w} 为钢球直径偏离公称尺寸的实测偏差。

在实践中常采用估算配套法来进行配套，这是利用零件偏差对径向游隙的影响，为“松”和“紧”的分类：

$$\left.\begin{array}{l}\text{外圈正偏差，即 }\Delta D_{\mathrm{c}}>0\\ \text{内圈负偏差，即 }\Delta d_{\mathrm{i}}<0\\ \text{钢球负偏差，即 }\Delta D_{\mathrm{w}}<0\end{array}\right\}\text{为“松”}$$

$$\left.\begin{array}{l}\text{外圈负偏差，即 }\Delta D_{\mathrm{c}}<0\\ \text{内圈正偏差，即 }\Delta d_{\mathrm{i}}>0\\ \text{钢球正偏差，即 }\Delta D_{\mathrm{w}}>0\end{array}\right\}\text{为“紧”}$$

径向游隙 G_{r} 亦称为“紧”。

例 9-1　某轴承径向游隙的规定值为 0.012~0.026mm，取其中间值为 0.019mm，一般为“松两道”（习惯上称一道或一丝为 0.01mm）。又知：外圈“紧一道”（即 $\Delta D_{\mathrm{c}}=-0.01\mathrm{mm}$），内圈“松两道”（即 $\Delta d_{\mathrm{i}}=-0.02\mathrm{mm}$）。问钢球应“松”或“紧”几道？

解：径向游隙的“松一道”，即 $2\Delta D_{\mathrm{w}}=-0.01\mathrm{mm}$ 才行，可选用“松半道”（$-0.005\mathrm{mm}$）的钢球进行配套。

另外，配套计算工作还可以使用配套计算尺、配套表或配套图来完成。

对于某些有专门用途而要求检查轴向游隙的深沟球轴承，其配套过程是首先将所要求的轴向游隙 G_{a} 换算成径向游隙，然后再按装配径向游隙的方法进行配套。轴向游隙和径向游隙的关系为

$$G_{\mathrm{r}}\approx 25\frac{G_{\mathrm{a}}^{2}}{D_{\mathrm{w}}} \tag{9-38}$$

上式仅为 G_{r} 和 G_{a} 的近似几何关系，还有许多因素未涉及，如内、外接触密合度等。轴承配套后的轴向游隙应以轴向游隙检查仪的测量数值为准，并依据测量值不断修正配套时所采用的径向游隙。

9.3.3　轴向游隙的保证

在滚动轴承的装配质量指标中，能够定量控制的游隙、宽度、接触角之间有确定的函数

关系，当其中两者确定后，可以通过计算得出第三者。根据轴承接触角，轴向游隙和径向游隙之间也有确定的函数关系，因而，接触角确定后，也可以通过控制轴向游隙来间接控制径向游隙。在轴承装配时，对于深沟球轴承、圆柱滚子轴承、调心球轴承和调心滚子轴承，主要控制轴承径向游隙；对于推力球轴承、推力滚子轴承，主要控制成套轴承高度；对于圆锥滚子轴承，主要控制轴承宽度和游隙；对于角接触球轴承，主要控制接触角和轴承宽度。

通俗地讲，轴承的游隙是指在无载荷时，当一个套圈固定不动，另一个套圈相对于固定套圈，由一个极端位置移动到另一个极端位置的移动量。径向的平均移动量，就是径向游隙 G_r，如图 9-22a 所示。轴向的平均移动量，就是轴向游隙 G_a，如图 9-22b 所示。各类滚动轴承的径、轴向游隙之间在几何上存在着对应关系，图 9-23 所示分别为球轴承、调心滚子轴承及圆锥滚子轴承径向游隙与轴向游隙的关系。

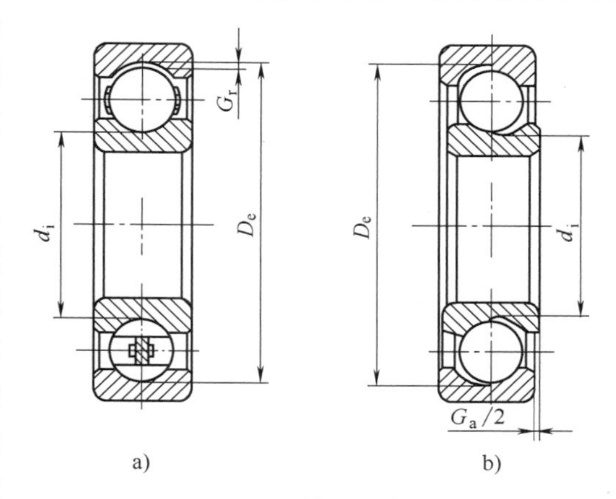

图 9-22　游隙示意图

a）径向游隙　b）轴向游隙

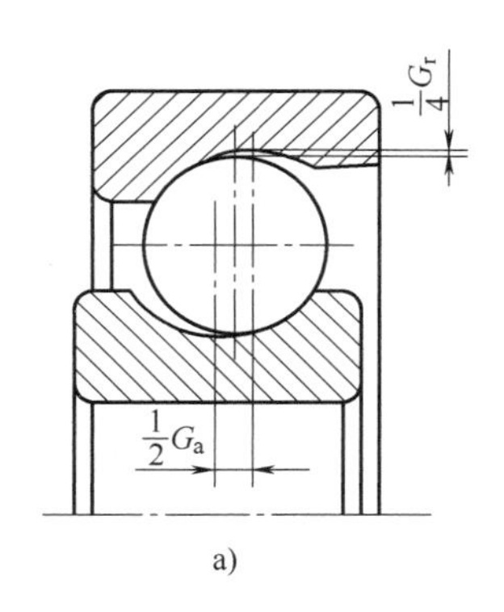

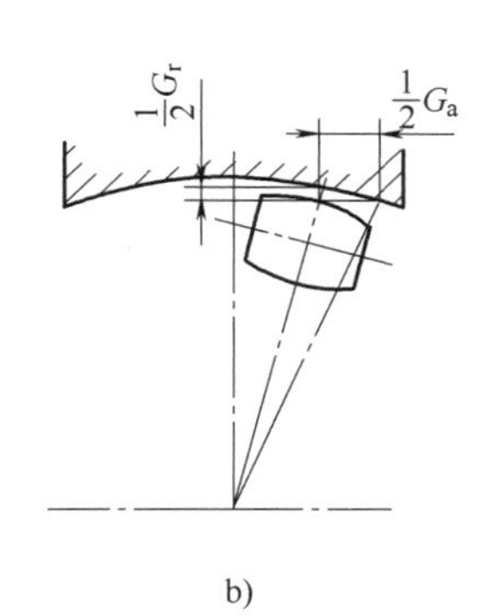

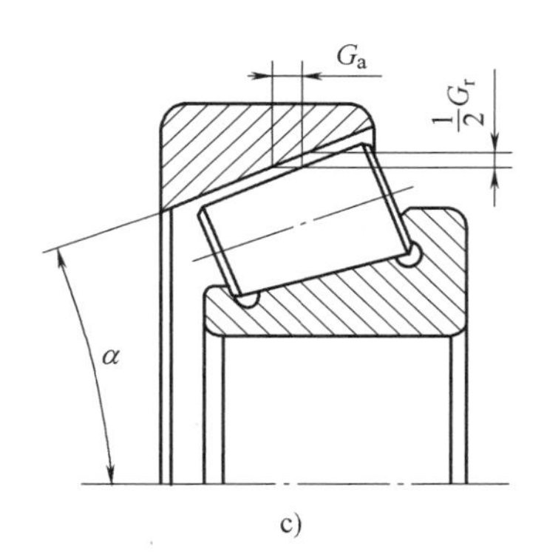

图 9-23　径向游隙与轴向游隙的关系

a）球轴承　b）调心滚子轴承　c）圆锥滚子轴承

轴承的径向游隙和轴向游隙之间的转换关系是由轴承内部的几何结构确定的，深沟球轴承的轴向游隙与径向游隙之间的近似关系为

$$G_a \approx 0.2\sqrt{G_r \times D_w} \tag{9-39}$$

同式（9-38）。

调心球和调心滚子轴承的轴向游隙与径向游隙之间的关系为

$$G_a = \frac{G_r}{\tan\alpha} \tag{9-40}$$

圆锥滚子轴承的轴向游隙与径向游隙之间的关系为

$$G_a = \frac{G_r}{2\tan\alpha} \tag{9-41}$$

由于滚动轴承的轴向游隙和径向游隙之间存在一定的函数关系，因此，可以通过控制轴向游隙来间接控制径向游隙，反之亦然。

在测量轴承游隙时，可根据现行标准和测量繁易程度及测量值的稳定性等选测其中一种。对于向心轴承，通常测量径向游隙。对于某些类型的轴承，如成对安装角接触球轴承、成对安装圆锥滚子轴承、双列角接触球轴承、四点接触球轴承等，其轴向游隙更便于测量。

9.3.4 轴承接触角的保证

角接触球轴承的配套过程就是以适当的径向游隙，来保证轴承得到正确的接触角，同时保证轴承的宽度值。因为单列角接触球轴承的一个套圈不对称，且锁口尺寸偏差较大，所以其轴向游隙与径向游隙无对应关系，不能通过其中一个游隙计算或控制另一个。角接触球轴承的径向游隙公差均标注在产品的设计图样中，轴承的径向游隙 G_r 与轴承零件径向尺寸之间的关系为

$$G_r = D_e - d_i - 2D_w \tag{9-42}$$

应该特别指出的是，在角接触球轴承的产品图样上，其零件公称尺寸之间已经存在径向设计游隙 G_r'。因此，如果以轴承零件偏离公称尺寸的偏差进行选别分组，配套计算时，其公式应为

$$G_r = \Delta D_e - \Delta d_i - 2\Delta D_w + G_r' \tag{9-43}$$

式中，G_r'为一个常数；D_e、d_i 和 D_w 均为图样上的公称尺寸。

角接触球轴承的配套径向游隙 G_r 与接触角 α 之间的几何关系如图 9-24 所示。

在 Rt△ABC 中，

$$\begin{cases} \cos\alpha = \dfrac{AB}{AC} \\ AB = R_e + R_i - D_w - \dfrac{G_r}{2} \\ AC = R_e + R_i - D_w \end{cases} \tag{9-44}$$

式中，R_e 为外滚道半径；R_i 为内滚道半径；D_w 为钢球直径。

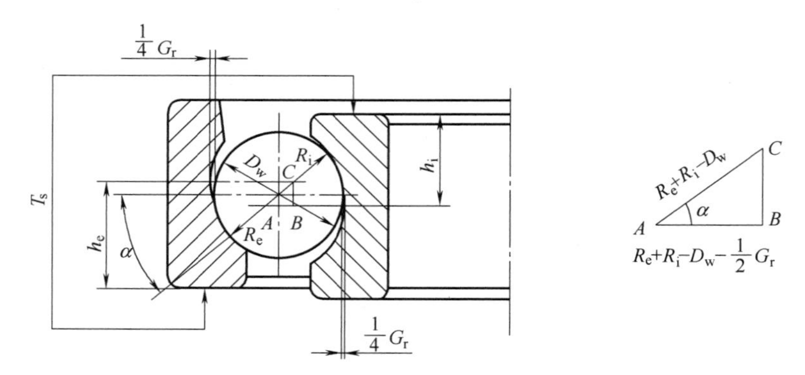

图 9-24 角接触球轴承径向游隙与接触角及宽度之间的几何关系

于是有

$$\cos\alpha=\frac{R_e+R_i-D_w-\frac{G_r}{2}}{R_e+R_i-D_w}=1-\frac{G_r}{2(R_e+R_i-D_w)} \tag{9-45}$$

$$G_r=\frac{2(R_e+R_i-D_w)}{1-\cos\alpha} \tag{9-46}$$

$$G_{rmax}=\frac{2(R_e+R_i-D_w)}{1-\cos\alpha_{min}} \tag{9-47}$$

$$G_{rmin}=\frac{2(R_e+R_i-D_w)}{1-\cos\alpha_{max}} \tag{9-48}$$

由于轴承中存在套圈滚道曲率的制造误差及装用不同尺寸偏差的钢球的影响，所以径向游隙一定时，这些因素也会影响接触角的大小。

在计算配套径向游隙 G_r 最小值时，如果其套圈滚道的 R_e、R_i 都处在最小值，而钢球的 D_w 为最大值，则接触角 α 必然取最大值。

于是在计算 G_r 时

$$G_{rmax}=\frac{2(R_{emax}+R_{imax}-D_{wmin})}{1-\cos\alpha_{min}} \tag{9-49}$$

$$G_{rmin}=\frac{2(R_{emin}+R_{imin}-D_{wmax})}{1-\cos\alpha_{max}} \tag{9-50}$$

验算接触角时

$$\cos\alpha_{min}=1-\frac{2(R_{emax}+R_{imax}-D_{wmin})}{G_{rmax}} \tag{9-51}$$

$$\cos\alpha_{max}=1-\frac{2(R_{emin}+R_{imin}-D_{wmax})}{G_{rmin}} \tag{9-52}$$

因此，通过控制角接触球轴承的径向游隙，可以确保接触角的范围。

9.3.5　轴承宽度的保证

以单列圆锥滚子轴承为例，分析轴承宽度的计算问题。

如图9-25所示，单列圆锥滚子轴承宽度 T_s 主要和内圈大挡边宽度 a_0、内滚道直径 d_i、滚子直径 D_w、外滚道直径 D_e、外滚道半锥角 α 及滚子半锥角 ϕ 有关，它们的关系可表示为

$$T_s=T_s(a_0,d_i,D_w,D_e,\alpha,\phi)$$

$$=a_0+D_w\sin(\alpha-\phi)+\cot\alpha\left[d_i+2D_w\cos(\alpha-\phi)-\frac{D_e}{2}\right]$$

$$=a_0+D_w\frac{\cos\phi}{\sin\alpha}+d_i\cot\frac{\alpha}{2}-D_e\cot\frac{\alpha}{2} \tag{9-53}$$

由图9-25可知，式（9-53）中各个变量并非完全独立，有些变量之间还存在确定的函数关系。

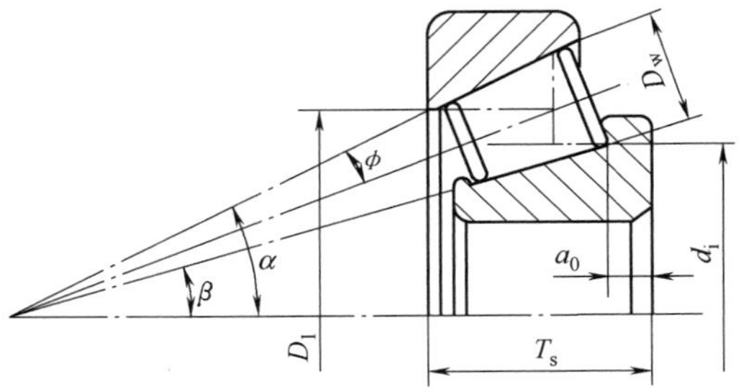

图9-25　单列圆锥滚子轴承宽度

1. 内圈大挡边宽度变化对轴承宽度的影响

在图 9-26 中，设大挡边宽度增加了 AD，即大挡边与内滚道交点由 A 变化至 C。若用滚道定位测量挡边，则测得大挡边宽度变化量 Δa_0 等于 AB，而不是 AD，如图 9-26 中 $A'B'$ 所示。

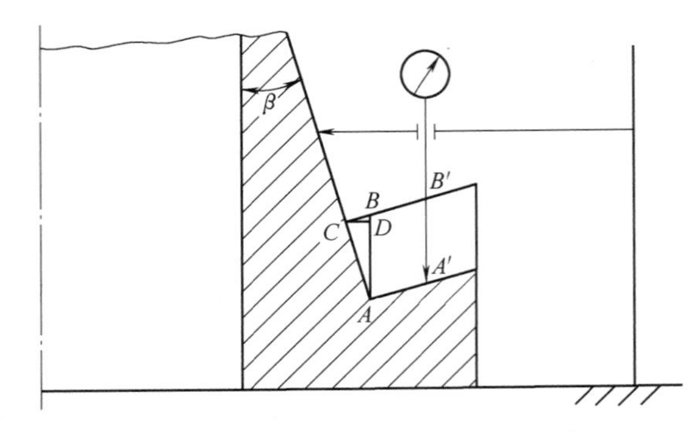

图 9-26 内圈大挡边宽度变化对轴承宽度的影响

于是有

$$\Delta a_0 = A'B' = AB = \frac{AD}{\cos^2\beta} \tag{9-54}$$

可得

$$AD = \Delta a_0 \cos^2\beta \tag{9-55}$$

同时，内滚道直径 d_i 随 a_0 的增加将减小 $2CD$，即

$$\Delta d_i = 2CD = 2AD\tan\beta = 2\Delta a_0 \cos^2\beta \tag{9-56}$$

Δa_0 对 T_s 的影响，应是 AD 与 $2CD$ 之综合，对式（9-56）取关于 a_0 的增量有

$$t_{\Delta T_s a_0} = AD - \frac{\cot\alpha \Delta d_i}{2} = \Delta a_0 \cos^2\beta - \Delta a_0 \cot\alpha \cos^2\beta \tan\beta \tag{9-57}$$

整理后得

$$t_{\Delta T_s a_0} = \frac{\Delta a_0 \cos\beta \sin 2\phi}{\sin\alpha} \tag{9-58}$$

若令

$$K_{a_0} = \frac{\cos\beta \sin 2\phi}{\sin\alpha} \tag{9-59}$$

则

$$t_{\Delta T_s a_0} = \Delta a_0 K_{a_0} \tag{9-60}$$

2. 内滚道直径变化对轴承宽度的影响

测量内滚道直径时以内圈宽端面及滚道支承定位测量 d_i，测得 d_i 的增量 Δd_i 等于 $2GF$（见图 9-27），然而 d_i 的实际增量却是 $2GH$。若近似认为挡边倾角 λ 和内滚道半锥角 β 相等，即 $\lambda \approx \beta$，则有

$$GH = GF\cos^2\beta = \frac{\Delta d_i \cos^2\beta}{2} \tag{9-61}$$

同时，d_i 的增大使大挡边与内滚道的交点由 E 变化至 F，即大挡边增宽了 EH

$$EH = EG\sin\beta = FG\cos\beta\sin\beta = \frac{\Delta d_i \cos\beta \sin\beta}{2} \tag{9-62}$$

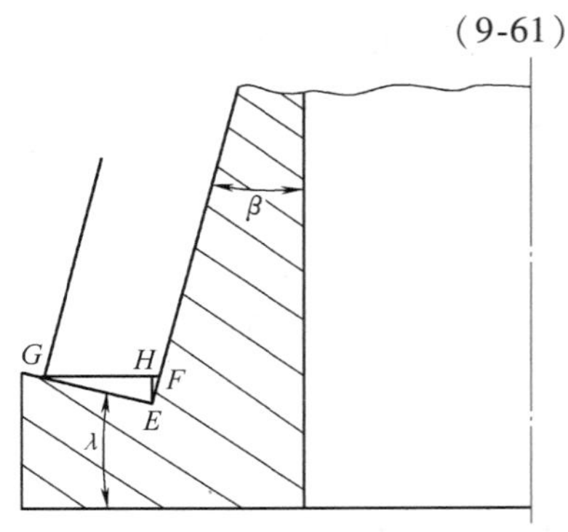

图 9-27 内滚道直径变化对轴承宽度的影响

Δd_i 对 T_s 的影响应为 $2HG$ 和 HE 两项影响的总和。

由于 d_i 与 T_s 的函数关系为

$$T_s = \frac{d_i \cot\alpha}{2} \tag{9-63}$$

即有

$$t_{\Delta T_s d_i} = \Delta d_i \cos^2\beta \cot\frac{\alpha}{2} + \Delta d_i \cos\beta \sin\frac{\beta}{2} \tag{9-64}$$

整理可得

$$t_{\Delta T_s d_i} = \frac{\Delta d_i \cos\beta \cos 2\phi}{2\sin\alpha} \tag{9-65}$$

若令

$$K_{d_i} = \frac{\cos\beta \cos 2\phi}{2\sin\alpha} \tag{9-66}$$

则

$$t_{\Delta T_s d_i} = \Delta d_i K_{d_i} \tag{9-67}$$

3. 圆锥滚子直径变化对轴承宽度的影响

圆锥滚子直径 D_w 的增量 ΔD_w 对轴承宽度 T_s 的影响量 $t_{\Delta T_s D_w}$ 为

$$t_{\Delta T_s D_w} = \frac{\Delta D_w \cos\phi}{\sin\alpha} \tag{9-68}$$

若令

$$K_{D_w} = \frac{\cos\phi}{\sin\alpha} \tag{9-69}$$

则

$$t_{\Delta T_s D_w} = \Delta D_w K_{D_w} \tag{9-70}$$

4. 外滚道直径变化对轴承宽度的影响

外滚道直径 D_1 的增量 ΔD_1 对轴承宽度 T_s 的影响量 $t_{\Delta T_s D_1}$ 为

$$t_{\Delta T_s D_1} = -\frac{\Delta D_1 \cot\alpha}{2} \tag{9-71}$$

若令

$$K_{D_1} = -\frac{\cot\alpha}{2} \tag{9-72}$$

则

$$t_{\Delta T_s D_1} = K_{D_1} \Delta D_1 \tag{9-73}$$

5. 轴承宽度偏差的计算

综上所述可知，单列圆锥滚子轴承宽度偏差 $t_{\Delta T_s}$ 的计算公式为

$$\begin{aligned} t_{\Delta T_s} &= t_{\Delta T_s a_0} + t_{\Delta T_s d_i} + t_{\Delta T_s D_w} + t_{\Delta T_s D_1} \\ &= K_{a_0} \Delta a_0 + K_{d_i} \Delta d_i + K_{D_w} \Delta D_w + K_{D_1} \Delta D_1 \end{aligned} \tag{9-74}$$

例 9-2 已知：$a_0 = 2.499^{+0.02}_{0}$mm，$d_i = 29.569^{+0.018}_{0}$mm，$D_w = 6.631^{+0.01}_{0}$mm，$D_1 = 37.304^{0}_{-0.042}$mm，$\alpha = 12°57'10''$，$\beta = 8°57'10''$，$\phi = 2°$，$T_s = 15.25^{+0.2}_{0}$mm 。问加强型单列圆锥滚子轴承 30204E 的各相关因素在最大极限偏差时对轴承宽度偏差的影响。

解：将已知条件代入式（9-59）、式（9-66）、式（9-69）和式（9-72），分别求出影响宽度的系数 $K_{a_0} = 0.307$，$K_{d_i} = 2.198$，$K_{D_1} = -2.174$，$K_{D_w} = 4.459$；再由式（9-74）可得

$t_{\Delta T_s}=0.182\text{mm}$。

由上例计算可以看出，30204E 轴承的有关因素在最大极限偏差值时，轴承宽度实际偏差为 0.182mm，小于产品规定的偏差值 0.2mm。这表明：单列圆锥滚子轴承在装配时，只要配套零件的最大偏差在允许的公差范围内，装配时就可以不进行配套计算而直接装配。

当轴承配套零件制造过程中出现超过允许公差范围（即过磨或欠磨）时，可将这些零件的实际偏差乘以各自的影响系数 K_{a_0}、K_{d_i}、K_{D_w}、K_{D_1}，再根据式（9-74）的计算结果确定这些零件能否直接用于装配。

9.3.6 轴承凸出量的保证

凸出量 δ 是指对单个轴承施加预载荷后，轴承同一端面处内圈端面相对于外圈端面凸出的距离，凸出时 δ 为“+”，凹进时 δ 为“-”。凸出量是精密角接触球轴承装配过程中的重要参数，对轴承的装配质量、效率和成本均有不同程度的影响。

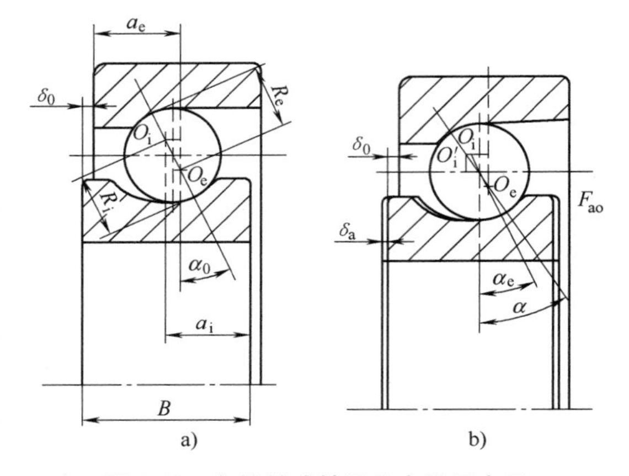

图 9-28 角接触球轴承凸出量示意图

a）消除轴向游隙后 b）轴向载荷作用下

目前精密角接触球轴承内外圈通常采用等高加工，故轴承两端面凸出量相等。单套轴承从初始状态到消除轴向游隙，内圈相对外圈会发生偏移，偏移量为 δ_0，如图 9-28a 所示。在轴向载荷作用下，内圈相对外圈的偏移量会增大，偏移量为 δ_a，如图 9-28b 所示[12]。则角接触球轴承的总凸出量 δ[13] 为

$$\delta=\delta_0+\delta_a \tag{9-75}$$

由几何关系和尺寸链可得

$$\delta_0=(R_i+R_e-D_w)\sin\alpha_0-(a_i+a_e-B) \tag{9-76}$$

$$\delta_a=(R_i+R_e-D_w)(\sin\alpha-\sin\alpha_0)+c\left(\frac{F_{ao}}{Z}\right)^{2/3}\left(\frac{\sin\alpha}{D_w}\right)^{1/3} \tag{9-77}$$

式中，R_i、R_e 分别为内外沟曲率半径；α_0 为初始接触角，α 为实际接触角；a_i、a_e 分别为内外圈沟底位置；B 为内圈宽度；c 为由接触区尺寸决定的系数；F_{ao} 为预载荷；Z 为钢球数。

9.4 轴承最优配套原理

滚动轴承装配的基本要求是，在保证装配质量的前提下合套率最高。球轴承配套计算方法可以保证装配的质量要求，却无法保证最高合套率，主要原因是没有有效的措施来主动控制各配套零件的尺寸偏差分布特征，而只能被动地借用“公差订制单”进行配套，无法从根本上解决某种配套零件的积压或供不应求问题，最终使合套率下降。本节以球轴承为例（其他轴承类似），主要阐述在保证装配质量的前提下，如何获得最高的合套率，即保证球

轴承的最优配套。

9.4.1　保证径向游隙的配套公式

本节主要内容包括分组公差、分组连续性条件、连续分组公差的计算、连续分组的分点方程四个方面。

1. 分组公差

（1）实际尺寸配套公差　径向游隙用 G_r 表示为

$$G_r = D_e - d_i - 2D_w \tag{9-78}$$

（2）偏差公式　由式（9-78）可得径向游隙 G_r 的偏差公式为

$$\Delta G_r = \Delta D_e - \Delta d_i - 2\Delta D_w \tag{9-79}$$

式中，ΔG_r 为球轴承径向游隙偏差；ΔD_e 为套圈外沟直径偏差；Δd_i 为套圈内沟直径偏差；ΔD_w 为钢球直径偏差。

（3）极限偏差公式　径向游隙的极限偏差公式为

$$\Delta G_{rmax} = \Delta D_{emax} - \Delta d_{imin} - 2\Delta D_{wmin} \tag{9-80}$$

$$\Delta G_{rmin} = \Delta D_{emin} - \Delta d_{imax} - 2\Delta D_{wmax} \tag{9-81}$$

（4）分组公差公式　若将 ΔG_e、Δd_i 和 ΔD_w 化分若干组，则每组的长度就是该偏差的分组公差。

由式（9-79）和尺寸链概念可知，封闭环 ΔG_r 的公差为各组成环公差之和，即

$$\delta G_r = \delta D_e + \delta d_i + 2\delta D_w \tag{9-82}$$

式中，δG_r 为径向游隙偏差 ΔG_r 的分组公差；δD_e 为外沟直径偏差 ΔD_e 的分组公差；δd_i 为内沟直径偏差 Δd_i 的分组公差；δD_w 为钢球直径偏差 ΔD_w 的分组公差。

式（9-82）只能保证游隙公差，并不能保证各分组满足连续性，即按式（9-82）选择 δD_e、δd_i 和 δD_w，可以得到 δG_r；但各组之间可能有间断点，使一部分零件不能合套。为此，须建立分组连续公式。

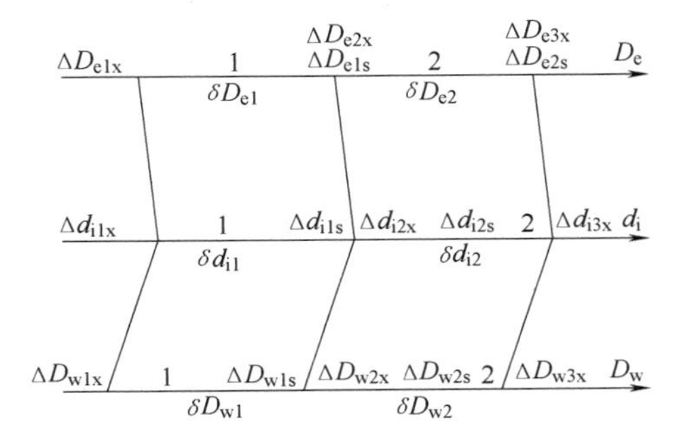

图 9-29　轴承配套图

2. 分组连续性条件

图 9-29 所示为轴承配套图。

由图可知，要保证各分组连续，应有

$$\begin{cases}\Delta D_{e2min} = \Delta D_{e1max}; \Delta D_{e3min} = \Delta D_{e2max}; \cdots \\ \Delta d_{i2min} = \Delta d_{i1max}; \Delta d_{i3min} = \Delta d_{i2max}; \cdots \\ \Delta D_{w2min} = \Delta D_{w1max}; \Delta D_{w3min} = \Delta D_{w2max}; \cdots \end{cases} \tag{9-83}$$

于是

$$\delta D_{w2} = \Delta D_{w2max} - \Delta D_{w2min} = \Delta D_{w2max} - \Delta D_{w1max} \tag{9-84}$$

将式（9-81）代入上式，得

$$\delta D_{w2}=\frac{\Delta D_{e2\min}-\Delta d_{i2\max}-\Delta G_{r\min}}{2}-\frac{\Delta D_{e1\min}-\Delta d_{i1\max}-\Delta G_{r\min}}{2}$$

$$=\frac{(\Delta D_{e1\max}-\Delta D_{e1\min})-(\Delta d_{i2\max}-\Delta d_{i2\min})}{2} \tag{9-85}$$

$$=\frac{\delta D_{e1}-\delta d_{i2}}{2}$$

而

$$\begin{cases}\delta D_{e1}=\delta D_{e2}=\cdots=\delta D_{e}\\ \delta d_{i1}=\delta d_{i2}=\cdots=\delta d_{i}\\ \delta D_{w1}=\delta D_{w2}=\cdots=\delta D_{w}\end{cases} \tag{9-86}$$

故

$$\delta D_{w}=\frac{\delta D_{e}-\delta d_{i}}{2} \tag{9-87}$$

即

$$\delta D_{e}-\delta d_{i}-2\delta D_{w}=0 \tag{9-88}$$

这就是分组连续性条件。

3. 连续分组公差的计算

由式（9-82）和式（9-88）可得在连续条件下分组公差的计算式

$$\begin{cases}\delta D_{e}=\dfrac{1}{2}\delta G_{r}\\ \delta d_{i}=\dfrac{1}{2}\delta G_{r}-2\delta D_{w}\end{cases} \tag{9-89}$$

对于给定的轴承，δG_r 是已知的，即

$$\delta G_{r}=\Delta G_{r\max}-\Delta G_{r\min} \tag{9-90}$$

求解出外沟直径偏差的分组公差 δD_e，然后，根据钢球的规值或分规值来选定 δD_w，最终可以确定内沟直径偏差的分组差 δd_i。

4. 连续分组的分点方程

给出 δG_r，可以确定 δD_e、δD_w 和 δd_i，但在具体装配时无法确定哪一组的外圈、内圈和钢球组装在一起。因此，有必要确定 ΔD_e、Δd_i 和 ΔD_w 的对应分点。

如图 9-30 所示，设 ΔD_{ej}、Δd_{ij} 和 ΔD_{wj} 分别为第 j 个分组 δD_{ej}、δd_{ij} 和 δD_{wj} 的左分点。由式（9-82）可得

$$\Delta G_{r\min}=\Delta D_{ej}-(\Delta d_{ij}+\delta d_{ij})-2(\Delta D_{wj}+\delta D_{wj}) \tag{9-91}$$

再由式（9-80）可得

$$\Delta G_{r\max}=(\Delta D_{ej}+\delta D_{ej})-\Delta d_{ij}-2\Delta D_{wj} \tag{9-92}$$

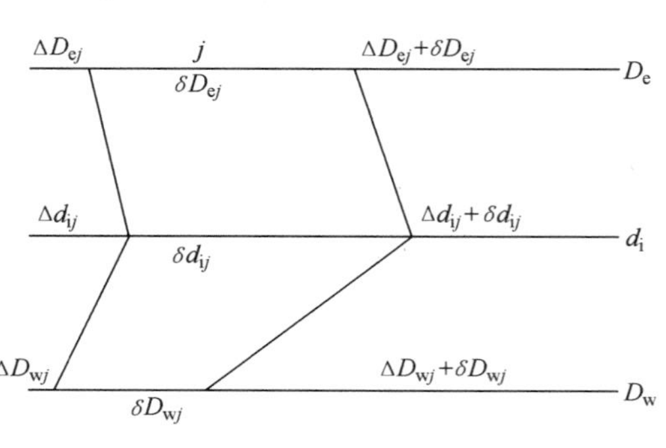

图 9-30　连续分组的分点

将式（9-89）代入以上两式并整理，可得

$$\Delta D_{ej}-\Delta d_{ij}-2\Delta D_{wj}=G_{rm} \tag{9-93}$$

$$G_{rm}=\frac{\Delta G_{rmax}+\Delta G_{rmin}}{2} \tag{9-94}$$

式中，G_{rm} 为平均游隙。

式（9-93）就是连续分组的分点方程式。

例 9-3　已知 G_r 为 10～40μm，ΔD_e 为 0～45μm，Δd_i 为 -30～-18μm，ΔD_w 为 2.5～19μm，试确定各分组公差并作配套图。

解： 1）确定各分组公差。由已知条件可得

$$\delta G_r=40-10=30\mu m;G_{rm}=(40+10)/2=25\mu m。$$

由式（9-89）可知 $\delta D_e=15\mu m$，$\delta d_i=15-2\delta D_w$，若设 $\delta d_i=4\mu m$，则 $\delta D_w=5.5\mu m$。

这就求出了各分组公差。

2）作配套图。由 $\Delta D_e/\delta D_e=\Delta d_i/\delta d_i=\Delta D_w/\delta D_w=3$ 知，可将各偏差分为Ⅰ、Ⅱ和Ⅲ组。试选各分组的左分点和连续分组的分点，经用式（9-93）验算，刚好合格，如：$\Delta D_{e1}-\Delta d_{i1}-2\Delta D_{w1}=0-(-30)-2\times2.5=25=G_m$。

连接各分组相应分点，即得图 9-31 所示的配套图。

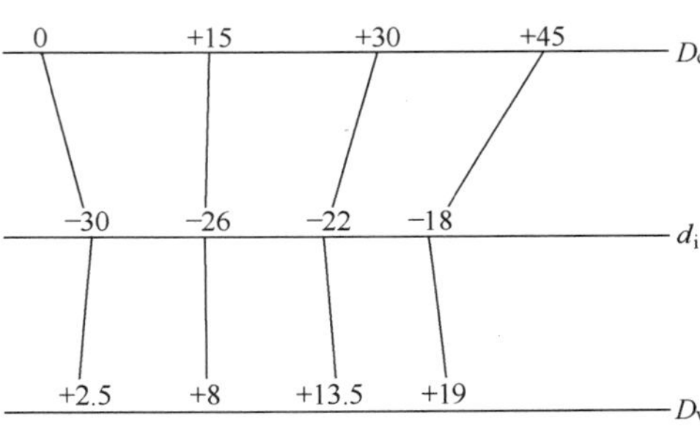

图 9-31　配套图

9.4.2　最高合套率条件

为了达到最高合套率，需了解以下内容：满足最高合套率的曲线分布中心、满足最高合套率的曲线分布范围、分布中心和分布范围的计算。

1. 满足最高合套率的曲线分布中心

在正常工艺条件下，轴承套圈外沟直径偏差、内沟直径偏差和钢球直径偏差都符合正态分布规律，如图 9-32 所示。

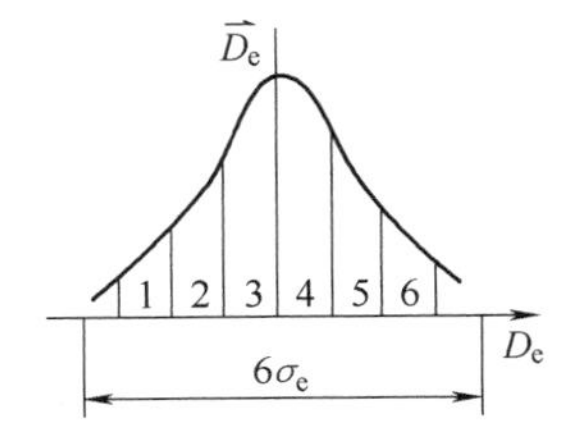

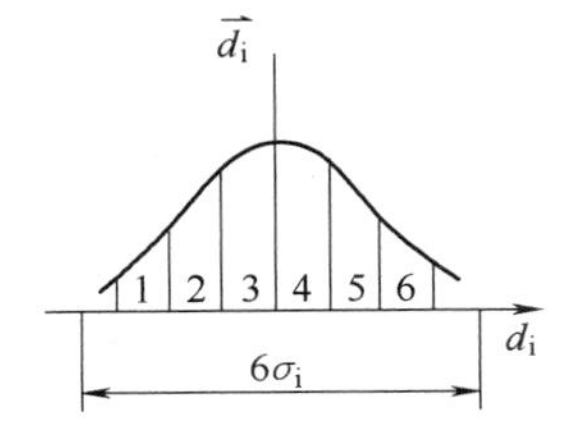

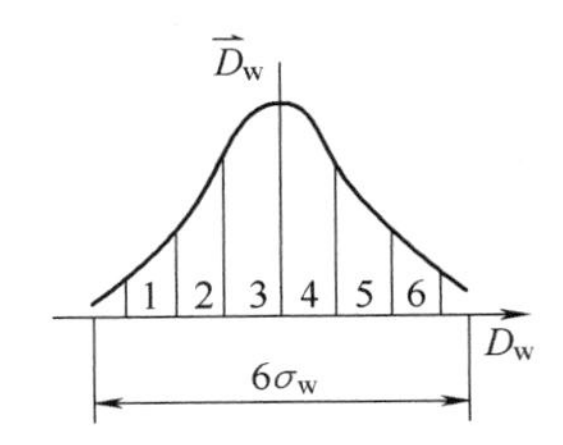

图 9-32　配套零件尺寸分布规律

图 9-32 中，外沟直径、内沟直径和钢球直径的分布中心值分别为 D_e、d_i 和 D_w，分散范围分别为 $6\sigma_e$、$6\sigma_i$ 和 $6\sigma_w$。由数理统计理论可知，若随机变量 ΔD_e、Δd_i 和 ΔD_w 满足式（9-79），则径向游隙 ΔG_r 也是一个随机变量，其分布中心 G_r 满足式（9-78）。若令 $G_r=G_{rm}$，则不难看出，在装配时，只要 D_e、d_i、D_w 和 G_m 相对应，就可获得最高合套率。因此，可以根据游隙要求主动控制生产工艺过程，获得最高合套率。

2. 满足最高合套率的曲线分布范围

若要百分之百地合套，还须控制 D_e、d_i 和 D_w 的分散范围 $6\sigma_e$、$6\sigma_i$ 和 $6\sigma_w$ 并确定三者的关系。若设分组数为 n，则有

$$\delta D_e n_e = 6\sigma_e；\delta d_i n_i = 6\sigma_i；\delta D_w n_w = 6\sigma_w \tag{9-95}$$

为获得百分之百合套率，必须满足

$$n_e = n_i = n_w = n \tag{9-96}$$

式中，n_e、n_i、n_w 分别为 D_e、d_i 和 D_w 分散范围 $6\sigma_e$、$6\sigma_i$ 和 $6\sigma_w$ 的分散组。

将式（9-96）代入式（9-95）可知

$$\frac{\delta D_e}{\delta d_i} = \frac{\sigma_e}{\sigma_i}；\frac{\delta D_e}{\delta D_w} = \frac{\sigma_e}{\sigma_w} \tag{9-97}$$

σ_e、σ_i 和 σ_w 和工序的加工精度有关，因此，可以根据式（9-97）主动控制配套零件的加工精度，以获得百分之百的合套率。

3. 分布中心和分布范围的计算

在数理统计理论中，分布中心值也称为数学期望，其计算公式为

$$\bar{x} = \frac{\sum_{K=1}^{N} x_k}{N} \tag{9-98}$$

式中，$\bar{x}$ 分别为 $\overline{D_e}$、$\overline{d_i}$ 或 $\overline{D_w}$ 的平均值；x_k 为第 k 个 D_e、d_i 或 D_w；N 为外圈、内圈或钢球的数量。

分散范围称 6 倍的均方根差，即 6σ，均方根偏差 σ 为

$$\sigma = \sqrt{\frac{\sum_{k=1}^{N} (x_k - \bar{x})^2}{N-1}} \tag{9-99}$$

式中，σ 分别为 σ_e、σ_i 和 σ_w。

9.4.3 获得最高合套率的优选始值

在实际生产中，由于工艺过程的复杂性，零件尺寸的分布中心和分布范围经常发生波动，并不能获得百分之百的合套率；另外，满足合套率公式（9-93）的点往往有无穷多个，在这两种情况下应优选始值使合套率最高。

设 ΔD_e、Δd_i 和 ΔD_w 的实际分布密度函数分别为

$$\begin{cases} g(\Delta D_e) = \dfrac{1}{\sigma_e\sqrt{2\pi}}\mathrm{EXP}\left[\dfrac{-(\Delta D_e - \overline{D}_e)^2}{2\sigma_e^2}\right] \\ g(\Delta d_i) = \dfrac{1}{\sigma_i\sqrt{2\pi}}\mathrm{EXP}\left[\dfrac{-(\Delta d_i - \overline{d}_i)^2}{2\sigma_i^2}\right] \\ g(\Delta D_w) = \dfrac{1}{\sigma_w\sqrt{2\pi}}\mathrm{EXP}\left[\dfrac{-(\Delta D_w - \overline{D}_w)^2}{2\sigma_w^2}\right] \end{cases} \tag{9-100}$$

ΔD_e、Δd_i 和 ΔD_w 的联合概率密度为

$$\varphi(\Delta D_e, \Delta d_i, \Delta D_w) = g(\Delta D_e) g(\Delta d_i) g(\Delta D_w) \tag{9-101}$$

为了获得最高合套率，选择的初始值应使 $\varphi(\Delta D_{e0}, \Delta d_{i0}, \Delta D_{w0})$ 在下述条件下最大。

$$G_{rm} = \Delta D_{e0} - \Delta d_{i0} - 2\Delta D_{w0} \tag{9-102}$$

为此，取函数

$$F(\Delta D_{e0}, \Delta d_{i0}, \Delta D_{w0}) = \Delta D_{e0} - \Delta d_{i0} - 2\Delta D_{w0} - G_{rm} \tag{9-103}$$

φ 在 F 下的极值条件为

$$\begin{cases} \dfrac{\partial \phi}{\partial \Delta D_{e0}} + \lambda \dfrac{\partial F}{\partial \Delta D_{e0}} = 0 \\ \dfrac{\partial \phi}{\partial \Delta D_{i0}} + \lambda \dfrac{\partial F}{\partial \Delta D_{i0}} = 0 \\ \dfrac{\partial \phi}{\partial \Delta D_{w0}} + \lambda \dfrac{\partial F}{\partial \Delta D_{w0}} = 0 \end{cases} \tag{9-104}$$

从而可以解出配套的优选始值为

$$\begin{cases} \Delta D_{e0} = \dfrac{(\sigma_i^2 \overline{D}_e + \sigma_e^2 \overline{d}_i) + 2(2\sigma_w^2 \overline{D}_e + \sigma_e^2 D_w)\sigma_e^2 + \sigma_e^4 G_m}{\sigma_e^2 \sigma_i^2 (4\sigma_w^2 + \sigma_e^2)} \\ \Delta d_{i0} = \dfrac{(4\sigma_w^2 + \sigma_e^2)(2\sigma_i^2 \overline{D}_e + \sigma_e^2 d_i) - 2(2\sigma_e^2 D_e + \sigma_e^4 D_w) - \sigma_e^2 \sigma_i^2 G_{rm}}{\sigma_e^2 \sigma_i^2 (4\sigma_w^2 + \sigma_e^2)} \\ \Delta D_{w0} = \dfrac{(\sigma_e^2 + \sigma_i^2)(2\sigma_w^2 \overline{D}_e + \sigma_e^2 D_w) - 2(2\sigma_i^2 \overline{D}_e + \sigma_e^2 d_i) - 2\sigma_e^2 \sigma_w^2 G_{rm}}{\sigma_e^2 \sigma_i^2 (4\sigma_w^2 + \sigma_e^2)} \end{cases} \tag{9-105}$$

按上式计算出的优选始值 ΔD_{e0}、Δd_{i0} 和 ΔD_{w0} 常常为多位小数，应适当圆整，圆整后的结果应满足式（9-102）。在作配套图时，可以将 ΔD_{e0}，Δd_{i0} 和 ΔD_{w0} 作为连续分组的一个分点值。

例 9-4 已知：$\sigma_e = 8.6768\text{mm}$，$\sigma_i = 2.1276\text{mm}$，$G_{rm} = 7 \sim 17\text{mm}$。设 $D_e = 0.119\text{mm}$，$d_i = 0.0473\text{mm}$，$D_w = 0$。问如何确定满足最高合套率的 δD_e、δd_i 和 δD_w？并作配套图。

解： 因为 $\sigma_e - \sigma_i - 2\sigma_w = 1.178 \neq 0$，所以，不能百分之百配套。

$$\delta D_e = \frac{1}{2}\sigma G_r = \frac{1}{2}(17-7) = 5\text{mm},$$

为满足最高合套率，取

$$\delta d_i = \delta D_e \frac{\sigma_i}{\sigma_e} = 5 \times \frac{3.2436}{8.668}\text{mm} = 1.87\text{mm} \approx 2\text{mm}$$

$$\delta D_w = \delta D_e \frac{\sigma_w}{\sigma_e} = 5 \times \frac{2.1276}{8.6768}\text{mm} = 1.23\text{mm} \approx 1.5\text{mm}$$

δD_e、δd_i 和 δD_w 满足分组连续公差

$$\delta d_i + 2\delta D_w = \frac{1}{2}\delta G_r = 5\text{mm}$$

$$2\text{mm} + 2 \times 1.5\text{mm} = 5\text{mm}$$

为作满足最高合套率的配套图，应优选始值 ΔD_{e0}、Δd_{i0} 和 ΔD_{w0}。

将已知条件代入式（9-105），可得 $\Delta D_{e0}=8.7599\text{mm}\approx 9\text{mm}$；$\Delta d_{i0}=-1.1593\text{mm}\approx -1\text{mm}$；$\Delta D_{w0}=-1.0347\text{mm}\approx -1\text{mm}$。

上述结果满足式（9-99），即

$$\begin{aligned}\Delta D_{e0}-\Delta d_{i0}-2\Delta D_{w0}&=9-(-1)-2(-1)=12\text{mm}\\&=G_{rm}=\frac{1}{2}(17+7)\text{mm}=12\text{mm}\end{aligned}$$

将 ΔD_{e0}、Δd_{i0} 和 ΔD_{w0} 作为分组分点，可得图 9-33 的配套图

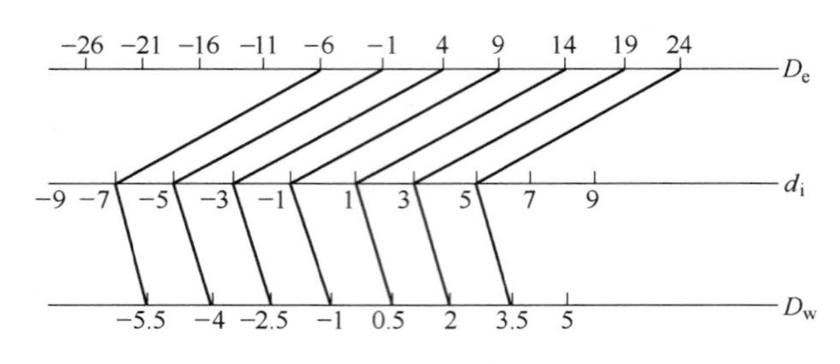

图 9-33 例 9-4 配套图

9.5 滚动轴承装配的常见质量问题

本节以几种常见滚动轴承为例，讲述其装配过程中典型装配环节的质量问题、原因及应对措施[14]，即故障模式与影响分析（Failure Mode Effects Analysis，FMEA）。熟悉和灵活运用该部分内容对于处理轴承工艺设计、产品生产过程中各种质量问题具有重要意义。

9.5.1 深沟球轴承装配质量分析

从深沟球轴承保持架铆接过程和轴承成品检测过程两方面对其装配质量进行分析。

1. 保持架铆接过程中的质量分析

深沟球轴承保持架铆接过程中常出现的质量问题、原因和应采取的措施见表 9-3。

表 9-3 深沟球轴承保持架铆接过程中的质量分析

质量问题	原因	采取措施
1. 铆钉头高	1. 个别铆钉帽过高，出现无规律性 2. 铆接模具凹模的钉窝尺寸太深，有规律地发生在保持架铆接后的固定位置上 3. 压力机调整不精，滑块行程不到位，压合较轻，或滑块松动 4. 压力机上冲头底面对工作台面不平行，局部磨损凹下，使压力轻重不一	1. 更换铆钉 2. 修理或更换铆接模具 3. 重新调整压力机 4. 修理压力机冲头
2. 铆钉头小	1. 个别铆钉帽小 2. 铆钉杆短，钉头没有形成足够的余量 3. 保持架钢板厚度超差 4. 压力机闭合高度不够	1. 更换铆钉 2. 更换铆钉 3. 更换保持架 4. 重新调整压力机行程

（续）

质量问题	原因	采取措施
3. 铆钉头不正	1. 铆钉杆直径小或铆钉杆过长 2. 铆接模具铆钉窝太浅或直径小 3. 上下模具的铆钉窝中心对不齐 4. 压力机上冲头底面对工作台不平行 5. 模具导柱磨损，失去导向定位	1. 更换铆钉 2. 修理或更换铆接模具 3. 更换铆接模具 4. 修磨压力机工作台 5. 修理铆接模具
4. 铆钉头平顶	1. 铆接模具铆钉窝平底 2. 铆钉长度不够，或保持架过厚，使钉杆变形无足够余量 3. 装配模具清理不够，钉窝污物过多	1. 修理铆接模具 2. 更换铆钉或保持架 3. 清理装配模具
5. 铆钉头双眼皮（鱼眼圈）	1. 铆钉长度或直径超差 2. 压力机闭合高度过低 3. 铆接模具导向部件磨损，压合时松动 4. 铆接模具钉窝太浅，窝直径小 5. 保持架厚度不均 6. 压力机冲头底面对工作台不平行	1. 更换铆钉 2. 调整压力机行程 3. 修理铆接模具 4. 修理铆接模具 5. 更换保持架 6. 修磨压力机工作台
6. 铆钉头偏位	1. 上下模具中心对不齐 2. 铆接模具铆钉窝的等分性较差 3. 铆接模具导向部件磨损，间隙增大 4. 电铆机上冲头未对正钉杆 5. 电铆加热温度不够 6. 实体保持架钉孔倾斜 7. 轴承在电铆机上未垫平	1. 修理或更换铆接模具 2. 更换铆接模具 3. 更换铆接模具 4. 电铆时细心操作 5. 调整加热时间或电流 6. 铆接时配套线要对准 7. 轴承应垫平稳
7. 铆钉头部有卡伤	1. 模具导向定位不准 2. 钉窝边缘有毛刺 3. 有污物、金属物贴在模具表面上	1. 修理或更换铆接模具 2. 修理铆接模具 3. 清理铆接模具
8. 电铆钉头裂纹	1. 电铆时电流调整不当 2. 电铆机压力过重，过猛 3. 铆钉杆原有划伤或裂纹等缺陷 4. 加热温度过高或太低	1. 调整电流或加热时间 2. 调修气压，慢慢试验 3. 更换铆钉 4. 调整温度
9. 电铆后钉头不严、不紧	1. 装铆钉后未压紧铆钉 2. 上冲头行程不足（下模位置过低） 3. 气缸压力太小 4. 铆钉孔倒角太小或未倒角 5. 铆钉杆根部不平或毛刺	1. 使用支座压紧铆钉 2. 调整电铆机 3. 调整气压或更换电铆机 4. 更换保持架 5. 更换铆钉
10. 铆接后轴承旋转灵活性不好	1. 铆合时轴承内部进入污物和油渍物 2. 铆合时压合力太大，使保持架变形 3. 模具压合不均，保持架受压轻重不均 4. 保持架平面度不好，轴向跳动大 5. 保持架变形 6. 铆钉直径、长度超差，同一保持架铆接时铆钉变形量不等，并使保持架变形 7. 保持架球窝尺寸超差或兜孔错位，使钢球转动无足够的径向间隙 8. 保持架窝孔间隙量太大，保持架在转动中碰撞套圈挡边 9. 套圈滚道形状、位置不合格 10. 混入个别大球	1. 清洗、去除异物 2. 调整压力 3. 修理模具 4. 更换保持架 5. 更换保持架 6. 更换铆钉 7. 更换保持架 8. 更换保持架 9. 检查套圈 10. 检查或更换钢球

2. 轴承成品检测过程中的质量分析

深沟球轴承成品检测过程中，常出现的质量问题、原因和应采取的措施见表9-4。

表9-4　深沟球轴承成品检测过程中的质量分析

质量问题	原因	采取措施
1. 径向游隙超差	1. 套圈尺寸分选的数值不准确，由分选中的偶然误差、测量系统误差等造成 2. 测量径向游隙时钢球等分不均，测量位置不准确，手推力不一致 3. 轴承零件清洁度不够，有污物、油污 4. 保持架铆合过紧，保持架变形，使钢球中心没有在轴承滚动体回转中心圆上 5. 保持架中心圆超差过大	1. 找出规律，对分选尺寸或游隙进行修正 2. 规范游隙测量操作 3. 轴承重新退磁、清洗 4. 更换保持架，规范装配操作 5. 更换保持架，加强检验
2. 旋转精度超差	1. 套圈在磨加工时滚道中心平面对基准端面平行度已超差 2. 内、外套圈基准面有伤痕 3. 内、外滚道表面有伤痕，有污物 4. 内、外滚道的直径变动量较大，使沟的形状超差或变形 5. 装最后一球时，外圈变形，钢球表面卡伤 6. 可能装有混球，钢球批直径变动量过大 7. 保持架变形 8. 单个套圈的滚道对内径或外径表面厚度变动量 K_i 或 K_e 超差，造成 K_{ia} 或 K_{ea} 超差 9. 使用心轴测量时，心轴中心孔磨损，表面有伤痕，内有污物，顶尖表面磨损	1. 严格检查，杜绝此类零件进入装配 2. 查出伤痕原因并排除 3. 排除造成滚道伤痕的因素，重新退磁、清洗 4. 杜绝此类零件进入装配 5. 调整设备参数，提高装配技能 6. 加强检验，规范操作 7. 制定规范，减少变形 8. 严格检查，杜绝此类零件进入装配 9. 排除各影响因素，修磨心轴、顶尖
3. 尺寸精度超差	1. 前工序漏检 2. 精密产品轴承套圈尺寸稳定性不好 3. 仪器误差大或调整不正确，测量时用力不均 4. 装配检查环境温差大，标准件与套圈不能保持恒温 5. 磨加工与成品检查使用的标准件不合	1. 严格检查，杜绝此类事件发生 2. 总结经验，改进工艺 3. 提高检测手段和技能 4. 保证恒温时间，改善作业环境 5. 使用校对标准件和仪器，规范检测规程
4. 防尘盖或密封圈松动、漏脂严重	1. 牙口槽尺寸过大，防尘盖或密封圈无法装紧 2. 防尘盖与密封圈加工不合格 3. 轴承所注油脂稠度等级偏低或其他项目不合格 4. 注脂量过多	1. 加强检验，改进工装 2. 不合格零件不进入装配 3. 加强检验，注合格油脂 4. 按规定数量注脂

9.5.2　角接触球轴承装配质量分析

角接触球轴承常见的质量问题及原因分析见表9-5。

表 9-5　角接触球轴承常见的质量问题及原因分析

质量问题	原因分析
1. 旋转精度超差	成品检验项目中 K_{ia}、K_{ea}、S_{ia}、S_{ea} 超过技术规定，其原因同深沟球轴承
2. 外径尺寸超差	1. 组装加热时温度高，发生变形使尺寸超差 2. 加热温度不够，没有足够的胀量或由于操作者硬砸装配（强行装入）而导致变形
3. 噪声振动较大	1. 内外两滚道表面有伤痕或表面粗糙度、圆度等不合格 2. 装钢球时锁口处压伤 3. 保持架兜孔内有毛刺或异物 4. 径向游隙过大 5. 油槽中油质不良，有污物留在外圈滚道中，或清洗不干净
4. 旋转灵活性不好	1. 保持架兜孔直径小，与钢球间无足够的间隙 2. 保持架兜孔内表面粗糙，摩擦阻力较大 3. 保持架内兜孔表面有毛刺或污物 4. 径向游隙过小 5. 钢球混装，其中有较大的球 6. 保持架内径表面和内圈外径表面间隙小，影响灵活性，摩擦大
5. 掉球、掉套	由于锁口尺寸影响，锁量太小，挡不住钢球或内组件
6. 保持架靠套	兜孔尺寸或保持架与内圈间隙过大，保持架的窜动量大，导致接触外圈挡边而发生靠套
7. 保持架宽度超出轴承宽度	保持架宽度尺寸超差或兜孔尺寸超差导致中心位置偏移过大

9.5.3　圆锥滚子轴承装配质量分析

常见的圆锥滚子轴承装配质量问题，主要包括尺寸精度超差、旋转精度超差和旋转灵活性较差，以下就其原因进行分析。

1. 尺寸精度超差

外径和内径尺寸超差一般是磨工造成的，装配过程不会影响尺寸变化。有些轴承套圈由于库存时间较长，金相组织发生转变造成尺寸变化，这在使用当中也会出现，应当避免。

当圆锥滚子轴承宽度 T_s 超差时，应首先分析滚子直径偏差和滚道直径偏差是否超过规定值。解决宽度 T_s 超差的方法一般是更换内组件或外圈，按照各自公差影响公称高度偏差的方向调换，直到达到公差要求。

2. 旋转精度超差

旋转精度超差主要体现在 S_{ea}、S_{ia} 和 K_{ea}、K_{ia} 超差，以下就其原因进行分析。

（1）S_{ea} 超差

1）外滚道素线对基准面的倾斜度变动量超差。

2）外圈基准平面的轴向跳动量超差，特别是超轻窄系列轴承的控制难度较大。

3）外滚道素线与轴心线的夹角超差，或者与内组件的接触角不匹配，使外滚道表面与滚子表面接触不良，如图 9-34 所示。

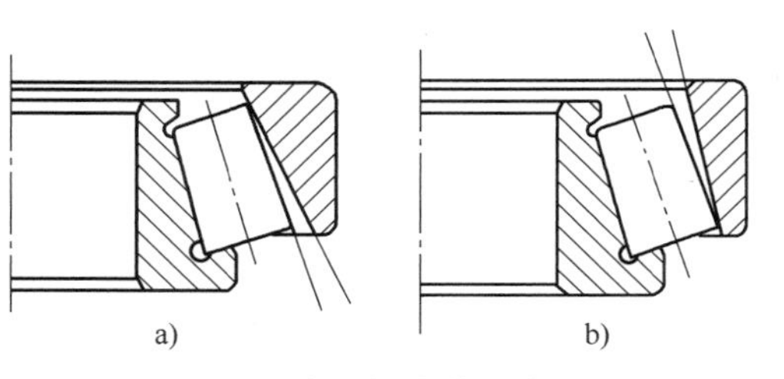

图 9-34　滚子与滚道接触不良

4）轴承内部有油污。

（2）S_{ia} 超差　除内滚道轴心线与基准面的倾斜度变动量超差外，还有保持架变形及滚子组直径变动量的影响。其他影响因素与外滚道 S_{ea} 相同。

（3）K_{ea}、K_{ia} 超差　这两项超差应分析各滚道表面对外径或内径表面的同轴度是否超差，其他可参照以上所分析的原因。

3. 旋转灵活性较差

1）保持架的收缩量过大，造成保持架窗孔与滚子的间隙过小。

2）各零件表面因角度偏差使有效接触长度不够。

3）保持架冲压后窗孔还有毛刺，锐边没有清除彻底。

4）保持架变形或椭圆较大。

5）轴承内有油污或碎屑，零件表面残留有防锈油造成转动不灵活；内圈滚道与大挡边处的油沟边缘有毛刺，污物未清除，防锈液结晶没洗净。

6）内、外滚道表面有严重的凹心现象（可用直线性滚子表面刮色法或直线样板检测）。

9.5.4 调心滚子轴承装配质量分析

调心滚子轴承常见的装配质量问题及原因分析见表 9-6。

表 9-6　调心滚子轴承常见的装配质量问题及原因分析

质量问题	原因分析
1. 径向游隙超差	1. 两滚道尺寸偏差测量不准，分组不精确，造成实际游隙与原计算游隙值不符合 2. 滚道外球面不是真实的球面体，滚道表面曲率半径 R_e 不等于球面直径 D_e 的 1/2，若 R_e 小，则径向游隙减小；若 R_e 大，则径向游隙增大 3. 内圈两滚道对角直径偏差过大，两个尺寸相差大 4. 两滚道径向平面距离 G 有较大偏差，当 G 偏小时径向游隙增大；当 G 偏大时径向游隙减小 5. 外滚道或内滚道单一平面直径变动量超差，如果在内滚道椭圆短轴方向测量时游隙增大，在长轴方向测量时游隙减小，外滚道则相反。当两滚道在径向平面都产生椭圆形状超差，并且一个滚道的椭圆长轴对应另一滚道的椭圆短轴时，径向游隙误差最大 6. 一套轴承内滚子直径偏差相差较大时，测量中必然会有不同的游隙出现 7. 滚子外径素线最大点位置或对称度超差 8. 轴承内有污物 9. 滚子与滚道接触不良，测量时游隙不准
2. 调心性能较差	1. 外滚道球面曲率小或不圆，外圈磨削加工时球面曲率超差造成内组件转动困难 2. 外滚道球面直径或内滚道直径都产生较大单一平面直径变动量 3. 两滚道直径偏差较大，径向游隙在一列滚子处偏大，另一列滚子处偏小 4. 保持架兜孔中心外移，兜孔与滚子接触不好 5. 保持架兜孔与滚子接触处有毛刺 6. 保持架在存放中受挤压、碰撞或由于时效而产生变形 7. 保持架内径与轴承引导表面间隙小，有摩擦，转动不畅 8. 径向游隙过小
3. 掉滚子与夹滚子	1. 滚子与保持架兜孔间隙小则产生夹滚子，间隙大则掉滚子 2. 保持架兜孔中心径尺寸过大 3. 保持架兜孔内有毛刺

（续）

质量问题	原因分析
4. 轴承噪声较大	1. 保持架兜孔中心径尺寸偏大，兜孔中心与滚子自转中心不统一，运动时摩擦噪声较大 2. 保持架外径与内径的单一平面直径变动量较大 3. 保持架兜孔与滚子表面接触性较差，兜孔边缘有毛边或凸起 4. 径向游隙过大 5. 保持架或滚子表面有伤痕 6. 外滚道表面、内滚道表面、滚子表面的圆度、波纹度超差 7. 保持架变形，套圈引导面与保持架接触不好

参考文献

[1]　夏新涛，马伟，颉谭成，等．滚动轴承制造工艺学［M］．北京：机械工业出版社，2007.

[2]　全国滚动轴承标准化技术委员会．滚动轴承　参数符号：GB/T 7811—2015［S］．北京：中国标准出版社，2015.

[3]　全国滚动轴承标准化技术委员会．滚动轴承　公差　定义：GB/T 4199—2003［S］．北京：中国标准出版社，2003.

[4]　全国滚动轴承标准化技术委员会．滚动轴承　通用技术规则：GB/T 307.3—2017［S］．北京：中国标准出版社，2017.

[5]　全国滚动轴承标准化技术委员会．滚动轴承　游隙　第1部分：向心轴承的径向游隙：GB/T 4604.1—2012［S］．北京：中国标准出版社，2012.

[6]　全国滚动轴承标准化技术委员会．滚动轴承　深沟球轴承振动（速度）技术条件：GB/T 32325—2015［S］．北京：中国标准出版社，2015.

[7]　全国滚动轴承标准化技术委员会．滚动轴承振动（加速度）测量方法及技术条件：GB/T 32333—2015［S］．北京：中国标准出版社，2015.

[8]　全国滚动轴承标准化技术委员会．滚动轴承　圆锥滚子轴承振动（加速度）技术条件：JB/T 10237—2014［S］．北京：机械工业出版社，2014.

[9]　全国滚动轴承标准化技术委员会．滚动轴承　圆锥滚子轴承振动（速度）技术条件：JB/T 10236—2014［S］．北京：机械工业出版社，2014.

[10]　全国滚动轴承标准化技术委员会．滚动轴承　圆柱滚子轴承振动（速度）技术条件：JB/T 8922—2011［S］．北京：机械工业出版社，2011.

[11]　全国滚动轴承标准化技术委员会．滚动轴承　密封深沟球轴承　防尘、漏脂及温升性能试验规程：GB/T 32321—2015［S］．北京：中国标准出版社，2015.

[12]　王东峰，张伟，姜韶峰．角接触球轴承万能组配方法［J］．轴承，2009，(4)：12-14.

[13]　仝楠，章元军，王东峰，等．高速轻载角接触球轴承凸出量的影响因素分析［J］．轴承，2017，(11)：1-3，8.

[14]　常洪．轴承装配工艺［M］．郑州：河南人民出版社，2006.

第10章　轴承再制造工艺㊀

滚动轴承零件制造并装配完成后作为成品入库，而后进入应用领域。绝大多数轴承零件可使用到轴承或主机失效报废，完成整个生命周期，但也有一些轴承经过1个或多个周期使用后，返回轴承制造厂重新检测、修磨，这一过程称为滚动轴承的再制造[1]。再制造是指采用再制造成形技术使原有零部件恢复尺寸、形状和性能，形成再制造产品的工艺过程[2]。

再制造具有能耗低、排放少的突出优势，因而得到了各国政府的极大重视。再制造业三十余年前兴起于欧美国家，其产业范围非常广泛，包括汽车、工程机械、电动机、机床、家电、办公设备等[3]。我国的再制造行业起步于21世纪：2000年，“再制造工程技术及理论研究”被国家自然科学基金委员会列为“十五”优先发展领域；2005年，国务院颁布的21、22号文件明确表示支持废旧机电产品再制造；2009年，《中华人民共和国循环经济促进法》正式生效；2010年，中华人民共和国国家发展和改革委员会与机电行业35家企业签署承诺书，正式启动了机电产品零部件再制造试点工作；2011年，国家发展改革委等11部委联合印发的［2010］991号《关于推进再制造产业发展的意见》和工业和信息化部［2010］303号关于《再制造产品认定管理暂行办法》规范了再制造产品的生产问题[4]。

滚动轴承再制造是一个远早于广义再制造的概念[5]，其再制造方法包含但又不仅限于广义再制造的范畴。广义再制造主要依靠电镀或者喷涂技术在零件表面增加材料并通过机械加工以恢复零件尺寸与形状精度，滚动轴承再制造需要采用此类技术，如：内、外径在长期的使用过程中可能会发生磨损或者精度丧失，采用上述再制造技术在轴承内、外径上涂覆材料后再进行机械加工，能恢复其装配尺寸与精度以实现轴承与机械装备的配合。另外一个方面，滚动轴承再制造又与广义再制造存在差异，其差异性主要表现在滚道的再制造上，由于滚动轴承工作过程中滚动体与滚道的接触副承受巨大的交变应力，采用电镀或喷涂类的材料增材再制造出的滚道难以满足滚动轴承的应用需求，目前广泛采用去除材料的方法来再制造轴承。

由于滚道再制造方法的特殊性，滚动轴承再制造后无法回归到原始设计寿命，只能使轴承寿命回归到原始寿命曲线，如图10-1所示。图10-1中计算额定寿命曲线是指轴承选型过程中依据轴承应用工况建立的理论寿命曲线；在实际应用过程中，由于安装、环境污染、润滑不充分等因素影响，实际寿命往往偏离预测寿命值（按照Timken的统计，应用于重工领域的轴承能够达到计算寿命 L_{10} 的甚至不到10%[6]），即图10-1中的实际寿命曲线；轴承再

㊀ 本章为选学内容，主要是对滚动轴承再制造工艺与转盘轴承的知识补充。——作者注

制造的目的是挖掘未被充分使用的轴承剩余寿命。

滚动轴承再制造业历史悠久，但发展历程曲折，有较长一段时间的停滞。近年来，由于重工业领域应用的大型轴承（一般称工业轴承）材耗多、能耗高、碳排放量大，其再制造得到了全球轴承业界的重点关注，各公司纷纷成立了专业化工业轴承再制造工厂，滚动轴承再制造业得到了较为迅猛的再次发展。

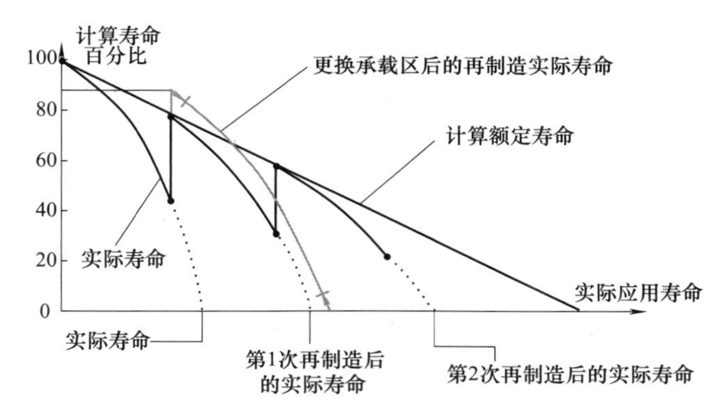

图 10-1 滚动轴承再制造的寿命曲线

滚动轴承再制造过程主要是检测与工艺问题，本章主要介绍滚动轴承再制造的行业现状、工艺路线及存在的问题。目前应用价值较为突出的是重量重、材耗高、应用部位设备维保频繁的特大型与重大型工业轴承，涉及轴承类型除国家标准规定的外，还大量包含转盘轴承，由于轴承专业其他教材对于转盘轴承的知识介绍较少，因而在本章中对转盘轴承进行了补充介绍。

10.1 滚动轴承再制造概述

滚动轴承再制造的发展历程较为曲折，经过近 70 年的发展，目前已进入相对稳定和成熟的时期，形成了较为完整的再制造分级方法与工艺流程；滚动轴承再制造的早期对象均为可靠性要求高的特种领域轴承，近年来才逐渐延伸到能耗高的重工业领域轴承。

10.1.1 行业现状

Schaeffler 提出其旗下品牌 FAG 的轴承再制造起源于 1954 年[5]，但目前能查到的完整轴承再制造技术资料为 1972 年《轴承》邀请长沙轴承修配厂进行的轴承修复工艺总结[7]。长沙轴承修配厂曾为滚动轴承再制造的专业工厂，再制造对象为农机轴承，该厂在轴承再制造实践过程中编制了零件与成品的检查规程[8]，并制定了相关的企业标准[7]；工艺方法上，除了常规的清洗抛光外，还包含镀铬工艺、滚道磨削工艺、保持架整形工艺及装配过程中的选配工艺等，在当时的社会与经济条件下，这些工艺方法的实施与应用是非常先进的。由于当时缺乏完善的理论基础，其缺陷在于再制造方案的制定较为随意[7]，但由于修复对象为可靠性要求不高的农机轴承，因而其方案能够满足应用需求。

最早的滚动轴承再制造系统性文件为美国陆军航空系统司令部发布的《轴承磨削修复报告》(USAAVSCOM-TR-76-27)[9]，报告中指出当时美国军方使用抛光方法来再制造轴承已经有20年历史。1974年9月，Stanley D. C. 在蒙特雷（Monterey）的海军进修学校举办的“推进系统结构互连与发动机互连专题讨论会”上发表了题为《轴承的现场检测与修复》的报告[10]，这份报告引起了美国陆军航空系统司令部（USAAVSCOM）的重视，与美国国家航空航天局（NASA）联合开展了近两年的专门研究。1976年5月20—21日，美国陆军航空系统司令部于圣路易斯（St. Louis）召开了《轴承磨削修复研讨会》，来自Industrial Tectonics Inc的Hanau H.[11]，NASA Lewis研究中心的Parker R. J[12]，Corpus Christi陆军仓库的Bull H. L.[13]，NASA Lewis研究中心的Hein G. F.[14] 分别从制造[11]、性能评估[12]、检测[12]、应用[13] 与经济性[14] 5个方面做出了独立报告。会后，美国陆军航空系统司令部汇总了这些报告并发布了USAAVSCOM-TR-76-27，标志着滚动轴承再制造成为系统性工程。1976年，NASA发布了轴承再制造的第1份正式报告TM-X -73440[12]，成为NASA在轴承再制造研究方面的起点；1977年，发布了轴承经再制造后的寿命分析报告TN D-8486[15]；1987年，发布了去除滚道表面金属层对于疲劳寿命影响的分析报告TM-88871[16]；此后，NASA的轴承再制造项目发生停滞，中断时间接近20年。

虽然轴承再制造的基础研究停滞，但产业发展却并未停止，发展较快的再制造项目主要集中在航空或铁路等高价值产品领域，工业轴承再制造也在这一时期进入各大轴承制造厂的视野。航空轴承方面，Timken公司成立了专门的轴承检验公司（BII）为航空发动机轴承的检测与再制造提供服务[17]；Schaeffler在Australia专设了航空发动机轴承再制造中心[18]；SKF将4个相互依存的维修中心组织起来专门提供航空发动机轴承的检查、维修和大修服务[19]。铁路轴承方面，各大知名品牌的轴承制造商均有自己的专业再制造工厂，比如分布在中国的就有北京南口斯凯孚铁路轴承有限公司，舍弗勒（宁夏）有限公司，洛阳LYC轴承有限公司铁路轴承事业部等。用于重载行业的各种类型的滚动轴承，由于其本身价值较高，国际国内众多轴承制造商在这一时期纷纷开展大型、特大型轴承的再制造服务，也正由于各轴承制造商均具备轴承再制造的生产能力，业务分散程度大，因而没有萌生规模化的专业轴承再制造工厂，也没有形成相关的技术体系文件。1991年，Matteo N. J.[20] 针对金属轧制工厂中轴承工作环境恶劣，容易造成轴承早期异常失效的实际情况，提出了大型轴承再制造的价值和意义，并从应用角度首次提出了较为详细的轴承再制造方案。

进入21世纪后，二氧化碳大量排放造成的生态恶化问题受到越来越多的关注。大型轴承制造过程中使用材料多、能耗高、碳排放量大，滚动轴承再制造的理论研究与产业规模在这一前提下快速进展。理论研究方面，NASA再度开展中断了近20年的研究，并陆续发布了多项针对滚动轴承再制造的研究报告，其中2005年发布的TM-2005-212966[21] 给出了明确的轴承再制造分级方式、再制造流程，并规定了再制造轴承的可靠性问题；2007年发布的TP-2007-214463[22] 提出了飞机发动机轴承的再制造技术规范；2012年发布的TM-2012-217445[23] 回顾了轴承钢的发展历史与前景，提出了滚动轴承再制造行业需考虑轴承的原始材质；Zaretsky在2014年摩擦学与润滑工程师学会的年会上再度总结了再制造轴承的寿命计算问题[24]。其他研究者也开始关注轴承再制造的技术问题，如：Zamzam[25] 采用试验与理论分析结合的方法分析了采用抛光再制造轴承的滚动接触疲劳问题；Chen[26] 基于大型向心轴承滚动体的再制造，提出了新设计条件下的Ⅳ级再制造方法；Michael[27] 研究了轴承再制造以延长寿命并提升性能的问题；Darisuren[28] 针对调心滚子轴承分析了再制造过程与疲劳寿命的关系。产业规模上，各知名品牌的轴承制造厂纷纷成立了专业化的再制造工厂，其中 SKF[29]、Schaeffler[5] 和 Timken[30] 在全球的专业再制造工厂数量分别达到 9、7、6，这一时期增加的再制造工厂的主要对象为工业轴承。正是由于这一时期再制造行业的快速发展，越来越多的重工企业开始关注到轴承再制造的价值，并对再制造轴承的可靠性有了实践检验。

10.1.2 轴承再制造对象

当前滚动轴承再制造关注的关键要点是降低能耗，重工业领域应用的大型轴承（一般称工业轴承）材耗多、能耗高、碳排放量大，因而其再制造得到了全球轴承业界的重点关注，纷纷成立了专业化工业轴承再制造工厂，主要再制造对象为盾构机主轴承、风力发电机轴承及冶金、造纸、水泥等行业应用的重大型工业轴承。

GB/T 271—2017[31] 介绍了滚动轴承的综合分类方法，GB/T 272—2017[32] 规定了滚动轴承的代号方法。所有类型的滚动轴承均可开展再制造，衡量是否具有再制造价值需考虑以下几个方面的因素：

（1）滚道状态　滚动轴承（尤其是大尺寸的工业轴承）工作时，大多一个套圈静止，另外一个套圈做回转运动。对于静止套圈，有明显的承载区域，静止套圈承载区域经探伤无裂纹或无延展性裂纹的缺陷，则可标记原始承载区，再制造后更换承载区应用；对于回转套圈，则需观测有无剥落，若存在剥落，需判断剥落深度，对于剥落深度超过 0.3mm 的轴承套圈，则不具备再制造价值。

（2）剩余寿命　一些轴承滚道表面无肉眼可见的剥落缺陷，但在再制造过程中，磨削一定量后开始出现内部剥落，这是由于承载位置的寿命已达设计寿命，此类零件也不具备再制造价值。

（3）可靠性需求　对于一些可靠性要求极高的应用场合，定期再制造维护是轴承安全运行的有效保障，目前多数可靠性要求高的轴承均采用再制造。

（4）轴承质量与尺寸　轴承质量是能耗高低的关键要素，也是衡量其再制造价值时考虑的要素之一，对于重量较重的轴承，其再制造价值相对高；一些重量并非太重，但尺寸大的轻窄系列轴承，由于其制造过程中原材料利用率低，且实际应用中往往承载较低，也具备较好的再制造价值。

10.1.3 转盘轴承

转盘轴承能够同时承受较大的轴向载荷、径向载荷和倾覆力矩等综合载荷，多数在低速、重载条件下工作，自身带有安装孔、润滑油孔和密封装置，具有结构紧凑，引导旋转方便，安装简便和维护容易等特点[33-35]。近 30 年来，转盘轴承进入蓬勃发展的创新时期，设计新理念带来了诸多新型结构形式，也衍生出了大量中小尺寸的转盘轴承。

广泛应用于盾构机、风力发电机、起重机械、工程机械、运输机械、矿山冶金设备、医疗器械及舰船、雷达等大型与重大型装备的转盘轴承多为特大型与重大型转盘轴承[36-41]，且大多采用 50Mn 或 42CrMo 等材料表面淬火加工而成[42]，其再制造价值显著，因而本节介绍转盘轴承的代号方法与常见结构以期对于此类发展较快的轴承结构具备基本认知。

1. 转盘轴承标准代号

我国 1978 年首次制定了转盘轴承的行业标准，现行标准达 9 个，分别为 JB/T 10471—

2017《滚动轴承　转盘轴承》[43]、JB/T 2300—2018《回转支承》[44]、JB/T 10837—2023《建筑施工机械与设备　三排柱式回转支承》[45]、JB/T 10838—2023《建筑施工机械与设备　单排交叉滚柱（锥）式回转支承》[46]、JB/T 10839—2023《建筑施工机械与设备　单排球式回转支承》[47]、MT/T 475—1996《悬臂式掘进机回转支承型式基本参数和技术要求》[48]、CB/T 3669—2013《船用起重机回转支承》[49]、YB/T 087—2009《冶金设备用回转支承》[50] 和 JT/T 846—2012《港口起重机回转支承》[51]，以上标准发展中都经过多次修订，标准化发展历程中还有多个废止标准。

现行标准中，JB/T 10471—2017 和 JB/T 2300—2018 规定的内容相对全面，其他标准多针对具体装备或应用领域来规定。不同行业及不同归口部门的推荐标准共存状态，表明转盘轴承的应用范围广，发展迅猛，设计灵活，但多标准共存也为此类产品的系列化与标准化带来阻力。现行标准规定的代号方法均包括基本代号和后置代号。目前标准大多将基本代号分为三部分，用“.”隔开，前部为结构形式和传动形式代号，中部为滚动体直径，后部为滚动体中心圆直径，结构形式与传动形式的规定如图 10-2 所示。归口为北京建筑机械化研究院的 3 个标准（JB/T 10837—2023～JB/T 10839—2023）分别规定了不同结构形式的转盘轴承，基本代号与其他标准有所差异，如图 10-3 所示，结构形式上包含了交叉圆锥滚子轴承，以代号 Z 表示，J 表示交叉圆柱滚子轴承，另外将安装形式在基本代号中表示。

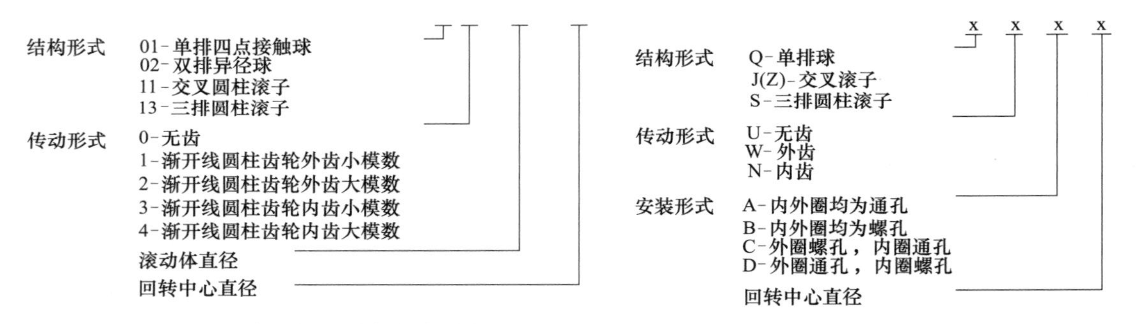

图 10-2　现行常用标准的基本代号方法

图 10-3　现行常用标准的不同基本代号方法

各标准的后置代号差异比较明显，如 JB/T 10471—2017 后置代号包含 4 个方面内容，自左至右排列的分别为轴承材料及热处理方式、密封和套圈变形标记、公差等级、齿轮热处理与变位标记。材料与热处理的后置代号见表 10-1；当密封、套圈变形或技术要求有特殊规定时，代号以“K+数字”表示，如“K1”“K2”；当公差等级有特殊要求时，代号后用“/”与前面内容分开；当齿轮参数变动或需要表面淬火时，代号用“G 和数字”表示，如“G1”“G2”。

表 10-1　JB/T 10471—2017 规定的材料及热处理的后置代号

代号	03	04	11	12	13
材料	42CrMoT	42CrMoZ	50MnT	50MnZ	其他材料

其他标准方面：JB/T 2300—2018 的后置代号标记内容为安装配合形式与安装孔形式，以 0、1、2 分别标记安装配合形式为标准型无止口、标准型有止口和特殊型，以 0、1、2、3 分别标记安装孔形式，0～3 分别对应图 10-3 中的 A～D；JB/T 10837—2023、JB/T 10838—

2023 和 JB/T 10839—2023 后置代号包含 4 个方面内容，自左至右排列的分别为滚动体直径，齿轮模数分类、精度等级代号和特殊标记代号；CB/T 3669—2013 后置代号规定了转盘轴承的应用设备，C 为船用起重机使用，J 为近海起重机使用；YB/T 087—2009 后置代号包含 7 个方面内容，自左至右排列的分别为安装配合形式、安装孔形式、密封形式、齿轮热处理方法、精度等级、材料及高温代号，具体代号规则参见文献［41］；MT/T 475—1996 后置代号规定了转盘轴承的固定圈，A 为内圈固定，B 为外圈固定。

2. 转盘轴承企业代号

国际上转盘轴承制造商众多，近年来还涌现出很多新制造商，限于篇幅，以下仅介绍一些历史较早或近期较为突出的制造商代号方法。

Rothe Erde 公司成立于 1855 年，于 1916 年开始生产转盘轴承[52]，2012 年归属为 Thyssenkrupp[53]，其产品系列见表 10-2。Rothe Erde 原有产品虽尺寸包含完整，但结构系列只有 6 个，归属为 Thyssenkrupp 后迅速扩大为 19 个。新系列中不仅大量发展新型变异结构（如 23、25、28、75、80、81、87 系列），也大量采用滚动轴承设计结构（如 03、13、14 系列），还将滚动轴承与转盘轴承设计思路结合开发出新系列（如 08、17 系列），前后系列对比见表 10-2。

表 10-2　Rothe Erde 产品系列

结构形式	Thyssenkrupp Rothe Erde 系列	Rothe Erde 系列
双排球式	01	KD320
非自锁推力球式	03	
单排四点球式	06	KD600
自锁推力球式	08	
双排四点球式	09	
四排滚子式	10	
球滚联合式	12	RD700
推力滚子式	13	
双列圆锥滚子式	14	
交叉滚子式	16	RD800
向心滚子式	17	
三排滚子式	19	RD900
变截面式	23	KD210
	25	
	28	
单排球钢丝滚道式	75	
嵌入滚道剖分式	80	
双排滚子钢丝滚道式	81	
三排滚子钢丝滚道式	87	

Thyssenkrupp Rothe Erde 的代号方法如图 10-4 所示，目前国内标准大多参考该公司代号方法，最大的区别在于国内标准一般采用前两位数字确定轴承的结构形式，而 Rothe Erde 则

采用第 1 位数标记产品类型，第 2 位数标记设计形式，两个数字的组合囊括了更为广泛的结构形式。

SKF 公司于 1912 年成立于瑞典哥德堡，是轴承行业知名制造商，其转盘轴承代号方法为“品牌标记+数字组合”的形式[54]，如图 10-5 所示。图 10-5 规定的系列仅包含四点接触球和交叉滚子两种结构，其他定制转盘轴承代号方法如图 10-6 所示。

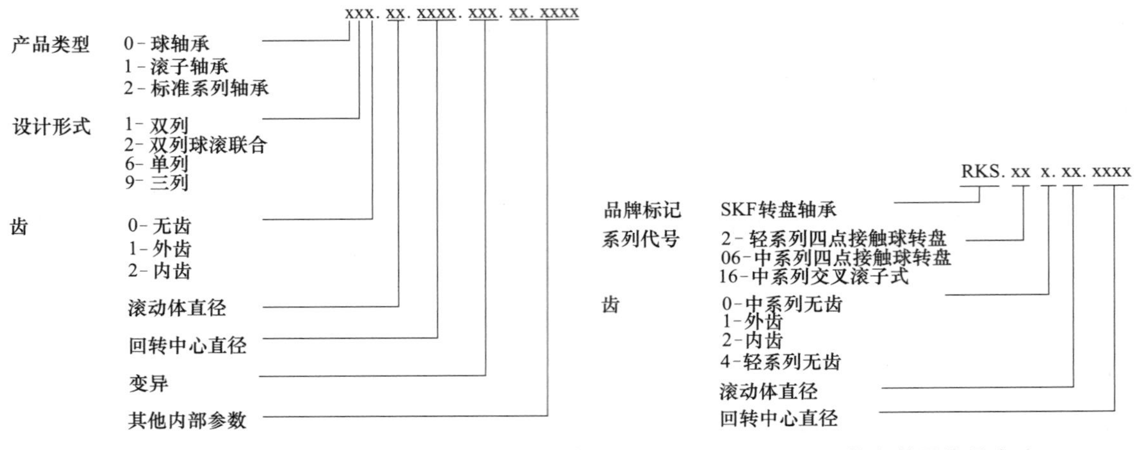

图 10-4　Rothe Erde 产品代号方法

图 10-5　SKF 转盘轴承代号方法

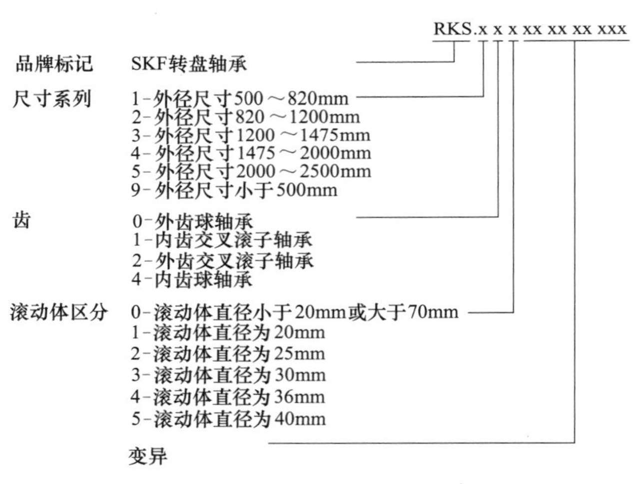

图 10-6　SKF 定制转盘轴承代号方法

Schaeffler 公司旗下除了 1883 年成立于施韦因富特的滚动轴承行业知名品牌 FAG 外，1946 年成立于黑措根奥拉赫的 INA 品牌的转盘轴承[55] 近年发展较快，其代号方法如图 10-7 所示。

Rollix[56]、IMO[57] 等众多品牌也大量设计制造转盘轴承，其代号方法也各具特征，限于篇幅不再介绍。

3. 转盘轴承常见结构

单排球式转盘轴承是指滚动体为钢球，且只有 1 排钢球的转盘轴承。依据承载类型及接触点个数，单排球转盘轴承包括四点接触球式、向心球式、推力球式及推力向心球式四大

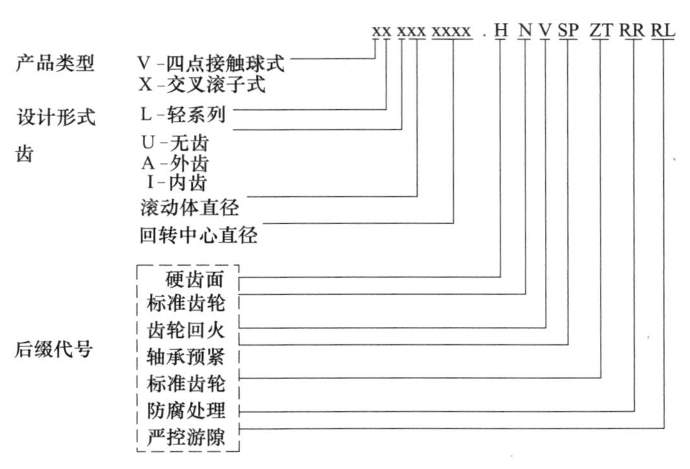

图 10-7 INA 转盘轴承代号方法

类。单排四点接触球式转盘轴承如图 10-8 所示，轴承的内、外圈上各有两条滚道，每个套圈的两条滚道由两段圆弧分别构成，当游隙值不大于 0 时，钢球与内外圈的两条滚道分别接触，接触点为 4 个。单排四点接触球式转盘轴承能同时承受径向力、轴向力和倾覆力矩[3]。

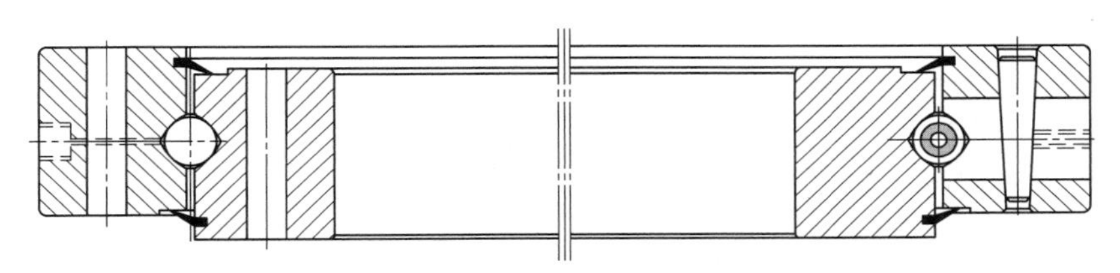

图 10-8 单排四点接触球式转盘轴承

双排球式转盘轴承的滚动体也为钢球，包含上、下两排滚动体，可同时承受径向载荷、轴向载荷与倾覆力矩。由于轴承内部包含两排滚动体，因而内部设计上具有较大的灵活性，双排球式转盘轴承主要包含双排同径与双排异径两大类，主要应用于液压平台、带式输送机、甲板起重机、挖掘机、移动式起重机、旋接设备、潮汐能发电设备、堆取料机、塔式起重机、车载起重机及风力发电设备。图 10-9 所示为双排异径两点接触球式转盘轴承，轴承内外圈上各包含两条曲率不同的滚道以适应不同尺寸的钢球；图 10-10 中的转盘轴承采用的是双半外圈结构，实际使用中也有双内圈结构，具体采用双内圈还是双外圈，往往依据安装条件确定，双排同径球式转盘轴承内上、下两排钢球的直径相同，套圈滚道的截面形状一致，因而制造过程及工序间管理较为方便，更容易实现标准化生产，目前大多轴承制造商均能提供双排同径球式转盘轴承；图 10-10 所示为双半外圈的双排同径球式转盘轴承；半圈结

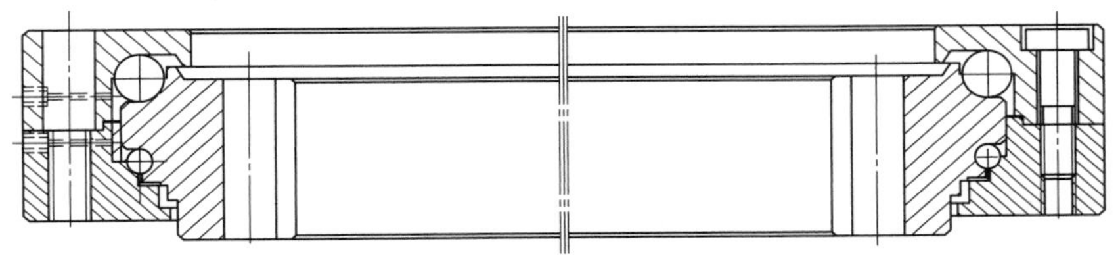

图 10-9 双排异径两点接触球式转盘轴承

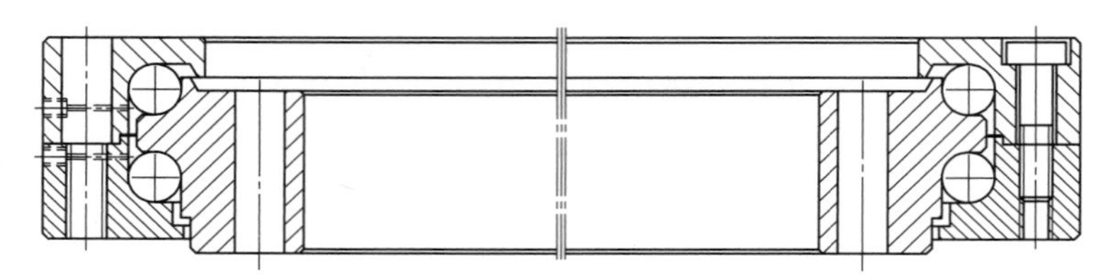

图 10-10　双排同径球式转盘轴承

构的转盘轴承整体刚性较差，轴承制造过程中材料利用率也较低。近年来应用最广泛的是整体式双排同径球式转盘轴承，如图 10-11 所示。

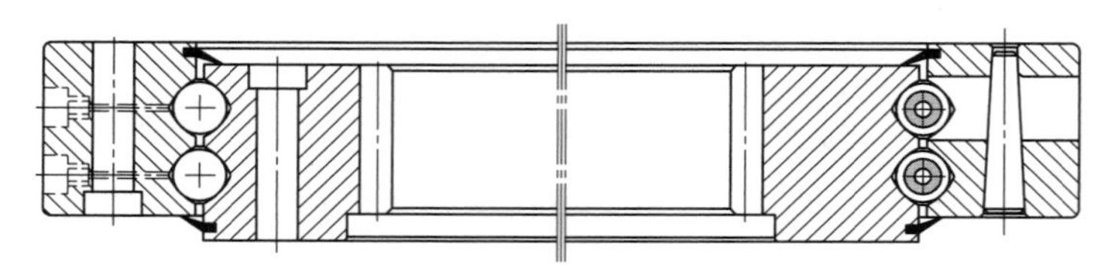

图 10-11　整体式双排同径球式转盘轴承

点接触转盘轴承的显著缺陷在于其承载能力较弱，提升承载能力的方法之一是增加滚动体的数量，如图 10-12、图 10-13 所示。

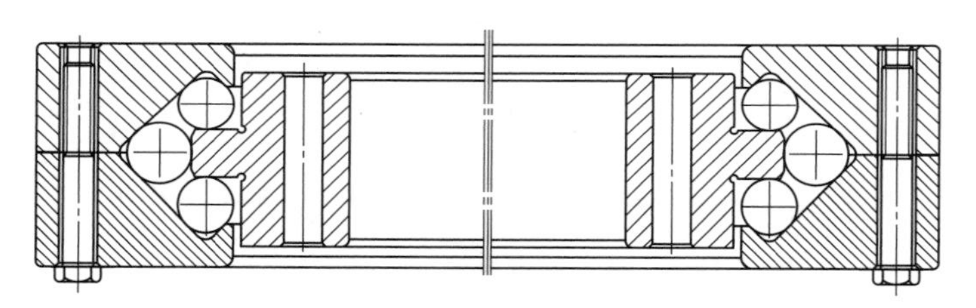

图 10-12　多排球式转盘轴承 1

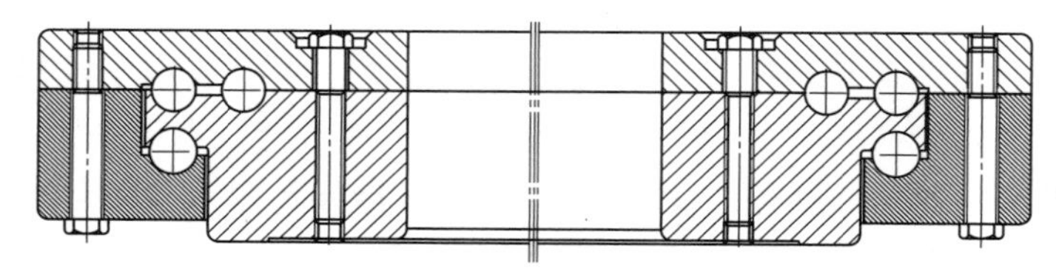

图 10-13　多排球式转盘轴承 2

多排球式转盘轴承的设计目的在于提升转盘轴承的承载能力，而线接触是解决承载能力的最有效途径。以往不采用线接触式转盘轴承的原因在于制造难度大，近年来设备能力提升后，线接触式转盘轴承制造难度降低，轴承制造商已较少采用多排球式结构，其整体应用趋势萎缩，而线接触式滚子转盘轴承应用持续增加。

向心圆柱滚子式转盘轴承如图 10-14 所示，其结构与圆柱滚子轴承接近，应用中与圆柱滚子轴承的主要差别在于向心圆柱滚子式转盘轴承需承受轴向载荷，因而往往挡边高度相对较高，增加了轴向承载能力。向心圆柱滚子式转盘轴承主要应用于机床主轴及适用于向心圆柱轴承应用的机械装备。

交叉圆柱滚子式转盘轴承目前应用的有单排式和双排式两大类。图 10-15 所示为单排交

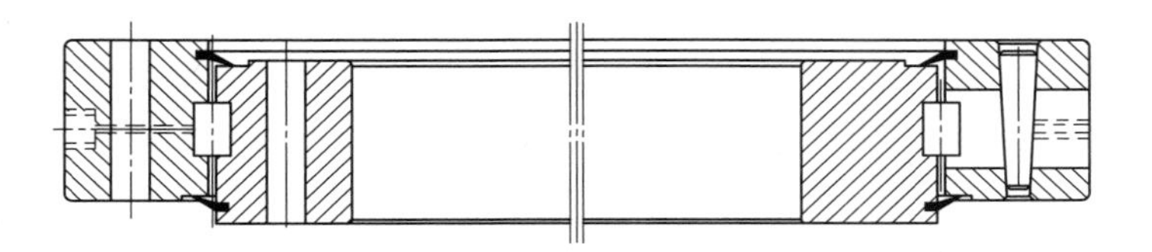

图 10-14 向心圆柱滚子式转盘轴承

叉圆柱滚子式转盘轴承，轴承内包含 1 排圆柱滚动体，内、外圈各有两条滚道，滚道截面形状为直线；轴承内部滚动体轴线呈 90°交叉排列，与上滚道接触的滚动体承受向上的载荷，与下滚道接触的滚动体承受向下的载荷，因而此结构能承受径向载荷、轴向载荷和倾覆力矩。图 10-16 所示为双排交叉圆柱滚子式转盘轴承，包含内圈、外圈与中圈 3 种套圈，中圈与内外圈之间存在环形空间，空间内交叉布置圆柱滚子，两排滚动体同时承受向上与向下的轴向载荷，大大提升了轴承的承载能力。但这种轴承的制造难度非常大，加工中需要保证 8 条滚道角度及滚道尺寸的一致性。与双排交叉圆柱滚子式不同，由于轴承本身具备精密传动的优势，近年来单排交叉圆柱滚子转盘轴承的应用大量增加，主要应用于天线、电子扫描仪、机床主轴、医疗器械、包装或装瓶设备、天文望远镜及隧道掘进机。

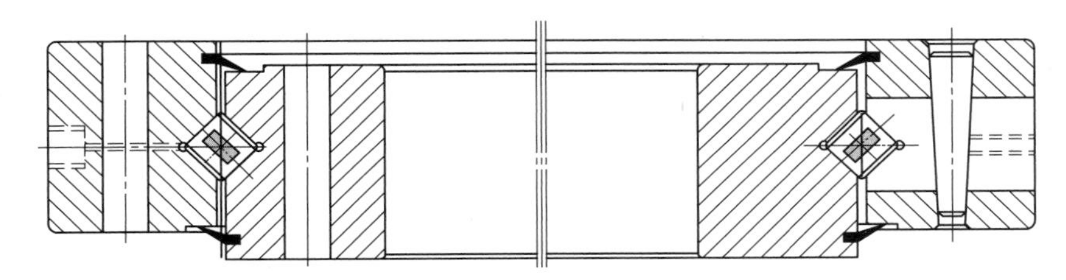

图 10-15 单排交叉圆柱滚子式转盘轴承

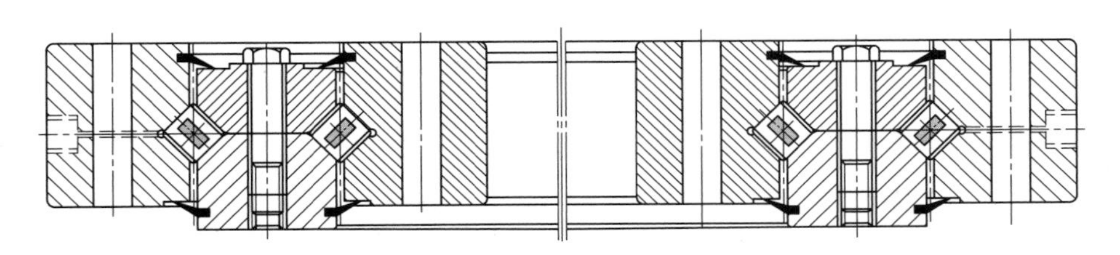

图 10-16 双排交叉圆柱滚子式转盘轴承

对于承载需求高的场合，过去 50 年来大量应用三排滚子式转盘轴承，如图 10-17、

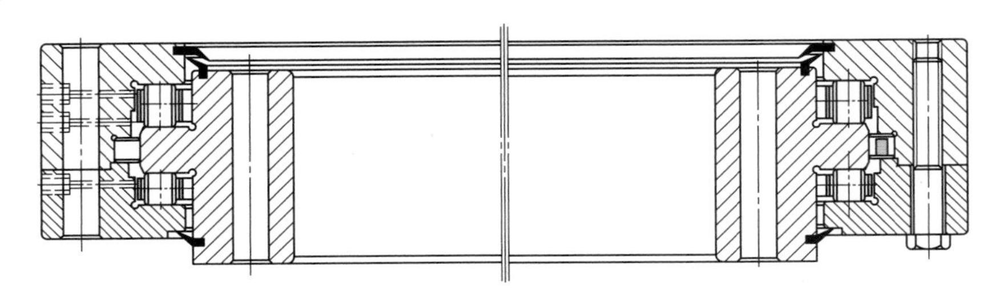

图 10-17 双半外圈结构的三排滚子式转盘轴承

图 10-18 所示，其中图 10-17 所示为双半外圈结构，图 10-18 所示为双半内圈结构。两种结构都包含两排推力滚子和一排向心滚子，分别承受轴向载荷和径向载荷，其中承受主要轴向载荷的滚子称为主推力滚子，另外一排尺寸相对小的滚子称为辅推力滚子。该结构轴承最为突出的优势在于其承载能力强，并且所有滚道素线均为直线，相对于回转中心平行或垂直，具有优越的工艺性，零件精度容易保证，因而一经推出后获得了非常广泛的认可，广泛应用于天线、电弧炉、高炉煤气罩、甲板起重机、挖掘机、钢包回转台、机床主轴、移动式起重机、系泊站、海上起重机、船用叶轮、装船及卸船装备、堆取料机、旋接设备、天文望远镜、推进设备、潮汐能发电设备、车载起重机、隧道掘进机、钻孔机及风力发电设备。

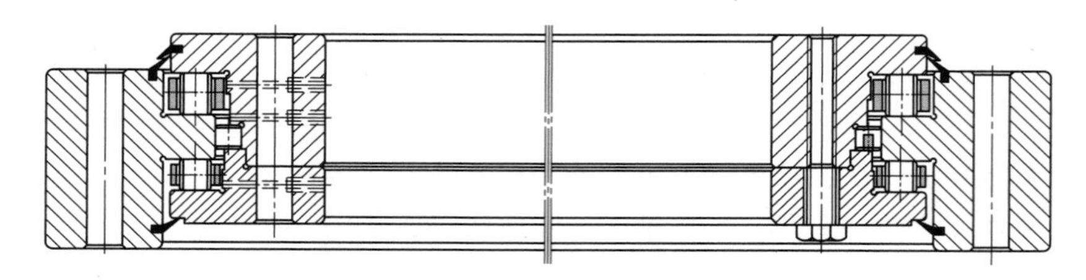

图 10-18　双半内圈结构的三排滚子式转盘轴承

随着三排滚子式转盘轴承的广泛应用，轴承制造商近年在此结构基础上又开发出多排圆柱滚子式转盘轴承。在一些应用工况中，轴承的径向载荷或倾覆力矩过大，会在径向增加一排滚子以增加轴承的承载能力，如图 10-19 所示；还有一些工况，需要三排圆柱滚子式转盘轴承承受更大的轴向载荷，因而需要加宽推力滚道，使用直径和长度更大的圆柱滚子，但滚子长度过长时，圆周方向上的周长差异大，滚子的相对滑移大，造成磨损发热，降低轴承寿命。新的设计上改用多排滚子并排放置，在提升承载能力的同时相对滑移无明显上升，如图 10-19 所示。

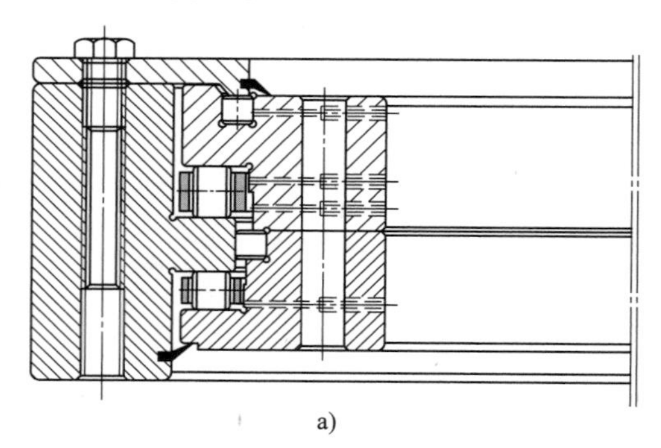

a)

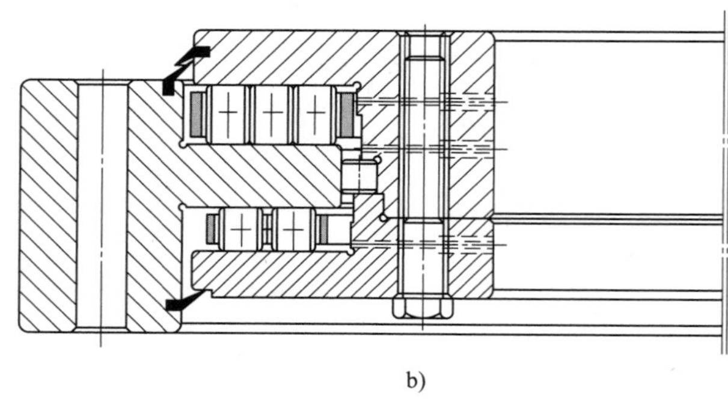

b)

图 10-19　多排圆柱滚子式转盘轴承

a）增加径向滚子　b）多排推力滚子

圆锥滚子式转盘轴承，目前主要使用的是单排交叉圆锥滚子式（见图 10-20）和双列圆锥滚子式（见图 10-21）。单排交叉圆锥滚子式转盘轴承是单排交叉圆柱滚子式转盘轴承的变形结构，采用圆锥滚动体呈 90°交叉排列，圆锥滚子的顶点相交于轴承的回转中心，减少轴承内部滚动体的相对滑动量；此类轴承多采用负游隙，倾覆力矩作用下承受轴向载荷的滚子数量增加，从而提高了轴承的承载能力。单排交叉圆锥滚子式转盘轴承由于具备精密传动的优势，其应用有增加的趋势，主要应用于天线、电子扫描仪、机床主轴、医疗器械、包装或装瓶设备、天文望远镜及隧道掘进机。双列圆锥滚子式转盘轴承与双列圆锥滚子轴承的结构非常类似，只是在内外套圈上布置了安装孔以方便使用。双列圆锥滚子式转盘轴承是近年来针对专门应用领域开发的新型结构，主要应用于兆瓦级风力发电装备的主轴承，目前其应用有增加的趋势。

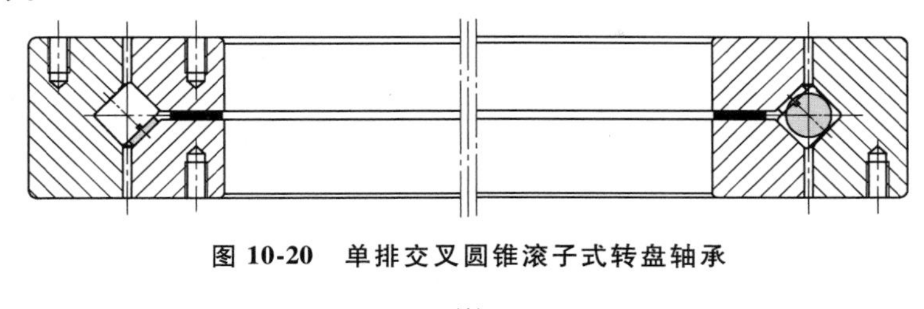

图 10-20 单排交叉圆锥滚子式转盘轴承

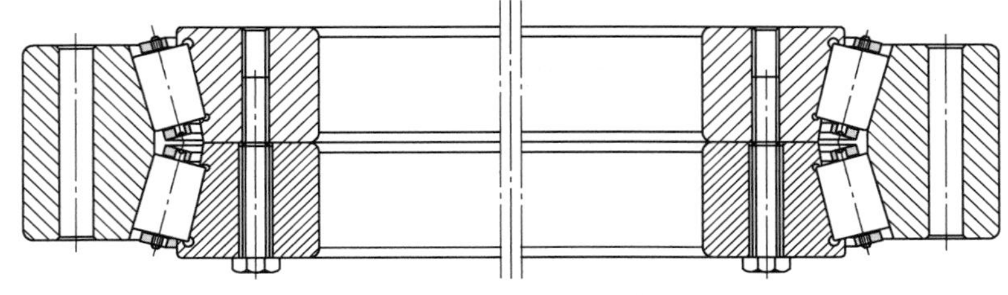

图 10-21 双列圆锥滚子式转盘轴承

虽然接触副都是点、线接触，但相较于标准滚动轴承，转盘轴承的设计灵活性更加突出，因而套圈、滚道结构形式的变异也很多，衍生出大量结构变异的转盘轴承，主要有变截面式、钢丝滚道式、偏心式[57] 及嵌入滚道式。

变截面式转盘轴承是结构变异中应用非常广泛的一种形式，一些国外制造商已形成标准系列。采用变截面的原因主要有两个方面：降低轴承重量和尺寸，进而降低设备重量，降低转盘轴承与主机的制造成本，提升经济性；提供方便的安装方式，降低设备安装与维护成本。突出的经济性使该型转盘轴承的应用获得用户青睐，并在近 20 年来越来越活跃，依据用户需求开展的专门设计使其结构形式趋于多样化。图 10-22、图 10-23 和图 10-24 所示为几种常见变截面式转盘轴承。变截面式转盘轴承的主要应用领域包括带式输送机、建筑机械、拖车转向架、机床主轴、搅拌机、包装或装瓶设备及水处理设备。

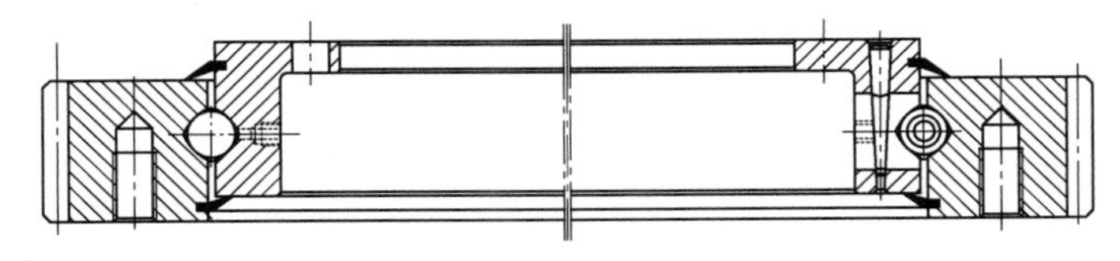

图 10-22 内圈变截面式转盘轴承

钢丝滚道转盘轴承（见图 10-25）诞生于 1934 年，由于其性能特殊，早期主要应用于军工领域[58]。随着医疗和能源行业新型设备的大量创新，该轴承被越来越多地应用于能源行业、扫描电镜、医疗器械及军工装备，成为近年转盘轴承的热点产品。

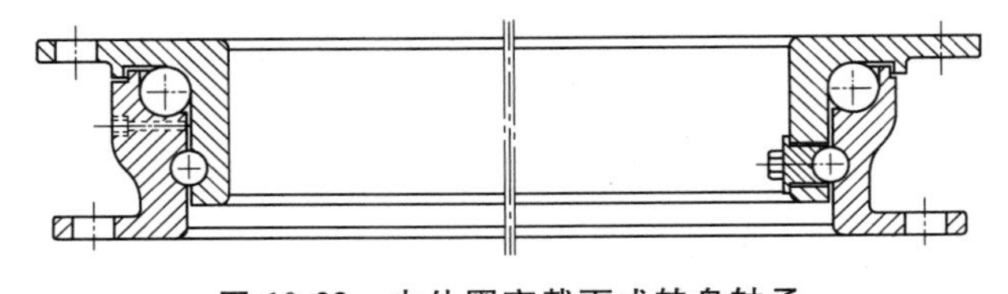

图 10-23 内外圈变截面式转盘轴承

钢丝滚道转盘的一系列应用优势获得了用户青睐，但其承载能力弱的特征又无法回避，因此近年开发出嵌入滚道式转盘轴承并迅速成为开发热点。图 10-26a 所示为一种食品机械上使用的嵌入滚道式转盘轴承，由于轴承工作环境中需要保证清洁度并需要防锈，采用铝合金为轴承座圈，轴承嵌入式滚道和滚动体采用不锈钢，既能保证使用要求，还能大幅降低轴承制造成本，维护也非常方便。图 10-26b 所示为盾构机上使用的嵌入滚道式转盘轴承，该轴承为盾构机主轴承，使用中主推滚道承受极大的轴向载荷，因而滚道容易发生疲劳失效。嵌入滚道的三排滚子式轴承的滚道材料使用渗碳钢（G20Cr2Ni4A），优质材料的局部应用保证了成套轴承的成本，提升了滚道的疲劳寿命，即使在掘进过程中发生了轴承失效，也可在施工现场直接更换滚道，甚至可以直接翻面使用滚道的另一面以保证施工进程。

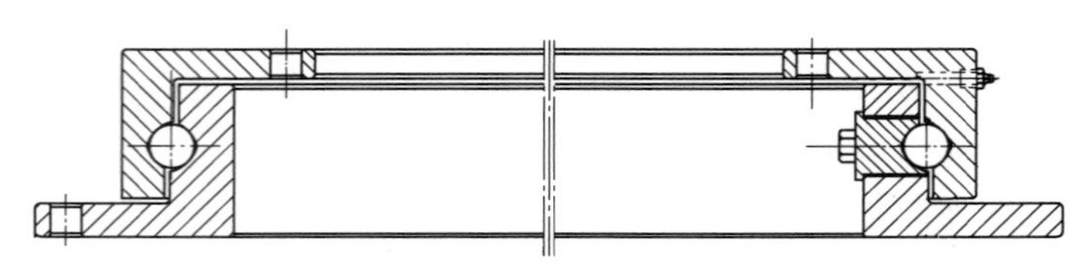

图 10-24　变截面式转盘轴承

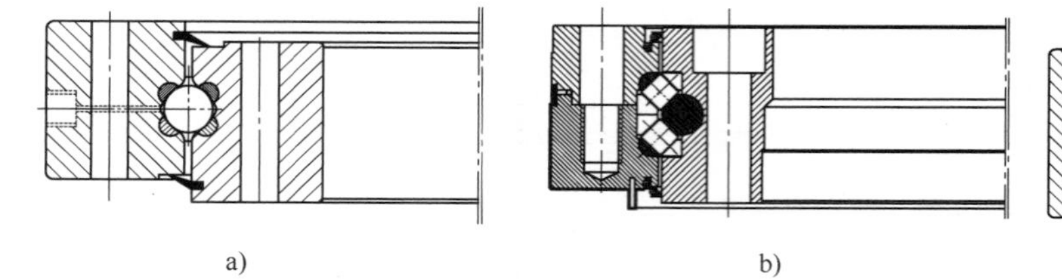

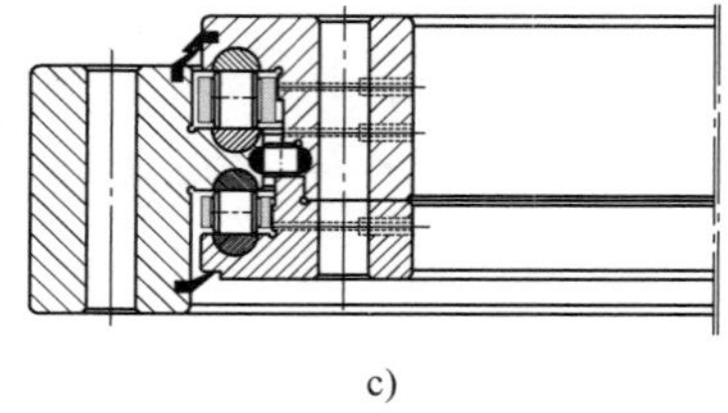

a)　b)　c)

图 10-25　钢丝滚道转盘轴承

a）四点接触球式　b）双列圆柱滚子式　c）三排滚子式

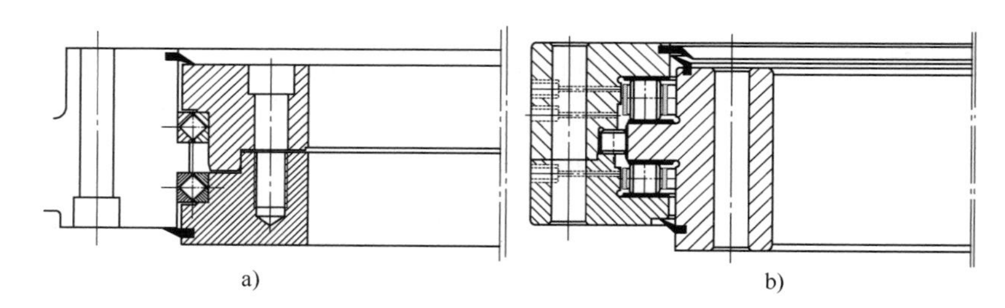

a)　b)

图 10-26　嵌入滚道式双排交叉滚子转盘轴承

a）双列交叉滚子式　b）三排滚子式

一些特殊工况中需实现回转偏心运动，对应采用偏心式转盘轴承。图 10-27 所示为一种加工柴油机曲轴设备上的偏心转盘轴承单元，一次定位可完成所有曲轴的表面加工。

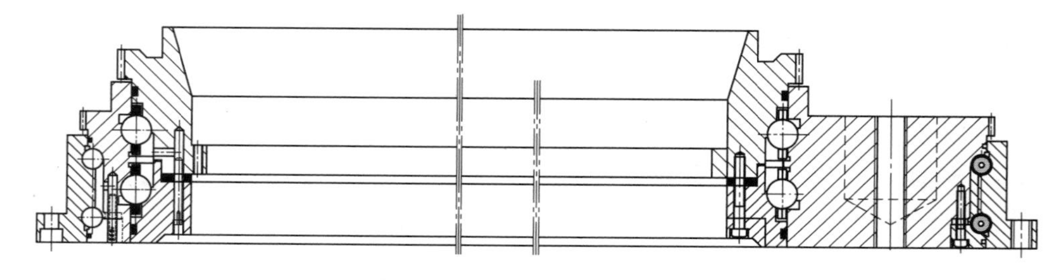

图 10-27　偏心转盘轴承单元

10.2 轴承再制造工艺

如前所述，滚动轴承再制造涉及的滚动轴承类型众多，因而无法固化详细过程，图 10-28 从宏观角度规定了滚动轴承再制造的一般过程。

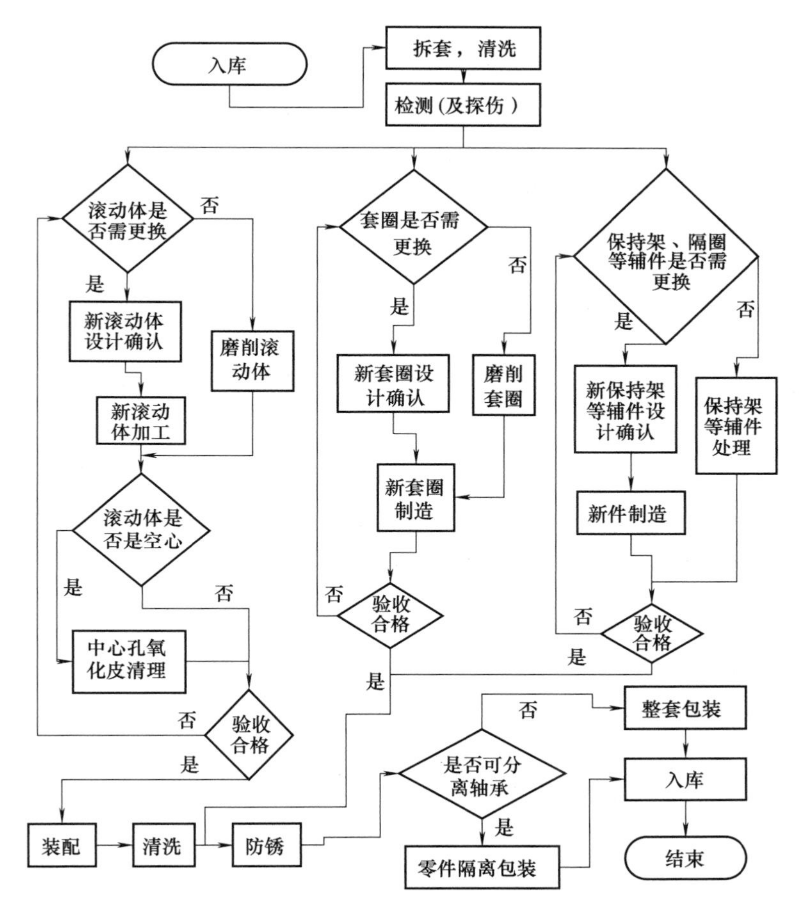

图 10-28 滚动轴承再制造的一般过程

待再制造轴承进入轴承制造车间后，首先需清洗、拆套，然后逐一检测各零件的精度，承载区域或存在肉眼可见缺陷位置需进行无损探伤以确定不同零件的再制造价值。

按照滚动体、套圈、保持架与辅件等轴承运行中起不同作用的元件分类，分别分析其再制造价值，对于可再利用的零件，确定抛光或者磨削方案，若一套轴承中所有零件都具备再制造价值，则无须更换任何零件；对于部分不可再利用的零件，则根据原零件图样投入新零件与部分能够再利用的零件组配成新的轴承；若一套轴承中所有零件都不具备再制造价值，则该套轴承报废。

新零件的定制过程与前述各章节的制造过程一致。再制造的零件所采用的加工方式多为抛光和磨削，整体去除的金属量和加工工作量不大，主要工作量在于检测和管理环节。

各零件再制造或者重新投料加工后，与前述各章节的描述一致，需检测各零件的尺寸及精度，合格后重新清洗装配且再次入库，并随之进入下一应用环节。

10.2.1 再制造工艺分级方法

滚动轴承的再制造对象是已经使用过（或长时间存放未使用）的轴承，由于使用周期数量和应用工况存在差别，使其状态差别很大，制造工厂开展轴承再制造时需首先将其分级。

USAAVSCOM-TR-76-27[9] 中已经注意到了轴承再制造过程首先要面对的状态差异问题，因而文件中提及了不同状态区分，但由于 USAAVSCOM-TR-76-27 关注的再制造对象是航空轴承，其分级方式较为简单。

专业轴承再制造厂在积累了大量实践经验后，形成了较为详尽的轴承再制造分级方式，一些知名轴承制造商的轴承再制造分级形式与内容见表 10-3，NASA 也借鉴轴承再制造工厂的实践经验，在 TM-2005-212966[21] 中对轴承再制造分级做了详细规定。

表 10-3 知名轴承制造商的轴承再制造分级形式与内容

SKF[30]		Schaeffler FAG[5]		Timken[32]		NASA[22]	
分级形式	再制造内容	分级形式	再制造内容	分级形式	再制造内容	分级形式	再制造内容
Class 0	检测	Level Ⅰ	重新认证	Type Ⅰ	重新认证	Level Ⅰ	重新认证
Class Ⅰ	重新认证	Level Ⅱ	抛光	Type Ⅱ	抛光	Level Ⅱ	抛光
Class Ⅱ	抛光	Level Ⅲ	再制造	Type Ⅲ	再制造	Level Ⅲ	再制造
Class Ⅲ	Ⅰ级再制造	Level Ⅳ	附加再制造			Level Ⅳ	附加再制造
Class Ⅳ	Ⅱ级再制造						

SKF 以 Class 0~Class Ⅳ 的形式区分，将再制造等级分为 5 级[29]。其中 Class 0 为检测旧轴承或长时间库存的轴承，以确认其是否还满足图样要求的再制造等级；Class Ⅰ 指对存在轻微缺陷的轴承进行局部抛光或磨削以恢复轴承性能的再制造等级；Class Ⅱ 指更换滚动体、保持架，磨削轴承内、外径或端面以保证装配需求，抛光滚道并且金属去除量小于 13μm 的再制造等级；Class Ⅲ 指滚道磨削去除量达到 75μm（轴承外径小于 400mm）或 300μm（轴承外径大于 400mm），并更换加大尺寸滚动体以保证游隙的再制造等级；Class Ⅳ 则指以上再制造方案不能满足需求，需更换一个套圈的再制造等级。

Schaeffler FAG 按 Level Ⅰ ~ Level Ⅳ 将再制造等级分为 4 级[5]。其中 Level Ⅰ 级指轴承的清洗、拆解与零件检测；Level Ⅱ 级指对于零件表面存在的轻微缺陷抛光处理，该等级不更换任何零件；Level Ⅲ 级指滚道存在明显缺陷，需对滚道开展磨削并更换滚动体；Level Ⅳ 级指轴承套圈存在裂纹或深度疲劳缺陷，需更换套圈、滚动体、保持架等零件。

Timken 则以 Type Ⅰ ~ Type Ⅲ 将再制造等级分为 3 级。其中 Type Ⅰ 级为轴承的清洗、拆解与零件检测；Type Ⅱ 级为零件表面存在的轻微缺陷抛光处理；Type Ⅲ 级为轴承滚道磨削，滚动体更换。

NASA 借鉴各公司的再制造分级方法，在 TM-2005-212966[21] 中也提出了明确的再制造分级形式，按 Level Ⅰ ~ Level Ⅳ 将再制造等级分为 4 级。其中 Level Ⅰ 级指轴承的清洗、拆解、零件检测并与原零件图样对比；Level Ⅱ 级指对于套圈表面存在的轻微缺陷抛光处理，更换滚动体；Level Ⅲ 级指滚道磨削并更换加大尺寸滚动体；Level Ⅳ 级指更换套圈、滚动体、保持架等零件。

对比 3 家公司及 NASA 的再制造分级方法，虽然表面看起来差异较大，但实质上存在一致性。其中，SKF 的 Class 0、Class Ⅰ与 FAG 的 Level Ⅰ、Timken 的 Type Ⅰ包含内容一致；Class Ⅱ、Level Ⅱ与 Type Ⅱ均为轴承各表面的抛光；Class Ⅲ、Level Ⅲ与 Type Ⅲ均为磨削滚道并更换加大尺寸滚动体；Class Ⅳ与 Level Ⅳ均为更换套圈的再制造方法，但 Schaeffler FAG 明确指出 Level Ⅳ的再制造成本与新轴承接近，仅对特殊领域的轴承才开展此等级的再制造[5]。NASA 的再制造分级方法与 Schaeffler FAG 接近，区别仅仅在于 NASA 的 Level Ⅱ级再制造要求更换滚动体。

目前国内很多轴承制造厂已开展轴承再制造业务，但未见专门分级方法的技术资料，这与当前国内轴承再制造产业分散，缺少专门化的再制造工厂，所开展的技术研究仍然集中在工艺方面的再制造产业状态有关[59-62]。

10.2.2 再制造工艺流程

由于再制造对象的状态差异，使轴承再制造的工艺流程与其分级方法紧密相关，其工艺流程与再制造分级的关联性如图 10-29 所示。

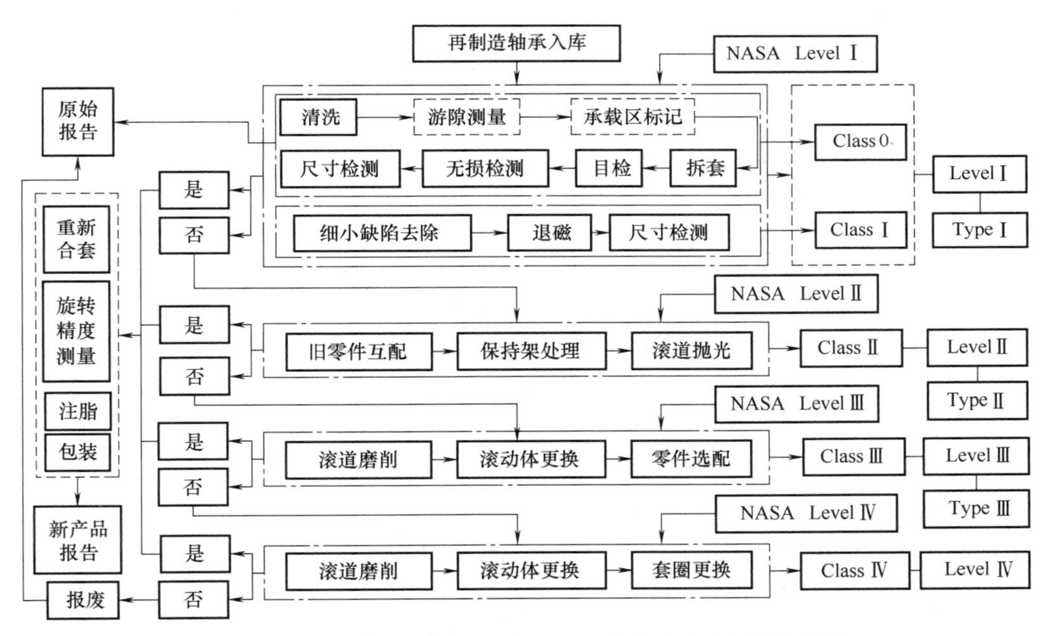

图 10-29 滚动轴承再制造的工艺流程与再制造分级的关联性

待再制造轴承入库后，首先清洗轴承，若轴承装配指标中有游隙值要求，应测量待再制造轴承的游隙值；对于向心轴承，上一使用周期的承载区对于轴承再制造效果的影响至关重要（见图 10-29），因而应标记其承载区；完成以上项目后，将轴承拆套，采用目检方式观测滚道与滚动体表面状态；采用无损检测方法检测材料内部状态；检测各零件的尺寸、形状与位置参数，并出具原始检测报告；若轴承无显著缺陷，则采用手工方法去除细小缺陷，退磁后装配，测量旋转精度，对于密封轴承需重新注脂，而后包装入库。

以上为 Level I 级再制造工艺流程，若以上工艺不能满足，则需 Level Ⅱ级工艺。Level

Ⅱ级再制造包含 Level Ⅰ的前期所有检测环节，对于游隙或某些尺寸不合格的轴承产品，可采用旧零件互配以保证装配要求（需要注意的是：互配过程需要考虑轴承内部结构设计的一致性）；采用互配法有可能造成轴承回转节圆直径少量变动，需关注保持架兜孔间隙量，工艺流程上需处理保持架；将无明显缺陷的滚道抛光后重新装配。

对于滚道存在明显缺陷的轴承，Level Ⅱ级再制造不能满足轴承再制造技术指标，需进行滚道磨削，并更换加大尺寸的滚动体以保证游隙，滚道磨削量一般不超过 300μm，并要求内、外滚道金属去除量均匀以保证节圆直径不变，同时还要使保持架兜孔间隙满足回转要求；这一过程中也涉及零件选配问题，即 Level Ⅲ级工艺流程。

按照最大磨削量，如果仍不能去除滚道缺陷，则需要更换一个套圈，及更换加大尺寸滚动体（如果滚动体无显著缺陷且保持架兜孔间隙满足要求，也可采用滚动体磨削的方案），即 Level Ⅳ级工艺流程。如果两个套圈的滚道上均存在无法去除的缺陷，则该轴承报废。

10.3 再制造案例

再制造案例范围非常宽广，无法一一列举，以下介绍一些应用相对广泛的实施案例，以增加读者对再制造的感性认识。

10.3.1 盾构机主轴承

盾构机（见图 10-30a）是基建中的核心装备，也是衡量一个国家地下施工装备制造水平的标志，自 2008 年我国研制出拥有大部分自主知识产权的复合式土压平衡盾构机后，盾构机发展日新月异，已实现完全国产化并占有国际市场。盾构机主轴承有盾构机的“心脏”之称，由于盾构机在掘进过程中面临着各种复杂地层造成巨大的载荷波动，因而主轴承是掘进机所有零部件中价值最高的核心部件，以往国内的盾构机主轴承长期依赖进口，代价高昂。盾构机主轴承（见图 10-30b）为典型的工业轴承，尺寸大，重量重，成本高昂，实际应用中挖掘的隧道长度长短不一，再制造价值极高；Schaeffler 总结的数据为：与采用新轴承相比，再制造盾构机主轴承经济成本节约超过 60%，时间成本节约超过 90%。

a)

b)

图 10-30 盾构机及其主轴承

a）盾构机 b）盾构机主轴承

在实际应用中，1 套型号为 192. 80. 1559. 000. 69. 1500 的盾构机主轴承尺寸为 ϕ1295mm×ϕ1975mm×369. 25mm；原始设计中采用的主推力滚动体尺寸为 ϕ80mm×79mm 的圆柱滚子、数量为 90 粒；反推力滚动体尺寸为 ϕ40mm×39mm 的圆柱滚子、数量为 105 粒；径向滚动体

尺寸为 ϕ32mm×52mm 的圆柱滚子、数量为 126 粒；保持架为分段式黄铜筐形保持架。该轴承在硬岩工段工作，开挖隧道 10km 后下线进入再制造环节。

轴承拆卸清洗后，检测滚道精度、齿状态、滚道硬化层深度。实际检验过程如图 10-31 所示，图中分别为滚道表面探伤与滚道精度检测过程。检测过程中发现齿精度完好，仅存在部分锈蚀，内外圈滚道存在部分显著压痕，压痕最深处 0.05mm，滚动体表面有轻微压痕，径向滚动体有轻微压痕。

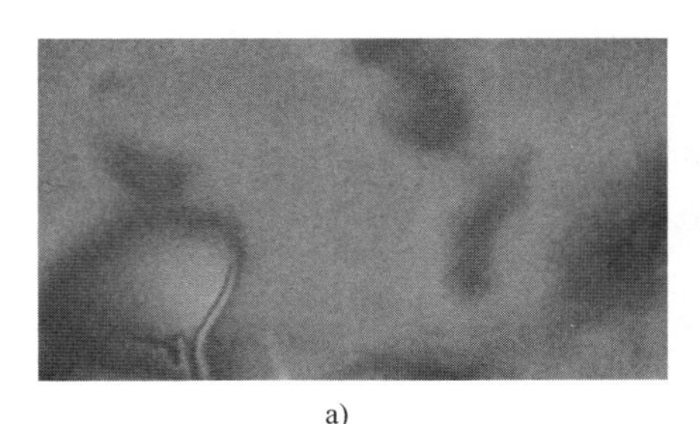

a)

b)

图 10-31　盾构机主轴承套圈再制造前检测

a）滚道表面探伤　b）滚道精度检测

依据检测结果制定再制造方案如下：

1）外圈 1 反推力滚道磨削，磨削量不超过 0.2mm，磨削后要求平面度不大于 0.02mm，平行差不大于 0.02mm；其余表面进行表面处理。

2）外圈 2 主推力滚道和径向滚道磨削，主推力滚道磨削量不超过 0.2mm，磨削后要求平面度不大于 0.02mm，平行差不大于 0.02mm；径向滚道磨削量不超过 0.2mm，磨削后垂直差不超过 0.01mm。

3）内圈主推力滚道、反推力滚道及径向滚道均磨削，各滚道面磨削量不超过 0.2mm，磨削后要求推力滚道平面度不大于 0.02mm，平行差不大于 0.02mm；要求径向滚道磨削后垂直差不超过 0.01mm；其余表面进行表面处理。

4）主推力滚动体表面磨削处理，磨削深度不超过 0.2mm，其余指标按照滚动体技术要求。

5）定制并更换大尺寸径向滚动体，以补偿内外圈径向磨削量，满足径向游隙要求。

6）磨削外圈 1 与外圈 2 之间贴合面，补偿主推力滚道与反推力滚道磨削量，满足轴向游隙要求。

7）保持架利用旧件，清洗后继续使用。

图 10-32 所示为该轴承再制造的部分零件加工过程。通过以上再制造工艺方案，更换零件仅为尺寸最小的径向滚动体，材料消耗与成套轴承相比可忽略不计，完整检测、加工周期仅为 60 天，无论是能耗还是经济性都比使用新轴承显著改善。

10.3.2　冶金轧机轴承

冶金轧机行业应用的轴承范围也较广泛，几乎所有类型的滚动轴承均有应用。其中尺寸较大的轴承包括冶炼部分的钢包回转用转盘轴承，粗轧用双、四列圆柱与圆锥轴承、压下机构轴承等。以下以钢包回转轴承与压下机构轴承为例简要说明冶金轧机轴承再制造案例。

a)　　　　b)

图 10-32　盾构机主轴承套圈再制造过程及再制造成品零件

a）滚道切入磨修整　b）滚道往复磨修整

1. 钢包回转台转盘轴承

钢包回转台是连铸机的关键设备，用于运载和承托钢包进行浇注，通常设置在钢液接收跨与浇注跨柱列之间，所设计的钢包旋转半径，使浇钢时钢包水口处于中间包上面的规定位置，用钢液接收跨侧的吊车将钢包放在回转台上，通过回转台回转，使钢包停在中间包上方供给其钢液。浇注完的空包则通过回转台回转，再运回钢液接收跨。对支承轴承的承载能力及安全性能要求高，故常使用三排滚子结构的转盘轴承，常见应用型号包括 132.45.2500、132.45.2800、132.50.3150 及 132.50.3550 等。

某钢厂钢包回转台原采用 Rothe Erde 的 1000218814-0001 三排滚子转盘轴承，双半内圈，外圈带外齿，外形尺寸为 ϕ4723.2mm×ϕ4015mm×ϕ306.62mm，图 10-33 所示为该轴承原始安装位置。原始设计中采用的主推力滚动体尺寸为 ϕ59.5mm×ϕ60mm 的圆柱滚子，数量为 198 粒；反推力滚动体尺寸为 ϕ30mm×30mm 的圆柱滚子，数量为 396 粒；径向滚动体尺寸为 ϕ32mm×32mm 的圆柱滚子，数量为 416 粒；保持架为分段式尼龙保持架。

图 10-33　钢包回转台转盘轴承安装位置

轴承拆卸清洗后，检测滚道精度、齿状态、滚道硬化层深度等，检测结果为：探伤发现外齿圈主推力滚道内部存在缺陷，无再制造价值；内圈 1 和内圈 2 端面有较深压痕，探伤后无内部缺陷，内圈 1 上设置的反推力滚道存在深度不超过 0.2mm 的压痕，内圈 2 上设置的反推力滚道存在深度不超过 0.25mm 的压痕；主推力滚动体表面存在部分深度较浅的压痕，探伤内部无缺陷；部分反推力滚动体存在局部疲劳剥落；保持架存在严重变形。

依据检测结果制定再制造方案如下：

1）更换外齿圈。原轴承外圈切样材质分析，按原始材质重新制作新外圈。

2）内圈 1 磨削处理。为保证反推力滚道的磨削精度，采用范成法先磨削其端面，磨削量不超过 0.2mm，保证端面的平面度不超过 0.12mm，里外差不大于 0.03mm；以磨削后的端面为基准，磨削辅推力滚道，磨削量不超过 0.3mm，保证辅推力滚道的平面度不超过 0.12mm，里外差不大于 0.03mm，粗糙度值 Ra 不大于 0.8mm。

3）内圈 2 磨削处理。为保证主推力滚道的磨削精度，采用范成法先磨削其端面，磨削量不超过 0.2mm，保证端面的平面度不超过 0.12mm，里外差不大于 0.03mm；以磨削后的端面为基准，磨削辅推力滚道，磨削量不超过 0.3mm，保证反推力滚道的平面度不超过 0.12mm，里外差不大于 0.03mm，粗糙度值 Ra 不大于 0.8mm；磨削径向滚道，磨削量不超过 0.2mm，磨削后垂直差不超过 0.06mm。

4）主推力滚动体磨削处理。磨削去除表面缺陷，磨削后表面粗糙度值 Ra 不超过 0.2mm，滚动体批直径变动量小于 3μm，圆度小于 1.5μm。

5）更换反推力滚动体。定制加大尺寸圆柱滚子更换，以部分补偿主推力滚道、反推力滚道及主推力滚子的磨削量。

6）更换径向滚动体。定制加大尺寸径向滚动体更换，以补偿内外圈径向磨削量，满足径向游隙要求。

7）更换主推力保持架。

8）磨削内圈 1 与内圈 2 之间的贴合面，补偿主推力滚道与反推力滚道磨削量，以满足轴向游隙要求。

图 10-34 所示为外齿圈再制造过程。

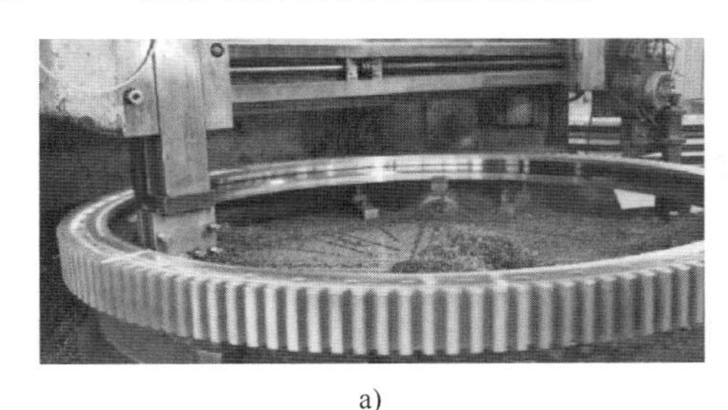

a)

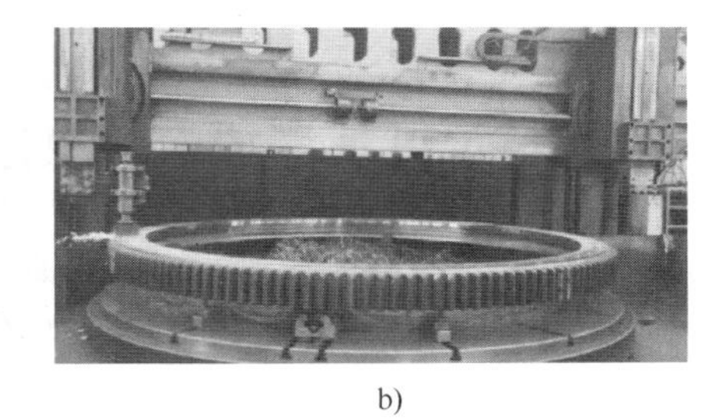

b)

图 10-34　外齿圈再制造过程

a）精车过程　b）磨削过程

2. 压下机构用推力圆锥滚子轴承

轧机压下机构用满装圆锥滚子轴承属于轧机专用轴承，JB/T 3632—2015 规定了该类轴承的结构形式、代号方法、外形尺寸、检验与测量方法等，分为顶圈背面为凹球面型（TTSV 0000 型）与顶圈背面为凸球面型（TTSX 0000 型）两类（见图 10-35）。

某钢厂使用的 TTSX 900 轴承结构如图 10-36 所示，外径为 900mm，顶圈内径为 M48 螺纹孔，底圈内径为 M36 螺纹孔，原始材料为 G20Cr2Ni4A。

轴承拆卸清洗后，检测各零件：底圈严重翘曲，无再制造价值；滚动体严重剥落；探伤后发现顶圈无内部裂纹，滚道与球基面局部磨损。由于该轴承重量集中于顶圈，且原材料成本高，总体判断具备再制造价值。

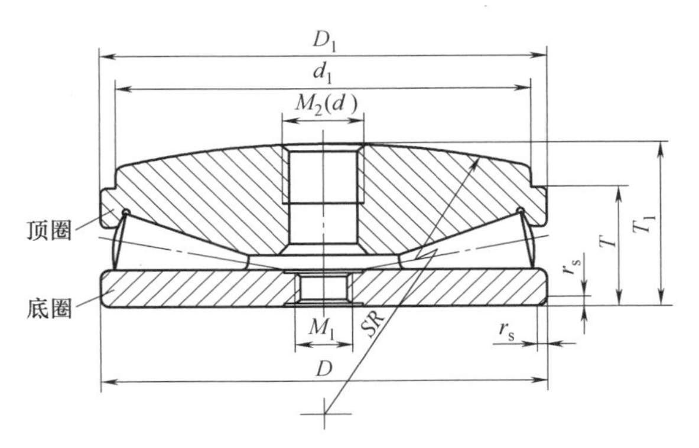

图 10-35　TTSX 0000 型压下机构用满装圆锥滚子轴承

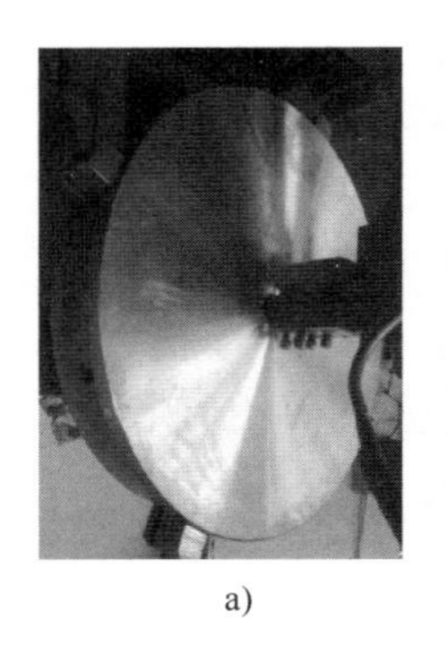

a)

b)

c)

图 10-36 TTSX 900 压下机构用满装圆锥滚子轴承

a）底圈再制造 b）顶圈挡边磨削 c）接触状态刮研

依据检测结果制定再制造方案如下：

1）更换底圈。

2）顶圈磨削处理。磨削滚道面与球基面，磨削量均小于 0.2mm，保证滚道直线度，保证挡边与滚动体球基面接触状态。

3）更换滚动体。

10.4 滚动轴承再制造技术的理论与实践问题

作为精度要求高的机械基础件，滚动轴承的应用过程伴随着寿命与精度的衰减，使滚动轴承再制造成为一个复杂的技术问题，其难度主要体现在寿命计算理论与工艺复杂性两方面。

10.4.1 再制造轴承的剩余寿命计算理论[16,21]

滚动接触疲劳表现为金属微粒从滚道或滚动体表面脱落，对于制造良好且润滑充分的轴承，剥落起始于表面下的裂纹，然后扩展至表面，最终在承载区域的表面形成点蚀坑或者剥落。图 10-37 所示为深沟球轴承在外载荷 P 作用下，轴承承载区与接触轮廓示意图。图中轴承外圈静止，内圈以角速度 ω_i 旋转；G_r 为轴承的径向游隙，截面 $A—A$ 上的 x_i 与 x_e 分别表

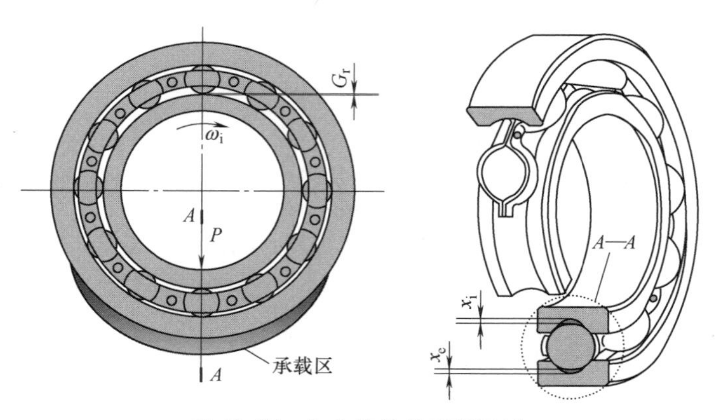

图 10-37 向心轴承的承载区域

示由于交变载荷作用造成外圈滚道硬化层的深度。

Lundberg 认为正交剪应力 τ_0 是疲劳裂纹产生的根源，并提出了轴承的疲劳寿命计算公式[63]；Zaretsky 采用最大剪应力 τ_{45} 代替正交剪应力 τ_0 修正了 Lundberg 的寿命计算公式[64]，即

$$\ln \frac{1}{S} : \tau_{45}^{ce} N^e V \tag{10-1}$$

式中，S 为幸存概率；c 为应力寿命指数；e 为 Weibull 分布的斜率；N 为以应力循环次数计数的轴承寿命；V 为承受应力的体积。

由式（10-1）可得轴承寿命的表达式为

$$L = N = A\left(\frac{1}{\tau_{45}}\right)^{c}\left(\frac{1}{V}\right)^{\frac{1}{e}} \tag{10-2}$$

式中，L 为轴承寿命；A 为材料寿命因子。

滚动轴承的额定寿命是指同一批相同规格轴承在额定载荷作用下，90%的轴承没有发生失效，而 10%的轴承发生失效的估计寿命，即 L_{10}。但在苛刻工作条件下，绝大部分轴承在达到 L_{10} 之前均已被替换掉，这意味着很多轴承较多的剩余寿命被浪费，滚动轴承再制造的理论基础在于挖掘这部分剩余寿命的价值。依据 10.2 中讨论的轴承再制造分级方法，不同级别的再制造工艺方法存在差异，因而其剩余寿命计算方法也存在差别。

对于 Level Ⅰ级再制造，轴承滚道未经机械加工，因而其剩余寿命计算可根据滚动轴承寿命计算理论继续计算。一批轴承运转时间达到 L_{10} 后，按照额定寿命的定义，该批轴承有 10%发生失效，将 90%未失效轴承采用 Level Ⅰ级再制造，仍然依据额定轴承寿命的定义，此批 90%再制造轴承的 10%发生失效，即为再制造后的 L_{10}。即到此时原始轴承数量的 10%+90%×10%=19%发生失效，则剩余寿命的计算转换成幸存概率变量问题，即

$$S = (1-F) = 0.81 \tag{10-3}$$

式中，F 为失效概率。

寿命计算过程中分别计算 L_{10} 与 L_{19}，两者差值与 L_{10} 的比值为再制造后轴承的寿命修正系数，即

$$LF_{\text{I}} = \frac{L_{19} - L_{10}}{L_{10}} \tag{10-4}$$

再制造后轴承的寿命可表示为

$$L' = LF_{\text{I}} L \tag{10-5}$$

式中，L' 为再制造后的轴承寿命；LF_{I} 为寿命修正系数。

式（10-1）~式（10-5）计算的是可靠度为 90%时的再制造轴承的寿命，不同应用条件下可靠度需求存在差异，Zaretsky 计算了不同可靠度下轴承 Level Ⅰ级再制造后的寿命修正系数，见表 10-4。

表 10-4 不同可靠度下轴承 Level Ⅰ级再制造后的寿命修正系数

可靠度	L_5	L_{10}	L_{15}	L_{20}	L_{30}	L_{40}	L_{50}
寿命修正系数 LF_{I}	0.88	0.87	0.84	0.82	0.79	0.76	0.74

对于 Level Ⅱ、Ⅲ、Ⅳ级再制造的滚道，由于滚道表面存在金属去除量，去除滚道表层金属后其剩余寿命比 Level Ⅰ再制造后的轴承长。图 10-38 所示为滚道经再制造后最大剪应力位置变化曲线，图中曲线表明，经抛光（或磨削）后造成的滚道尺寸变化将改变应力分布状态，图中 τ_{45} 做了归一化处理，x 为抛光（或磨削）去除的材料深度，下标 1、2 指 1 次、2 次材料去除过程。将 x_1 和 x_2 的值归一化处理后成为去除材料的百分比。

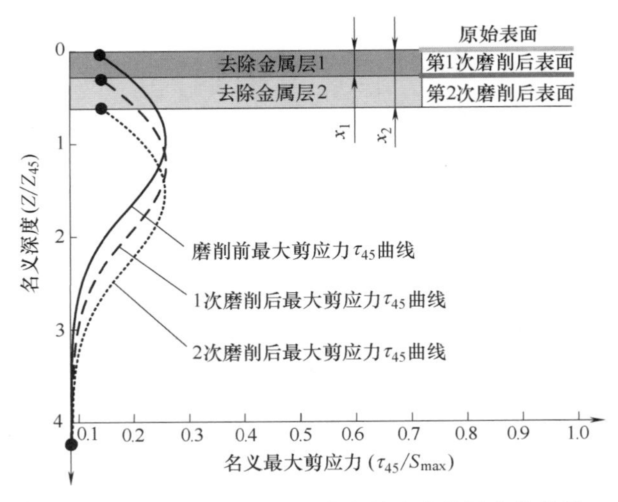

图 10-38　滚道经再制造后最大剪应力位置变化曲线

假定被硬化的材料仅仅为滚道表面到最大剪应力的位置，此时 $Z/Z_{45}=1$，则深度超过 Z_{45} 部分的材料可以理解为并未发生硬化。假定去除材料的深度为 $Z-x$，则滚道下未经硬化的新材料的体积可以表示为

$$\begin{cases} V_x = al_L x Z_{45} & \text{点接触} \\ V_x = l_t l_L x Z_{45} & \text{线接触} \end{cases} \tag{10-6}$$

式中，a 为接触椭圆的半长轴；l_L 为接触区的当量宽度；l_t 为滚道接触区长度。

除了式（10-6）所包含的材料体积外，滚道下还包含上一应用周期硬化后的材料，材料硬化后将缩短轴承的寿命，其体积可以表示为

$$\begin{cases} V_{1-x} = al_L(1-x)Z_{45} & \text{点接触} \\ V_{1-x} = l_t l_L(1-x)Z_{45} & \text{线接触} \end{cases} \tag{10-7}$$

由式（10-7）可以分别计算再制造后轴承滚道下包含的两种特征（硬化后/未经硬化）的材料寿命，即

$$\begin{cases} L_x = \left(\dfrac{1}{x}\right)^{\frac{1}{e}} L & \text{未硬化部分} \\[2ex] L_{1-x} = (LF_1)\left(\dfrac{1}{1-x}\right)^{\frac{1}{e}} L & \text{已硬化部分} \end{cases} \tag{10-8}$$

对于滚道下层两种特征的金属材料，可按照乘积定律将两部分的寿命进行统计处理以获取整条滚道的寿命[22]：

$$\frac{1}{L^e} = \frac{1}{L_x^e} + \frac{1}{L_{1-x}^e} \tag{10-9}$$

式（10-9）计算了一条 Level Ⅱ、Ⅲ、Ⅳ级再制造滚道的剩余寿命，另外一条滚道的寿命计算可以采用相同方法，获取两条滚道的剩余寿命后仍然采用乘积定律将两滚道的寿命进行统计处理以求取整套轴承的剩余寿命。

需要指出的是，对于向心轴承，由于游隙影响，滚道上被强化的材料仅位于承载区，因而若再制造后更换承载区，则其寿命衰减程度与整个圆周承载的轴承存在差别，再制造后的寿命曲线如图 10-38 所示。

10.4.2　再制造轴承的实践问题

除剩余寿命计算的理论问题外，再制造时轴承状态的多样性还会造成诸多实际问题，目前主要集中在已使用时间统计、工序间技术条件及整形工艺 3 个方面。

根据 10.4.1 的分析，剩余寿命理论计算过程中的重要参数是轴承再制造时的已使用时间，但对于一些非连续工作的轴承，主机厂难以提供可靠的数据，这对于确定该轴承是否能够进行再制造及其剩余寿命的计算是一个棘手的实际问题。

滚动轴承应用造成零件精度降低，为恢复零件的尺寸、形状和位置精度，再制造工艺过程中会衍生出很多新问题（如套圈圆度大且内外径尺寸余量不足，滚道磨削后将破坏套圈壁厚差）。对于这类再制造工艺环节中的技术问题，目前尚无统一的工序间技术条件规范，再制造工厂使用的内部工序间技术条件依赖于应用经验。

工业轴承尺寸相对较大，使用过程中极易造成套圈零件的圆度超差，为保证再制造后套圈的圆度，经常需要在磨削前开展套圈整形工艺。不同原材料与热处理方式对于整形效果存在较大影响，目前整形工艺的技术规范尚不明确。

参考文献

[1]　陈龙. 滚动轴承再制造的行业现状与研究进展 [J]. 轴承，2019（2）：62-69.

[2]　徐滨士. 再制造技术与应用 [M]. 北京：化学工业出版社，2000.

[3]　徐滨士. 国内外再制造的新发展及未来趋势 [C]. 武汉：促进中部崛起专家论坛暨湖北科技论坛，2009：7-13.

[4]　邵志强. 再制造现状及发展趋势 [EB/OL].（2011-8）[2011-8] https：//wenku. so. com/d/7f3feb51d1e2661ef64fab712a2f35a6.

[5]　SCHAEFFLER. Repair and Recondition of Rolling Bearings [J]. Schaeffler Technologies，TPI 207，2017（2）：8-12.

[6]　ALEXANDER J. Using Bearing Repair to Extend Bearing Life：For Heavy Industries [Z]. TIMKEN Bearing Repair For Heavy Industries Technical White Paper，USA，2016：1-11.

[7]　长沙轴承修配厂. 滚动轴承的修复方法 [J]. 轴承，1972（6）：37-48.

[8]　长沙轴承修配厂. 废旧轴承修复的质量检查 [J]. 轴承，1973（6）：55-58.

[9]　HANAU H，PARKER R J，ZARETSKY E V，et al. Bearing Restoration by Grinding [R]. U. S. Army Aviation Systems Command，USAAVSCOM-TR-76-27，1976（5）.

[10]　STANLEY D C. Bearing Field Inspection and Refurbishing [C]. California：Symposium on Propulsion System Structural Integration and Engine Integrity，Naval Post Graduate School，Monterrey，1974（9）.

[11]　HANAU H. Restoration by Grinding of Aircraft Ball and Roller Bearings—A Manufacture's Viewpoint

[C]. St. Louis: Proceeding of Bearing Restoration by Grinding Seminar, AVSCOM, 1976 (5): 1-23.

[12] PARKER R J, ZARETSKY E V, CHEN S M. Evaluation of Ball and Roller Bearings Restored by Grinding [C]. St. Louis: Proceeding of Bearing Restoration by Grinding Seminar, AVSCOM, 1976 (5): 24-58.

[13] BULL H L. Rolling-Element Bearing Restoration—A Users Viewpoint [C]. St. Louis: Proceeding of Bearing Restoration by Grinding Seminar, AVSCOM, 1976 (5): 59-66.

[14] HEIN G F. Microeconomic Analysis of Military Aircraft Bearing Restoration [C]. St. Louis: Proceeding of Bearing Restoration by Grinding Seminar, AVSCOM, 1976 (5): 67-86.

[15] COY J J, ZARETSKY E V, COWGILL G R. Fatigue Life Analysis of Restored and Refurbished Bearings [R]. Cleveland: Glenn research center, NASA TN D-8486, 1977.

[16] ZARETSKY E V. Effects of Surface Removal on Rolling-element Fatigue [R]. Cleveland: Glenn research center, NASA TM-88871, 1987.

[17] TIMKEN. Leaders in Aerospace Bearing Services [N/OL]. Timken, https://www. bearinginspection-inc. com/, 2008.

[18] SCHAEFFLER. Repair, Diagnosis & Training of Aerospace Bearing [N/OL]. Schaeffler, https://www. schaeffler. com. au/content. schaeffler. au/en/products-and-solutions/industrial/industry _ solutions/aerospace/refurbish- ment / index. jsp, 2018.

[19] SKF. 航空发动机服务 [N/OL]. SKF, http://www. skf. com/cn/zh/industry-solutions/aerospace/services/ aeroengine-services/index. html, 2018.

[20] MATTEO N J. 滚动轴承的修复 [J]. 刘冰, 译. 国外轴承, 1992 (4): 19-25.

[21] ZARETSKY E V, BRANZAI E V. Effect of Rolling Bearing Refurbishment and Restoration on Bearing Life and Reliability [R]. Cleveland: Glenn research center, NASA TM-2005-212966, 2005.

[22] ZARETSKY E V, BRANZAI E V. Model Specification for Rework of Aircraft Engine, Poser Transmission, and Accessory/Auxiliary Ball and Roller Bearings [R]. Cleveland: Glenn research center, NASA TP-2007-214463, 2007.

[23] ZARETSKY E V. Rolling Bearing Steels-a Technical and Historical Perspective [R]. Cleveland: Glenn research center, NASA TM 2012-217445, 2012.

[24] ZARETSKY E V, BRANZAI E V. Rolling-Bearing Service Life Based on Probable Cause for Removal - A Tutorial [C]. Society of Tribologists and Lubrication Engineers Annual Meeting and Exhibition, 2014 (2): 739-744.

[25] ZAMZAM G, FARSHID S, ADITYA W, et al. Experimental and Analytical Investigation of Effects of Refurbishing on Rolling Contact Fatigue [J]. Wear, 2017 (392-393): 190-201.

[26] CHEN L, XIA X T, ZHENG H T, et al. Rework Solution Method on Large Size Radial Roller Bearings [J]. Journal of the Brazilian Society of Mechanical Sciences and Engineering, 2016, 38 (4): 1249-1260.

[27] MICHAEL N K, MATTHEW R E. Repair as an Option to Extend Bearing Life and Performance [EB/OL]. SAE Technical Paper 2007-01-4234, 2007, https://doi. org/10. 4271/2007-01-4234.

[28] DARISUREN S, AMANOV A, KIM J, et al. Remanufacturing Process and Improvement in Fatigue Life of Spherical Roller Bearings [J]. Journal of the Korean Society of Tribologists and Lubrication Engineers, 2014 (30): 350-355.

[29] FRANCK P. Remanufacturing Bearings [J]. SKF Evolution, 2018 (3): 3-5.

[30] ALEXANDER J. A case for bearing repair: Bearing Repair Provides a Valuable Alternative to Replacement for Aggregates Producers [Z]. TIMKEN Bearing Repair Technical White Paper, USA, 2012 (11): 1-4.

[31] 全国滚动轴承标准化技术委员会. 滚动轴承 分类：GB/T 271—2017 [S]. 北京：中国标准出版社，2017.
[32] 全国滚动轴承标准化技术委员会. 滚动轴承 代号方法：GB/T 272—2017 [S]. 北京：中国标准出版社，2017.
[33] 陈龙，颉谭成，夏新涛. 滚动轴承应用技术 [M]. 北京：机械工业出版社，2010.
[34] CHEN L，XIA X T，ZHENG H T，et al. Friction Torque Behavior as A Function of Actual Contact Angle in Four-point-contact Ball Bearing [J]. Applied Mathematics and Nonlinear Sciences，2015 (12)：15-26.
[35] 徐立民，陈卓. 回转支承 [M]. 合肥：安徽科学技术出版社，1988.
[36] 陈龙，闫佳飞，夏新涛. 变桨轴承工况载荷计算与分析 [J]. 哈尔滨轴承，2011 (12)：32-4.
[37] 陈龙，姜红卫，王黎峰，等. 四点接触球转盘轴承沟道形状与游隙关系特性分析 [J]. 轴承，2012 (8)：32-36，62.
[38] 陈龙，史朋飞，李正国，等. 四点接触球轴承摩擦力矩特性分析 [J]. 轴承，2013 (1)：1-6.
[39] EDITOR M，CHEN L，XIA X T，et al. Applied Load on Blade Bearing in Horizontal Axis Wind Turbine Generator [J]. Mechanics，Materials Science & Engineering，2017 (9)：1-13.
[40] 陈龙，杜宏武，武建柯，等. 风力发电机用轴承简述 [J]. 轴承，2008 (12)：45-50.
[41] 陈龙，张慧，邱明，等. 转盘轴承螺栓连接特性分析 [J]. 轴承，2009 (8)：10-13，37.
[42] 陈龙，左传伟，闫佳飞，等. 42CrMo 钢点接触下许用应力的试验研究 [J]. 轴承，2012 (2)：23-27.
[43] 全国滚动轴承标准化技术委员会. 滚动轴承 转盘轴承：JB/T 10471—2017 [S]. 北京：机械工业出版社，2017.
[44] 全国土方机械标准化技术委员会. 回转支承：JB/T 2300—2018 [S]. 北京：机械工业出版社，2018.
[45] 北京建筑机械化研究院. 建筑施工机械与设备 三排柱式回转支承：JB/T 10837—2023 [S]. 北京：机械工业出版社，2023.
[46] 北京建筑机械化研究院. 建筑施工机械与设备 单排交叉滚柱（锥）式回转支承：JB/T 10838—2023 [S]. 北京：机械工业出版社，2023.
[47] 北京建筑机械化研究院. 建筑施工机械与设备 单排球式回转支承：JB/T 10839—2023 [S]. 北京：机械工业出版社，2023.
[48] 煤炭工业部煤矿专用设备标准化技术委员会掘进机分会. 悬臂式掘进机回转支承型式基本参数和技术要求：MT/T 475—1996 [S]. 北京：中国煤炭工业出版社，1996.
[49] 全国船用机械标准化技术委员会甲板机械和机舱辅机分技委. 船用起重机回转支承：CB/T 3669—2013 [S]. 北京：中国船舶工业综合技术经济研究院，2013.
[50] 冶金机电标准化委员会. 冶金设备用回转支承：YB/T 087—2009 [S]. 北京：冶金工业出版社，2009.
[51] 全国港口标准化技术委员会. 港口起重机回转支承：JT/T 846—2012 [S]. 北京：人民交通出版社，2012.
[52] ROTHE ERDE GMBH. Rothe Erde Slewing Bearings [Z]. Dortmund：404 GB-D，2006.
[53] THYSSENKRUPP ROTHE ERDE GMBH. Rothe Erde Slewing Bearings [N/OL]. thyssenkrupp，https：//www.thyssenkrupp-rotheerde.com/en/products/rothe-erde%C2%AE-slewing-bearings/，2020.
[54] SKF. SKF Slewing Bearings [Z]. Gothenburg：4031/E，2009.
[55] SCHAEFFLER KG. INA Slewing Rings [Z]. Herzogenaurach：4031/E，2009.
[56] ROLLIX. Rollix Slewing Rings [Z]. La Bruffiere：2019.
[57] IMO. IMO Slewing Bearings [Z]. Summerville：DV 311 US，2008.

[58] HEIKE S. The benefits of Remanufacturing Rolling Bearings [J]. SKF Evolution, 2012 (3): 5-9.

[59] 刘原行. 浅析滚动轴承的修复问题 [J]. 黑龙江科学, 2014 (5), 7: 248.

[60] 李烈柳, 李中煜. 滚动轴承的安装与修复技术 [J]. 农业机械, 2010 (1): 57.

[61] 赵云河. 大型滚动轴承修复实例 [J]. 冶金设备管理与维修, 1995 (3): 33-35.

[62] 王敏. 滚动轴承刷镀修复工艺 [J]. 中小型电机, 2003, 30 (1): 75.

[63] LUNDBERG G, PALMGREN A. Dynamic Capacity of Rolling Bearings [J]. Journal Of Applied Mechanics-transactions Of The Asme, 1947, 7 (3).

[64] 全国滚动轴承标准化委员会. 滚动轴承　轧机压下机构用满装圆锥滚子推力轴承: JB/T 3632—2015 [S]. 北京: 机械工业出版社, 2015.

习　题

第1章　概　论

1. 试述滚动轴承的基本组成零件及不同零件的结构特点。
2. 滚动轴承产品的性能要求包括哪些？
3. 与一般机械零件相比，滚动轴承工艺零件具备什么特征？
4. 滚动轴承用钢有哪些基本要求？
5. 滚动轴承钢的选择原则是什么？
6. 常用滚动轴承钢的类别及相应的应用范围是什么？
7. 不同类型轴承钢的热处理方式有什么差别？
8. 目前应用于滚动轴承的新型材料有哪些？具备什么样的特点？
9. 滚动轴承零件生产的过程是什么？
10. 轴承零件生产有什么特点？
11. 滚动轴承零件工艺路线如何拟定？
12. 轴承零件的工艺过程有何种特征？
13. 滚动轴承零件制造包含哪些主要的工艺文件？其相互关系是什么？

第2章　套圈毛坯锻造

1. 轴承套圈毛坯有哪些种类？各有何特点？
2. 轴承套圈毛坯的选择原则是什么？
3. 套圈毛坯锻造遵循的塑性变形基本规律有哪些？
4. 什么是锻造比与变形量？轴承锻造时的长径比的一般选择范围是什么？
5. 轴承钢锻造的始锻温度与终锻温度范围分别是什么？
6. 轴承钢锻造的加热与冷却规范是什么？
7. 目前常用的轴承套圈加热方式有哪些？各有什么样的特点？
8. 常用的轴承套圈下料方法有哪些？分别适用于什么样的应用条件？
9. 套圈热锻造的成形工艺种类有哪些？
10. 压力机锻造包含哪些工艺形式？

11. 锤上锻造包含哪些工艺形式？
12. 高速镦锻的工艺特点是什么？
13. 辗扩的工艺特征与工艺过程是什么？
14. 锻造整形的目的是什么？
15. 冷辗工艺的工艺特点与过程是什么？
16. 特种钢材锻造的特殊性包含哪些？
17. 绘制轴承钢的退火工艺曲线。
18. 绘制轴承钢连续退火炉的工艺曲线。
19. 正火的目的和工艺是什么？
20. 锻件清理的目的是什么？方法有哪些？

第 3 章　套圈车削加工

1. 套圈的车削加工类型有哪些？有什么特点？
2. 车削的切削运动包括哪些？切削用量包括哪些？
3. 轴承套圈车削方法有哪些？分别有什么样的特点？
4. 轴承套圈车削加工用的夹具有什么样的要求？
5. 常见夹持毛坯的轴承套圈车削加工夹具包括哪些？
6. 套圈车削加工夹紧变形对车削加工精度有何影响？
7. 套圈车削加工时合适的夹持点数是多少？为什么？
8. 数控车连线车削锻件套圈的一般工艺过程是什么？
9. 用仿形车床车削套圈有何特点？
10. 套圈精整加工的作用包括哪些？
11. 软磨端面与软磨外径的作用是什么？
12. 常见的齿加工方式有哪些？
13. 套圈常用的打字方法包括哪些？不同的打字方法分别在什么工序位置？
14. 影响车削加工留量及公差的因素有哪些？
15. 套圈车削加工的表面质量需控制哪些要素？为什么？
16. 套圈车削加工尺寸与形状精度超差的原因有哪些？
17. 套圈车削加工的位置精度超差有哪些？

第 4 章　套圈磨削加工

1. 磨削加工的种类有哪些？
2. 磨削加工的特点？
3. 什么是磨削力？磨削力对工件加工的影响？
4. 什么是磨削热？磨削热对工件加工的影响？
5. 磨削液在磨削加工中的主要作用？
6. 磨削用量包括哪些要素？

7. 在磨削加工中，砂轮的选择原则是什么？
8. 砂轮常用的修整方法包括哪些？
9. 套圈磨削时的成形方法与加工尺寸方法分别是什么？
10. 套圈磨削用夹具包括哪些？
11. 试描述电磁无心夹具的常用结构，并绘出原理图。
12. 电磁无心夹具磨削定位方式包括哪些？各有什么样的特点？
13. 电磁无心夹具的偏心量与偏心方位的选择原则与依据分别是什么？
14. 支承方式、电磁力大小及磨削余量大小对于采用电磁无心夹具的磨削加工分别有何种影响？
15. 前后支承角的选择原则与依据是什么？
16. 套圈端面磨削的技术条件及常用的磨削方法是什么？
17. 直线贯穿式双端磨削有何特点？砂轮端面形状修整有哪几种形式？各形式的特点是什么？
18. 外圆贯穿磨削使用的砂轮修整方法是什么？修整后的砂轮外廓形是什么样的？
19. 对两端面不对称的套圈双端面磨削时易出现哪些问题？实际生产中是如何解决的？
20. 端面磨削常见的质量问题包括哪些？
21. 套圈外圆磨削的技术条件及常用的磨削方法是什么？
22. 外圆贯穿无心磨削的几何成圆理论考虑的几何参数有哪些？忽略的几何参数是什么？
23. 试述无心磨削中合成误差的物理意义？
24. 外圆贯穿磨削常见的质量问题包括哪些？
25. 内圆磨削技术条件及常用的磨削方法是什么？
26. 套圈内圆磨削的原理是什么？有什么特点？
27. 内圆磨削的主要加工精度问题是什么？如何解决这些问题？
28. 常见的滚道磨削方法是什么？
29. 范成法磨削有何特点？适用范围是什么？
30. 滚道磨削常见的质量问题包括哪些？
31. 套圈挡边磨削技术条件及常用的磨削方法是什么？
32. 套圈附加回火的目的？工艺是什么？
33. 套圈冷处理的目的及其工艺是什么？
34. 什么叫残磁？对工件有何影响？退磁的工作原理是什么？
35. 试述控制力磨削原理、成圆过程和优越性。
36. 什么是烧伤？如何避免磨削烧伤？

第 5 章　套圈滚道超精研加工

1. 什么叫光整加工？光整加工的作用包括哪些？
2. 常见的光整加工方法有哪些？
3. 什么叫超精研加工？超精研加工的作用与特点是什么？

4. 油石有哪些特性？影响油石工作性能的因素有哪些？
5. 超精加工的切削液与一般机械加工的切削液有何差别？
6. 超精加工的工艺条件与加工过程是什么？
7. 超精加工的定位夹紧方法有哪几种？各有什么特点？
8. 超精加工的技术条件有哪些？
9. 超精加工留量的常见确定原则是什么？
10. 常见的超精工艺方法有哪些？各有什么样的特点？
11. 滚道超精有什么样的特殊性？
12. 什么是切削角？试述切削角随其他运动参数的变化规律。
13. 超精加工时，切削速度对于超精加工质量有何影响？
14. 油石压力对于超精质量有何影响？
15. 油石的包角含义是什么？包角会受到哪些因素的影响而不能过大？
16. 超精对于滚动表面的几何形状有哪些方面的改善作用？
17. 超精时，套圈转速对超精加工有何影响？应如何选取？
18. 超精加工如何获得凸母线滚道？
19. 套圈超精加工有哪些表面质量问题？如何解决？

第 6 章　滚动体加工——球

1. 什么是球的等级？如何区分球的等级？
2. 球规值和球批规值偏差、球分规值和球批尺寸偏差的概念是什么？
3. 钢球和陶瓷球加工的基本工艺路线是什么？
4. 钢球毛坯成形方法有哪些？分别适用于什么情况？
5. 简述钢球的毛坯冷镦过程。
6. 光磨加工一般分为哪几个阶段？
7. 什么是钢球硬磨？这一工序有什么样的特点？
8. 硬磨烧伤的种类有哪些？产生的原因是什么？
9. 钢球表面为何要进行强化？其强化的原理是什么？
10. 钢球的研磨是如何加工的？如何分类？
11. 钢球加工的成圆条件是指什么？
12. 陶瓷球的加工特点有哪些？

第 7 章　滚动体加工——滚子

1. 滚子按形状和尺寸是怎么进行分类的？
2. 圆锥滚子与圆柱滚子的技术条件要求包括哪些？
3. 试简述圆锥滚子与圆柱滚子的一般工艺路线。
4. 圆锥滚子冷镦毛坯的优越性有哪些？
5. 圆锥滚子冷镦的常见质量问题包括哪些？

6. 圆锥滚子的窜削加工包括哪些?
7. 圆锥滚子外圆的螺旋贯穿磨削是怎么实现的? 有什么特点?
8. 圆锥滚子球基面磨削有哪几种方法? 各有何特点?
9. 圆锥滚子外径凸度磨削有哪些方法? 各有何特点?
10. 圆锥滚子凸度的超精加工原理是什么?
11. 圆柱滚子制造有何特点?
12. 冷镦圆柱滚子应注意考虑哪些问题?
13. 冷镦球面滚子加工有何不利条件? 如何解决?
14. 球面滚子外径磨削有几种方法，各适用于什么情况?

第 8 章　保持架加工

1. 简述保持架的作用和结构特征。
2. 保持架基本种类有哪些?
3. 试简述冲压保持架的一般工艺流程。
4. 试简述实体保持架的一般工艺流程。
5. 冲压保持架的一般技术要求包括哪些?
6. 实体保持架的一般技术要求包括哪些?
7. 保持架常用何种材料，主要热处理方法有哪些?
8. 冲压保持架制造有何辅助工序?
9. 试简述浪形保持架的典型工艺。
10. 车制保持架工艺的主要内容是什么?
11. 在圆柱滚子轴承拉孔保持架的加工中应注意什么?
12. 简要说明压铸保持架与塑注保持架的工艺特点。
13. 最近保持架结构和加工工艺的发展动态主要体现在哪几个方面?

第 9 章　轴承装配原理

1. 滚动轴承装配的定义、任务是什么?
2. 滚动轴承的装配质量指标与基本要求包括哪些?
3. 滚动轴承装配具有什么特点?
4. 试描述滚动轴承装配的一般工艺路线。
5. 试简述深沟球轴承的一般装配过程。
6. 试简述角接触球轴承的一般装配过程。
7. 试简述圆锥滚子轴承的一般装配过程。
8. 试简述调心滚子轴承的一般装配过程。
9. 在轴承装配时，径向游隙与轴向游隙保证方法分别是什么?
10. 在轴承装配时，角接触球轴承的接触角如何保证?
11. 描述不同类型滚动轴承的装配尺寸链。

12. 描述保证径向游隙时的连续分点方程。
13. 什么是最高合套率？其条件是什么？

第 10 章　轴承再制造工艺

1. 什么是再制造？滚动轴承再制造与一般再制造的区别？
2. 衡量轴承是否具有再制造价值需考虑哪几个方面的因素？
3. 轴承再制造有哪些分级方案？
4. 轴承再制造的一般工艺流程是什么？
5. 再制造轴承寿命的计算要考虑哪些因素？
6. 轴承再制造目前存在哪些实际问题？